中国科学院中国动物志编辑委员会主编

中国动物志

无脊椎动物　第六十卷

轮虫动物门

单巢纲

席贻龙　〔美〕诸葛燕（Zhuge Yan）　黄祥飞　著

国家自然科学基金重大项目
中国科学院重点部署项目
（国家自然科学基金委员会　中国科学院　科技部　资助）

科学出版社

北京

内 容 简 介

　　轮虫是各类水体中广泛存在的一类小型水生无脊椎动物，在水生态系统结构、功能、生物生产力、水产养殖和水环境监测中具有重要作用。本志包括总论和各论两部分。总论简要介绍了轮虫的研究简史、形态和生物学、生态与分布、采集和保存等内容。各论详细描述了在我国已发现的隶属于游泳目、簇轮目和胶鞘轮目等 3 目 25 科 76 属 509 种及亚种（包括 4 新种和 1 新亚种）轮虫的形态特征、分布和生境，并列出各级分类阶元的检索表。各论后附有双巢纲蛭态目 3 科 7 属 30 种轮虫的同样记述。全书共附形态特征图 549 幅。书末附参考文献、英文摘要、中名索引和学名索引。

　　本书可供生物学、水产学和环境科学等领域的教学、科研和生产部门的技术人员，以及高等院校师生查阅和参考。

图书在版编目(CIP)数据

中国动物志. 无脊椎动物. 第六十卷, 轮虫动物门. 单巢纲 / 席贻龙等
著. --北京：科学出版社, 2025.3. --ISBN 978-7-03-081541-5

I. Q958.52

中国国家版本馆 CIP 数据核字第 2025C7P995 号

责任编辑：刘新新 /责任校对：杨　赛

责任印制：肖　兴 /封面设计：刘新新

科 学 出 版 社 出版

北京东黄城根北街 16 号
邮政编码：100717
http://www.sciencep.com

北京建宏印刷有限公司印刷
科学出版社发行　各地新华书店经销

*

2025 年 3 月第　一　版　　开本：787 × 1092　1/16
2025 年 3 月第一次印刷　　印张：44
字数：1 060 000

定价：428.00 元

(如有印装质量问题，我社负责调换)

FAUNA SINICA

INVERTEBRATA Vol. 60

Rotifera

Monogononta

By

Xi Yilong, Zhuge Yan and Huang Xiangfei

A Major Project of the National Natural Science Foundation of China
The Key Research Program of the Chinese Academy of Sciences
(Supported by the National Natural Science Foundation of China,
the Chinese Academy of Sciences, and the Ministry of Science and Technology of China)

Science Press
Beijing, China

中国科学院中国动物志编辑委员会

前　言　一

　　轮虫是一类小型水生无脊椎动物。在动物界中，轮虫是一很小的门类，个体也不大；但由于它在水生态系统结构、功能和生物生产力及水产养殖业中具有重要作用，因而备受重视。特别是 1976 年第一届国际轮虫学大会召开后，研究轮虫的科学家越来越多，涉及的范围也日益广泛，轮虫学研究得到了极大的发展。每三年一届的国际轮虫学大会至今仍然是各国轮虫学家殷切期待的盛会。

　　分类学虽是一门古老的学科，却是一切生物学研究的基础；没有这个基础，其他更广泛、深入的研究将难于进行。我国从事轮虫分类研究的学者首推李落英，他在 1935 年调查过北京地区的轮虫，而且完成了一篇比较完整的分类报告，报告中包括了 100 多种北京地区的轮虫。王家楫（1961）通过对全国近 20 个省、自治区、直辖市部分水体的调查研究，完成了《中国淡水轮虫志》一书，对我国发现的 252 种轮虫进行了详尽的描述和分类检索，由此奠定了我国轮虫学研究的基础，作出了很大的贡献。龚循矩（1983）对西藏发现的 208 种轮虫（其中 96 种为新记录种）进行了总结，发表了"西藏高原轮虫"一文，这是一篇较为完整的高原轮虫区系的文章。尽管我国轮虫的分类研究有了初步基础，但在种类多样性和分类系统方面与现代分类学要求相差甚远。为此，诸葛燕于 1995-1997 年对我国中热带（海南）、近北热带（云南）、亚热带（湖北、湖南）、暖温带（北京）、温带（吉林）和高寒带（青海）等 6 个典型地带的不同水域进行样品采集和种类鉴定，共记录了轮虫种类 433 种（及亚种），其中新种、新记录种 209 种，这是迄今为止我国最为完整的有关单巢纲轮虫种类组成和地理分布的研究报告，也是撰写本志的主要依据。此外，许友勤、伍焯田和苏荣等分别对福建、广东和内蒙古的轮虫进行了比较全面的调查研究，黄祥飞、王全喜、赵文和温新利等分别对湖北、黑龙江、辽宁和安徽等部分水体中的轮虫进行了研究。

　　经过几代科学家几十年的努力，我国已发现轮虫 500 余种（及亚种）。因此，以当代世界普遍接受的分类系统为主要依据，对我国已记录的轮虫进行种类描述和分类检索是撰写本志的主要目的。在编研过程中，我们重点参考了王家楫于 1961 年发表的《中国淡水轮虫志》、龚循矩于 1983 年发表的《西藏水生无脊椎动物》、Koste 于 1978 年发表的 *Rotatoria* 等 3 部著作；也参考了 Rudescu（1960）和 Pontin（1978）等其他一些论著。

　　在此特别提出，我们虽已完成了本志的编研任务，但鉴于我国幅员广阔，水环境多样，完全可以推断我国单巢纲轮虫应该有更多的种类等待我们去发现。此外，我国对双巢纲轮虫的研究十分有限，并且这类轮虫种类鉴定也很困难；可是它们中不少种类在各类水体中分布较普遍，为此，本志将我国已发现的 30 种双巢纲轮虫附后，以供有关人员参考。

由于本编研组成员的学识有限,经验不足,更始料未及的是承担本志编研任务不久,训练有素、专门致力于分类研究并多次得到国际著名轮虫学者 Koste 教授悉心指导的诸葛燕博士去美国从事另一领域的研究,对本志的编研产生了较大的影响。因此,本志难免存在不足和错漏之处,请读者批评指正,以待再版时进一步完善。

本志的编研得到国家自然科学基金委员会和中国科学院中国动物志编辑委员会的大力支持,也得到中国科学院水生生物研究所流域与系统生态学科和安徽师范大学的鼎力相助,在此一并表示衷心的感谢!

黄祥飞

2014 年 8 月

中国科学院水生生物研究所,武汉

前 言 二

《中国动物志 无脊椎动物 第六十卷 轮虫动物门 单巢纲》终于和读者见面了。本志的出版，是黄祥飞先生努力工作的结果。自 2004 年起，先生便全身心地投入本志的编研工作；至 2014 年提交本志的修改稿为止，先生七易其稿，精益求精。其间，先生还三次驻点安徽芜湖，带领我开展编研工作。在先生的指导下工作，我收获颇多，并逐渐走进轮虫分类这一古老而又充满活力的研究领域。

本志的出版，得益于中国科学院中国动物志编辑委员会办公室陶冶副研究员的鼎力相助。一年多来，陶老师牺牲了大量的休息时间，对书稿进行了全面、细致的审阅。她对书稿所作的每一个修改或批注，均为本志质量的提升做出了贡献。在此，向她表示衷心的感谢！

本志的出版，也是向国内众多同行的一个工作汇报。近二十年来，特别是近几年来，国内数十位同行先后询问本志的出版等工作进展情况，并给予我工作上的关心和鼓励。他们的关心和鼓励，激励着我为本志的修改和出版而努力工作。

十年磨一剑。呈现在读者面前的《中国动物志 无脊椎动物 第六十卷 轮虫动物门 单巢纲》虽经数次打磨，但不足之处仍然存在，请同行们不吝赐教。需要说明的是：二十多年来，运用分子系统学和 DNA 分类等方法，科学家们已经在众多的生物类群中发现了种复合体（species complex）。作为种复合体出现频率最高的动物门类之一，轮虫动物门中已有 54 个种复合体被陆续发现，本志所记述的 539 种轮虫中有 37 种也被确定为种复合体（Walczyńska *et al.*, 2024）。近几年来，运用基于形态、生态和分子数据等的整合分类学方法，Mills 等（2017）和 Michaloudi 等（2018）已分别对褶皱臂尾轮虫种复合体 *Brachionus plicatilis* s.l. 和萼花臂尾轮虫种复合体 *B. calyciflorus* s.l. 中各 6 个和 4 个种类正式命名并作分类描述，García-Morales 等（2021）、Schröder 和 Walsh（2007）分别对热带龟甲轮虫种复合体 *Keratella tropica* s.l. 和椎尾水轮虫种复合体 *Epiphanes senta* s.l. 中各 4 个种类正式命名并作分类描述。尽管我国业已发现褶皱臂尾轮虫种复合体和萼花臂尾轮虫种复合体中各 4 个种类，但限于时间，此次修改时，我没有补充记述这 8 种轮虫并把它们编入分类检索表，也没有把褶皱臂尾轮虫和萼花臂尾轮虫的分类描述修改为严格意义上的褶皱臂尾轮虫 *B. plicatilis* sensu stricto (s.s.) 和萼花臂尾轮虫 *B. calyciflorus* s.s.的分类描述，仅在它们的分类讨论中补充了 8 个种的中名、学名、定名人和定名年代等内容。对热带龟甲轮虫和椎尾水轮虫 2 个种复合体的处理方式亦然。此外，近二十年来，国内部分同行已先后发现单巢纲轮虫新种 7 种、新记录种 20 余种，以及双巢纲轮虫新记录种 100 余种。由于时间限制，本卷未予收录。

本志的出版得到安徽师范大学高峰学科建设项目（2023GFXK144）的资助。

席贻龙

2024 年 1 月

安徽师范大学，芜湖

目　　录

总　论

一、研 究 简 史

（一）轮虫在动物界的分类地位

　　轮虫在动物界的分类地位一直备受争议，至今尚无定论。美国著名无脊椎动物学家
Hyman（1951）在她的 *The Invertebrate* 一书中提到轮虫在动物界的位置时就比较模糊，
有时她将轮虫作为 1 个纲置于线形动物门 Nemathelminthes 中，有时又将其作为 1 个单独
的动物门来对待。Edmondson（1959）、Wallace 和 Snell（1991）也均提到了这个问题。
一般来说，欧洲的多数轮虫学家将轮虫看作是线形动物门中的 1 个纲（Ruttner-Kolisko,
1974; Koste, 1978），而北美洲的多数动物学家将轮虫作为 1 个单独的门（Pennak, 1991;
Nogrady *et al.*, 1993; Nielsen, 2001）。

　　事实上，通常所称的线形动物门是一类十分庞杂的无脊椎动物，将它们置于 1 个门
乃不得已而为之。这个门中的轮虫纲 Rotifera、线虫纲 Nematoda、线形虫纲 Nematophora、
动吻虫纲 Kinorhincha、棘吻虫纲 Acanthocephala、鳃曳虫纲 Priapulida 和腹毛虫纲
Gastrotricha 等 7 个纲的动物，虽然具有左右对称体制、无真体腔、体不分节、消化管有
口和肛门、无呼吸和循环系统等共同特征，但在胚胎发育和超微结构方面相差很远。因
此将轮虫作为一个独立门的观点，越来越被更多学者所接受。

（二）轮虫的分类研究

　　轮虫是最小的后生动物，早在 1687 年，荷兰学者 Leeuwenhoek 首先发现和描述了 1
种蛭态类轮虫。丹麦人 Müller 是最早的轮虫分类学家，他在 1773 年出版的 *Infusoria*，
是一本有关微型无脊椎动物和藻类的专著，但其中也有不少涉及轮虫的内容；他一生共
发现和描述了 50 多种轮虫。Cuvier 于 1798 年首先使用 Rotifera 这一名词，但仅用它来
代表现在的固着类群。Vincent 作为轮虫系统学家，在 19 世纪初期命名、订正和重新组
合了不少的轮虫属，其中有许多属名在今天仍被使用，如三肢轮属 *Filinia*、巨头轮属
Cephalodella、镜轮属 *Testudinella*、鳞冠轮属 *Squatinella* 和龟甲轮属 *Keratella* 等。Ehrenberg
在他于 1832 年出版的著作 *Die Infusionsthierchen* 中不但细致地描述了轮虫，还将形态功
能学和实验科学引入轮虫的研究，开创了轮虫研究的新纪元；同时，他用 Rotatoria 一词
来代表轮虫这一类群，以区别原生动物的纤毛虫（尽管 Rotifera 和 Rotatoria 在今天被同
时使用，但由于 Cuvier 提出的 Rotifera 一词较 Rotatoria 早 30 多年，故根据《国际动物

命名法规》，认为 Rotifera 应为正名，而 Rotatoria 为同物异名）。Dujardin 在 1841 年修正了 Ehrenberg 关于器官功能的许多错误，并且第一个认识到咀嚼器在轮虫分类中的重要作用。1856 年，Cohn 发现轮虫的厚壳冬卵（即休眠卵）的出现总是伴随着雄体的出现，而薄壳夏卵的出现并无雄体，从此开始认识到轮虫的生殖存在两性和单性 2 个阶段。Hudson 和 Gosse 在 1886 年和 1889 年共同出版的 *The Rotifera or Wheel Animalcules* 是轮虫的第一本专著，该书包括了当时所发现的 600 多种轮虫。Zelinka（1891）最早应用组织切片技术研究轮虫的神经系统，并描述了轮虫的脑和脑后神经节。Wesenberg-Lund（1929）把具有双卵巢的尾盘类 Seisonacea 和蛭态类 Bdelloidea 一起组成双巢亚纲 Digononta，把单个卵巢的轮虫放在单巢亚纲 Monogononta 中。20 世纪初，de Beauchamp 探讨了轮虫消化和排泄的生理现象、轮虫的后脑器官、轮冠的形态及咀嚼囊的形态和功能。Lauterborn 发现了轮虫的周期形态变化，并致力于形态变异与环境间关系的研究。Voigt 一直研究欧洲的轮虫区系，并于 1957 年出版了著名的轮虫专著 *Die Raderiere Mitteleuropas*，它是 Koste（1978）所编著的且现今还在普遍使用的专著 *Rotatoria* 的基础。Wulfert 描述了许多附生或底栖生活的轮虫种类，极大地丰富了轮虫的区系内容。奥地利轮虫学家 Donner 毕生悉心研究陆生或水生蛭态类，他在 1965 年出版的 *Bdelloidea* 一书是至今为止唯一的蛭态类专著。在美洲，同时代有 2 位较为著名的轮虫分类学家 Harring 和 Myers，他们在 20 年代描述了许多生活在酸性湖泊和池沼中的轮虫种类，并首次发表了有关美洲大陆的轮虫专著 *The Rotifer Fauna of Wisconsin*。

　　自 19 世纪中期以来，系统生物学的研究除了仍沿用传统的手段外，逐步向遗传、生化等方面深入；在经典的系统生物学研究中，采用了许多现代的方法和技术，如扫描电镜和透射电镜技术、细胞染色体技术、同工酶技术及 DNA 序列分析技术等。这些新技术在系统生物学中的大量应用，为解决生物的分类、系统发育关系及进化中的一些疑难问题提供了新的手段。目前在国际上结合扫描电镜、透射电镜及分子生物学技术开展轮虫系统生物学的研究已不断增多。Markevich（1989）和 De Smet（1992）等利用扫描电镜，对轮虫咀嚼器和身体内外部结构进行细微观察，加强了传统形态分类的准确性。Clément（1980, 1985）等则通过轮虫的超微结构来研究轮虫的系统关系。Walsh 和 Starkweather（1993）介绍了 PCR 技术在轮虫遗传、进化中的应用。Garey 等（1996）则通过分析轮虫的遗传物质，探讨轮虫与其他相近类群的亲缘关系。

　　综上所述，从轮虫发现至今的 300 余年中，人们对它的认识是一个不断深化的过程，由简单的 α-分类到系统发育关系的研究，由单纯的形态观察到遗传、生化和分子等一系列新技术、新方法的应用，使轮虫学的研究得到不断发展。

　　中国的轮虫研究开始于 19 世纪末，由少数外国学者对我国个别地区进行了零星的调查。最早由英国人 Thorpe（1893）和 Lemmermann（1907）对长江流域的轮虫进行了研究，共记载了 35 种轮虫。Daday（1906, 1908）报道了内蒙古的一些轮虫种类。Stewart（1908, 1911）在我国西藏南部海拔 4000-4270m 的地方收集了 10 多种轮虫，在他所描述的 5 个新种中，*Mastigocerca auchinleckii*、*Salpina shape* 和 *Notholca scaphula* 后来分别被认为是长刺异尾轮虫 *Trichocerca longiseta* Schrank, 1802、短刺腹棘管轮虫 *Mytilina ventralis brevispina* Ehrenberg, 1832 和鳞状叶轮虫 *Notholca squamula* Müller, 1786 的同物

异名。Brehm（1909）和 Gee（1927）调查了上海、无锡和苏州一带的轮虫区系分布。Ueno（1933）对中国枝角类进行了一些研究，其中也涉及来自杭州和重庆的少数种类的轮虫。我国学者中最早注意到轮虫的，是北京大学生物系的李落英教授，他在 20 世纪30 年代初调查了北京地区的轮虫，并对他本人和先人所记录的 100 多种轮虫种类进行了系统分类。50 年代，中国科学院水生生物研究所王家楫教授开始从事中国淡水轮虫的区系调查，通过对全国部分地区的调查，在 1961 年出版了《中国淡水轮虫志》，共记录我国轮虫种类 252 种，隶属 79 属 15 科，其中有 4 新种。Bartoš（1963）描述了来自中国的 11 种蛭态类。Wulfert（1968）也报道了来自中国不同地区的一些轮虫种类。王家楫在1974 年还报道了采自珠穆朗玛地区的 39 种轮虫。龚循矩（1983）描述了来自西藏地区的 208 种轮虫，隶属 16 科 53 属，其中有 96 种是我国首次记录。自 20 世纪 80 年代以来，伍焯田研究了我国少数地区的轮虫，黄祥飞等研究了武汉东湖的轮虫种类组成；诸葛燕（1997）等对我国不同典型地带包括中热带—海南、北热带—云南、亚热带—湖北和湖南、暖温带—北京、温带—吉林、高寒带—青海等地的轮虫，进行了物种多样性和地理分布的调查研究，共记录和描述了轮虫 433 种，其中新种 10 种，我国新记录种 209 种，从而更加丰富了我国轮虫的区系组成和地理分布等方面的知识。此外，福建师范大学许友勤、内蒙古自治区水产研究所苏荣、上海师范大学王全喜、大连水产学院赵文和安徽师范大学温新利等，分别对福建、内蒙古、黑龙江、辽宁和安徽等部分水体中的轮虫进行了较为详细的研究。

总之，虽然我们对单巢类轮虫的研究到目前为止有了一定的积累，但鉴于我国幅员辽阔、环境多样，相信还有更多的轮虫种类有待我们去调查发现，况且，我国对双巢类轮虫的调查研究还十分薄弱，今后针对该类群也需要投入更多的研究与探索。

（三）轮虫系统发育的研究

由于轮虫外形的多样，生态习性的不同，再加上对其超微结构和生化性质缺乏深入的了解，致使其进化途径众说纷纭，莫衷一是。

在 18 世纪中期之前，几乎所有的学者都认为轮虫属于浸液虫或纤毛虫。1801 年，Lamarck 认为轮虫在结构上居于原生动物和水螅之间。1877 年，Huxley 认为轮虫的原肾结构与蠕虫的某些类群十分相似，且它们的幼虫也很相似，所以他认为轮虫与蠕虫的亲缘关系很近。之后，由于当时发现的球轮虫属 *Trochosphaera* Semper, 1872 与环节动物的担轮幼虫十分相似，Hatschek 在 1878 年提出的轮虫起源与担轮幼虫有关的学说风行一时，至今仍有不少动物学工作者主张轮虫由环节动物退化而来。Hudson 和 Gosse（1889）在承认轮虫与蠕虫有一定关系的同时，受他所发现的六腕轮虫属 *Hexarthra* Hudson, 1871的影响，认为轮虫更接近节肢动物，并将轮虫置于节肢动物门中，作为与昆虫纲、甲壳纲同等的轮虫纲。Lorenzen（1985）认为轮虫是由 1 个体腔充满液体的祖先进化而来，并且该体腔是 1 退化的真体腔；但至今在超微结构上仍未找到原体腔是退化的真体腔的证据。

现今被广为接受的观点是，轮虫从无体腔的涡虫（扁形动物）进化而来，因为它们：

①均具有原肾管;②体腹部有纤毛(有很多轮虫种类,如椎轮科、猪吻轮科等,满布纤毛的头冠显著地偏在前端腹面);③具有黏液腺;④有脑眼;⑤不少轮虫有脑后囊的存在,和涡虫的额器非常近似;⑥雌体的性腺显著地分成卵巢和卵黄腺2部分。Clément(1985)认为,尽管轮虫与扁形动物在许多特点上很相似,但轮虫却缺乏扁形动物所具有的胶原蛋白、间质及再生能力,所以他主张轮虫可能起源于一种原始的有纤毛的幼虫,是幼态成熟体。

轮虫与其他原腔动物的关系一直备受关注。轮虫因身体不分节、两侧对称且具有原体腔,所以自 Zelinka(1886)以来一直将其放在线形动物门中,作为1个纲,与该门中的线虫、线形虫、动吻虫、棘吻虫、鳃曳虫和腹毛虫一起统称为原腔动物。尽管它们在体制上有共同之处,但它们无论在形态还是在分子水平上,均已被证实不是一个单系类群,而是一个多系类群。比较轮虫与线形动物门中的其他各纲,Joffe(1979)认为轮虫和棘吻虫在胚胎发生上极为相似,它们在胚胎发育过程中在动物和植物轴上作相同的旋转。Clément(1977)和 Whitfield(1971)研究了轮虫体壁的超微结构,与 Joffe 一样,他们也认为轮虫与棘吻虫可能存在一定的关系,因为它们的体表均是胞质内骨骼,而原腔动物门中的其他几类动物和一些低等的真体腔动物体表均是细胞外骨骼。同样,Lorenzen(1985)也认为轮虫与棘吻虫较为接近,因为它们共同具有下面的几个特征:①胞质内的层状体;②棘吻动物与轮虫中的蛭态类的吻(rostrum)和吻腺(lemniscus)很相似;③雄虫体内有韧带索(ligament strand);④个体各器官的细胞或细胞核数目恒定;⑤胚胎发育上的相似;⑥神经系统上的相似;⑦都具泄殖腔。所以,在原腔动物中,轮虫与棘吻动物的关系应相对较近,而与线形动物门中的其他几类则相差较远。

尽管轮虫与棘吻动物在形态和结构上有不少的相似性,但 Markevich(1993)认为它们在胚胎发育上的相似是表面的,在系统发育上它们是各自独立的,并且轮虫与棘吻动物还各自存在着许多形态上的不同之处。如棘吻虫无消化管,体壁具纵肌、环肌和管道系统,前端有1具倒钩的可收缩的吻,特异的生殖系统及寄生生活等;而轮虫则在身体的前端或靠近前端存在1个有纤毛的特殊区域——头冠,头冠上的纤毛经常摆动,作为轮虫在水域内浮游及吸引食物入口之用;口腔或口管下面的咽喉部分膨大而形成1咀嚼囊,囊内的肌肉一般很发达,有1结构复杂的咀嚼器;咀嚼器由砧板和槌板所组成,它们系高度硬化的内皮层;体内有消化系统;一般孤雌生殖及自由生活等。

Wallace 和 Colburn(1989)用分支分类学的原理和方法建立了轮虫的系统树,认为棘吻动物是轮虫的一个外类群,并且轮虫是一个单系。Garey 等(1996)在分析比较了轮虫和棘吻动物遗传物质 18S rRNA 基因序列后认为,棘吻动物不仅与轮虫关系很近,并且与轮虫门中的蛭态类是一个姐妹群,故而他们认为以往的轮虫门不再是一个单系,应加上棘吻动物才是一个完整的单系类群。该观点与传统所认为的轮虫是一个单系的观点相矛盾。但由于上述研究仅用了少数几种轮虫,还缺乏普遍性。孰是孰非,还有待于今后更进一步深入的研究。

轮虫各类群之间的关系又如何呢?轮虫主要包括尾盘轮虫 Seisonidea、蛭态轮虫 Bdelloidea 和单巢轮虫 Monogononta 三大类。Pennak(1991)和 Nogrady 等(1993)依据尾盘轮虫和蛭态轮虫都具1对卵巢而将它们共同置于双巢纲 Digononta 中,单巢轮虫则作为单独的 1 个单巢纲。Koste 则强调尾盘轮虫独特的形态特点、寄生生活和其专性的两性生殖而将其另立为尾盘亚纲，将蛭态类与单巢类轮虫一起置于真轮亚纲 Eurotatoria 中。

二、形态和生物学

（一）体型和身体组成

簇轮目中除了少数种类会形成群体外，绝大多数种类的轮虫个体都是单独自由活动，或独立固着在沉水植物及其他物体之上。轮虫最小的个体在 40μm 左右，最大的可超过 2000μm，但一般体长多为 100-1000μm。轮虫虽系多细胞动物，但与纤毛纲原生动物在大小及形态上有所相似，因此最早的动物学工作者往往把它与原生动物混淆在一起，称为浸液虫（infusoria）。

轮虫的体型多为纵长形，如椎轮属 Notommata、猪吻轮属 Dicranophorus、巨头轮属 Cephalodella 等的种类；它们的身体通常可分成比较短而或宽或狭的头部、长而或多或少膨大的躯干部及比较细弱的尾或足部。形态多样，或纵长，或粗短，或呈囊圆形等。如晶囊轮虫，身体的长轴短缩较多而变成粗壮的囊袋形；球轮虫的身体变成圆球形，二者的足部都已完全消失；须足轮属 Euchlanis、臂尾轮属 Brachionus 和腔轮属 Lecane 等的种类体型宽阔，宽阔的程度特别表现在或多或少扁平的躯干部分。就轮虫外形而言，绝大多数种类是左右匀称的。而异尾轮科 Trichocercidae 的种类，由于身体总是或多或少向左扭转弯曲，使右侧的不少构造缩小或改变了位置，形成两侧不匀称的现象。有时外观上虽然好像相互对称，但腹面总还有一些弯转的迹象。

轮虫身体被一层乳白色或淡黄色的表皮所包囊。在某些部位表皮层具有环形的折痕，形成一定数目的"环节"，叫作"假节"，因为这些节仅仅是表皮硬化程度不同而产生折痕的结果。大多数圆筒形细长的蛭态目轮虫，躯干部分的"节"比前端头部和头部及后端足部的"节"总要膨大一些。当整个身体收缩时，前后端的"节"都能够向中间躯干的节缩入，如同套筒。臂尾轮科 Brachionidae、狭甲轮科 Colurellidae、鬼轮科 Trichotriidae、棘管轮科 Mytilinidae、腔轮科 Lecanidae 和镜轮科 Testudinellidae 等的很多种类，由于躯干部分的表皮已高度硬化，形成了由 1 片至若干片所组成的被甲。某些种类被甲上还具有刻纹、隆起、斑点，或相当发达的棘状突出等。

轮虫的头部相当宽阔，一般并不与躯干部十分明显地分开。但由于有头冠纤毛环的存在，使轮虫和别的水生无脊椎动物很容易区别开来。就通常的形式来讲，纤毛的存在只限于头部前端的周围而形成 1 头冠。头冠中央有 1 盘顶区域，光滑而无纤毛，但盘顶上往往有若干乳头或波状的突起。这些突起有的作为脑后囊的导管通到外面的结构；有的具有相当长而粗的感觉毛或刚毛，司感觉作用。头部构造也有相当突出的变异。特别在簇轮目和胶鞘轮目的许多固着种类中，由于头冠周围分割为若干或宽或狭的裂片，头部就从原来两侧对称变成辐射形的状态。某些轮虫，如椎轮属和疣毛轮属 Synchaeta 的种类，头部两侧都有向外突出部分，通常叫作"耳"；"耳"的周围也具有纤毛，特别是椎轮虫的"耳"往往会完全缩入体内。绝大多数种类的口位于靠近头盘腹面中央。所有胶鞘轮虫的头盘由于向四周伸展而形成漏斗状，口也就下延到漏斗的底部。

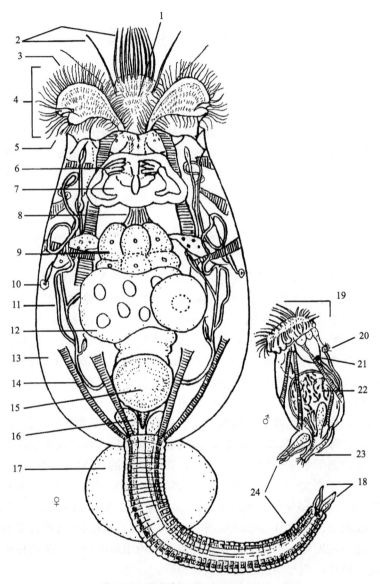

图 1　臂尾轮虫的解剖（仿 Wallace *et al.*, 2006）

Fig. 1　Anatomy of *Brachionus* sp. (from Wallace *et al.*, 2006)

1. 口漏斗（buccal funnel）；2. 刚毛（bristle）；3. 轮环（trochus）；4, 19. 头冠（corona）；5. 腰环（cingulum）；6. 咀嚼器（trophi）；7. 咀嚼囊（mastax）；8. 食道（esophagus）；9. 胃（stomach）；10. 侧触手（lateral antenna）；11. 原肾管（protonephridial tubule）；12. 卵黄腺（vitellarium）；13. 原体腔（pseudocoel）；14. 肌肉（muscle）；15. 膀胱（bladder）；16. 足腺（pedal gland）；17. 卵（egg）；18. 趾（toe）；20. 背触手（dorsal antenna）；21. 眼点（eyespot）；22. 精巢（testis）；23. 阴茎（penis）；24. 足（foot）

躯干当然是最大最长的部分。它的横切面或接近圆形，或宽阔而扁平，也有极少数种类两侧很狭而背腹面距离反而较大。一般腹面扁平或表现不同程度的凹入，背侧以隆起而突出的为多。皮层已高度硬化而形成被甲的种类，被甲上往往具有棘状的突出或刺，以及各种饰纹。这些棘状突出或刺本身是固定在被甲上而不能运动的。臂尾轮属、多棘轮属 *Macrochaetus*、龟甲轮属及叶轮属等的种类被甲上的棘状突出都很显著，特别是典型的浮游种类如长刺盖氏轮虫 *Kellicottia longispina*，被甲前端的刺总是非常之长，尤为突出。能动的刺棘或附肢只限于若干不具备被甲的种类，往往着生于躯干的前端。长三肢轮虫 *Filinia longiseta* 的 3 个附肢特别长，多肢轮属 *Polyarthra* 的种类背面和腹面的两侧各有附肢 3 个，这样一共有 12 个能动的附肢，六腕轮属 *Hexarthra* 的种类 6 个附肢不仅都很强壮而发达，而且它们的后端总是着生许多羽状刚毛。

　　背触手和侧触手的存在，也是躯干部的特点之一。有些种类轮虫的背触手自头部或"颈部"背面射出，但绝大多数的轮虫背触手是从躯干的最前端射出的；而且所谓的"颈部"，以形体的结构而言，就是躯干部的最前部分。侧触手通常位于躯干的中下部。肛门总是位于躯干最后端，靠近足的基部背面的中央。在簇轮科的种类，肛门总是位于 1 乳头状突出的顶端；在椎轮科的种类，肛门往往为背面的 1 尾状突出所遮盖。

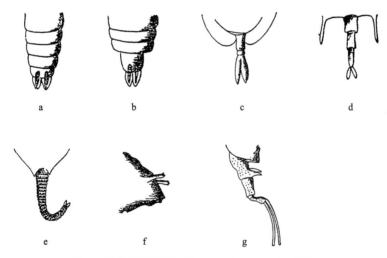

图 2　轮虫的足和趾（仿 Wesenberg-Lund, 1929）

Fig. 2　Foot and toe of rotifers (from Wesenberg-Lund, 1929)

a. 污前翼轮虫 *Proales sordida*；b. 颤动疣毛轮虫 *Synchaeta tremula*；c. 大肚须足轮虫 *Euchlanis dilatata*；d. 十指扁甲轮虫 *Plationus patulus*；e. 角突臂尾轮虫 *Brachionus angularis*；f. 奇异六腕轮虫 *Hexarthra mira*；g. 方块鬼轮虫 *Trichotria tetractis*

　　有的种类的足部由躯干部逐渐向后细削而成，两者之间外表上并无明显的交界线；有的形成 1 比较细而或长或短的圆筒，好像 1 条"尾巴"，与粗壮的躯干部截然不同。许多种类的足部皮层也往往具有若干环形的折痕，分成一定数目的"假节"。不少典型的浮游种类，如龟甲轮属、叶轮属、晶囊轮属 *Asplanchna*、多肢轮属及六腕轮属等的种类都没有足的存在。足的末端通常具有左右对称的趾 1 对。极少数的种类只有 1 单独的趾，很可能由原来 2 个成对的趾完全愈合在一起而形成。短而倒圆锥形是趾的一般形式，细长的刺状或针状趾也很普通。个别种类趾的长度会远远地超过足本身的长度。异尾轮科由于向左扭转弯曲的结果，使右侧的不少结构，如其右趾在很多种类都已缩小或退化。一般来说，足和趾的存在，无论在底栖或浮游的种类，或者作为暂时固着在水生植物或其他底层物体上面之用，或者在浮游的时候拖在后面，能够起转移方向的"舵"的作用。不少簇轮目和绝大多数胶鞘轮目的种类的成体都是固着的，它们的足变成 1 比较细长的柄，趾已完全消失。

（二）头　冠

　　头冠（corona），亦称轮器（wheel organ），是轮虫身体前端一个具纤毛的区域，是轮虫的重要特征。头冠的形式不一，有些种类的头冠上半部完全裂开，裂开的 2 个部分各具 1 个纤毛带，这 2 个部分称为头冠。通过仔细研究，人们对轮虫各式各样头冠的演化情况才获得比较正确的了解。由于低级的轮虫很可能起源于一种腹面具有纤毛且爬行的扁形动物，最简单的头冠应该偏在腹面；在这一腹面围绕口的周围也无疑应该满具纤毛，由此可见一个假定简单的头冠应当是在腹面有 1 比较大的卵圆形的区域，叫作口围区（buccal area），满布着相当短的口围纤毛，口即位于这一区域的中央；围绕头冠前端的头顶，有 1 圈相当宽阔的围顶带（circumapical band），围顶带上具有少许长一些的纤毛；没有纤毛的头顶，叫作盘顶区（apical field）。不少以底栖习性为主的爬行种类，像椎轮虫的头冠，或多或少保持这样简单的形式。不过在椎轮虫围顶带已变成 1 圈单独的、相当长的盘顶边缘纤毛；没有纤毛的盘顶区则已变得非常狭窄，脑后囊的导管即在这一狭窄区域开孔通到外面。椎轮虫头冠两旁的耳周围具有更长的纤毛，也属于盘顶边缘纤毛的连续部分。椎轮虫在爬行的时候，耳缩入体内；在游泳之际，耳才伸出，耳上纤毛的摆动，无疑是为了帮助游泳摄食。猪吻轮虫头冠的口围区达到充分的发展，但围顶带已完全消失；同时也没有盘顶区的存在，脑后囊导管即在口围区的前端开孔而出。猪吻轮虫头冠的最前端往往还具有 1 "吻"。

　　从底栖爬行的习性，逐渐适应到浮游习性，头冠形状的主要变化体现在口围区域的显著缩小；兼营浮游和底栖生活的须足轮虫，口围区域的上半部已缩小，这部分边缘的口围纤毛变成十分粗壮的刚毛。口与刚毛之间大部分口围纤毛的缩短或消失，这 1 圈粗壮的刚毛就成为口围区最突出主要部分，而常被称为"假轮环"。在水轮属 *Epiphanes* 和臂尾轮属的种类，假轮环上背面粗壮的刚毛总是显著地间隔成为 3 束。这些刚毛当然失去了帮助游泳的作用，而可能转变为感觉的作用。具有假轮环的种类，头冠的周围总有 1 圈比较长而发达的围顶纤毛；在围顶纤毛环和假轮环之间，也有一没有纤毛的盘顶区域。在不少典型的浮游种类如晶囊轮虫、多肢轮虫及疣毛轮虫等的头冠，虽都很宽阔而面向前端，但只有在口孔边缘具有一小段很不发达的纤毛，因此口围区已经高度地缩小或者几乎消失；而头冠周围则具有 1 圈相当发达的围顶纤毛，在背面和腹面中央这圈围顶纤毛是间断的，因此，在围顶纤毛圈与口孔之间就形成一很大的没有纤毛的盘顶区域。在这一区域内往往有若干单独或成对的刺状感觉毛，在某些种类还有棒状或触手状其他感觉机构。

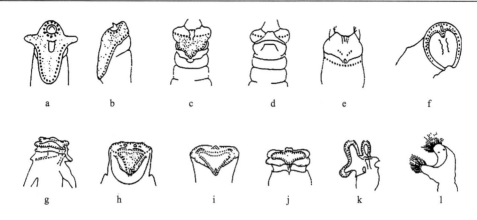

图 3　轮虫头冠类型（仿 Koste and Shiel, 1987）

Fig. 3　Types of corona (from Koste and Shiel, 1987)

a. 椎轮属，腹面观（*Notommata*, ventral view）；b. 椎轮属，侧面观（*Notommata*, lateral view）；c. 粗颈轮属，腹面观（*Macrotrachela*, ventral view）；d. 粗颈轮属，背面观（*Macrotrachela*, dorsal view）；e. 晶囊轮属，腹面观（*Asplanchna*, ventral view）；f. 聚花轮属，侧面观（*Conochilus*, lateral view）；g. 六腕轮属，侧面观（*Hexarthra*, lateral view）；h. 须足轮属，腹面观（*Euchlanis*, ventral view）；i. 水轮属，腹面观（*Epiphanes*, ventral view）；j. 臂尾轮属，腹面观（*Brachionus*, ventral view）；k. 簇轮属，侧面观（*Floscularia*, lateral view）；l. 胶鞘轮属，侧面观（*Collotheca*, lateral view）

由假定简单的头冠向另一个方向发展，是围顶带上下边缘纤毛变得特别长而发达，于是形成 2 圈显著的纤毛环。上面的 1 圈叫作轮纤毛环，下面的 1 圈叫作腰纤毛环。口和口围区域即位于 2 圈纤毛环之间腹面的或多或少下垂部分。六腕轮属的种类的头冠即属于这一典型的型式。从六腕轮属型式又分别发展成聚花轮属 *Conochilus* 及旋轮属 *Philodina* 的 2 种头冠型式。聚花轮虫头冠的围顶带完全面向前方。由于它没有绕过头冠腹面边缘的中央，使整个围顶带显著地成为马蹄形；但在 "马蹄" 背面，围顶带总是或多或少向盘顶区域下垂。口和很小的口围区却位于此下垂的围顶带内，这样也就使口的方位异乎寻常地靠近背面，而并不偏在腹面。围绕 "马蹄" 外缘的纤毛为轮环纤毛；围绕 "马蹄" 内缘连同下垂部分的围顶带在内的边缘的纤毛为腰环纤毛。聚花轮虫头冠型式只限于聚花轮 1 科，该科所包括的种类很少。至于旋轮虫头盘型式则包括蛭态目旋轮科 Philodinidae 和宿轮科 Habrotrochidae 中很多的种类；属于这一型式的头盘，为轮环纤毛所围绕的盘顶区域，已完全分割开来而成为 2 个左右对称的轮盘。2 个轮盘各有 1 很短的 "柄"，事实上就是围顶带的本身。围顶带的腰环纤毛就在下面把 2 个 "短柄" 围裹起来；口和口围区即位于腹面中央在腰环少许下垂部分之前和两 "柄" 之间。胶鞘轮虫头冠的型式与众不同，最为特别。由于口围区域达到高度的发展，整个头盘向四周张开而作宽阔的漏斗状。漏斗上面周围的边缘总是形成 1、3、5 或 7 个很突出的裂片，具有 2 或 4 个裂片的种类则很少。裂片上或裂片的顶端往往有一系列成束或不成束的刺毛或针毛。这些刺毛或针毛一般都比较粗，而且很长，通常并不摆动。除了裂片上的刺毛或针毛外，"漏斗" 边缘的其他部分在有的种类还具有普通的短纤毛，有的种类则完全没有普通的纤毛。口深深地位于漏斗状头冠底部的中央。这种很宽阔而特殊的漏斗状头冠可能只代表非常发达的口围区域，而围顶带则已完全消失。绝大多数胶鞘轮虫系固着的种类，它们漏斗状的头冠成为一个张开的网，也就是捕食的陷阱。这里应该指出，在无轮属 *Atrochus*、箱轮属 *Cupelopagis* 和无环轮属 *Acylus* 等 3 属，头冠并不存在，或者头冠上完全没有纤毛以及任何由纤毛变成的刚毛、刺毛、针毛等等。

（三）器官、系统及其功能

轮虫属原体腔动物（pseudocoelomata），腔内具有肌肉、神经、消化、生殖系统和原肾管，而无循环和呼吸系统。此外，轮虫还具有明显的组织学特征，胚后发育期后细胞膜消失，某些器官成多核体，称为合胞体（syncytium）。更有趣的是每种轮虫的各个器官在一生中均有恒定的细胞核数。一般轮虫的细胞核数目在 900-1000 个。

1. 咀嚼器和消化系统

轮虫消化道的咽特别膨大，为 1 肌肉很发达的囊，称为咀嚼囊（mastax）。咀嚼囊往往呈心脏形、圆形或长圆形；囊内具有结构复杂的口器，称咀嚼器（trophi）。咀嚼器的基本结构由 7 块很坚固的骨片组成，包括 1 块砧基（fulcrum）和 1 对砧枝（ramus）组成的砧板（incus），以及 1 对槌钩（uncus）和 1 对槌柄（manubrium）组成的槌板（malleus）。砧板的砧基系比较薄的一片，位于砧板的后端中央，和整个身体平行；砧枝自砧基向前分叉而出，一般比较粗壮，前端或多或少尖削。槌板之槌钩则横置在砧枝的前部；槌柄往往纵长而略微弯曲，它的前端通常和槌钩的后端连接。除了上述的主要结构外，不同类型的咀嚼器有时还有其他附属构造，如基翼（alula）、中央槌板（intramalleus）和侧棍（pleural rod）等。咀嚼器通常分为以下 8 种类型。

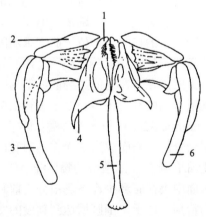

图 4　咀嚼器基本结构，背面观（仿 Koste and Shiel, 1987）

Fig. 4　Basic structure of trophi, dorsal view (from Koste and Shiel, 1987)

1. 砧枝（ramus）；2. 槌钩（uncus）；3, 6. 槌柄（manubrium）；4. 基翼（alula）；5. 砧基（fulcrum）

（1）槌型咀嚼器（malleate trophi）：砧板和槌板比较粗壮而坚实。砧基短，从侧面观大多数呈片状，砧枝较宽阔，内侧虽有横的沟痕，但并无真正的齿。槌钩中央部分一般弯转，并往往分裂成几个（一般为 4-7 个）箭头状的长条齿，横置于砧枝之上；槌柄一般为片条状，斜置于槌钩两旁。臂尾轮科、水轮科、鬼轮科 Trichotriidae、棘管轮科 Mytilinidae、须足轮科 Euchlanidae 的种类一般具有这种咀嚼器（图 5a₁-a₃）。

在此值得一提的是，有一种称为亚槌型（submalleate）的咀嚼器，它与槌型咀嚼器的不同之处仅仅在于槌柄和砧基较长。

（2）杖型咀嚼器（virgate trophi）：通常认为它是槌型咀嚼器的一种过渡类型，但结构比较复杂。砧基和槌柄都很细长且呈棍棒状或杖形，1 对砧枝总是呈比较宽阔的不同形态的三角形板片。这一类型的咀嚼器具有非常发达的腹咽肌，通常叫作活塞。腹咽肌一头支持在宽阔的砧板之上，另一头则附着在砧基的后端。槌钩一般只有 1-2 个齿，它能伸出口外，攫取食物并把它咬碎。具有杖型咀嚼器的轮虫大多数是典型的浮游种类，如异尾轮科 Trichocercidae、椎轮科 Notommatidae、疣毛轮科 Synchaetidae、高跷轮科 Scaridiidae 及腹尾轮科 Gastropodidae。但其中有些种类，如异尾轮科的种类，杖型咀嚼器通常是左右不对称的（图 5b-d）。

（3）梳型咀嚼器（pectinate trophi）：柔轮科 Lindiidae 轮虫具有该类型的咀嚼器。砧板呈提琴形；槌柄复杂，它的中部总是分出 1 个月牙形弯曲之枝；前咽片相当大，往往比槌钩还发达。柔轮虫的头冠呈椎轮虫的头冠类型。它取食的方法以吸吮为主，咀嚼器上虽没有活塞，但吸吮的任务靠槌钩的动作完成（图 5i）。

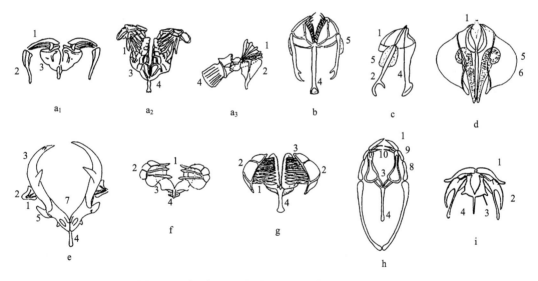

图 5　咀嚼器的主要类型（仿 Koste and Shiel, 1987）
Fig. 5　Principal types of trophi (from Koste and Shiel, 1987)

a₁-a₃. 椎尾水轮虫的槌型咀嚼器（malleate trophi of *Epiphanes senta*）：a₁. 腹面观（ventral view）；a₂. 上腹面观（ventrally from above）；a₃. 侧面观（lateral view）。b. 巨头轮属的杖型咀嚼器（virgate trophi of *Cephalodella*）；c. 巨头轮属的杖型咀嚼器侧面观（lateral view of virgate trophi of *Cephalodella*）；d. 疣毛轮属的杖型咀嚼器（virgate trophi of *Synchaeta*）；e. 西氏晶囊轮虫的砧型咀嚼器（incudate trophi of *Asplanchna sieboldii*）；f. 胶鞘轮属的钩型咀嚼器（uncinate trophi of *Collotheca*）；g. 细簇轮属的槌枝型咀嚼器（malleoramate trophi of *Ptygura*）；h. 猪吻轮属的钳型咀嚼器（forcipate trophi of *Dicranophorus*）；i. 连锁柔轮虫的梳型咀嚼器（pectinate trophi of *Lindia torulosa*）

1. 槌钩（uncus）；2. 槌柄（manubrium）；3. 砧枝（ramus）；4. 砧基（fulcrum）；5. 薄片（lamina）；6. 下咽肌（hypopharyngeal muscle）；7. 前缘膨胀部（bulla）；8. 中央槌板（intramalleus）；9. 前槌板（premalleus）；10. 前槌钩齿（preuncus teeth）

　　（4）钳型咀嚼器（forcipate trophi）：槌柄很长，砧基则较短；左右砧枝发达，或多或少弯转而呈钳状；它们尖锐的前端总是和齿状的槌钩交错在一处。砧枝内侧又往往有一系列的锯齿或其他形式的齿。这一类型的咀嚼器只限于猪吻轮科 Dicranophoridae，这和猪吻轮虫的头冠类型相符合。猪吻轮虫主要营底栖生活方式；在爬行或浮游的时候，碰到可以吞食的食物，钳型的咀嚼器能够完全伸出口处，攫取食物入口（图 5h）。

　　（5）钩型咀嚼器（uncinate trophi）：砧基和槌柄已经高度退化，砧枝则相当宽阔而发达。槌钩由 2-5 条长条箭头状的齿所组成；此外还有很发达的副槌钩，把槌钩和砧枝紧密地联络起来。具有钩型咀嚼器是胶鞘轮目 Collothecacea 轮虫的最主要特征之一。这一类型的咀嚼器总是处于 1 个很大的咀嚼囊内。绝大多数的胶鞘轮虫是固着种类，它们的头冠又都呈大的漏斗状而周围具有成束或不成束的针状或刺状刚毛。当猎物陷入漏斗后，很长的针状或刺状刚毛彼此交错起来，不会容许它们逃出，并迫使它们通过内室及口管而进入咀嚼囊（图 5f）。

　　（6）砧型咀嚼器（incudate trophi）：虽然也像 1 个钳，但只有砧枝是它特别发达的部分。左右砧枝本身又远较钳型的长而粗壮，它们的内侧虽然也有 1-2 对突出的齿，但绝不会有一系列密集的锯齿。砧基已大大地缩短，槌柄已退化而只留一些痕迹；槌钩也已经变得很细。砧型咀嚼器只限于晶囊轮科 Asplanchnidae 的种类（图 5e）。

　　（7）枝型咀嚼器（ramate trophi）：和槌枝型咀嚼器相当接近。但枝型咀嚼器砧基和槌柄已高度退化，仅由 1 对发达的、呈半圆形的槌钩枝和其上数目不等的肋条组成。枝型咀嚼器是双巢纲蛭态目 Bdelloidea 轮虫的主要特征之一。

　　（8）槌枝型咀嚼器（malleoramate trophi）：所有簇轮目 Flosculariacea 轮虫均具这类咀嚼器。槌钩为许多长条的齿密集排列一起而组成；槌柄比较短而宽阔，显著地隔成 3 段；砧基短而粗壮；左右砧枝呈长三角形，它们的内侧往往具有不甚突出的细齿或锯齿。簇轮目轮虫的生活方式尽管有浮游、底栖、周丛等多种多样生活方式，但头冠上的纤毛不断运动在水中形成水流漩涡，使细小食物颗粒沉淀入漩涡底部而获得食物。

　　除了聚花轮虫等极少数的种类以外，轮虫的口总是位于头部的腹面，呈圆形、三角形或仅仅是 1 个裂缝。口围区很大的种类，其下面往往向后延长而形成 1 颚。在口围区很不发达而围顶带显著地分成轮环和腰环的头冠，口下面的腰环总是或多或少向后突出而形成 1 下唇；特别是圆簇轮虫 Floscularia ringens 的下唇更为显著，且形成 1 舌状突出。胶鞘轮虫漏斗状的头冠具有 1 横膈膜，将漏斗隔成"外斗"和"内室"两部分。横膈膜周围有成束的味觉毛，中央有孔道自"外斗"通入"内室"，口则位于"内室"的底部，自"内室"底部有 1 根口管悬挂在咀嚼囊的前部。所有用猎食方法取食的凶猛种类，像晶囊轮虫、疣毛轮虫等，口都直接与咀嚼囊相通，而无口管的存在。附着在咀嚼囊的两旁，往往有 2-7 个唾液腺。唾液腺的形成，有的系 1 个单核的细胞，有的系 2 或 2 个以上的多核合胞体，具有粒状或泡沫状的细胞质。食物通过咀嚼器后，即进入食道。食道系 1 比较细的管子，有的很短，有的很长，视种类的不同而异。食道内皮层系合胞体所形成，并附有肌肉纤维；在通往胃的进口处，往往还有括约肌。食道管的内部，整个或只有后端具有纤毛。

　　胃是消化管道最突出而发达的部分，呈膨大的囊袋形或管状。除了蛭态目的种类外，其他轮虫的胃是由排成一层的、30-45 个比较大的细胞所组成。胃细胞内具有各式各样粒状的内含物，胃腔内的细胞膜有纤毛。胃的前端和食道联接处一般有 1 对消化腺或胃腺；在极少数种类，也有具有 2 对或 2 对以上的消化腺。在簇轮目及胶鞘轮目，也有若干种类消化腺位于胃的后端。消化腺通常都有孔口直接和胃相通，只有极少数种类腺体和胃之间还另有管道。消化系统中的肠或呈管状，由胃的后端逐渐细削而下，外表上两者没有明显的分界线；或少许膨大而呈囊状，因为胃的后端有幽门括约肌的存在，肠和胃之间有显著的紧缩。肠都是由很薄的合胞体所形成，它的内壁一般也有纤毛。在某些种类，肠腔并没有纤毛。肠的外壁和胃一样也具有肌肉纤维的网。肠的最后端接纳原肾管的部分往往或多或少膨大而形成膀胱；在很多种类，这里同时也接纳输卵管，成为泄殖腔。膀胱或泄殖腔的组织和肠没有什么区别，显然是肠的连续部分。在若干典型的种类，像晶囊轮虫、无柄轮虫等，并无肛门或泄殖腔的存在。这些轮虫或只吮吸液体食物而没有不消化的粪便；或者将不消化的残渣从口吐出。消化管是依靠若干皮脏肌联络到体壁的。从体壁侧面至胃的皮脏肌，叫作皮胃肌；从体壁至肠的皮脏肌，叫作皮肠肌；此外在膀胱上还有扩张肌。

2. 原体腔和体壁

在体壁和消化管道及其他内脏之间，有 1 相当广大的腔。这 1 腔的体壁和内脏既没有中胚层所形成的皮膜组织，又无肠系膜，因此并非一个真正的体腔，称为原体腔。在胚胎发育期间，轮虫内脏的形成，是分裂球向内转移的结果。这些内移的细胞与停留在外面的细胞之间就形成 1 空隙。原体腔即从这个空隙直接发展而来，因此，原体腔事实上就是后期的囊胚腔。原体腔内贮有体液和极其散漫游离的网状组织。网状组织为若干分叉的变形细胞交错连接在一起而形成。这样整个网状组织也就是一个合胞体。在胚胎发育阶段，这些变形细胞和表皮同一来源，应当属于内胚层和外胚层共同的产物。变形细胞在原体腔内有噬菌和帮助排泄两种作用。

皮层、表层及皮下肌肉三者合在一起而组成体壁。皮层系下面表皮所分泌出来的骨蛋白或多或少通过硬化而形成。特别在纵长而爬行的种类，它可使身体柔韧，作多方面的伸缩活动，骨蛋白的皮层具有环状的折痕，外表上就好像分成一定数目的"节"。前端和后端较细的"节"，都能够像套筒一样缩入中部较粗的"节"内。因此，上面所谓"节"，仅仅是一种皮层上的环纹折痕，轮虫绝对不会有真正的体节。也由于这些"节"或假节的存在，整个身体就容易区别成头、颈、躯干及足几个部分。像晶囊轮虫、多肢轮虫、无柄轮虫等生活习性只限于浮游的种类，它们的皮层是没有折痕而不分节的。也有些种类，像腔轮虫、龟甲轮虫等，骨蛋白皮层已高度硬化而形成各式各样的被甲。

表皮系一层含有分散细胞核的合胞体。细胞核虽分散，但它们在每一种类都有固定的数目和方位，而且或多或少均匀地排列在左右。细胞质往往集中堆积在一个胞核或几个胞核集团的周围，使有胞核的部分隆起突出于原体腔中。具有胞核部分突出的情况，在头冠下面的表皮尤为显著。胞核的排列和突出的大小与头冠纤毛的分布有一定的关系。胞核周围的细胞质含有产生纤毛的基粒，纤毛在合胞体内也就根深蒂固，于是这部分合胞体一般被称为头冠"母体"。在某些种类像镜轮虫 *Testudinella* sp.，足末端表皮合胞体有核的部分也长出 1 圈纤毛。

聚花轮虫等若干典型的浮游种类,个体或群体的周围有 1 相当发达的胶质外套;大多数固着的簇轮虫和胶鞘轮虫种类,往往具有胶质所形成的室管,本体能够完全缩入室管之中。所有这些胶质的产生,可能由足部表皮合胞体分泌而来,也可能只是由足腺单独分泌而来。也有某些种类依靠外界物质建成室管,如圆簇轮虫 Floscularia ringens 的室管,由一块一块小丸所堆砌而成,非常精致。圆簇轮虫在头冠腹部长窄袋形的下唇下面,有 1 具有纤毛的靥,专为利用外界物质来制造小丸。每个小丸制成后,头冠即转动而进行运送和堆砌工作。所谓外界物质,可能是沙粒,也可能是它本身的粪便。

直接附着在表皮内部的腺体有脑后器(retrocerebral organ)、足腺(pedal gland)和脑后器两侧的 1 对脑侧腺(subcerebral gland)。脑后器有导管,往往一直向前伸展到头冠的盘顶区分叉而出。通过盘顶的出口,位于 1 个单独的或 2 个成对的乳头上。并非所有的轮虫都有脑后器;在椎轮虫和猪吻轮虫的种类脑后器特别发达;属簇轮目及胶鞘轮目的种类脑后器已完全消失。囊和腺体之间的相对大小,视不同的种类而大有区别。只有中间的囊而没有两侧腺体的种类也是常见的;也有极少数种类只有两侧的腺体而没有中间的囊。

足腺通常只有 1 对,也有 2 对或 2 对以上的种类。足腺系单核的普通细胞或多核的合胞体所组成,位于足的前端,有足腺管从趾的基部通到外面。在许多异尾轮虫种类,和足腺管直接连在一起的还有很大的黏液贮泡。少数固着的种类到了成年固着在一定物体上之后,足腺就退化或完全消失。足通常都分泌黏液,作为暂时或永久粘着在其他物体上之用。当底栖的种类爬行的时候,足腺也起较大的作用。

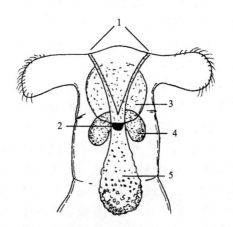

图 6　椎轮科的脑后器(仿 Wallace *et al*., 2006)

Fig. 6　Retrocerebral organ of Notommatidae (from Wallace *et al*., 2006)

1. 脑后器导管(openings of the retrocerebral organ);2. 眼点(eyespot);3. 中央神经节(central ganglion);4. 脑侧腺(subcerebral gland);5. 脑后器(retrocerebral organ)

3. 肌肉系统

轮虫虽然与扁形动物有密切的亲缘关系,但它的体壁并不像扁形动物那样,具有整套的皮下肌纤维层和皮下神经纤维网。这可能由于轮虫的体型已缩得远较扁虫小,不需要这样完整的皮下结构。轮虫的肌肉系统虽也相当发达，但就一般来讲，都是由许多比较散漫排列的单独的肌肉所组成。大多数这些单独的肌肉，紧密地排列在表皮下面，形成皮下的环形肌和纵长肌，说明轮虫还存在着扁形动物肌肉系统所遗留下来的一些痕迹。

在没有被甲或被甲硬化程度较差的种类，环形肌比较发达。这些种类通常具有 3-7个环形肌；每一个环形肌系肌肉纤维所组成的或宽或狭单独的带。前后 2 个环形肌之间总留有相当宽阔的距离。环形肌有的形成 1 完整的环带，有的在腹面往往间断，也有的背腹两面都间断而形成 1 对半圆形的弧。在颈和躯干前部，环形肌特别发达；足部则一般没有环形肌的存在。在具有被甲的种类，环形肌往往不甚发达。像臂尾轮虫的被甲已倾向背腹面扁平，原有皮下环形肌大部分已消失，只于左右两侧留有肌肉纤维带，转变成为背腹肌，把背腹面的被甲紧密地联络起来。环形肌收缩的时候，身体就伸长。紧接在头冠下面的颈部，环形肌特别发达而形成 1-7 个头冠括约肌。这种括约肌都比较宽阔，它们的收缩是为了把缩入体内的头冠封闭起来。在六腕轮虫，有很发达的控制腕状附肢动作的肌肉，直接起源于头冠的括约肌。足和躯干之间，在不少种类也有括约肌，作为控制足伸缩之用。

每一皮下纵长肌也是由肌肉纤维所组成的或宽或狭的带，与身体的长度平行，总是在环形肌的下面交错通过。纵长肌的前后两头总是附着在表皮合胞体上，但其他部分只有间隙地附着在表皮上或完全在原体腔中穿过。这是与环形肌的不同之处。通过头部的主要纵长肌有中央、背、侧、腹等若干对收缩肌；侧收缩肌又往往有上侧、中侧、下侧3 对。中央收缩肌自躯干中央背部的表皮开始，向前通过脑和消化管道之间，一直插入头冠的盘顶或口围区。背收缩肌或自足的后端起，通过整个体长，一直达到头冠；或中间间断而裂成头背收缩肌和足背收缩肌。头背收缩肌的起点，在躯干背面的表皮，向前伸展，一直通到头冠围顶带背面的两旁。足背收缩肌则起源于躯干后半部背面表皮，向后通入足的后端。所有侧收缩肌一般只限于身体的前半部，自躯干两侧向前通到头冠两侧。腹收缩肌通常都是连续的 1 条，自足的后端向前直达头冠的腹面或口围区。所有这些纵长肌的功能主要是为了前端头部和头冠及后端的足能够缩入躯干部分。在具有被甲的种类，纵长肌的收缩可促使被甲扩大。

4. 神经系统和感觉器官

轮虫的神经系统，除了体壁上有一层十分发达的皮下神经纤维网以外，其他主要部分和扁形动物类似。这一系统包括 1 个最大的囊袋形的中央神经节（central ganglion）即脑（brain），连同自脑直接分派到头冠和其他邻近部分的感觉或运动神经，若干个较小的神经节及 2 条主要的腹神经索。脑位于咀嚼囊的背面，呈长圆形、圆形、三角形或长方块形，视种类的不同而异。脑的组成为中央大部分的纤维质和周围的一层皮质；皮质内含有许多神经细胞，而尤以分布在背面和两侧的为最多。从脑直接分出若干条或若干对神经到眼点、吻、背触手，以及头冠上的感觉刚毛、感觉凹窦或其他可司感觉作用的机构。在某些种类，脑也直接分出若干对运动神经到唾液腺及中央、背、侧各对收缩肌的前面部分。

1 对比较长的咽神经，也直接自脑的腹部分出，向后伸展到咀嚼囊的两侧，形成神经纤维网，和咀嚼器的肌肉有密切联系。这些神经纤维网在咀嚼囊的腹面中央又和 1 个单独的咀嚼神经节结合在一起。在很多种类，这 1 咀嚼神经节分派出 1 对内脏神经，通到胃和消化系统的其他部分。1 对主要的腹神经索起源于脑的两旁，沿着腹部前端两侧，向后伸展，一直达到足内，神经索在若干固定的部位膨大而形成神经节。神经索的最前端靠近脑部，即有 1 神经节。紧接这 1 神经节的后面，又有 1 较大的膝状神经节。从膝状神经节又分派出 2 条主要的神经：一条是侧感觉神经，直接和侧触手连接；一条是梯状神经，专为联络躯干内的环形肌肉，梯状神经在每个环形肌上膨大而具有 1 神经节细胞。侧感觉神经和梯状神经亦有直接从腹神经索分出的种类。此外膝状神经节有时在节前神经索上还分派出 1 条神经到颈部的括约肌。腹神经索到了后端还有 2 个主要的神经节：一个是位于膀胱的腹神经节，一个是最后在足内膨大的尾神经节。在不少种类，这2 个神经节完全融合在一起而形成 1 个胞尾神经节。应该指出，某些典型的浮游种类，像晶囊轮虫，梯状神经虽已完全消失，但除了 1 对腹神经索外，还有 1 对背神经索，也直接自脑分出，可能就代替了梯状神经的作用。

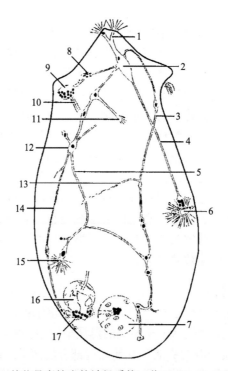

图 7　前节晶囊轮虫的神经系统（仿 Nachtwey, 1925）

Fig. 7　Nervous system of *Asplanchna priodonta* (from Nachtwey, 1925)

1. 盘顶感觉器（apical sense organ）; 2. 脑（brain）; 3. 背神经索（dorsal ganglionated cord）; 4. 背触手的感觉神经（sensory nerve to dorsal antenna）; 5. 侧触手的神经（nerve to lateral antenna）; 6. 背触手（dorsal antenna）; 7. 卵巢卵黄腺（germovitellarium）8. 咽神经节（epipharyngeal ganglion）; 9. 咀嚼囊神经节（mastax ganglion）; 10. 脏神经（visceral nerve）; 11. 角括约肌神经（cornal sphincter nerve）; 12. 膝状神经节（geniculate ganglion）; 13. 侧收缩肌神经（nerve to lateral retractor）; 14. 腹神经（ventral nerve）; 15. 侧触手（lateral antenna）; 16. 输尿管膀胱（urinary bladder）; 17. 胞尾神经节（caudovesicular ganglion）

轮虫具有相当发达的感觉器官和感觉细胞。这些器官和细胞主要集中在前端的头冠部分。各式各样头冠上成束或不成束的刚毛、口围触毛或盘顶触手、具有纤毛的凹窦、可感觉的乳头状突出等等都有感觉作用。它们的基部各备有 1 或 2 个感觉神经细胞，并有神经从这些细胞通到脑内。不少种类，像皱甲轮属 *Ploesoma*、异尾轮属、无柄轮属 *Ascomorpha* 等的种类，头冠上还伸出 1 对或几对指头状或鞭状的盘顶触手，也有触觉作用。

除了簇轮目和胶鞘轮目中固着的"成年"轮虫以外，其他浮游或底栖的种类，以及固着种类的幼虫，绝大多数都有眼点的存在。一般眼点只有 1 个，较少的种类具有 1 对。眼点的位置通常埋在脑的背面或腹面；在少数种类 1 或 2 个眼点着生在头冠的侧面；还有极少数的种类，1 对突出的眼点位于头冠的盘顶上。

背触手系普遍存在而相当突出的感觉器官。它一般为能动的乳头状或短棒状的突出，从躯干前端背面穿过皮层或被甲而伸出于体外；它的末端总有 1 束或 1 根单独的感觉毛。在某些种类，背触手只有 1 束感觉毛或 1、2 根较长的触毛射出体外，而不具备任何其他突出。也有极少数种类，连触毛或感觉毛都已消失，仅留存有感觉机能的一些凹痕。在各种不同类型的背触手的基部，具有 1 小束感觉神经细胞，并通过这些细胞的神经，和脑直接相联络。轮虫 1 对侧触手是普遍存在的感觉器官。这对触手所处的位置，视种类的不同而异，可以从靠近头冠身体的最前端到躯干的最后部分。通常虽在左右两旁伸出，但也有移到背面或腹面伸出的种类。还有不少种类，在趾的基部背面往往有 1 很小的乳头状突出或下沉凹窦，突出或凹窦有的有 1 束感觉毛，无疑地也有感觉作用，因此被称为尾触手。此外，在极少数种类，还有 1 对肛上感觉器，位于肛门的前面两旁。

5. 排泄系统

轮虫的排泄系统包括 1 对具有焰细胞（flame cell）的纵长的原肾管（protonephridial tubule）及后端的膀胱。不同的种类显示不同形式的原肾管。一般来讲，原肾管每一侧的主管总是或多或少盘曲，甚至形成若干活结。主管往往于一定位置向前后分成 2 枝；2 枝与主管同样粗细或少许细一些；后面的枝与主管平行。焰细胞在每一种类有固定的数目。通常每一侧具有 4-8 个，但晶囊轮虫属的种类则多至 40-100 个。所有焰细胞通入分叉的或共同的具有纤毛的毛细管。毛细管再通入原肾管的主管或主管分支的前端或前后两端。很发达的毛细管也往往和主管或枝管并行。某些种类，在前端还有 1 横的毛细管，把左右两侧的主管联络起来，而且这 1 毛细管在有的种类也直接接受若干焰细胞。焰细胞自管状至扁三角形，呈各式各样不同的形式。焰细胞内部具有 1 自细长鞭状至三角形的、为许多纤毛所组成的颤膜。颤膜经常不断地在颤动，如同火焰。焰细胞厚实的顶端总是伸出 1 根或几根原生质的纤维，作为稳定细胞在体壁上之用。在晶囊轮虫属的种类，这种焰细胞外面的纤维则在原体腔中经常摆动。焰细胞并非都有细胞核，更不是 1 个单独的细胞，而只是排泄系统内合胞体的一小部分。

在身体后端，左右 2 个主管分别通入膀胱。膀胱位于泄殖腔的腹面；当它收缩的时候，即迫使主管输入的水和废物通过泄殖腔而排出体外。膀胱系 1 个具有细胞核、能够经常伸缩的圆形囊状物，为一层合胞体膜所包裹，胞膜外面附有肌肉纤维网。大多数种类有 1 个膀胱，但少数轮虫或左右各有 1 个膀胱，或无。无膀胱存在的种类，它的原肾管就直接通入泄殖腔。

轮虫的原肾管不仅有排泄作用，而且还有排水的作用。和其他体型微小的动物一样，外界的水会不断渗透到轮虫的体内。这样，原肾管需要经常排出渗透进来的水，以保持体内渗透压的均衡，这种功能可能比排出废物的作用更为重要。原体腔内多余的水连同或多或少的废物，由焰细胞和主管及枝管吸收，因焰细胞内颤膜的时刻摆动，促使吸入的水和废物通过毛细管、枝管、主管而达到膀胱或泄殖腔，在膀胱作短暂的积蓄即排出体外。膀胱每秒钟伸缩 1-6 次。它伸缩的速率，不同的种类及每一种类在不同的环境条件下，有一定限度的差别。

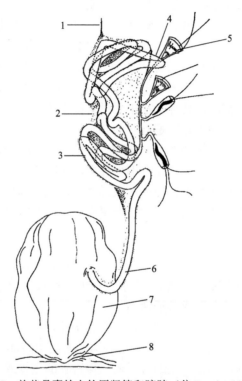

图 8 前节晶囊轮虫的原肾管和膀胱（仿 Pontin, 1964）

Fig. 8 Protonephridial tubule and bladder of *Asplanchna priodonta* (from Pontin, 1964)

1. 支撑带（supporting strand）；2. 合胞体膜（syncytial cytoplasm）；3. 主管（main tubule）；4. 结缔组织（connective tissue）；
5. 焰细胞（flame cell）；6. 开口于膀胱的主管口（opening of main tube to contractile vesicle）；7. 收缩囊泡（膀胱）（contractile vesicle, bladder）；8. 子宫囊泡导管（uterovesicular duct）

6. 生殖系统

单巢纲轮虫雌性生殖系统系由 1 个单独的卵巢（ovary）和卵黄腺（vitellarium）为一层薄膜包裹在一起而形成的共同生殖囊。这 1 囊通过输卵管和泄殖腔连接。卵巢本身很小，位于囊的一端或一侧，含有正在发育过程中的卵母细胞。卵黄腺的合胞体则很大，含有一定数目的大而显著的胞核，核的数目是某些种类的分类依据。成熟的卵自卵巢分出，卵黄腺即通过 1 很短的"饲管"将卵黄输送入卵内，而卵就逐渐长大。完全成熟的卵即穿过输卵管而达到泄殖腔，再自泄殖腔排出体外。双巢纲轮虫雌性生殖器官的构造基本上和上述情况相似，不同之处在于卵巢、卵黄腺及输卵管都是成双的，左右各有一套，而尾盘目轮虫与双巢纲不同之处就在于无卵黄腺。单巢纲轮虫雄体的生殖系统包括 1 个单独的精巢（testis）、输精管及可能和输精管相接的阴茎。精巢呈梨形、圆形或囊袋形，为雄体内部最发达的结构，占据了原体腔的绝大部分。输精管有长有短，视种类不同而异，它的内壁具有纤毛，附着在外面两旁有 1 对或几对前列腺（prostate gland）。从输精管后端往往伸出 1 皮层比较硬化的管子而形成 1 阴茎（penis）。在不具备阴茎的种类中，输精管能自体内突出而代行交配功能。这里应该指出，真正通过雄体阴茎直接和雌体泄殖腔进行交配的种类很少；绝大多数种类是由雄体阴茎穿过雌体不同部位的皮层或头冠处把精子先注射到原体腔内，然后再进入卵巢内而受精的。

轮虫属雌雄异体，但通常习见的轮虫往往以雌体为多，生殖方式多以孤雌生殖为主。雄体如出现，只在一个很短促的时期内生存，因此很少遇见。雌雄异型的现象在轮虫很突出，除了极少数种类像前额犀轮虫 *Rhinoglena frontalis* 雄体的外部形态和雌体接近外，其他都相差很大。以大小来讲，一般雄体长度只有雌体的 1/8-1/3，而且内外部形体与雌体截然不同，头冠、被甲、消化道、排泄器官等都比较简单或已退化，所以雄体通常不摄食，因此生活时间一般只有几天而已。在固着的簇轮目及胶鞘轮目种类，雌雄异型的程度更为显著，自由游泳的雄体只有或还不及固着的雌体的 1/10 大小；前端只具有 1 圈纤毛，已不称为头冠，更无头冠裂片等的存在。由于雄体都自较小的卵产生，孵化后又不会长大，就好像未成熟的雌体，保持很小的体型。很小的体型和迅速的行动，适应于在短时间内完成有性生殖的任务。

到目前为止，双巢纲蛭态类的轮虫尚未发现雄体，其种群的繁衍只靠孤雌生殖。与之相反的是尾盘目的雄轮虫与雌轮虫具有对应的器官系统，只是体型略小而已；且任何时间均可出现，数量较多，因此只通过有性生殖繁殖后代。

（四）繁殖生物学

1. 轮虫的生殖方式

轮虫动物门两个纲的轮虫往往通过 3 种不同的方式进行生殖。双巢纲中的尾盘目 Seisonidea 轮虫行专性有性生殖（exclusive gamogenesis），通过减数分裂产生生殖细胞；同一纲中的蛭态目轮虫，迄今还没有发现过雄轮虫，行无性孤雌生殖（asexual parthenogenesis）繁殖后代。单巢纲的种类居于两者之间，其生殖方式称为周期性孤雌生殖（cyclical parthenogenesis）。

在单巢纲轮虫的生命周期中，存在着两类具有不同生殖方式的雌体——非混交雌体（amictic female）和混交雌体（mictic female）。通常情况下，非混交雌体以有丝分裂（mitosis）方式产生非混交卵，该卵发育成非混交雌体，它以孤雌生殖的方式进行繁殖。轮虫在其生命周期的大部分时间都是以孤雌生殖的方式进行繁殖的。但在一定的条件下，有性生殖会被触发。当受到混交刺激时，非混交雌体产生的非混交卵也可发育成混交雌体，从而进入有性生殖阶段。混交雌体通过减数分裂（meiosis）的方式产生混交卵，该卵在没有和雄体产生的精子发生受精作用的情况下形成体积较小的雄卵，此时的混交雌体被称为产雄卵的混交雌体（male egg-producing mictic female）或未受精的混交雌体（unfertilized mictic female），雄卵孵出雄轮虫。怀混交卵的混交雌体如和雄体产生的精子发生受精作用，混交雌体则产出具厚壳的休眠卵（resting egg），此时的混交雌体被称为产休眠卵的混交雌体（resting egg-producing mictic female）或受精的混交雌体（fertilized mictic female）。休眠卵在经过一定时间的休眠后，对特定的萌发刺激产生反应并孵化出非混交雌体（Pourriot and Snell, 1983），再次进入无性生殖阶段。

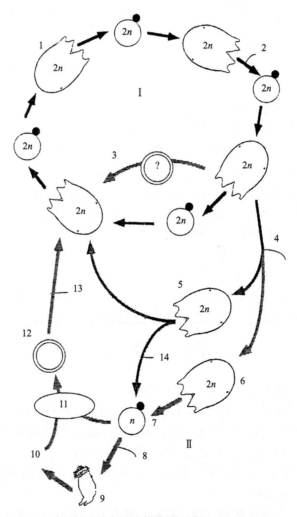

图 9　臂尾轮虫的生活史模式图（仿 Wallace, 2002）

Fig. 9　Life cycle schematics of a *Brachionus* rotifer (from Wallace, 2002)

I. 孤雌生殖世代（parthenogenetic generation）；II. 有性生殖世代（sexual generation）；1. 非混交雌体（amictic female）；2. 有丝分裂（mitosis）；3. 伪性卵（pseudosexual egg）；4. 混交刺激（mixis stimulus）；5. 双性雌体（amphoteric female）；6. 混交雌体（mictic female）；7. 混交卵（mictic egg）；8. 不受精（absence of ferilization）；9. 雄体（male）；10. 精子（sperm）；11. 受精（fertilization）；12. 休眠卵（resting egg）；13. 孵化刺激（hatching stimulus）；14. 减数分裂（meiosis）

必须指出，除了非混交雌体在其一生中可以产出非混交卵和混交卵外，两类混交雌体在其一生中通常均只能产生一种类型的卵。此外，三类雌体除了在染色体数目和生化组成方面可能存在差异外，在形态上并无显著的不同。因此，迄今为止，雌体类型的活体鉴别还只能根据其所产出的卵的类型来进行（席贻龙和黄祥飞，2000；Xi et al.，2001）。

图10以常见的臂尾轮虫为例，说明单巢纲轮虫的两性世代过程：行动活泼的雄轮虫在环境中遇到混交雌体后，在其体壁的某一部位接触，头冠对接，发生交配行为。此时，雄轮虫便将精子输送到混交雌体体内。受精过程完成后，雌雄轮虫便分离而去，混交雌体产生具厚壳的休眠卵。

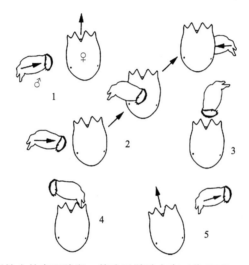

图 10　臂尾轮虫的交配阶段，箭头示游动方向（仿 Wallace et al.，2006）

Fig. 10　Mating phases of a *Brachionus* rotifer, arrows indicate swimming direction (from Wallace et al.,
2006)

1. 相遇（encounter）；2. 环绕（circling）；3. 头冠定位（coronal localization）；4. 精子输送（sperm transfer）；5. 分离（dissociation）

2. 有性生殖的生物学意义

有性生殖的出现，使轮虫种群中可能同时存在着非混交雌体库、混交雌体库、雄体库和休眠卵库4部分。轮虫由无性生殖向有性生殖的转变，即意味着其后代由非混交雌体库向混交雌体库的转变。转变的结果对种群的增长产生重大的影响。一旦雌体成为混交雌体，它便不会对现时的种群增长作出贡献，因为它要么产生雄体，要么在受精后产生休眠卵。其中雄体一生中不摄食，寿命短，只有和混交雌体交配后，才可将其所携带的遗传物质传递给下一代，否则对下一代种群无任何影响。而休眠卵皆有1个长达2-90天的自然休眠期，在此期间，对于种群增长也毫无价值。因此，有性生殖的生态学意义之一便是其对种群增长的抑制（Snell and Childress，1987；Snell et al.，1988）。

尽管休眠卵的产生以牺牲轮虫的种群增长为代价，且需要消耗较多的能量，但休眠卵对于轮虫在不利的环境条件下种的生存是极为重要的。大多数轮虫种群在时间上的不连续性表明，某些时期的环境条件不适于轮虫个体的生存；而休眠卵则是轮虫由不适宜的环境条件向适宜环境条件过渡的桥梁。在单巢纲轮虫中，休眠卵的形成是其物种得以延续、传播的唯一途径。可见，有性生殖的另一个生态学意义是通过轮虫所产生的休眠卵的休眠而使其度过不良的环境条件（Snell and Childress, 1987; Snell *et al.*, 1988）。

有性生殖还有助于提高轮虫对环境的适应能力。有性生殖过程中进行的基因重组提高了种群的遗传多样性，从而增加了种群对环境变化的适应能力（Pourriot and Snell, 1983; Snell *et al.*, 1988）。有性生殖也提高了轮虫种群的迁移能力。由于有性生殖所产之休眠卵具有抵抗干燥等不良环境条件的能力，因此休眠卵可借助风力或随鸟兽的迁徙而进入新的栖息地。当环境条件适宜时，休眠卵的萌发和轮虫的繁殖可建立新的种群。隔离的水体间通过休眠卵的传播可能是轮虫种群迁移的主要途径，这也是很多种类的轮虫广泛分布的原因。

有关轮虫为什么会进行有性生殖的问题，目前尚无一致的看法。一般认为，有性生殖是对变化了的环境的一种适应。因为有性生殖增加了物种的遗传多样性，从而提高了其对环境的适应能力。此乃遗传学中经典的"平衡选择说（balancing selection hypothesis）"。该学说至今仍得到大多数轮虫学家的支持。然而 King（1980）认为，对大多数有机体而言，该观点是完全可信的，但若将其应用于轮虫，则宜另当别论。由于轮虫具有较大的种群数量和较短的世代时间，因此孤雌生殖过程中所发生的基因变异在增加轮虫的遗传多样性方面所起的作用可能比重组更重要。虽然基因重组在增加轮虫对环境的适应性方面所起的作用不容否定，但轮虫生命周期中存在着有性生殖的原因可能在于有性生殖是轮虫产生休眠卵的途径。近年来，对褶皱臂尾轮虫 *Brachionus plicatilis* 不同品系间的比较研究发现，有的品系并不具备有性生殖的能力（Hino and Hirano, 1977）。这可能在一定程度上支持了 King 的观点。

有性生殖通常被认为是对环境不可预测性的适应。但是 Muenchow（1978）认为，在轮虫周期性的孤雌生殖中，有性生殖发生的时机问题实际包括两个部分：第一部分是"何时是产生具有遗传变异后代的最佳时机？"；而第二部分则是"何时是形成具有遗传变异后代的最佳时机？"。前者指的是变异后的基因的表达，即休眠卵萌发成新个体；而后者指的是休眠卵的形成。有性生殖发生的时机指的便是休眠卵形成的时机。由于休眠，遗传上具有变异的休眠卵的产生及其萌发在时间上是分隔的，这种分隔有时甚至达几年之久。遗传多样性表达的时机可能与轮虫生命周期中有性生殖发生的时机没有任何联系，因此，轮虫有性生殖发生的时机应该是选择作用的结果，且这种选择作用对以有利于轮虫休眠卵产生的环境状况作为混交刺激的有性生殖有利。适合于休眠卵产生的环境状况的两个主要特征为：①种群密度应足够高以确保雌雄个体间有充分的机会相遇；②雌体可获得足够的营养以产生富含能量的休眠卵（Gilbert, 1980）。据此，认为"轮虫的有性生殖应发生在环境恶化时"的观点应是片面的（Pourriot and Snell, 1983）。值得提及的是，Johansson（1983）对疣毛轮虫 *Synchaeta* sp.自然种群的研究表明，其混交雌体和雄体密度的高峰值皆出现于食物充足时，而此时正是轮虫种群增长的早期阶段。无疑，该结果为 Gilbert（1980）、Pourriot 和 Snell（1983）的上述观点提供了事实依据。

轮虫有性生殖发生时机的不同，对其所产的休眠卵的遗传多样性具有不同的影响。King（1980）考察了种群增长周期中有性生殖发生的时机及其对浮游动物群落结构的影响，发现在种群指数增长的中期和后期所发生的有性生殖，使种群的遗传多样性增加的幅度比种群增长早期小。因为在中期和后期时与孤雌生殖相关的强烈的选择作用，可能已使遗传多样性降至较低的水平；而种群增长早期发生的重组可以产生更多的遗传多样性，因为它选择在使克隆多样性减少之前发生。因此，生命周期中有性生殖发生的时机在决定其遗传效应方面是极其重要的。

三、生态与分布

（一）形　态　变　异

形态变异（morphological variation）是指轮虫在形态上的变化，它是一种适应机制。其中，轮虫的周期变形（cyclomorphosis）是最常见的形态变异现象。周期变形是指种群内出现的轮虫形态随时间推移而发生的周期性变化，包括轮虫个体大小的变化、轮虫后棘刺或后侧棘刺的有无及长度的变化、色素或表面饰物的变化等（Gilbert, 2017）；变化所形成的各种形态被称为形态型（morphtype）。周期变形在轮虫中普遍存在，其中臂尾轮属 *Brachionus*、龟甲轮属 *Keratella* 和晶囊轮属 *Asplanchna* 等轮虫以其周期变形特征明显而格外引人关注。这种形态变异有时给轮虫分类造成很大的困难。如螺形龟甲轮虫中的 *Keratella cochlearis* "variety" *tecta*，越来越多的学者认为 "*tecta*" 是 1 实际的种，而不是生态型或形态型。Ruttner-Kolisko（1974）对于众多的螺形龟甲轮虫 "forms" 与环境因素之间关系进行了讨论；她认为，这种现象的形成与水的营养型、浑浊度、盐度和温度有关；此外，她对环顶六腕轮虫 *Hexarthra fennica*、褶皱臂尾轮虫等海水轮虫的形态变异也进行了研究。Gilbert（1980）对卜氏晶囊轮虫、中型晶囊轮虫和西氏晶囊轮虫摄食多态（dietary polymorphism）进行深入的研究，结果表明植物性食物中的生育酚 α-tocopherol（V_E）是诱导多态的主要因子。此外，多肢轮虫的 "aptera" 开始也被当作 1 个独立的种，后来才发现这是多肢轮虫从孤雌生殖的幼体孵化出来的第一代幼体，它的运动不是靠肢体而是借肌肉的收缩产生运动。近年来，部分学者通过研究认为，生态因子通过轮虫的表型可塑性而导致轮虫形态变异，可能是轮虫周期变形的机理之一，水环境变化所引起的不同克隆的遗传替代（genetic replacement of clones）可能是轮虫周期变形的另一个机理，而水环境变化所引起的姊妹种的季节演替可能是轮虫周期变形的又一个机理（Gómez, 2005）。

（二）地　理　分　布

在轮虫研究的早期，由于当时所发现的轮虫种类大多数是广生性的，且轮虫的休眠卵又似乎极易被风、鸟或其他动物广泛散布，所以在过去的很长一段时间里，轮虫一直被认为是广生性的（de Beauchamp, 1907; von Hofsten, 1909; Rousselet, 1909），或认为所有轮虫均具有潜在的广生性能力（Jennings, 1900; Harring and Myers, 1928）。可是，后来的研究不断发现有许多轮虫是有限制性分布的，或仅出现在某一地区的特有种（endemic species），这在龟甲轮属、叶轮属、疣毛轮属的种类上表现得尤为明显（Dumont, 1983），

如圆形龟甲轮虫 *Keratella reducta* 只在南非有发现；而某种叶轮虫 *Notholca latistyla* 仅在北极的 Spitsbergen 和 Nowaja Zemilja 有发现（Pejler, 1977a）。

Green（1972）认为轮虫是随纬度尺度变化的，这在轮虫的某些属上尤为明显，如臂尾轮属主要分布在热带和亚热带地区；而叶轮属和疣毛轮属则多分布在温带和北极—亚北极，其中有相当一部分是盐水和海洋性种类。他从极地到赤道根据轮虫的分布情况将轮虫分成 4 大类：广生型（Cosmopolitan）、泛热带分布型（Cosmotropical）、北极—温带型（Arctic-temperate）及美洲分布型（American）。Green（1994）在比较了原生动物和轮虫的地理分布情况后，发现原生动物几乎全部是广生性的，它在不同纬度的特有种比例很低；而轮虫的分布明显随纬度的不同而异，且轮虫的分布主要是与温度有关，其次是与湖泊的大小和盐度有关。Pejler（1977b）则分析了整个臂尾轮科的 7 个属，发现该科有 17 种是古北区的特有种，有 3 种限制性分布在近北区，3 种分布在非洲热带区，东洋区 1 种，澳洲区 2 种，新热带区 7 种，南极区 1 种。他也发现臂尾轮属在亚热带占优势，叶轮属和盖氏轮属主要分布在北极—亚北极和温带。他认为轮虫种类在纬度分布上的差异不仅是对温度条件的适应，还应与食物的分布有关。De Ridder（1981a）则分析了 278 种轮虫（占现已知轮虫种类的 18%左右）的分布，在这 278 种轮虫中有 52%是绝对广生性的，剩下的 48%是或多或少有限制性分布的，它们中有 70%是某些地区的特有种；限制性分布的种类所占百分比较高，是因为在她所分析的类群中附生和底栖生活的种类所占比例较高。

轮虫的分布一直受到世人关注。王家楫在《中国淡水轮虫志》一书中提到，绝大多数轮虫是世界性种类，在世界上广泛的区域内普遍存在。龚循矩在《西藏水生无脊椎动物》（中国科学院青藏高原综合科学考察队，1983）一书中也指出，西藏的轮虫绝大部分的种类在我国广大地区和世界各地均有分布，仅少数的种类分布区域较狭窄。20 世纪末，笔者对我国不同地带（热带、亚热带、暖温带和高寒带）的轮虫分布调查研究结果也表明，在我国从热带至寒温带的所有地带均有出现的轮虫种类所占的比例也相当高。

其实，就轮虫而言，所谓的世界性广布种类，并不是说世界上所有的水域，特别是各种不同类型的淡水水域中均有可能存在。这是一个相对的概念，是一个很广阔的地带或分布区的范畴。

Segers（2007）把当今世界已发现的 2034 种轮虫（包括双巢纲尾盘目 3 种和蛭态目 461 种，以及单巢纲 1570 种）的分布划分为以下 8 个区：古北区、非洲热带区、东洋区、新北区、新热带区、澳洲区、太平洋海岛区和南极区。

1. 古北区（Palearctic region）：包括欧洲大陆、北回归线以北的非洲和阿拉伯半岛，以及喜马拉雅山脉以北的亚洲。大约近 1250 种轮虫在此出现，是轮虫种类最为丰富的区域；其中约有 300 种仅在此分布。

2. 非洲热带区（Afrotropical region）：亦称埃塞俄比亚区（热带区），包括撒哈拉沙漠以南的非洲地区、阿拉伯半岛南部和马达加斯加岛及附近岛屿。已有近 500 种轮虫被记录，其中约有 40 种仅在此分布。

3. 东洋区（Oriental region）：包括亚洲南部喜马拉雅山以南和我国南部、印度半岛、斯里兰卡岛、中南半岛、马来半岛、菲律宾群岛、苏门答腊岛、爪哇岛和加里曼丹岛等。

有 300 种左右轮虫分布,其中有 30 种仅在此分布。

4. 新北区(Nearctic region):包括北美洲、格陵兰及墨西哥的北部。约有 700 种轮虫在此分布,其中约 120 种只在此有记录。

5. 新热带区(Neotropical region):包括墨西哥南部、中南美洲地区和西印度群岛。有近 600 种轮虫在此分布,其中约有 60 种仅在此有报道。

6. 澳洲区(Australian region):包括澳大利亚、新西兰、塔斯马尼亚及附近太平洋上的岛屿。有 500 余种轮虫生活在此,其中约 60 种仅在此有记录。

7. 太平洋区(Pacific region):包括太平洋海域诸多岛屿,如俾斯麦群岛和所罗门群岛等。已发现有 100 余种轮虫在此出现,似无鲜明的分布特色。

8. 南极区(Antarctic region):包括南极大陆及附近岛屿。仅有 70 余种轮虫被发现,其中 6 种只在此分布。

有关轮虫的分布,以下 3 个问题应加以注意。首先,从分类学角度来看,轮虫个体微小且柔弱,采集的样品如经固定处理后,大多数种类会收缩、变形,给分类研究带来许多困难。因此,正确鉴定轮虫种类确非易事。目前轮虫的种类鉴定以形态特征为主,因此,不同的分类学者对种的判断有主观上的问题。Koste(1978)的轮虫分类单元就有种、亚种、变种和型等区分,而 Segers(2007)的轮虫分类单元只有种和亚种之别。以全球广泛分布的螺形龟甲轮虫 *Keratella cochlearis* 为例,Koste(1978)将其区分出 1 个指名亚种,10 多个变种或型;Segers(2007)则合并为 1 个指名亚种(*K. c. cochlearis*)和 2 个亚种(*K. c. pachyacantha* 和 *K. c. polaris*)。Koste(1978)认为粘管海神细簇轮虫 *Ptygura melicerta mucicola* 和泰国鹿角细簇轮虫 *Ptygura elsteri thailandensis* 为 2 个亚种,而 Segers(2007)却将它们提升为种,分别命名为粘管细簇轮虫和考氏细簇轮虫。由此可见,轮虫的种类数是一个动态的概念,不能绝对化。其次,从生态学角度来说,由于轮虫具有特殊的生殖方式,它们产生的休眠卵既能抵抗外界的不良环境,又极易被风、鸟、水流等广为散布,由此可以认为轮虫具有潜在的广泛分布的能力。可见,轮虫的分布是宏观的,而且是广义的。再次,从对轮虫研究的深度和广度来看,欧洲不论是过去还是现在均是世界轮虫研究最重要的基地。经典的轮虫研究论著绝大多数在此出版;现今已记录的 2000 余种轮虫大多数先在此被发现。与之相比,世界其他地区对轮虫的研究则显得十分薄弱,有的地区甚至是空白,这样就使得我们对全球轮虫分布区系的认识很不完整。因此,只有通过不断的积累和广泛的研究,才能对轮虫的分布有更深入的了解。

(三)生 态 分 布

各种不同类型的淡水水体,像沼泽、水稻田、河道、湖泊、水库等都有轮虫的存在。因此,可以说只要有水的地方就可能有轮虫出现。在海洋及咸水湖中,轮虫的种类和数量都比较少,在河流特别在急流中轮虫更为稀少。75%以上的种类栖息在沼泽、池塘、湖泊的沿岸带;能够生活在各种不同类型水体中真正的浮游生物,大约只有 100 种。这里要说明的是,所谓浮游与底栖、附生是相对而言的,有许多底栖、附生的种类能兼营浮游生活,浮游的种类有时亦能营底栖、附生生活。一般认为生活在敞水带的轮虫,也能在沼泽、沿岸带等出现；但生活在沿岸带的附生、底栖轮虫，却不可能在深水湖泊的敞水带中找到。

在各类淡水水体中，轮虫的密度有很大的变化，通常在 100-1000 个/L。在富营养型的湖泊、池塘等有较高的密度，常常达到 5000 个/L 以上，有时甚至可超过 12 000 个/L，个别情况可达 100 000 个/L。值得一提的是在土壤中亦有不少轮虫存在，它的数量多寡与土壤含水量密切相关。Pourriot（1979）曾报道，在每平方米土壤下有 32 000-2 000 000 个轮虫；在湖泊沿岸带、海岸滩涂的间隙水中也有大量的轮虫。

大多数轮虫是滤食性种类，借助头冠纤毛运动收集水中的微型藻类、细菌和有机碎屑；头冠上纤毛不发达的轮虫，它们的取食方法主要是吸吮，依靠其咀嚼器吸取猎物的营养液。有不少轮虫，如晶囊轮虫、疣毛轮虫等是肉食性种类，它们捕食水体中的微型动物，其中也包括轮虫。

大多数轮虫是浮游或半浮游型；有些轮虫或永久或暂时附着在水生植物的体表，被称作固着型；还有些轮虫喜好生活在水体的底部，被称为底栖型。事实上许多轮虫是兼性的，不少附生、固着或底栖的轮虫亦能在浮游生物网中采到。多数轮虫是单个生活的；但也有少数轮虫（约 25 种）形成不同大小的群体，常见的有聚花轮虫、胶鞘轮虫。

表 1 我国已发现的单巢纲轮虫现有属及其生境偏好

Tab. 1 Existing genera of Monogononta rotifers discovered in China and their habitat preferences

单巢纲	浮游或半浮游型	附生型、固着型或底栖型
游泳目 Ploima		
臂尾轮科 Brachionidae	臂尾轮属 *Brachionus*	
	龟甲轮属 *Keratella*	
	叶轮属 *Notholca*	
	龟纹轮属 *Anuraeopsis*	
	平甲轮属 *Platyias*	
	扁甲轮属 *Plationus*	
	盖氏轮属 *Kellicottia*	
狭甲轮科 Colurellidae		狭甲轮属 *Colurella*
		鳞冠轮属 *Squatinella*
		鞍甲轮属 *Lepadella*
腔轮科 Lecanidae		腔轮属 *Lecane*
鬼轮科 Trichotriidae		多棘轮属 *Macrochaetus*
		伏嘉轮属 *Wolga*
		鬼轮属 *Trichotria*
棘管轮科 Mytilinidae		棘管轮属 *Mytilina*
		细脊轮属 *Lophocharis*

续表

单巢纲	浮游或半浮游型	附生型、固着型或底栖型
游泳目 Ploima		
须足轮科 Euchlanidae	须足轮属 *Euchlanis*	小蒲氏轮属 *Beauchampiella*
		三迭须足轮属 *Tripleuchlanis*
		合甲轮属 *Diplois*
		迭须足轮属 *Dipleuchlanis*
水轮科 Epiphanidae	犀轮属 *Rhinoglena*	弯弓轮属 *Cyrtonia*
	似前翼轮属 *Proalides*	小足轮属 *Mikrocodides*
	多突轮属 *Liliferotrocha*	
	水轮属 *Epiphanes*	
晶囊轮科 Asplanchnidae	晶囊轮属 *Asplanchna*	哈林轮属 *Harringia*
		囊足轮属 *Asplanchnopus*
前翼轮科 Proalidae		乌尔夫轮属 *Wulfertia*
		拟前翼轮属 *Proalinopsis*
		前翼轮属 *Proales*
柔轮科 Lindiidae		柔轮属 *Lindia*
疣毛轮科 Synchaetidae	多肢轮属 *Polyarthra*	
	疣毛轮属 *Synchaeta*	
	皱甲轮属 *Ploesoma*	
腹尾轮科 Gastropodidae	无柄轮属 *Ascomorpha*	
	腹尾轮属 *Gastropus*	
椎轮科 Notommatidae	拟哈林轮属 *Pseudoharringia*	巨头轮属 *Cephalodella*
		侧盘轮属 *Pleurotrocha*
		间足轮属 *Metadiaschiza*
		晓柱轮属 *Eothinia*
		沟栖轮属 *Taphrocampa*
		柱头轮属 *Eosphora*
		椎轮属 *Notommata*
		索轮属 *Resticula*
		枝胃轮属 *Enteroplea*
		长肢轮属 *Monommata*
高跷轮科 Scaridiidae		高跷轮属 *Scaridium*
猪吻轮科 Dicranophoridae		前吻轮属 *Aspelta*
		猪吻轮属 *Dicranophorus*
		中吻轮属 *Encentrum*
		异猪吻轮属 *Paradicranophorus*
		额吻轮属 *Erignatha*

续表

单巢纲	浮游或半浮游型	附生型、固着型或底栖型
游泳目 Ploima		
盲囊轮科 Ituridae	盲囊轮属 *Itura*	
异尾轮科 Trichocercidae	异尾轮属 *Trichocerca*	拟无柄轮属 *Ascomorphella*
簇轮目 Flosculariacea		
簇轮科 Flosculariidae	团胶轮属 *Lacinularia*	细簇轮属 *Ptygura*
		巨冠轮属 *Sinantherina*
		沼轮属 *Limnias*
		簇轮属 *Floscularia*
		八盘轮属 *Octotrocha*
		蒲氏轮属 *Beauchampia*
聚花轮科 Conochilidae	聚花轮属 *Conochilus*	
	拟聚花轮属 *Conochiloides*	
镜轮科 Testudinellidae	镜轮属 *Testudinella*	
	泡轮属 *Pompholyx*	
三肢轮科 Filiniidae	三肢轮属 *Filinia*	
六腕轮科 Hexarthridae	六腕轮属 *Hexarthra*	
球轮科 Trochosphaeridae	球轮属 *Trochosphaera*	
胶鞘轮目 Collothecacea		
无轮科 Atrochidae		箱轮属 *Cupelopagis*
胶鞘轮科 Collothecidae	胶鞘轮属 *Collotheca*	花环轮属 *Stephanoceros*

　　尽管多数轮虫是广生性的，但也存在不少轮虫由于受外界许多环境因子的影响，使得它们的生态分布存在一定的限制性。Pejler（1983）、Bērzinš 和 Pejler（1987, 1989a, 1989b, 1989c）及 May（1983）等研究了环境因子对轮虫生态分布的影响后，发现水温和 pH 值是影响轮虫生态分布的主要因子。

　　根据轮虫对水温的耐性可将之分为 3 种类型：①广温性种类（指在较大的水温变化范围都能生活的种类）；②冷水性种类（指仅能生活在水温低于 20℃ 的种类）；③暖水性种类（指仅能生活在水温高于 20℃ 的种类）。根据轮虫对 pH 值的耐性也可将之分为 3 种类型：①广酸碱性种类（指在较宽酸碱 pH 值范围内均能生活的种类）；②嗜碱性种（指专性生活在 pH>7 的环境中的种类）；③嗜酸性种（指专性生活在 pH<7 的环境中的种类）。

　　从对我国不同典型地带轮虫的调查结果来看，我国所发现的轮虫种类中，有 41.34% 是属于广温性的种类，14.52% 是属于冷水性的种类，44.13% 属于暖水性的种类。而就 pH 值的耐性而言，有 50% 以上属于广酸碱性的种类，它们无论在酸性或碱性生境中均能出现；约 26% 以上是专性出现在 pH<7 的酸性生境中，而在碱性环境中未有发现的；22% 左右是专性发现在 pH>7 的碱性环境中，而在酸性环境中未有出现的。

四、采集和保存

轮虫的采集一般用浮游生物网即可，在水中缓慢地捞取便可获得样品，但小于 60μm 的轮虫可能从网孔中丢失。因此，有必要采取一些补救措施，如通过沉淀一定的水样便可更全面地了解水体中轮虫的组成。在采集轮虫时，一定要在不同的生态环境，特别是水生植物茂盛的沿岸带，既要用网采集，也要连同水生植物的茎、叶一起采集。

有一些轮虫只出现在特定的环境中，如前额犀轮虫 *Rhinoglena frontalis* 仅在富营养化的水中，且在低温时出现；椎尾水轮虫 *Epiphanes senta* 仅在被污染的废水塘堰中存在。敞水带轮虫种类不及沿岸带丰富，多为浮游种类；而沿岸带则以周丛、固着、底栖生活的种类为主。在沼泽中轮虫种类往往也相当丰富，并且多是嗜酸性种类。

采集着生轮虫，可直接摘取水生植物的茎、叶放在原水样中带回实验室观察；也可把 3-5L 容量的玻璃瓶内放一些水生植物，沉放于水生植物茂盛的区域，一定时间后再把玻璃瓶带回实验室检查。另外采用微孔泡沫塑料块（PFU）悬挂于不同环境的水域中，根据营养状况 1-3 天后把 PFU 取回，把泡沫中水挤出可发现较多的轮虫种类。根据我们对武汉东湖的实验结果，PFU 法采集的轮虫种类数是常规水样采集的 4-5 倍。

另一种值得推荐的采集方法是沉积物（底泥）浸泡法。具体步骤是：用采泥器或其他能获得底泥的器械，采集水体底泥，晾干后放入塑料袋中带回实验室，在做种类鉴定前 2、3 天，用煮沸后冷却的湖水、塘水或河水等，浸泡已晾干的底泥，经若干天后（根据温度而定），便可出现轮虫（通常用小型网具捞取）。轮虫在生活史中，有休眠卵形成，它沉入底部以抵抗不良环境，一旦条件适合，便孵化形成新的世代。部分轮虫休眠卵在底泥中的存活时间可超过 30 年。因此一些轮虫种类由于环境的变迁，虽在水体中消失了，但沉入底泥中的休眠卵仍然保持活力，在实验室中照样可孵化出轮虫，借此便可了解过去的环境状况。武汉东湖的实验就证明了这一点。20 世纪 60-70 年代的东湖，水生高等植物茂盛，一些附着水草而生的腔轮虫、巨头轮虫等轮虫种类丰富；到了 80 年代随着东湖水草的消失，这些周丛生活的轮虫在水体中基本上不出现了。可在底泥中依然能孵化出 60-70 年代出现的种类；另外，底泥浸泡法亦可为轮虫的区系调查带来不少方便，可通过采集不同地区水体中底泥的方法，了解轮虫的种类分布。

轮虫的保存可用福尔马林、鲁哥氏液和酒精。一般来说，用鲁哥氏液效果较好，这是因为鲁哥氏液对虫体的刺激不如福尔马林强烈，因此收缩程度较小；另一方面因染成微黄色便于观察。特别要提出的是对轮虫一定要进行活体观察，这对无被甲的种类尤为重要。椎轮虫、胶鞘轮虫等身体柔软的种类，用热水或 20% 的苏打水麻醉也值得一试。

轮虫的咀嚼器是分类的重要依据。用 3% 新鲜的次氯酸钠（sodium hypochlorite）处理过后，轮虫的肌肉组织会慢慢溶解，留下几丁质的咀嚼器，便于清楚观察。

各　论

单巢纲 Monogononta Plate, 1889

Monogononta Plate, 1889: 109-126.

本志根据 Nogrady 等（1993）的分类主张，同时亦为方便起见，将轮虫动物门分为 2 纲 5 目 31 科。我国除尾盘目 Seisonidea、舟形旋轮科 Philodinavidae、毕克轮科 Birgeidae 和小足轮科 Microdinidae 外，各科均有记录。

目检索表

游泳目 Ploima Hudson *et* Gosse, 1886

Ploima Hudson *et* Gosse, 1886: 144.

在单巢纲中，本目所包括的种类最为丰富。在当今已被描述的轮虫种类中约有 2/3 属游泳目。本目的种类有足或无，如有足，趾 1 个或 1 对；有被甲或无。头冠有水轮虫型、臂尾轮虫型、晶囊轮虫型和疣毛轮虫型等。咀嚼器有槌型、钳型、砧型、杖型或梳型。

据 Nogrady 等（1993）统计，全世界已发现 19 科，除毕克轮科 Birgeidae 和小足轮科 Microdinidae 外，其余的科在我国均有记录。

科 检 索 表

1. 咀嚼器钳型或由杖型至钳型的过渡型 ……………………………………………………2
   咀嚼器不为钳型 …………………………………………………………………………3
2. 咀嚼器钳型 ……………………………………………………猪吻轮科 Dicranophoridae
   咀嚼器为过渡的钳型 ……………………………………………盲囊轮科 Ituridae
3. 咀嚼器梳型 ………………………………………………………柔轮科 Lindiidae
   咀嚼器不为梳型 …………………………………………………………………………4
4. 咀嚼器砧型 ………………………………………………………晶囊轮科 Asplanchnidae
   咀嚼器不为砧型 …………………………………………………………………………5
5. 咀嚼器槌型 ………………………………………………………………………………6
   咀嚼器杖型 ………………………………………………………………………………13
6. 体无被甲 …………………………………………………………………………………7
   体有被甲 …………………………………………………………………………………8
7. 口和口围呈漏斗状，头冠纤毛较发达 …………………………水轮科 Epiphanidae
   口稍倾向腹面，头部纤毛不发达 ………………………………前翼轮科 Proalidae
8. 被甲完整，无裂痕 ………………………………………………………………………9
   被甲不完整，有深的裂痕 ………………………………………………………………10
9. 头、躯干和足均有被甲包裹 ……………………………………鬼轮科 Trichotriidae
   仅躯干部分有被甲包裹 …………………………………………臂尾轮科 Brachionidae
10. 体腹面中央有深裂痕 ……………………………………………狭甲轮科 Colurellidae
    体腹面中央无深裂痕 ……………………………………………………………………11
11. 身体的背面有中央裂缝 …………………………………………棘管轮科 Mytilinidae
    身体的背面无中央裂缝 …………………………………………………………………12
12. 背、腹甲间有深侧沟 ……………………………………………须足轮科 Euchlanidae
    背、腹甲间无深侧沟 ……………………………………………腔轮科 Lecanidae
13. 头冠椎轮虫型，身体大多呈纺锤形，经常有纤毛耳 ……………………………………14
    头冠不为椎轮虫型，体呈卵圆形或囊形，无纤毛耳 ……………………………………15
14. 足与身体分界不甚明显，槌钩前端伸向内侧 …………………椎轮科 Notommatidae
    足与身体分界明显，槌钩前端伸向外侧 …………………………高跷轮科 Scaridiidae
15. 胃内有 1-4 个圆形食物泡，咀嚼器的砧板部分融合或退化……腹尾轮科 Gastropodidae
    胃内无圆形食物泡，咀嚼器的砧板不融合或退化 ………………………………………16
16. 杖型咀嚼器不对称，无咽下肌 …………………………………异尾轮科 Trichocercidae
    杖型咀嚼器对称，有发达的咽下肌 ……………………………疣毛轮科 Synchaetidae

一、猪吻轮科 Dicranophoridae Remane, 1933

Dicranophoridae Remane, 1933: 163-221.

形态 体形纵长，呈锥形、纺锤形或梨形。皮层部分硬化形成被甲。头部与躯干部间存在 1 明显的颈。躯干部后端瘦削而形成 1 小的倒圆锥形的足，足的末端有 1 对或长或短的等长的趾。头冠系典型的猪吻轮虫头冠类型，头冠腹面为卵圆形，中央有口，周围布满纤毛，头冠两侧各有 1 束长的耳状纤毛，但不是真正的耳。头冠前常有 1 很显著不具纤毛的吻突。咀嚼器为钳型或变态钳型，对称或不对称，砧枝呈钳状，能伸出口外。眼点 1 对或无。一般以底栖生活为主。

全世界已发现 17 属，我国已描述 5 属。

属 检 索 表

1. 咀嚼器通常不对称 ………………………………………………………… 前吻轮属 *Aspelta*
   咀嚼器对称 ………………………………………………………………………………… 2
2. 被甲表面大多有碎屑粘连，足短，趾细，明显腹向弯曲 ………… 异猪吻轮属 *Paradicranophorus*
   被甲表面光滑，并且或多或少具深的纵褶或横褶，趾短或长 …………………………… 3
3. 砧枝分成尖细的和粗壮的 2 部分，二者急剧地弯转而形成 1 直角 ………… 额吻轮属 *Erignatha*
   砧枝不分成粗细 2 部分，其中央也不弯转成直角 ………………………………………… 4
4. 头冠位于腹面，砧枝内侧有细齿 ……………………………………… 猪吻轮属 *Dicranophorus*
   头冠向腹面倾斜，砧枝内侧无细齿 …………………………………… 中吻轮属 *Encentrum*

1. 猪吻轮属 *Dicranophorus* Nitzsch, 1827

Dicranophorus Nitzsch, 1827: 68.
Distemma Ehrenberg, 1830: 47.
Dekinia Morren, 1830: 113.
Kermodon Corda, 1843: 230.
Arthroglena Bergendal, 1892: 96.
Type species: *Cercaria forcipata=Dicranophorus forcipatus* (Müller, 1786).

形态 身体纵长，呈蠕虫形或纺锤形。皮层硬化且已经部分地形成被甲。有 1 显著的颈连接头和躯干 2 部分。足大多数较短，趾或长或短，一般略弯曲，有些种类在趾的基部有 1 鞘的结构。猪吻轮虫头冠腹向，口位于头冠的中央。吻大而显著。咀嚼器系钳型或变态钳型，砧枝内侧大多有梳状齿或剪形齿。

本属的种类很多，主要以底栖生活为主，但非常善游泳，能够在水的中上层自由活动，摄食时常伸出钳型咀嚼器获取食物。

据 Koste（1978）统计，全球已发现 50 种左右，我国已发现 10 种。

种 检 索 表

1. 咀嚼器系典型的钳型，砧枝比较宽阔，内侧边缘具有排列成行的粗齿 ……………………… 2
   咀嚼器系变异的钳型，砧枝细长，内侧边缘无排列成行的齿 ………… 尾猪吻轮虫 *D. caudatus*

(1) 尾猪吻轮虫 _Dicranophorus caudatus_ (Ehrenberg, 1834)（图 11）

Diglena caudata Ehrenberg, 1834: 205.

Dicranophorus caudatus: Harring _et_ Myers, 1928: 717.

形态　身体纵长，略呈圆筒形。皮层相当坚韧，体形几乎不会改变。头部比较短，前端显著地向腹面倾斜，它和躯干部交界处，有 1 很明显紧缩的颈圈凹痕。吻小而尖锐。足大，近似宽阔的倒圆锥形。趾 1 对非常长，略弯转，末端尖锐。咀嚼器大，砧基非常短，腹面观呈三角形；左右砧枝对称，细长，内侧边缘无排列成行的齿；它们瘦削的前端突然少许膨大，形成 1 顶瘤，自顶瘤生出 2 个同样大小尖头的齿；每一砧枝外侧无基翼，却具有 1 相当宽而很长的翼膜，几乎围裹了它的全长；槌钩和槌柄均细而长，每一槌钩上均具有 1 尖锐的齿。脑呈长的囊袋形。眼点大而明显，很紧密地并列在吻的基部。胃具有盲囊，充满了食物，因此呈绿色或褐色。

标本测量　全长：233-247μm；趾长：65-75μm。

生态　尾猪吻轮虫分布很广，在我国很多地方均有发现。通常习居于有机质和沉水植物很丰富的沼泽及浅水池塘内，一般喜偏碱性（pH 7-8）的水体。本种采自湖北武汉市郊一有机质丰富、水草茂盛的池塘。

地理分布　湖北（武汉）、四川（成都）、广西（南宁）、安徽（芜湖）；澳大利亚，新西兰，非洲，北美洲，南美洲，东南亚，欧洲，亚洲北部。

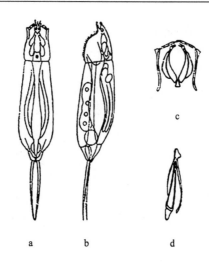

图 11 尾猪吻轮虫 *Dicranophorus caudatus* (Ehrenberg)

a. 背面观（dorsal view）；b. 侧面观（lateral view）；c. 咀嚼器（trophi）；d. 咀嚼器侧面观（lateral view of trophi）

(2) 嗜食猪吻轮虫 *Dicranophorus edestes* Harring *et* Myers, 1928（图 12）

Dicranophorus edestes Harring *et* Myers, 1928: 717.

形态　身体相当粗壮，皮层硬而透明，外形不易变化。躯干有侧沟。足短，趾相对也短，由足基部至末端渐渐变细，末端钝。无眼点，脑后囊小；胃内有硅藻等食物。咀嚼器发达，砧枝基部宽，外侧有基翼，前端具 2 齿，内侧具许多不对称的细齿或微齿；槌柄末端呈棒状，槌钩具 1 齿，内侧有翼膜。在海南采到的标本与原始描述基本相似，只是咀嚼器小于原始记录。

标本测量　全长：250μm（收缩时长：112.5μm；宽：62.5μm）；趾长：45μm；咀嚼器长：30μm。

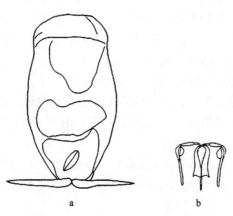

图 12 嗜食猪吻轮虫 *Dicranophorus edestes* Harring *et* Myers

a. 腹面观（ventral view）；b. 咀嚼器（trophi）

生态　本种栖息环境多样，在小的流水中、湖泊岸边砂砾中有可能发现。标本于 1995 年 12 月 15 日采自海南琼海万泉河。该河水质尚清，有一定流速，当时水温 20℃，pH 6。

地理分布　海南（琼海）；非洲，北美洲，欧洲，亚洲北部。

(3) 吕氏猪吻轮虫 *Dicranophorus luetkeni* (Bergendal, 1892)（图 13）

Arthroglena luetkeni Bergendal, 1892: 96.

Diglena luetkeni: Weber *et* Montet, 1918: 131.

Dicranophorus luetkeni: Harring *et* Myers, 1928: 719.

形态　身体纵长，背面观背侧相当拱起。皮层坚韧，体形不会有大的变动。头部比较长，约为全长的 2/5，它与躯干部交界之处有 1 很明显紧缩的颈圈凹痕。头冠完全腹向。吻窄而圆，总是或多或少向下弯转，它的最前端裂成 2 个腹向的指状突起。足相当大，系宽的倒圆锥形；趾 1 对比较长，约为全长的 1/4，趾基部宽，向前端渐渐变细，在 1/3 或 1/4 的后端有 1 似关节的构造，把趾隔成 2 段，后面短的一段好像挂在前面的一段上。无眼点，脑后囊大。咀嚼器很大，砧基细长；砧枝的基部很宽，左右砧枝的顶端各具有 2 个比较粗壮而弯转的前齿，在前齿下面内侧边缘还具有数目不等的若干小而细的梳状齿，砧枝基部两侧的基翼相当发达，外角向下弯转；槌钩只有 1 个粗壮的齿，在其中部，具背腹肋状突起；槌柄远较槌钩为长，棒状，前端特别膨大，后端也少许膨大。上咽板 2 个，呈刷状。

标本测量　体长：180-350μm；趾长：35-90μm；咀嚼器长：30-42μm。

生态　吕氏猪吻轮虫虽属常见种类，但就它的分布而论，既喜生活在长有冰藓或其他苔藓植物的水体中，也常在一般沉水植物比较繁茂的沼泽、池塘及浅水湖泊中出现。在西藏海拔 1750m 和 4858m 溪流的沙滩中发现，也在吉林长白山小水沟中出现。标本采自湖北武汉东湖沉水植物叶片上。

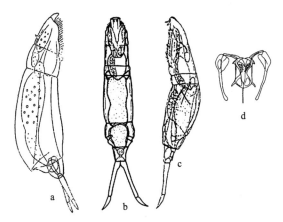

图 13　吕氏猪吻轮虫 *Dicranophorus luetkeni* (Bergendal)
a, c. 侧面观（lateral view）；b. 背面观（dorsal view）；d. 咀嚼器（trophi）

地理分布 吉林、云南（石林、大理）、湖北（武汉）、西藏；澳大利亚，新西兰，非洲，北美洲，南美洲，东南亚，欧洲，亚洲北部。

(4) 哈氏猪吻轮虫 *Dicranophorus hauerianus* Wiszniewski, 1939（图 14）

Dicranophorus hauerianus Wiszniewski, 1939: 131.

形态 体纵长，背腹扁平，透明。头部长约为全长的 1/4。吻短而宽，前端平直，并向腹面弯转。躯干有侧沟。尾突宽，不甚明显。足较粗壮，2 个假节。趾短而宽，呈圆筒状，末端钝尖。眼点 2 个，小而红色。脑后囊小。咀嚼器大而长，砧枝长，基部宽，向前端逐渐变细，在其离前端 1/3 处的内侧有 8、9 个梳状齿；基翼小，三角形，与砧枝成直角；砧基短而细，侧面观呈倒三角形；槌钩单齿，在前端 1/4 的背腹处均有骨突，背侧骨突长而尖锐；槌柄与砧板长度相当，前端棒状，后端圆头状。2 个上咽板膜片状。

标本测量 体长：300-350μm；趾长：50-53μm；咀嚼器长：45-46μm。

生态 哈氏猪吻轮虫从海南琼海万泉河到吉林长白山天池瀑布下的溪流，以及北京市郊池塘、湖南洞庭湖均有发现，可见它分布之广泛；它又是一种兼性轮虫，可在甲壳动物的鳃腔中营寄生生活。通常以原生动物或小型轮虫为食。

地理分布 海南（琼海）、吉林（长白山）、北京、湖南（岳阳）；澳大利亚，新西兰，北美洲，欧洲，亚洲北部。

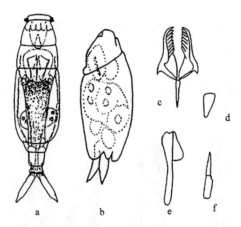

图 14 哈氏猪吻轮虫 *Dicranophorus hauerianus* Wiszniewski

a. 背面观（dorsal view）；b. 侧面观（lateral view）；c. 砧板（incus）；d. 砧基侧面观（lateral view of fulcrum）；e. 槌柄（manubrium）；f. 槌钩（uncus）

(5) 钳形猪吻轮虫 *Dicranophorus forcipatus* (Müller, 1786)（图 15）

Cercaria forcipata Müller, 1786: 34.

Trichocerca forcipata: Lamarck, 1816: 25.

Diglena forcipata: Ehrenberg, 1832: 137.

Dicranophorus remanei Wulfert, 1936: 405.

形态　身体纵长，透明。皮层相当柔韧，头部相当长，和腹部交界之处有 1 很明显紧缩的颈圈凹痕；在颈圈凹痕之前，还有 1 相当明显的紧缩凹痕，可叫作"额圈"凹痕。头盘向腹面高度地倾斜，因此整个头盘几乎完全面向腹面。吻比较短而狭，前端浑圆，显著地向腹面弯转。足比较短，2 节；趾 1 对，较长，为全长的 1/5-1/4，剑形，趾的基部有似鞘的结构。脑呈长的囊袋形；脑后囊大而发达。眼点 1 对，很小，红色，位于吻的基部。咀嚼囊大而宽阔，咀嚼器系典型的钳型，左右砧枝较发达，自基部分叉后各自向上逐渐少许瘦削，一直到顶端形成 2 个端齿；每一砧枝的内侧又具有 5-12 个相当大而钝的梳状齿；基翼狭长而近似三角形，与砧枝呈直角；槌钩较长，末端具壮齿；槌柄很长，前后端都膨大，在槌钩、槌柄连接处有 1 对横卧的呈匙状的侧棍。

标本测量　全长：218-418μm；趾长：50-82μm；咀嚼器长：40-66μm。

生态　钳形猪吻轮虫是一广生性轮虫，以肉食为主。凡是沉水植物比较多的沼泽、池塘、湖泊，在夏秋季节均有可能采到，有时亦有可能在咸水和污水中发现。

地理分布　浙江、江苏（无锡）、湖北（武汉）；澳大利亚，新西兰，非洲，北美洲，南美洲，东南亚。

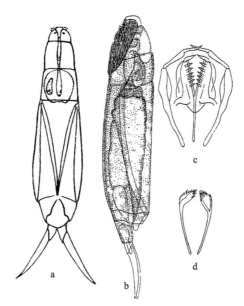

图 15　钳形猪吻轮虫 *Dicranophorus forcipatus* (Müller)

a. 背面观（dorsal view）；b. 侧面观（lateral view）；c. 咀嚼器（trophi）；d. 侧棍（pleural rod）

(6) 粗壮猪吻轮虫 *Dicranophorus robustus* Harring *et* Myers, 1928（图 16）

Dicranophorus robustus Harring *et* Myers, 1928: 711.

形态　身体纵长，接近纺锤形，体呈橘红色或棕色。皮层并不十分柔韧，体形不会有大的改变。头部比较短，它和腹部交界之处有 1 很明显紧缩的颈圈凹痕。头冠只少许向腹面倾斜，吻短，末端向腹面弯曲。躯干部有侧沟。足短而粗壮，2 假节。趾 1 对，比较短，略呈棒形，基部无似鞘的结构，末端有少许弯转。2 个红色眼点，并列在吻的基部。脑呈长的囊袋形。脑后囊虽小，但非常明显，它前端的导管一直通到吻的基部。咀嚼器中砧板构造很特别，砧枝前半部的内侧具有 15-20 个紧密地排列在一起的瘤状齿；后半部砧枝的基翼显著地向两侧延伸，与砧基形成 1 直角；砧基比较细，侧面观较宽，后端圆；槌钩系单一的齿；槌钩和槌柄都相当细而很长。

标本测量　体长：420μm；趾长：70μm；咀嚼器长：50μm。

生态　粗壮猪吻轮虫采自湖北武汉东湖一水生植物茂盛的湖汊。该种一般适宜生活在略呈酸性、有水生植物生长的小水体中，中性池塘中有时也会被发现。

地理分布　湖北（武汉）、西藏（普兰）；澳大利亚，新西兰，非洲，北美洲，南美洲，东南亚，欧洲，亚洲北部。

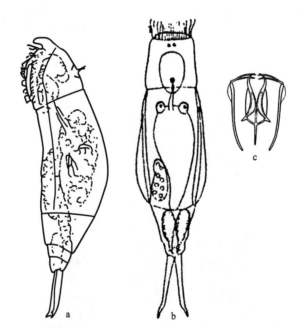

图 16　粗壮猪吻轮虫 *Dicranophorus robustus* Harring *et* Myers
a. 侧面观（lateral view）；b. 背面观（dorsal view）；c. 咀嚼器（trophi）

(7) 华美猪吻轮虫 *Dicranophorus epicharis* Harring *et* Myers, 1928（图 17）

Dicranophorus epicharis Harring *et* Myers, 1928: 705.

形态　身体相当瘦长，纺锤形。头约为全长的 1/3。身体有明显的侧沟。足相当长，趾短，为全长的 1/7-1/6，两侧平行似剑状，在末端具短的趾尖。吻短而宽，向腹面弯曲。眼点小，2 个，呈红色。脑后囊很小。咀嚼器大，砧枝板较宽，内侧的梳状齿数目不定（5-12 个）；槌钩单齿，但其背腹两侧均具肋状突起，前端有突起的翼膜，故其外观似有

3 齿；砧基短，侧面观呈板状，末端圆钝；槌柄末端匙状。咀嚼器前端 2 个上咽板似长三角状。

标本测量　全长：230-415μm；趾长：40-60μm；咀嚼器长：51-84μm。

生态　华美猪吻轮虫在静水和流水中均有发现，营附生或底栖生活，在云南大理、湖北武汉均有发现。标本采自武汉一水生植物茂盛的湖泊沿岸带。

地理分布　云南（石林、大理）、湖北（武汉）；澳大利亚，新西兰，非洲，北美洲，南美洲，东南亚，欧洲，亚洲北部。

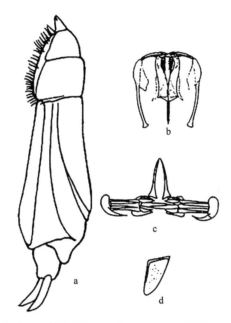

图 17　华美猪吻轮虫 *Dicranophorus epicharis* Harring *et* Myers

a. 侧面观（lateral view）；b. 咀嚼器（trophi）；c. 槌钩顶面观（apical view of uncus）；d. 砧基侧面观（lateral view of fulcrum）

(8) 前突猪吻轮虫 *Dicranophorus prionacis* Harring *et* Myers, 1928（图 18）

Dicranophorus prionacis Harring *et* Myers, 1928: 667-808.

形态　身体纵长，体表相当硬，外表不易变形。头部长，它与躯干部交界之处有 1 很明显紧缩的颈圈凹痕。头冠完全在头部的腹面，吻比较短而宽，顶端浑圆，或多或少向腹面弯转。躯干部有侧沟。足粗壮而很大，近似宽阔的倒圆锥形。趾 1 对，短，基部不膨大，除了末端呈钝尖形外，前后几乎同样粗细，少许向腹面弯转一些。眼点 1 对，很小。脑后囊小，颗粒状。咀嚼器大而发达，砧基比较短，前端侧面呈三角形，后端渐圆；砧枝大而宽，前端圆钝而具有 2 或 3 齿，内侧中央开口相当小，梨形，具有 8-12 个梳状齿，从前端至砧基端渐小，砧枝两旁骨突呈长三角形，钝，尖端向后侧面延伸，前侧缘突起；槌钩单齿，在中间位置上具背面和腹面的肋条和骨突；槌柄长直，前后两端都有膨大，前端有膜片。咀嚼器前端 2 个上咽板似棍状，前端变宽，有锯齿。

标本测量 全长：365-475μm；趾长：65-80μm；咀嚼器长：40-80μm。

生态 前突猪吻轮虫于 1928 年在美洲首次被发现，其后报道较少；1956 年在湖北武汉一湖汊中再次被发现，1995 年在吉林长白山天池又找到它的个体。主要栖息于略带碱性的一些小型水体中，偶尔也会在微酸性的湖汊、池塘中找到。

地理分布 湖北（武汉）、吉林（长白山）；非洲，北美洲，南美洲，东南亚，欧洲，亚洲北部。

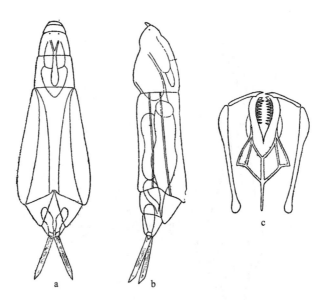

图 18　前突猪吻轮虫 *Dicranophorus prionacis* Harring *et* Myers

a. 背面观（dorsal view）；b. 侧面观（lateral view）；c. 咀嚼器（trophi）

(9) 较大猪吻轮虫 *Dicranophorus grandis* (Ehrenberg, 1832)（图 19）

Diglena grandis Ehrenberg, 1832: 137.

Furcularia grandis: Dujardin, 1841: 649.

Dicranpnorus facinus Harring *et* Myers, 1928: 667-808.

形态 身体呈纺锤形或圆柱形；头约为体长的 1/3。吻短而宽，向腹面弯转。躯干部有明显的侧沟。眼点 1 对，红褐色、棕色或黑色。足短，1 假节，有后触手；趾剑形，长度一般，为全长的 1/5-1/4，直而粗壮，在基部稍膨大。脑后囊小。钳型咀嚼器大，砧基短，侧面观呈宽板状；左右砧枝基部宽，自基部分叉后各自向上逐渐瘦削，一直到顶端形成 2 个端齿，每一砧枝的内侧又具有 7-9 个梳状齿；基翼三角形，向侧后端突起；槌钩单齿，仅背侧具肋状突起；槌柄末端匙状；左右槌钩末端尖削并与砧枝顶端相交。咀嚼器前端 2 个上咽板，呈长三角形、直条形或"S"形，远端变宽，有锯齿。

标本测量 体长：200-450μm；趾长：50-86μm；咀嚼器长：50-77μm。

生态 较大猪吻轮虫在湖北武汉东湖及海南的池塘、溪流中均有发现。喜生活在水生植物丰富的各种类型的浅水水体中，通常在温度较高的季节容易采到。

　　地理分布　海南（琼海、三亚）、湖北（武汉）；澳大利亚，新西兰，非洲，北美洲，南美洲，太平洋地区，欧洲，亚洲北部。

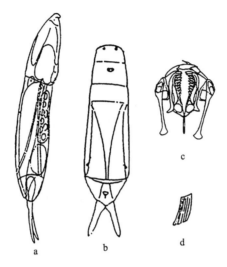

图 19　较大猪吻轮虫 *Dicranophorus grandis* (Ehrenberg)

a. 侧面观（lateral view）；b. 背面观（dorsal view）；c. 咀嚼器（trophi）；d. 砧基侧面观（lateral view of fulcrum）

(10) 钩形猪吻轮虫 *Dicranophorus uncinatus* Milne, 1886（图 20）

Dicranophorus uncinatus Milne, 1886: 141.

Dicranophorus longidactylum Wulfert, 1936: 408.

　　形态　身体相当纵长，皮层较坚韧，内部构造相当透明而易见。头部较大，与躯干部交界之处有 1 相当明显紧缩的颈圈凹痕；头冠很突出地向腹面倾斜，基本上位于腹面；面积相当大，它的长度几乎与头部相等。吻比较大，前端浑圆，显著地向腹面弯转；基部很宽，从基部下端腹面的两旁各射出 1 束很长的纤毛。足短而粗壮，背面具刚毛，趾 1 对非常长，约为全长的 3/4，基部膨大，有似鞘的结构，末端尖削，或多或少向腹面弯转，从侧面观略呈 "S" 形弯曲。咀嚼器比较小，没有唾液腺。砧板系简单化的钳形，砧基比较短；砧枝呈长梨形，细长，前端向内弯转，末端有 2 叉状尖刺；槌钩很长而细，末端形成 1 尖锐的腹齿，腹齿中部具有 1 瘤状突起，作为安置在砧板上的一个 "枢轴"；槌柄很长而细，末端略向内弯转；槌钩和槌柄之间具有 1 硬化的翼膜。脑呈囊袋形；脑后囊比较小，但很显著。

　　标本测量　全长：292μm；趾长：112μm；咀嚼囊长：35μm。

　　生态　主要营周丛生活，一般附生在水生植物上，不常见。标本采自北京北海。

　　Harring 和 Myers（1928）认为，只有 pH 4.0-6.4 的沼泽小水体中才能采集到本种，可是我们在西藏海拔 4000m 以上、pH 10 和 pH 6.5 的水样中均发现过钩形猪吻轮虫。

地理分布　北京、西藏（聂拉木、日土）；澳大利亚，新西兰，非洲，北美洲，南美洲，东南亚，欧洲，亚洲北部。

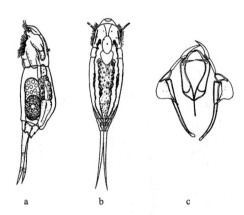

图 20　钩形猪吻轮虫 *Dicranophorus uncinatus* Milne（仿王家楫，1961）

a. 侧面观（lateral view）；b. 背面观（dorsal view）；c. 咀嚼器（trophi）

2. 前吻轮属 *Aspelta* Harring *et* Myers, 1928

Aspelta Harring *et* Myers, 1928: 782.

Type species: *Diglena circinator*=*Aspelta circinator* (Gosse, 1886).

形态　体纵长，柔软且透明，外形易变化。头部与躯干间有 1 明显的颈，躯干通常有侧沟，向后渐细至 1 不明显的尾。足短呈锥形，1、2 假节。趾相当短并轻微腹向弯曲。头冠腹向，两侧有耳状的长纤毛簇。吻宽且显著，后脑囊发达。通常无眼点，如有，一般出现在前面。咀嚼器变态钳形，通常不对称；砧枝粗壮无内缘齿，右砧枝通常有 1 显著的基翼，左侧基翼退化或无；砧基细，槌柄长，通常在末端稍弯曲，槌钩退化，形状不规则，与砧枝紧密相接，仅用作砧枝与槌柄之间的连接物。

该属种类多为肉食性，全世界已发现 21 种，我国已发现 5 种。

种 检 索 表

1. 砧枝具膜片状对称或不对称的圆形基翼 ……………………………………………………………… 2
   左砧枝具 1 显著非膜状的基翼，右砧枝内侧有 1 壮齿 ………………… 内齿前吻轮虫 *A. intradentata*
2. 砧基长于砧枝；右砧枝具圆形基翼 …………………………………… 狭窄前吻轮虫 *A. angusta*
   砧基短于砧枝 …………………………………………………………………………………………… 3
3. 左右砧枝外缘凸起，有圆形膜片状基翼 ……………………………………… 猪前吻轮虫 *A. aper*
   左右砧枝外缘稍内凹，通常无膜片状基翼 ……………………………………………………………… 4
4. 左砧枝较右砧枝长，它的顶端与右砧枝相交接 …………………… 双齿前吻轮虫 *A. bidentata*
   左右砧枝几乎等长，顶端不交接 …………………………………… 圆形前吻轮虫 *A. circinator*

(11) 狭窄前吻轮虫 *Aspelta angusta* Harring *et* Myers, 1928（图 21）

Aspelta angusta Harring *et* Myers, 1928: 667-808.

形态　身体细长，皮层柔韧，不易变形，通常透明。头部长，约占体长的 1/3。头冠腹向，吻短，基部较宽，前端圆且内弯；躯干圆筒形，无侧沟。体末有 1 不明显的尾，足大，锥形，足腺小。趾短而直，基部稍膨大，由此向后迅速瘦削，趾末端尖细。无眼点，脑后囊小。咀嚼器大且不对称，右砧枝基部宽，且有 1 很圆钝的膜状基翼突起；左砧枝基部较窄，无膜状基翼突起；砧基相当细长，长于砧枝，呈棍棒状，末端不膨大；槌柄细而直，前端膨大，向后逐渐向内弯转，在末端相互接近；槌钩退化，"T"形，仅被用作砧枝和槌柄之间的连接物。

标本测量　全长（收缩状态）：250-265μm；趾长：37-40μm；咀嚼器长：50μm。

生态　喜生活在酸性沼泽或湖泊、池塘的沿岸带，是肉食性种类，不常见。自 1928 年在美国亚特兰大附近一酸性池沼中被发现以来，只有古北区和新北区有为数不多的报道。本种于 1995 年 3 月在湖南洞庭湖的长江入口处和沿岸带均有发现（pH 6.0-7.0，当时水温 10℃左右），只是个体比原始记录要大一些。

地理分布　湖南（岳阳）；北美洲，欧洲，亚洲北部。

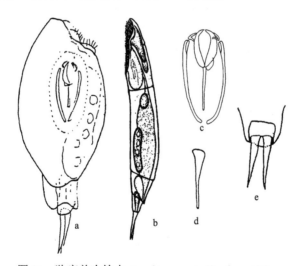

图 21　狭窄前吻轮虫 *Aspelta angusta* Harring *et* Myers

a. 右侧面观（right lateral view）；b. 左侧面观（left lateral view）；c. 咀嚼器（trophi）；d. 砧基侧面观（lateral view of fulcrum）；
e. 趾（toe）

(12) 猪前吻轮虫 *Aspelta aper* (Harring, 1913)（图 22）

Encentrum aper Harring, 1913a: 394.

Aspelta aper: Harring *et* Myers, 1928: 785-786.

形态 体纵长，皮层柔韧，不易变形，身体通常透明。头部长，约占体长的1/3，头与躯干部有颈，头冠腹向，两侧有耳状的长纤毛簇。吻很长，基部宽，前端圆形，侧面观在其前端有2个小而钝的圆锥形突起。躯干无侧沟。趾短，基部膨大，向后逐渐变细，在趾中部迅速瘦削至趾尖，轻微腹向。无眼点，脑后囊小。咀嚼器稍不对称，砧枝镰刀状，基部较宽，至远端呈钝齿状，砧枝内侧呈长卵圆形，基部的膜状基翼圆钝状；砧基短，约是砧枝的1/2；槌钩退化，且大小不等，右槌钩双齿，左槌钩"T"形；左槌柄略长于右槌柄，在基部稍膨大弯曲，向后逐渐变细至远端向内弯曲。

标本测量 全长：225-250μm；趾长：32-49μm；咀嚼器长：28-51μm。

生态 猪前吻轮虫喜生活在中性或酸性的有水草的池塘、湖泊或河流的沿岸带，多在秋天出现。本种于1995年12月采自海南琼海市郊一水塘（当时水温20℃，pH 6.0），同年又在云南大理洱海旁一小水塘中发现（当时水温13℃，pH 7.0）。

地理分布 海南（琼海）、云南（昆明、澄江）；澳大利亚，新西兰，北美洲，南美洲，欧洲，亚洲北部。

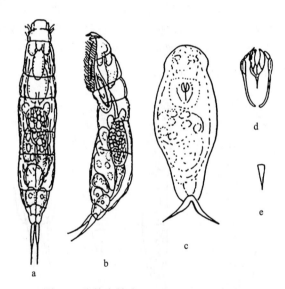

图 22 猪前吻轮虫 *Aspelta aper* (Harring)

a. 背面观（dorsal view）；b. 侧面观（lateral view）；c. 腹面观（ventral view）；d. 咀嚼器（trophi）；e. 砧基侧面观（lateral view of fulcrum）

(13) 双齿前吻轮虫 *Aspelta bidentata* Wulfert, 1961（图23）

Aspelta bidentata Wulfert, 1961: 79.

形态 外形似猪前吻轮虫，体纵长，柔软且透明，头部短，具很小的脑后囊，无眼点。头与躯干部之间有颈沟，头冠腹向，两侧有耳状的纤毛簇。吻具2个齿状突，食管短，胃腺小，卵形；足腺大，梨形。趾细长，背面观向两侧弯转。咀嚼器稍不对称，砧基短，侧面观呈宽板状；砧枝基部较宽，左边的砧枝较右边的更长，顶端与右砧枝相交接，无基翼；左槌钩分叉，右槌钩呈细棍状；左、右槌柄几乎等长，略有弯曲，在基部稍膨大，向后逐渐变细至远端向内弯曲。

标本测量　全长：250μm；趾长：28-30μm；咀嚼器长：28μm。

生态　双齿前吻轮虫于 1995 年采自吉林长白山一长有水生植物、水面上飘荡着水绵的小池塘，当时水温 25℃，pH 8.7。

地理分布　吉林（长白山）；欧洲，亚洲北部。

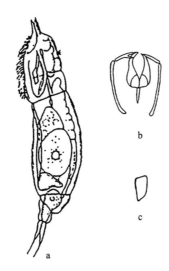

图 23　双齿前吻轮虫 *Aspelta bidentata* Wulfert

a. 侧面观（lateral view）；b. 咀嚼器（trophi）；c. 砧基侧面观（lateral view of fulcrum）

(14) 圆形前吻轮虫 *Aspelta circinator* (Gosse, 1886)（图 24）

Diglena circinator Gosse, 1886, In: Hudson *et* Gosse, 1886: 50.

Encentrum circinator: Harring *et* Myers, 1922: 555.

Aspelta chorista Myers, 1942: 251-285.

形态　体纵长，柔软且透明，头部长，约占体长的 1/3，头与躯干部有颈，头冠腹向，两侧有耳状的长纤毛簇，吻短，基部宽，在吻的基部有 2 个小的无色颗粒，似眼点。食管短，胃腺小，球形；足节大，足腺长，呈梨形。趾细长且柔软，约占全长的 1/7，趾基部稍膨大，向后逐渐瘦削，趾末端尖细，背面观呈钳状。咀嚼器不对称，砧枝基部较宽，无基翼，左右几乎等长，外侧缘几近平行，远端呈钝齿状，顶端不交接；砧基短于砧枝；槌钩退化，且大小不等；槌柄几乎等长，棍棒状，从加宽的基部向末端渐细。

标本测量　体长：200-280μm；趾长：28-40μm。

生态　圆形前吻轮虫一般喜生活在有沉水植物分布的湖泊、池塘等水体中，也能活跃在酸性水池，或在潮湿的苔藓中生活。在北京的一些鱼池、湿地及海南的河流中均采到标本。

地理分布　海南（海口）、北京；澳大利亚，新西兰，北美洲，南美洲，欧洲，亚洲北部。

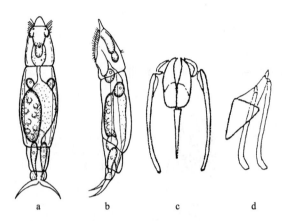

图 24　圆形前吻轮虫 *Aspelta circinator* (Gosse)

a. 背面观（dorsal view）；b. 侧面观（lateral view）；c. 咀嚼器（trophi）；d. 咀嚼器侧面观（lateral view of trophi）

(15) 内齿前吻轮虫 *Aspelta intradentata* Bērzinš, 1949（图 25）

Aspelta intradentata Bērzinš, 1949: 25-35.

形态　身体纵长，头冠短而腹向，吻尖。足有 2 节，趾短，直而细，末端尖细。无眼点，脑后囊不发达。咀嚼器不对称，砧基细长，其长度长于砧枝；砧枝基部窄，远端形成钩状齿，右砧枝内侧有 1 粗壮齿，左砧枝有 1 三角形的基翼，并在其外侧基部有 1 小凹陷；槌钩退化，"T"形；槌柄细长，前端稍膨大，末端向内弯转。

该种原始记录，体长：260μm；趾长：25μm；咀嚼器长：40μm。本志的标本与原始图示基本相似，只是趾更壮更长些，咀嚼器却小一些。

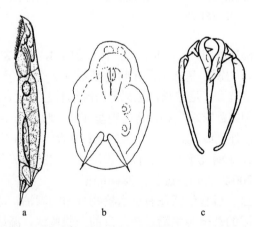

图 25　内齿前吻轮虫 *Aspelta intradentata* Bērzinš

a. 侧面观（lateral view）；b. 收缩的虫体腹面观（ventral view of contracted body）；c. 咀嚼器（trophi）

标本测量　体长（收缩状态）：100μm；体宽：55μm；趾长：32μm；咀嚼器长：27.5μm。

生态　本种自 1949 年发现以来，对它的报道仅限于古北区。标本采自吉林长白山一有机质丰富的水塘中，水深 1m，水呈黄褐色，四周长有挺水植物，水面上浮有水绵。当时水温 25℃，pH 7.0 左右。

地理分布　吉林（长白山）；欧洲，亚洲北部。

3. 异猪吻轮属 *Paradicranophorus* Wiszniewski, 1929

Paradicranophorus Wiszniewski, 1929: 144.

Type species: *Diglena hudsoni*=*Paradicranophorus hudsoni* (Glascott, 1893).

形态　本属种类体呈梨形或纺锤形，后端浑圆；体表具有纵横褶皱，被甲大多有碎屑粘连。头冠小，腹向，并具有很短的纤毛。吻小；足短，退化。趾 1 对，短而小，末端尖细，且明显腹向弯曲。无眼点，有脑后囊。咀嚼器钳型，砧枝竖琴状，砧基短或中等长，槌钩有或无前槌钩（subuncus），槌柄棍状，末端内弯。

全世界已发现 6 种，我国已发现 3 种。

种　检　索　表

1. 身体腹面前端有 1 对可动的棘···2
   身体腹面前端无棘··郝氏异猪吻轮虫 *P. hudsoni*
2. 趾呈圆锥状；咀嚼器不具前钩齿···尖棘异猪吻轮虫 *P. aculeatus*
   趾呈长棘状；咀嚼器具前钩齿···考氏异猪吻轮虫 *P. kostei*

(16) 尖棘异猪吻轮虫 *Paradicranophorus aculeatus* (Neisvestnova-Shadina, 1935)（图 26）

Dicranophorus aculeatus Neisvestnova-Shadina, 1935: 577.
Paradicranophorus aculeatus: Wiszniewski, 1954: 91.

形态　体呈纺锤形，透明而柔软，易变形；头冠退化，向腹面倾斜，头部与躯干部分界明显。身体具许多假体环，腹面有 1 对可动的棘刺，在固定标本中，这对棘常伸向前方。无眼点，8 个卵黄核。足不分节（有 1 个假节），很短。身体末端形成尾突。趾 1 对，从靠近体末端的腹面伸出，基部膨大，末端尖细。咀嚼器简单，砧枝外廓呈椭圆形，内侧无齿；砧基短，小于砧枝长的 1/3；无中央槌板和前钩齿。

尖棘异猪吻轮虫是该属中第二个被发现的种。波兰人 Neisvestnova-Shadina 于 1935 年在 Dka 河的沙泥沉积物中首先发现该种；23 年后，Pawlowski 第二次报道了该种；在中国的记载（Koste and Zhuge, 1995）是该种的第三次发现。本种仅在古北区有记录，但前两次描述及图示均不很详细。本志的标本与前两次的描述基本相似，只是腹面的 1 对棘刺较前两次记录更长。

标本测量　全长：160-220μm；趾长：41-46μm；前棘长：24-28μm；咀嚼器长：28μm。

生态 尖棘异猪吻轮虫喜生活在缓流的河或江的泥表面或有沙的生境中，是典型的喜泥沙底种类。在云南西双版纳的罗梭江、海南琼海万泉河均有发现。

地理分布 云南（西双版纳）、海南（琼海）；欧洲，亚洲北部。

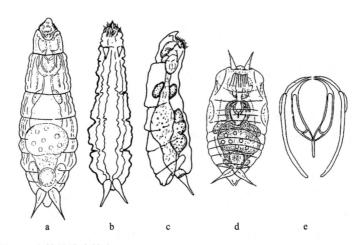

图 26 尖棘异猪吻轮虫 *Paradicranophorus aculeatus* (Neisvestnova-Shadina)

a, b. 收缩的虫体腹面观（ventral view of contracted body）；c. 侧面观（lateral view）；d. 腹面观（ventral view）；e. 咀嚼器（trophi）

(17) 郝氏异猪吻轮虫 *Paradicranophorus hudsoni* (Glascott, 1893)（图 27）

Diglena hudsoni Glascott, 1893: 83.

Paradicranophorus limosus Wiszniewski, 1929: 144.

Paradicranophorus verae Bogoslovsky, 1958: 622-625.

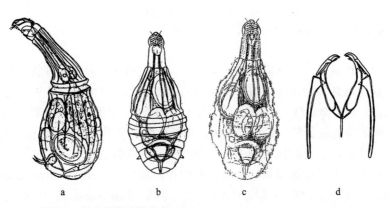

图 27 郝氏异猪吻轮虫 *Paradicranophorus hudsoni* (Glascott)

a. 侧面观（lateral view）；b, c. 腹面观（ventral view）；d. 咀嚼器（trophi）

形态 体呈梨形，体表粘有许多碎屑或泥沙颗粒。头部细长，吻小，头冠腹位，前端无棘。在躯干部中间有很明显的深横褶。趾直，轻微腹向弯曲，末端尖细。咀嚼器系变态钳型，无上槌柄（supramanubrium）和中央槌板，砧枝外廓椭圆形，内侧无齿；砧基短，侧面观呈梯形；槌钩具前钩齿；槌柄基端稍膨大，在其内侧形成尖突。

标本测量　全长：320-480μm；趾长：24-33μm；咀嚼囊长：35-40μm。

生态　郝氏异猪吻轮虫可在淡水或海洋生境中生活，是一典型的喜泥或碎屑的爬行缓慢的动物，偶尔也能游泳。标本采自湖南洞庭湖。

地理分布　湖南（岳阳）；澳大利亚，新西兰，欧洲，亚洲北部。

(18) 考氏异猪吻轮虫 *Paradicranophorus kostei* Zhuge, 1997（图 28）

Paradicranophorus kostei Zhuge, 1997, 40: 5a-b.

形态　体纵长，纺锤形，体被柔软，有横褶，体腹面前端有 1 对棘，在收缩状态时伸向前方。趾 1 对，基部稍膨大，在中部开始变细，末端似刚毛状，在体后端腹面伸出；卵黄核 8 个。咀嚼器钳形，砧基短而细，侧面呈宽板状；砧枝基部宽，在靠近前端 1/3 处突然变细，似齿状；槌钩 1 对，在近中央处分离，具前钩齿，无中央槌板及上槌柄；槌柄长，基部稍宽，在基部内面延伸成喙状，末端内弯。

考氏异猪吻轮虫在外观上易与尖棘异猪吻轮虫 *P. aculeatus* 相混，特别是固定标本都在体腹面的前端具 1 对棘。它们的主要不同表现在：①前者咀嚼器中具前钩齿，而 *P. aculeatus* 则无；且它们的槌柄及砧枝形状也不相同；②趾的形状不同，*P. aculeatus* 的趾基部更膨大，且稍长些。

标本测量　体长：170μm；体宽：90μm；体高：90μm；趾长：40μm；前棘长：80μm；咀嚼器长：30μm（砧基长：5μm；砧枝长：20μm；槌柄长：22.5μm；槌钩长：12.5μm；前钩齿长：6μm）。

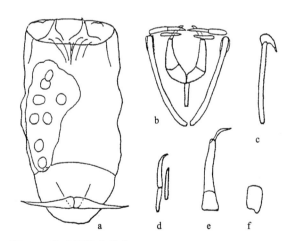

图 28　考氏异猪吻轮虫 *Paradicranophorus kostei* Zhuge
a. 腹面观（ventral view）；b. 咀嚼器（trophi）；c. 槌柄（manubrium）；d. 槌钩（uncus）；e. 砧板（incus）；f. 砧基侧面观（lateral view of fulcrum）

生态　考氏异猪吻轮虫于 1996 年 1 月 5 日在湖南洞庭湖首次采到，当时水温 10℃，

pH 7.1。1996 年 3 月 10 日及 1996 年 5 月 9 日又在从同一水体的敞水带采集到的水样中发现该种。

地理分布 湖南（岳阳）。

4. 中吻轮属 *Encentrum* Ehrenberg, 1838

Encentrum Ehrenberg, 1838: 450.

Type species: *Furcularia marina=Encentrum marinum* (Dujardin, 1841).

形态 体纵长，纺锤状或圆筒状，体表光滑或具横纵褶，身体柔软，分为头部、躯干部，体后端的尾突小或不明显。足短，圆锥形，1 或 2-4 个假节。趾短，腹向弯曲。头冠倾斜，但很少完全腹向。有前胃，胃呈球状或纺锤形，脑后囊有时具红色色素，大多数种类有脑侧腺（subcerebral gland）；有或无眼点，或在吻基部有 1 对无色的晶体颗粒。卵黄核一般 8 个，少数种类 4 个。咀嚼器钳型，砧枝内侧无齿，末端有的有钝齿，并在其腹面有的种类有前钩齿，基翼也很少出现；砧基或长或短，侧面观棒状或板状；槌钩单齿；槌柄长，有时在槌柄基部具球状向四周闪烁的细丝；在槌钩和槌柄之间一般都具有或长或短、或圆或方的中央槌板，在其内侧有的种类还有上槌柄。

Koste（1978）建议凡中吻轮属中，身体表面光滑，或仅具很浅的纵褶或横褶的为中吻轮亚属 *Encentrum*；身体表面具很深的纵褶或横褶的为似中吻轮亚属 *Parencentrum*。

本属全世界已发现近 100 种，我国已描述仅 11 种。

种 检 索 表

9. 砧枝外侧末端有 1 钝齿 ·· **沃氏中吻轮虫 E. voigti**

　　砧枝外侧末端无齿 ··· 10

10. 砧枝齿端腹面有 1 对前槌钩齿 ····································· **獭中吻轮虫 E. lutra**

　　砧枝齿端腹面有 1 个前槌钩齿 ······························· **喜污中吻轮虫 E. putorius**

(19) 猫中吻轮虫 *Encentrum felis* (Müller, 1773)（图 29）

Vorticella felis Müller, 1773: 108.

Notommata felis: Ehrenberg, 1830: 46.

Theora felis: Eyferth, 1878: 83.

Proales felis: Hudson *et* Gosse, 1886: 36.

Diglena felis: Bilfinger, 1894: 46.

Encentrum felis: Harring, 1914: 529.

形态　体粗而壮，呈纺锤形。体被柔韧，不易变形。头冠腹向，吻长而宽，圆形并向腹面弯曲。足短，尾突小。趾 1 对，基部较宽，末端尖细，向腹面弯曲。脑后囊半球形，在脑的后部有 1 红色透明的脑眼。咀嚼器小，砧枝外廓卵圆形，砧枝基部宽，内侧无齿；向前渐细至内弯的端齿；砧基很短，小于或等于 1/5 的槌柄长；槌钩单齿；中央槌板长圆形，短于槌钩；槌柄长条形，弧形弯曲，前后端均有膨大。

标本测量　全长：130-135μm；趾长：14-15μm；咀嚼囊长：15-18μm。

生态　猫中吻轮虫分布很广，其生活方式以附生或底栖为主，常出没于沉水植物丛中，或爬行于挺水植物及有机碎屑间。标本采自湖北武汉东湖沿岸带。

地理分布　湖北（武汉）、云南（石林、大理）；澳大利亚，新西兰，北美洲，南美洲，欧洲，亚洲北部。

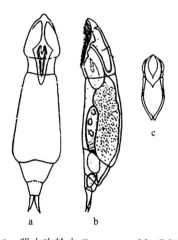

图 29　猫中吻轮虫 *Encentrum felis* (Müller)

a. 腹面观（ventral view）；b. 侧面观（lateral view）；c. 咀嚼器（trophi）

(20) 迭戈中吻轮虫 *Encentrum diglandula* (Zawadovski, 1926)（图 30）

Proales diglandula Zawadovski, 1926: 276.

Encentrum diglandula: Wisznievski, 1934: 364-366.

形态 头冠强烈腹向，腹面平直，背面拱起，体被上有长褶，吻粗而短，有相当明显的颈圈凹陷。足短，足腺大。趾短，在基部稍膨大，轻微腹向弯曲。无眼点，在脑后囊的末端有 1 暗红色半月状的色素块，体内有一些动物色素颗粒。咀嚼囊具较大的唾液腺。咀嚼器小，砧枝外廓呈倒卵圆形，砧枝镰刀状，向上渐细形成尖而向内弯曲的端齿；砧基细长，为槌柄长的 1/4-1/3，末端尖；中央槌板细长；槌钩细棒状；槌柄长，末端弯曲不膨大。

标本测量 全长：130-230μm；趾长：12.0-17.5μm；咀嚼器长：24-30μm。

生态 Koste（1978）认为，本种是喜冷性轮虫，冬天在湖底沉积物中甚至在冰层下的砂堆中亦能找到。但笔者既在位于热带的海南三亚的小溪流和池塘中有发现（当时水温 24℃以上），也在寒带的青海湟水河上游采集到（当时水温 11℃），因此推测该种是一广温性种类。

地理分布 海南（三亚）、青海（西宁）；澳大利亚，新西兰，欧洲，东南亚，亚洲北部。

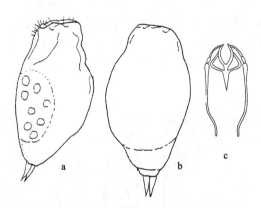

图 30　迭戈中吻轮虫 *Encentrum diglandula* (Zawadovski)
a. 侧面观（lateral view）；b. 背面观（dorsal view）；c. 咀嚼器（trophi）

(21) 韦氏中吻轮虫 *Encentrum wiszniewskii* Wulfert, 1939（图 31）

Encentrum wiszniewskii Wulfert, 1939: 580.

形态 身体呈纺锤形，皮层薄而透明。头冠顶位，吻短。足短，不分节。趾短且末端尖，基部膨大，腹向弯曲。脑后囊几乎与咀嚼囊等长，无眼点，卵黄核 8 个。咀嚼器大，砧枝外廓长方形，砧枝粗壮，砧枝内侧在近齿端有 1 对壮齿；砧基短，侧面观呈楔形。中央槌板长；前槌钩单齿；槌柄较粗壮，末端弯曲，向后渐细至稍膨大。

标本测量　全长：160-250μm；趾长：13-16μm；咀嚼器长：28-35μm。

生态　习居于有水生高等植物生长的小河流及浅水湖泊中。标本采自海南琼山响水桥下一河流中，该河水较清澈，有凤眼莲生长，当时水温 21℃，pH 6.0 左右。

地理分布　海南（海口）、青海（西宁）；欧洲，亚洲北部。

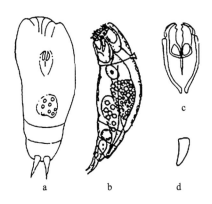

图 31　韦氏中吻轮虫 *Encentrum wiszniewskii* Wulfert

a. 收缩的虫体（contracted body）；b. 侧面观（lateral view）；c. 咀嚼器（trophi）；d. 砧基侧面观（lateral view of fulcrum）

(22) 弯凸中吻轮虫 *Encentrum gibbosum* Wulfert, 1936（图 32）

Encentrum gibbosum Wulfert, 1936.

形态　身体细长而透明。头约为全长的 1/3；吻中等大小，头冠倾斜。躯干后半部的背侧膨起，尾突明显。足圆锥形，3 个假节，足腺亦长，具大的黏液贮泡。趾粗壮，渐细，末端尖削，腹向弯曲。脑小，囊状，脑后囊及脑侧腺缺乏。在头部前端有 2 个小

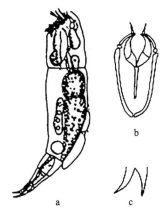

图 32　弯凸中吻轮虫 *Encentrum gibbosum* Wulfert

a. 侧面观（lateral view）；b. 咀嚼器（trophi）；c. 趾（toe）

的感光颗粒。卵黄核 4 个。咀嚼器大，砧枝外廓梨形，砧枝宽，末端齿单个，尖而内弯，内侧无壮齿；砧基长，基部宽，向末端渐细；槌钩细长；中央槌板扁平，卵圆形；槌柄长而壮，前端稍膨大。上咽板 1 对，细长，钩状。

标本测量　全长：220-380μm；趾长：20-23μm；咀嚼器长：34-37μm。

生态　弯凸中吻轮虫一般生活于有机质丰富的小水体或湖泊的沿岸带。标本采自湖南洞庭湖。

地理分布　湖南（岳阳）；澳大利亚，新西兰，欧洲，亚洲北部。

(23) 海洋中吻轮虫 *Encentrum marinum* (Dujardin, 1841)（图 33）

Furcularia marina Dujardin, 1841: 649.

Pleurotrocha marina: Bergendal, 1892: 50.

Diglena marina: von Hofsten, 1912: 203.

Encentrum marinum: Harring, 1913b: 43.

形态　体纵长，纺锤形，皮层相当硬，不易变形。头大，吻宽，体表具侧沟，偶有浅褶；尾突小。足短而粗，锥形。趾尖细，基部膨大，轻微腹向，趾间间距大。无眼点，脑侧腺大，两侧有无色球状的感光点。咀嚼器长，砧枝外廓长大于宽，每个砧枝的顶端各有齿 1 个，在它之上各有 1 个前钩齿；砧基很长，棍状，末端稍膨大；中央槌板大，长条状，内侧无上槌柄；槌钩 1 对，其端齿和轴齿（shaft）几乎等长，在轴齿的背腹面均有骨突；槌柄前后端都有膨大，在基部内侧有喙突，末端向里弯曲。

标本测量　全长：162-240μm；趾长：16-25μm；咀嚼器长：20-35μm。

生态　海洋中吻轮虫一般在海水或咸水中生活，在碱度较高的淡水中也可发现该种。1995 年 6 月在青海省青海湖水中采集到，当时水温 15℃，pH 9.5。

地理分布　青海（西宁）；北美洲，欧洲，亚洲北部。

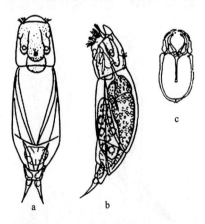

图 33　海洋中吻轮虫 *Encentrum marinum* (Dujardin)
a. 背面观（dorsal view）；b. 侧面观（lateral view）；c. 咀嚼器（trophi）

(24) 柔韧中吻轮虫 *Encentrum flexilis* Godske Eriksen, 1968（图 34）

Encentrum flexilis Godske Eriksen, 1968: 23-31.

形态　体呈纺锤状，头冠腹向倾斜，吻短而圆。躯干前部背面拱起，后部圆锥形，有假节 3 节。足短，趾锥形，末端尖细。无眼点，卵黄核 8 个。咀嚼器相对小，砧枝外廓圆形，每个砧枝末端有 2 个尖齿；砧基与砧枝几等长，侧面观向腹面弯曲，基部宽；槌钩齿尖，在中央部位有骨突；中央槌板小而圆，在内侧有小的突起，但无上槌柄；槌柄长，末端向内弯曲，稍膨大。

标本测量　全长：198-240μm；趾长：13-16μm；咀嚼器长：25μm。

生态　柔韧中吻轮虫常生活在有水绵或其他水生植物生长的小水体或湖泊中，在水体沉积物中也有出现。北京玉渊潭公园、云南大理洱海均采集到标本，当时水温 15℃左右，pH 7-8。

地理分布　北京、云南（大理）；欧洲，亚洲北部。

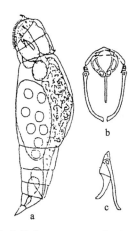

图 34　柔韧中吻轮虫 *Encentrum flexilis* Godske Eriksen
a. 侧面观（lateral view）；b. 咀嚼器（trophi）；c. 咀嚼器侧面观（lateral view of trophi）

(25) 鼬中吻轮虫 *Encentrum mustela* (Milne, 1885)（图 35）

Pleurotrocha mustela Milne, 1885: 188.
Diglena mustela: Hudson *et* Gosse, 1889: 30.
Encentrum mustela: Jakubski, 1918: 129.

形态　体腹面较平直，背面拱起。吻窄，弯曲。头冠明显腹向。躯干有侧沟，尾突不明显。足短，分节不明显，侧面观呈锥形，正面观呈方形。趾长约为全长的 1/20，基部肿起，末端尖细，并向腹面弯曲。无眼点，但在头部前端常有 2 个小的感光体。卵黄核 4 个。有脑后囊。咀嚼器大，砧枝外廓呈心形，左右砧枝前端各具 1 细长、针状而内弯的端齿，并在其腹面各有 1 针状的长前钩齿；砧基细长，约为砧枝长的 2/3；槌钩单齿，细长，其端齿是轴齿的 2 倍，并在轴齿的背腹侧均有骨突；中央槌板短，圆三角形，内侧无上槌柄；槌钩细小；槌柄长，末端弯曲有膨大。

标本测量 全长：142-320μm；趾长：8.5-22.0μm；咀嚼器长：15-35μm。

生态 鼬中吻轮虫通常营附生或底栖生活，一般出现在低温季节。标本于 1995 年 6 月 25 日采自青海湟水河上游，该河流水清、流急。当时水温 11℃，pH 7.0 左右。

地理分布 青海（湟水河上游）；非洲，南极地区，欧洲，亚洲北部。

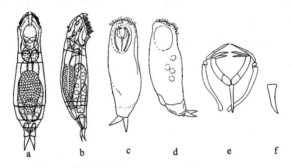

图 35 鼬中吻轮虫 *Encentrum mustela* (Milne)

a, c. 背面观（dorsal view）；b, d. 侧面观（lateral view）；c, d. 收缩的虫体（contracted body）；e. 咀嚼器（trophi）；f. 砧基侧面观（lateral view of fulcrum）

(26) 沃氏中吻轮虫 *Encentrum voigti* Wulfert, 1936（图 36）

Encentrum voigti Wulfert, 1936: 413.

形态 体纵长，体被薄，透明。吻短，头冠明显腹向。无眼点，后脑囊长。足短，1 假节。尾突小而明显。趾短而壮，其背缘有小波纹，腹缘轻微弯曲。咀嚼器大，砧枝内侧呈椭圆形，左右砧枝前端各有 1 端齿，在靠近齿端的外部两侧各有 1 钝齿；砧基细长，侧面观呈楔形。中央槌板圆形，其内侧的上槌柄长，靴状；前槌钩齿 1 对；槌柄长，轻

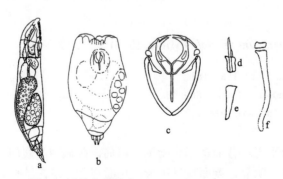

图 36 沃氏中吻轮虫 *Encentrum voigti* Wulfert

a. 侧面观（lateral view）；b. 收缩的虫体（contracted body）；c. 咀嚼器（trophi）；d. 槌钩（uncus）；e. 砧基侧面观（lateral view of fulcrum）；f. 槌柄和中央槌板（manubrium and intramalleus）

微弯曲，在前端稍膨大。

标本测量　全长：500μm；趾长：20μm；咀嚼器长：45μm。

生态　沃氏中吻轮虫一般生活在小水体中，以小型藻类为食。1995 年采自云南大理洱海，当时水温 13℃，pH 7。

地理分布　云南（大理）；欧洲，亚洲北部。

(27) 獭中吻轮虫 *Encentrum lutra* Wulfert, 1936（图 37）

Encentrum lutra Wulfert, 1936: 413.

形态　体粗壮而透明。吻中等大小，头冠腹向。足窄而短，足腺 1 对具贮存库；尾突明显。趾细，逐渐变尖，向腹面弯曲。无后脑囊和眼点，卵黄核 8 个。咀嚼器大，砧枝外廓六边形，砧枝端齿腹面左右各 1 对前槌钩齿，很细；砧基棍棒状，约为槌柄长的2/3；中央槌板长卵形；上槌柄匕首状，在内侧有脊状加厚；槌钩单齿，在中部有 1 小附齿和背、腹骨突；槌柄棒状，轻微弯曲。

标本测量　全长：257-380μm；趾长：16-23μm；咀嚼器长：27-39μm。

生态　獭中吻轮虫喜生活在树干的苔藓或流水沿岸带的苔类植物中，亦在一些小水体的水绵和苔藓植物，以及狐狸、獾、獭等洞穴的苔藓中生活。1995 年 6 月采自青海海拔 3250m 的一有水绵和杂草生长的小水沟，当时水温 12℃，pH 7。

地理分布　青海；北美洲，欧洲，亚洲北部。

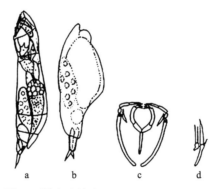

图 37　獭中吻轮虫 *Encentrum lutra* Wulfert

a, b. 侧面观（lateral view）；c. 咀嚼器（trophi）；d. 具前槌钩齿的槌钩（uncus with preuncus teeth）

(28) 喜污中吻轮虫 *Encentrum putorius* Wulfert, 1936（图 38）

Encentrum putorius Wulfert, 1936: 416.

Encentrum putorius armatus Donner, 1943: 66.

形态　身体腹面平直，背部明显拱起；头部短，吻短而宽，头冠倾斜；尾突不明显。足长，2 假节，足腺大，具贮存库。趾柔软，圆锥状，轻微腹向弯曲，趾尖钝，可伸缩。

无眼点，脑小，具 1 对球状的黑色腺体。卵黄核 8 个。咀嚼器发达，变化较大，砧枝外廓梨形，左右砧枝各具 1 端齿，在其端齿腹面各有 1 个前槌钩齿，砧枝中央的开口呈楔形，向下一直延伸到砧基；砧基细长，侧面观三角形，在其末端钩状弯曲；槌钩 1 对，其端齿短于轴齿，约为其长度的 2/3，在轴齿的背腹面均有骨突；中央槌板圆球状，在内侧具匕首状的上槌柄；槌柄长，近槌钩端基部内侧有三角形的加宽。

　　标本测量　全长：165-440μm；趾长：17-30μm；咀嚼器长：22.5-36.0μm。

　　生态　喜污中吻轮虫一般生活在静水或流水的生境中，喜着生在大型水生植物、苔藓等植物体上，以细菌和着生的纤毛虫为主要食物。该种分布广泛，北京、青海、海南、湖南等地均有发现。

　　地理分布　北京、湖南（岳阳）、海南（琼海）、云南（大理、昆明）、青海（西宁）；澳大利亚，新西兰，北美洲，欧洲，亚洲北部。

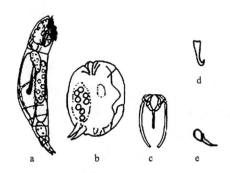

图 38　喜污中吻轮虫 *Encentrum putorius* Wulfert

a. 侧面观（lateral view）；b. 收缩的虫体（contracted body）；c. 咀嚼器（trophi）；d. 砧基侧面观（lateral view of fulcrum）；
e. 中央槌板和上槌柄（intramalleus and supramanubrium）

(29) 喜沙中吻轮虫指名亚种 *Encentrum (Parencentrum) saundersiae saundersiae* (Hudson, 1885)（图 39）

Taphrocampa saundersiae Hudson, 1885: 614.

Encentrum (Parencentrum) saundersiae: de Beauchamp, 1909: 419.

　　形态　体纵长，头部短，与身体界线清楚。头冠腹向，前端有吻；卵黄核 4 个；身体后端有尾突，趾 1 对，呈细圆锥形，位于靠近体末端的腹面。胃内常具有动物性藻类和黑色或棕色的圆形颗粒，形如"污秽泡"。头部前端有 2 个无色的单眼。被甲上常粘有一些碎屑或沙粒物。在身体后端 1/3 区域有许多很深的横褶；腹面有一些对称的长褶。变态钳型咀嚼器，槌柄长，末端内弯；砧基细，侧面观呈宽板状；砧枝腹侧前端具 1 前槌钩齿；在槌钩与槌柄之间有中央槌板。头部具脑后囊。

　　标本测量　全长：165-350μm；趾长：14-18μm；咀嚼器长：30-38μm。

　　生态　本指名亚种隶属似中吻轮亚属 *Parencentrum*，一般生活在泥或沙含量较高的流水或静水中。海南、青海和湖南等水体中均有分布。

　　地理分布　海南（三亚）、青海（湟水河）、湖南（岳阳）；澳大利亚，新西兰，北美洲，南美洲，欧洲，亚洲北部。

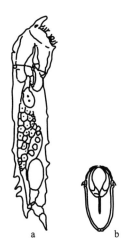

图 39　喜沙中吻轮虫指名亚种 *Encentrum (Parencentrum) saundersiae saundersiae* (Hudson)

a. 侧面观（lateral view）；b. 咀嚼器（trophi）

(30) 颈项喜沙中吻轮虫 *Encentrum (Parencentrum) saundersiae lophosoma* Wulfert, 1936
（图 40）

Encentrum (Parencentrum) saundersiae lophosoma Wulfert, 1936: 433.

　　形态　该亚种与指名亚种很相似，体纵长，头部短，体有横褶；不同之处有：①胃内无动物性藻类；②砧枝腹侧前端不具前槌钩齿；③具一大一小 2 对足腺。

　　标本测量　全长：140μm；收缩时长：100μm；宽：50μm；趾长：15μm；咀嚼器长：35μm。

　　生态　栖息环境与指名亚种相似；本亚种采自海南海口市郊一长有凤眼莲、底质为沙和泥的小河流中，当时水温 21℃，pH 6.3。

　　地理分布　海南（海口）；澳大利亚，新西兰，北美洲，南美洲，欧洲，亚洲北部。

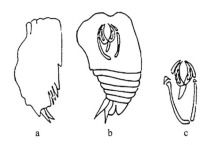

图 40　颈项喜沙中吻轮虫 *Encentrum (Parencentrum) saundersiae lophosoma* Wulfert

a, b. 收缩虫体侧面观（lateral view of contracted body）；c. 咀嚼器（trophi）

5. 额吻轮属 *Erignatha* Harring *et* Myers, 1922

Erignatha Harring *et* Myers, 1922: 555.

Type species: *Diglena clastopis=Erignatha clastopis* (Gosse, 1886).

　　形态　身体纵长，呈纺锤形，背面略凸出，腹面少许凹入。头冠明显倾斜，在两侧有似耳状的纤毛簇。头部与躯干部交界处有明显紧缩的"颈圈"，躯干部有细的纵褶。尾突有或无。足短，呈圆锥形，1、2 个假节；趾 1 对，细而长。脑大，囊形，脑后囊缺，脑侧腺有或无；端眼、脑眼有或无。咀嚼器为变异的钳形。

　　本属种类生活在有植被的沿岸带或沙生，在淡水、半咸水和海洋中均有发现。全世界已发现 5 种，我国仅发现 1 种。

(31) 前突额吻轮虫 *Erignatha clastopis* (Gosse, 1886)（图 41）

Diglena clastopis Gosse, 1886, In: Hudson *et* Gosse, 1886: 52.

Encentrum clastopis: Kozar, 1914: 418.

Erignatha clastopis: Harring *et* Myers, 1922: 555.

　　形态　体细长呈纺锤形。头冠腹向，前端吻具 2 触须。背侧轻微拱起，腹面扁平。皮层柔软，身体的轮廓不会有大的变动。身体常呈棕色。尾突小，足短，1 假节。趾相当长，从比较宽阔的基部向后尖削，或多或少向腹面弯曲。2 个端眼。咀嚼器相对大，

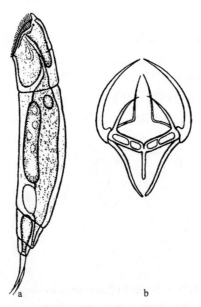

图 41　前突额吻轮虫 *Erignatha clastopis* (Gosse)

a. 侧面观（lateral view）；b. 咀嚼器（trophi）

为高度变异的钳形，砧枝在其几近中部的位置向内弯转形成直角，前半部很细，成为 1 很细而尖锐的齿；砧基短，不足砧枝长的一半；槌钩很长而粗壮，每一槌钩宽阔的基部紧密地连接在砧枝中部转角的外侧，自最宽的基部逐渐向前细削，直到很尖锐的末端为止；槌柄较槌钩短而细，少许弯曲略呈"S"形；中央槌板很小，附着在砧枝中部的外缘，有 1 很发达呈"L"形的上槌柄，其前端部分呈针状。

标本测量　全长：170μm；趾长：24μm；咀嚼囊长：30μm。

生态　前突额吻轮虫分布较广，一般沉水植物和有机碎屑较多的池沼中容易找到，生活习性以底栖为主。本种标本在湖北武汉东湖—湖汊中采集到。

地理分布　湖北（武汉）；澳大利亚，新西兰，北美洲，南美洲，欧洲，亚洲北部。

二、盲囊轮科 Ituridae De Smet *et* Pourriot, 1997

Ituridae De Smet *et* Pourriot, 1997.

在以往的轮虫分类中，盲囊轮虫一直以其变异的杖型咀嚼器而将之放在椎轮科中，作为其中的 1 个属；但有学者考虑到盲囊轮虫其咀嚼器已失去泵吸作用，并明显呈现出向猪吻轮虫所具有的钳型咀嚼器的过渡，故 De Smet 和 Pourriot 在 1997 年将其提升为科——盲囊轮科。该科仅 1 属。

6. 盲囊轮属 *Itura* Harring *et* Myers, 1928

Itura Harring *et* Myers, 1928: 684.

Type species: *Diglena aurita=Itura aurita* (Ehrenberg, 1830).

形态　身体或多或少纵长，呈纺锤形或长梨形；皮层相当软而柔韧；因为体内常有共生的动物绿藻 Zoochlorellae，故全身常呈绿色；颈部的 2 个横褶将头部与躯干部分开，头冠两侧的耳很小，不能收缩。足与趾均很小。1 个脑眼和 2 个端眼，1 个背触手，脑后囊大，有脑侧腺。在胃的前端有 1 对向上分叉的盲囊。咀嚼器为变异的钳型。槌钩有 1 个主齿和在其中部伸出的附齿；槌柄长，在其基部内侧形成末端很尖的膜翼，在其末端弯转而形成 1 显著的柱钩，砧枝竖琴状或钳形，在其齿端有许多小齿，砧枝内侧有光滑的或横纹状的膜片，砧枝两侧基翼很大，对称或不对称。

本属全世界已发现 6 种（包括 2 变种），我国已发现 3 种。

种 检 索 表

1. 砧枝的基翼呈尖棘状 ··· **耳叉盲囊轮虫 *I. aurita***
   砧枝的基翼不呈尖棘状 ·· 2
2. 端眼有晶体，砧基侧面观自前向后逐渐尖削 ····························· **绿色盲囊轮虫 *I. viridis***
   端眼无晶体，砧基侧面观近方形 ··· **迈由盲囊轮虫 *I. myersi***

(32) 耳叉盲囊轮虫 *Itura aurita* (Ehrenberg, 1830)（图 42）

Diglena aurita Ehrenberg, 1830: 16.

Eosphora aurita: Werneck, 1836: 16.

Dicranophorus auritus: Harring, 1913b: 157.

Itura proterva Harring et Myers, 1928: 686.

形态　体纵长，纺锤形，头冠自腹面向下伸展。头冠两侧的耳虽比较小，但是显著突出，耳上纤毛较长。足短，分为 2 节，圆锥形。趾短，尖钝。咀嚼器为变异的钳型，不对称而粗壮，砧枝竖琴状，在砧枝齿尖有 5、6 个小尖齿，在左砧枝内侧有 1 窄的膜片，而右砧枝内侧的膜片较宽，上面有许多横纹；基翼呈尖棘状，不很对称；槌柄基部宽，末端弯钩状。有脑后囊和 2 个长的脑侧囊。1 个脑眼和 2 个端眼。

标本测量　全长：180-220μm；趾长：9-18μm；咀嚼器长：38-45μm。

生态　耳叉盲囊轮虫分布广泛，我国从南到北均有记录，主要生活在沉水植物繁茂和有机质丰富的小水池、溪沟、沼泽及浅水湖泊中。

地理分布　云南（石林）、海南（琼海、三亚）、湖北（武汉）、北京；澳大利亚，新西兰，北美洲，南美洲，东南亚，欧洲，亚洲北部。

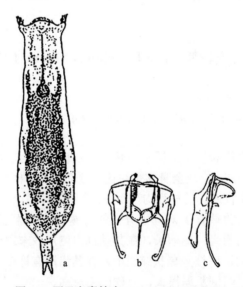

图 42　耳叉盲囊轮虫 *Itura aurita* (Ehrenberg)
a. 背面观（dorsal view）；b. 咀嚼器（trophi）；c. 咀嚼器侧面观（lateral view of trophi）

(33) 迈由盲囊轮虫 *Itura myersi* Wulfert, 1935（图 43）

Itura myersi Wulfert, 1935: 589.

形态　身体比较短而宽阔。头部、颈部和躯干部之间都有 1 较明显的折痕作界线。

头部较大，两侧的耳也较发达。尾部小而狭，末端或多或少尖削。足较长，趾1对，细而尖。膀胱大，足腺细长。脑侧腺发达，长囊袋状，左右不对称。颈部前面有1比较大的眼点，形似水晶体，脑的前端另有1对无晶体圆球形眼点。咀嚼器发达，砧枝外廓呈椭圆形，右砧枝内缘具宽阔的、呈横纹的薄膜片，左砧枝内缘仅有狭小无横纹的薄膜，砧枝基部两侧的基翼不呈尖棘状，基部宽阔，末端弯转而尖削；砧基短，侧面观近方形；槌钩长而粗壮，末端形成1尖锐而大的主齿，主齿上又附有1小的附齿；槌柄长而发达，末端弯转呈钩状。附着在咀嚼器的前端有1对很薄而透明的膜质咽板或前咽片（oral plate），呈梳形，左右前咽片在中央连接在一起。

标本测量　全长：280-350μm；趾长：23-25μm；咀嚼器长：50-56μm。

生态　自1935年以来，迈由盲囊轮虫在我国不少湖泊、池塘中都有发现。本种是根据采自湖北武汉东湖的标本描述的。本种通常分布在pH 7.0-7.5的沉水植物丰富的小水体中。

地理分布　湖北（武汉）、西藏（拉萨、康马）；澳大利亚，新西兰，北美洲，南美洲，东南亚，欧洲，亚洲北部。

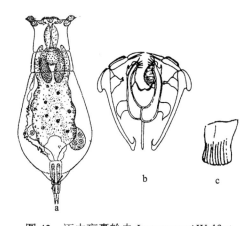

图43　迈由盲囊轮虫 *Itura myersi* Wulfert

a. 背面观（dorsal view）；b. 咀嚼器（trophi）；c. 砧基侧面观（lateral view of fulcrum）

(34) 绿色盲囊轮虫 *Itura viridis* (Stenroos, 1898)（图44）

Eosphora viridis Stenroos, 1898: 136.

Dicranophorus viridis: Harring, 1913b: 36.

Itura viridis: Harring *et* Myers, 1928: 692.

形态　身体略呈纺锤形，头冠两侧的耳虽比较小，但显著突出，耳上纤毛比较长。由于体内存在着共生的动物绿藻 Zoochlorellae，全身总是呈绿色。头部和颈部及颈部和躯干部之间，都有1相当明显的紧缩折痕可作为界线。头部除了头冠两侧伸出的耳外，几乎与颈部同样宽阔。足短，分成2节。趾1对相当细长而尖削；足腺1对细而长，略呈棍棒状。脑相当大，呈囊袋形，脑后囊比较小，近似梨形，脑侧腺1对，形似片条，左右不对称。颈部有 1 半圆形的眼点，位于脑的后端；头部顶端有 1 对有晶体的圆球形眼点。咀嚼器大，砧枝基部很宽，逐渐向左右砧枝顶端瘦削，顶端形成 1 块节瘤状的顶梢，顶梢内侧具有 10 多个尖锐的齿；右砧枝内侧具 1 有横纹的宽膜片，左砧枝内侧则完全没有这样的膜片，砧枝两侧基部的基翼不呈尖棘状，基部较宽，末端弯转而尖削；砧基短，侧面观自前向后逐渐尖削；槌钩末端形成尖锐的主齿，槌柄很长，基部背腹面具有膜质基片，末端钩状。

标本测量 全长：280μm；趾长：23μm；咀嚼囊长：50μm。

生态 绿色盲囊轮虫主要栖息于沉水植物繁茂和有机质比较多的水坑、溪沟及浅水湖泊中，是一种沿岸带的喜污性轮虫。本种标本采自湖北武汉东湖的沿岸带，当时体内尚有未消化的裸藻。

地理分布 云南（昆明）、海南（三亚）、青海（西宁）、湖北（武汉）、上海；澳大利亚，新西兰，北美洲，南美洲，东南亚，欧洲，亚洲北部。

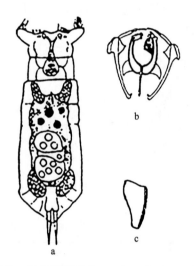

图 44 绿色盲囊轮虫 *Itura viridis* (Stenroos)

a. 背面观（dorsal view）；b. 咀嚼器（trophi）；c. 砧基侧面观（lateral view of fulcrum）

三、柔轮科 Lindiidae Harring *et* Myers, 1924

Lindiidae Harring *et* Myers, 1924: 417.

形态 身体一般柔弱而细长，呈纺锤形或类似蠕虫形。头冠接近椎轮虫型头冠，两侧的耳能够收缩。在头与躯干之间有 1 明显的颈部。足短，一般分成 2 节。趾 1 对，很小。咀嚼器梳型（cardate），槌柄结构较复杂。

本科仅有 1 属，柔轮属 *Lindia* Dujardin, 1841。Remane（1933）根据该属不同的形态特征及生态习性等，将其分为柔轮亚属 *Lindia* 和咸水柔轮亚属 *Halolindia*。柔轮亚属是淡水种类，卵生；咸水柔轮亚属是咸水性或海洋性种类，卵胎生。

本科全世界已发现不足 20 种，我国只发现 4 种。

7. 柔轮属 *Lindia* Dujardin, 1841

Lindia Dujardin, 1841: 653.

Type species: *Lindia torulosa* Dujardin, 1841.

形态　体呈纺锤形，头部两侧有或短或长的纤毛耳，头与躯干之间有明显的颈部。头冠从腹面向后伸展，可占身体前端的 1/4。足短，2 节。趾短，锥形。槌钩齿 2-4 个，槌柄在背侧有 1 钩状结构。有上咽板（epipharynx），胃与肠分界不显著，胃腺大，有脑眼。

种 检 索 表

1. 体较大，全长超过 200μm；躯干皮层有横的折痕···2
   体细长，全长不超过 200μm；躯干皮层光滑，无横的折痕·······················**柔细柔轮虫 *L. delicata***
2. 纤毛耳短而宽；趾呈倒圆锥形···**截头柔轮虫 *L. truncata***
   纤毛耳长，柄状；趾相对细而尖···3
3. 槌钩具 3 齿···**连锁柔轮虫 *L. torulosa***
   槌钩具 2 齿···**苍白柔轮虫 *L. pallida***

(35) 柔细柔轮虫 *Lindia delicata* Wang, 1961（图 45）

Lindia delicata Wang, 1961: 45.

形态　身体纵长，很细而柔弱，或多或少呈纺锤形，或者近似圆筒形。全身无色而相当透明。头部少许长于颈部。头和颈及颈和躯干交界处，都有 1 明显紧缩的折痕。躯干很长而光滑。尾突相当明显，形成尖圆形的 1 片，部分掩盖了足的基部。足相当粗壮而短，分成明显的 2 节；第 1 节远较第 2 节宽阔。趾 1 对，呈倒圆锥形，很短。头冠从腹面向后伸长；口围后部下垂，形成 1 不甚显著的颚。头冠两侧的耳比较短而粗壮，且有 1 束紧密排列的长纤毛，和头冠上短的纤毛相连接。咀嚼囊特别大，咀嚼器系典型的梳型：砧板腹面观呈少许纵长的三棱柱形；左右砧枝顶端弯向内侧，彼此往往碰头在一起，基部宽阔而具有相当发达的基翼；砧基比较短而粗；槌钩的末端系 3 个不同大小的齿及连结这 3 齿的薄膜所组成，只有从前面观才容易看出这 3 个齿和薄膜；槌柄很复杂，分成 3 部分：中部长而略呈弓状弯转，系槌柄正常的形式，也是主要部分；腹部非常发达，系从中部分离出来的月牙形突起；背部是 1 薄的膜质片，完全附着在弓状的中部上面。1 对前咽板在咀嚼器前方，系 1 个比较长的棍棒状咽片和 1 个比较小的不规则菱形薄膜片所组成。消化腺 1 对，相当大，呈不规则圆球形；每一消化腺由单个细胞组成。胃和肠之间有 1 不十分明显的紧缩折痕，可作为二者的分界线。足腺 1 对，呈棍棒状，相当发达，每一个足腺的长度几乎与 2 足节的长度相等，后端还有 1 很小的黏液贮胞。脑很大，呈长椭圆形；脑后囊比较小。1 个椭圆形眼点就位于这一区域中央的最前端。背触手和侧触手都系具有 1 束感觉毛的小痘痕所组成。

标本测量   全长：140-155μm；趾长：10μm；咀嚼囊长：33-38μm。

生态   柔细柔轮虫于 1958 年 10 月 15 日从湖北武昌珞珈山一富有沉水植物及有机质的浅水池塘水样中采到。本种轮虫的生活习性虽以底栖为主，但往往也活动于沉水植物及有机碎片之间。

分类讨论   柔细柔轮虫的主要特征是：①体形小而细长，无色而透明；②躯干很光滑，没有任何横的或纵的折痕，尾突明显；③咀嚼器特别大而发达；④食道壁膜具有显著的线环状的肋纹等。

地理分布   湖北（武汉）；澳大利亚，新西兰，北美洲，南美洲，太平洋地区，欧洲，亚洲北部。

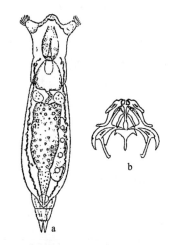

图 45   柔细柔轮虫 *Lindia delicata* Wang
a. 背面观（dorsal view）；b. 咀嚼器（trophi）

(36) 截头柔轮虫 *Lindia truncata* (Jennings, 1894)（图 46）

Notommata truncata Jennings, 1894: 16.

Lindia euchromatica Edmondson, 1938: 153-157.

Lindia eucromatica europaea Koch-Althaus, 1962: 422.

形态   体呈纺锤形或者近似圆筒形，呈红色或橘红色。头部与颈部几乎同样长短和宽阔。头和颈及颈和躯干交界处，均有 1 明显紧缩的折痕，头冠两侧的纤毛耳短而宽。躯干很长，最宽处位于中部，尾突不十分显著，只由后端浑圆的 1 片所形成。躯干外表特别是后半段具有若干环状的折痕，但折痕所形成的"假节"在身体收缩时不能像"套筒"那样彼此部分地互相套入。足宽而短，2 节，它和躯干的后端相连续，并无任何紧缩的分界线。趾 1 对，很短，呈倒圆锥形。咀嚼囊相当大；唾液腺 1 对，同样大小而很发达，呈卵圆形或梨形。咀嚼器系少许变态的梳型：砧板的外廓呈提琴形，砧枝基部两旁具有相当发达的基翼；砧基和砧枝几乎等长，细而瘦削；槌钩的末端由 3 个不同大小的齿及连接这 3 齿的膜所组成；槌柄腹面月牙形弯曲的部分较小，背面的薄膜片也比较短。除了砧板和槌板，还有 1 对非常发达的前咽板。食道相当长而细，脑相当大，呈长椭圆形；眼点位于脑的后端背面。

标本测量　全长：300-355μm；趾长：15μm；咀嚼囊长：30μm；咀嚼囊宽：50μm。

生态　截头柔轮虫经常在夏、秋季出现于湖北武汉市郊的一些湖泊和池塘中，通常栖息在沉水植物丛中；除了适应于沼泽及池塘外，在浅水湖泊的沿岸带有时也能找到。

地理分布　湖北（武汉）；澳大利亚，新西兰，北美洲，南美洲，太平洋地区，欧洲，亚洲北部。

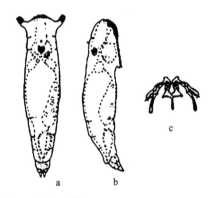

图 46　截头柔轮虫 *Lindia truncata* (Jennings)

a. 背面观（dorsal view）；b. 侧面观（lateral view）；c. 咀嚼器（trophi）

(37) 连锁柔轮虫 *Lindia torulosa* Dujardin, 1841（图 47）

Lindia torulosa Dujardin, 1841: 653.

Notommata torulosa: Eyferth, 1878: 81.

形态　成体呈淡黄色或橘红色，扁平而纵长，蠕虫状，具有许多环形的皱褶；头和颈及颈和躯干的交界处，均有 1 明显紧缩的折痕。头部具有吻是本种的一个重要特征。头冠从腹面向后伸展，两侧的耳在伸出时相当长而突出，呈柄状，顶端有稠密的纤毛。可是当收缩时就不易辨认。躯干部末端尖削，尾突不显著，只有 1 小的圆片覆盖在第 1 足节上面。趾圆柱形或纺锤形，到了后端急剧瘦削成 1 微小的短管。有红色眼点。咀嚼囊大，典型的梳型咀嚼器：砧枝外廓呈竖琴状，砧枝外侧基部有短棘状基翼；砧基棒状，细长，侧面观长三角形；槌柄发达，并有 1 月牙形弯曲之枝，内侧有 1 薄的膜质片；槌钩系由 3 个不同长短的齿所组成。1 对前咽板系由 1 个棍棒状的咽片和 1 棱形的薄膜片所组成。

标本测量　全长：250-600μm；趾长：可达 11μm；咀嚼囊长：26-32μm。

生态 连锁柔轮虫习居于富营养型的静水和流水水体中，常在丝状藻类间活动，分布十分广泛。

地理分布 浙江（湖州）、湖北（武汉）、西藏（聂拉木、日土）；澳大利亚，新西兰，非洲，南极地区，北美洲，南美洲，东南亚，欧洲，亚洲北部。

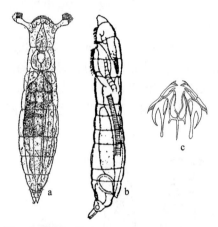

图 47 连锁柔轮虫 *Lindia torulosa* Dujardin

a. 背面观（dorsal view）；b. 侧面观（lateral view）；c. 咀嚼器（trophi）

(38) 苍白柔轮虫 *Lindia pallida* Harring *et* Myers, 1922（图 48）

Lindia pallida Harring *et* Myers, 1922: 620.

形态 身体细长，蠕虫形。体被柔软而透明，皮层有横的折痕。头部两侧的耳在伸出时相当长而突出，有柄。身体末端背侧形成 1 小的尾突，覆盖在第 1 足节上面。足有 2 个假节。趾细短而尖，轻微腹向弯曲。脑后囊小；脑眼 1 个，红色；脑特别长；胃腺

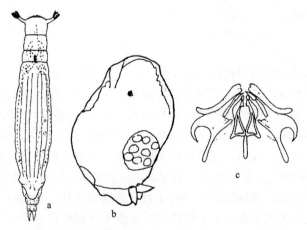

图 48 苍白柔轮虫 *Lindia pallida* Harring *et* Myers

a. 背面观（dorsal view）；b. 收缩的虫体（contracted body）；c. 咀嚼器（trophi）

小，食管短。咀嚼器梳型：砧枝三角状，外侧基部有基翼；砧基细长，侧面观呈刀形；槌钩系由 2 个不同长短的齿所组成；槌柄复杂，中部长而直，并有从槌柄分出来的钩状或月牙形突起，内侧是 1 薄的膜质片。有 1 对上咽板，由 1 对棍棒状的咽片和 1 棱形的薄膜片组成。

标本测量　全长：250-360μm；趾长：13-16μm；咀嚼器长：20-25μm。

生态　苍白柔轮虫于 1995 年 3 月 14 日在云南石林的池塘中采得，当时水温 10℃，pH 6。1995 年 7 月 11 日在吉林长白山森林生态系统实验站旁一水沟中亦采得该种，当时水温 26℃，pH 6，四周长有挺水植物。可见，本种适应温度范围比较广，耐酸性。

地理分布　云南（石林）、吉林（长白山）；澳大利亚，新西兰，北美洲，南美洲，太平洋地区，欧洲，亚洲北部。

四、臂尾轮科 Brachionidae Wesenberg-Lund, 1899

Brachionidae Wesenberg-Lund, 1899: 145.

形态　通常体有被甲，须足轮虫型头冠，槌型咀嚼器，足有或无。

该科种类较多，分布较广，大部分是浮游或半浮游种类。

该科所包含的属变化很大，Koste（1978）将本科分成 6 属：臂尾轮属 *Brachionus*、平甲轮属 *Platyias*、龟甲轮属 *Keratella*、龟纹轮属 *Anuraeopsis*、盖氏轮属 *Kellicottia* 和叶轮属 *Notholca*。

关于臂尾轮属中十指臂尾轮虫 *Brachionus patulus* 的归属一直存在争议：Ahlstrom（1940）、Bartoš（1959）、Rudescu（1960）、王家楫（1961）和 Kutikova（1970）认为该种的足分节而将之置于平甲轮属 *Platyias* 中；而 Wulfert（1965b）、Koste（1978）、Koste 和 Shiel（1987）及 Turner（1990）考虑到它有眼点、足位于体末端等特征，将之置于臂尾轮属 *Brachionus* 中。Segers 等（1993）则分析比较了臂尾轮虫、平甲轮虫和十指臂尾轮虫咀嚼器的超微结构，发现最后者咀嚼器的砧枝有前突，槌柄近基端无孔而与前 2 属的种类有所区别，故将该种另立为 1 新属——扁甲轮属 *Plationus*。

按本志的分类主张，本科有 7 属，我国均有分布。

属 检 索 表

1. 有足 ⋯⋯⋯ 2
   无足 ⋯⋯ 4
2. 足分节；眼点有或无 ⋯⋯⋯⋯⋯⋯⋯⋯⋯⋯⋯⋯⋯⋯⋯⋯⋯⋯⋯⋯⋯⋯⋯⋯⋯⋯⋯⋯⋯⋯⋯⋯⋯⋯ 3
   足不分节，由环形肌纹组成，可伸缩；有眼点 ⋯⋯⋯⋯⋯⋯⋯⋯⋯⋯**臂尾轮属 *Brachionus***
3. 足孔位于体末端；有眼点；砧枝有前突，槌柄近基端无孔 ⋯⋯⋯⋯⋯**扁甲轮属 *Plationus***
   足孔位于腹面后端；无眼点；砧枝无前突，槌柄近基端有孔 ⋯⋯⋯⋯**平甲轮属 *Platyias***
4. 背甲上无龟板 ⋯⋯⋯⋯⋯⋯⋯⋯⋯⋯⋯⋯⋯⋯⋯⋯⋯⋯⋯⋯⋯⋯⋯⋯⋯⋯⋯⋯⋯⋯⋯⋯⋯⋯⋯⋯⋯ 5
   背甲上有排列对称的龟板 ⋯⋯⋯⋯⋯⋯⋯⋯⋯⋯⋯⋯⋯⋯⋯⋯⋯⋯⋯⋯⋯⋯**龟甲轮属 *Keratella***

8. 龟纹轮属 *Anuraeopsis* Lauterborn, 1900

Anuraeopsis Lauterborn, 1900: 441.

Type species: *Anuraea fissa=Anuraeopsis fissa* (Gosse, 1851).

形态 本属的种类均为小型种类，体长不足 150μm，身体卵形或舟形，被甲薄，由背、腹甲愈合而成，两侧具有柔韧的薄膜。前端边缘光滑或锯齿状。无足及趾。头冠或多或少向腹面倾斜，纤毛环相当发达。槌型咀嚼器。眼大而显著。体后端有 1 小而圆的泄殖孔，通过该孔，往往伸出 1 薄膜形成的泡状或囊状结构，常有 1 细丝连着卵。该属大多是暖水性种类，被甲形状及其表面结构变异较大。

全球已发现 4 种 5 亚种，我国已发现 3 种。

种 检 索 表

1. 体呈卵形，被甲前端边缘光滑 ································ 裂痕龟纹轮虫 *A. fissa*

　　体呈舟形，被甲前端锯齿状或微齿状 ·· 2

2. 背甲上有肋或棱；体后缘和侧缘有龟纹结构 ········· 锯齿龟纹轮虫 *A. coelata*

　　背甲表面颗粒状，无肋或棱 ······························· 舟形龟纹轮虫 *A. navicula*

(39) 裂痕龟纹轮虫指名亚种 *Anuraeopsis fissa fissa* Gosse, 1851（图 49）

Anuraea fissa Gosse, 1851: 202.

Anuraea hypelasma Hudson *et* Gosse, 1886: 123.

Anuraeopsis hypelasma: Gosse, 1886: 441.

形态 被甲光滑，卵形，呈金黄色或褐色，系由 1 片背甲和 1 片腹甲愈合而成，两侧具有柔韧的薄膜，把背腹甲连在一起。被甲前端边缘光滑，或多或少下沉而呈 "V" 形的凹痕，后端浑圆；背甲隆起而凸出，腹甲扁平，或接近平直。咀嚼器系槌型，左右槌钩各具 7 或 8 齿。已经排出的非需精卵，附着在被甲后端，总是或多或少弯向腹面，甚至完全附着在腹甲的后半部。眼点 1 个，大而显著，呈深红色的卵圆形。

在此值得一提的是，该种被甲后端从泄殖孔通出 1 个相当大的薄膜所形成的泡状结构，称为 Weberschen organ，似乎兼具足和排泄功能。

标本测量 体长：85-120μm。

生态 裂痕龟纹轮虫系小型浮游种类，分布广泛，在沼泽、池塘及湖泊的浅水水体中极为常见；每年夏季出现最多，春、秋季温暖的月份可能也会找到；但到了冬季就绝迹。

地理分布　云南（昆明）、湖北（武汉）、四川（成都）、江苏（无锡）、安徽（芜湖）、上海、西藏（察隅）；澳大利亚，新西兰，非洲，北美洲，南美洲，东南亚，欧洲，亚洲北部。

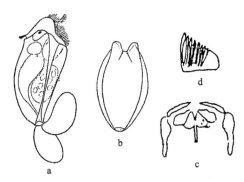

图 49　裂痕龟纹轮虫指名亚种 *Anuraeopsis fissa fissa* (Gosse)

a. 侧面观（lateral view）；b. 腹面观（ventral view）；c. 咀嚼器（trophi）；d. 槌钩（uncus）

(40) 东湖裂痕龟纹轮虫 *Anuraeopsis fissa donghuensis* Sudzuki *et* Huang, 1997（图 50）

Anuraeopsis fissa donghuensis Sudzuki *et* Huang, 1997: 182.

形态　本亚种与舟形龟纹轮虫相似，主要不同之处为：前端边缘光滑无齿；背板前缘特别是靠近中间尖突；胸缘具有 2 条弧形裂痕。体壮实，末端宽阔而平截。

标本测量　背甲长：70-75μm，最大宽度：40-42μm；腹甲长：60-62μm，最大宽度：35-38μm。

生态　1994 年 9 月 14 日采自武汉东湖，该湖为高度营养型的城区湖泊，藻类丰富，水质浑浊，当时水温 21℃，pH 7.5。

地理分布　湖北（武汉）。

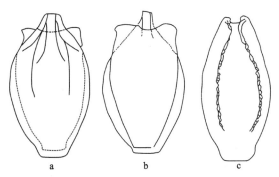

图 50　东湖裂痕龟纹轮虫 *Anuraeopsis fissa donghuensis* Sudzuki *et* Huang

a, c. 背面观（dorsal view）；b. 腹面观（ventral view）

(41) 伪舟形裂痕龟纹轮虫 *Anuraeopsis fissa pseudonavicula* Sudzuki *et* Huang, 1997（图 51）

Anuraeopsis fissa pseudonavicula Sudzuki *et* Huang, 1997: 183.

形态　本亚种与舟形龟纹轮虫亦很相似，体呈舟形，前端较狭，无锯齿或微齿状，后端宽而平截。本亚种的主要特征是：背板后端具有圆柱形突起，同时末端似裂痕龟纹轮虫样宽而平截。

标本测量　背甲长：68-75μm，最大宽度：60-70μm；腹甲长：60-70μm，最大宽度：38-40μm；尾突长：10-13μm。

生态　本亚种与东湖裂痕龟纹轮虫来自同一水体样品。

地理分布　湖北（武汉）。

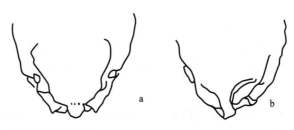

图 51　伪舟形裂痕龟纹轮虫 *Anuraeopsis fissa pseudonavicula* Sudzuki *et* Huang
a. 背面观（dorsal view）；b. 侧面观（lateral view）

(42) 锯齿龟纹轮虫 *Anuraeopsis coelata* de Beauchamp, 1932（图 52）

Anuraeopsis navicula var. *coelata* de Beauchamp, 1932: 238.

Anuraeopsis fissa punctata Evens, 1947: 175.

Anuraeopsis navicula Green, 1960: 494.

Anuraeopsis fissa coelata Bērzinš, 1962: 40, 44-45.

形态　体呈舟形，背、腹甲前端均有凹陷，腹甲的凹陷较背甲深。被甲前缘锯齿状，背板上的 2 条肋脊在身体后端交接，并在侧缘及后缘有龟纹结构。腹甲上布满细小的颗粒，亦有 2 条肋脊在后端汇合，侧缘及后缘亦有龟纹。在腹甲末端有侧触手。槌形咀嚼器。

本种龟纹与龟甲轮虫的龟板颇为相似，在种类鉴定时需加以注意。我国海南采到的锯齿龟纹轮虫与原始种描述基本一致；不同之处有：被甲较宽；前端凹陷较深；背甲上的肋棱与后缘龟纹交接处无 1 短脊。

标本测量　体长：75-95μm；体宽：40-52μm。

生态　本种为喜温性种类，主要分布于热带、亚热带的湖泊、池塘等水域。1995 年 12 月 17 日在海南三亚农田、水沟、菜地积水坑中多次采到，当时水温 25℃左右，pH 6-7。

地理分布　海南（三亚）、安徽（芜湖）；澳大利亚，新西兰，非洲，北美洲，南美洲，东南亚，欧洲，亚洲北部。

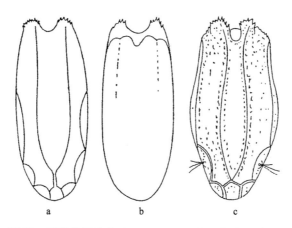

图 52　锯齿龟纹轮虫 *Anuraeopsis coelata* de Beauchamp

a. 背面观（dorsal view）；b. 腹面观（ventral view）；c. 背面观，示龟纹（dorsal view showing areolae）

(43) 舟形龟纹轮虫 *Anuraeopsis navicula* Rousselet, 1911（图 53）

Anuraeopsis fissa var. *navicula* Rousselet, 1911: 161.

Anuraeopsis fissa haueri Bērzinš, 1851, 364.

Anuraeopsis congolensis Evens, 1947: 175-184.

Anuraeopsis racenisi Bērzinš, 1962: 37.

形态　体呈长舟形，背甲较腹甲宽，并在中间膨大呈壶状。体前端边缘轻微细齿状，腹板后端及背板前端均很窄，背腹甲前端中间的凹陷较深。体表尤其在体后 1/3 的区域有细微颗粒状结构，但并无肋、棱及龟纹结构。

标本测量　体长：80-90μm；体宽：40-50μm。

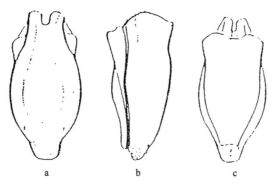

图 53　舟形龟纹轮虫 *Anuraeopsis navicula* Rousselet

a. 背面观（dorsal view）；b. 侧面观（lateral view）；c. 腹面观（ventral view）

生态　舟形龟纹轮虫主要分布在热带及亚热带水体中，偶尔也会在高寒带地区出现；

一般在富营养型水体中较为常见。1995 年 3 月 19 日在云南昆明滇池，1995 年 5 月 9 日在湖南洞庭湖，1995 年 7 月 2 日在青海西宁市郊池塘，1991 年在福建福州、长乐等池塘、水库均有发现。

地理分布 云南（昆明）、青海（西宁）、湖南（岳阳）、安徽（芜湖）、福建（福州、长乐）；澳大利亚，新西兰，北美洲，南美洲，东南亚，欧洲，亚洲北部。

9. 臂尾轮属 *Brachionus* Pallas, 1766

Brachionus Pallas, 1766: 80.

Elenchus Pallas, 1766: 80.

Noteus Ehrenberg, 1830: 48.

Schizocera Daday, 1883: 291.

Type species: *Brachionus urceolaris* Müller, 1773.

形态 被甲宽阔，前端总是具 1-3 对棘刺，棘刺之间均形成下沉的凹陷，尤以中央 1 对棘刺间的凹陷最深；有的种类在身体后端也出现棘刺。该属种类的前、后棘刺在分类上至关重要，故以图示加以说明。背甲一般拱起，腹甲扁平。被甲末端具足孔，足长，不分节，足上有密的环形沟纹，并能自如地伸缩摆动。趾 1 对，短，大多呈圆锥状。咀嚼器槌型。

大多数种类具广温性，在湖泊、水库、池塘等淡水水体中往往形成优势种群。它们一般是浮游或半浮游性的种类。有的种类在经济上有很重要的应用价值。

据不完全统计，本属全世界已发现 50 余种及很多亚种、变种、型，我国已描述 45 种及亚种。

种 检 索 表

(44) 矩形臂尾轮虫指名亚种 *Brachionus leydigii leydigii* Cohn, 1862（图 54）

Brachionus leydigii Cohn, 1862: 245.

Brachionus quadratus Rousselet, 1889: 32.

Brachionus reticulatus Kertesz, 1894: 51.

形态　被甲呈不规则的矩形，表面布满网状的刻纹，网眼虽然细小，但十分清楚。在背甲底部有呈倒圆锥形的基板。被甲前端有棘刺 3 对，中间 1 对最长。足孔两侧各有 1 侧棘刺，背侧亦有 1 背棘刺。足长，有环纹亦有假节。

标本测量 被甲长：200-270μm。

生态 矩形臂尾轮虫是典型的半浮游性轮虫，习居于间隙性小水体中，但也会在池塘、湖泊、水库中出现，淡水、微盐水、海水中均能生存。一般出现在 pH 7 以上的水域。

地理分布 上海、浙江（杭州）；澳大利亚，新西兰，非洲，东南亚，欧洲，亚洲北部。

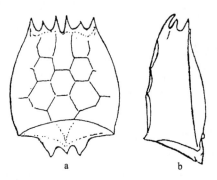

图 54 矩形臂尾轮虫指名亚种 *Brachionus leydigii leydigii* Cohn

a. 背面观（dorsal view）；b. 侧面观（lateral view）

(45) 三齿矩形臂尾轮虫 *Brachionus leydigii tridentatus* Zernov, 1901（图 55）

Brachionus leydigii tridentatus Zernov, 1901: 31.

Brachionus quadratus tripartitus Bennin: 545-593.

形态 本亚种的主要特点是：足孔两侧及背面的 3 个末端尖锐的棘刺特别明显；被甲腹面前缘有时有棘刺，在被甲基板两侧向外突出而形成尖角。

标本测量 被甲长：200-290μm；被甲宽：可达 230μm。

生态 三齿矩形臂尾轮虫属池塘型浮游生物，分布在池塘及湖泊沿岸带，有时也会在河流中出现。采自上海池塘和杭州西湖的样品中均有此种。

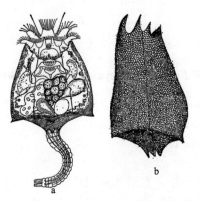

图 55 三齿矩形臂尾轮虫 *Brachionus leydigii tridentatus* Zernov（仿王家楫, 1961）

a. 背面观（dorsal view）；b. 侧面观（lateral view）

分类讨论　Segers（2007）认为本亚种为指名亚种的同物异名。

地理分布　浙江（杭州）、上海；澳大利亚，新西兰，北美洲，南美洲，东南亚，欧洲，亚洲北部。

(46) 圆形矩形臂尾轮虫 *Brachionus leydigii rotundus* Rousselet, 1907（图 56）

Brachionus leydigii rotundus Rousselet, 1907: 149.

形态　体呈卵圆形，体后端基板狭小，在其两侧不具向外突出而形成的尖角；足孔具 3 个短棘,但中间的 1 个不明显。背甲表面有一些刻纹。

标本测量　全长：150-200μm；宽：110-165μm。

生态　圆形矩形臂尾轮虫一般在春、秋季出现，有时在富营养化水体中大量发生。本亚种采自湖南洞庭湖。

地理分布　湖南（岳阳）；澳大利亚，新西兰，北美洲，南美洲，东南亚，欧洲，亚洲北部。

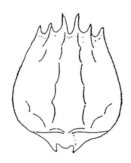

图 56　圆形矩形臂尾轮虫 *Brachionus leydigii rotundus* Rousselet
腹面观（ventral view）

(47) 双棘臂尾轮虫指名亚种 *Brachionus bidentatus bidentatus* Anderson, 1889（图 57）

Brachionus bidentatus Anderson, 1889: 345-358.
Brachionus furculatus Thorpe, 1891: 301-306.

形态　被甲相当透明，大多数种类背甲上有各种饰纹，很少光滑。前端有棘刺 3 对，以边缘的 1 对为最长。除背甲和腹甲外，背甲底部还有基板结构。足孔管状，并有棘状突起，呈括弧状，一般两侧不对称。

标本测量　被甲长：153-578μm；被甲宽：可达 265μm。

生态　双棘臂尾轮虫是一暖水性轮虫，分布十分广泛，在热带、亚热带的湖泊、池塘等淡水水体中经常出现，在长江中下游的富营养型湖泊中是常见种类。

分类讨论　不同学者对双棘臂尾轮虫的分类颇有争论。Koste（1978）认为根据后棘刺的有无、长度和位置等可以将其分为 3 亚种；而 Segers（2007）认为后棘刺的形态变化与生活环境有关，因此所谓的亚种均为指名亚种的同物异名。

　　地理分布　云南（昆明）、湖北（武汉）、安徽（芜湖）；澳大利亚，新西兰，非洲，南极地区，北美洲，南美洲，东南亚，欧洲，亚洲北部。

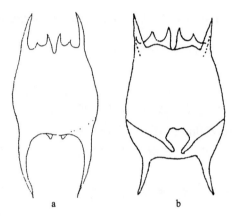

图 57　双棘臂尾轮虫指名亚种 *Brachionus bidentatus bidentatus* Anderson

a. 背面观（dorsal view）；b. 腹面观（ventral view）

(48) 粗刺双棘臂尾轮虫 *Brachionus bidentatus crassispinus* Hauer, 1963（图 58）

Brachionus bidentatus crassispinus Hauer, 1963: 173.

　　形态　被甲外形大致呈长方形。被甲的后棘刺粗壮，基部明显增厚，伸出的位置也离基部较远。

　　标本测量　被甲长：可达 280μm；被甲宽：可达 200μm。

　　生态　粗刺双棘臂尾轮虫一般分布在营养水平较高的热带、亚热带湖泊和池塘中，在昆明滇池、武汉东湖均有发现。

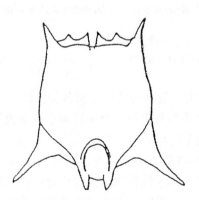

图 58　粗刺双棘臂尾轮虫 *Brachionus bidentatus crassispinus* Hauer

腹面观（ventral view）

地理分布　云南（昆明）、湖北（武汉）；澳大利亚，新西兰，北美洲，南美洲，东南亚，欧洲，亚洲北部。

(49) 短刺双棘臂尾轮虫 *Brachionus bidentatus testudinarius* Jakubski, 1912（图 59）

Brachionus furculatus var. *testudinarius* Jakubski, 1912: 547.

形态　后端的棘刺短。背甲上的刻纹特别显著。前端两侧的棘刺有时有附齿。

标本测量　被甲长：可达 290μm；被甲宽：可达 170μm。

生态　本亚种分布在热带、亚热带的湖泊、池塘等小水体中。1995 年 12 月在海南三亚市郊一个水呈绿色、有杂草生长的积水潭中采得。

地理分布　海南（三亚）；澳大利亚，新西兰，北美洲，南美洲，东南亚，欧洲。

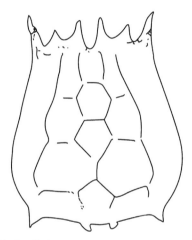

图 59　短刺双棘臂尾轮虫 *Brachionus bidentatus testudinarius* Jakubski
背面观（dorsal view）

(50) 无刺双棘臂尾轮虫 *Brachionus bidentatus jirovci* Bartoš, 1946（图 60）

Brachionus furculatus var. *jirovci* Bartoš, 1946: 146.
Brachionus bidentatus f. *adorna* Wulfert, 1966: 59.

形态　被甲后端无后棘刺，背甲上有多种多样的刻纹。足孔管呈长方形。

标本测量　被甲长：200μm；被甲宽：120μm。

生态　无棘双棘臂尾轮虫一般分布在比较小的湖泊、池塘和河流中，通常水温在 20℃以上时才出现。从调查结果看，北京、海南、青海的一些小水体中均有发现。

地理分布　海南（三亚、海口）、北京、青海（西宁）；澳大利亚，新西兰，北美洲，南美洲，东南亚，欧洲，亚洲北部。

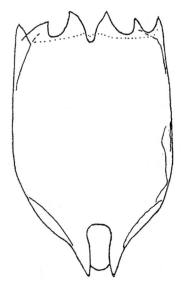

图 60　无刺双棘臂尾轮虫 *Brachionus bidentatus jirovci* Bartoš
腹面观（ventral view）

(51) 方形臂尾轮虫指名亚种 *Brachionus quadridentatus quadridentatus* Hermann, 1783
（图 61）

Brachionus quadridentatus Hermann, 1783: 47.
Brachionus capsuliflorus Pallas, 1766: 91.
Brachionus bakeri Müller, 1786: 359.
Noteus bakeri: Ehrenberg, 1830: 48.

形态　被甲较宽阔，略呈方形，背腹甲表面往往有颗粒状分布。前端 3 对棘刺以中央 1 对最为发达，其尖端又分别向两侧弯转；第 2 对（亦称亚中棘刺）最短。被甲后端两侧的棘刺较长。足孔管状，在腹面两侧有短的棘刺。

标本测量　被甲长：160-415μm。

生态　方形臂尾轮虫在《中国淡水轮虫志》（王家楫，1961）中称为花篚臂尾轮虫 *B. capsuliflorus*，分布十分广泛，在淡水、半咸水和咸水中都有发现；在湖泊、池塘、河流的敞水带或水生植物丛中均能采到。

分类讨论　方形臂尾轮虫由于变异多端，分类地位一直存在争议。本志按照 Koste（1978）的系统编写。把"变种""型"均归纳为亚种。而 Segers（2007）认为，本种除长棘方形臂尾轮虫外，其余均为指名亚种的同物异名。

地理分布　青海（西宁）、安徽（芜湖）、北京、西藏（波密、错那、康马、昂仁）；澳大利亚，新西兰，非洲，南极地区，北美洲，南美洲，东南亚，太平洋地区，欧洲，亚洲北部。

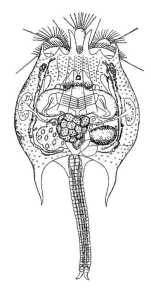

图 61　方形臂尾轮虫指名亚种 *Brachionus quadridentatus quadridentatus* Hermann
背面观（dorsal view）

(52) 长棘方形臂尾轮虫 *Brachionus quadridentatus melheni* Barrois *et* Daday, 1894（图 62）

Brachionus quadridentatus var. *melheni* Barrois *et* Daday, 1894: 233.
Brachionus capsuliflorus melheni Smirnov, 1929: 1-30.

形态　体后端两侧的棘刺总是很长，且向两侧伸展；前端的中央棘刺亦相当长。
标本测量　被甲长：424μm；后棘刺长：190μm。
生态　长棘方形臂尾轮虫一般分布在热带或亚热带的池塘、小溪及小型湖泊沿岸带的水生植物丛中。本亚种于 1995 年 12 月 17 日采自海南三亚市郊一小河，该河水较清，底质为泥，当时水温 24℃，pH 6.0。
地理分布　海南（三亚）；澳大利亚，新西兰，非洲，南美洲，东南亚，欧洲。

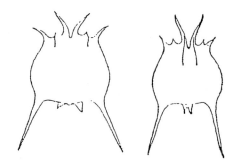

图 62　长棘方形臂尾轮虫 *Brachionus quadridentatus melheni* Barrois *et* Daday
背面观（dorsal view）

(53) 短棘方形臂尾轮虫 *Brachionus quadridentatus brevispinus* Ehrenberg, 1832（图 63）

Brachionus quadridentatus brevispinus Ehrenberg, 1832: 146.

Brachionus capsuliflorus brevispinus Fadeew, 1925: 3-13.

形态　体后端两侧的棘刺很短（20-50μm），不会超过体长的 1/3；前端中央棘刺中等长度。足孔腹面观呈椭圆形。

标本测量　被甲长：160-270μm；被甲宽：125-250μm。

生态　本亚种分布十分广泛，在淡水、海水中均可生存，但最适宜的生存环境与指名亚种相似，在夏、秋季的湖泊、池塘中最为常见。标本于 1995 年 12 月 13 日采自海南海口一鱼塘，当时水温 20℃，pH 6.0。

地理分布　海南（三亚、海口）、湖北（武汉）、湖南（岳阳）、青海；澳大利亚，新西兰，非洲，南美洲，东南亚，欧洲，亚洲北部。

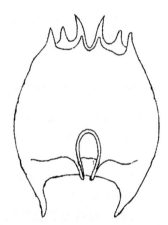

图 63　短棘方形臂尾轮虫 *Brachionus quadridentatus brevispinus* Ehrenberg

腹面观（ventral view）

(54) 异棘方形臂尾轮虫 *Brachionus quadridentatus rhenanus* Lauterborn, 1893（图 64）

Brachionus rhenanus Lauterborn, 1893: 269.

Brachionus capsuliflorus rhenanus Fadeew, 1925: 3-13.

形态　被甲后端具非常短的棘刺，有的甚至缺失，且不对称。足孔在腹面观呈卵圆形；两侧具短棘刺。

标本测量　体长：160-220μm；体宽：可达 190μm。

生态　本亚种既能在淡水中生活，又可在咸水中出现。在我国内陆最大的微咸水湖泊（pH 9.5）青海的青海湖中经常发现。

地理分布　青海（西宁）；澳大利亚，新西兰，非洲，南美洲，东南亚，欧洲，亚洲北部。

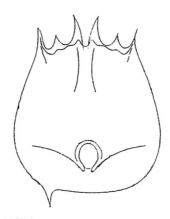

图 64　异棘方形臂尾轮虫 *Brachionus quadridentatus rhenanus* Lauterborn
腹面观（ventral view）

(55) 钝棘方形臂尾轮虫 *Brachionus quadridentatus ancylognathus* Schmarda, 1859（图 65）

Brachionus ancylognathus Schmarda, 1859: 65.

Brachionus entzii France, 1894: 166.

Brachionus obesus Barrois *et* Daday, 1894: 236.

Brachionus capsuliflorus entzii Fadeew, 1925: 3-13.

形态　被甲前端棘刺的数目、形态与壶状臂尾轮虫相似；体后端的棘刺短而钝，呈圆锥形且远离基部；足孔呈长卵圆形，身体的最宽处位于体后端的 1/3 处。

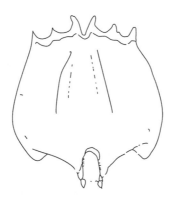

图 65　钝棘方形臂尾轮虫 *Brachionus quadridentatus ancylognathus* Schmarda
腹面观（ventral view）

标本测量　体长：160-270μm。

生态　本亚种分布在池塘或溪流的沿岸带，通常在夏季出现；1995 年的 12 月 13 日在海南三亚市郊一积水沟中采到，当时水温 26℃，pH 7.0。

地理分布　海南（三亚）；澳大利亚，新西兰，非洲，南美洲，东南亚，欧洲，亚洲北部。

(56) 无棘方形臂尾轮虫 *Brachionus quadridentatus cluniorbicularis* Skorikov, 1894（图 66）

Brachionus quadridentatus var. *cluniorbicularis* Skorikov, 1894: 33.
Brachionus capsuliflorus cluniorbicularis Fadeew, 1929: 7-31.

形态 体后端半圆形，无棘，足孔呈椭圆形，身体的最宽处近身体中间。体前端的棘刺与壶状臂尾轮虫很相似，只是足孔形态不同。

标本测量 体长：160-290μm。

生态 习居于一些富营养的淡水池塘、溪流的水生植物间，也可在咸水中生存。在海南、湖南和湖北等地均采到过标本。

地理分布 海南、湖南、湖北；澳大利亚，新西兰，非洲，南美洲，东南亚，欧洲，亚洲北部。

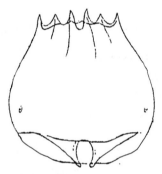

图 66 无棘方形臂尾轮虫 *Brachionus quadridentatus cluniorbicularis* Skorikov
腹面观（ventral view）

(57) 双叉异棘臂尾轮虫 *Brachionus donneri bifurcus* Wu, 1981（图 67）

Brachionus donneri bifurcus Wu, 1981: 235.

形态 被甲呈宽阔的卵圆形，后半部比前半部更宽，被甲透明。从背面或腹面观，前端具 3 对异常的棘刺，其末端钝圆呈指状，位于中央的 1 对略长，中间的凹陷较深，呈"U"形。腹甲前端亦有 2 对指形的棘状突出，中央凹陷较宽。被甲两侧有 2 对棘状突出；后端靠近足孔两侧还有 1 对尾棘刺，略向腹面弯曲，较长而粗壮。背面稍许隆起，表面有颗粒状突起；腹面较为平滑。槌型咀嚼器，槌板发达。足孔大而宽，足和趾可完全缩入其内。

标本测量 被甲长：114-157μm；被甲最宽处：93-150μm。

生态 本亚种于 1978 年 8 月 17 日在广西宾阳清平水库发现，系典型的浮游种类；虽不常见，但一旦出现，数量相当可观。

分类讨论 异棘臂尾轮虫 *B. donneri* 首先由 Brehm 于 1951 年在印度发现，随后在柬埔寨也有报道，我国尚无记录。双叉异棘臂尾轮虫主要特征有：后侧棘刺的侧面末端分叉呈鱼尾状，末端有纤毛；尾棘刺呈球状。

地理分布　广西（宾阳）、广东（湛江）；印度，柬埔寨。

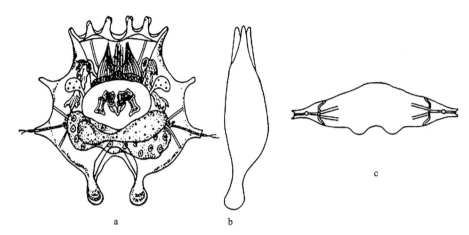

图 67　双叉异棘臂尾轮虫 *Brachionus donneri bifurcus* Wu（仿伍焯田，1981）

a. 背面观（dorsal view）；b. 侧面观（lateral view）；c. 横切面（cross section）

(58) 镰状臂尾轮虫 *Brachionus falcatus* Zacharias, 1898（图 68）

Brachionus falcatus Zacharias, 1898: 133.

Brachionus bakeri falcatus Kofoid, 1908: 1-361.

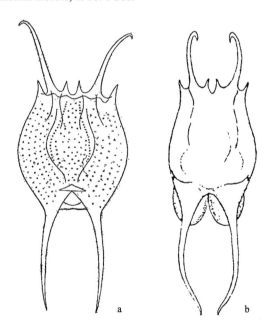

图 68　不同类型的镰状臂尾轮虫（Different types of *Brachionus falcatus* Zacharias）

a. 背面观（dorsal view）；b. 腹面观（ventral view）

形态　被甲呈长卵圆形，腹面扁平，背面略凸出。被甲表面有条纹或小的颗粒突起。被甲背面前端有 3 对棘状突起，中央棘刺和侧棘刺较短小，亚中央棘刺最为发达且最长，其末端往往呈镰刀状弯转。被甲后端也有 1 对特别发达而长的棘刺，在其基部之间有 1 半圆形的足孔。该种的亚中央棘刺不但长短有变异，而且形状有时也很不相同，一般它们的尖端弯转成镰刀状，但有的类型有时也很直。

标本测量　被甲长：195-430μm。

生态　镰状臂尾轮虫分布广泛，尤其在热带、亚热带的湖泊、池塘等浅水水体中经常可见。

地理分布　湖北（武汉）、江苏（无锡）、浙江、安徽（芜湖）；澳大利亚，新西兰，非洲，北美洲，南美洲，东南亚，欧洲，亚洲北部。

(59) 肛突臂尾轮虫 *Brachionus bennini* Leissling, 1924（图 69）

Brachionus urceolaris bennini Leissling, 1924: 1-8.

形态　被甲厚而粗糙，表面整齐地排列着许多颗粒。前端有 3 对棘刺，中央 1 对较大且长，其中间形成较深的"V"形凹痕；侧面观腹面呈弧形，末端平实。足孔在腹面呈三角形，在背面呈"M"形。该种轮虫与壶状臂尾轮虫很相似，容易混淆，故不少学者把它定为肛突壶状臂尾轮虫 *B. urceolaris bennini*；但从其被甲表面结构及足孔形态来看，两者有较大区别。

标本测量　被甲长：112-192μm；被甲宽：90-130μm。

生态　肛突臂尾轮虫主要分布在湖泊和池塘中，在河流的岸边也有出现。1973 年和 1974 年分别在西藏海拔 2070m 和 4350m 的小水沟中获得；这些小水体中有缓流，轮藻和丝状藻较多。

地理分布　西藏（察隅、错那）；澳大利亚，新西兰，非洲，北美洲，东南亚，欧洲，亚洲北部。

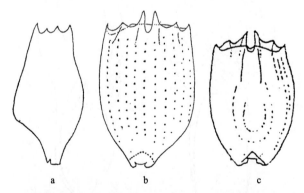

图 69　肛突臂尾轮虫 *Brachionus bennini* Leissling
a. 侧面观（lateral view）；b. 背面观（dorsal view）；c. 腹面观（ventral view）

(60) 尼氏臂尾轮虫 *Brachionus nilsoni* Ahlstrom, 1940（图 70）

Brachionus urceolaris nilsoni Ahlstrom, 1940: 173.

形态　被甲柔软，外形呈壶状；背甲外凸，具有微弱的颗粒。前端 3 对棘刺以中央棘刺末端尤为尖锐。足孔两侧的棘刺很直并且非常尖，足孔在腹面呈宽三角形，在背面则呈方形。该种轮虫亦与壶状臂尾轮虫相似，易混淆，故不少学者把它归为尼氏壶状臂尾轮虫 *B. urceolaris nilsoni*。

标本测量　被甲长：120-225μm；被甲宽：145-168μm。

生态　尼氏臂尾轮虫主要生活在水生植物之间，分布十分广泛。本种标本于 1995 年 12 月 13 日采自海南海口附近一水塘中，该塘水较清，底质为泥，水深 0.5-1.0m，当时水温 20℃，pH 6.0。

地理分布　海南（海口）；澳大利亚，新西兰，非洲，北美洲，南美洲，东南亚，欧洲，亚洲北部。

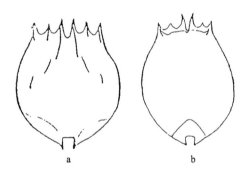

图 70　尼氏臂尾轮虫 *Brachionus nilsoni* Ahlstrom
a. 背面观（dorsal view）；b. 腹面观（ventral view）

(61) 着生臂尾轮虫 *Brachionus sessilis* Varga, 1951（图 71）

Brachionus urceolaris sessilis Varga, 1951: 200-217.

形态　被甲前端的 2 对棘刺基部较宽，末端尖削，前亚中央棘刺退化。被甲较宽，近似正方形。足孔位于身体腹面，几近中央。身体背面非常拱起。

标本测量　被甲长：95-115μm；被甲宽：90-100μm；被甲高：可达 80μm。

生态　着生臂尾轮虫是一种常常着生在短尾秀体溞 *Diaphanosoma brachyurum* 等甲壳动物体表的轮虫，有时可达到很高数量；亦能自由生活，分布十分广泛。本种标本采自湖南洞庭湖。

地理分布　湖南（岳阳）；澳大利亚，新西兰，非洲，南美洲，东南亚，欧洲，亚洲北部。

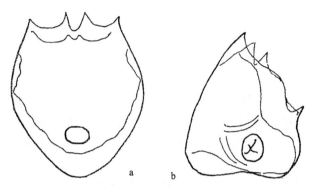

图 71　着生臂尾轮虫 *Brachionus sessilis* Varga

a. 腹面观（ventral view）；b. 侧面观（lateral view）

(62) 褶皱臂尾轮虫 *Brachionus plicatilis* Müller, 1786（图 72）

Brachionus plicatilis Müller, 1786: 344.

Brachionus mülleri Ehrenberg, 1834: 200.

Brachionus hepatotomeus Gosse, 1851: 203.

Brachionus orientalis Rodewald, 1937: 242.

形态　形态和大小均有很大的变化。被甲光滑而柔软，呈椭圆形。背甲前端 3 对棘刺短但较粗壮，基部较宽，形态大致相似，无特别长的棘刺；中间棘刺的凹痕很深，呈"U"形。被甲腹面前端呈波纹状。足孔背面呈方形，腹面圆形。

标本测量　被甲长：125-315μm。

生态　褶皱臂尾轮虫主要分布于海水、内陆咸水和咸淡水中，有时也在淡水中出现，分布十分广泛。它是一种有巨大经济效益的活饵料，有广阔的应用前景。本种标本采自西藏芒康咸水中，在措勤扎日南木错也有发现。

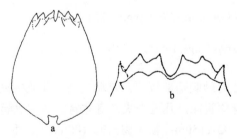

图 72　褶皱臂尾轮虫 *Brachionus plicatilis* Müller

a. 背面观（dorsal view）；b. 前端（front end）

分类讨论　褶皱臂尾轮虫实际上是一个种复合体，至少包括 15 个种类（Mills *et al.*, 2017）。其中，已被正式命名并作分类描述的有 6 种，分别是：褶皱臂尾轮虫 *B. plicatilis* sensu stricto (s.s.) Müller, 1786、圆形臂尾轮虫 *B. rotundiformis* Tschungunoff, 1921、晶囊

臂尾轮虫 *B. asplanchnoidis* Charin, 1947、伊比臂尾轮虫 *B. ibericus* Ciros-Pérez, Gómez *et* Serra, 2001、莫塔臂尾轮虫 *B. manjavacas* Fontaneto, Giordani, Melone *et* Serra, 2007 和帕拉臂尾轮虫 *B. paranguensis* Guerrero-Jiménez, Vannucchi, Silva-Briano, Adabache-Ortiz, Rico-Martínez, Roberts, Neilson *et* Elías-Gutiérrez, 2019。我国内蒙古和辽宁（大连）等地已发现前 4 种（Su *et al.*, 1998; 殷旭旺和赵文, 2005）。

地理分布　辽宁（大连）、内蒙古、青海、西藏（芒康、措勤）；澳大利亚，新西兰，非洲，北美洲，南美洲，东南亚，太平洋地区，欧洲，亚洲北部。

(63) 变异臂尾轮虫 *Brachionus variabilis* Hempel, 1896（图 73）

Brachionus variabilis Hempel, 1896: 310.

形态　被甲呈卵圆形，光滑而柔软。背甲前端 3 对棘刺均较粗壮，以中央 1 对棘刺为最长，亚中央棘刺最短。足孔两侧亦有钝的或尖的棘刺，足孔在背面有 1 鳞片状突起。

标本测量　被甲长：185-216μm；被甲宽：130-152μm。

生态　变异臂尾轮虫可以附在甲壳动物（如枝角类）的体表，也可营浮游生活。本种标本于 1974 年采自西藏措美一长满沉水植物并有丰年虫的积水坑内，当时水温 19.5℃，pH 7.5，海拔 4150m。

分类讨论　变异臂尾轮虫被甲外形与壶状臂尾轮虫 *B. urceolaris* 和红臂尾轮虫 *B. rubens* 相似，但后 2 种轮虫前端 3 对棘刺大致相等，足孔背面亦无突起。

地理分布　西藏（措美、昂仁）；澳大利亚，新西兰，北美洲，南美洲，东南亚，欧洲，亚洲北部。

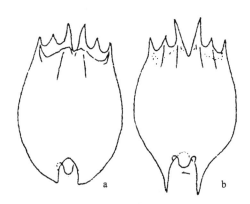

图 73　变异臂尾轮虫 *Brachionus variabilis* Hempel
a. 背面观（dorsal view）；b. 腹面观（ventral view）

(64) 杜氏臂尾轮虫 *Brachionus durgae* Dhanapathi, 1974（图 74）

Brachionus durgae Dhanapathi, 1974: 361.

Brachionus anchorpora Xu, Chen *et* Rao, 1997: 77-80.

形态 虫体较大，透明。被甲卵圆形，侧面观前半部较扁平，中部之后背腹面明显膨起。背板前缘有 3 对较短的棘刺，大小相似，前中棘之间形成 1 很深的 "U" 形缺刻。腹板前缘具 4 枚对称性浮突，中央 1 对的顶部又有 1 浅凹将其分成 2 叶。背板上有 4 条、腹板上有 2 条纵纹。被甲后端浑圆，无任何突起。足孔位于被甲后端的腹面，其背方有 1 突出的弧状盖片，因此，从背面不能看到足孔。孔口向前方延伸，在腹板上形成 1 条窄长的裂隙，向两边的背侧方延伸，并与其背面的弧状盖片相连接。腹面观孔呈锚状。被甲表面布有许多微小的透明小点，尤以被甲的两侧为甚。

标本测量 被甲长：158-293μm；被甲宽：117-225μm；足孔裂隙长：33-65μm。

生态 杜氏臂尾轮虫一般出现于富营养型小水体中，在福州及其附近小水体中均有分布。标本于 1986 年 6 月 28 日采自福州西湖宾馆一池塘，当时水温 29℃，pH 7.1。

分类讨论 杜氏臂尾轮虫与壶状臂尾轮虫 *B. urceolaris* 较相似，但是下列方面可资区别：①后者足孔位于被甲的后端，孔口半圆形或马蹄形，而且从背面很容易看到；本种的足孔位于被甲后端的腹面，孔口呈锚状，从背面不能看到。②后者侧面观腹板扁平，背板中后部隆起；本种侧面观前半部较扁平，后半部背腹两面均明显膨起加厚，足孔背方突出的盖片非常明显。③后者被甲透明光滑，本种被甲表面布有许多微小的细点。此外，本种腹板前缘的形态也与后者不同。

本种与褶皱臂尾轮虫 *B. plicatilis* 在形态上也颇相似，但是，后者的足孔腹面观呈倒 "V" 形，背面观呈方形或半圆形。背板前缘 6 枚棘刺的基部向外呈波状扩张；更主要的是，就生态习性而言，后者系典型的咸水或半咸水种类，淡水中一般不分布。

Segers（2007）认为，许友勤等（1997）发现并命名的锚孔臂尾轮虫 *Brachionus anchorpora* 实为杜氏臂尾轮虫 *B. durgae* Dhanapathi。

地理分布 福建（福州）；非洲，南美洲，东南亚，欧洲，亚洲北部。

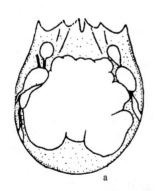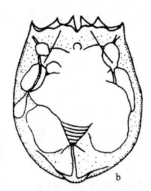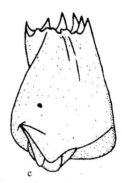

图 74 杜氏臂尾轮虫 *Brachionus durgae* Dhanapathi（仿许友勤等，1997）

a. 背面观（dorsal view）；b. 腹面观（ventral view）；c. 侧面观（lateral view）

(65) 红臂尾轮虫 *Brachionus rubens* Ehrenberg, 1838（图 75）

Brachionus urceolaris rubens Ehrenberg, 1838: 513.

Brachionus bidentatus Kertesz, 1894: 49.

Brachionus urceolaris rubens Voronkov, 1907: 207.

形态　被甲透明，略显粉红色。被甲前端 3 对棘刺不甚对称，在中棘刺和亚中棘刺之间具有 1 肩部。棘刺的基部相对来说比较宽，且具有非常小的突起；前端中央棘刺之间的凹陷很深。眼点或多或少呈叶片状。足孔背面呈长方形，腹面呈卵圆形。

标本测量　被甲长：150-290μm。

生态　红臂尾轮虫分布十分广泛，常着生在池塘、水沟等各种小水体中的大型溞 *Daphnia magna*、蚤状溞 *D. pulex*、裸腹溞 *Moina* 等枝角类的外壳上，也可营自由生活，亦可在咸淡水中找到。

地理分布　海南（三亚）、湖北（武汉）、湖南（岳阳）、安徽（芜湖）；非洲，北美洲，南美洲，东南亚，欧洲，亚洲北部。

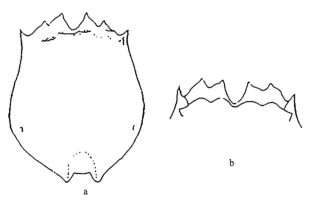

图 75　红臂尾轮虫 *Brachionus rubens* Ehrenberg

a. 背面观（dorsal view）；b. 头部前端（anterior end of head）

(66) 壶状臂尾轮虫 *Brachionus urceolaris* Müller, 1773（图 76）

Brachionus urceolaris Müller, 1773: 131.

Tubipora urceus Linnaeus, 1758: 796.

Vorticella urceolaris: Linnaeus, 1767: 319.

Brachionus neglectus Bory de St. Vincent, 1831: 103.

Brachionus nicaraguensis Schmarda, 1859: 64.

形态　被甲透明且很光滑，腹甲扁平，背甲隆起；身体后半部比前半部膨大，形如壶状。被甲前端 3 对棘刺，对称，中间 1 对较长，棘刺的基部较狭。足孔背面观呈四角形，腹面观呈半圆形或马蹄形。眼点或多或少呈方形。

标本测量　被甲长：196-240μm；被甲宽：152-202μm。

生态　壶状臂尾轮虫系广生性种类，分布十分广泛，沼泽、湖泊甚至咸淡水中均可生存。从生活习性而言，以周丛生活为主，常常附着在水生植物体上。

分类讨论　有关壶状臂尾轮虫和红臂尾轮虫的分类问题一直存在争论，不少学者认为它们是同一种（王家楫, 1961）；也有学者认为红臂尾轮虫是壶状臂尾轮虫的 1 变种（Koste, 1978）；也有学者认为它们 2 个是不同的种类。程双怀等（2007a, b）和胡存兵等（2008）对此 2 种轮虫所作的分子系统学和生活史特征研究均表明，它们应是 2 个独立的物种。

地理分布　北京、上海、江苏（无锡、南京）、浙江（宁波）、广东（广州）、云南（昆明）、四川（成都）、湖北（武汉）、安徽（芜湖）、西藏（错那、吉隆）；澳大利亚，新西兰，非洲，南极地区，北美洲，南美洲，东南亚，欧洲，亚洲北部。

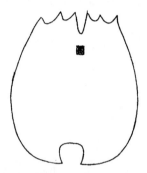

图 76　壶状臂尾轮虫 *Brachionus urceolaris* Müller
背面观（dorsal view）

(67) 角突臂尾轮虫指名亚种 *Brachionus angularis angularis* Gosse, 1851（图 77）

Brachionus angularis Gosse, 1851: 203.
Brachionus testudo Ehrenberg, 1853: 193.
Brachionus syenensis Schmarda, 1859: 1-14.
Brachionus minimus Bartsch, 1877: 49-52.
Brachionus papuanus Daday, 1897: 142.

形态　被甲呈不规则的圆形，形态变化较大；背甲表面光滑或具有不同的饰纹。被甲前端中央具 1 对小棘刺，棘刺间形成 1 很明显的"V"形缺刻。被甲后端两侧浑圆无棘刺，中央末端有 1 马蹄形的足孔，孔两旁也有 1 对棘状突起，其尖端向内弯转。足孔背面观呈"M"形，腹面观呈半圆形。《中国淡水轮虫志》一书中提到的"双棱型""双齿型"等现归属不同亚种。

标本测量　被甲长：90-120μm；被甲宽：60-160μm。

生态　角突臂尾轮虫为一广生性种类，广泛分布于各类淡水水域，如湖泊、池塘、河流等，也有可能在咸淡水中出现；特别是在高度富营养型的湖泊、池塘等，往往形成优势种群。

地理分布　云南、广东、广西、黑龙江（哈尔滨）、北京、浙江（湖州）、湖北（武汉）、安徽（芜湖）、甘肃（兰州）、四川（成都）、新疆；澳大利亚，新西兰，非洲，北美洲，南美洲，东南亚，欧洲，亚洲北部。

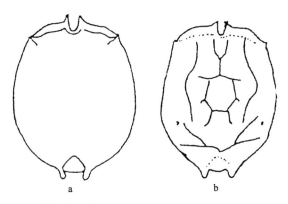

图 77　角突臂尾轮虫指名亚种 *Brachionus angularis angularis* Gosse

a. 腹面观（ventral view）；b. 背面观（dorsal view）

(68) 双齿角突臂尾轮虫 *Brachionus angularis bidens* Plate, 1886（图 78）

Brachionus angularis bidens Plate, 1886: 72.

　　形态　该亚种与指名亚种的不同主要表现在，背甲前端中央的棘刺退化，不明显。因此，被甲前端边缘光滑，中间略有下凹。足孔两侧的突起明显突出于身体后缘。足孔背面呈"M"形，腹面呈半圆形。

　　标本测量　被甲长：90-100μm；被甲宽：70-80μm。

　　生态　双齿角突臂尾轮虫系广生性种类，其分布范围与指名亚种相似。本亚种于1995 年 12 月 17 日采自海南三亚荔枝沟镇一河流中，流水底质为沙质，当时水温 24℃，pH 6.0。

　　地理分布　海南（三亚）；澳大利亚，新西兰，非洲，北美洲，南美洲，东南亚，欧洲，亚洲北部。

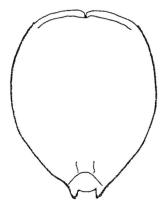

图 78　双齿角突臂尾轮虫 *Brachionus angularis bidens* Plate

背面观（dorsal view）

(69) 东湖角突臂尾轮虫 *Brachionus angularis donghuensis* Sudzuki *et* Huang, 1997（图 79）

Brachionus angularis donghuensis Sudzuki *et* Huang, 1997: 183.

形态 本亚种与双齿角突臂尾轮虫十分相似，两者之间的主要区别有：本亚种①背甲末端具 2 个末端尖削的三角形突起，②背甲末端中央有 1 个趾样的尖刺，③足孔呈弓形。

标本测量 背甲长：98-102μm；背甲最大宽度：55-58μm；中棘刺长：6-10μm。

生态 本亚种于 1994 年 9 月 15 日采自湖北武汉东湖旁一池塘。该塘有高等水生植物分布，藻类亦很多，水质浑浊，当时水温 20℃，pH 7.5。

地理分布 湖北（武汉）。

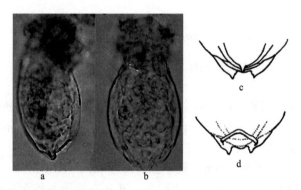

图 79 东湖角突臂尾轮虫 *Brachionus angularis donghuensis* Sudzuki *et* Huang
a. 侧面观（lateral view）；b. 背面观（dorsal view）；c. 尾部背面观（dorsal view of caudal region）；d. 尾部腹面观（ventral view of caudal region）

(70) 东方角突臂尾轮虫 *Brachionus angularis orientalis* Sudzuki, 1989（图 80）

Brachionus angularis orientalis Sudzuki, 1989: 325-366.

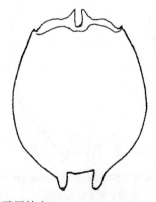

图 80 东方角突臂尾轮虫 *Brachionus angularis orientalis* Sudzuki
腹面观（ventral view）

形态　该亚种的主要特征：背甲前端除中央的 1 对棘刺外，其两侧也可看见 1 对短棘；前端腹缘的 4 个突起呈波浪状。足孔两侧的棘状突起似棒状，平行或向内弯曲。

标本测量　被甲长：85-100μm；被甲宽：80-95μm。

生态　本亚种于 1989 年由 Sudzuki 在新加坡发现，1995 年在云南昆明滇池、石林的水塘均采集到。一般分布在热带、亚热带的小水域中。

地理分布　云南（昆明、石林）；东南亚。

(71) 梨形角突臂尾轮虫 *Brachionus angularis pyriformis* **Sudzuki** *et* **Huang, 1997**（图 81）

Brachionus angularis pyriformis Sudzuki *et* Huang, 1997: 183.

形态　被甲呈梨形，在躯干部 1/2 处有浅的凹陷。前棘刺短小，中间有囊形浅凹。在足孔两侧有 1 对似匙样的突起，末端向内弯曲，前端腹缘平滑无波浪形曲折。

标本测量　被甲长：80-110μm；被甲最大宽度：62-83μm；前端宽度：25-40μm；尾部宽度：30-50μm；中棘刺长：10-15μm；尾突起：(15-29)μm×(25-30)μm。

生态　本亚种于 1994 年 9 月 15 日采自湖北武汉东湖旁的小池塘中，该池塘边有水生植物生长，水质浑浊，藻类较多，当时水温 20℃左右，pH 7.5；与东湖角突臂尾轮虫采自同一样品。

分类讨论　Segers（2007）认为，本志所描述的亚种均为指名亚种的同物异名。

地理分布　湖北（武汉）。

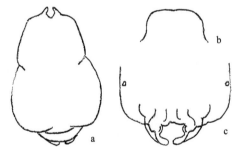

图 81　梨形角突臂尾轮虫 *Brachionus angularis pyriformis* Sudzuki *et* Huang
a. 背面观（dorsal view）；b. 胸部观（pectoral view）；c. 尾部观（caudal view）

(72) 萼花臂尾轮虫指名亚种 *Brachionus calyciflorus calyciflorus* **Pallas, 1766**（图 82）

Brachionus calyciflorus Pallas, 1766: 93.

形态　被甲很透明，长圆形。背甲前端较狭，有 4 个长而发达的棘刺，中间 1 对较两侧的粗壮且较长，棘刺的基部均呈宽阔的三角形。被甲后端浑圆，或在其两侧有棘刺。足孔位于后端中央，圆形或三角形，两侧的棘刺短小或缺失。

标本测量　被甲长：可达 220μm；被甲宽：可达 180μm。

生态　萼花臂尾轮虫分布十分广泛，在各种淡水水域中（酸性水体除外）均能存在，也可在咸淡水中生存。本种在水环境监测及活饵料的培养中广泛应用，有很大的经济意义。

分类讨论　萼花臂尾轮虫的形态，特别是被甲后端和足孔两侧的棘刺有很大的变化。许多学者对该种轮虫前、后棘刺的长短与晶囊轮虫等捕食者之间的关系进行过深入的研究（Halbach, 1976; Gilbert, 2017）。

萼花臂尾轮虫实际上是一个种复合体（Gilbert and Walsh, 2005; 李化炳等，2008）。该种复合体内已被正式命名并作分类描述的有 4 种，即萼花臂尾轮虫 *B. calyciflorus* sensu stricto (s.s.) Pallas, 1766、角羊臂尾轮虫 *B. dorcas* Gosse, 1851、费氏臂尾轮虫 *B. fernandoi* Michaloudi, Papakostas, Stamou, Nedela, Tihlariková, Zhang *et* Declerck, 2018 和高升臂尾轮虫 *B. elevatus* Michaloudi, Papakostas, Stamou, Nedela, Tihlariková, Zhang *et* Declerck, 2018（Michaloudi *et al.*, 2018）。我国已发现这 4 种（Xiang *et al.*, 2011; Yang *et al.*, 2022）。

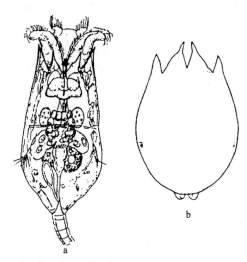

图 82　萼花臂尾轮虫指名亚种 *Brachionus calyciflorus calyciflorus* Pallas
a. 腹面观（ventral view）；b. 背面观（dorsal view）

地理分布　云南（昆明）、海南（三亚）、黑龙江（哈尔滨）、吉林（长春）、辽宁（沈阳）、内蒙古、新疆、四川（成都）、广东、广西、江苏、浙江、江西、湖南、湖北（武汉）、安徽（芜湖）、西藏（察隅、错那）；澳大利亚，新西兰，非洲，南极地区，北美洲，南美洲，东南亚，欧洲，亚洲北部。

(73) 异棘萼花臂尾轮虫 *Brachionus calyciflorus anuraeiformis* Brehm, 1909（图 83）

Brachionus calyciflorus anuraeiformis Brehm, 1909: 210.

形态　被甲前端棘刺几等长。后端两侧的后棘刺短或中等长度，常常不对称，有时候甚至右侧棘刺缺失。

标本测量　被甲长：360μm。

生态　异棘萼花臂尾轮虫是一广生性种类，经常出现在热带、亚热带的淡水和咸淡水水域中。标本采自湖北武汉东湖边的鱼池中。

地理分布　湖北（武汉）；澳大利亚，新西兰，非洲，南极地区，北美洲，南美洲，东南亚，欧洲，亚洲北部。

图 83　异棘萼花臂尾轮虫 *Brachionus calyciflorus anuraeiformis* Brehm

背面观（dorsal view）

(74) 双棘萼花臂尾轮虫 *Brachionus calyciflorus amphiceros* Ehrenberg, 1838（图 84）

Brachionus calyciflorus amphiceros Ehrenberg, 1838: 511.

形态　被甲前端的 2 对棘刺或短或长。后端的侧棘刺很长且叉开，形态亦有很大变化，最长可达 300μm；足孔两侧的棘刺长可达 120μm，末端尖锐，有时不对称。

标本测量　被甲长：可达 400μm。

生态　双棘萼花臂尾轮虫往往与晶囊轮虫一起存在，广泛分布于各类富营养型的淡水、咸淡水中。

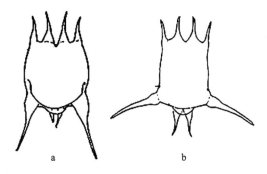

图 84　双棘萼花臂尾轮虫 *Brachionus calyciflorus amphiceros* Ehrenberg

背面观（dorsal view）

　　地理分布　湖北（武汉）、安徽（芜湖）；澳大利亚，新西兰，非洲，南极地区，北美洲，南美洲，东南亚，欧洲，亚洲北部。

(75) 无棘萼花臂尾轮虫 *Brachionus calyciflorus dorcas* Gosse, 1851（图 85）

Brachionus calyciflorus dorcas Gosse, 1851: 203.

　　形态　无棘萼花臂尾轮虫与萼花臂尾轮虫 *Brachionus calyciflorus* 相似，只是背部前端中棘刺较侧棘刺长。体后端浑圆，无棘刺，有时也有 1 对很小的棘刺。

　　标本测量　被甲长：可达 300μm。

　　生态　本亚种是暖水性种类，分布亦很广泛，在夏、秋季的一些富营养型的湖泊沿岸带、池塘中经常出现。

　　分类讨论　Segers（2007）认为上述这些亚种均为萼花臂尾轮虫 *Brachionus calyciflorus* 的同物异名。

　　地理分布　广东、福建、云南、湖北、安徽、宁夏、内蒙古；澳大利亚，新西兰，非洲，南极地区，北美洲，南美洲，东南亚，欧洲，亚洲北部。

图 85　无棘萼花臂尾轮虫 *Brachionus calyciflorus dorcas* Gosse
背面观（dorsal view）

(76) 柔韧臂尾轮虫 *Brachionus niwati* Sanoamuang, Segers *et* Dumont, 1995（图 86）

Brachionus niwati Sanoamuang, Segers *et* Dumont, 1995: 35-37.

　　形态　被甲相对柔软，背腹甲在体侧和体后端愈合。背甲前端具 2 对棘刺，包括 1 对长的中央棘刺和 1 对短的侧棘刺，侧棘刺向两侧伸展，与蒲达臂尾轮虫 *B. budapestinensis* 较为相似。腹甲前缘几近平直，只在中央有 1 凹陷。在被甲前端有一些短的条纹或棱。侧触手在背面的两侧，足孔在腹甲的后端中央。咀嚼器的砧基短，砧枝似三角形，槌钩 6 齿，槌柄棒状。

标本测量 体长：92-122μm；体宽：59-74μm；前端中央棘：18-23μm；前端侧棘：4-6μm；咀嚼器长：22-24μm。

生态 本种于 1995 年在泰国 Khon Kaen, Srinakarin 一池塘中被发现，同年 12 月 15 日在海南琼海门山园附近农田（当时水温 20℃，pH 6.2）也采集到。

分类讨论 在海南采到的标本与原始描述略有不同，在我国发现的个体前端中央的棘刺较泰国的标本更不对称。由于该种 2 次均在东亚的热带地区发现，故作者推测该种是一种热带种类，且可能是东亚的特有种。

柔韧臂尾轮虫与蒲达臂尾轮虫形态特征的主要区别在于：①柔韧臂尾轮虫的被甲柔软，刻纹不明显；而蒲达臂尾轮虫的被甲硬，有不规则的刻纹；②柔韧臂尾轮虫的中央棘刺不等长，而蒲达臂尾轮虫的中央棘刺等长；③柔韧臂尾轮虫的侧棘刺向两侧伸展，而蒲达臂尾轮虫的侧棘刺伸向前方；④柔韧臂尾轮虫棘刺的基部较宽，而蒲达臂尾轮虫的较窄。

地理分布 海南（琼海）；东南亚。

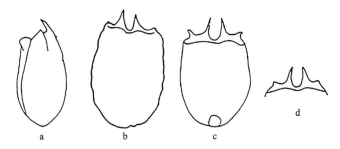

图 86 柔韧臂尾轮虫 Brachionus niwati Sanoamuang, Segers et Dumont

a. 侧面观（lateral view）；b. 背面观（dorsal view）；c. 腹面观（ventral view）；d. 头部前端（anterior end of head）

(77) 裂足臂尾轮虫指名亚种 *Brachionus (Schizocerca) diversicornis diversicornis* (Daday, 1883)（图 87）

Schicocerca diversicornis Daday, 1883: 291.

Brachionus amphifurcatus Imhof, 1887: 578.

Brachionus diversicornis var. *convergens* Rodewald, 1961: 345-346.

裂足臂尾轮虫过去另立 1 属，即裂足轮属 *Schizocerca*，现合并到臂尾轮属中。

形态 被甲光滑而透明，呈长卵圆形，前半部较后半部为宽。前端有棘刺 2 对，无亚中央棘刺；中棘刺如角突臂尾轮虫一样短；而侧棘刺很长，平直或向内弯展。后端尖削，后棘刺 1 对，一般右侧棘刺的长度远远超过左侧棘刺。足可以伸出很长，有环纹，后端 1/4 处裂开成叉形，末端有趾。

标本测量 见表 2。

生态 裂足臂尾轮虫分布广泛，是一暖水性轮虫，夏季有时会大量出现，在淡水和咸淡水中均能生存。

分类讨论 裂足臂尾轮虫的后棘刺长度有很大的变化，一般来说右侧棘刺远远超过左侧棘刺；但有时左右棘刺长度相差不大，甚至等长，所以也有将这种裂足臂尾轮虫称作为等棘裂足臂尾轮虫 *B. diversicornis homoceros* Wierzejski, 1891。

地理分布 湖北（武汉）、江苏（无锡）、浙江（湖州、杭州）、安徽（芜湖）、广东；澳大利亚，新西兰，非洲，南美洲，东南亚，欧洲，亚洲北部。

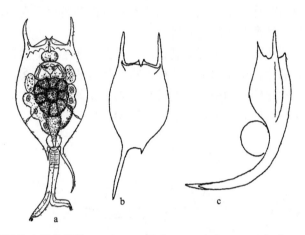

图 87 裂足臂尾轮虫指名亚种 *Brachionus (Schizocerca) diversicornis diversicornis* (Daday)
a. 腹面观（ventral view）；b. 背面观（dorsal view）；c. 侧面观（lateral view）

(78) 短棘裂足臂尾轮虫 *Brachionus diversicornis brevispina* Sudzuki *et* Huang, 1997（图 88）

Brachionus diversicornis brevispina Sudzuki *et* Huang, 1997: 183.

形态 本亚种轮虫与指名亚种相似，但大小仅为其一半，体呈卵圆形，前端宽，后端狭，被甲亦较柔软，透明。被甲前端具 2 对棘刺，边缘 1 对较中间 1 对为长，相对于指名亚种而言亦较短小，后端亦有 1 对棘刺，比较短小，一般左侧较右侧为长，但两者相差不大（表 2）。

表 2 短棘裂足臂尾轮虫与裂足臂尾轮虫指名亚种形态特征的比较 （单位：μm）

形态特征	短棘裂足臂尾轮虫 *B. diversicornis brevispina*	裂足臂尾轮虫指名亚种 *B. diversicornis diversicornis*
全长	150-220	390-470
体长	128-200	230-470
最大宽度	73-110	130-150
前端最大宽度	90-95	110-140
后端最大宽度	55-60	52-68
前侧棘刺	18-30	90-120
前中棘刺	10-12	20-24

续表

形态特征	短棘裂足臂尾轮虫 B. diversicornis brevispina	裂足臂尾轮虫指名亚种 B. diversicornis diversicornis
后棘刺（左）	8-30	20-22
后棘刺（右）	10-22	100-130

生态　本亚种轮虫于 1994 年 9 月 16 日采自湖北武汉东湖旁一小水体，该小水体周围长有水生植物，藻类比较多，水质较浑浊，当时水温 20℃左右，pH 7.5。样品中短棘裂足臂尾轮虫数量很多，但并无裂足臂尾轮虫和其他亚种。可见，它是一个稳定的群体。Segers（2007）却认为该亚种应提升为种，即短棘臂尾轮虫 B. brevispina。

地理分布　湖北（武汉）。

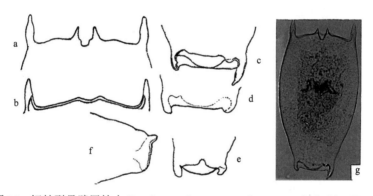

图 88　短棘裂足臂尾轮虫 Brachionus diversicornis brevispina Sudzuki et Huang

a. 前端背面观（dorsal view of anterior end）；b. 前端腹面观（ventral view of anterior end）；c. 尾部背面观（dorsal view of caudal region）；d, e. 尾部腹面观（ventral view of caudal region）；f. 尾部侧面观（lateral view of caudal region）；g. 背面观（dorsal view）

(79) 蒲达臂尾轮虫 *Brachionus budapestinensis* Daday, 1885（图 89）

Brachionus budapestinensis Daday, 1885: 131.

Brachionus quadridentatus Kertesz, 1894: 50.

Brachionus budapestinensis lineatus Skorikow, 1896: 209.

形态　被甲呈长圆形，背甲前端有 2 对长的棘刺，它们的基部较狭，中间 1 对棘刺稍长，并向腹面弯曲。被甲背、腹面连同前端棘刺都布满很细小的粒状突起，一般作纵长排列。位于腹面的足孔通常呈圆形或椭圆形。有的种类在被甲靠近后端有 1 横纹；背后具 4 条很明显的纵长条纹，自前棘刺的基部延伸到后端的横纹为止。要说明的是被甲后端的横纹在有的个体中并不存在，而且前中棘刺的尖端在不少个体是笔直的，并不向内弯转。

标本测量　被甲长：105μm；被甲宽：75μm；中棘刺长：35μm。

生态　蒲达臂尾轮虫系广生嗜碱性的夏季种类，通常水温 20℃以上时在碱性的淡水水体中出现。

　　地理分布　云南、海南、吉林、浙江（杭州）、湖南（岳阳）、北京、青海（西宁）、湖北（武汉）、安徽（芜湖）；澳大利亚，新西兰，非洲，北美洲，南美洲，东南亚，欧洲，亚洲北部。

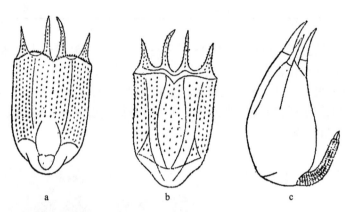

图 89　蒲达臂尾轮虫 *Brachionus budapestinensis* Daday（仿王家楫，1961）
a. 腹面观（ventral view）；b. 背面观（dorsal view）；c. 侧面观（lateral view）

(80) 尾突臂尾轮虫指名亚种 *Brachionus caudatus caudatus* Barrois *et* Daday, 1894（图 90）

Brachionus caudatus Barrois *et* Daday, 1894: 232.
Brachionus tetracantus Collin, 1897: 1-13.

　　形态　被甲呈卵圆形，表面光滑或具有不同的饰纹。前端通常具有 1 对不太发达的前中棘刺，有时也有 2 对或 3 对棘刺。被甲末端足孔两侧的棘刺很长，向外伸展呈圆规状。

　　本种的形态变异很大，有不少亚种居于角突臂尾轮虫和尾突臂尾轮虫间的过渡类型。

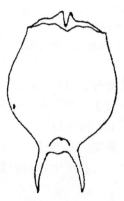

图 90　尾突臂尾轮虫指名亚种 *Brachionus caudatus caudatus* Barrois *et* Daday
背面观（dorsal view）

标本测量　被甲长：可达 270μm；被甲宽：可达 110μm。

生态　尾突臂尾轮虫一般分布在热带、亚热带的富营养型水体中，在长江中下游的湖泊、池塘、河流等水域中比较常见。

地理分布　海南（三亚）、湖北（武汉）、湖南（岳阳）、安徽（芜湖）；澳大利亚，新西兰，非洲，北美洲，南美洲，东南亚，欧洲，亚洲北部。

(81) 刻纹尾突臂尾轮虫 *Brachionus caudatus personatus* Ahlstrom, 1940（图 91）

Brachionus caudatus personatus Ahlstrom, 1940: 155-159.

形态　本亚种的最大特点为背甲前端有 3 对棘刺，两侧的 1 对最长，亚中央的 1 对最短。体表面有很明显的刻纹、脊棱和颗粒。身体的长度及体后端的 1 对棘刺变异很大。

标本测量　被甲长：170-270μm；被甲宽：可达 110μm。

生态　刻纹尾突臂尾轮虫是一暖水性种类，喜微酸性水体。在海南三亚亚龙湾农田小水沟中采到本亚种，当时水温 24℃，pH 6。

地理分布　云南（昆明）、海南（三亚）、湖南（岳阳）、湖北（武汉）、北京；澳大利亚，新西兰，非洲，北美洲，南美洲，东南亚，欧洲，亚洲北部。

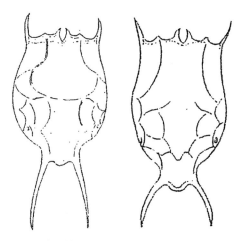

图 91　刻纹尾突臂尾轮虫 *Brachionus caudatus personatus* Ahlstrom
背面观（dorsal view）

(82) 三亚尾突臂尾轮虫 *Brachionus caudatus sanya* Zhuge, 1996（图 92）

Brachionus caudatus sanya Zhuge, 1996: 308-315.

形态　本亚种与刻纹尾突臂尾轮虫大致相似，不同之处在于被甲前端不具亚中央棘刺；体表光滑，后棘刺 1 对较长，且不甚对称。

标本测量　全长：150-250μm。

生态　本亚种于 1995 年 12 月 17 日采自海南三亚附近一稻田中，当时水温 24℃，

pH 6.0。

地理分布　海南（三亚）。

图 92　三亚尾突臂尾轮虫 *Brachionus caudatus sanya* Zhuge

背面观（dorsal view）

(83) 龟形臂尾轮虫 *Brachionus chelonis* Gillard, 1948（图 93）

Brachionus chelonis Gillard, 1948: 209.

Brachionus angulanis var. *chelonis* Ahestrom, 1940: 155.

形态　体呈椭圆形，长略大于宽，被甲中部最宽。被甲前端具 2 对棘刺，两侧 1 对尖削，明显；中央 1 对短而粗壮，中间为 1 "V" 形凹陷。背、腹甲光滑无龟纹。被甲后端两侧浑圆无棘刺，中央末端有 1 囊形足孔，孔之两旁也有 1 对短棘状突起，末端向内弯转。

标本测量　被甲长：75-105μm；被甲宽：58-72μm。

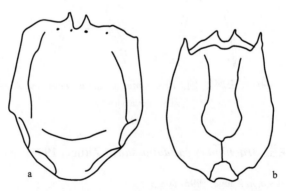

图 93　龟形臂尾轮虫 *Brachionus chelonis* Gillard

a. 背面观（dorsal view）；b. 腹面观（ventral view）

生态　龟形臂尾轮虫一般习居于各种不同类型的浅水水域。标本于 1995 年 12 月 15 日采自海南琼海万泉河一水塘，在琼海另一养殖场的鱼池中也有发现。当时水温 20-24℃，

pH 5.8-6.2。

分类讨论　本种轮虫与角突臂尾轮虫指名亚种 *B. angularis angularis* 的主要区别在于被甲前端两侧有尖削的前棘刺；与尾突臂尾轮虫指名亚种 *B. caudatus caudatus* 的区别在于足孔形态的不同。本种在过去的描述中背、腹甲有龟纹或条纹，但在海南发现的标本中无此结构。

地理分布　海南（琼海）；北美洲，欧洲。

(84) 剪形臂尾轮虫指名亚种 *Brachionus forficula forficula* Wierzejski, 1891（图 94）

Brachionus forficula Wierzejski, 1891: 51.

形态　被甲腹面扁平，背面略有隆起；被甲表面有微小的颗粒状突起。体呈卵圆形，最宽处在中部。被甲前端有棘刺 2 对，中间 1 对很短，两侧 1 对稍长。后端两侧 1 对棘刺一般很长且粗壮，并向内弯转。

标本测量　被甲长：170-260μm。

生态　剪形臂尾轮虫系最普通的种类之一，温度较高的夏、秋季在湖泊、池塘中很容易见到。它是一个复合种群，各亚种往往一起出现。

地理分布　云南（昆明）、海南（三亚）、湖南（岳阳）、湖北（武汉）、安徽（芜湖）、黑龙江（哈尔滨）、甘肃（兰州）、四川（成都）；澳大利亚，新西兰，非洲，东南亚，欧洲，亚洲北部。

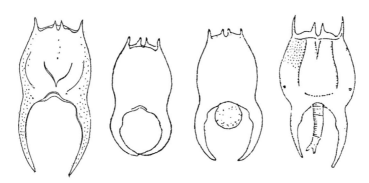

图 94　不同类型的剪形臂尾轮虫指名亚种（Different types of *Brachionus forficula forficula* Wierzejski）

(85) 展棘剪形臂尾轮虫 *Brachionus forficula divergens* Fadeew, 1925（图 95）

Brachionus forficula divergens Fadeew, 1925: 133-138.

形态　被甲前端侧棘刺较长，后棘刺亦较长，且略向外叉开。

标本测量　被甲长：130-160μm。

生态　习居于富营养型的湖泊、池塘中，一般在温度较高的夏、秋季出现。标本采自湖北武汉东湖。

地理分布　湖北（武汉）；澳大利亚，新西兰，非洲，东南亚，欧洲，亚洲北部。

图 95　展棘剪形臂尾轮虫 *Brachionus forficula divergens* Fadeew
背面观（dorsal view）

(86) 小棘剪形臂尾轮虫 *Brachionus forficula minor* Voronkov, 1913（图 96）

Brachionus forficula minor Voronkov, 1913: 90-108.

形态　被甲后棘刺短小，且平直向下。
标本测量　被甲长：106-154μm。
生态　暖水性轮虫，经常在长江中下游的鱼池、塘堰中出现。
地理分布　湖北（武汉）；澳大利亚，新西兰，非洲，东南亚，欧洲，亚洲北部。

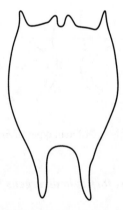

图 96　小棘剪形臂尾轮虫 *Brachionus forficula minor* Voronkov
腹面观（ventral view）

(87) 短棘剪形臂尾轮虫 *Brachionus forficula reducta* Grese, 1926（图 97）

Brachionus forficula reducta Grese, 1926: 52-58.

形态　体型很小，被甲后棘刺高度退化。

标本测量　被甲长：不超过100μm。

生态　暖水性种类，夏季在湖南洞庭湖沿岸带常可采到。

地理分布　湖南（岳阳）；澳大利亚，新西兰，非洲，东南亚，欧洲，亚洲北部。

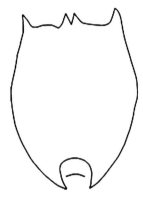

图97　短棘剪形臂尾轮虫 *Brachionus forficula reducta* Grese
腹面观（ventral view）

(88) 黄氏臂尾轮虫 *Brachionus huangi* Zhuge *et* Koste, 1996（图98）

Brachionus huangi Zhuge *et* Koste, 1996: 605-609.

形态　被甲纵长，前半部较后半部宽。体前端的棘刺侧面的1对较长，向两侧伸展；中棘刺末端尖削，中间为1"U"形凹陷；亚中央的1对最小，但易见。腹面前端边缘平直，只在中央有1很小的凹陷；后棘刺对称，圆钝而向两侧伸展。体后端的腹面突起大而宽。

标本测量　体长：130-138μm；体宽：75-84μm；前端侧棘刺长：15-18μm；中央棘刺长：7-10μm；亚中央棘刺长：2-3μm；体后棘刺长：14-16μm。

生态　1995年3月14日采自云南石林一小水池中，该池水清，呈绿色。当时水温10℃，pH 6.0。

分类讨论　本种在外形上与裂足臂尾轮虫 *B. diversicornis* 有相似之处，但亦有区别（表3）。

表3　黄氏臂尾轮虫和裂足臂尾轮虫形态特征比较

形态特征	黄氏臂尾轮虫 *B. huangi*	裂足臂尾轮虫指名亚种 *B. diversicornis diversicornis*
体长	130-138μm	230-470μm
体宽	75-84μm	130-150μm
前端中央棘刺	相对长而明显	相对短

续表

形态特征	黄氏臂尾轮虫 B. huangi	裂足臂尾轮虫指名亚种 B. diversicornis diversicornis
前端侧棘刺	短，向两侧伸展	长，直或向内弯曲
前端亚中央棘刺	出现	缺
体后棘刺	对称，圆钝	不对称，细长
体后端突起	大而宽	小

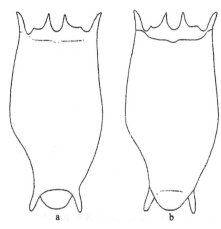

图 98　黄氏臂尾轮虫 Brachionus huangi Zhuge et Koste

a. 背面观（dorsal view）；b. 腹面观（ventral view）

Segers（2007）认为，本种是短棘臂尾轮虫的同物异名。

地理分布　云南（石林）；欧洲，亚洲北部。

10. 叶轮属 *Notholca* Gosse, 1886

Notholca Gosse, 1886, In: Hudson *et* Gosse, 1886: 125.

Pseudonotholca Marukawa, 1928: 4.

Argonotholca Gillard, 1948: 191.

Type species: *Brachionus squamula*=*Notholca squamula* (Müller, 1786).

　　形态　被甲呈卵圆形、长圆形或纺锤形，整个被甲薄而透明，表面光滑或具颗粒或有纵长的条纹。前端总有 3 对或长或短的棘刺，后端或浑圆、或瘦削、或尖削、或形成 1 突出的短柄。无足，有退化的足腺。红色脑眼 1 个。咀嚼器槌型。卵黄核 8 个。

　　叶轮属是典型的浮游种类，且该属中大部分是广盐性和狭冷性的种类。Kutikova（1980）在俄罗斯贝加尔湖发现了 11 种该湖特有的叶轮虫。目前全世界已报道近 50 种，我国已发现 9 种 2 亚种，其中有 1 特有种，即洞庭叶轮虫 *N. dongtingensis*。

种 检 索 表

(89) 西藏叶轮虫 *Notholca tibetica* Gong, 1983（图 99）

Notholca tibetica Gong, 1983: 366.

形态　被甲薄而透明。背面观和腹面观呈长圆筒形，背甲略向上拱起，侧缘向腹面折转。背甲前有 3 对棘刺，中间 1 对最长，彼此向内弯曲；第 2 对棘刺较短，侧缘棘刺向腹面折转，在背面不易看到，往往会误认为只有 2 对前棘刺。腹甲平，前缘中央有 1 较大的"U"形或宽的"V"形凹痕。背甲有 10-20 条纵纹，腹甲上有 10-12 条纵纹。被甲后端浑圆，不形成任何突起。

标本测量　被甲长（包括前棘刺）：150-189μm；被甲宽：50-58μm；中间棘刺长：20μm。

生态　本种标本于 1976 年 8 月在西藏海拔 5251m 一硫酸镁亚型湖泊中采到。该湖湖水由雪水补给，有水草，无鱼。当时水温 8℃，pH 8.0。同时在另一湖泊中亦采到该种。

分类讨论　本种的被甲略有变异，有的个体较粗短，有的个体较瘦长，前者与鳞状叶轮虫相似，但不论个体粗壮或瘦长，背甲前端的侧缘棘刺都很特别，它不像鳞状叶轮虫等一般叶轮虫那样伸向前方，而是向腹面折转；侧缘棘刺完全位于腹面，在背面是很难看出的。从侧缘棘刺基部起向后，即被甲的两侧均向腹面折转，这些是本种的重要分类特征。

地理分布　西藏（申扎）；欧洲，亚洲北部。

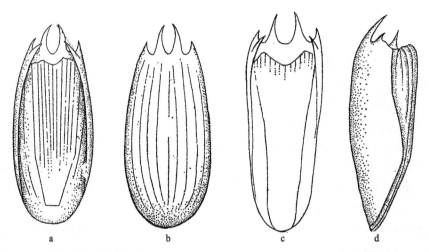

图 99 两种类型的西藏叶轮虫（Two types of *Notholca tibetica* Gong）（仿龚循矩，1983）

a, c. 腹面观（ventral view）；b. 背面观（dorsal view）；d. 侧面观（lateral view）

(90) 条纹叶轮虫 *Notholca striata* (Müller, 1786)（图 100）

Brachionus striata Müller, 1786: 332.
Anuraea biremis Ehrenberg, 1832: 114.

形态 被甲呈长圆筒形。前端背面有 3 对短棘刺，中间 1 对比其他 2 对稍长，末端向内弯曲。前端腹面中央的凹痕较两侧的凹痕深。后端浑圆，无任何突起。两侧约在 1/4 的后端有 1 短的能活动的棘刺。背甲上有明显的纵纹。

标本测量 被甲长：220-350μm；被甲宽：124-150μm。

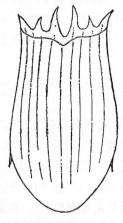

图 100 条纹叶轮虫 *Notholca striata* (Müller)

腹面观（ventral view）

生态 在西藏的多年考察中，仅在藏北申扎的硫酸镁亚型湖泊振泉错、玛尔盖茶卡

（亦基台湖）观察到这一种类，后一湖泊是过饱和盐湖。这些湖泊海拔均在 4000m 以上，当时水温 10℃ 左右。

地理分布　云南（昆明）、海南（三亚）、黑龙江（哈尔滨）、吉林（长春）、辽宁（沈阳）、内蒙古、新疆、四川（成都）、广东、广西、江苏、浙江、江西、湖南、湖北（武汉）、安徽（芜湖）、西藏（申扎）；北美洲，南美洲，欧洲，亚洲北部。

(91) 鳞状叶轮虫 *Notholca squamula* (Müller, 1786)（图 101）

Brachionus squamula Müller, 1786: 334.

Anuraea quaudridentata Ehrenberg, 1838: 504.

Notholca polygona Gosse, 1887: 4.

形态　被甲透明，呈宽阔的卵圆形，长度仅少许超过宽度。背甲上有细的条纹。后端浑圆无任何柄状突出或棘刺。背面少许凸出。被甲前端有 3 对几乎同样长短且不甚发达的棘刺，侧缘棘刺尖削，不向腹面弯转。需要说明的是，该种轮虫被甲前端的棘刺有较大的变异，Koste（1978）报道采自加拿大安大略湖的鳞状叶轮虫前棘刺就比较发达。

标本测量　被甲长：120-190μm；被甲宽：96-144μm。

生态　鳞状叶轮虫分布十分广泛，有较高的 pH 耐受性。本种系冷水性种类，在冬季和春季的湖泊、池塘中往往会采到。

地理分布　云南（昆明）、湖北（武汉）、北京、青海、安徽（芜湖）、西藏（察隅、措美、错那、康马、芒康、洛隆、普兰、革吉、日土、申扎）；澳大利亚，新西兰，非洲，南极地区，北美洲，南美洲，东南亚，欧洲，亚洲北部。

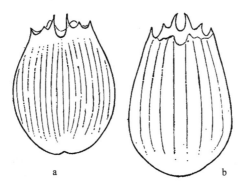

图 101　鳞状叶轮虫 *Notholca squamula* (Müller)

a. 腹面观（ventral view）；b. 背面观（dorsal view）

(92) 洞庭叶轮虫 *Notholca dongtingensis* Zhuge, Kutikova *et* Sudzuki, 1998（图 102）

Notholca dongtingensis Zhuge, Kutikova *et* Sudzuki, 1998: 37-40.

形态　被甲几呈长方形，表面光滑，无纵长的条纹。背甲前端有 6 个棘刺，都很短而尖，前侧棘刺不是通常的伸向前方，或向腹面弯转，而是非常明显地向两侧伸展，几乎呈水平状。腹甲前缘有 6 个波浪状的突起，其中央的 1 个凹陷最宽，在中央凹陷的边缘有许多颗粒状物。腹甲的后端圆形，有时会延伸到体后端。背甲后缘有 1 柄状突起，其基部较窄而末端略宽。咀嚼器槌型。卵黄核 8 个。

标本测量 体长：240-250μm；体宽：112-115μm；前中央棘刺长：8-12μm；亚中央棘刺长：8-10μm；前侧棘刺长：10-12μm；尾突起长：37-40μm；尾突起宽（最宽处）：14-15μm。

生态 本种于 1996 年 1 月 5 日在湖南洞庭湖湖边采得，1996 年 3 月 10 日又在该湖多处采得。当时水温 9.5-10.5℃，pH 6.5-7.9，电导率 194-259μS/cm，溶解氧 8.00mg/l 左右。

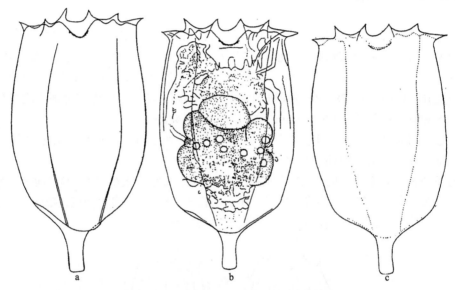

图 102 洞庭叶轮虫 Notholca dongtingensis Zhuge, Kutikova et Sudzuki
a, b. 腹面观（ventral view）；c. 背面观（dorsal view）

分类讨论 洞庭叶轮虫和唇形叶轮虫最为相似，但它们之间也有明显的不同（表 4）。

表 4 洞庭叶轮虫和唇形叶轮虫形态特征比较

形态特征	洞庭叶轮虫 N. dongtingensis	唇形叶轮虫 N. labis
体长	240-250μm	120-205μm
前端中央棘刺长	8-12μm	24-29μm
前端亚中央棘刺长	8-10μm	4-8μm
前端侧棘刺长	10-12μm	16-20μm
尾突起长	37-40μm	16-20μm
体形	几呈长方形	卵圆形
前端侧棘刺	向两侧伸展	伸向前方
腹甲前缘中央凹陷边缘	有颗粒状物	无

地理分布　湖南（岳阳）。

(93) 福建叶轮虫 *Notholca fujianensis* Xu, 1991（图 103）

Notholca fujianensis Xu, 1991, In: Xu et You, 1991: 77.

形态　被甲薄而透明，背面观和腹面观呈狭长的圆筒形。背甲稍拱起，两侧缘向腹面折转，前缘有 3 对棘刺，侧缘的 1 对最长，由于两侧缘向腹面折转，使得侧缘棘刺完全位于腹面。第 2 对棘刺最短。背甲后端具 1 柄状突起，腹甲前缘中央有 1 较深的"U"形凹痕。背甲上约有 22 条纵纹，腹甲上约有 14 条纵纹。

标本测量　被甲长（含前刺和后柄）：177-180μm；被甲宽：45-48μm；侧缘棘刺长：20μm；尾突起长：21μm。

生态　本种于 1991 年 3 月 14 日采自福建平潭岛三十六脚湖，当时水温 14℃，pH 7.0 左右。三十六脚湖位于福建平潭县中部，面积 2.1km²，最大水深 16m，是饮用水源。该湖本来与海相通，经过漫长的地质、地貌演变与海完全隔离。湖中水生植物不多，仅在周围有零星分布。

分类讨论　本种外形上与西藏叶轮虫 *N. tibetica* 相似，二者除了地理上的差别外，还有以下几点区别：①本种背甲后端有柄状突起，后者没有；②本种侧缘 1 对棘刺最长，在背面容易看到，后者则是中央 1 对棘刺最长，侧棘在背面不易看到；③本种的被甲在外观上呈圆筒形，但实际上是长卵圆形，由于被甲的两侧缘向腹面折转，被甲的最宽处包围住腹甲，在腹面中央只留下 1 条缝隙，后者与此均不相同。

地理分布　福建（平潭）。

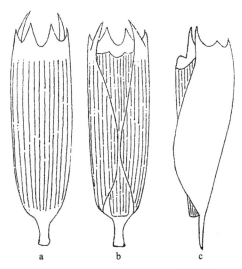

图 103　福建叶轮虫 *Notholca fujianensis* Xu（仿许友勤和尤玉博，1991）
a. 背面观（dorsal view）；b. 腹面观（ventral view）；c. 侧面观（lateral view）

(94) 唇形叶轮虫 *Notholca labis* Gosse, 1887（图 104）

Notholca labis Gosse, 1887: 871.
Notholca labis frigida Jaschnov, 1922: 5.

形态 被甲透明而纵长，略呈卵圆形，长约为宽的 2 倍。背面凸出，腹面扁平。背甲末端具 1 短而粗的圆柄状的尾突起，其基部较窄，远端有或多或少的加宽。被甲前端有 3 对棘刺，以中间 1 对较为发达。

标本测量 被甲长：120-205μm；被甲宽：96-110μm。

生态 唇形叶轮虫是常见的浮游性轮虫，分布非常广泛，但在冬季出现的可能性较大。在湖北武汉东湖冬季水温 5℃左右，pH 约为 7 时会采到；但在青海二郎剑气象站附近一小湖中，当 pH 高达 10 左右时也观察到这种轮虫。

地理分布 海南（三亚）、青海、吉林（长白山）、江苏（无锡）、湖南（岳阳）、北京、湖北（武汉）、安徽（芜湖）；北美洲，南美洲，东南亚，欧洲，亚洲北部。

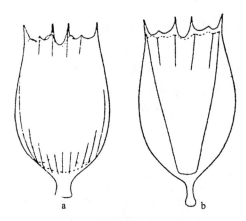

图 104 唇形叶轮虫 *Notholca labis* Gosse
a. 背面观（dorsal view）；b. 腹面观（ventral view）

(95) 尖削叶轮虫指名亚种 *Notholca acuminata acuminata* (Ehrenberg, 1832)（图 105）

Anuraea acuminata Ehrenberg, 1832: 144.
Anuraea inermis Ehrenberg, 1834: 197.
Notholca thalassia Hudson *et* Gosse, 1886: 127.
Notholca foliacra Wesenberg-Lund, 1904: 143.

形态 被甲十分透明，长度多为宽度的 2-3 倍。身体末端尖削，逐渐变窄形成 1 柄状尾突起，与身体间无明确的分界线。尾突起形态变化多端，但一般基部较宽，远端瘦削。被甲前端具 3 对棘刺，中间 1 对较长，亚中央的 1 对较短。

标本测量 被甲长：200-360μm；被甲宽：90-120μm。

生态　尖削叶轮虫是浮游性轮虫，习居于湖泊、池塘、沼泽中，一般在寒冷季节出现。

地理分布　四川（成都）、江苏（无锡）、浙江（宁波）、湖北（武汉）、安徽（芜湖）、甘肃（兰州）、西藏（康马、芒康）；非洲，欧洲，亚洲北部。

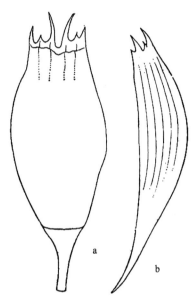

图 105　尖削叶轮虫指名亚种 *Notholca acuminata acuminata* (Ehrenberg)

a. 背面观（dorsal view）；b. 侧面观（lateral view）

(96) 方尖削叶轮虫 *Notholca acuminata quadrata* Wang, 1961（图 106）

Notholca acuminata quadrata Wang, 1961: 106.

形态　被甲呈纵长的卵圆形，自最宽的中部起，虽然也向后少许尖削，但最后部分不但没有尖削，反而形成 1 相当宽的、后端平直的"方片"；方片的宽度一般等于或少许超过中部最宽之处宽度的一半。被甲前端腹面的孔口边缘呈波浪形起伏，但中央部分显著下沉，形成 1 相当深的凹陷。

标本测量　被甲长：220-273μm；被甲宽：92-110μm。

生态　1957 年采自青海大喇嘛河河口小沟咸碱水体中（pH 8.7-9.8）。1976 年采自西藏的标本，与采自青海大喇嘛河河口的样本比较，被甲外形相似，末端不呈尖细的尾棘，而呈十分宽而短的方块形。在西藏羊卓雍错等咸水湖中也能采到，pH 7.0，但个体较小。被甲长：175-192μm；被甲宽：80-84μm。

地理分布　青海、西藏（浪卡子）。

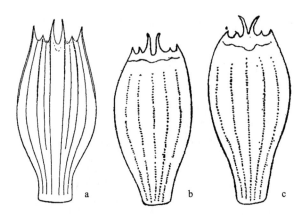

图 106 两种类型的方尖削叶轮虫（Two types of *Notholca acuminata quadrata* Wang）（仿王家楫, 1961）

a. 背面观（dorsal view）；b, c. 腹面观（ventral view）

(97) 腰痕尖削叶轮虫 *Notholca acuminata cincta* Gong, 1983（图 107）

Notholca acuminata cincta Gong, 1983: 367.

形态 被甲呈卵圆形，前端的棘刺以中棘刺较长。腰痕尖削叶轮虫与方尖削叶轮虫的被甲有相似之处，尽管被甲后端的柄状突起的长短有一定的变动幅度，但不会像方尖削叶轮虫那样变为 1 方块形。本亚种的主要特征是被甲的中部或稍后一些形成 1 条窄的横沟。从被甲两侧看，有明显的缺刻或凹痕，此即"腰沟"的痕迹。

标本测量 被甲长：300-330μm；被甲宽：80-110μm。

生态 本亚种于 1975 年 6 月采自西藏康马附近一湖边农田的积水坑中，当时水温11℃，pH 6.0，海拔 4360m。1976 年又在西藏申扎色林错中采到本亚种，当时水温 10℃，pH 7.5，海拔 4780m。

地理分布 西藏（康马、申扎）。

图 107 腰痕尖削叶轮虫 *Notholca acuminata cincta* Gong（仿龚循矩, 1983）

腹面观（ventral view）

(98) 叶状叶轮虫 *Notholca foliacea* (Ehrenberg, 1838)（图 108）

Anuraea foliacea Ehrenberg, 1838: 507.

Anuraea heptlodon Perty, 1850: 21.

Argonotholca foliacea: Gillard, 1948: 191.

Notholca foliacea: Hudson *et* Gosse, 1889: 371.

形态　本种轮虫为《中国淡水轮虫志》中记载的叶状帆叶轮虫 *Argonotholca foliacea*。被甲相当坚韧，不很透明，背面观呈长椭圆形。后端或多或少细削，并有 1 突出尖锐的棘刺。背面中央具 1 条纵长隆起的脊，脊一直延伸到后端棘刺的基部。被甲前端边缘向前伸出 6 个短的棘刺，但背面中央 1 对往往长得多，或至少长一些。背甲前端饰有相当密的粒状刻纹，好像形成 1 披着盔甲的颈部。腹甲后半部显著地凸出，形成 1 尖三角形的骨片，因此从侧面看很不匀称。眼点 1，呈深红色的圆球形，位于脑的背面，背触手 1，呈管状的突出，末端具有 1 束感觉毛，于被甲前端中央 1 对棘刺之间射出。

标本测量　被甲长：135-170μm。

生态　叶状叶轮虫虽是一广生性种类，但并不常见，一般出现在湖泊、池塘中，冬天数量较多。

分类讨论　叶状叶轮虫归属问题一直有争论，不少学者特别是近代一些学者，把它纳入叶轮虫属；也有许多学者鉴于被甲的结构与叶轮虫不同，把它从叶轮虫中抽出另立 1 属，即帆叶轮属 *Argonotholca*。

地理分布　黑龙江（哈尔滨）、浙江（杭州）、湖北（武汉）；澳大利亚，新西兰，非洲，北美洲，南美洲，欧洲，亚洲北部。

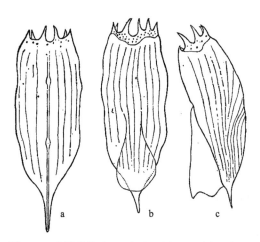

图 108　叶状叶轮虫 *Notholca foliacea* (Ehrenberg)

a. 背面观（dorsal view）；b. 腹面观（ventral view）；c. 侧面观（lateral view）

(99) 中型叶轮虫 *Notholca intermedia* Voronkov, 1913（图 109）

Notholca intermedia Voronkov, 1913: 90-108.

形态 被甲长圆形，很薄而透明，表面无纵长的条纹。背甲稍隆起，腹甲扁平。前端有 3 对尖棘，中央和侧棘刺较长，亚中央的 1 对较短。背甲后端的突起呈棘刺状，可动。腹甲前缘少许波浪状，后缘呈宽圆形的尾突起（该特点是与 *N. cinetura* Skorikov 相异之处）。

标本测量 体长：130μm；体宽：80μm；后棘刺长：50μm；前中央棘刺长：34μm。

生态 中型叶轮虫一般生活在淡水湖泊、池塘及溪流中，常在冬季出现。标本采自云南大理洱海一长有满江红和轮藻的小水塘中，当时水温 13℃，pH 约为 7。

分类讨论 有的学者把本种叶轮虫作为条纹叶轮虫的变种 *N. striata* var. *intermedia*；也有学者认为它与叉尾叶轮虫 *N. cinetura* 相似。根据笔者观察，中型叶轮虫腹甲前缘少许波浪状；后缘呈宽圆形的尾突起与叉尾叶轮虫明显不同。

地理分布 云南（大理）；澳大利亚，新西兰，非洲，南极地区，北美洲，南美洲，东南亚，欧洲，亚洲北部。

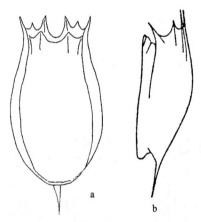

图 109 中型叶轮虫 *Notholca intermedia* Voronkov
a. 腹面观（ventral view）；b. 侧面观（lateral view）

11. 平甲轮属 *Platyias* Harring, 1913

Platyias Harring, 1913b: 81.
Noteus Ehrenberg, 1832: 143.
Type species: *Platyias quadricornis* (Ehrenberg, 1832).

形态 被甲系整块的，背腹扁平，表面具有很多微小的颗粒物，并有明显的龟纹。背甲前端中央具 2 个中央长棘刺，背甲末端具 2 个长度变异的尖棘。足 3 节，足孔位于腹面后端。趾 1 对，比较细长。背触手在前端两棘刺之间，无眼点。咀嚼器槌型：砧枝没有前端突起，槌柄近基端膨大并有孔，槌柄主干细而直。该属种类大多生活在沉水植物及有机碎屑比较多的池塘、沼泽及浅水湖泊中。

本属全世界已记录 5 种，我国已记录 2 种。

种 检 索 表

前端中央棘刺末端尖削，向两侧伸展 ································· **棱脊平甲轮虫** *P. leloupi*

前端中央棘刺呈拇指状，末端向腹面弯曲 ····················· **四角平甲轮虫** *P. quadricornis*

(100) 棱脊平甲轮虫 *Platyias leloupi* Gillard, 1957（图 110）

Platyias quadricornis leloupi Gillard, 1957: 19.

形态　被甲背腹面高度扁平，呈鼓形。背甲前端具 1 对向两侧伸展的中央长棘刺，末端具 2 个尖的侧棘刺。体表常布有一些颗粒状物，背甲前端表面中央是 1 呈多角形的龟纹，其尖角下有 1 中央棱脊，在棱脊两侧有一些不明显的龟纹构造。足孔位于腹面，足 3 节，趾长，末端尖削。

标本测量　被甲长：可达 410μm。

生态　棱脊平甲轮虫分布广泛，特别在热带、亚热带的湖泊、池塘等水域中常见，pH 的适应范围为 7-9，是一种狭暖性种类。标本采自湖北武汉东湖。

地理分布　湖北（武汉）；澳大利亚，新西兰，非洲，北美洲，南美洲，东南亚。

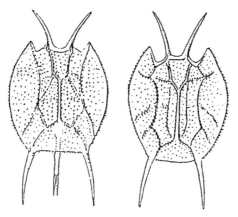

图 110　棱脊平甲轮虫 Platyias leloupi Gillard
背面观（dorsal view）

(101) 四角平甲轮虫 *Platyias quadricornis* (Ehrenberg, 1832)（图 111）

Noteus quadricornis Ehrenberg, 1832: 148.

Brachionus quadricornis: Dujardin, 1841: 629.

Platyias quadricornis: Harring, 1913b: 84.

形态　被甲圆盾形或卵圆形，背面少许凸出，腹面扁平，被甲两侧各有 1 锐角，边缘有锯齿。背面前端伸出 1 对拇指状的突起，其末端往往向腹面弯转。被甲后端具有 1 对棘刺，它们的长短、粗细有一定程度的变异，它们的尖端或略弯转，或笔直下垂。被甲表面满布很微小的粒状突起，背面有明显的饰纹，背甲最前端的中央龟板底端呈 1 横线，下接几个五边形或六边形的龟纹。足 3 节，趾 1 对细而尖。

标本测量　被甲长：可达 576μm；趾长：可达 45μm。

生态　四角平甲轮虫在我国分布很广，主要栖息在水生植物和有机质比较多的池塘、湖汊等小水体中，在深水湖泊中很少出现。它们虽以浮游生活为主，但也经常在水底活动。

地理分布　海南、四川（成都）、江苏（南京）、浙江（宁波）、湖南（岳阳）、湖北（武汉）、西藏（波密）；澳大利亚，新西兰，非洲，北美洲，南美洲，东南亚，太平洋地区，欧洲，亚洲北部。

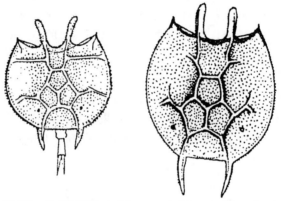

图 111　四角平甲轮虫 *Platyias quadricornis* (Ehrenberg)

背面观（dorsal view）

12. 扁甲轮属 *Plationus* Segers, Murugan *et* Dumont, 1993

Plationus Segers, Murugan *et* Dumont, 1993: 1-8.

Type species: *Plationus patulus* (Müller, 1786).

形态　本属是从臂尾轮属 *Brachionus* 中分出来的，全球已记录 5 种，只有 1 种在我国发现。《中国淡水轮虫志》一书中的十指平甲轮虫 *Platyias militaris* 是 *Plationus patulus* 的同物异名。

(102) 十指扁甲轮虫 *Plationus patulus* (Müller, 1786)（图 112）

Platyias patulus Müller, 1786: 361.

Noteus patulus: Ehrenberg, 1833: 247.

Brachionus militaris Ehrenberg, 1834: 247.

Brachionus conium Atwood, 1881: 102.

Platyias militaris: Smirnov, 1933: 79-91.

形态　被甲坚硬，略呈四方形。背面稍凸出，腹面扁平。前端边缘有 10 个棘刺，6 个从背面伸出，4 个从腹面伸出。后棘刺短或中等长度，在其基部有侧触手。被甲和棘刺有细齿或龟纹。足分 3 节，足孔不对称。足末端有 2 个等长的趾。有眼点。咀嚼器槌型：槌钩齿长度不等，槌柄近基端上无孔，砧基有前突。

标本测量　被甲长：165-265μm；趾长：32μm。

生态　十指扁甲轮虫分布广泛，生活于沉水植物间，生活方式为底栖、浮游兼而有之，能忍耐污染的环境。王家楫（1961）曾作过试验，把高度污染的水样放入一较大的烧杯中，听其自然，一星期后水已发出臭味，杯中的大多数原生动物、轮虫先后死去，唯独十指扁甲轮虫活动如常。

地理分布　海南、湖南（岳阳）；澳大利亚，新西兰，非洲，北美洲，南美洲，东南亚，欧洲，亚洲北部。

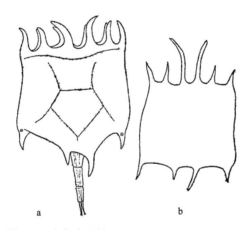

a　　　　　　　　　b

图 112　十指扁甲轮虫 *Plationus patulus* (Müller)

a. 背面观（dorsal view）；b. 腹面观（ventral view）

13. 龟甲轮属 *Keratella* Bory de St. Vincent, 1822

Keratella Bory de St. Vincent, 1822: 470.

Anuraea Ehrenberg, 1832: 144.

Type species: *Brachionus quadratus=Keratella quadratus* (Müller, 1786).

形态　体呈长方形、梯形或卵圆形，背甲隆起或凸出，腹甲扁平或略凹入，背甲前端有 6 个或长或短的棘刺，后端或光滑浑圆，或具有 1、2 个棘刺。背甲上的各种不同形状及排列方式的龟板，是该属种类分类的主要依据。无足及趾。有 1 红色的脑眼，咀嚼器槌型，8 个卵黄核。该属种类分布较广，是典型的浮游种类。

本属种类前、后棘刺变异众多，因此分类复杂。全球已记录 50 余种，我国已描述 13 种。

种 检 索 表

1. 背甲前端的侧棘刺高度退化，表面光滑无龟板 ·· 2
   背甲前端的侧棘刺正常，表面有龟板 ··· 3
2. 腹甲前端有颗粒状斑点 ·· 中国龟甲轮虫 *K. sinensis*
   腹甲前端无颗粒状斑点 ························· 柔软龟甲轮虫，新种 *K. delicata* sp. nov.
3. 背甲中央有 1 条脊棱 ··· 4
   背甲中央有 1 列龟板 ··· 5
4. 脊棱自背甲前端贯穿到后端 ··· 螺形龟甲轮虫 *K. cochlearis*
   脊棱在体后端 1/3 处分叉形成 1 三角形龟板 ····················· 蒙古龟甲轮虫 *K. mongoliana*
5. 背甲后端中央龟板呈六边形或近似六边形 ··· 6
   背甲后端中央龟板不呈六边形 ·· 11
6. 被甲呈梯形或弧形，末端浑圆 ··· 8
   被甲呈长方形或矩形，末端不浑圆 ·· 7
7. 背甲两侧完全封闭侧缘龟板只有 1 对 ·································· 龟形龟甲轮虫 *K. testudo*
   背甲两侧完全封闭侧缘龟板有 3 对 ·································· 诸葛龟甲轮虫 *K. zhugeae*
8. 被甲的最宽处在体中央或靠近体前端 ·· 9
   被甲的最宽处在体后端 ··· 10
9. 背甲中央有 2 个封闭的六边形龟板，末端无方形的中央小甲片 ·········· 曲腿龟甲轮虫 *K. valga*
   背甲中央有 3 个封闭的六边形龟板，末端中央有 1 很小的方形小甲片 ···· 热带龟甲轮虫 *K. tropica*
10. 前端完全封闭的中央龟板或多或少呈三角形，龟板末端两侧很直，不具侧线 ·······················
    ··· 冷淡龟甲轮虫 *K. hiemalis*
    前端完全封闭的中央龟板或多或少呈六边形，龟板末端有 2 侧线 ········ 矩形龟甲轮虫 *K. quadrata*
11. 被甲无后棘刺，在后端具小缘龟板 ··· 12
    被甲后端有侧棘刺，短而壮，无后缘小龟板 ····················· 梯形龟甲轮虫 *K. trapezoida*
12. 被甲长不到宽的 2 倍，中央龟板有 4 个是封闭的 ··················· 王氏龟甲轮虫 *K. wangi*
    被甲长约是宽的 2 倍，中央龟板有 3 个是封闭的 ··················· 缘锯龟甲轮虫 *K. lenzi*

(103) 中国龟甲轮虫 *Keratella sinensis* Segers *et* Wang, 1997（图 113）

Keratella sinensis Segers *et* Wang, 1997: 163-167.
Keratella cochlearis f. *tecta* Turner, 1986: 6.

形态 被甲较为柔软，卵圆形，长约为宽的 2 倍，两侧缘几近平直，或前端略有收缩。背甲表面平滑，无龟板；前端有棘刺 3 对，以中间 1 对最为发达，从侧面观近乎平直；亚中棘刺稍短于中棘刺，偶有退化；侧棘刺退化仅为小圆形突起或三角形突出；无后棘刺。腹甲前端有斑点，亦较平滑，前缘中间凹陷形成 2 个裂片。槌型咀嚼器，槌钩齿 6 枚，融合在一起，前端粗壮，向后逐渐柔细；槌柄后端具有板状突出，砧枝发达，内侧具融合成的突出物并有小齿，砧基似棍棒状，末端膨大。

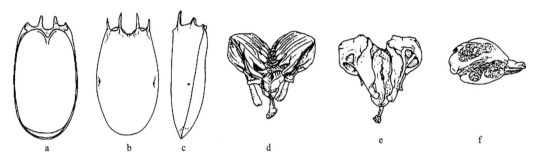

图 113　中国龟甲轮虫 *Keratella sinensis* Segers *et* Wang（仿 Segers and Wang, 1997）
a. 腹面观（ventral view）；b. 背面观（dorsal view）；c. 侧面观（lateral view）；d. 咀嚼器腹面观（ventral view of trophi）；
e. 咀嚼器背面观（dorsal view of trophi）；f. 雄体（male）

标本测量　全长：115-130μm；体宽：62-66μm；前中棘刺长：12-22μm；亚中棘刺长：3-12μm；咀嚼囊长：22-24μm，咀嚼囊宽：18-20μm。

生态　本种轮虫于 1985 年采自黑龙江药泉湖、五大连池水域。药泉湖是一浅水富营养型湖泊，大型水生植物很茂盛。当时采集到的轮虫还有角突臂尾轮虫、螺形龟甲轮虫、广生多肢轮虫。浮游藻类以铜绿微囊藻 *Microcystis aeruginosa* 和阿氏项圈藻 *Anabaenopsis arnoldii* 为主。

分类讨论　本种轮虫主要特征是背甲表面无任何形式的龟板，前侧棘刺高度退化。在分类上一般容易与 *Keratella cochlearis* f. *tecta* 混淆。

地理分布　黑龙江；欧洲，亚洲北部。

(104) 柔软龟甲轮虫，新种 *Keratella delicata* Zhuge *et* Huang, sp. nov.（图 114）

正模标本：石蜡封片，保存于中国科学院水生生物研究所。

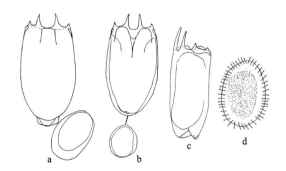

图 114　柔软龟甲轮虫，新种 *Keratella delicata* Zhuge *et* Huang, sp. nov.
a. 携带非混交卵的雌体背面观（dorsal view of amictic-egg-carrying female）；b. 携带雄卵的雌体腹面观（ventral view of male-egg-carrying female）；c. 侧面观（lateral view）；d. 休眠卵（resting egg）

形态　体呈长卵圆形，背甲稍隆起，腹甲扁平。背甲表面光滑，不似其他龟甲轮虫那样有形态各异的龟纹。背甲前端有棘刺 3 对，中央及亚中央的 1 对发达，两侧的棘刺非常退化。被甲后端浑圆无棘，腹甲前缘光滑，无任何斑点，两侧突起，中央形成凹窦。卵黄核 8 个，体末端常携卵。非混交卵椭圆形，透明而光滑；休眠卵呈黑色或褐色，表面布满末端很钝的棘刺。

标本测量　体长：100-110μm；体宽：50-62μm；前端中央棘刺长：15-17μm；亚中央棘刺长：5-6μm；非混交卵体积（长径×短径）：55μm×38μm；休眠卵体积（长径×短径）：70μm×45μm。

生态　本种于 1996 年 4 月 18 日在北京房山新镇一鱼池中采得；当时水温 16.0℃，pH 8.3。

词源　因其被甲无其他龟甲轮虫那样的龟纹，该种看上去较纤弱，故用英文"delicate"来形容，命名为"*delicata*"。

地理分布　北京。

(105) 螺形龟甲轮虫 *Keratella cochlearis* (Gosse, 1851) （图 115）

Anuraea cochlearis Gosse, 1851: 202.
Keratella stipitata Carlin, 1943: 55.

形态　背甲非常凸出，腹甲扁平或略微凹入。背甲中央有 1 条长短不等的脊棱，亦称为"龙骨"。一般来说脊棱两侧各有 2 个完全封闭的龟板；有的种类因脊棱较短，两侧各有 1 个完全封闭的龟板。被甲前端有 3 对棘刺，中间 1 对最长，往往向两侧弯曲；后端一般存在后棘刺，但变化颇大，甚至有完全缺失的。

螺形龟甲轮虫形态变异复杂，分类体系各异，它又是典型的浮游生物，分布极为广泛，几乎遍布各种不同类型的淡水水域，分类、检索颇为麻烦。本志根据 Pontin（1978）的系统把该复合种群归纳为以下 3 个系列：

①螺形龟甲轮虫小型系列（tecta series）：本系列的螺形龟甲轮虫背甲上的中央脊棱几乎贯穿背甲全部；有的脊棱在两侧龟板上联结处存在扭结。脊棱两侧的龟板是对称的。

本系列包括后棘刺很长的种类（f. *macracantha*）、后棘刺中等长的种类（f. *cochlearis*）、后棘刺很短的种类（f. *leptacantha*, f. *tuberculate*）、无后棘刺的种类（f. *tecta*）。本系列的种类很多，其中也包括指名亚种。它们体长一般在 80-120μm。

长棘刺的螺形龟甲轮虫通常分布在比较寒冷的、贫营养的水体中；无棘刺种类一般分布在温暖的、富营养型的水体中。

②螺形龟甲轮虫非对称系列（irregularis series）：本系列的螺形龟甲轮虫背甲中央脊棱短；龟板间联结处扭结明显；脊棱两侧的龟板不对称。

本系列包括长棘刺种类（f. *connectens*）、中棘刺种类（f. *irregularis*, f. *angulifera*）、无棘刺种类（f. *ecauda*）等。体型一般较 tecta 系列要大，体长可达 200μm。

非对称螺形龟甲轮虫系列一般分布在热带、亚热带水域中。

③螺形龟甲轮虫多刺系列（hispida series）：被甲坚固，表面密布小刺。脊棱两侧的

龟板对称或不对称。

　　本系列的螺形龟甲轮虫包括长棘刺的种类（f. *robusta*）、中棘刺的种类（f. *hispida*）和短棘刺的种类（f. *micracantha*）。本系列的种类一般较大，主要分布在小的浅水水域中。

　　地理分布　云南（昆明）、海南（三亚）、湖南（岳阳）、湖北（武汉）、北京、安徽（芜湖）、青海（西宁）、西藏（芒康、聂拉木、日土）；澳大利亚，新西兰，非洲，南极地区，北美洲，南美洲，东南亚，欧洲，亚洲北部。

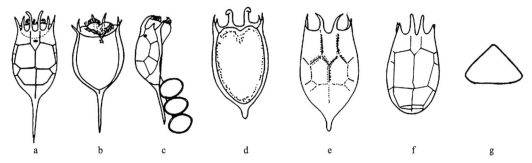

图 115　不同类型的螺形龟甲轮虫 [Different types of *Keratella cochlearis* (Gosse)]

a. 长棘型背面观（dorsal view of long-spined type）；b. 长棘型腹面观（ventral view of long-spined type）；c. 带伪型卵的长棘型侧面观（lateral view of long-spined type with psudo-egg）；d. 短棘型腹面观（ventral view of short-spined type）；e. 短棘型背面观（dorsal view of short-spined type）；f. 无棘型背面观（dorsal view of unspined type）；g. 横切面（cross section）

(106) 蒙古龟甲轮虫 *Keratella mongoliana* Segers *et* Rong, 1998（图 116）

Keratella mongoliana Segers *et* Rong, 1998: 175-179.

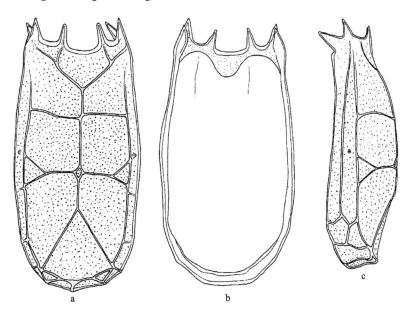

图 116　蒙古龟甲轮虫 *Keratella mongoliana* Segers *et* Rong

a. 背面观（dorsal view）；b. 腹面观（ventral view）；c. 侧面观（lateral view）

形态　被甲呈长方形，长约为宽的 2 倍；相对而言，个体较大。被甲侧缘几呈平行，后端浑圆，无棘刺。腹板光滑，前缘中间有 1 宽的"U"形凹陷。背板较为坚硬，隆起或凸出，边缘有明确的龟板，表面尚有分布均匀的小颗粒。前端有 3 对棘刺，短而粗壮，其中以中间 1 对最为短小，从侧面观呈三角形。背甲中央为 1 脊棱，与螺形龟甲轮虫不同之处：脊棱并不贯穿到底，在后端 1/3 处分叉形成 1 三角形龟板。脊棱两侧有 3 对完全封闭的多边形龟板；背板中间两侧各有三角形龟板。被甲的侧面观有 2 条纵脊棱在前端合拢。

标本测量　体长：140-147μm；体宽：79-84μm；头孔宽：66-69μm；中央棘刺长：11-16μm；亚中央棘刺长：12-15μm；侧棘刺长：8-14μm。

生态　本种于 1985 年 5 月 27 日采自内蒙古兴安盟。

地理分布　内蒙古（兴安盟）；欧洲，亚洲北部。

(107) 龟形龟甲轮虫 *Keratella testudo* (Ehrenberg, 1832)（图 117）

Anuraea testudo Ehrenberg, 1832: 145.

Anuraea brevispina Gosse, 1851: 202.

Keratella quadrata brevispina Edmondson *et* Hutchinson, 1934: 168.

形态　被甲后端明显宽于前端，呈梯形。体壮实，背、腹甲布满颗粒状饰物，被甲前端 3 对棘刺较为发达，以中棘刺为最长，后侧棘刺很短且粗壮，一般为 2 个，很少为 1 个或没有。背甲两侧的侧龟板，每边各有 1 个是完全封闭的。

标本测量　体长：100μm；体宽：80μm；后棘刺长：10μm。

生态　龟形龟甲轮虫一般分布在池塘等小水体中；夏、秋季较常见。本种于 1995 年 7 月中旬在吉林长白山区一些小水沟、溪流中多次采到，当时水温 30℃左右，pH 7-8。

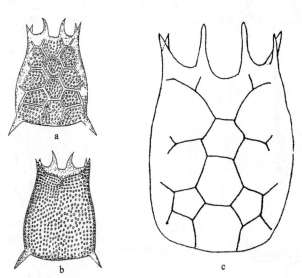

图 117　不同类型的龟形龟甲轮虫 [Different types of *Keratella testudo* (Ehrenberg)]

a, c. 背面观（dorsal view）；b. 腹面观（ventral view）

地理分布　吉林（长白山）；非洲，北美洲，欧洲，亚洲北部。

(108) 诸葛龟甲轮虫 *Keratella zhugeae* Segers *et* Rong, 1998（图 118）

Keratella zhugeae Segers *et* Rong, 1998, In: Segers *et* Su, 1998: 179-181.

形态　被甲呈壶形，较厚，坚硕，前端侧缘平直而向后端逐渐膨大，因此，前端明显地比后端要狭；后端浑圆。腹甲前端有微弱的龟纹，在中间稍有弯曲，前端 1/3 处有 1 宽阔的中隆脊，后端 2/3 有纵的褶皱，携卵的雌体，卵就附在腹板的凹陷处。背甲厚实，有边界分明的龟板。被甲前端有 3 对粗壮而笔直的棘刺，以中间 1 对最为发达，或多或少呈三角形，亚中棘刺虽然短，但较粗壮。背甲中间有 4 个龟板，中前龟板最宽，前中龟板呈六边形，长大于宽，中龟板亦呈六边形，长、宽相当，后中龟板四边形，相对较小；侧缘龟板多角形，完全封闭；第 2 个侧缘龟板有侧触手的孔口，该孔口较宽。从侧面观还有 1 排完全封闭的龟板：3 对边缘龟板，1 对后缘龟板和 1 后龟板。此外，在腹面后侧缘有边缘龟板和后缘龟板。后棘刺 1 对，不对称，右棘刺略大于左棘刺。槌型咀嚼器，砧基短，末端膨大；砧枝三角形；槌柄具板状突起，无骨突，槌钩具 8 齿。

标本测量　被甲长：97-113μm；被甲宽：78-94μm；头孔宽：47-57μm；前中棘刺长：11-17μm；前亚中央棘刺长：5-9μm；前侧棘刺长：5-10μm；后棘刺左长：10μm，右长：14μm；砧基长：8μm；砧枝宽：22μm；槌柄长：7μm；槌钩长：18μm。

生态　本种于 1986 年 8 月 10 日采自内蒙古锡林郭勒一池塘，1990 年、1993 年和 1996 年在内蒙古其他水域也有发现。

分类讨论　本种轮虫在外形上与矩形龟甲轮虫 *K. quadrata*、龟形龟甲轮虫 *K. testudo* 和王氏龟甲轮虫 *K. wangi* 很相似，但本种的主要特征是前棘刺短而粗壮，被甲厚实并存在一系列的后缘龟板。

地理分布　内蒙古（锡林郭勒）；欧洲，亚洲北部。

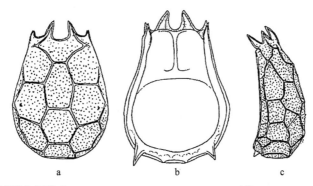

　　　　a　　　　　　　　　b　　　　　　　　c

图 118　诸葛龟甲轮虫 *Keratella zhugeae* Segers *et* Rong（仿 Segers and Su, 1998）
a. 背面观（dorsal view）；b. 腹面观（ventral view）；c. 侧面观（lateral view）

(109) 曲腿龟甲轮虫 *Keratella valga* (Ehrenberg, 1834)（图 119）

Anuraea valga Ehrenberg, 1834: 193.

Anuraea scutata Thorpe, 1891: 301-306.

Anuraea aculeata var. *valga* Weber, 1898: 703.

Keratella valga: Ahlstrom, 1943: 437.

形态 被甲狭长，前端比后端宽，被甲的最宽处在体中央或靠近体前端。前棘刺 3 对，中间的 1 对要比两侧要长。后棘刺 1 对，一般比较长，且不等长。1 对后棘刺的长度变化较大，由长度相差不大到左棘刺有可能完全退化。背甲中央有 2 个封闭的六边形龟板，末端有分叉的龟纹，无方形的中央小甲片。

标本测量 被甲长：100-120μm；被甲宽：74-90μm。

生态 曲腿龟甲轮虫是一广温性、浮游性轮虫，遍布各地；在长江以南的各类淡水水体中较为常见，且数量较多。

地理分布 云南（昆明）、海南（三亚）、湖南（岳阳）、湖北（武汉）、安徽（芜湖）；澳大利亚，新西兰，南极地区，非洲，北美洲，南美洲，东南亚，欧洲，亚洲北部。

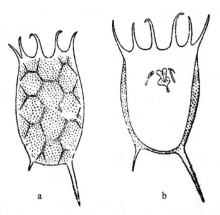

图 119 曲腿龟甲轮虫 *Keratella valga* (Ehrenberg)（仿王家楫, 1961）
a. 背面观（dorsal view）；b. 腹面观（ventral view）

(110) 热带龟甲轮虫 *Keratella tropica* (Apstein, 1907)（图 120）

Anuraea valga var. *tropica* Apstein, 1907: 210.

Anuraea aculeata var. *tropica* Tschugunoff, 1921: 1-53.

Keratella quadrata valga f. *asymmetrica* UENO, 1938: 140.

形态 被甲外形比较狭长，前端宽于后端，背甲表面有颗粒物分布。前端 3 对棘刺比较发达，中间 1 对较长。背甲中央有 3 个完全封闭的六边形龟板，背甲末端中央有 1 方形小龟板。后侧棘 1 对（等长或不等长）、1 个或无，长度变异。本种极易与曲腿龟甲

轮虫 *K. valga* 相混淆，其主要区别就在于背甲末端中央有无方形小龟板的构造。热带龟甲轮虫亦有较多的亚种或变种。

标本测量　体长：< 300μm。

生态　暖水性种类，主要分布于热带、亚热带的湖泊、池塘等水域；在湖北武汉东湖的夏、秋季经常可见。

分类讨论　热带龟甲轮虫是一个种复合体（García-Morales *et al.*, 2021），其中已被正式命名和分类描述的有 4 种，分别是热带龟甲轮虫 *K. tropica* sensu stricto (s.s.) (Apstein, 1907)、奎采龟甲轮虫 *K. cuitzeiensis* García-Morales, Domínguez-Domínguez *et* Elías-Gutiérrez, 2021、华潘龟甲轮虫 *K. huapanguensis* García-Morales, Domínguez-Domínguez *et* Elías-Gutiérrez, 2021 和艾伯特龟甲轮虫 *K. albertae* García-Morales, Domínguez-Domínguez *et* Elías-Gutiérrez, 2021。我国发现的热带龟甲轮虫尚未区分是上述哪一个或哪几个种。

地理分布　云南（昆明）、海南（三亚）、湖南（岳阳）、湖北（武汉）、安徽（芜湖）、青海；澳大利亚，新西兰，非洲，北美洲，南美洲，东南亚，欧洲，亚洲北部。

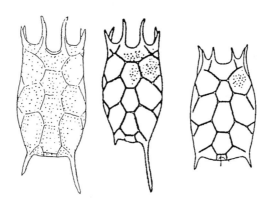

图 120　不同类型的热带龟甲轮虫 [Different types of *Keratella tropica* (Apstein)]

背面观（dorsal view）

(111) 冷淡龟甲轮虫 *Keratella hiemalis* Carlin, 1943（图 121）

Keratella hiemalis Carlin, 1943: 46.

形态　被甲后端宽于前端，前端具 3 对棘刺，后端也具 1 对或长或短、等长或不等长的向外叉开的棘刺。背甲前端中央为 1 完全封闭的近似三角形的龟板，后端中央的龟板为不封闭的长方形，两侧无分叉线。本种极易与矩形龟甲轮虫 *K. quadrata* 相混淆，其主要区别在于前后中央龟板的形态。

标本测量　体长：130-200μm；后棘刺长：15-50μm。

生态　主要分布在贫—中营养型湖泊中，是一狭冷性轮虫，通常在水温 15℃以下时出现。北京市郊、吉林长白山、湖北武汉均有分布。

地理分布 北京、吉林（长白山）、湖北（武汉）；北美洲，欧洲，亚洲北部。

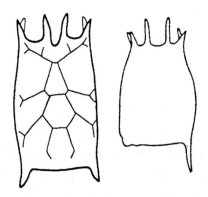

图 121 不同类型的冷淡龟甲轮虫（Different types of *Keratella hiemalis* Carlin）
背面观（dorsal view）

(112) 矩形龟甲轮虫 *Keratella quadrata* (Müller, 1786)（图 122）

Brachionus quadrata Müller, 1786: 354.
Keratella quadrata: Voigt, 1957: 175.

形态 被甲呈长方形，后端 1/3 处为最宽；背面隆起，腹面扁平。背甲上排列有多角形的龟板，中央龟板中有 2 个是完全封闭的六边形龟板，最后端的中龟板末端不封闭，两侧有侧线。被甲前端有 3 对棘刺，一般以中央 1 对最长。后端亦有 1 对等长或不等长的棘刺。

标本测量 被甲长：105-135μm；被甲宽：75-90μm。

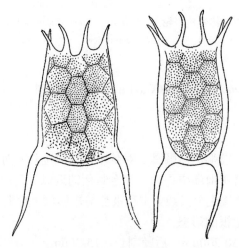

图 122 不同类型的矩形龟甲轮虫 [Different types of *Keratella quadrata* (Müller)]
背面观（dorsal view）

　　生态　矩形龟甲轮虫是典型的浮游种类，遍布我国各地，特别在长江中下游湖泊、池塘中十分常见。

　　分类讨论　矩形龟甲轮虫是一个十分复杂的种群，有不少生态类型。许多学者把从世界不同地区采得的标本进行分类归纳后，认为除指名亚种外，还有 10 余个型、变种或称为亚种。本种被甲的前后棘刺变异较大，但被甲表面的龟纹形态、被甲长和宽的比例是比较稳定的特征，是分类的主要依据。

　　地理分布　云南（昆明）、吉林（长白山）、青海（西宁）、北京、湖南（岳阳）、湖北（武汉）、安徽（芜湖）、西藏（拉萨）；澳大利亚，新西兰，非洲，北美洲，南美洲，东南亚，欧洲，亚洲北部。

(113) 梯形龟甲轮虫 *Keratella trapezoida* Zhuge *et* Huang, 1998（图 123）

Keratella trapezoida Zhuge *et* Huang, 1998: 35-37.

　　形态　被甲较宽，身体最宽处在近体后端 1/3 处。背甲前端具 3 对棘刺，都很尖削，中央 1 对最长，侧棘刺向两侧伸展，亚中央 1 对最短。背甲中央的 1 列龟板很发达，排列较特殊，以之可与该属中其他种类区别开来：中央最前端的龟板呈梯形，其底线龟纹很细，该龟板前端两侧延伸线进入前端中央棘刺基部；中央第 2、3 和 4 龟板几乎都呈正方形或长方形，两侧的延伸线在末端均分叉，中央末端的龟板长方形，末端不封闭，两侧的线平直，无延伸线。体后侧棘刺 1 对，短而粗壮，末端很尖锐，略向内弯曲。腹甲前缘两侧突起，在中央形成 1 凹窦，体后端腹面有 3 个波浪状的突起。

　　标本测量　体长：140-150μm；体宽：110-120μm；被甲前端宽：81-89μm；前端中央棘刺长：25-30μm；亚中央棘刺长：8-11μm；前侧棘刺长：10-13μm；后侧棘刺长：20-25μm。

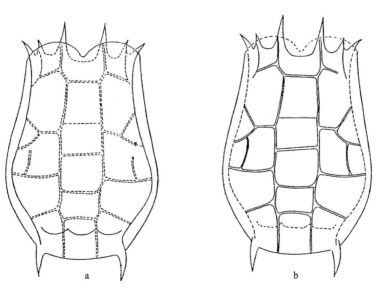

图 123　梯形龟甲轮虫 *Keratella trapezoida* Zhuge *et* Huang

a. 腹面观（ventral view）；b. 背面观（dorsal view）

生态 本种于 1996 年 3 月 10 日采自湖南洞庭湖，当时水温 11℃，pH 7.4。同时在长江的支流湖北秭归香溪河也有出现。

地理分布 湖南（岳阳）、湖北（秭归）；欧洲，亚洲北部。

(114) 王氏龟甲轮虫 *Keratella wangi* Zhuge *et* Huang, 1997（图 124）

Keratella wangi Zhuge *et* Huang, 1997: 29-40.

形态 被甲较圆钝，身体最宽处在体中央或稍靠后。背甲前端具 3 对棘刺，中央的 1 对较长，侧棘刺也较发达，亚中央的 1 对最短。背甲表面的龟纹粗而明显，其中央的 1 列龟板及体后缘的小甲片形状及排列都很特殊，可将该种与该属中的其他种区别开来：中央最前端的龟板很长，呈不规则的六边形，前端两结点的延伸线伸入中央棘刺的基部，它的侧面结点的延伸线在远端分叉；中央第 2 龟板也呈不规则六边形，两侧的延伸线在远端分叉；中央第 3、4 龟板呈长方形，较小，交接点两侧的延伸线末端不分叉；中央末端的龟板呈 1 很小的末端不封闭的长方形，似热带龟甲轮虫 *K. tropica* 的末端构造，在末端小甲片的两侧还各有 1 小长方形的龟板构造。腹甲前端两侧突起，在中央有 1 凹窦，后端有 3 个波浪状的宽突。体末端浑圆，无棘刺。

标本测量 体长：145-150μm；体宽：103-110μm；前端宽：88-90μm；中央棘刺长：34-36μm；亚中央棘刺长：19-20μm；前侧棘刺长：25-26μm。

生态 本种于 1996 年 3 月 10 日采自湖南洞庭湖，当时水温 10℃，pH 7。

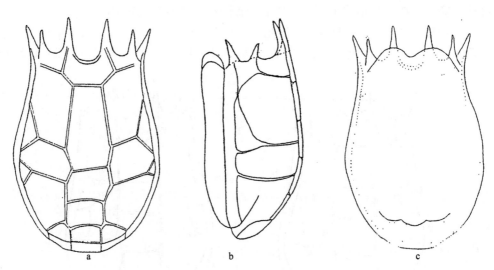

图 124 王氏龟甲轮虫 *Keratella wangi* Zhuge *et* Huang
a. 背面观（dorsal view）；b. 侧面观（lateral view）；c. 腹面观（ventral view）

分类讨论 王氏龟甲轮虫与梯形龟甲轮虫是在同一样品中发现的，虽然它们在形态及其他特征上有一些相似性，但它们的龟板构造是完全不同的（表 5）。

表 5　王氏龟甲轮虫与梯形龟甲轮虫龟板形态特征的比较

形态特征	王氏龟甲轮虫 K. wangi	梯形龟甲轮虫 K. trapezoida
前端中央第 1 龟板	长，不规则六边形	短，梯形
前端中央第 2 龟板	不规则六边形	方形
中央封闭龟板	4 个	4 个
末端中央龟板	小，长方形	大，正方形
后棘刺	无	有，1 对
边缘龟板	有	无

地理分布　湖南（岳阳）；欧洲，亚洲北部。

(115) 缘锯龟甲轮虫 *Keratella lenzi* Hauer, 1953（图 125）

Keratella lenzi Hauer, 1953: 167-168.

Keratella valga f. *brehmi* Ahlstrom, 1943: 411-457.

Keratella valga f. *aspina* Edmondson *et* Hutchinson, 1934: 153-186.

形态　被甲末端浑圆，无棘刺。体被常有许多颗粒物。背甲中央有 3 个封闭的龟板，前 2 个呈六边形，后面 1 个较长，似梯形；背甲后端边缘具 5 个小边缘龟板，中央的 1 个较细长，两侧各有 2 个形状不同很小的边缘龟板。

标本测量　体长：105μm；体宽：65μm；前端棘刺长：17-25μm。

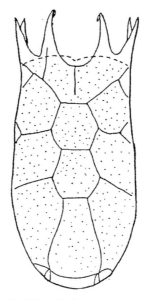

图 125　缘锯龟甲轮虫 *Keratella lenzi* Hauer

背面观（dorsal view）

生态　缘锯龟甲轮虫习居于热带、亚热带的酸性水体中。在海南琼海万泉河、三亚亚龙湾等偏酸性小水体中多次采到，当时水温 20℃左右，pH 约为 6.0。

　　地理分布　海南（琼海、三亚）；非洲，北美洲，南美洲，东南亚。

14. 盖氏轮属 *Kellicottia* Ahlstrom, 1938

Kellicottia Ahlstrom, 1938: 95.

Type species: *Anuraea longispina*=*Kellicottia longispina* (Kellicott, 1879).

　　形态　身体透明，体呈卵形或倒圆锥形，体向后延伸，末端成 1 棘刺。被甲前端有
4-6 个长度不等且不对称的棘刺。无足，1 个红色眼点。槌型咀嚼器。

　　本属全世界已发现 2 种，我国已记录 1 种。

(116) 长刺盖氏轮虫 *Kellicottia longispina* (Kellicott, 1879)（图 126）

Anuraea longispina Kellicott, 1879: 19.

Anuraea spinosa Imhof, 1883: 470.

Notholca longispina: Hudson *et* Gosse, 1886: 125.

Kellicottia longispina: Ahlstrom, 1938: 35.

　　形态　被甲非常透明，呈细长的角锥形。角锥的尖端，就是被甲的后端，向后高度

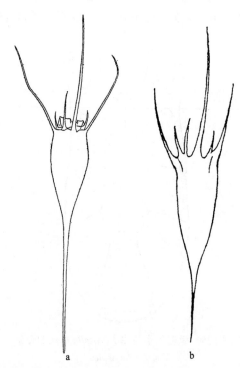

图 126　长刺盖氏轮虫 *Kellicottia longispina* (Kellicott)（仿王家楫, 1961）

a. 背面观（dorsal view）；b. 夏季类型的背面观（dorsal view of summer form）

伸展而形成 1 很长的后棘刺，后刺笔直，或少许向背面或腹面略微弯转。角锥的最宽处系前端，前端本体头部伸出或缩入的孔口边缘，具有 6 个不同长短而又不对称的棘刺。这些棘刺在不同季节和不同水体有较大的变化。被甲前端腹面边缘具有羽状或翼状少许能动的膜质片，膜片上还有隆起的肋条。体无色，但有时会现红色或褐色。无足。有 1 红色的眼点。具有 8 个卵黄核。

标本测量　全长：400μm 以上，有时可达 860μm。

生态　长刺盖氏轮虫一般在贫营养型的湖泊、池塘中较为常见，在内蒙古、黑龙江等地均有出现。同时还发现，在夏季出现的个体要比冬季小。

地理分布　上海、内蒙古、黑龙江（呼玛）；非洲，北美洲，东南亚，欧洲，亚洲北部。

五、狭甲轮科 Colurellidae Bartoš, 1959

Colurellidae Bartoš, 1959: 969.

形态　体有被甲，头部最前端总有 1 掩盖头冠的钩状或半圆形的小甲片（除鳞冠轮属外均可收缩）。体两侧无侧沟，狭甲轮属和拟狭甲轮属有腹沟。咀嚼器槌型。腹甲后缘有足孔，足一般为 3 节，有的粗壮，有的细长；趾一般长而尖锐。

本科共有 4 属：狭甲轮属 *Colurella*、鳞冠轮属 *Squatinella*、鞍甲轮属 *Lepadella* 和拟狭甲轮属 *Paracolurella*。我国已发现 3 属。

属 检 索 表

1. 被甲左右侧扁，为 2 甲片在背面愈合而成，有腹沟，形如蚌壳 ··················· **狭甲轮属** *Colurella*
   被甲背腹扁平，腹面和背面的甲片紧密地连成一片 ·· 2
2. 头部前端的小甲片半圆形，不能收缩 ··· **鳞冠轮属** *Squatinella*
   头部前端的小甲片钩状，能收缩 ··· **鞍甲轮属** *Lepadella*

15. 狭甲轮属 *Colurella* Bory de St. Vincent, 1824

Colurella Bory de St. Vincent, 1824c: 203.
Colurus Ehrenberg, 1830: 44.
Monura Ehrenberg, 1830: 44.
Type species: *Brachionus uncinatus=Colurella uncinata* (Müller, 1773).

形态　被甲由左右 2 个甲片在背面愈合而成，腹面中央有腹沟。左右甲片总是很侧扁，因此从背面和腹面观被甲总显得很狭。侧面观，前端浑圆而后端很少浑圆，大多数种类向后瘦削，使最后端形成 1 钝角或尖突。头部最前端有 1 钩状小甲片，可收缩。足 3 节，基节不易见。趾细长而尖，长度变异。咀嚼器槌型。

　　狭甲轮属的种类具有一定的游泳能力，但生活方式以底栖为主，经常出没于沉水植物之间。全球已发现 30 余种，我国已记录 7 种 2 亚种。

种 检 索 表

1. 趾愈合为 1 个 ·· 单趾狭甲轮虫 *C. unicauda*
   趾不愈合，2 个 ··· 2
2. 被甲侧面观圆钝；趾相对短 ································· 钝角狭甲轮虫 *C. obtusa*
   被甲侧面观大多纵长，后端较钝或具变异的尖突 ··············· 3
3. 被甲末端浑圆，趾细长总是分开 ·················· 节趾狭甲轮虫 *C. hindenburgi*
   被甲末端尖削而形成不同尖突，趾常愈合 ··························· 4
4. 被甲相对较宽，后端两旁的尖突显著；趾短 ············ 钩状狭甲轮虫 *C. uncinata*
   被甲相对较窄，后端两旁的角状突起或钝或尖；趾长 ····················· 5
5. 被甲末端两旁的角状突起很尖 ···················· 爱德里亚狭甲轮虫 *C. adriatica*
   被甲末端两旁的角状突起很钝 ··· 6
6. 身体中央腹线平直，被甲很低，体长∶体厚>2 ··········· 细长狭甲轮虫 *C. geophila*
   身体中央腹线在前端内凹，被甲相对高，体长∶体厚<2 ············· 无角狭甲轮虫 *C. colurus*

(117) 单趾狭甲轮虫 *Colurella unicauda* Eriksen, 1968（图 127）

Colurella unicauda Eriksen, 1968: 24.

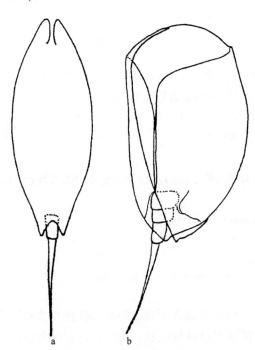

图 127　单趾狭甲轮虫 *Colurella unicauda* Eriksen
a. 背面观（dorsal view）；b. 侧面观（lateral view）

形态　被甲表面光滑，背面观呈梭形，前后端均有较深凹陷。侧面观呈卵圆形；背面拱起，腹面平直；体长：体厚<1.8；腹沟的缝隙从前端直到足的基部，呈尖三角形，末端向两侧呈翼状突起。趾愈合为1，较粗壮。

标本测量　被甲长：100-130μm；被甲宽：40μm；被甲厚：60-65μm；趾长：38.0-47.5μm。

生态　单趾狭甲轮虫一般生活在丝状藻类比较丰富的小溪流或池塘中。在海南琼海万泉河、云南滇池、青海西宁市郊均采集到标本。

地理分布　云南（昆明、大理）、海南（琼海）、青海（西宁）、安徽（芜湖）；欧洲，亚洲北部。

(118) 钝角狭甲轮虫 *Colurella obtusa* (Gosse, 1886)（图128）

Colurus obtusus Gosse, 1886, In: Hudson *et* Gosse, 1886: 103.

Colurella obtusa: von Hofsten, 1909: 84.

形态　小型种类，一般被甲长不会超过74μm。被甲背面观呈长圆形，侧面观头部向腹面平稳倾斜，相当圆钝。背腹侧扁，被甲长与被甲高之比小于1.8。被甲腹面自前端直至后端都裂开，后裂孔很宽阔。被甲前端掩盖头冠的钩状小甲片比较短。足3节，趾1对，相对较短。

标本测量　被甲长：65-70μm；被甲宽：28μm；趾长：15-18μm。

生态　钝角狭甲轮虫系十分常见的种类，以底栖生活为主，主要分布在沼泽、浅水湖泊的水生植物之间。在长江中下游许多省、市及新疆不少淡水水域的沿岸带均采到过标本。

地理分布　云南（昆明）、海南（三亚）、上海、湖北（武汉）、安徽（芜湖）、新疆、西藏（波密、林芝、亚东）；澳大利亚，新西兰，非洲，北美洲，南美洲，东南亚，太平洋地区，欧洲，亚洲北部。

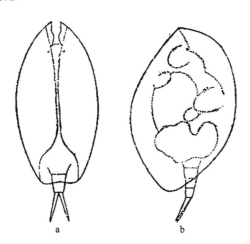

图128　钝角狭甲轮虫 *Colurella obtusa* (Gosse)

a. 腹面观（ventral view）；b. 侧面观（lateral view）

(119) 节趾狭甲轮虫 *Colurella hindenburgi* Steinecke, 1917（图 129）

Colurella hindenburgi Steinecke, 1917: 90.

形态　被甲侧面观纵长，前端宽阔，后部较窄；前缘平突，末端浑圆，背缘平直，腹部略微拱起。腹面观呈圆锥形，腹沟的缝隙从前端伸到后部，后缝隙十分宽阔，呈三角形。背面前端有 1 深的缺刻，被甲长与被甲高之比小于 1.8。趾 1 对总是分开，笔直或微弯曲。

标本测量　被甲长：56-68μm；被甲宽：28-38μm；被甲高：36μm；趾长：21-23μm。

生态　节趾狭甲轮虫习居于沼泽、苔藓等浅水水域。在青藏高原、海南等地均有发现。

地理分布　云南（昆明）、海南（三亚）、湖北（武汉）、北京、安徽（芜湖）、吉林（长白山）、西藏（聂拉木）；澳大利亚，新西兰，非洲，北美洲，南美洲，东南亚，太平洋地区，欧洲，亚洲北部。

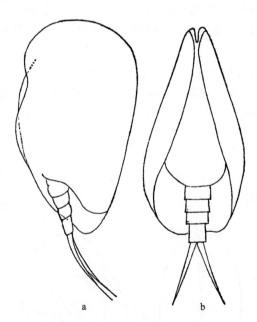

图 129　节趾狭甲轮虫 *Colurella hindenburgi* Steinecke
a. 侧面观（lateral view）；b. 腹面观（ventral view）

(120) 钩状狭甲轮虫指名亚种 *Colurella uncinata uncinata* (Müller, 1773)（图 130）

Brachionus uncinatus Müller, 1773: 134.

Colurella uncinata: Bory de St. Vincent, 1824: 202.

Colurus micromela Gosse, 1887b: 367.

形态　被甲相对较宽，略呈长卵圆形。背面前、后端向中部显著隆起而凸出；腹面的裂缝前、后端裂开明显呈"V"形，中间呈密合状。被甲侧面后端显著地细削，形成1有尖端的锐角。被甲前端掩盖头冠的钩状小甲片，相当长而发达。须足轮虫型头冠，槌型咀嚼器。足4节；趾1对，左右2趾往往并列在一起。眼点2个，位于脑两侧，呈深红色。

标本测量　全长：105-120μm；被甲长：80-98μm；被甲宽：30μm；趾长：18-23μm。

生态　钩状狭甲轮虫系广生性种类，淡水、咸淡水、海水中均有分布。在华东、华中、东北、西北等凡调查过的湖泊、池塘等水体中均有发现。它虽然能游泳，但主要还是以底栖生活为主，经常出没于沉水植物之间。

地理分布　云南（昆明）、海南（三亚）、吉林（长白山）、青海（西宁）、湖南（岳阳）、湖北（武汉）、北京、西藏（察隅、波密、错那、拉萨、乃东）；澳大利亚，新西兰，非洲，北美洲，南美洲，东南亚，欧洲，亚洲北部。

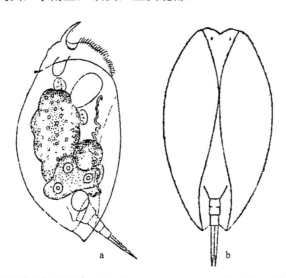

图130　钩状狭甲轮虫指名亚种 *Colurella uncinata uncinata* (Müller)（仿王家楫, 1961）

a. 侧面观（lateral view）；b. 腹面观（ventral view）

(121) 双尖钩状狭甲轮虫 *Colurella uncinata bicuspidata* (Ehrenberg, 1832)（图 131）

Colurus bicuspidatus Ehrenberg, 1832: 129.

Colurella bicuspidata: von Hofsten, 1909: 81.

形态　该亚种与指名亚种相比身体较粗壮。被甲最高的位置即位于头孔区，后端边缘的2锐角比指名亚种更为尖突，其尖端向背面弯转是本亚种的主要特征。腹面裂开的缝隙后端开阔呈半圆形或"U"形，前端呈"V"形。趾较指名亚种短。

标本测量　被甲长：85-100μm；被甲厚：可达60μm；被甲宽：53-62μm；趾长：15-20μm。

生态　本亚种习居于各类水体沿岸带的沉水植物间，既可在淡水水体中出现，也可在咸淡水和海水中生存。标本采自江苏无锡太湖沿岸带。

地理分布 云南（昆明）、海南（三亚）、吉林（长白山）、江苏（无锡）、湖北（武汉）、安徽（芜湖）、西藏（察隅、错那）；澳大利亚，新西兰，非洲，北美洲，南美洲，东南亚，欧洲，亚洲北部。

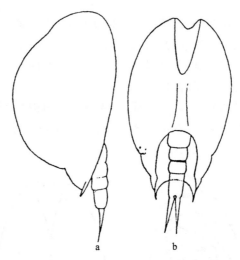

图 131　双尖钩状狭甲轮虫 *Colurella uncinata bicuspidata* (Ehrenberg)（仿王家楫, 1961）

a. 侧面观（lateral view）；b. 腹面观（ventral view）

(122) 偏斜钩状狭甲轮虫 *Colurella uncinata deflexa* (Ehrenberg, 1834)（图 132）

Colurus deflexus Ehrenberg, 1834: 203.

Colurella bicuspidata deflexa Carlin, 1939: 14.

形态 本亚种与双尖钩状狭甲轮虫的主要区别在于被甲后端边缘的尖角，被甲相当侧扁，侧面观前半部显著地隆起而突出，后端显著地细削而形成 1 有尖端的锐角，不但

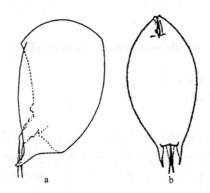

图 132　偏斜钩状狭甲轮虫 *Colurella uncinata deflexa* (Ehrenberg)

a. 侧面观（lateral view）；b. 背面观（dorsal view）

突出在后端比较长，而且特别发达，其末端又向腹面转曲。

标本测量　被甲长：80-95μm；被甲厚：35-55μm；被甲宽：可达 55μm；趾长：18-23μm。

生态　偏斜钩状狭甲轮虫一般生活在浅水湖泊沿岸带及池塘等淡水水体中。标本采自湖北武汉东湖。

地理分布　浙江（宁波）、四川（成都）、湖北（武汉）、安徽（芜湖）、西藏（察隅、波密、错那）；澳大利亚，新西兰，北美洲，南美洲，东南亚，太平洋地区，欧洲，亚洲北部。

(123) 爱德里亚狭甲轮虫 *Colurella adriatica* Ehrenberg, 1831（图 133）

Colurella adriatica Ehrenberg, 1831: 1-154.

Colurus caudatus Ehrenberg, 1834: 202.

Colurella caudata: Dieffenbach, 1912: 1-93.

形态　身体比较宽而长，被甲的长度超过 70μm，一般在 80-100μm。被甲高度侧扁，背面隆起而凸出，腹面接近平直。从背面或腹面观呈纺锤形，被甲长与被甲高之比大于 1.8。被甲后端显著地细削而形成 1 有尖端的锐角，但它的长度有很大的变化。被甲腹面自前端直至后端都裂开，前、后端的裂缝均较宽。被甲前端的钩状小甲片在活体观察时相当长。槌型咀嚼器。足 3 节，趾 1 对，细长，其中 1 短趾略向上弯曲，一般并列在一起。

标本测量　被甲长：80-98μm；被甲厚：44-66μm；趾长：18-25μm。

生态　爱德里亚狭甲轮虫是一广生性种类，在我国的湖泊、池塘等水体中广为分布；它们在水温 5-30℃、pH 5.0-10.5 的水域中均能生存。

地理分布　云南（昆明）、海南（三亚）、吉林（长白山）、青海（西宁）、新疆、湖南（岳阳）、湖北（武汉）、北京、西藏（定日、聂拉木、察隅、波密、措美、错那、乃东、墨脱、吉隆、昂仁、浪卡子、察雅、芒康、洛隆、申扎、札达、普兰）；澳大利亚，新西兰，非洲，南极地区，北美洲，南美洲，东南亚，太平洋地区，欧洲，亚洲北部。

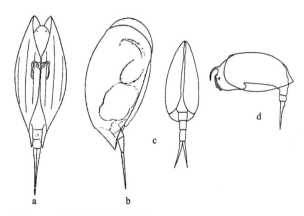

图 133　爱德里亚狭甲轮虫 *Colurella adriatica* Ehrenberg

a, c. 腹面观（ventral view）；b, d. 侧面观（lateral view）

(124) 细长狭甲轮虫 *Colurella geophila* Donner, 1951（图 134）

Colurella geophila Donner, 1951: 637.

形态　细长狭甲轮虫与无甲狭甲轮虫非常相似，但前者被甲更为狭长。侧面观背甲前端宽，后端狭，似呈圆锥状；腹缘平直，后端两旁的角突十分圆钝；背部略微外突，被甲高度侧扁，体长∶体厚>2。前后端裂缝也就是足孔及头孔均细而深。足 3 节，趾细长。

标本测量　被甲长：52-86μm；被甲高：21-40μm；趾长：23-44μm。

生态　细长狭甲轮虫一般生活在碱性水域。1995 年 6 月 25 日采自青海湖敞水带，水质清晰，当时水温 12℃左右，pH 9 以上。

地理分布　青海（西宁）；北美洲，南美洲，东南亚，欧洲，亚洲北部。

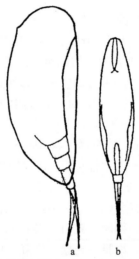

图 134　细长狭甲轮虫 *Colurella geophila* Donner
a. 侧面观（lateral view）；b. 背面观（dorsal view）

(125) 无角狭甲轮虫 *Colurella colurus* (Ehrenberg, 1830)（图 135）

Monura colurus Ehrenberg, 1830: 44.
Colurella amblytelus: von Hofsten, 1909: 74.

形态　被甲侧面观前端比后部宽，前端浑圆，后端两旁的角突圆钝；背缘拱起，腹缘略平直；腹面观被甲比较窄长，中部略宽，缝隙从前端直到足的基部，前端很狭，中间宽，后端则呈鱼尾状。被甲高度侧扁，被甲长与被甲厚之比大于 1.8。趾 1 对，紧挨在一起，基部融合。

标本测量　被甲长：65-105μm；被甲高：39-55μm；被甲宽：20-32μm；趾长：25-35μm。

生态　无角狭甲轮虫具有广泛的温度、盐度和 pH 适应范围，在我国许多淡水、咸水和海水中均有发现。本种标本于 1974 年 7 月 28 日采自海拔 4620m 的西藏措美一小水坑中，当时水温 12.5℃，pH 6.0，该塘水较清，有水生植物生长。1976 年 7 月 28 日又采到该种。

地理分布　海南、云南、吉林（长白山）、青海（西宁）、西藏（措美、江达）；澳大利亚，新西兰，非洲，南极地区，北美洲，南美洲，东南亚，欧洲，亚洲北部。

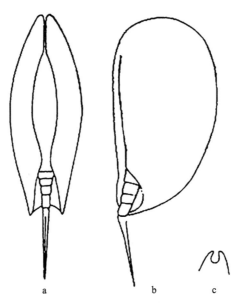

图 135　无角狭甲轮虫 *Colurella colurus* (Ehrenberg)（仿龚循矩，1983）

a. 腹面观（ventral view）；b. 侧面观（lateral view）；c. 前端背面观（dorsal view of anterior end）

16. 鞍甲轮属 *Lepadella* Bory de St. Vincent, 1826

Lepadella Bory de St. Vincent, 1826: 86.

Metopidia Ehrenberg, 1832: 72.

Notogonia Perty, 1850: 17-22.

Hexastomma Schmarda, 1859: 60.

Xenolepadella Hauer, 1926: 464.

Eulepadella Hauer, 1926: 464.

Type species: *Brachionus patella=Lepadella patella* (Müller, 1786).

形态　被甲背腹面扁平，背甲和腹甲除了前端的孔口和后端的足孔外，在四周边缘完全愈合在一起。体呈卵形、梨形或圆形，背甲或多或少隆起或突起，有的光滑或中央有龙骨状突起。被甲前端往往形成很显著的颈圈；头部前端有小甲片。足 3 节，趾 1 对，细而尖，等长或不等长。咀嚼器槌型。底栖性种类，但在浮游生物中偶尔也能发现。

本属全世界已发现 100 余种，我国只记录了 22 种。根据 1 对趾的长短和融合程度可分 3 亚属，我国记录 2 亚属：鞍甲轮亚属 *Lepadella* 和异趾鞍甲轮亚属 *Heterolepadella*。

亚属检索表

1. 趾完全或部分融合 ···································· 单趾鞍甲轮亚属 *Xenolepadella*
   趾分离 ·· 2
2. 趾 1 对，等长 ···································· 鞍甲轮亚属 *Lepadella*
   趾 1 对，不等长 ······························ 异趾鞍甲轮亚属 *Heterolepadella*

1）鞍甲轮亚属 *Lepadella* Bory de St. Vincent, 1826

Lepadella Bory de St. Vincent, 1826: 86.
Type species: *Lepadella patella* (Müller, 1786).

　　形态　本亚属的种类背甲略微拱起，有或无脊棱，一般表面光滑；有的种类头部有帽状物，趾 1 对，等长。
　　目前我国已发现 20 种（包括亚种）。

种 检 索 表

1. 个体较大，被甲长一般超过 100μm ·································· 2
   个体较小，被甲长一般不足 100μm ·································· 12
2. 背甲有脊棱或龙骨突起 ·· 3
   背甲无脊棱或龙骨突起 ·· 6
3. 脊棱中部有 1 棘刺 ······························ 冠突鞍甲轮虫 *L. (L.) cristata*
   脊棱中部无 1 棘刺 ·· 4
4. 被甲横切面被甲凸出呈屋顶状，并有 5 个棘突 ·········· 五肋鞍甲轮虫 *L. (L.) quinquecostata*
   被甲横切面被甲不凸出呈屋顶状，亦无 5 个棘突 ····················· 5
5. 被甲横切面呈帽状 ······························ 菱形鞍甲轮虫 *L. (L.) rhomboides*
   被甲横切面呈三辐射形 ·························· 三翼鞍甲轮虫 *L. (L.) triptera*
6. 足孔末端两侧延伸成棘突 ······················ 双棘鞍甲轮虫 *L. (L.) bidentata*
   足孔末端两侧不延伸成棘突 ·· 7
7. 背甲后端有 1 向后伸展的尖尾突出 ················ 尖尾鞍甲轮虫 *L. (L.) acuminata*
   背甲后端无尖尾突出 ·· 8
8. 被甲横切面扁平呈棱形 ·· 9
   被甲横切面凸出呈 1/2 或 2/3 圆形 ································· 10
9. 第 3 足节覆盖在被甲之内 ························ 阔口鞍甲轮虫 *L. (L.) venefica*
   第 3 足节部分在被甲之外 ························ 卵形鞍甲轮虫 *L. (L.) ovalis*
10. 被甲横切面呈 2/3 圆形 ·························· 威廉鞍甲轮虫 *L. (L.) williamsi*
    被甲横切面呈 1/2 圆形 ·· 11

11. 足孔呈倒 "U" 形，宽大于长，两侧圆钝 ·················· 本氏鞍甲轮虫 *L. (L.) benjamini*
　　足孔呈长方形，长大于宽，两侧尖削 ·················· 盘状鞍甲轮虫 *L. (L.) patella*

12. 背甲有脊棱 ·· 13
　　背甲无脊棱 ·· 14

13. 背、腹甲均有脊棱，横切面呈菱形 ············ 双棱鞍甲轮虫 *L. (L.) amphitropis*
　　仅背甲有脊棱，横切面呈帽形 ·············· 覆瓦鞍甲轮虫 *L. (L.) imbricata*

14. 背甲或腹甲上有 1、2 条皱褶 ·· 15
　　背甲或腹甲上无皱褶 ·· 16

15. 腹甲上有 1 似梯形的皱褶 ·············· 青海鞍甲轮虫，新种 *L. (L.) qinghaiensis* sp. nov.
　　背甲上有 2 条斜形的皱褶 ·················· 粗钝鞍甲轮虫 *L. (L.) obtusa*

16. 足孔宽阔，两侧末端延伸成尖棘刺 ············ 宽孔鞍甲轮虫 *L. (L.) latusinus*
　　足孔一般，两侧末端不延伸成尖棘刺 ································ 17

17. 头孔呈圆形 ······································ 半圆鞍甲轮虫 *L. (L.) apsida*
　　头孔不呈圆形 ·································· 矮小鞍甲轮虫 *L. (L.) pumilo*

(126) 冠突鞍甲轮虫 *Lepadella (Lepadella) cristata* (Rousselet, 1893)（图 136）

Colurus cristatus Rousselet, 1893: 446.

Metopidia cristata: Voronkov, 1907: 112.

Lepadella semicarinata Kordé, 1926: 137.

形态　被甲呈宽阔的卵圆形，背甲凸出，中央有 1 很显著的脊棱，脊棱的前半部往往着生 1 背刺，它的大小变异很大，但一般为被甲长度的一半。腹甲近乎扁平。被甲的横切面略呈三角形。头孔背面有 1 很浅的凹入，腹面有 "V" 形的凹窦，其周围为坚厚的颈圈。足孔为半椭圆形，在末端两侧向外弯转而变宽。足较粗壮，最后 1 节最长。趾 1 对，细长。

标本测量　被甲长：110-148μm；被甲宽：90-116μm；被甲高：可达 80μm；趾长：28-47μm。

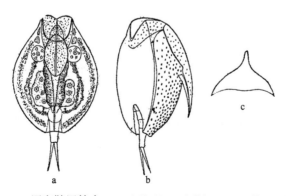

图 136　冠突鞍甲轮虫 *Lepadella (Lepadella) cristata* (Rousselet)

a. 背面观（dorsal view）；b. 侧面观（lateral view）；c. 被甲中部横切面（cross section through medial lorica）

生态 冠突鞍甲轮虫习居于有水生植物分布的各类水域，以周丛生活为主，系喜酸性轮虫，一般在温度较高的季节出现，分布虽广，但仅在浙江宁波东钱湖和湖北武汉东湖采到过。

地理分布 浙江（宁波）、湖北（武汉）；非洲，北美洲，南美洲，东南亚，欧洲，亚洲北部。

(127) 五肋鞍甲轮虫 *Lepadella* (*Lepadella*) *quinquecostata* (Lucks, 1912)（图 137）

Metopidia quinquecostata Lucks, 1912: 189.
Lepadella quinquecostata: Harring, 1913b: 64.

形态 被甲呈梨形，一般前半部较后半部为狭。通常背甲有 5 条隆起的脊：中间 1 脊自颈圈下端一定距离处由两条于半途集合在一起，而成为 1 很明显的脊棱，延伸到背甲的末端；其余 2 对，甚至有 3 对的肋条分别从背甲的两边自上往下延伸。从被甲的横切面来看，腹甲平坦，背甲外凸呈屋顶状，并有 5 个棘突。头孔背腹凹窦均呈宽"U"形，但腹凹窦较背凹窦为深。足孔较深，两侧几乎平行，到后端略向外弯转而变宽。足比较粗壮，3 节；趾 1 对，细长。

标本测量 全长：142-165μm；被甲长：90-130μm；趾长：22-30μm。

生态 五肋鞍甲轮虫一般生活在沼泽中，但在一些池塘、湖汊（如武汉东湖湖汊）等处也发现过。本种根据采自武汉东湖一湖汊的标本描述。

地理分布 湖北（武汉）、浙江（宁波）；澳大利亚，新西兰，非洲，北美洲，南美洲，东南亚，太平洋地区，欧洲，亚洲北部。

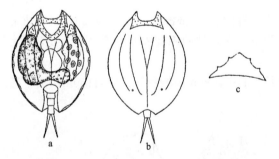

图 137　五肋鞍甲轮虫 *Lepadella* (*Lepadella*) *quinquecostata* (Lucks)（仿王家楫，1961）
a. 腹面观（ventral view）；b. 背面观（dorsal view）；c. 被甲中部横切面（cross section through medial lorica）

(128) 菱形鞍甲轮虫 *Lepadella* (*Lepadella*) *rhomboides* (Gosse, 1886)（图 138）

Metopidia rhomboides Gosse, 1886, In: Hudson *et* Gosse, 1886: 108.
Lepadella imbricata Harring, 1916: 557.

形态 被甲呈长卵圆形，背甲拱起，腹甲平坦，横切面呈帽形。背甲中央脊棱低而宽，在脊棱两侧形成侧沟。头孔背面呈宽"U"形，腹面深"V"形。头孔在背甲的部分具领，即在头孔周围有 1 圈加厚。足孔较窄而深，呈倒"U"形。足 4 节，第 4 足节最长；趾末端纤细，轻微弯曲。

　　标本测量　体长：110-120μm；体宽：55-88μm；趾长：20-28μm。

　　生态　菱形鞍甲轮虫系广生性种类，有较高的 pH 耐受性。主要分布在有水生植物生长的小水体中；海南海口市郊池塘、湖南洞庭湖、福建福州市郊水塘均有记录。

　　地理分布　海南（海口、琼海、三亚）、福建（福州）、湖南（岳阳）；澳大利亚，新西兰，非洲，北美洲，南美洲，东南亚，太平洋地区，欧洲，亚洲北部。

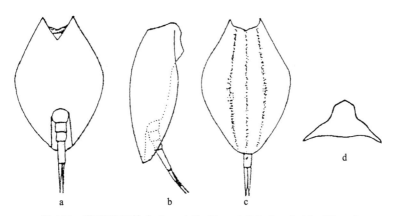

图 138　菱形鞍甲轮虫 *Lepadella* (*Lepadella*) *rhomboides* (Gosse)

a. 腹面观（ventral view）；b. 侧面观（lateral view）；c. 背面观（dorsal view）；d. 横切面（cross section）

(129) 三翼鞍甲轮虫 *Lepadella* (*Lepadella*) *triptera* (Ehrenberg, 1830)（图 139）

Metopidia triptera Ehrenberg, 1830: 92.

Lepadella triptera: Ehrenberg, 1830: 83.

　　形态　被甲呈卵圆形、圆形或菱形，形态有较大变化。背甲少许突出，中央的突出部分还有 1 非常高而相当薄的脊棱或称龙骨状突起。腹甲很接近扁平。被甲的横切面呈三辐射形，脊状隆起和两侧部分都较薄。背甲前端中央有 1 很浅的缺刻，并无背凹窦的存在，腹凹窦系宽阔的"V"形，"V"形底部浑圆，无颈圈存在。足孔较深，长圆形。足相当粗壮，3 节；趾细而长。

　　标本测量　被甲长：75-98μm；趾长：18-22μm。

　　生态　三翼鞍甲轮虫分布非常广泛，凡是沉水植物比较多的沼泽、天然池塘、浅水湖泊都有找到它的可能，有时亦可在咸水中发现。本种采自浙江湖州市郊一小池塘。

　　地理分布　云南（昆明）、吉林（长白山）、浙江（湖州）、湖北（武汉）、北京、西藏（康马）；澳大利亚，新西兰，非洲，南极地区，北美洲，南美洲，东南亚，太平洋地区，欧洲，亚洲北部。

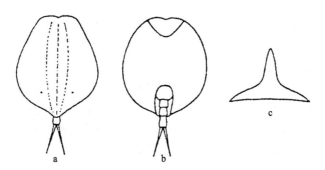

图 139　三翼鞍甲轮虫 Lepadella (Lepadella) triptera (Ehrenberg)

a. 背面观（dorsal view）；b. 腹面观（ventral view）；c. 被甲中部横切面（cross section through medial lorica）

(130) 双棘鞍甲轮虫 Lepadella (Lepadella) bidentata Voronkov, 1913（图 140）

Lepadella bidentata Voronkov, 1913: 90-108.

形态　被甲呈长圆形，表面光滑，无棱脊。头孔前端外突，腹甲前端呈圆形开孔。足孔长大于宽，在末端最宽，在足孔末端两侧延伸成棘突。足 3 节；趾 1 对，细而长。

标本测量　全长：129μm；宽：62μm；趾长：36μm；足孔末端宽：30μm。

生态　双棘鞍甲轮虫主要生活在有水生植物生长的小水体中。在海南海口、琼海一些有水草生长的池塘、水坑等处多次发现。自 1913 年被发现以来，在海南的记录是它的第二次发现。

地理分布　海南（海口、琼海）；欧洲，亚洲北部。

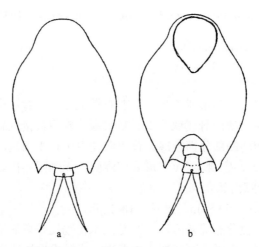

图 140　双棘鞍甲轮虫 Lepadella (Lepadella) bidentata Voronkov

a. 背面观（dorsal view）；b. 腹面观（ventral view）

(131) 尖尾鞍甲轮虫指名亚种 *Lepadella (Lepadella) acuminata acuminata* (Ehrenberg, 1834)（图 141）

Metopidia acuminata Ehrenberg, 1834: 210.

Lepadella acuminata: Dujardin, 1841: 633.

形态　被甲呈卵圆形，背甲后端通常有 1 向后伸展的尖尾突出，一般有 5 条脊状突起。背甲显著地凸出，横切面呈半圆形，在两侧延伸成翼状。有的种类背甲具有 2 条弯转的边龙骨突起，有的种类还有中龙骨突起，位于体后端的 1/3，直至尾形突出的尖端。背、腹窦均呈"U"形，腹窦较背窦为深。背、腹颈圈明显，一般均有点状刻纹。足孔呈长卵圆形，足比较粗壮，3 节。趾 1 对，细而长。

标本测量　被甲长：98-112μm；被甲宽：60-72μm；趾长：28-35μm。

生态　尖尾鞍甲轮虫指名亚种分布很广，一般的栖息地为水生植物比较丰富的小池塘及湖汊。在浙江宁波东钱湖和湖北武汉东湖均有此种；但两湖尖尾鞍甲轮虫的形态略有不同：东钱湖的标本呈长卵圆形，而东湖的比较浑圆。

地理分布　云南（昆明）、海南（三亚）、吉林（长白山）、青海（西宁）、湖北（武汉）、北京、浙江（宁波）、四川（成都）、安徽（芜湖）、西藏（浪卡子）；澳大利亚，新西兰，非洲，南极地区，北美洲，南美洲，东南亚，太平洋地区，欧洲，亚洲北部。

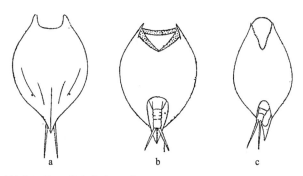

图 141　不同类型的尖尾鞍甲轮虫指名亚种 [Different types of *Lepadella (Lepadella) acuminata acuminata* (Ehrenberg)]

a. 背面观（dorsal view）；b, c. 腹面观（ventral view）

(132) 隐居尖尾鞍甲轮虫 *Lepadella (Lepadella) acuminata cryphea* Harring, 1916（图 142）

Lepadella cryphea Harring, 1916: 543.

形态　该亚种体呈梨形，前端比较狭，后端较宽，尾突末端浑圆，背甲凹窦很浅，呈"U"形。背甲突出，横切面呈半圆形，后缘突然变狭，形成 1 末端钝圆尾突。它的中部有 1 龙骨突起，向前伸展到背部的 1/4 处。

标本测量　被甲长：95-98μm；被甲宽：62-72μm；趾长：23-24μm。

生态　栖息环境一般为水生植物比较多的小水体。标本采自海拔 2900m 的西藏亚东一长有水生植物的小水塘中，当时水温 18℃，pH 6.0。

分类讨论 本亚种在《西藏水生无脊椎动物》一书中被称为隐居鞍甲轮虫 *Lepadella cryphea*。本亚种与指名亚种主要区别：指名亚种尾突起尖削，有明显的颈圈，背部有 5 条脊状突起。

地理分布 西藏（亚东）；澳大利亚，新西兰，非洲，南极地区，北美洲，南美洲，东南亚，欧洲，亚洲北部。

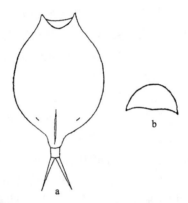

图 142 隐居尖尾鞍甲轮虫 *Lepadella (Lepadella) acuminata cryphea* Harring

a. 背面观（dorsal view）；b. 被甲中部横切面（cross section through medial lorica）

(133) 阔口鞍甲轮虫 *Lepadella (Lepadella) venefica* Myers, 1934（图 143）

Lepadella venefica Myers, 1934: 1-10.

形态 被甲外形呈宽卵圆形或椭圆形。前缘口宽，约为被甲长的 1/3。腹凹窦呈三角形，有明显的颈圈，背凹窦浅而平直。背甲略拱起，腹甲平坦，横切面呈棱形。足孔前缘浑圆，两侧平行。背甲的后缘浑圆，足节几乎为被甲覆盖，趾针状，其长度约为被甲长的 1/5。

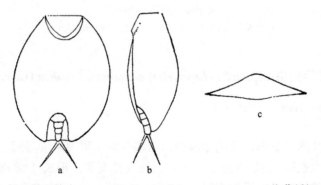

图 143 阔口鞍甲轮虫 *Lepadella (Lepadella) venefica* Myers（仿龚循矩，1983）

a. 腹面观（ventral view）；b. 侧面观（lateral view）；c. 被甲中部横切面（cross section through medial lorica）

标本测量　被甲长：96-105μm；被甲宽：80-85μm；趾长：18-22μm。

　　生态　阔口鞍甲轮虫于 1934 年在北美洲被首次发现以来，有关它的报道很少。本种标本于 1974 年 7 月 1 日采自西藏波密扎木区一沼泽化小水塘（当时水温 27℃，pH 6.0，海拔 2800m）。

　　地理分布　西藏（波密）；北美洲，南美洲。

(134) 卵形鞍甲轮虫 *Lepadella (Lepadella) ovalis* (Müller, 1786)（图 144）

Brachionus ovalis Müller, 1786: 345.

Lepadella rotundata Dujardin, 1841: 633.

Lepadella evaginata Rodewald, 1935: 187-266.

　　形态　被甲外形有一定程度的变异，自宽阔的卵圆形至接近圆形。背甲略微外凸，无脊棱；腹甲则几乎扁平，横切面略呈棱形。前端孔口较小，背凹窦似呈"U"形，腹凹窦比背凹窦大而深。颈圈明显。足孔虽有一定程度的变异，但大致呈卵圆形，两侧边缘的后端往往向后伸展而少许突出于腹甲之外。足相当粗壮，3 节，第 3 节的大部分或至少一小部分总是突出于背甲之后。趾 1 对，长度一般，末端尖削。

　　标本测量　被甲长：90-170μm；被甲宽：70-140μm；被甲高：25-30μm。

　　生态　卵形鞍甲轮虫分布很广，凡是沉水植物比较多的池塘及浅水湖泊都有它的分布，有时也能在咸水中发现。

　　地理分布　云南（昆明）、海南（三亚）、湖南（岳阳）、湖北（武汉）、北京、吉林（长白山）、青海（西宁）、安徽（芜湖）、西藏（康马、樟木）；澳大利亚，新西兰，非洲，北美洲，南美洲，东南亚，太平洋地区，欧洲，亚洲北部。

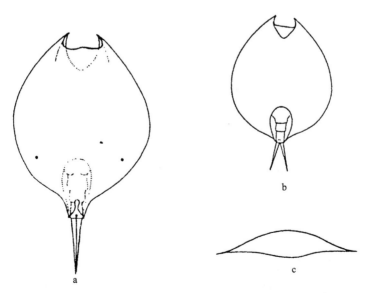

图 144　卵形鞍甲轮虫 *Lepadella (Lepadella) ovalis* (Müller)（仿王家楫, 1961）

a. 背面观（dorsal view）；b. 腹面观（ventral view）；c. 横切面（cross section）

(135) 威廉鞍甲轮虫 *Lepadella* **(*Lepadella*) *williamsi* Koste *et* Shiel, 1989**（图 145）

Lepadella williamsi Koste *et* Shiel, 1989c: 119-143.

　　形态　被甲呈长卵圆形，表面光滑。背甲高度突起，腹甲平坦，横切面呈 2/3 圆形拱起。腹凹窦呈宽"V"形，背甲前端稍拱起。背甲后端逐渐尖削为突起，在末端向外翻卷。足孔小。足 3 节，几乎等长。趾长，弯曲。

　　标本测量　被甲长：112-116μm；被甲宽：60-64μm；被甲高：<56μm；趾长：36-40μm。

　　生态　威廉鞍甲轮虫一般生活在有水生植物生长的小水体中。

　　分类讨论　本种最先在澳大利亚、马来西亚等国被发现（当时水温 25.5℃，pH 6.2），我国于 1995 年 12 月 17 日在海南三亚荔枝沟镇一河流中采到了该种（当时水温 24℃，pH 6），故推测该种是一喜热性的酸性种。

　　地理分布　海南（三亚）；澳大利亚，新西兰，非洲，东南亚。

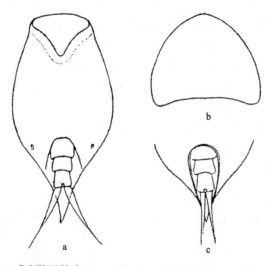

图 145　威廉鞍甲轮虫 *Lepadella* (*Lepadella*) *williamsi* Koste *et* Shiel
a. 腹面观（ventral view）；b. 被甲中部横切面（cross section through medial lorica）；c. 身体后端结构（structure at the end of body）

(136) 本氏鞍甲轮虫 *Lepadella* **(*Lepadella*) *benjamini* Harring, 1916**（图 146）

Lepadella benjamini Harring, 1916: 548-549.

　　形态　被甲宽卵形，表面光滑，背面拱起外凸，腹面平坦，横切面呈 1/2 圆形，在两侧延伸成翼状。头孔似管状，背凹窦平截或浅凹，腹凹窦"U"形。足孔腹面观呈倒"U"形，宽大于长，在末端最宽，两侧圆钝；足孔背面观浅凹。趾长，轻微腹向。

　　标本测量　体长：114μm；体宽：85-100μm；体高：44-52μm；趾长：45-48μm。

　　生态　本氏鞍甲轮虫一般分布在有水生植物生长的浅水水体中。海南琼海万泉河、三亚荔枝沟镇小河中多次采到。

地理分布　海南（琼海、三亚）；澳大利亚，新西兰，非洲，北美洲，南美洲，东南亚，欧洲，亚洲北部。

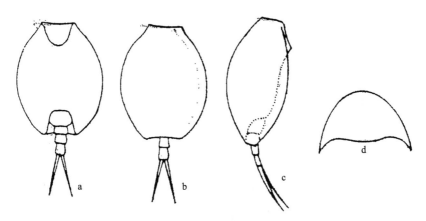

图 146　本氏鞍甲轮虫 *Lepadella* (*Lepadella*) *benjamini* Harring

a. 腹面观（ventral view）；b. 背面观（dorsal view）；c. 侧面观（lateral view）；d. 被甲中部横切面（cross section through medial lorica）

(137) 盘状鞍甲轮虫指名亚种 *Lepadella* (*Lepadella*) *patella patella* (**Müller, 1786**)（图 147）

Brachionus patella Müller, 1786: 341.

Lepadella evaginata Rodewald, 1935: 187-266.

形态　被甲轮廓的变异相当大，从接近圆形至卵圆形或长卵圆形。背甲显著地隆起而突出，腹甲扁平，横切面约呈 1/2 圆形。前端孔口较卵形鞍甲轮虫为大，背凹窦系宽阔的"U"形，腹凹窦近似"V"形。背颈圈和腹颈圈都相当发达。足孔的形态变异亦大，近似长方形或卵圆形，长大于宽，两侧尖削。足较粗壮，3 节，第 3 足节比其他足节要长。趾 1 对，末端尖削。

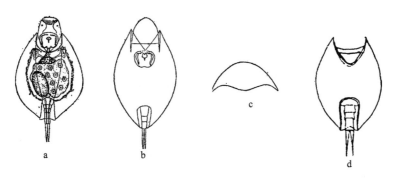

图 147　盘状鞍甲轮虫指名亚种 *Lepadella* (*Lepadella*) *patella patella* (Müller)

a, b, d. 腹面观（ventral view）；c. 被甲中部横切面（cross section through medial lorica）

标本测量　全长：120-145μm；被甲长：70-110μm；被甲宽：65-90μm；趾长：25-30μm。

生态　盘状鞍甲轮虫系广生性种类，凡是沉水植物比较丰富的沼泽、池塘、浅水湖泊，甚至咸水中均有可能发现。

地理分布　云南（昆明）、海南（三亚）、湖南（岳阳）、湖北（武汉）、北京、吉林（长白山）、青海（西宁）、江苏、浙江、新疆、安徽（芜湖）、西藏（波密、拉萨、错那、亚东、康马、芒康、普兰、聂拉木、定日）；澳大利亚，新西兰，非洲，南极地区，北美洲，南美洲，东南亚，太平洋地区，欧洲，亚洲北部。

(138) 似盘状鞍甲轮虫 *Lepadella* (*Lepadella*) *patella similis* (Lucks, 1912)（图 148）

Metopidia similis Lucks, 1912: 120.

Lepadella persimilis De Ridder, 1961: 169-231.

形态　该轮虫的被甲较为透明，轮廓变异较大，从接近圆形至卵圆形或长卵圆形，宽度等于长度的 2/3-4/5。前端头盘伸出的孔口宽度相当于被甲长度的 1/4-1/3。背凹窦宽阔，形状不呈典型的"U"形，两边向外凸出而使凹窦形成不规则的六边形。腹凹窦近似"V"形，两侧少许向外弯转，底部钝圆。足孔近似于"凸"字形，也有的个体略呈卵圆形，足孔后端有 1 浅的凹入。足孔边缘逐渐弯转和腹甲融合而接近消失。足粗壮，第 1、2 节长度相等，较短；第 3 节较长，突出于被甲之外。趾 1 对，每一趾的长度相当于被甲长度的 1/5-1/4，后半部逐渐向尖锐的末端削尖。休眠卵呈椭圆形，长径为（25±1.2）μm；短径为（14±0.8）μm。休眠卵表面遍生棘刺。

标本测量　被甲长（不包括趾）：86-90μm；被甲宽：58-64μm；趾长：20-22μm。

生态　似盘状鞍甲轮虫采自山东高青盐碱池塘中，其分布的适宜盐度为 1.88%-2.28%，pH 8.22-8.80，一般出现于小水体或室内水族箱中（赵文和尹旭旺，2005）。

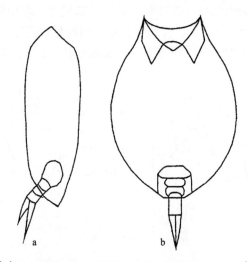

图 148　似盘状鞍甲轮虫 *Lepadella* (*Lepadella*) *patella similis* (Lucks)（仿赵文和尹旭旺，2005）

a. 侧面观（lateral view）；b. 腹面观（ventral view）

分类讨论　本亚种与指名亚种极为相似，主要区别在于：①被甲的长度、宽度和趾长均小于指名亚种；②背凹窦不呈典型的"U"形；③足孔近似于"凸"字形。

地理分布　山东（高青）；澳大利亚，新西兰，非洲，南极地区，北美洲，南美洲，东南亚，太平洋地区，欧洲，亚洲北部。

(139) 双棱鞍甲轮虫 *Lepadella (Lepadella) amphitropis* Harring, 1916（图 149）

Lepadella amphitropis Harring, 1916: 543.

形态　被甲呈椭圆形，表面光滑，前端略有斑点。背凹窦呈长方形，腹凹窦呈"U"形，但腹凹窦较背凹窦为深。背、腹甲均向外突出，背面高于腹面。背、腹面中央均有脊棱。因此，被甲横切面呈菱形，背甲末端有 1-3 个短脊。足孔卵圆形；足 3 节，末节较前两节长；趾细长。

标本测量　体长：85μm；体宽：55μm；体高：<37μm；趾长：30μm。

生态　本种喜生活在泥炭藓中。在云南石林一小水池内采得，当时水温约 20℃，pH 6.5。

地理分布　云南（石林）；澳大利亚，新西兰，非洲，北美洲，南美洲，欧洲，亚洲北部。

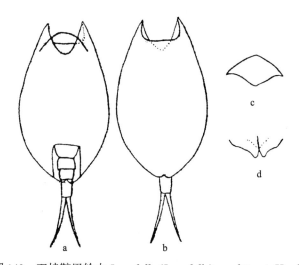

图 149　双棱鞍甲轮虫 *Lepadella (Lepadella) amphitropis* Harring

a. 腹面观（ventral view）；b. 背面观（dorsal view）；c. 被甲中部横切面（cross section through medial lorica）；d. 被甲末端背面观（dorsal view of the lorica end）

(140) 覆瓦鞍甲轮虫 *Lepadella (Lepadella) imbricata* Harring, 1914（图 150）

Lepadella imbricata Harring, 1914: 527.

形态　被甲外形似长椭圆形，被甲长与被甲宽之比约为 3：2，两侧不很突出。背部前缘宽，呈截形，腹部前缘口孔为宽三角形。口宽为被甲长的 1/3 左右。背部中央隆起，隆起的两侧比较平坦，隆起的两侧与平坦交会处显出 2 条纵痕，横切面呈帽形，背部有 1 脊棱，两侧各有 1 凹痕。足孔前缘浑圆，两侧基本平行，后缘略比前缘宽，其长度为被甲长的 1/4-1/3。足 3 节，最末一节的长度约为其他两足节之和，总是长长地伸在背甲之外。趾 1 对，细长，约为被甲长的 1/4。

标本测量 被甲长：56μm；被甲宽：37μm；被甲高：18μm：趾长：16μm。

生态 覆瓦鞍甲轮虫一般生活于各种不同类型的小水体中。标本于 1975 年采自西藏海拔 3540m 一小水塘；该水塘四周有住家和农田，水中有机质丰富，当时水温 10℃，pH 6.0。

地理分布 西藏（樟木）；非洲，北美洲，南美洲，东南亚，欧洲，亚洲北部。

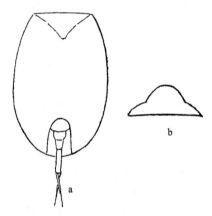

图 150　覆瓦鞍甲轮虫 *Lepadella (Lepadella) imbricata* Harring（仿龚循矩，1983）

a. 腹面观（ventral view）；b. 被甲中部横切面（cross section through medial lorica）

(141) 青海鞍甲轮虫，新种 *Lepadella (Lepadella) qinghaiensis* Zhuge *et* Huang, sp. nov.
　　（图 151）

正模标本：石蜡封片，保存于中国科学院水生生物研究所。

形态 体呈宽卵圆形，表面光滑无脊棱，头孔浅，在背面呈宽 "U" 形，在腹面呈钝 "V" 形。足孔在背面平截，在腹面呈长方形。足 3 节，基节最宽，末端的 1 节最长，大约有 1/3 伸出腹甲。在腹甲足孔上方有 1 明显呈梯形的、与衣服上相似的皱褶。趾中等长度，末端向两侧伸展。

标本测量 被甲长：77.5μm；被甲宽：52.5μm；被甲高：37.5μm；末足节长：10μm；足孔：20μm×15μm。

生态 于 1995 年 6 月 24 日采自青海中国科学院海北高寒草甸生态系统定位站旁一有水绵和其他水生植物生长的小水体中，海拔 3250m，当时水温 13.5℃，pH 7 左右。

分类讨论 青海鞍甲轮虫外形似 *L. abbei*，但前者在腹甲上有近似梯形折褶，而 *L. abbei* 在背甲上具 "U" 形折褶，且它们的头孔结构也不完全相同。青海鞍甲轮虫在腹面观上又与 *L. triba* 相似，但无论是在被甲的外形、趾的形状及长短方面均与之不相同。

词源　该种以采集地青海（Qinghai）命名。

地理分布　青海（西宁）。

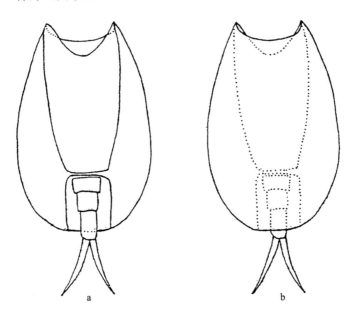

图 151　青海鞍甲轮虫，新种 *Lepadella* (*Lepadella*) *qinghaiensis* Zhuge *et* Huang, sp. nov.

a. 腹面观（ventral view）；b. 背面观（dorsal view）

(142) 粗钝鞍甲轮虫 *Lepadella* (*Lepadella*) *obtusa* Wang, 1961（图 152）

Lepadella obtusa Wang, 1961: 56.

形态　被甲轮廓具一定程度的变异，但一般呈短而粗的钝卵圆形。背甲前端或多或少向前浮起而凸出，后端呈半圆形的弯入或凹入。背面中央具有圆形或弧状的隆起，隆起部分在最前端最宽，向后逐渐变窄，直到最狭的最后端为止。由于这 1 弧状隆起的存在，从背面或腹面观被甲显出 2 条少许斜行的纵长折痕。被甲横切面呈帽形，其折痕就是隆起部分和比较扁平的两侧的分界线，背甲中央具有圆形或弧形的隆起；腹甲接近平直，或只呈很轻微的凸出。腹凹窦大而深，呈宽阔的"V"形。背颈圈和腹颈圈都相当发达，具有很明显的点刻，点刻尤其在腹颈圈更为清楚而易见。足沟比较深而宽阔，自前逐渐向后增加宽度，足沟最后端的两侧和背甲两侧边缘愈合在后端一起而形成很显著的左右 2 个尖角。足相当粗壮而短；趾 1 对，很长，自最宽的基部逐渐向后尖削。每一个趾的长度总是超过背甲全长的 1/4。侧触手 1 对，自背甲后半部的中央"扁平"的两侧分别射出。

标本测量　被甲长：88μm；被甲宽：61μm；趾长：33μm。

生态　粗钝鞍甲轮虫于 1954 年 9 月采自宁波东钱湖一布满水生植物的水体中。

地理分布　浙江（宁波）、安徽（芜湖）；澳大利亚，新西兰，非洲，南极地区，北美洲，南美洲，东南亚，太平洋地区，欧洲，亚洲北部。

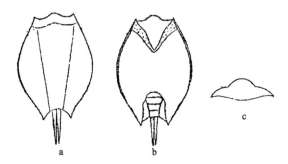

图 152 粗钝鞍甲轮虫 *Lepadella* (*Lepadella*) *obtusa* Wang（仿王家楫，1961）

a. 背面观（dorsal view）；b. 腹面观（ventral view）；c. 被甲中部横切面（cross section through medial lorica）

(143) 宽孔鞍甲轮虫 *Lepadella* (*Lepadella*) *latusinus* (Hilgendorf, 1899)（图 153）

Metopidia solidus latusinus Hilgendorf, 1899: 131.

Metopidia latusinus Murray, 1913a: 458.

Lepadella latusinus var. *americana* Myers, 1934: 7.

形态 被甲表面光滑，无棱脊。在中部最宽，并由此向后逐渐瘦削。横切面拱起，呈半圆形，在两侧形成翼状突起。头孔相对小，足孔呈宽卵圆形，在末端最宽，并向两侧明显分开，在末端形成向背面弯曲的小棘刺，趾较长。

标本测量 被甲长：80-90μm；被甲宽：可达 64μm；被甲高：35μm；头孔宽：24μm；趾长：24-28μm。

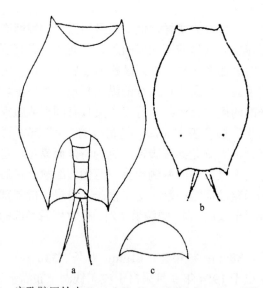

图 153 宽孔鞍甲轮虫 *Lepadella* (*Lepadella*) *latusinus* (Hilgendorf)

a. 腹面观（ventral view）；b. 背面观（dorsal view）；c. 被甲中部横切面（cross section through medial lorica）

生态　宽孔鞍甲轮虫系狭暖性种类，一般分布在热带、亚热带的浅水水体中；海南的一些湖泊、池塘中多次发现。

地理分布　海南；澳大利亚，新西兰，非洲，北美洲，南美洲，东南亚，欧洲，亚洲北部。

(144) 半圆鞍甲轮虫 *Lepadella (Lepadella) apsida* Harring, 1916（图 154）

Lepadella apsida Harring, 1916: 536.

形态　被甲轮廓接近圆形。背甲相当凸出，腹面近乎扁平。头冠伸出的前端孔口完全呈圆形，无背凹窦的存在。腹甲前端围绕孔口的边缘有 1 双层的小念珠状条纹。被甲后端浑圆，不形成任何尖角或圆角。足孔长圆形，末端变宽。足 3 节，趾相对而言，较为粗壮。

标本测量　被甲长：70μm；被甲宽：60μm；趾长：12μm；前端孔口直径：20μm。

生态　半圆鞍甲轮虫习居于有水生植物分布的湖泊、池塘等浅水水体中。标本采自浙江宁波。

地理分布　浙江（宁波）、西藏（亚东、拉萨）；澳大利亚，新西兰，非洲，北美洲，南美洲，东南亚，欧洲，亚洲北部。

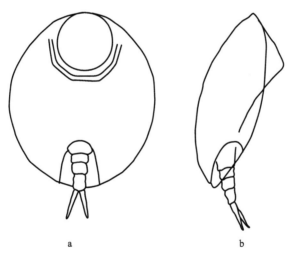

图 154　半圆鞍甲轮虫 *Lepadella (Lepadella) apsida* Harring
a. 腹面观（ventral view）；b. 侧面观（lateral view）

(145) 矮小鞍甲轮虫 *Lepadella (Lepadella) pumilo* Hauer, 1931（图 155）

Lepadella pumilo Hauer, 1931: 181.

形态　个体非常小，外观呈卵圆形。腹甲比背甲小，横切面呈半圆形，并明显在腹甲两侧隆起。腹、背部在前端均平截或微凸，头孔不易见。足孔宽，腹甲在足孔上方有折褶，趾较短。

标本测量　被甲长：43μm；被甲宽：36μm；被甲高：25μm；趾长：11μm。

生态　矮小鞍甲轮虫一般生活在有苔藓生长的小水体中。本种于 1995 年 3 月 17 日采自云南大理蝴蝶泉，水质清澈，沟两旁长满苔藓，当时水温 6℃，pH 6-7。

地理分布　云南（大理）；非洲，欧洲，亚洲北部。

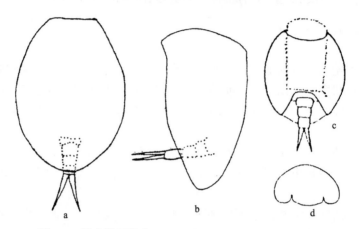

图 155　矮小鞍甲轮虫 Lepadella (Lepadella) pumilo Hauer

a. 背面观（dorsal view）；b. 侧面观（lateral view）；c. 腹面观（ventral view）；d. 被甲中部横切面（cross section through medial lorica）

2）异趾鞍甲轮亚属 Heterolepadella Bartoš, 1955

Heterolepadella Bartoš, 1955: 184.

Type species: Heterolepadella ehrenbergii (Perty, 1850).

形态　本亚属的种类被甲左右两侧有棘状或圆钝状突出；趾 2 个，不等长。我国仅发现 2 种。

种 检 索 表

被甲左右两旁侧角突出而尖锐，并略弯曲……………………………… 欧氏鞍甲轮虫 L. (H.) ehrenbergii
被甲左右两旁的侧角不很突出而钝圆，并无弯转……………………… 异趾鞍甲轮虫 L. (H.) heterostyla

(146) 欧氏鞍甲轮虫 Lepadella (Heterolepadella) ehrenbergii (Perty, 1850)（图 156）

Notogonia ehrenbergii Perty, 1850: 20.

Metopidia ehrenbergii: Jennings, 1894a: 26.

Heterolepadella ehrenbergii: Perty, 1850: 170.

Lepadella (Heterolepadella) ehrenbergii: Harring, 1913: 63.

形态　被甲呈扁棱形或盾形，靠近后半部两侧各有 1 粗壮的三角形突出，显著地向前和向上（背面）略微弯转，被甲突出的横切面呈弓形。被甲后端在足沟的两旁亦有 1 对同样的三角形突出，但这对突出比较小，向前和向上弯转的角度亦不甚显著。背甲隆起而光滑，腹甲几乎扁平。背甲和腹甲都有 1 具有点刻的狭的颈圈。背凹窦很浅而浑圆；腹凹窦呈宽的 "V" 形。足沟比较短而宽，前端浑圆，两侧向后逐渐变宽，后半部向外弯转，弯度愈到后端愈大。足相当粗壮，第 3 节最长；左右 2 趾都细长而向后尖削，但很不匀称。右趾笔直，左趾总是或多或少略微弯转，而且在有的个体较右趾为短。足的最后 1 节往往是扭转的，因此左趾看起来就位于右趾的下面。

标本测量　被甲长：104μm；右趾长：35μm。

生态　欧氏鞍甲轮虫是一广生性种类，主要营附生生活，经常在狸藻和苔藓中游动。在我国许多浅水湖泊、池塘，如上海崇明、四川成都、浙江宁波市郊、新疆铁干里克草滩水沟内等均有发现。

地理分布　云南（昆明）、海南（三亚）、上海（崇明）、四川（成都）、浙江（宁波）、新疆、湖北（武汉）；澳大利亚，新西兰，非洲，北美洲，南美洲，东南亚，欧洲，亚洲北部。

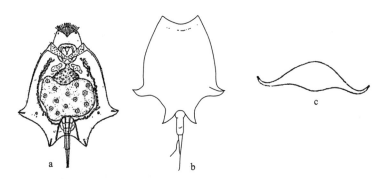

图 156　欧氏鞍甲轮虫 *Lepadella* (*Heterolepadella*) *ehrenbergii* (Perty)（仿王家楫, 1961）

a. 腹面观（ventral view）；b. 背面观（dorsal view）；c. 被甲突出横切面（cross section through project lorica）

(147) 异趾鞍甲轮虫 *Lepadella* (*Heterolepadella*) *heterostyla* (Murray, 1913)（图 157）

Metopidia heterostyla Murray, 1913a: 459.

Lepadella (*Heterolepadella*) *heterostyla*: Harring, 1917: 152.

形态　被甲呈宽阔的扁菱形，两旁钝的侧角所在最宽之处往往位于边缘全长的中部，侧角是钝圆的，而决不会尖锐。后端边缘显著地凹入。背甲中央显著地隆起凸出，从中央到两侧逐渐向下倾斜而又或多或少在边缘弯转呈翼状，腹甲中央少许向腹面凸出，自中央到两侧逐渐向上倾斜。被甲的横切面中央部分厚实，两侧弯转成两翼。背凹窦较浅，腹凹窦相当深。背腹颈圈都相当发达。腹足沟呈椭圆形。足细长，以第 3 节最长。趾 1 对；虽同样末端尖削，但仍然不甚均称。右趾笔直，左趾较短，又略向外弯。

标本测量　被甲长：86μm；右趾长：30μm；左趾长：25μm。

生态 异趾鞍甲轮虫通常生活在浅水湖泊及池塘中，在武汉东湖及宁波东钱湖采到过。

地理分布 浙江（宁波）、湖北（武汉）；澳大利亚，新西兰，非洲，北美洲，南美洲，东南亚，欧洲，亚洲北部。

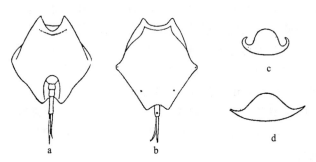

图 157 异趾鞍甲轮虫 Lepadella (Heterolepadella) heterostyla (Murray)

a. 腹面观（ventral view）；b. 背面观（dorsal view）；c. 被甲近前端横切面（cross section through approximately anterior lorica）；
d. 被甲中部横切面（cross section through medial lorica）

17. 鳞冠轮属 *Squatinella* Bory de St. Vincent, 1826

Squatinella Bory de St. Vincent, 1826: 98.

Stephanops Ehrenberg, 1830: 64.

Listrion Schmarda, 1846: 20.

Type species: *Brachionus cirratus*=*Squatinella cirrata*=*Squatinella rostrum* (Schmarda, 1846).

形态 头部前端有 1 半圆形的盾状甲片，薄而透明。眼点 1 对，分别位于头部后端的两侧，间隔很远，在每一眼点之上有 1 盾状的由骨蛋白形成的三角形薄片。背甲光滑或有 1、2 根很长的背刺。后端浑圆或形成缺刻或有 2、3 根后刺的存在。足短，3 节。咀嚼器槌型。大多数鳞冠轮虫被甲很薄，极易收缩，宜在活体时观察。

鳞冠轮虫营底栖生活；虽善于作滑翔式运动，但其活动范围主要在沉水植物和有机碎屑之间。

本属全球已记录近 30 种，但 Segers（2007）认为，许多种、亚种为同物异名，只有 10 种是可靠的。我国仅发现 3 种。

种 检 索 表

1. 被甲躯干部背面有 1 很长的背刺⋯⋯⋯⋯⋯⋯⋯⋯⋯⋯⋯⋯⋯**长刺鳞冠轮虫 *S. longispinata***

   被甲躯干部背面无长的背刺⋯⋯⋯⋯⋯⋯⋯⋯⋯⋯⋯⋯⋯⋯⋯⋯⋯⋯⋯⋯⋯⋯2

2. 足的末端有 1 细长的刺⋯⋯⋯⋯⋯⋯⋯⋯⋯⋯⋯⋯⋯⋯⋯**薄片鳞冠轮虫 *S. lamellaris***

   足的末端无刺⋯⋯⋯⋯⋯⋯⋯⋯⋯⋯⋯⋯⋯⋯⋯⋯⋯⋯⋯⋯**无棘鳞冠轮虫 *S. mutica***

(148)　长刺鳞冠轮虫 *Squatinella longispinata* (Tatem, 1867)（图 158）

Stephanops longispinatus Tatem, 1867: 252.

Stephanops uniseta Collins, 1872: 9-11.

Stephanops tripus Hudson *et* Gosse, 1889: 1-64.

Squatinella longispinata: Harring, 1913a: 390.

　　形态　被甲呈纺锤形或长卵圆形。头部比较小，头冠前端为一层半圆形盾状的冠甲所围绕，冠甲薄而非常透明，不过比较小而不甚发达。头和躯干之间有 1 明显的颈圈。背面显著地隆起而凸出，腹面扁平，少许凹入。被甲的最后端相当宽阔而钝圆，并无任何刺的存在。在躯干背面，自前半部的中央伸出 1 非常长的背刺。2 个红色眼点分别位于颈部后端的两侧。足比较短而粗壮，分成 3 节，足最末 1 节末端的背面具有 1 根比较短而细的尾刺。趾 1 对，比较细长。

　　标本测量　体长：110-140μm；背刺长：90-150μm；趾长：7-10μm。

　　生态　长刺鳞冠轮虫的分布虽广，但并非常见的种类；一般沉水植物繁茂的沼泽、池塘虽也有它的踪迹，但它最适宜的居住环境是长有苔藓植物的泥沼或酸沼。本种采自武汉东湖一长有茂盛水生植物的湖汊。

　　地理分布　湖北（武汉）；澳大利亚，新西兰，北美洲，东南亚，欧洲，亚洲北部。

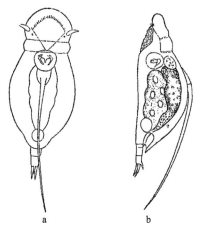

a　　　　　　　　b

图 158　长刺鳞冠轮虫 *Squatinella longispinata* (Tatem)
a. 背面观（dorsal view）；b. 侧面观（lateral view）

(149)　无棘鳞冠轮虫指名亚种 *Squatinella mutica mutica* (Ehrenberg, 1832)（图 159）

Stephanops muticus Ehrenberg, 1832: 138.

Squatinella scutellata Hauer, 1936: 147.

Squatinella lamellaris mutica Wulfert, 1939a: 613.

Squatinella tridentata mutica Voigt, 1956: 194.

形态 体呈圆桶形或长椭圆形。头冠前端为一层半圆形宽阔的盾状冠甲所围绕，冠甲薄而非常透明。头与躯干之间有 1 很明显紧缩的颈，为一层被甲所包裹，相当膨大而形成 1 颈圈。背甲少许凸出，尾端有 1 半圆形或舌形或三乳突形的突起；腹甲或多或少呈扁平状，末端浑圆，无刺。足 3 节，较发达，足的末端无任何刺的存在。趾细长，末端尖削。

标本测量 全长：100-226μm；头部宽：60μm；趾长：26-28μm。

生态 无棘鳞冠轮虫的生活习性以底栖为主，栖息或爬行于沉水植物丛中。本种采自湖北武汉珞珈山下一浅水池塘中生长的蘆草 *Scirpus* sp.上，在东湖沿岸带的沉水植物上也有发现。

地理分布 湖南（岳阳）、湖北（武汉）、西藏（米林）；澳大利亚，新西兰，北美洲，东南亚，欧洲，亚洲北部。

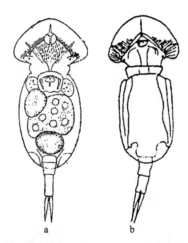

图 159 无棘鳞冠轮虫指名亚种 *Squatinella mutica mutica* (Ehrenberg)（仿王家楫，1961）
a. 背面观（dorsal view）；b. 腹面观（ventral view）

(150) 三齿无棘鳞冠轮虫 *Squatinella mutica tridentate* (Fresenius, 1858)（图 160）

Stephanops tridentate Fresenius, 1858: 216.
Squatinella mutica tridentate Harring, 1913b: 97.

形态 该亚种的被甲形状、冠甲、足等与指名亚种极相似，和吻状鳞冠轮虫也有相似之处；但三齿无棘鳞冠轮虫足的末端无刺，背甲后端有 3 个齿状突起是其主要特点；齿状突起的长度，有的很长，成为 1 尖棘。

标本测量 全长：134-190μm；趾长：20-30μm。

生态 三齿无棘鳞冠轮虫一般生活在小水体的沿岸带，在泥炭藓中数量比较多。在吉林长白山二道白河镇的几个小水池中采到，当时水温 25℃，pH 7.0。

分类讨论 Segers（2007）认为，无棘鳞冠轮虫及其亚种均为薄片鳞冠轮虫 *S. lamellaris* 的同物异名。

地理分布　吉林（长白山）；澳大利亚，新西兰，北美洲，东南亚，欧洲，亚洲北部。

图 160　三齿无棘鳞冠轮虫 *Squatinella mutica tridentate* (Fresenius)
背面观（dorsal view）

(151) 薄片鳞冠轮虫 *Squatinella lamellaris* (Müller, 1786)（图 161）

Brachionus lamellaris Müller, 1786: 340.
Stephanops lamellaris: Ehrenberg, 1830: 44.
Squatinella aurita Wulfert, 1960: 261-298.

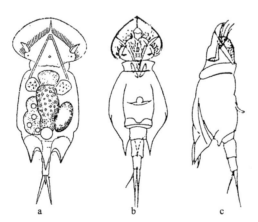

图 161　薄片鳞冠轮虫 *Squatinella lamellaris* (Müller)（仿王家楫，1961）
a. 背面观（dorsal view）；b. 腹面观（ventral view）；c. 侧面观（lateral view）

形态　被甲呈梨形或圆桶形或花瓶形。头冠前端亦有 1 半圆形宽阔的吻状冠甲所围绕。头和躯干部之间亦有 1 明显紧缩的颈。躯干部后端被甲的边缘，两侧显著地凹入，背面后端形成 3 个尖锐的、形态基本相同的齿，与三齿无棘鳞冠轮虫相比，要长而明显。

眼点 2 个，深红色，分别位于相距甚远的头部后端两侧。足 3 节，最后 1 节末端的背面具有 1 根细长的刺。趾 1 对，很长。

标本测量 全长：158-185μm；被甲长：130-165μm；趾长：23-29μm；头部宽：可达 76μm。

生态 薄片鳞冠轮虫以周丛生活为主，出没于沉水植物丰富的沼泽、浅水池塘及湖泊中。青海群科加拉沼泽、武汉东湖湖汊有产。

地理分布 湖北（武汉）、青海；澳大利亚，新西兰，北美洲，欧洲，亚洲北部。

六、鬼轮科 Trichotriidae Bartoš, 1959

Trichotriidae Bartoš, 1959: 969.

形态 鬼轮科中的种类除了头部外，颈、躯干及足都被相当厚的被甲所包裹，尤其是躯干部分的被甲更坚硬，表面有粒状突起；背甲上有不同形状的小甲片构成的龟板。有些种类，背甲及足的基部还有棘刺存在。足分节，趾长或短。咀嚼器槌型，须足轮虫型头冠。

鬼轮科所包括的都是底栖或周丛生活的种类，但也能进行浮游生活。本科包括 3 属：鬼轮属 *Trichotria*、伏嘉轮属 *Wolga* 和多棘轮属 *Macrochaetus*。

属 检 索 表

1. 被甲宽阔，背甲有不少长的成对的棘刺·····················**多棘轮属 Macrochaetus**
   被甲纵长，背甲无棘刺或仅在两侧有掩盖侧触手的 1 对小侧刺···························2
2. 背甲两侧具有掩盖侧触手的 1 对短的侧棘，趾短··················**伏嘉轮属 Wolga**
   背甲两侧无棘刺，趾长·······························**鬼轮属 Trichotria**

18. 伏嘉轮属 *Wolga* Skorikov, 1903

Wolga Skorikov, 1903: 19-21.

Distyla Western, 1894: 427.

Cathypna Muarry, 1913: 545-564.

Lecane Harring, 1913b: 68.

Trichotria Ahlstrom, 1934: 251-266.

Type species: *Distyla spinifera=Wolga spinifera* (Western, 1894); by monotype.

形态 体呈椭圆形或圆筒形，背面隆起，腹面平直或少许凹入。除了足与趾外，头部和躯干部都为一层相当坚韧而发达的被甲所包裹。头部前端边缘背面接近平直；腹面前端显著凹入。背甲上具甲片和肋条，腹甲上也有若干不甚发达的肋条。足孔位于腹甲末端，卵圆形。足 3 节，趾 1 对。咀嚼器槌型。眼点 1 个，位于头部后端。

本属只有 1 种。

(152) 侧刺伏嘉轮虫 *Wolga spinifera* (Western, 1894)（图 162）

Distyla spinifera Western, 1894: 427.
Wolga spinifera: Skorikov, 1903: 37.
Cathypna spinifera: Murray, 1913b: 556.
Lecane spinifera: Harring, 1913b: 62.

形态　体呈椭圆形或圆筒形，背面隆起，腹面平直或少许凹入。除了足与趾外，头部和躯干部都由一层相当坚韧而发达的被甲所包裹。头部前端边缘背面接近平直，但往往呈很平稳的波浪式起伏；腹面前端显著凹入，形成 1 宽而深的"V"形凹陷。背甲上具甲片和肋条，把背甲分隔成不同的区域；腹甲上也有若干不甚发达的肋条。足孔位于腹甲末端，卵圆形。在背甲近后端的两侧具有 1 爪状的短棘，在短侧棘下方有侧触手。足 3 节，第 1 节最长，其表皮上有许多环形折痕，第 2、3 节都很短。趾 1 对，长度一般。咀嚼器槌型。眼点 1 个，位于头部后端。

标本测量　全长：200-255μm；被甲长：145-200μm；被甲宽：70-90μm；趾长：25-30μm。

生态　本种为底栖种类，习居于湖泊、池塘等浅水水体中；在黑龙江兴凯湖附近的沼泽地和武汉东湖边长有水草的小水塘中采到。

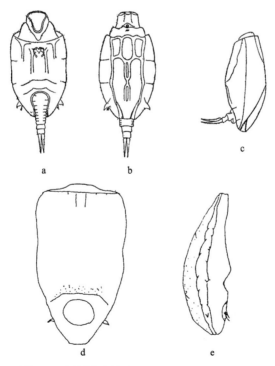

图 162　侧刺伏嘉轮虫 *Wolga spinifera* (Western)

a. 腹面观（ventral view）；b. 背面观（dorsal view）；c. 侧面观（lateral view）；d. 收缩虫体腹面观（ventral view of contracted body）；e. 收缩虫体侧面观（lateral view of contracted body）

地理分布　海南（三亚）、湖南（岳阳）、湖北（武汉）、西藏（措美）、黑龙江（兴凯湖）；澳大利亚，新西兰，非洲，北美洲，南美洲。

19. 多棘轮属 *Macrochaetus* Perty, 1850

Macrochaetus Perty, 1850: 17-22.

Polychaetus Perty, 1852: 45.

Type species: *Macrochaetus subquadratus* Perty, 1850.

形态　被甲腹面扁平，背面少许隆起，不透明；外形呈盾形、卵圆形，或四边形、五边形、六边形等，背甲上总有一定数目所形成成对的、相当长的背棘刺。另外，背甲还具有微小的锯齿。足2节，亦为被甲所包裹。趾1对，有些种类在第1足节末端的两侧有1对棘刺。脑眼1个；槌型咀嚼器。

本属种类属周丛生物，出没于沉水植物之间，很少在敞水带生活。

本属全世界已记录8种，我国已发现3种1亚种。

种 检 索 表

1. 第1足节末端的两旁无足侧棘刺 ···**绢多棘轮虫 *M. sericus***

　 第1足节末端的两旁有1对足侧棘刺 ··2

2. 被甲上共有棘刺5对或10根 ··**高氏多棘轮虫 *M. collinsii***

　 被甲上共有棘刺7对或14根 ···**近矩多棘轮虫 *M. subquadratus***

(153) 绢多棘轮虫 *Macrochaetus sericus* (Thorpe, 1893)（图163）

Dinocharis serica Thorpe, 1893: 152.

Polychaetus serica: Jenning, 1900: 89.

Macrochaetus sericus: Harring, 1913b: 203.

形态　被甲表面布满细齿，接近四方形，不太透明。躯干部背面共有长的棘刺8根，其中4根自背甲中部附近向后射出，2根自靠近背甲的后端向后射出；还有2根自后端两侧向后射出。足由一层比较薄的被甲包裹，上面很光滑而没有任何微小的锯齿。第1足节比较粗壮，无足侧棘刺；第2足节细长。趾1对，尖削呈纺锤形。眼点1对，深红色，椭圆形。

标本测量　全长：165-205μm；被甲宽：107-125μm；趾长：20-22μm。

生态　绢多棘轮虫一般生活在有水生植物生长的浅水湖泊沿岸带及池塘等小水体中。本种由英国学者Thope于1893年记述，最初发现的标本于1892年7月采自安徽芜湖一池塘中。样品采自浙江宁波东钱湖和湖北武汉东湖。

地理分布　湖北（武汉）、浙江（宁波）、安徽（芜湖）；非洲，北美洲，南美洲，东南亚，欧洲，亚洲北部。

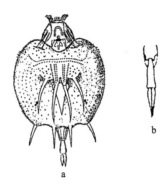

图 163　绢多棘轮虫 *Macrochaetus sericus* (Thorpe)

a. 背面观（dorsal view）；b. 足与趾（foot and toe）

(154) 高氏多棘轮虫指名亚种 *Macrochaetus collinsii collinsii* (Gosse, 1867)（图 164）

Dinocharis collinsii Gosse, 1867: 269.

Polychaetus collinsii: Ternetz, 1892: 31.

Macrochaetus collinsii: Harring, 1913b: 198.

形态　被甲腹面扁平，背面少许隆起，周围轮廓呈椭圆形，有较大程度的变异。躯干被甲上布满微小的锯齿。被甲上共有棘刺 5 对或 10 根：躯干背面共有长的背棘刺 6 根，其中 4 根自背甲的前半部向后射出；2 根自靠近背甲的后端向后射出。躯干两侧还有长的侧棘刺 2 根，自后端左右两侧的 2 个后侧角边缘分别向后射出。足的表面布满细刺或颗粒，但也有光滑的；第 1 足节后端两侧各射出 1 长的足侧棘刺。第 2 足节显著地较第 1 足节细长。趾 1 对，末端尖削。眼点 1 个，深红色的椭圆形，横卧于头部的后端背面。

标本测量　全长：175-205μm；被甲长：53-112μm；被甲宽：62-112μm；趾长：18-25μm；背棘刺长：48-66μm；侧棘刺长：24-48μm。

生态　高氏多棘轮虫系喜温性种类（15-32℃），生活习性以底栖为主，主要分布在沉水植物比较多的沼泽、池塘及浅水湖泊的湖汊或港湾。

地理分布　浙江（宁波）、湖北（武汉）；澳大利亚，新西兰，非洲，北美洲，南美洲，东南亚，欧洲，亚洲北部。

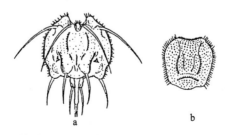

图 164　高氏多棘轮虫指名亚种 *Macrochaetus collinsii collinsii* (Gosse)

a. 背面观（dorsal view）；b. 腹面观（ventral view）

(155) 广东高氏多棘轮虫 *Macrochaetus collinsii guangdongensis* Wu, 1981（图 165）

Macrochaetus collinsii guangdongensis Wu, 1981: 235.

形态　被甲近似钟罩形，"肩"部较圆，绝不形成棱角；后端近乎平直或稍呈波浪形，边缘无颗粒状突起。背甲前部和后部各具 2 对活动的棘刺。前 2 对比后 2 对长，尤以 1 对前外棘刺最长；后外棘刺着生在背甲后端最外侧，后内棘刺着生在背甲后部隆起部分末端的两侧，且往往向上翘起。背甲全部布满小棘刺，边缘尤甚，且较粗壮而略弯转如钩。"肩"部虽不起角，但有 1 非常粗壮的棘钩向头部。以"肩"为界，"肩"以上的棘刺向上伸展，"肩"以下的棘刺一律稍向下伸出。腹甲较光滑而扁平。此外，足的基部也着生 2 根棘刺，但足的表面无任何棘刺或颗粒状突起。趾成对，绝不呈纺锤形，基部较直，两侧平行，末端显著地骤然削尖。

标本测量　被甲全长：123μm；最宽处：117μm；前内棘刺长：80μm；前外棘刺长：90μm；后内棘刺长：53μm；后外棘刺长：67μm；足全长：30μm；足棘刺长：47μm；趾长：20μm。

生态　本亚种于 1978 年 9 月 19 日采自广东博罗显岗水库的水草丛中。

分类讨论　本亚种与指名亚种的主要不同之处是：足的表面无任何棘刺或颗粒状突起，第 2 足节显得特别细长而光滑。

地理分布　广东（博罗）。

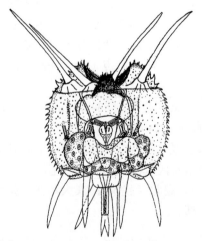

图 165　广东高氏多棘轮虫 *Macrochaetus collinsii guangdongensis* Wu（仿伍焯田，1981）

背面观（dorsal view）

(156) 近矩多棘轮虫 *Macrochaetus subquadratus* Perty, 1850（图 166）

Macrochaetus subquadratus Perty, 1850: 22; Harring, 1913b: 199.

Ploychaetus subquadratus Perty, 1852: 48.

Dinocharis subquadratus Daday, 1905: 10.

形态　被甲呈金黄色或黄褐色，表面布满了微小的锯齿，背面少许隆起，腹面扁平，在躯干最宽处的前部形成 2 个侧角，顶端具有比较大的刺状齿。头部明显略呈圆形，也被有齿的被甲围裹。被甲上共有棘刺 7 对或 14 根，其中躯干背面共有长的背棘 10 根，它们分别从背甲前半部（6 根）、中部（2 根）和背甲的后端（2 根）向后射出。躯干两侧还有长的侧棘刺 2 对，自后端左右两侧的 2 个后侧角边缘分别向后射出。第 1 足节比较粗壮，基部两侧各射出 1 长的足侧棘刺；第 2 足节细长；足同样为一层被甲所包裹，上面也有微小的锯齿。趾 1 对，较短，呈尖圆锥形。眼点 1 个，大而显著，椭圆形，位于头部的后端背面。槌型咀嚼器，砧基较长，砧枝内侧具细齿，槌钩具 5 个长齿。

标本测量　全长：155-180μm；被甲长：80-135μm；被甲宽：80-115μm；趾长：15-20μm。

生态　近矩多棘轮虫是一周丛生物，分布范围很广，沉水植物、苔藓和丝状藻类比较多的沼泽、池塘及浅水湖泊的沿岸带均有可能找到。

地理分布　云南（昆明）、湖北（武汉）、浙江（宁波）、四川（成都）、西藏（拉萨、八宿）；澳大利亚，新西兰，非洲，北美洲，南美洲，东南亚，欧洲，亚洲北部。

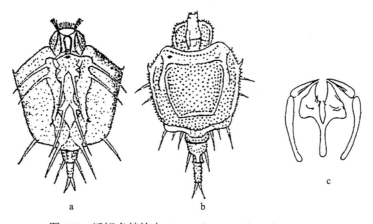

图 166　近矩多棘轮虫 *Macrochaetus subquadratus* Perty
a. 背面观（dorsal view）；b. 腹面观（ventral view）；c. 咀嚼器（trophi）

20. 鬼轮属 *Trichotria* Bory de St. Vincent, 1827

Trichotria Bory de St. Vincent, 1827: 752.
Dinocharis Ehrenberg, 1830: 47.
Type species: *Trichotria pocillum* (Müller, 1776).

形态　除了头部外，颈、躯干及足都被相当厚的被甲所包裹。躯干部分的被甲特别坚硬，被甲的表面具有颗粒状突起，有规则地排成纵长的行列，背甲上常有不同形状的甲片。足的基部有时有棘刺的存在。趾 1 对，短或长。头冠呈须足轮虫型；眼点 1 个，很显著。咀嚼器槌型。

鬼轮属所包括的都是底栖性的种类，全世界已记录 7 种 3 亚种，我国发现 4 种 2 亚种。

种 检 索 表

1. 被甲薄而软，趾短 ·································· **短趾鬼轮虫 *T. curta***
   被甲厚而坚硬，趾长 ·· 2
2. 第 3 足节末端有 1 短刺 ························· **台杯鬼轮虫 *T. pocillum***
   第 3 足节末端无短刺 ·· 3
3. 第 1 足节较狭，背面中央无似三角形小刺 ········· **方块鬼轮虫 *T. tetractis***
   第 1 足节短而宽，背面中央有 1 似三角形小刺 ····· **截头鬼轮虫 *T. truncata***

(157) 短趾鬼轮虫 *Trichotria curta* (Skorikov, 1914)（图 167）

Dinocharis curta Skorikov, 1914: 3-33.
Trichotria brevidactyla: Harring, 1913a: 400.
Trichotria curta: Harring, 1913b: 216.

形态　躯干部略呈长方形，被甲薄而软，背甲两侧为若干块小甲片，中间为 2 个梭形甲片，背、腹甲表面有颗粒状的小突起。足 3 节，都很短；末端的足节相对长，表面光滑；在足基节上无 1 对棘刺，仅在侧面观略有外突。趾短而呈梭形。被甲前缘两端浑圆，不形成短棘。

标本测量　被甲长：可达 140μm；趾长：50-65μm。

生态　短趾鬼轮虫一般被认为是一种狭冷性轮虫，而且有可能喜沙生。本种采自湖南洞庭湖沿岸带，当时水温达 25℃以上。

地理分布　湖南（岳阳）；欧洲，亚洲北部。

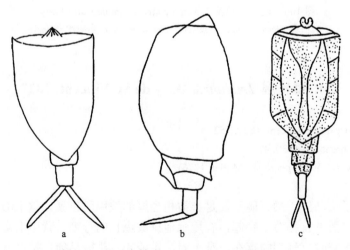

图 167　短趾鬼轮虫 *Trichotria curta* (Skorikov)
a. 背面观（dorsal view）；b. 侧面观（lateral view）；c. 背面观（dorsal view）

(158) 台杯鬼轮虫 *Trichotria pocillum* (Müller, 1776)（图 168）

Trichoda pocillum Müller, 1776: 231.

Vaginaria pocillum Schrank, 1803: 141.

Dinocharis pocillum Ehrenberg, 1830: 47.

Trichotria pocillum Harring, 1913b: 217.

形态　身体纵长，头和躯干部呈圆筒形，为坚硬的被甲包裹。背面隆起并有一定数目的甲片，左右两侧各有 5 块，5 块中除最后小的 1 块呈三角形外，其余都近似四方形。其表面具有颗粒状突起。足 3 节，第 1 节短而宽，背面着生 2 根长而粗壮的棘刺，伸向下方或左右；第 2 节最长；第 3 节比较短，它的末端长出 1 短刺。趾 1 对，细长。

标本测量　全长：214-322μm；头和躯干长：120-148μm；足侧棘刺长：50-76μm；趾间刺长：22-30μm。

生态　台杯鬼轮虫虽属底栖性轮虫，但也能自由生活，有很强的生态耐性；有时也可能用浮游生物网采到。酸性、碱性水体，或浅水、深水湖泊、水库等均有分布。

地理分布　云南（昆明）、海南（三亚）、湖北（武汉）、北京、甘肃（兰州）、青海、西藏（察隅、波密、拉萨、亚东、浪卡子、芒康）；澳大利亚，新西兰，非洲，北美洲，南美洲，东南亚，欧洲，亚洲北部。

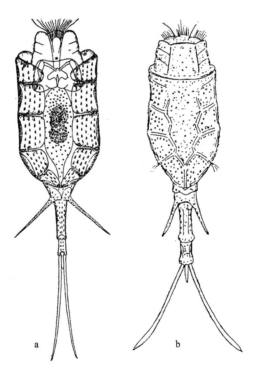

图 168　台杯鬼轮虫 *Trichotria pocillum* (Müller)

a. 背面观（dorsal view）；b. 腹面观（ventral view）

(159) 方块鬼轮虫指名亚种 *Trichotria tetractis tetractis* (Ehrenberg, 1830)（图 169）

Dinocharis tetractis Ehrenberg, 1830: 47.
Trichotria tetractis: Harring, 1913b: 218.

形态 体呈圆筒形，除了趾外，自头至足部都为一层坚厚的被甲包裹。背面显著地隆起而凸出，腹面或多或少平直。躯干被甲特别坚硬，总是隔成一定数目突出的甲片，其上有微小的颗粒状突起。足 3 节；第 1 足节短而宽，两侧有 1 对短而尖锐的侧刺；第 2 足节略长，它的前端为第 1 足节的附甲片所遮盖，背面往往有很短的乳头状突出；第 3 足节也很短，末端无短刺。趾 1 对，没有为被甲所包裹，细而长。槌形咀嚼器，砧板有颗粒状突起。

标本测量 全长：192-240μm；体长：94-108μm；足长：50-72μm。
生态 方块鬼轮虫一般可在沼泽、池塘、浅水湖泊等水体中发现。
地理分布 云南（昆明）、海南（三亚）、湖南（岳阳）、湖北（武汉）、北京、青海（西宁）；澳大利亚，新西兰，非洲，北美洲，南美洲，东南亚，欧洲，亚洲北部。

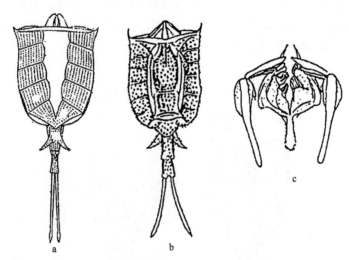

图 169 方块鬼轮虫指名亚种 *Trichotria tetractis tetractis* (Ehrenberg)
a. 背面观（dorsal view）；b. 腹面观（ventral view）；c. 咀嚼器（trophi）

(160) 无棘方块鬼轮虫 *Trichotria tetractis paupera* (Ehrenberg, 1830)（图 170）

Tetractis tetractis paupera Ehrenberg, 1830: 47.
Trichotria tetractis paupera Hutchinson, Pickford *et* Schurman, 1932: 1-154.

形态 体呈椭圆形；除趾外，自头至足部均为被甲包裹。被甲具若干条横的褶皱，并有微小的颗粒状突起。足 3 节，第 1 足节圆柱形，无侧刺；第 3 足节较长。趾细长呈剑形。与指名亚种相比，本亚种第 1 足节两侧无短而尖锐的侧刺；第 2 足节上有短的附甲片。

标本测量 全长：218μm；趾长：70-90μm。

生态 1995 年采自湖南洞庭湖沿岸带。

地理分布 湖南（岳阳）；澳大利亚，新西兰，非洲，北美洲，南美洲，东南亚，太平洋地区，欧洲，亚洲北部。

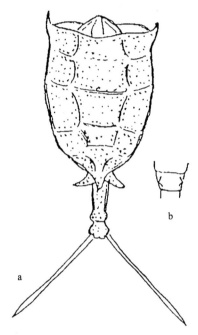

图 170 无棘方块鬼轮虫 *Trichotria tetractis paupera* (Ehrenberg)
a. 背面观（dorsal view）；b. 附甲片（attached larica）

(161) 长足方块鬼轮虫 *Trichotria tetractis similis* (Stenroos, 1898)（图 171）

Dinocharis similis Stenroos, 1898: 151.

Dinocharis tetractis similis Weber *et* Montet, 1918: 1-335.

Trichotria tetractis similis: Harring, 1913b: 106.

形态 体呈长卵圆形。除了趾外，自颈至足部均为 1 坚固并且布满颗粒状小突起的被甲包裹。背部显著突出，中间为多边形甲片，末端为 1 脊棱。足 3 节；第 1 足节短，两侧的刺较短；第 2 足节特别长，圆柱形；第 3 足节短小。趾也细长并且弯向腹面。

标本测量 全长：330-400μm；第 2 足节长：42-48μm；趾长：120-190μm。

生态 1995 年 12 月 13 日采自海口琼山响水桥下一河流中的凤眼莲根部。水较清、流动，水深约 0.5m，河沿岸有许多凤眼莲，底质为沙和泥，当时水温 21℃，pH 6.0。

地理分布 海南（琼海）、安徽（芜湖）；澳大利亚，新西兰，非洲，北美洲，南美洲，东南亚，欧洲，亚洲北部。

图 171　长足方块鬼轮虫 *Trichotria tetractis similis* (Stenroos)

背面观（dorsal view）

(162) 截头鬼轮虫 *Trichotria truncata* (Whitelegge, 1889)（图 172）

Dinocharis truncatum Whitelegge, 1889: 315.

Trichotria truncata: Harring, 1913b: 106.

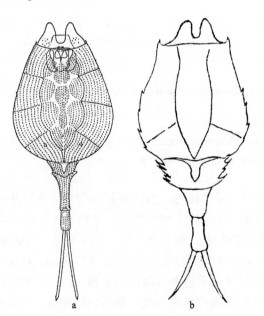

图 172　截头鬼轮虫 *Trichotria truncata* (Whitelegge)

a. 背面观（dorsal view）；b. 腹面观（ventral view）

形态　躯干呈宽阔的卵圆形，被甲特别坚硬，总是隔成一定数目突出的甲片：侧甲片为 4 块；背甲片为纵长的一整块。甲片表面具有排列成行的颗粒状突起。被甲边缘具有散见的锯齿，有的则完全光滑。足 3 节；第 1 足节短而宽，背面中央附有 1 近似三角形的尖头小刺；第 2 节最长，前端少许向两旁叉出；第 3 节较短，末端无刺；趾细长。

标本测量　全长：288μm；足长：72μm；趾长：72μm。

生态　截头鬼轮虫是比较稀少而不常见的底栖种类，喜酸性，喜好生活在泥沼或泥炭藓中。本种采自湖南岳阳洞庭湖沿岸。

分类讨论　从洞庭湖所获得的标本与前人记载有少许不同：①包裹头部的前甲片左右两侧只形成 2 个钝角，而不是尖锐的刺；②侧甲片为 4 块，前人记载为 2 块；③躯干部锯齿很少或缺少。

地理分布　湖南（岳阳）、安徽（芜湖）、西藏（拉萨）；澳大利亚，新西兰，北美洲，欧洲，亚洲北部。

七、棘管轮科 Mytilinidae Bartoš, 1959

Mytilinidae Bartoš, 1959: 969.

形态　体有被甲，一般都很坚厚。横切面呈三棱形或棱形；背板中央有或高或低的龙骨状隆棘贯穿，或背甲中央显著地裂开，形成 1 纵长的脊沟。被甲表面光滑或饰有颗粒状小突起。被甲前后两端，有的种类有棘刺，有的种类则无棘刺。足 2 或 3 节，趾直而尖，轻微弯向腹面。咀嚼器槌型。

本科现有 2 属，几乎所有种类都是底栖或周丛性的，很少营浮游生活。

属 检 索 表

背甲中央显著地裂开，形成 1 纵长的背沟，趾长 ·························· **棘管轮属** *Mytilina*

背甲中央无背沟，只有 1 龙骨状的棘贯穿，趾短 ·························· **细脊轮属** *Lophocharis*

21. 棘管轮属 *Mytilina* Bory de St. Vincent, 1826

Mytilina Bory de St. Vincent, 1826: 87.

Salpina Ehrenberg, 1830: 46.

Diplax Gosse, 1851: 197-203.

Diplacidium Lauterborn, 1913: 483-495.

Type species: *Mytilina mucronata* (Müller, 1773).

形态　被甲有的比较坚厚，有的比较薄；横切面呈三棱形或圆形。背甲中央显著地裂开，形成 1 纵长的背沟。被甲表面或光滑或饰有颗粒状小突起。被甲前后两端有棘或无棘。趾硬或柔软弯曲。

本属全世界已发现 20 余种，我国记录了 5 种 2 亚种。

种 检 索 表

(163) 腹棘管轮虫指名亚种 *Mytilina ventralis ventralis* (Ehrenberg, 1830)（图 173）

Salpina ventralis Ehrenberg, 1830: 133.
Mytilina macracantha Sachse, 1912: 157.

形态　被甲坚硬，背甲从前端直到后端，总是裂开而形成 1 相当宽阔的背沟。背甲前端无棘刺，腹甲很宽阔，前端有 2 个短的棘刺。被甲的颈部往往有稀疏的颗粒状突起，其他部分则较光滑。被甲后端共有比较长的棘刺 3 个：1 对腹后棘刺很长，1 个单独的后背棘刺比较短，能作少许活动。须足轮虫型头冠，变态槌型咀嚼器。槌钩系 6 个相当粗壮的箭头状的长齿组成；槌柄比较长而很粗壮。

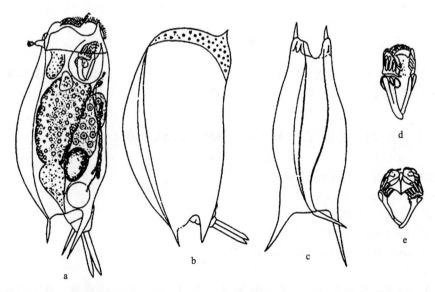

图 173　腹棘管轮虫指名亚种 *Mytilina ventralis ventralis* (Ehrenberg)（仿王家楫, 1961）
a, b. 侧面观（lateral view）；c. 背面观（dorsal view）；d, e. 咀嚼器（trophi）

标本测量　被甲长（不包括前后棘刺）：280-340μm；趾长：70-80μm。

生态　腹棘管轮虫是最常见的种类之一，生活习性以底栖为主，总是出没于沉水植物之间，池塘、湖泊中都可能发现它。

地理分布　云南（昆明）、广西（南宁）、湖北（武汉）、青海（西宁）、新疆、上海、安徽（芜湖）、西藏（波密、措美、拉萨）；澳大利亚，新西兰，非洲，北美洲，南美洲，东南亚，太平洋地区，欧洲，亚洲北部。

(164) 武汉腹棘管轮虫 *Mytilina ventralis wuhanensis* **Sudzuki** *et* **Huang, 1997**（图 174）

Mytilina ventralis wuhanensis Sudzuki *et* Huang, 1997: 181-185.

形态　被甲坚硬呈筒状，腹棘刺上方有 1 长方形突出物，前端边缘平滑，无锯齿。2 腹棘刺之间也有突出物。

标本测量　全长：210-220μm；体长：170-185μm；被甲高：115-120μm；前侧棘刺长：10-12μm；尾棘刺长（上）：25-30μm；尾棘刺长（下）：28-32μm；趾长：65-70μm。

生态　本亚种于 1994 年 9 月 15 日采自武汉东湖旁一小池塘，该池长有水生植物，水呈绿色，当时水温 22℃，pH 7.5。

地理分布　湖北（武汉）。

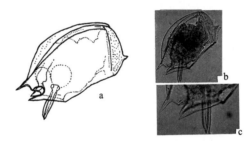

图 174　武汉腹棘管轮虫 *Mytilina ventralis wuhanensis* Sudzuki *et* Huang
a, b. 侧面观（lateral view）；c. 尾部观（caudal view）

(165) 短刺腹棘管轮虫 *Mytilina ventralis brevispina* **(Ehrenberg, 1830)**（图 175）

Salpina brevispina Ehrenberg, 1830: 133.

Mytilina brevispina: von Hofsten, 1909: 55.

Mytilina ventralis brevispina Harring, 1913b: 75.

形态　本亚种的主要特点是被甲高而宽；背甲前端无棘刺，1 对腹棘刺相当粗壮，但较短；腹甲平坦，两侧向背面变狭；背部中央 1 条纵沟从前端伸向后端，横切面呈三棱形。后端有 3 根棘刺，2 根位于腹缘，1 根由背部中央伸出；从背面观看不到腹棘刺，这是与指名亚种的重要区别。

标本测量　被甲长：175-225μm。

生态　短刺腹棘管轮虫于 1976 年 4 月 15 日采自西藏芒康一湖旁草滩浅水处。该处海拔 4330m，当时水温 12℃，pH 7.0。

地理分布　西藏（芒康）；澳大利亚，新西兰，非洲，北美洲，南美洲，东南亚，欧洲，亚洲北部。

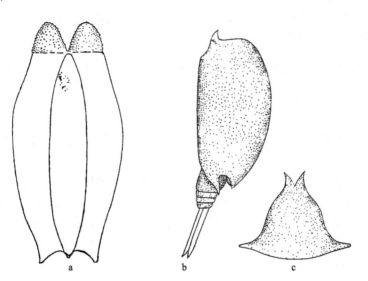

图 175　短刺腹棘管轮虫 *Mytilina ventralis brevispina* (Ehrenberg)
a. 背面观（dorsal view）；b. 侧面观（lateral view）；c. 横切面（cross section）

(166) 剑头棘管轮虫 *Mytilina mucronata* (Müller, 1773)（图 176）

Brachionus mucronatus Müller, 1773: 134.

Mytilina cypridina Bory de St. Vincent, 1826: 87.

Salpina mucronata: Ehrenberg, 1830: 46.

形态　被甲呈管状；背面中央总是裂开而形成 1 背沟；腹面很宽阔，背、腹面均有些凸出。被甲前端有棘刺 2 对，背面 1 对较腹面为长。背棘刺之间有 1 狭长"U"形凹陷。被甲后端有棘刺 3 个，位于背面中央的 1 个事实上是背甲边缘尖角的突出部分；2个后腹棘刺比较长而显著，之间亦有 1"U"形凹陷。被甲上布满颗粒状小突起，在颈部及背面更为密而显著。须足轮虫型头冠，变态槌型咀嚼器。砧基短，砧枝发达，槌钩系5 个比较粗壮的箭头状的稀薄齿组成。足 3 节，趾 1 对。眼点位于脑部，红色。

标本测量　被甲长：200-250μm；被甲高：96-100μm；趾长：52-58μm。

生态　剑头棘管轮虫生活习性以底栖为主，一般在夏、秋季广泛分布于长江中下游的中小型富营养型浅水水体中。本种采自武汉东湖沿岸带。

地理分布　云南（昆明）、湖北（武汉）、浙江（杭州）、上海、江苏（南京）、辽宁（沈阳）、甘肃（兰州）、北京、青海（西宁）、安徽（芜湖）、西藏（错那、亚东、康马、樟木）；澳大利亚，新西兰，非洲，北美洲，南美洲，东南亚，欧洲，亚洲北部。

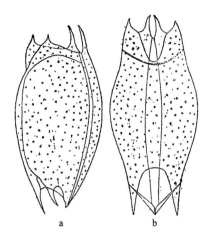

图 176　剑头棘管轮虫 *Mytilina mucronata* (Müller)

a. 侧面观（lateral view）；b. 腹面观（ventral view）

(167) 三角棘管轮虫 *Mytilina trigona* (Gosse, 1851)（图 177）

Diplax trigona Gosse, 1851: 201.

Diplacidium trigona Lauterborn, 1913: 483-495.

Mytilina trigona Harring, 1913b: 75.

Mytilina trigona var. *bispinosa* Wang, 1961: 89.

形态　背甲高度隆起，中央总是裂开而形成 1 背沟，被甲的横切面呈高的三角形，腹面相当宽，两侧自腹面向上逐渐减少宽度，最高的背面也就是最狭的部分。被甲腹面前端两侧形成 2 个钝齿，中间为 1 "U" 形凹陷。须足轮虫型头冠，变态的槌型咀嚼器。足由 3 节组成，第 1、2 节的末端向背侧延伸成 1 短齿状突出。趾 1 对，细而长，末端尖削但无爪的存在。

标本测量　全长：265-325μm；被甲长：170-220μm；趾长：80-95μm。

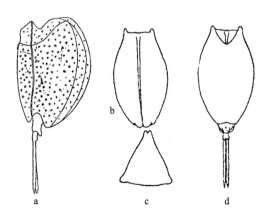

图 177　三角棘管轮虫 *Mytilina trigona* (Gosse)（仿王家楫，1961）

a. 侧面观（lateral view）；b. 背面观（dorsal view）；c. 被甲横切面（cross section of lorica）；d. 腹面观（ventral view）

生态 三角棘管轮虫系《中国淡水轮虫志》中的双刺三角棘管轮虫 *Mytilina trigona* var. *bispinosa*。该种系广生性种类，主要分布在沉水植物比较多、腐殖质丰富的小水体中。本种采自武汉东湖沿岸一小水池中。

地理分布 湖北（武汉）；澳大利亚，新西兰，北美洲，南美洲，东南亚，欧洲，亚洲北部。

(168) 凹脊棘管轮虫 *Mytilina bisulcata* (Lucks, 1912)（图 178）

Diplax bisulcata Lucks, 1912: 96.

Diplacidium bisulcatum: Fadeew, 1929: 7-32.

形态 被甲透明，背面拱起，腹面扁平，侧面观略呈长方形。被甲前端有褶皱；被甲横切面略呈椭圆形，背侧有 1 宽阔的凹脊。被甲前后端均无棘刺。足比较狭，趾细长，末端有爪。

标本测量 被甲长：130-180μm；趾长：60-70μm；爪长：8-14μm。

生态 凹脊棘管轮虫主要分布在泥炭沼泽地，有时也可在小河流及湖泊的沿岸带出现。1995 年在海南海口、三亚及湖南洞庭湖均采到过。

地理分布 海南（海口、三亚）、湖南（岳阳）；澳大利亚，新西兰，非洲，南美洲，东南亚，欧洲，亚洲北部。

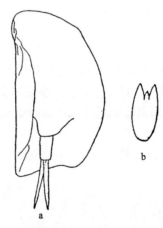

图 178 凹脊棘管轮虫 *Mytilina bisulcata* (Lucks)

a. 侧面观（lateral view）；b. 被甲横切面（cross section of lorica）

(169) 侧扁棘管轮虫 *Mytilina compressa* (Gosse, 1851)（图 179）

Diplax compressa Gosse, 1851: 201.

Mytilina compressa: Harring, 1913b: 74.

Diplacidium compressum Fadeew, 1929: 7-32.

形态　被甲光滑，薄而透明，高度侧扁，从背面或腹面观均呈圆筒状。背面略有隆起，腹面接近平直或很轻微地凹入。被甲横切面呈狭长的卵圆形，被甲背面中央总是裂开而形成 2 片龙骨，龙骨之间系背沟，背沟比较狭而深。前、后端均无棘刺存在。前端背面和腹面边缘都显著地下沉，而呈宽阔的"V"形凹陷，尤以腹面的"V"形凹陷宽而深。被甲后端背面边缘往往裂成 3 片，两侧则相当平直。足相当长，3 节；趾 1 对，较细而直。须足轮虫型头冠，变态槌型咀嚼器，砧基短；砧枝呈尖三角形，基部较宽阔，末端尖锐，槌钩系 5 个箭头状的长齿所组成。无眼点，背触手系很微小的 1 个突起。

标本测量　全长：280μm；被甲长：150μm；趾长：56μm。

生态　侧扁棘管轮虫生活习性以底栖为主，一般生活在浅水湖泊、池塘和沼泽等浅水水体中。标本采自昆明和武汉等地有机质和沉水植物丰富的池塘。

地理分布　云南（昆明）、湖北（武汉）；非洲，南美洲，欧洲，亚洲北部。

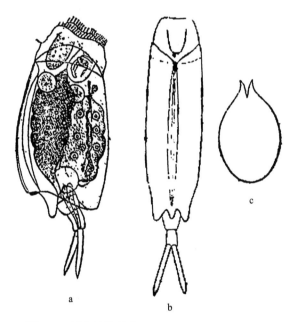

图 179　侧扁棘管轮虫 *Mytilina compressa* (Gosse)

a. 侧面观（lateral view）；b. 背面观（dorsal view）；c. 被甲横切面（cross section of lorica）

22. 细脊轮属 *Lophocharis* Ehrenberg, 1838

Lophocharis Ehrenberg, 1838: 458.

Oxysterna Iroso, 1910: 304.

Type species: *Lophocharis salpina* (Ehrenberg, 1834).

形态　被甲系一整套坚硬的匣状机构。背、腹甲都显著地凸出，横切面呈棱形；但也有些种类体被相对柔软，背、腹甲也相对扁平。背甲中央有 1 或高或低的龙骨状的脊，纵贯于背部中央，两旁还有分支的侧肋条。腹甲有纵褶或横褶，被甲前端有或无锯齿。足孔位于被甲腹面的后端，圆形；足 3 节，趾 1 对，短而尖削。咀嚼器槌型。脑眼在活体时才看得见。

本属种类喜营底栖和附生生活，出没于沉水植物之间。全世界已知 10 余种，我国已发现 3 种 1 亚种。

种 检 索 表

1. 被甲前缘锯齿状，脊棱比较厚···管板细脊轮虫 L. salpina
   被甲前端不呈锯齿状或轻微锯齿状，脊棱比较薄···2
2. 被甲表面较粗糙；在背中央脊的两侧无纵褶纹·································板胸细脊轮虫 L. oxysternon
   被甲表面光滑；在背中央脊的两侧有一些纵褶纹·································平滑细脊轮虫 L. naias

(170) 管板细脊轮虫 *Lophocharis salpina* (Ehrenberg, 1834)（图 180）

Lepadella salpina Ehrenberg, 1834: 209.
Metopidia salpina: Hudson *et* Gosse, 1889: 46.
Oxysterna major Iroso, 1910: 304.

形态 身体为一整套坚硬的被甲所包裹，呈不规则的卵圆形或纺锤形。背面和腹面都隆起而凸出，因此横切面显著地呈棱形。被甲前端锯齿状。背面中央有 1 相当高的龙骨状的脊棱，其上有若干个折痕。前端背、腹面都下沉而凹入，腹凹大于背凹。足孔呈卵圆形或心脏形，足较长，3 节。趾 1 对，比较短。眼点 1 个，位于脑的背部。槌型咀嚼器，槌钩具 6 齿。

标本测量 全长：175-220μm；被甲长：120-135μm；趾长：25-40μm。

生态 管板细脊轮虫是一兼营底栖和浮游生活的广生性种类，在水温 10-30℃、pH 5.0-9.0 均能生存，但主要生活在一些腐殖质较多的小水体中。

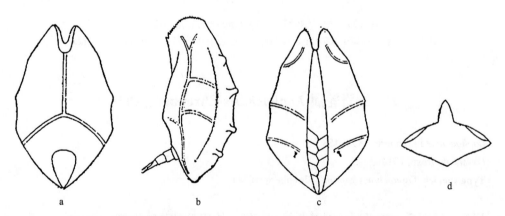

图 180 管板细脊轮虫 *Lophocharis salpina* (Ehrenberg)（仿王家楫，1961）

a. 腹面观（ventral view）；b. 侧面观（lateral view）；c. 背面观（dorsal view）；d. 被甲横切面（cross section of lorica）

地理分布　海南（三亚）、湖南（岳阳）、湖北（武汉）、吉林（长白山）、西藏（波密）；澳大利亚，新西兰，非洲，北美洲，南美洲，东南亚，欧洲，亚洲北部。

(171) 板胸细脊轮虫 *Lophocharis oxysternon* (Gosse, 1851)（图 181）

Metopidia oxysternon Gosse, 1851: 201.

Oxysterna oxysternon: Iroso, 1910: 303.

Lepadella oxysternon: Iakubski, 1921: 29.

形态　与管板细脊轮虫外形相似，但背甲中央龙骨状的脊比较薄；被甲表面比较粗糙，前端边缘光滑或有极其微小的锯齿存在。腹面的凹陷很深，呈"V"形，背凹陷呈"U"形。咀嚼器槌型，槌钩具 6 齿。足 3 节，趾较短，末端细长尖削。眼点 1 个，位于脑背面。

标本测量　全长：155-170μm；被甲长：120-130μm；趾长：24-26μm。

生态　板胸细脊轮虫在夏、秋两季经常出没于沉水植物之间，但同样可进行浮游生活，亦可在咸水中出现。样品采自浙江宁波和湖北武汉。

地理分布　云南（昆明）、上海、浙江（宁波）、湖北（武汉）、四川（成都）、湖南（岳阳）、安徽（芜湖）、青海（西宁）；澳大利亚，新西兰，非洲，南极地区，北美洲，南美洲，东南亚，欧洲，亚洲北部。

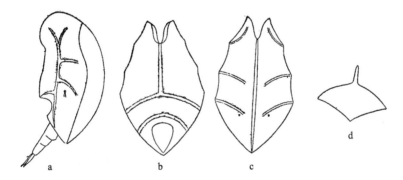

图 181　板胸细脊轮虫 *Lophocharis oxysternon* (Gosse)（仿王家楫，1961）

a. 侧面观（lateral view）；b. 腹面观（ventral view）；c. 背面观（dorsal view）；d. 被甲横切面（cross section of lorica）

(172) 平滑细脊轮虫指名亚种 *Lophocharis naias naias* Wulfert, 1942（图 182）

Lophocharis naias Wulfert, 1942: 188.

Lophocharis gracilis Dvorakova, 1960: 217.

形态　被甲表面光滑或轻微饰以颗粒状小突起。头孔在被甲前端背面呈"V"形，腹面呈宽"U"形。背甲中央脊明显，但不似管板细脊轮虫那样发达。在中央脊两侧有形状不规则的纵褶纹。被甲横切面几近三角形。被甲前缘无锯齿或轻微锯齿状。咀嚼器槌型，砧基末端膨大，侧面观很粗壮，砧枝内侧有一系列小齿，槌钩 7 齿。

标本测量　体长：150-160μm；体宽：100-110μm；趾长：25-28μm；咀嚼器宽：20-23μm。

生态　平滑细脊轮虫在淡水、咸水中都曾发现。在青海海北一小河及龙羊峡水库旁小沟内均采到过；同时在硫黄泉水中也找到过它的个体。

地理分布　青海（西宁）；澳大利亚，新西兰，南美洲，东南亚，欧洲，亚洲北部。

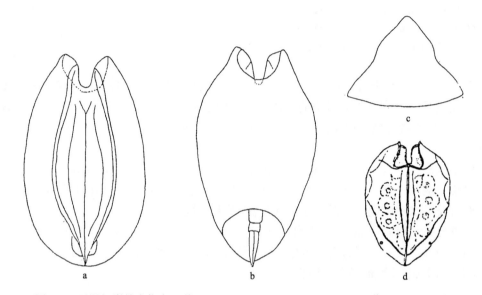

图 182　平滑细脊轮虫指名亚种 *Lophocharis naias naias* Wulfert（b 仿 Koste, 1978）

a. 背面观（dorsal view）；b. 腹面观（ventral view）；c. 横切面（cross section）；d. 收缩的虫体（contracted body）

(173) 扁平滑细脊轮虫 *Lophocharis naias ambidentata* De Ridder, 1960（图 183）

Lophocharis naias ambidentata De Ridder, 1960: 166.

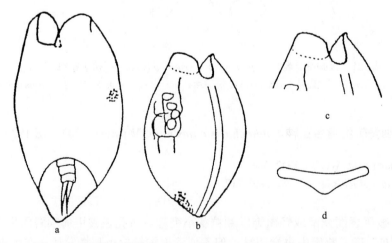

图 183　扁平滑细脊轮虫 *Lophocharis naias ambidentata* De Ridder

a. 腹面观（ventral view）；b. 侧面观（lateral view）；c. 身体前端结构（structure of anterior end of body）；d. 横切面（cross section）

形态　被甲外形与指名亚种很相近，呈卵圆形；被甲似乎较柔软，表面有颗粒状小突起。前端两侧浑圆。背中央脊很低，不显著；被甲横切面不呈棱形，而是扁平的三角形。足 3 节，趾细长而尖削。

标本测量　全长：160-190μm；背甲长：72-80μm；背甲宽：68-75μm；趾长：28-35μm。

生态　本亚种于 1995 年 12 月采自海南三亚田独镇一小河，底质为泥，河边有杂草分布；当时水温 24℃，pH 5.8。

地理分布　海南（三亚）；澳大利亚，新西兰，南美洲，东南亚，欧洲，亚洲北部。

八、须足轮科 Euchlanidae Bartoš, 1959

Euchlanidae Bartoš, 1959: 251.

形态　被甲由背、腹甲组成，在两侧由 1 薄而柔韧的皮层相连接。腹甲一般窄于背甲（迭须足轮属除外）。足分节；趾较长。头冠呈须足轮虫型；咀嚼器槌型。

须足轮科现包括 5 属：小蒲氏轮属 Beauchampiella、合甲轮属 Diplois、迭须足轮属 Dipleuchlanis、三迭须足轮属 Tripleuchlanis 和须足轮属 Euchlanis。Remane（1929, 1933）、Rudescu（1960）、王家楫（1961）和龚循矩（1983）等据其槌型咀嚼器，将上述 5 属置于臂尾轮亚科中；Bartoš（1959）则根据这些属的头冠类型、被甲构造和趾等特点，将上述 5 属组合成须足轮科 Euchlanidae。Kutikova（1970）和 Koste（1978）等均接受了 Bartoš（1959）的观点。

属 检 索 表

1. 被甲系 2 片背甲和 1 片腹甲愈合而成·······································合甲轮属 Diplois
   被甲系 1 片背甲和 1 片腹甲愈合而成···2
2. 被甲薄而软，无侧沟。趾很长··························小蒲氏轮属 Beauchampiella
   被甲厚而硬，有侧沟。趾中等长···3
3. 背甲明显窄于腹甲··迭须足轮属 Dipleuchlanis
   背甲大于腹甲或与腹甲几乎等宽···4
4. 背、腹甲几乎等宽，侧沟宽，中间有纵长的突起·········三迭须足轮属 Tripleuchlanis
   腹甲一般窄于背甲，侧沟较窄，中间无纵长的突起·············须足轮属 Euchlanis

23. 小蒲氏轮属 *Beauchampiella* Remane, 1929

Beauchampiella Remane, 1929: 107.

Eudactylota Manfredi, 1927: 8.

Manfredium Gallagher, 1957: 182-187.

Type species: *Eudactylota eudactylota=Beauchampiella eudactylota* (Gosse, 1886); by monotype.

形态　被甲薄而柔软，背、腹甲间无侧沟。趾细而长。

小蒲氏轮属 *Beauchampiella* Remane, 1929，曾被称为真乔轮属 *Eudactylota* Manfredi, 1927；后者已被弃用。

本属只有 1 种。

(174) 长趾小蒲氏轮虫 *Beauchampiella eudactylota* (Gosse, 1886)（图 184）

Scaridium eudactylota Gosse, 1886, In: Hudson *et* Gosse, 1886: 74.

Eudactylota eudactylota: Manfredi, 1927: 53.

Beauchampiella eudactylota: Remane, 1929: 107.

形态　身体纵长，呈纺锤形。被甲薄，柔软而透明，背、腹甲间无侧沟。头部和躯干部间有 1 颈圈，躯干部末端有延长的环状圈。躯干部腹面扁平，背面显著地突出而隆

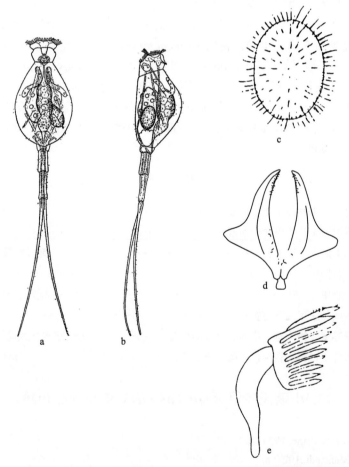

图 184　长趾小蒲氏轮虫 *Beauchampiella eudactylota* (Gosse)（a, b 仿王家楫, 1961；c-e 仿 Koste, 1978）

a. 背面观（dorsal view）；b. 侧面观（lateral view）；c. 休眠卵（resting egg）；d. 砧基和砧枝（fulcrum and ramus）；e. 槌柄和槌钩（manubrium and uncus）

起。被甲后端足伸出的孔口位于腹面。足 2 节，末节长。趾 1 对，细而长，呈箭形，其长度接近或超过全长的 1/2。须足轮虫型头冠。变态槌型咀嚼器：砧基短，砧枝粗壮，槌钩具栅状条 10 根左右。眼点大，红色。背触手系具有 1 束感觉毛的突起；侧触手 1 对，呈纺锤形，于躯干部后端 1/3 处射出。

标本测量　全长：686-964μm；头和躯干长：98-175μm；足长：80-110μm；趾长：308-419μm。

生态　长趾小蒲氏轮虫属喜温、偏酸性种类，主要出现在水生植物和有机碎屑比较丰富的沼泽和浅水池塘中。标本采自武汉东湖沿岸一浅水池塘中。

分类讨论　长趾小蒲氏轮虫在《中国淡水轮虫志》中被称为真乔轮虫 *Eudactylota eudactylota*。长趾小蒲氏轮虫体型大小的差别很大，在我国发现的要比欧洲和北美洲描述的大一些。本种轮虫与高跷轮属 *Scaridium* 的种类相似，但头冠和咀嚼器的型式完全不同。

地理分布　海南、湖北（武汉）、西藏（吉隆）；澳大利亚，新西兰，非洲，北美洲，南美洲，东南亚，欧洲，亚洲北部。

24. 合甲轮属 *Diplois* Gosse, 1886

Diplois Gosse, 1886, In: Hudson *et* Gosse, 1886: 86.
Type species: *Diplois daviesiae* Gosse, 1866; by monotype.

形态　被甲由 2 片背甲和 1 片腹甲组成。变态槌型咀嚼器。全世界只发现 1 种。

(175) 台氏合甲轮虫 *Diplois daviesiae* Gosse, 1886（图 185）

Diplois daviesiae Gosse, 1886, In: Hudson *et* Gosse, 1886: 87.
Diplois phlegraea Iioso, 1910: 301.

形态　被甲比较大而透明，呈宽阔的卵圆形。被甲由 2 片背甲和 1 片腹甲组成。背面 2 片向上隆起的被甲于中央合在一起形成 1 或宽或狭的背沟；腹甲扁平，背甲和腹甲在两侧形成 1 狭长且显著的折痕。须足轮虫型头冠。变态槌型咀嚼器。足 3 节。趾 1 对，细长，末端尖削，呈剑状。足腺长而发达。眼点 1 个，在脑的后端。

标本测量　全长：416-500μm；被甲宽：220-260μm；趾长：88-100μm。

生态　台氏合甲轮虫系喜温性轮虫，不常见。一般只在春、夏季出现，主要分布在沉水植物比较多的沼泽、池塘等小型水体。在上海、湖北武汉和广西南宁的一些沼泽与池塘的水样中多次采到过。

地理分布　上海、湖北（武汉）、广西（南宁）；澳大利亚，新西兰，非洲，北美洲，南美洲，东南亚，欧洲，亚洲北部。

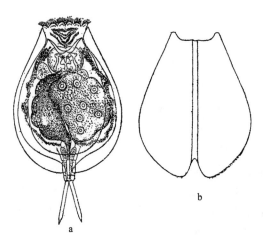

图 185 台氏合甲轮虫 *Diplois daviesiae* Gosse（仿王家楫, 1961）
a. 腹面观（ventral view）; b. 背面观（dorsal view）

25. 迷须足轮属 *Dipleuchlanis* de Beauchamp, 1910

Dipleuchlanis de Beauchamp, 1910: 122.
Type species: *Dipleuchlanis propatula* (Gosse, 1886).

形态 背甲明显窄于腹甲，背甲表面浅凹。足 3 节。趾长，两侧平行，趾尖膨大，或趾尖长而纤细。咀嚼器槌型：槌钩 7-10 齿，砧枝前端内侧有齿。

本属全世界已描述 2 种 1 亚种，我国仅发现 1 种。

(176) 豁背迷须足轮虫 *Dipleuchlanis propatula* (Gosse, 1886)（图 186）

Diplois propatula Gosse, 1886, In: Hudson *et* Gosse, 1886: 87.
Euchlanis subversa Bryce, 1890: 77.
Euchlanis longicaudata Collins, 1897: 6.
Dipleuchlanis propatula: de Beauchamp, 1910: 122.

形态 被甲呈宽阔的卵圆形，前端边缘平直，后端浑圆。背甲背面略下沉凹入，较腹甲为小。自背甲前端直到后端显著地比腹甲小，而且逐渐向后瘦削，到了末端形成 1 钝角。腹甲显著地比背甲大而凸出。在横切面上，背甲犹如一个较小的碟安置在同一个较大的碟的腹甲上面。背甲和腹甲之间有 1 很深的纵长的侧沟。须足轮虫型头冠，斜向腹面。咀嚼囊大，变态槌型咀嚼器：砧基短，砧枝呈三角形或棱形，末端尖锐而向内弯曲并有许多微齿；槌钩有 10 个左右的箭头状栅条齿。足比较细而长，3 节，足上无刚毛。趾长，杆状，趾尖短而两侧平行。脑眼 1 个，红色。

标本测量 全长：300-508μm；被甲长：160-200μm；趾长：70-120μm。

生态 豁背迷须足轮虫是狭暖性且广生的轮虫，以底栖生活为主；主要生活在酸性的沼泽、池塘和浅水湖泊的沿岸带；经常出现在夏、秋季的水草丛中。在上海崇明、湖北武汉、浙江宁波一些浅水湖泊、池塘及沼泽中均有发现。

地理分布　湖南（岳阳）、湖北（武汉）、江苏（无锡）、浙江（宁波）、上海（崇明）、西藏（吉隆、曲松、樟木）；澳大利亚，新西兰，非洲，北美洲，南美洲，东南亚，欧洲，亚洲北部。

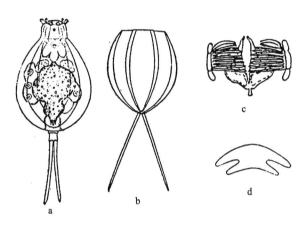

图 186　豁背迭须足轮虫 *Dipleuchlanis propatula* (Gosse)（a, c 仿王家楫，1961；b, d 仿 Koste, 1978）
a. 背面观（dorsal view）；b. 收缩的虫体（contracted body）；c. 咀嚼器（trophi）；d. 横切面（cross section）

26. 三迭须足轮属 *Tripleuchlanis* Myers, 1930

Tripleuchlanis Myers, 1930: 357.

Type species: *Euchlanis plicata=Tripleuchlanis plicata* (Levander, 1894); by monotype.

形态　背、腹甲几乎等宽，在两侧由双侧沟连接，横切面有角质状的翼状突起。足 3 节。变态槌型咀嚼器。

本属只有 1 种。

(177) 褶皱三迭须足轮虫 *Tripleuchlanis plicata* (Levander, 1894)（图 187）

Euchlanis plicata Levander, 1894: 48.

形态　被甲外形卵圆形，前端平截，后端光滑浑圆；背、腹甲几乎等宽，在两侧由双侧沟连接，从横切面看，在整个双侧沟之间有角质状的翼状突起。足 3 节，足腺长，在足基部背侧有 1 由侧沟之间翼状突起所延伸的盾形突起。趾短而钝。咀嚼器变态槌型：砧基柄状，砧枝三角形，在砧枝齿端有许多微齿；槌钩具箭状齿条 6 个。脑眼 1 对，红色。脑后囊小。

标本测量　全长：250-270μm；背甲长：90-130μm；腹甲长：100-115μm；趾长：25-37μm。

生态　褶皱三迭须足轮虫是一广生性种类，虽在淡水、咸水和海水中均可生活，但最适宜的生活环境应是有大型水生植物分布的浅水湖泊、池塘等淡水水体。样品采自云南抚仙湖（水温 15℃左右，pH 约为 7）。

地理分布 云南（昆明）；澳大利亚，新西兰，非洲，北美洲，南美洲，东南亚，太平洋地区，欧洲，亚洲北部。

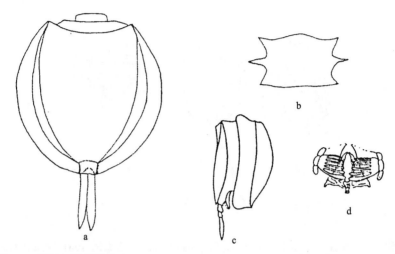

图 187 褶皱三迭须足轮虫 *Tripleuchlanis plicata* (Levander)（c, d 仿 Koste, 1978）

a. 背面观（dorsal view）；b. 横切面（cross section）；c. 侧面观（lateral view）；d. 咀嚼器（trophi）

27. 须足轮属 *Euchlanis* Ehrenberg, 1832

Euchlanis Ehrenberg, 1832: 131.

Dapidia Gosse, 1887b: 364.

Type species: *Euchlanis dilatata* Ehrenberg, 1832.

形态 被甲系 1 片背甲和 1 片腹甲愈合而成，背甲总是或多或少隆起而突出，并显著地大于腹甲，腹甲扁平或接近扁平。背甲和腹甲在两旁和后端由一层薄而柔韧的皮层连接在一起，形成纵长的侧沟和后侧沟。足 2 或 3 节，足腺 1 对很发达。在第 1 足节的后端背面往往有 1 或 2 对细长的刚毛。趾长或短，剑形或两侧平行，末端尖。头冠呈须足轮虫型，在口区常有长刚毛及纤毛簇。咀嚼器变态槌型：砧基宽，砧枝齿端有或无微齿，槌钩有主齿和附齿。脑眼 1 个，很大，脑后囊也很大；8 个卵黄核。

须足轮属种类主要分布在湖泊的沿岸，出没于沉水植物之间；硅藻、鼓藻和有机碎屑是它的主要食物。本属全世界已描述近 30 种（包括亚种），我国已发现 11 种 2 亚种。

种 检 索 表

1. 趾基至趾尖渐细 ··2

   趾末端突然收缩，呈结节状 ·················· **节趾须足轮虫 *E. contorta***

2.　被甲横切面拱起，呈半圆形 ··· 3

　　被甲横切面呈三角形，背中央有龙骨状的隆起 ································ 9

3.　背甲后端深深地凹入，形成"V"形或"U"形的缺刻 ······················ 6

　　背甲后端不形成缺刻或只有浅凹 ··· 4

4.　腹甲退化或膜状 ·· 5

　　腹甲相对发达，约是背甲宽的 2/3 ··························· 竖琴须足轮虫 *E. lyra*

5.　背甲在中部两侧稍有缢缩 ···························· 梨形须足轮虫 *E. pyriformis*

　　背甲在中部两侧无缢缩 ······························· 窄腹须足轮虫 *E. deflexa*

6.　足孔上方具盾形短板 ································· 盾片须足轮虫 *E. meneta*

　　足孔上方不具盾形短板 ··· 7

7.　横切面呈帽形，两侧有耳状下垂，无侧沟 ··········· 细趾须足轮虫 *E. calpidia*

　　横切面不呈帽形，两侧无耳状下垂，有侧沟 ································· 8

8.　足和趾细长 ··· 大肚须足轮虫 *E. dilatata*

　　足和趾很短而钝 ······································· 粗趾须足轮虫 *E. oropha*

9.　腹甲不发达或缺，背甲两侧翼发达 ·················· 三翼须足轮虫 *E. triquetra*

　　腹甲出现 ·· 10

10.　背甲长度<150μm ····································· 小须足轮虫 *E. parva*

　　背甲长度>150μm ···································· 缺刻须足轮虫 *E. incisa*

(178) 节趾须足轮虫 *Euchlanis contorta* Wulfert, 1939（图 188）

Euchlanis contorta Wulfert, 1939b: 69.

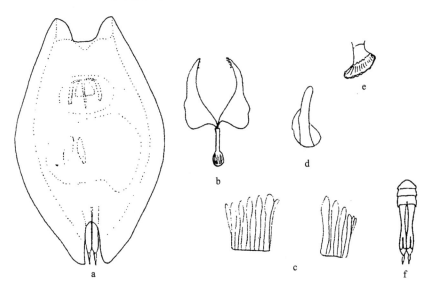

图 188　节趾须足轮虫 *Euchlanis contorta* Wulfert

a. 背面观（dorsal view）；b. 砧板（incus）；c. 槌钩（uncus）；d. 槌柄（manubrium）；e. 砧基侧面观（lateral view of fulcrum）；

f. 足和趾（foot and toe）

形态　腹甲较小，扁平；背甲隆起，但无中央龙骨，末端有"V"形凹入。背、腹板之间的侧沟深。趾中等长，中间略细，向腹面弯曲，在趾末端突然收缩，呈结节状。槌型咀嚼器：砧枝齿端有微齿；左槌钩有 5 个主齿及 2 个小的附齿；右槌钩有 4 个主齿（也有 5、6 个主齿）及 2 个附齿。

标本测量　背甲长：250μm；背甲宽：160μm；腹甲宽：130μm；趾长：60μm。

生态　习居于有水生植物分布的浅水湖泊、池塘和溪流等淡水水体中。于 1995 年12 月采自海南海口一河流中，当时水温 21℃、pH 6.0 左右，水比较清洁，河边有凤眼莲。

地理分布　海南（海口）；欧洲，亚洲北部。

(179) 竖琴须足轮虫 *Euchlanis lyra* Hudson, 1886（图 189）

Euchlanis lyra Hudson, 1886, In: Hudson *et* Gosse, 1886: 89.

形态　被甲比较狭长，背甲前端边缘自两侧起总是向内急剧地下沉，形成 1 相当宽阔而深的凹陷，两侧也就变成 2 个很粗的钝角。后端边缘浑圆，有时呈非常轻微的波状起伏，但决不会形成任何缺刻。背甲或多或少隆起而凸出。横切面呈半圆形，背甲像 1 圆形的弧，而腹甲扁平。被甲两侧具有相当宽而深的纵长的侧沟，把背甲和腹甲联系起来。由于腹甲宽约为背甲的 2/3，背甲两侧边缘只同侧沟的膜片连在一起，形成很薄、好像翼状的侧膜。槌型咀嚼器：砧基短；砧枝呈尖三角形，槌钩系 5 个箭头状细长的齿和若干附齿所组成。足比较短；趾 1 对，也比较细而长，两侧平行，末端尖削。眼点 1 个。

标本测量　全长：405-500μm；背甲长：280-330μm；趾长：76-95μm。

生态　竖琴须足轮虫分布相当广泛；而且除了冬季，在其他季节都有找到它的可能。沉水植物多的沼泽、池塘及浅水湖泊的沿岸带是这一种类最适宜的生存环境。标本采自武汉东湖沿岸带。

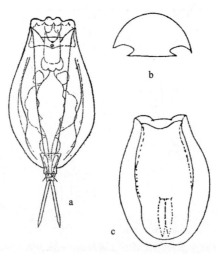

图 189　竖琴须足轮虫 *Euchlanis lyra* Hudson（a 仿王家楫, 1961；b, c 仿 Koste, 1978）
a. 背面观（dorsal view）；b. 横切面（cross section）；c. 腹面观（ventral view）

地理分布　海南（三亚）、浙江（宁波）、湖北（武汉）、四川（成都）、安徽（芜湖）；澳大利亚，新西兰，非洲，北美洲，南美洲，东南亚，欧洲，亚洲北部。

(180) 梨形须足轮虫 *Euchlanis pyriformis* Gosse, 1851（图 190）

Euchlanis pyriformis Gosse, 1851: 201.
Dapidia pyriformis: Myers, 1930: 370.

形态　体几呈圆形，大而透明。背甲前端狭而平直，中央有 1 很明显的 "U" 形凹陷，两侧稍有缢缩，后端浑圆。从横切面看，背甲隆起而呈弓形，两侧边缘向内旋转而形成透明翼膜。背甲和腹甲之间并无纵长的侧沟存在。腹甲膜状，只有后端硬化部分才是真正的腹甲。变态槌型咀嚼器：砧基短；砧枝呈三角形；槌钩具有 5 个箭头状的条齿及附齿。足 2 节，第 1 足节末端有 2 对细长的刚毛；趾 1 对，较长。

标本测量　背甲长：320-500μm；背甲宽：315-480μm；趾长：80-100μm；趾宽：10-13μm。

生态　梨形须足轮虫分布广泛，主要栖息于沉水植物茂盛的小水体中。除武汉东湖采到标本外，江苏兴化蜈蚣湖、江西九江甘棠湖均有所见。

地理分布　湖北（武汉）、江苏（兴化）、江西（九江）、北京、西藏（普兰）；澳大利亚，新西兰，非洲，南极地区，北美洲，南美洲，东南亚，欧洲，亚洲北部。

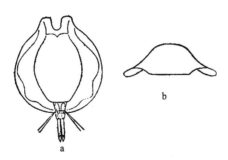

图 190　梨形须足轮虫 *Euchlanis pyriformis* Gosse（仿王家楫，1961）
a. 腹面观（ventral view）；b. 横切面（cross section）

(181) 窄腹须足轮虫指名亚种 *Euchlanis deflexa deflexa* Gosse, 1851（图 191）

Euchlanis deflexa deflexa Gosse, 1851: 210.
Dapidia deflexa: Myers, 1930: 369.

形态　被甲呈卵圆形至圆形，中部两侧无缢缩，亦无翼状突出物。被甲横切面呈半圆形，背甲发达、隆起，腹甲退化。背、腹甲在两侧由一层薄而柔韧的表皮所连接，无纵长的侧沟存在。背甲卵圆形、后端光滑，无凹入。有时有 1 很小的浅凹。足 2 节；趾 1 对，中等长，末端尖削。脑后囊发达。足腺比较大。变态槌型咀嚼器：槌钩两侧各有 5 个主齿及 2、3 个附齿；砧枝齿端无微齿。

标本测量 背甲长：190-350μm；背甲宽：140-240μm；趾长：55-100μm。

生态 窄腹须足轮虫在淡水中分布广泛，主要出现在湖泊沿岸带，敞水带偶尔也能找到。样品采自青海、湖北、湖南等地。

地理分布 湖南（岳阳）、湖北（武汉）、北京、青海（西宁）；澳大利亚，新西兰，非洲，北美洲，南美洲，东南亚，欧洲，亚洲北部。

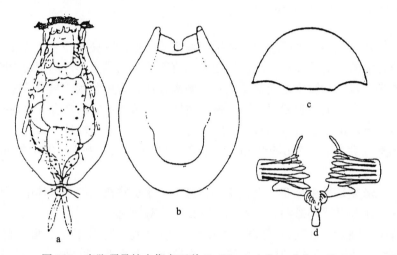

图 191 窄腹须足轮虫指名亚种 *Euchlanis deflexa deflexa* Gosse

a. 背面观（dorsal view）；b. 腹面观（ventral view）；c. 横切面（cross section）；d. 咀嚼器（trophi）

(182) 较大窄腹须足轮虫 *Euchlanis deflexa larga* **Kutikova, 1959**（图 192）

Euchlanis deflexa larga Kutikova, 1959: 217.

形态 该亚种的基本特征与指名亚种相似，只是个体特别圆钝而宽；体长小于体宽。

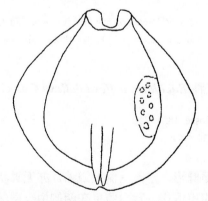

图 192 较大窄腹须足轮虫 *Euchlanis deflexa larga* Kutikova

腹面观（ventral view）

标本测量　背甲长：180-250μm；背甲宽：190-270μm；趾长：90μm；咀嚼器长：55μm。

生态　本亚种在北京、云南一些长有水生植物的池塘、湖汊等水体中均有记录。

地理分布　云南（大理）、北京；澳大利亚，新西兰，非洲，北美洲，南美洲，东南亚，太平洋地区，欧洲，亚洲北部。

(183) 盾片须足轮虫 *Euchlanis meneta* (Myers, 1930)（图 193）

Dapidia proxima Myers, 1930: 377.

形态　从背面观被甲呈卵圆形，前缘呈宽阔的"U"形凹陷，后端浑圆，有深的倒"V"形缺刻。背甲比腹甲宽，其横切面背面呈较高的弧形拱起，腹甲平坦。背、腹相连接的侧沟宽而均一。足基节背侧具有 1 个角质盾片。变态槌型咀嚼器：砧基短而宽，槌枝具 3 箭状齿条，其中 1 个分叉。最后 1 足节短。趾细长。脑后囊大。

标本测量　背甲长：120-160μm；背甲宽：80-140μm；趾长：65-75μm。

生态　盾片须足轮虫是广生性种类，主要生活在湖泊、池塘及积水坑等浅水水体的水生植物间，尤其在酸性水体中更是常见。本种采自西藏波密一长有水生植物的积水坑中，此处海拔 2800m，水温 20℃，pH 6.0。

地理分布　云南（昆明）、海南（三亚）、湖北（武汉）、北京、西藏（波密）；澳大利亚，新西兰，非洲，北美洲，南美洲，东南亚，欧洲，亚洲北部。

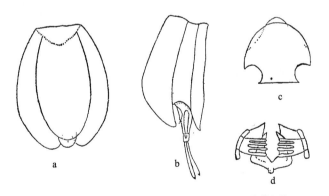

图 193　盾片须足轮虫 *Euchlanis meneta* (Myers)（仿龚循矩, 1983）
a. 背面观（dorsal view）；b. 侧面观（lateral view）；c. 横切面（cross section）；d. 咀嚼器（trophi）

(184) 细趾须足轮虫 *Euchlanis calpidia* (Myers, 1930)（图 194）

Dapidia calpidia Myers, 1930: 371.
Euchlanis calpidia: Voigt, 1937: 57.

形态　身体呈梨形、透明。背甲前端狭，后端浑圆并有 1 "U"形凹陷。背甲显著隆起，被甲的横切面呈帽形，背面拱起，两侧有耳状下垂，高度有较大变异。被甲两侧各有 1 非常透明的翼膜。腹甲退化，扁平，两侧少许弯转与背甲相接，因此背、腹甲间并无侧沟的存在。变态槌型咀嚼器：砧基短；砧枝呈三角形；槌钩系由 5 个箭头状细长的齿组成，并有若干附齿。足 2 节，第 1 足节后端背面具 2 对细刚毛。趾 1 对，细长，两侧平行。脑后囊大而发达。眼点 1 个。背触手 1 个，位于前端脑部。侧触手 1 对，自背甲后半部两旁射出。

标本测量　背甲长：280-400μm；背甲宽：220-397μm；趾长：120-135μm。

生态　细趾须足轮虫主要分布在沉水植物和有机质比较多的沼泽、池塘及小型浅水湖泊沿岸带，以夏、秋季节数量较多。样品采自武汉东湖。

地理分布　云南（昆明）、北京、吉林（长白山）、湖北（武汉）、西藏（察隅）；澳大利亚，新西兰，北美洲，东南亚，欧洲，亚洲北部。

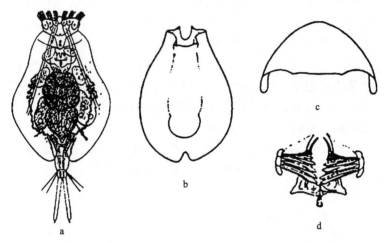

图 194　细趾须足轮虫 *Euchlanis calpidia* (Myers)（仿王家楫，1961）

a. 背面观（dorsal view）；b. 腹面观（ventral view）；c. 横切面（cross section）；d. 咀嚼器（trophi）

(185) 大肚须足轮虫 *Euchlanis dilatata* Ehrenberg, 1832（图 195）

Euchlanis dilatata Ehrenberg, 1832: 131.

Euchlanis hipposideros Gosse, 1851: 201.

Euchlanis dilatata var. *hipposideros* Manfredi, 1927: 1-58.

形态　被甲从背面或腹面观呈卵圆形。背甲前端边缘显著下沉，形成 1 宽阔或浅或深的凹陷。从被甲的横切面看，似呈帽状，背甲或多或少隆起，它的高度和形式变异很大。背甲浑圆的后端，中央总是深深地凹入，形成 1 “V” 形或 “U” 形缺刻。腹甲扁平，略小于背甲。变态槌型咀嚼器（与粗趾须足轮虫相似）：砧基较短，砧枝呈尖三角形，槌钩系由 4 个箭头状的主齿及附齿组成。足 2 节，细而长；第 1 足节背面具 1 对细刚毛。趾 1 对，剑形或片条形。眼点 1 个，位于脑背面。背触手位于头部后端。侧触手从背甲后半部两旁射出。脑后囊大。

标本测量　背甲长：200-270μm；背甲宽：90-189μm；腹甲长：170-250μm；趾长：60-75μm。

生态　该种是一广生性种类，一般夏、秋季节数量较多；从沼泽到深水湖泊、淡水到咸水，凡是沉水植物和丝状藻类间均有可能存在。

地理分布　云南（昆明）、海南（三亚）、湖南（岳阳）、湖北（武汉）、北京、吉林（长白山）、青海（西宁）、安徽（芜湖）、西藏（芒康、江达、八宿、察隅、波密、措美、错那、普兰、日土、芒康）；澳大利亚，新西兰，非洲，南极地区，北美洲，南美洲，东南亚，太平洋地区，欧洲，亚洲北部。

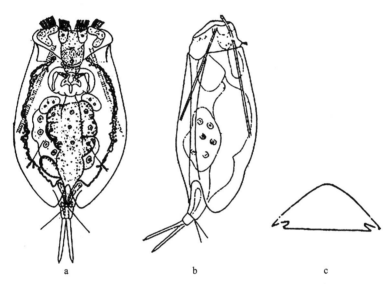

图 195　大肚须足轮虫 *Euchlanis dilatata* Ehrenberg（仿王家楫，1961）

a. 背面观（dorsal view）；b. 侧面观（lateral view）；c. 横切面（cross section）

(186) 粗趾须足轮虫 *Euchlanis oropha* Gosse, 1887（图 196）

Euchlanis oropha Gosse, 1887a: 5.

形态　该种与大肚须足轮虫十分相似，只是体型要小一些。足粗短；趾宽而略钝，梭状。从横切面看，背甲凸出呈半圆形，腹甲平坦，较宽。背甲上有短脊，背甲后端有"V"形凹入。变态槌型咀嚼器：槌钩每侧有箭状主齿 4 个及 1、2 个附齿。背触手位于背甲近末端的两侧。

标本测量　背甲长：164-266μm；背甲宽：127-172μm；腹甲长：123-225μm；趾长：49-78μm；趾宽：10-14μm。

生态　粗趾须足轮虫是一广生性种类，主要生活在有水生植物生长的各类淡水水体中，在小的湖汊、池塘等小水体中更是常见。样品采自北京、海南、云南、湖北等地。

地理分布　云南（昆明）、海南（三亚）、湖南（岳阳）、湖北（武汉）、北京、青海

（西宁）；澳大利亚，新西兰，非洲，南极地区，北美洲，南美洲，东南亚，欧洲，亚洲北部。

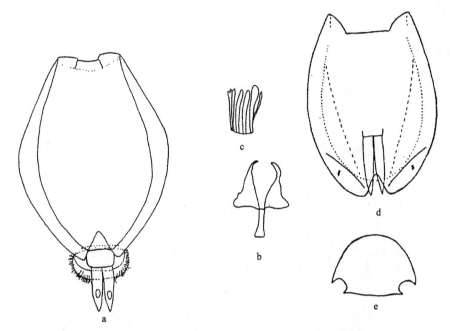

图 196　粗趾须足轮虫 *Euchlanis oropha* Gosse（d, e 仿 Koste, 1978）

a, d. 背面观（dorsal view）；b. 砧板（incus）；c. 槌钩（uncus）；e. 横切面（cross section）

(187) 三翼须足轮虫 *Euchlanis triquetra* Ehrenberg, 1838（图 197）

Euchlanis triquetra Ehrenberg, 1838: 461.

Euchlanis pellucida Harring, 1921: 6.

Euchlanis longobardica Manfredi, 1927: 24.

Dapidia carinata Carlin-Nilsson, 1934: 6.

Dapidia lata Canlina-Nilson, 1934: 16.

　　形态　该种轮虫的体型大小和被甲轮廓有很大的变化。被甲的形态从卵圆形到几近圆形。大多数个体在被甲末端形成 1 钝的角或轻微的缺刻。体透明，腹甲退化或仅存一小部分，背甲两侧翼发达，从被甲横切面显示呈三辐射状的翼状薄膜片，其中 1 个垂直膜片，2 个侧膜片。特别是背面中央的垂直膜片完全与脊状龙骨一样，自前端"U"形凹陷起，一直到后端三角形的缺刻为止，贯穿背甲的全长。内部器官有颜色，脑后囊呈黑色；头部灰色；眼点红色；咀嚼器呈金黄色。

　　标本测量　背甲长：215-450μm；背甲宽：175-400μm；腹甲宽：105-162μm；趾长：60-165μm。

　　生态　三翼须足轮虫分布广泛，沼泽、池塘和湖泊均可生存，但数量较多的还是以沉水植物茂盛、有机质丰富的酸性水域为主。

地理分布　湖北（武汉）、安徽（芜湖）、西藏（察隅、波密、浪卡子）；澳大利亚，新西兰，非洲，北美洲，南美洲，东南亚，欧洲，亚洲北部。

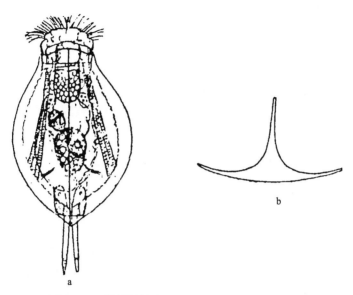

图 197　三翼须足轮虫 *Euchlanis triquetra* Ehrenberg
a. 背面观（dorsal view）；b. 横切面（cross section）

(188) 小须足轮虫 *Euchlanis parva* Rousselet, 1892（图 198）

Euchlanis parva Rousselet, 1892b: 369.

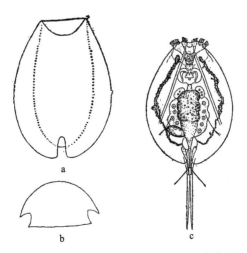

图 198　小须足轮虫 *Euchlanis parva* Rousselet（仿龚循矩, 1983）
a. 背面观（dorsal view）；b. 横切面（cross section）；c. 腹面观（ventral view）

形态 个体比较小，背甲通常短于 150μm，与大肚须足轮虫也很相似；体呈卵圆形，背甲前端显著下沉形成 1 宽阔而相当深的凹陷。被甲后端浑圆，但中央总是深深地凹入，形成长的"U"形缺刻。被甲横切面呈相当高的圆弧，但决不会形成高的三角形；腹甲略小于背甲，完全扁平或略呈轻微的突出。足 2 节，细长；趾亦很细长。

标本测量 背甲长：90-130μm；背甲宽：65-90μm；腹甲长：80-110μm；趾长：45-70μm。

生态 小须足轮虫生活习性以底栖为主，兼营浮游生活。有较大的 pH 耐受范围（pH 6.0-9.0），一般在 20℃以下水温才出现，在长江中下游不少浅水湖泊、池塘中均有记录。本种采自西藏芒康莽错，该湖海拔 4000m 以上，水清，湖中无水草。

地理分布 湖北（武汉）、江苏（南京）、西藏（芒康、察隅、波密）；澳大利亚，新西兰，非洲，北美洲，南美洲，东南亚，欧洲，亚洲北部。

(189) 缺刻须足轮虫指名亚种 *Euchlanis incisa incisa* Carlin, 1939（图 199）

Euchlanis incisa Carlin, 1939: 17.

Euchlanis triquetra Hudson *et* Gosse, 1889: 1-64.

形态 个体较大，背甲一般长于 150μm。身体呈卵圆形，背甲前端边缘显著下沉形成 1 宽阔的"U"形凹陷，后端浑圆，但中央总是或多或少形成 1 个或深或浅的"V"形缺刻。背甲高度隆起而凸出，从中央颈部到末端有 1 很高的龙骨突起。被甲横切面不仅呈高三角形，而且 3 个角已高度尖锐化。腹甲较发达，背、腹甲在两侧有很深的纵沟，由薄而柔韧的皮层相连接。足 2 节。趾细长。变态槌型咀嚼器：每侧槌钩有 5 齿，其中第 1、5 齿均有附齿；在砧枝内侧前端有微齿。

标本测量 背甲长：可达 270μm；腹甲长：180-240μm；趾长：70-85μm。

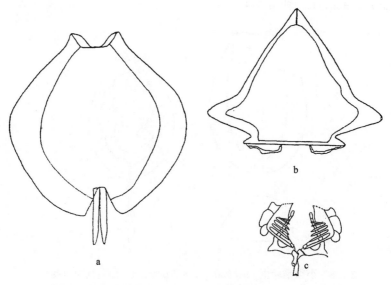

图 199 缺刻须足轮虫指名亚种 *Euchlanis incisa incisa* Carlin

a. 背面观（dorsal view）；b. 横切面（cross section）；c. 咀嚼器（trophi）

生态　缺刻须足轮虫常常生活在不同类型的淡水水体中，有广泛的生态耐受性，可生活在 pH 6-10 的环境中。在云南石林的小水池、海南三亚市郊小池塘及吉林长白山的小溪等小水体中均采集到。

分类讨论　缺刻须足轮虫与三翼须足轮虫 *E. triquetra* 常常混淆，但它们的横切面颇有不同，后者呈辐射翼状薄膜片；而且腹甲和被甲末端构造也不同。

地理分布　云南（大理）、海南（三亚）、吉林（长白山）；澳大利亚，新西兰，非洲，北美洲，南美洲，东南亚，太平洋地区，欧洲，亚洲北部。

(190) 尾突缺刻须足轮虫 *Euchlanis incisa mucronata* Ahlstrom, 1934（图 200）

Euchlanis incisa mucronata Ahlstrom, 1934: 252-266.

形态　该亚种与指名亚种相似，并且常同时出现在同一水体中。主要区别是本亚种背甲中央的龙骨很长，末端向外形成钩状。

标本测量　背甲长：小于 320μm；背甲宽：小于 252μm；体厚：小于 120μm；趾长：小于 40μm。

生态　本亚种主要分布在热带、亚热带的有沉水植物生长的池塘、湖汊等小型水体中。样品采自海南三亚市郊的一些生长有沉水植物的小水体中。

地理分布　海南（三亚）；澳大利亚，新西兰，非洲，北美洲，南美洲，东南亚，欧洲，亚洲北部。

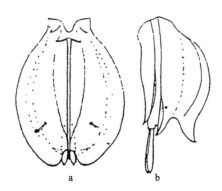

图 200　尾突缺刻须足轮虫 *Euchlanis incisa mucronata* Ahlstrom
a. 背面观（dorsal view）；b. 侧面观（lateral view）

九、水轮科 Epiphanidae Harring, 1913

Epiphanidae Harring, 1913b: 226.

形态　水轮科由臂尾轮科中独立出来。本科的种类体无被甲，略有分节，身体柔软或轻微角质化。足与躯体分界明显或不明显。趾 1 对或 1 个或无。咀嚼器槌型。宜在活体或麻醉状态下观察。

　　本科共 6 属：水轮属 *Epiphanes*、犀轮属 *Rhinoglena*、似前翼轮属 *Proalides*、多突轮属 *Liliferotrocha*、弯弓轮属 *Cyrtonia* 和小足轮属 *Mikrocodides*。

属 检 索 表

1. 头部前端背侧具有很长的并有 2 个眼点的吻状突起 ······························ 犀轮属 *Rhinoglena*
   头部前端背侧无突起，1 个眼点 ··· 2
2. 足退化，无趾 ··· 似前翼轮属 *Proalides*
   足正常，有趾 ··· 3
3. 足末端的趾异常，呈一大一小前后排列，左右不对称 ··············· 小足轮属 *Mikrocodides*
   足末端趾 2 个，左右对称 ··· 4
4. 从身体侧面观，体呈 "S" 形弯曲 ······································· 弯弓轮属 *Cyrtonia*
   从身体侧面观，体呈蠕虫形、囊形或锥形 ··· 5
5. 体呈蠕虫形；趾柔软 ··· 多突轮属 *Liliferotrocha*
   体呈囊形或锥形；趾坚硬 ··· 水轮属 *Epiphanes*

28. 似前翼轮属 *Proalides* de Beauchamp, 1907

Proalides de Beauchamp, 1907: 148.

Type species: *Proalides tentaculates* de Beauchamp, 1907.

　　形态　体呈蠕虫形，体被柔软。有横褶或无。红色眼点 1 个。背触手或多或少发达。足退化，无趾。咀嚼器槌型。均系小型种类。

　　本属全世界已知 2 种 1 亚种，我国均有记录。

种 检 索 表

背触手很短小 ·· 指形似前翼轮虫 *P. digitus*
背触手很发达 ·· 多须似前翼轮虫 *P. tentaculatus*

(191) 指形似前翼轮虫 *Proalides digitus* Donner, 1978（图 201）

Proalides digitus Donner, 1978: 117-128.

　　形态　体蠕虫形而柔软，有横褶。背触手小；眼点 1 个，红色。胃与肠之间有缢缩，胃腺球形；卵黄核 8 个。足退化，无趾；体末端常携卵。咀嚼器槌型：砧基细；砧枝三角形，基部无基翼；槌钩每侧 1 个大齿及 4、5 个小齿；槌柄基部两侧有薄片，末端弯钩状。

　　标本测量　体长：90μm；体宽：28-30μm；咀嚼器长：15μm。

　　生态　指形似前翼轮虫一般在营养类型较高的湖泊、沿岸带及池塘中生活，首先在欧洲被发现。1995 年 3 月 19 日在云南昆明一小池塘内采得；当时水温 15℃，pH 7，水呈黄绿色。

地理分布　云南（昆明）；欧洲，亚洲北部。

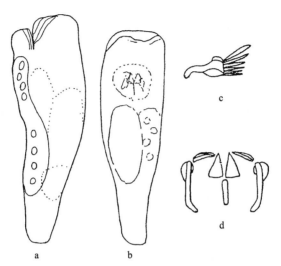

图 201　指形似前翼轮虫 *Proalides digitus* Donner

a, b. 侧面观（lateral view）；c. 槌板（malleus）；d. 咀嚼器（trophi）

(192)　多须似前翼轮虫指名亚种 *Proalides tentaculatus tentaculatus* de Beauchamp, 1907
（图 202）

Proalides tentaculatus de Beauchamp, 1907: 148.

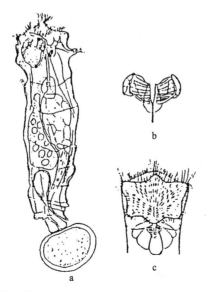

图 202　多须似前翼轮虫指名亚种 *Proalides tentaculatus tentaculatus* de Beauchamp

a. 侧面观（lateral view）；b. 咀嚼器（trophi）；c. 头冠腹面观（ventral view of corona）

形态 体呈蠕虫形，体表透明并有不规则的横褶。背触手很发达，长锥形，末端有纤毛。眼点 1 个，红色；胃腺球形；卵黄核 8 个。足退化，无趾；末端常携卵。咀嚼器槌型：砧基细短，末端不膨大；砧枝三角形，基部无基翼；槌钩齿 8、9 个；槌柄基部两侧无膜片。

标本测量 体长：120-135μm。

生态 多须似前翼轮虫是池塘型浮游生物，主要生活在富营养型的淡水湖泊、池塘中；咸水中亦可存在。在 20 世纪 90 年代该种成为武汉东湖的优势种群，每升水中达 1000 个个体以上。本种采自武汉东湖

地理分布 海南（三亚）、湖北（武汉）；非洲，北美洲，南美洲，太平洋地区，欧洲，亚洲北部。

(193) 乌氏多须似前翼轮虫 *Proalides tentaculatus wulferti* Sudzuki, 1959（图 203）

Proalides wulferti Sudzuki, 1959: 82.

形态 该亚种与指名亚种非常相似，但其背触手更大，咀嚼器中砧基的末端膨大，砧枝基部两侧有尖削基翼，槌钩具 8 齿。

标本测量 体长：80μm；咀嚼囊长：15μm（砧基长：5μm；砧枝长：7.5μm；槌钩长：7μm）。

生态 乌氏多须似前翼轮虫亦是一种池塘型浮游生物，主要分布在小水体中。本亚种于 1995 年 7 月在青海西宁市郊一小水塘中采得。当时水温 20℃，pH 8.0。

地理分布 青海（西宁）；非洲，北美洲，南美洲，太平洋地区，欧洲，亚洲北部。

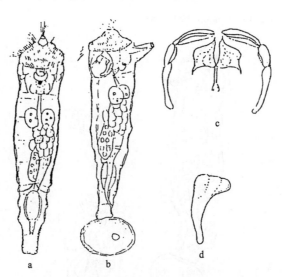

图 203 乌氏多须似前翼轮虫 *Proalides tentaculatus wulferti* Sudzuki
a. 背面观（dorsal view）；b. 侧面观（lateral view）；c. 咀嚼器（trophi）；d. 槌柄（manubrium）

29. 多突轮属 *Liliferotrocha* Sudzuki, 1959

Liliferotrocha Sudzuki, 1959: 9-33.

Type species: *Liliferotrocha subtilis* (Rodewald, 1940); by monotype.

形态　体呈蠕虫形，侧面观体表有许多乳头状突起，乳突上常粘有碎屑。足退化。趾柔软肥厚，形状变异，可收缩。咀嚼器槌型。

Sudzuki 在 1959 年发现了形如蠕虫的一种多突轮虫，将之命名为 *Liliferotrocha urawensis*，并定为新属新种。后来该种被认为是 *Proalides subtilis* Rodewald, 1940 的同物异名。鉴于该种和似前翼轮属中的种类差异较大，所以将之分出作为 1 不同的属，即多突轮属 *Liliferotrocha*。

本属全世界仅发现 1 种。

(194) 微型多突轮虫 *Liliferotrocha subtilis* (Rodewald, 1940)（图 204）

Proalides subtilis Rodewald, 1940c: 275-276.

Liliferotrocha urawensis Sudzuki, 1959: 9-33.

形态　体纵长，蠕虫形，体表无横褶环。侧面观体表有许多乳头状突起，乳突上常粘有碎屑。胃腺球状，卵黄核 8 个。足退化。趾柔软肥厚，形状变异，可收缩，在趾的背面基部有 1 明显的突起。体末端常携卵。咀嚼器槌型：砧基短，末端膨大；砧枝基部无基翼；槌钩具 8 齿；槌柄发达，末端弯曲。

标本测量　体长：72-156μm；趾长：13-30μm；咀嚼器长：15-18μm。

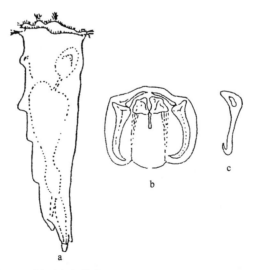

图 204　微型多突轮虫 *Liliferotrocha subtilis* (Rodewald)

a. 侧面观（lateral view）；b. 咀嚼器（trophi）；c. 槌柄（manubrium）

生态 微型多突轮虫是一喜温性种类，习居于湖泊、池塘中。在夏季一些富营养的水体中往往形成优势种群。湖北武汉东湖即为如此。

地理分布 湖北（武汉）、青海（西宁）、安徽（芜湖）；澳大利亚，新西兰，非洲，南美洲，东南亚，欧洲，亚洲北部。

30. 水轮属 *Epiphanes* Ehrenberg, 1832

Epiphanes Ehrenberg, 1832: 134.
Hydatina Ehrenberg, 1830a: 45.
Ctenodon Ehrenberg, 1838: 432.
Notops Hudson *et* Gosse, 1886: 11.
Type species: *Notommata clavatula=Epiphanes clavatula* (Ehrenberg, 1832).

形态 体呈圆锥形、纺锤形或囊形。趾短小。足分节或似臂尾轮虫样有许多紧密的环形沟纹；足腺大。头冠由较短的漏斗形口区、周围的纤毛环和口前区的刚毛组成。口位于口区的末端。眼点 1 个，红色或无色。背触手较大。卵黄核 8 个。槌型咀嚼器。

本属种类生活在一些小型水体中，大多是半浮游性的。全世界已发现 8 种，我国已知 5 种。

种 检 索 表

1. 足发达 ·· 2
   足不甚发达 ··· 3
2. 足有许多紧密的环形沟纹 ························· 粗足水轮虫 *E. macrourus*
   足分成 3 节 ······································· 臂尾水轮虫 *E. brachionus*
3. 体呈纺锤形；足与身体的分界不明显 ············· 椎尾水轮虫 *E. senta*
   体呈囊形；足与身体的分界明显 ·· 4
4. 足较长，呈管状 ·································· 敞水水轮虫 *E. pelagica*
   足短小，不呈管状 ······························ 棒状水轮虫 *E. clavulata*

(195) 粗足水轮虫 *Epiphanes macrourus* (Barrois *et* Daday, 1894)（图 205）

Notops macrourus Barrois *et* Daday, 1894: 226.
Brachionus mollis Hempel, 1896: 301-388.
Brachionus pala f. *nova* Wesenberg-Lund, 1930: 3-230.
Notops mollis: de Beauchamp, 1932: 231-248.
Epiphanes macrourus: Wiszniewski, 1954: 48.

形态 身体透明呈长圆形，体被半角质化。头与躯干部间缢缩不明显。背触手发达，从身体前端 1 乳突上伸出。变态槌型咀嚼器：砧基较长，末端膨大；砧枝壮实，呈三角形，内具粗齿；槌钩具 7 齿，其中第 1 齿端有分叉。足粗壮，有紧密的环形沟纹，可收缩。趾 1 对，圆锥形，一般向两侧弯曲。眼点红色。

标本测量　体长：175-250μm；足长：40-190μm。

生态　粗足水轮虫分布广泛，一般夏、秋季节比较常见；习居于淡水湖泊、池塘中，有时也会在咸淡水中出现。北京怀柔水库沿岸、海南三亚市郊池塘、湖南洞庭湖沿岸及武汉东湖均采到过该种。

地理分布　海南（三亚）、北京、湖北（武汉）、湖南（岳阳）；澳大利亚，新西兰，非洲，北美洲，南美洲，东南亚，欧洲，亚洲北部。

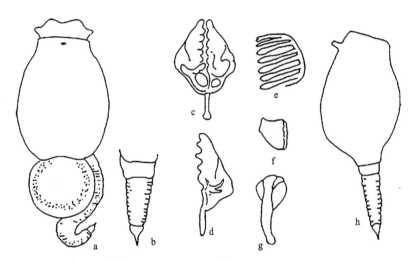

图 205　粗足水轮虫 *Epiphanes macrourus* (Barrois *et* Daday)

a. 携带非混交卵的虫体背面观（dorsal view of amictic-egg-carrying female）；b. 足和趾（foot and toe）；c, d. 砧板（incus）；e. 槌钩（uncus）；f. 砧基侧面观（lateral view of fulcrum）；g. 槌柄（manubrium）；h. 虫体和背触手的侧面观（lateral view of specimen and dorsal antenna）

(196) 臂尾水轮虫指名亚种 *Epiphanes brachionus brachionus* (Ehrenberg, 1837)（图 206）

Notommata brachionus Ehrenberg, 1837: 176.

Brachionus brachionus: Eyferth, 1878: 82.

Notops brachionus: Hudson *et* Gosse, 1886: 11.

Hydatina brachionus: Acloque, 1899: 247.

Epiphanes brachionus: Harring, 1913b: 45.

形态　身体几呈方形，后端通常比前端宽；头部和躯干部交界处有 1 非常明显的紧缩。足圆桶形，自躯干后端突然垂直向下伸出，分成 3 节，只能少许伸缩；趾 1 对比较短，呈铗型。头冠接近须足轮虫型的头冠形式。咀嚼器槌型：左右槌钩各具齿 4 枚。眼点 1 个，位于脑的背面，较大，呈深红色。

标本测量　全长：450-600μm；趾长：20-25μm。

生态　臂尾水轮虫系典型的沼泽或池塘浮游种类，遍布全国；特别常常出现在间歇性的池塘中，通常在春季出现，所以又是一种典型的春季浮游生物。

地理分布 湖北（武汉）、江苏（无锡）、浙江（湖州）、上海、安徽（芜湖）；澳大利亚，新西兰，非洲，北美洲，南美洲，东南亚，欧洲，亚洲北部。

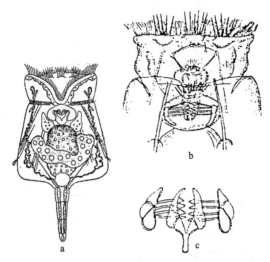

图 206 臂尾水轮虫指名亚种 *Epiphanes brachionus brachionus* (Ehrenberg)

a. 腹面观（ventral view）；b. 头冠背面观（dorsal view of corona）；c. 咀嚼器（trophi）

(197) 棘刺臂尾水轮虫 *Epiphanes brachionus spinosus* (Rousselet, 1901)（图 207）

Notops brachionus spinosus Rousselet, 1901: 241.

Epiphanes brachionus: Harring, 1913b: 45.

形态 身体呈长方形，形态与指名亚种基本相同；但在被甲后缘的两侧，即相当于侧触手的部位，左右各有 1 枚棘刺。

标本测量 被甲长（不含趾）：204-290μm，被甲宽：150-210μm。

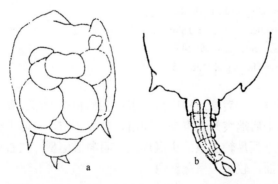

图 207 棘刺臂尾水轮虫 *Epiphanes brachionus spinosus* (Rousselet)（仿许友勤等, 1997）

a. 收缩的虫体（contracted body）；b. 身体末端和足（end of body and foot）

生态　本亚种分别于 1990 年 6 月 18 日在福州西河、1992 年 5 月 12 日在福州淘江采到。据 Koste（1978）报道，该亚种可能是一狭温性种类，一般是周期性出现。

地理分布　福建（福州）；非洲，南美洲，东南亚，欧洲，亚洲北部。

(198) 椎尾水轮虫 *Epiphanes senta* (Müller, 1773)（图 208）

Vorticella senta Müller, 1773: 100.

Hydatina senta: Ehrenberg, 1830: 46.

Enteroplea hydatina Ehrenberg, 1831: 2.

Hydatina chilensis Schmarda, 1895: 51.

Hydatina monopus Hilgendorf, 1899: 114.

Epiphanes senta: Harring, 1913b: 46.

形态　体呈长圆锥形，头与躯干之间有缢缩。背、腹面有若干个“假节”。足比较宽而短，紧接在躯干部后端，它和躯干部间虽有紧缩痕迹，但分界不明显，看起来如同躯干部的最后部分。趾 1 对，比较短，锥形。略有变态的槌型咀嚼器：砧基比较长，前端细而后端很宽；左右砧枝特别发达；槌钩亦很发达，具有 5 个箭头状的齿。眼点无色。背触手 1 个，侧触手 1 对。

标本测量　全长：570μm；宽：170μm。

生态　椎尾水轮虫是普通种类之一，主要分布在沼泽、浅水池塘；特别是间歇性的小水体，当每年春、夏季注水后往往有大量的椎尾水轮虫。它通常以裸藻 *Euglena* 等藻类为食，有时在早春富营养型的水体中可大量繁殖。

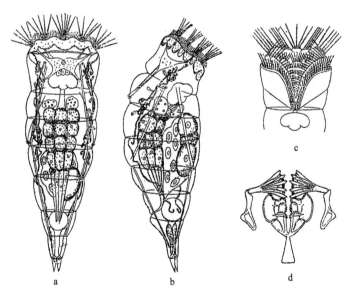

图 208　椎尾水轮虫 *Epiphanes senta* (Müller)

a. 背面观（dorsal view）；b. 侧面观（lateral view）；c. 头冠（corona）；d. 咀嚼器（trophi）

分类讨论 椎尾水轮虫是一个种复合体（Schröder and Walsh, 2007），其中已被正式命名并作分类描述的有椎尾水轮虫 *E. senta* s.s. (Müller, 1773)、边疆水轮虫 *E. ukera* Schröder *et* Walsh, 2007、奇瓦瓦水轮虫 *E. chihuahuaensis* Schröder *et* Walsh, 2007 和夏威夷水轮虫 *E. hawaiensis* Schröder *et* Walsh, 2007。这 4 个种类在我国的分布情况需进一步研究。

地理分布 云南（昆明）、广西（南宁）、湖北（武汉）、青海（西宁）、新疆、上海、安徽（芜湖）、西藏（波密、措美、拉萨）；澳大利亚，新西兰，非洲，南极地区，北美洲，南美洲，东南亚，太平洋地区，欧洲，亚洲北部。

(199) 敞水水轮虫 *Epiphanes pelagica* (Jennings, 1900)（图 209）

Notops pelagicus Jennings, 1900: 19.

Epiphanes pelagica: Jennings, 1913: 82; Harring, 1913b: 45.

形态 身体透明、粗壮，有红色眼点。从侧面观，背面弯凸，腹面较平坦。从腹面观，躯干部上部相当宽阔，两侧接近平行，后部呈半圆形或宽三角形。头冠宽，略向腹面倾斜，口区纤毛缩减，靠背面有 3 个半圆形的突起，突起上有长的纤毛。足较长，与躯干部分界明显，表面光滑，无环纹，呈 1 管状。

标本测量 体长（收缩状态下）：98μm。

生态 敞水水轮虫是典型的浮游种类，分布在河流、湖泊的敞水区；相对而言，较为少见。本种采自西藏浪卡子一积水坑中，该水体水较清，长有水草，当时水温 15℃，pH 7.0，海拔 4400m。

地理分布 西藏（浪卡子）；北美洲，欧洲，亚洲北部。

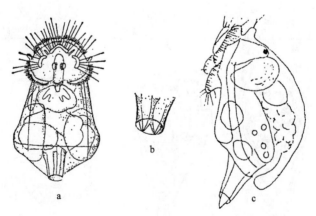

图 209 敞水水轮虫 *Epiphanes pelagica* (Jennings)（a, b 仿龚循矩, 1983；c 仿 Koste, 1978）

a. 腹面观（ventral view）；b. 足（foot）；c. 侧面观（lateral view）

(200) 棒状水轮虫 *Epiphanes clavulata* (Ehrenberg, 1832)（图 210）

Notommata clavulata Ehrenberg, 1832a: 133.

Notopus clavulatus: Hudson *et* Gosse, 1886: 12.

Notops lotos Thorpe, 1893: 152.

Hydatina clavulata: Acloque, 1899: 247.

Gastropus clavulatus: Wesenberg-Lund, 1923: 284.

Epiphanes clavulata: Harring, 1913b: 44.

形态　体呈囊袋形，十分透明。头部狭而短，与膨大的躯干部之间有明显的缢缩。足短而小，2 节，能完全缩入体内；趾 1 对，呈倒圆锥形。头冠接近须足轮虫型，口位于头冠腹面，周围具有口围纤毛。槌型咀嚼器：左右槌钩具齿 5 枚。眼点 1 个，呈深红色的椭圆形。侧触手 1 对，呈短管状或纺锤形，自躯干中部的左右两侧射出。背触手 1 个，突出于躯干的前端，末端 1 束感觉毛。在收缩的情况下，它和晶囊轮虫、囊足轮虫十分相似。

标本测量　全长：450-650μm。

生态　棒状水轮虫是一种常见的浮游性轮虫，但它主要分布在沼泽、池塘和浅水湖泊的水生植物间；它又是喜温性种类，出现时间限于夏、秋季节。

地理分布　海南、湖北（武汉）、江苏（无锡）、上海、安徽（芜湖）、西藏（芒康）；澳大利亚，新西兰，非洲，北美洲，南美洲，东南亚，欧洲，亚洲北部。

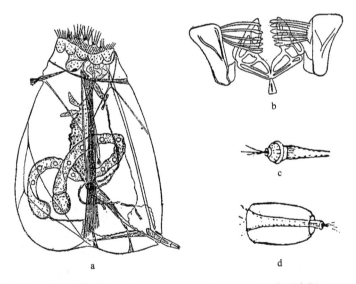

图 210　棒状水轮虫 *Epiphanes clavulata* (Ehrenberg)（仿王家楫, 1961）

a. 侧面观（lateral view）；b. 咀嚼器（trophi）；c. 背触手（dorsal antenna）；d. 侧触手（lateral antenna）

31. 犀轮属 *Rhinoglena* Ehrenberg, 1853

Rhinoglena Ehrenberg, 1853: 190-193.

Rhinops Hudson, 1869: 27.

Type species: *Rhinoglena frontalis* (Ehrenberg, 1853).

形态 体呈圆锥形或圆筒形。足短。趾 1 对或 1 个。在头部前端具 1 个很长的吻状突起，其上有 2 个眼点。口位于漏斗状的口区后端。槌型咀嚼器，具 6-9 个槌钩齿。卵黄核 6-9 个，卵胎生。

本属全世界已描述 3 种，我国发现 2 种。

种 检 索 表

趾 1 对，槌钩每侧具 9 齿 ·· 前额犀轮虫 *R. frontalis*
趾融合，槌钩每侧具 6、7 齿 ·· 东京犀轮虫 *R. tokioensis*

(201) 前额犀轮虫 *Rhinoglena frontalis* (Ehrenbeng, 1853)（图 211）

Diglena frontalis Ehrenbeng, 1853: 190.
Rhinoglena cristallina Remane, 1929-1933: 350.

形态 身体系长圆锥形，很透明。头冠上具有 1 相当长的"如意"状的吻，吻上有纤毛。头冠下面即紧缩形成 1"颈"。躯干部前端膨大，后端尖削。足比较短，紧接于躯干部末端，二者不易区分。趾 1 对，很小，紧密地并列在一起。头冠纤毛环上的纤毛长短和粗细相同。槌型咀嚼器：每侧槌钩具 9 齿。眼点 1 对，很明显，在吻顶端的两旁。背触手比较小，它末端的 1 束感觉毛自吻的背面伸出。侧触手 1 对，系纺锤形，其末端的 1 束感觉毛自躯干中部下面一些伸出。体内常有表面布满棘齿的休眠卵。

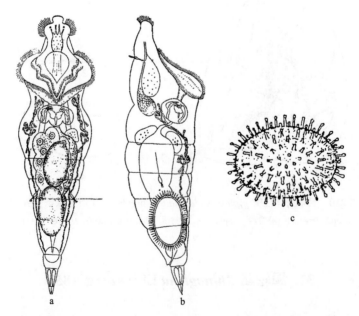

图 211 前额犀轮虫 *Rhinoglena frontalis* (Ehrenbeng)（a, b 仿王家楫, 1961；c 仿 Koste, 1978）
a. 腹面观（ventral view）；b. 侧面观（lateral view）；c. 休眠卵（resting egg）

标本测量　体长：160-400μm。

生态　前额犀轮虫是狭冷性种类，分布很广，当水温在10℃左右时，在富营养型的湖泊、池塘中大量出现，形成种群密度高峰。在我国东北积冰的湖面下，常常有该种分布。

地理分布　湖北（武汉）、江苏（无锡）、浙江（湖州、杭州）、安徽（芜湖）；澳大利亚，新西兰，南极地区，北美洲，东南亚，欧洲，亚洲北部。

(202) 东京犀轮虫 *Rhinoglena tokioensis* Sudzuki, 1975（图 212）

Rhinoglena tokioensis Sudzuki, 1975: 6.

形态　体呈圆锥形，从头部至趾端渐细。头部前端有1圆形的吻状突起，并有2个眼点，红色。口位于漏斗状的口区后端。胃腺每侧各具有5个圆形小叶。原肾管的末端各有2个细胞。足与体分界不明显。趾融合成1个，很小。槌钩每侧具6、7个齿。

标本测量　体长：300-400μm；收缩状态长：190μm；宽：80-90μm；足长：12μm；趾长：4μm；咀嚼器长：25μm。

生态　东京犀轮虫与前额犀轮虫不同，它是一种喜温性种类。从调查结果来看，通常出现在20℃左右的富营养型水体中。

分类讨论　该种首次由Sudzuki于1976年在日本东京附近一池塘中发现。自此之后未见报道。20世纪90年代，相继在我国海南、湖南和北京的几个样品中看到该种。除了日本和中国，该种尚无世界其他地方的记录，故推测该种是一东亚特有种类。

地理分布　海南（海口）、湖南（岳阳）、北京；亚洲北部。

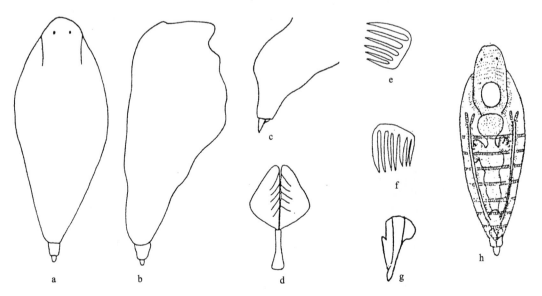

图 212　东京犀轮虫 *Rhinoglena tokioensis* Sudzuki

a. 背面观（dorsal view）；b. 侧面观（lateral view）；c. 足及趾（foot and toe）；d. 砧板（incus）；e, f. 槌钩（uncus）；g. 槌柄（manubrium）；h. 示原肾管（showing protonephridial tubule）

32. 小足轮属 *Mikrocodides* Bergendal, 1892

Mikrocodides Bergendal, 1892: 34.

Type species: *Stephanops chlaena=Mikrocodides chlaena* (Gosse, 1886).

形态 身体圆形或卵形，背面高高拱起。在背侧常有对称而倾斜的长褶。头部较短，须足轮虫型头冠。趾 1 对，大小不等，前后排列。咀嚼器槌型。

本属全世界已知 3 种，我国只发现 1 种。

(203) 背套小足轮虫 *Mikrocodides chlaena* (Gosse, 1886)（图 213）

Stephanops chlaena Gosse, 1886, In: Hudson *et* Gosse, 1886: 76.

Mikrocodides dubius Bergendal, 1892: 34.

Mikrocodides ordbiculodiscus: Jenning, 1894a: 8.

形态 身体纵长，呈卵形，背面显著凸出而隆起，腹面接近扁平。头部和躯干部之间有 2 或 3 条明显的紧缩折痕。头部很宽阔，略向腹面倾斜。躯干部表面有 4 条折痕。须足轮虫型头冠。槌型咀嚼器：左右槌钩各具有箭头状的细长的齿 8 个。足 2 节。趾 2 个，呈分离状态，既不等长也不等粗，且前后排列。眼点 1 个，位于脑背面。背触手系具有 1 束感觉毛的相当大的凹窦；侧触手 1 对，由躯干部后端射出。

标本测量 全长：170-250μm；咀嚼器长：20μm；趾长：23μm。

生态 背套小足轮虫的分布虽以沼泽和池塘为最多，但在沉水植物丰富的浅水湖泊每年 5-10 月亦有可能找到。本种采自武汉东湖的湖汊中。

地理分布 湖北（武汉）、上海、江苏（无锡）；澳大利亚，新西兰，非洲，北美洲，南美洲，东南亚，太平洋地区，欧洲。

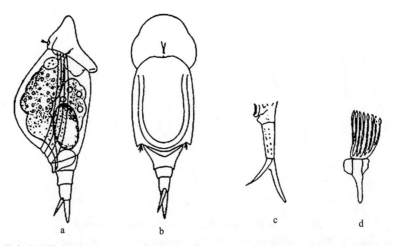

图 213 背套小足轮虫 *Mikrocodides chlaena* (Gosse)（a, b 仿王家楫，1961；c, d 仿 Koste, 1978）

a. 侧面观（lateral view）；b. 背面观（dorsal view）；c. 足和趾（foot and toe）；d. 槌柄和槌钩（manubrium and uncus）

33. 弯弓轮属 *Cyrtonia* Rousselet, 1894

Cyrtonia Rousselet, 1894: 433.

Type species: *Notommata tuba=Cyrtonia tuba* (Ehrenberg, 1834); by monotype.

形态　体背面前半部显著地隆起而凸出；腹面平直，后半部向背面弯转；因此侧面观呈"S"形。槌型咀嚼器。

本属只有 1 种。

(204) 管形弯弓轮虫 *Cyrtonia tuba* (Ehrenberg, 1834)（图 214）

Notommata tuba Ehrenberg, 1834: 192.

Cyrtonia tuba: Rousselet, 1894: 433.

形态　体呈圆锥形；背面前半部显著地隆起而凸出；腹面平直，后半部或多或少向背面弯转；因此从侧面观，体往往呈"S"形。头与躯干交界处有 1 颈圈折痕。足 2 节，具有很长的足腺。趾 1 对，向背面弯曲。须足轮虫型头冠，有不一样长的纤毛。槌型咀嚼器：砧基相当长；砧枝呈三角形；槌钩具 8 个栅状齿。背触手为 1 很小的突起，末端有较长纤毛。侧触手 1 对，呈纺锤形，末端也有 1 束感觉毛。

标本测量　全长：250-305μm；趾长：25-30μm。

生态　管形弯弓轮虫主要生活在小型水体中，对 pH 和水温的适应范围广泛，经常出没于不同类型的湖泊、池塘等浅水水体的沉水植物丛中。本种采自武汉东湖马来眼子菜 *Potamogeton malaianus* 草丛中。

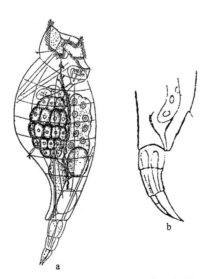

图 214　管形弯弓轮虫 *Cyrtonia tuba* (Ehrenberg)（a 仿王家楫, 1961；b 仿 Koste, 1978）

a. 侧面观（lateral view）；b. 足和趾（foot and toe）

地理分布 浙江（湖州）、江苏（无锡）、湖北（武汉）；澳大利亚，新西兰，非洲，北美洲，南美洲，东南亚，太平洋地区，欧洲，亚洲北部。

十、腔轮科 Lecanidae Bartoš, 1959

Lecanidae Bartoš, 1959: 613.

形态 本科种类较多，目前全世界已被描述的种类近 100 种，我国也已发现 60 种以上；但经查证、核实，有不少种系同物异名；本书描述了 56 种及亚种。它们大多数习居于水生植物茂盛的水域；也有不少种类生活在苔藓、水绵等植物体上，通常营着生或周丛生活；也有少数种类营浮游生活。

本科仅 1 属。

34. 腔轮属 *Lecane* Nitzsch, 1827

Lecane Nitzsch, 1827: 68.
Cercaria Nitzsch, 1827: 68.
Monostyla Ehrenberg, 1830: 46.
Distyla Eckstein, 1883: 343.
Cathypna Hudson *et* Gosse, 1886: 94.
Diarthra Daday, 1887: 143.
Hemimonostyla Bartoš, 1959.
Type species: *Lecane luna* (Müller, 1776).

形态 本属的种类在活动状态下，体呈长方形或圆柱形；行动活泼，外形极像某些前翼轮虫。固定后变成卵圆形、圆形或长圆形。一般来说，腔轮属种类背、腹面扁平或拱起，整个被甲系 1 片背甲和 1 片腹甲在两侧和后端为柔韧的薄膜联结在一起而形成，因此在两侧和后端有侧沟及后侧沟的存在。这在收缩及活动的标本中均能观察到。被甲末端浑圆，但也有不少种类有形态各异的尾突起，也有称为甲后节、肛板等。足位于腹部，2 节，第 1 足节与腹部愈合在一起，也有称为肛节或足上节，一般不易观察；第 2 足节可活动，许多种类可超过被甲末端。趾 1 或 2 个，或分离或融合或部分融合。趾末端尖削，尖削的部分与趾有明确的分界则称为爪。伪爪则是趾的一侧尖削而成，与趾的分界不甚明显。有时还有附爪的存在。头冠为须足轮虫型，咀嚼器为变态的槌型。

在已往的分类中，一般均根据腔轮虫趾的融合情况，将之分为 3 属：趾 2 个，完全分开为腔轮属 *Lecane*；趾 2 个，部分融合为半趾轮属 *Hemimonostyla*；趾完全融合成 1 个趾，即为单趾轮属 *Monostyla*。

上述划分在应用上较为简单、实用，但并非代表它们间的系统关系。Segers（1995b）认为完全分开的 2 趾代表了最近祖的特征；而完全融合的趾则代表了最近裔的特征。首先，腔轮属和半趾轮属都是只根据 1 个近祖性状（趾的分离与否）来划分的，这在理论上是不可接受的。其次，半趾轮属和单趾轮属两者都是多源的类群，像半趾腔轮虫 *L. pusilla* Harring、叉爪腔轮虫 *L. (M.) furcata* Murray 等之间的亲缘关系，远较它们与各自所在属中其他种类的关系要近。再次，还有些种的种内变异超过了属的特征界限，如月形腔轮虫 *L. (L.) luna* Müller、叉爪腔轮虫等。基于以上 3 点，他认为腔轮科下分 3 属的依据是不足的。故他认为腔轮虫应作为单独的 1 属，下分 3 亚属；本书采纳这种观点。

腔轮属根据趾的融合与分离程度分 3 亚属：

亚属检索表

1. 趾 2 个，完全分离 ·································· 腔轮亚属 *Lecane*
   趾 2 个部分融合，或趾 1 个完全融合 ······················· 2
2. 趾 2 个，部分融合 ························· 半趾轮亚属 *Hemimonostyla*
   趾 1 个，完全融合 ························· 单趾轮亚属 *Monostyla*

3）腔轮亚属 *Lecane* Nitzsch, 1827

Lecane Nitzsch, 1827: 358.

Type species: *Cercaria luna=Lecane luna* (Müller, 1776).

形态 趾 2 个，完全分离。

为便于分类、检索，依据 Koste（1978）的主张，将本亚属的种类根据被甲前端侧刺的有无及趾末端爪的特征分为以下 4 种类型：

1. 被甲前端无前侧刺 ·· 2
   被甲前端具前侧刺 ·· 3
2. 趾无爪或伪爪 ··· **A 类腔轮虫**
   趾具爪或伪爪 ··· **C 类腔轮虫**
3. 趾无爪或伪爪 ··· **B 类腔轮虫**
   趾具爪或伪爪 ··· **D 类腔轮虫**

A 类腔轮虫（被甲前端无前侧刺，趾无爪或伪爪）种检索表

1. 背、腹甲表面有明显、不规则花纹 ················· 圆皱腔轮虫 *L. (L.) niothis*
   背、腹甲表面无明显花纹 ·· 2
2. 背甲长明显大于宽；趾基部厚实，末端长而尖且向外弯曲 ········· 爱尔逊腔轮虫 *L. (L.) althausi*
   背甲长略大于宽 ·· 3
3. 足节宽大于长，趾向外弯曲 ················· 突纹腔轮虫 *L. (L.) hornemanni*
   足节一般，趾不向外弯曲 ····················· 矮小腔轮虫 *L. (L.) nana*

(205) 圆皱腔轮虫 *Lecane (Lecane) niothis* Harring *et* Myers, 1926（图 215）

Lecane niothis Harring *et* Myers, 1926: 382.

形态 体呈宽的卵圆形或很接近圆球形，轮廓不十分规则。被甲较薄、很柔韧且具花纹，特别是前端的边缘变异尤为显著，无侧棘刺。背甲和腹甲的前端边缘一般彼此一致而都很凸出。腹甲与背甲同样长短及宽阔。背甲表面刻纹或多或少异于寻常；具有 3 或 4 列屈曲弯转纵长的条纹，但条纹的痕迹相当微弱而不很明显。腹甲表面刻纹除了在足的前面也具有 1 条正规的横的折痕外，其他也不同于寻常；前半部有 3、4 对屈曲断续纵长的条纹，后半部有若干对斜行或平行的短的条纹。背腹甲两侧边缘褶皱不齐；侧沟很不明显。尾突起短而宽，后端浑圆，少许突出于背甲之后。足的第 1 节呈卵圆形，不易观察清楚；第 2 节比较大，系不规则宽阔的四方形。1 对足相当粗而长，但每 1 个趾的长度不超过身体全长的 1/3；前半段两侧平行，后半段向末端尖削；没有爪的存在。

标本测量 全长：70-74μm；被甲长：61μm；被甲宽：60μm；趾长：21μm。

生态 圆皱腔轮虫系酸性沼泽小型种类；自 1926 年在北美洲被发现以来，有关它的报道较少，估计是一种罕见种。1956 年 9 月采自浙江宁波市郊一酸性小水体，1966 年在西藏察隅一酸性（pH 6.0）小溪沟中采到，沟旁生有苔藓。

地理分布 浙江（宁波）、西藏（察隅）；北美洲。

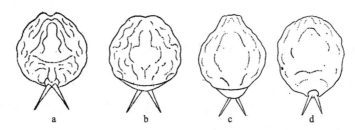

图 215 圆皱腔轮虫 *Lecane (Lecane) niothis* Harring *et* Myers（a, b 仿王家楫, 1961; c, d 仿龚循矩, 1983）
a, d. 腹面观（ventral view）；b, c. 背面观（dorsal view）

(206) 爱尔逊腔轮虫 *Lecane (Lecane) althausi* Rudescu, 1960（图 216）

Lecane althausi Rudescu, 1960: 630.

形态 被甲柔软，呈盾形。背腹甲表面光滑，无饰纹。体长明显大于体宽。头孔边缘光滑、平直，背腹缘几乎重叠；前端两侧成钝角状，无棘刺。腹甲具不完全横褶；侧沟浅，尾突起不明显。足节不突出体末端。趾 1 对，比较长，基部厚实，呈柳叶刀形，在中央突然尖削成须状；趾尖向外弯转；无爪。

标本测量 被甲长：59-75μm；被甲宽：38-40μm；趾长：30-35μm。

生态 爱尔逊腔轮虫生活环境多样，既可沙栖，亦可在水体中生活。本种于 1996 年 4 月采自武汉东湖岸边有水草的网栏中。当时水温 20℃左右，有水生植物生长。

地理分布 湖北（武汉）；澳大利亚，新西兰，非洲，北美洲，南美洲，东南亚，太平洋地区，欧洲。

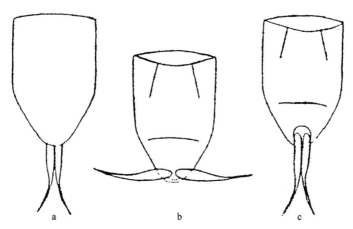

图 216　爱尔逊腔轮虫 Lecane (Lecane) althausi Rudescu

a. 背面观（dorsal view）；b. 腹面观（ventral view）；c. 腹面观（ventral view）

(207) 突纹腔轮虫 *Lecane* (*Lecane*) *hornemanni* (Ehrenberg, 1834)（图 217）

Euchlanis hornemanni Ehrenberg, 1834: 206, 220.

Distyla hornemanni: Hudson et Gosse, 1889: 42.

Cathypa hornemanni: Murray, 1913b: 559.

Lecane hornemanni: Harring, 1914: 543.

形态　被甲柔软，易变形，背甲较腹甲宽，表面光滑或有半圆形的疣状小突起；被甲前端背、腹缘重叠，或平直或微凸，前端两侧浑圆无棘；腹甲长稍大于宽。足具不完全的横褶和纵褶，偶有饰纹；第 1 足节较宽，末端有中央小突；第 2 足节宽，长方形，突出或不突出体末端；趾柔软，两侧平直，在末端尖削，向外弯曲，趾尖不对称，无爪。

标本测量　被甲全长：100-140μm；背甲长：72-110μm；背甲宽：82-100μm；腹甲长：84-115μm；腹甲宽：72-110μm；趾长：30-35μm。

生态　突纹腔轮虫往往栖息于沉水植物丛中，淡水和咸淡水中均可能出现。样品采自海南、云南、湖北等省。

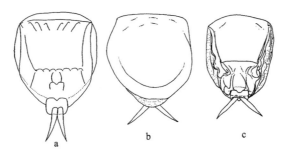

图 217　突纹腔轮虫 *Lecane* (*Lecane*) *hornemanni* (Ehrenberg)

a, c. 腹面观（ventral view）；b. 背面观（dorsal view）

分类讨论　《中国淡水轮虫志》中描述的突纹腔轮虫 *L. hornemanni* 具有趾具伪爪、被甲硬、不易变形且具很强的图案饰纹等特征，这些特征均与泰国腔轮虫 *L. thailandensis* Segers *et* Sanoamuang, 1994 相一致，所以予以更正。

地理分布　海南（海口、琼海、三亚）、云南（昆明）、安徽（芜湖）、西藏（亚东）；澳大利亚，新西兰，非洲，北美洲，南美洲，东南亚，太平洋地区，欧洲，亚洲北部。

(208) 矮小腔轮虫 *Lecane* (*Lecane*) *nana* (Murray, 1913)（图 218）

Cathypna nana Murray, 1913b: 553.
Lecane nana: Harring, 1914: 536.

形态　被甲近似圆形；背甲和腹甲前缘十分吻合、平直或略向前突起，无前侧刺。背甲两侧略有突起，后端浑圆，整个背甲近似圆形，表面光滑而无刻纹。腹甲比背甲窄，表面有少许不连续的刻纹。尾突起小，后端浑圆，略超过背甲之后。第 1 足节似圆锥形；第 2 足节近长方形，不超过腹甲之外。趾细长而末端尖，内缘平直，不向外弯曲，末端无爪。

标本测量　背甲长：55μm；背甲宽：60μm；腹甲长：64μm；腹甲宽：55μm；趾长：23μm。

生态　矮小腔轮虫系小型种类，常常生活在沼泽、有苔藓的小水体中，在酸性水体中出现较多。在西藏南部的温泉水中及附近的沼泽、小溪中均有所见。

地理分布　海南、北京、青海（西宁）、西藏（聂拉木、察隅、拉萨、当雄、樟木、申扎、丁青）；澳大利亚，新西兰，非洲，北美洲，南美洲，东南亚，欧洲，亚洲北部。

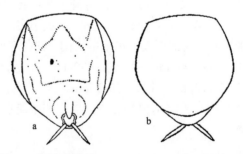

图 218　矮小腔轮虫 *Lecane* (*Lecane*) *nana* (Murray)
a. 腹面观（ventral view）；b. 背面观（dorsal view）

B 类腔轮虫（被甲前端具前侧刺，趾无爪或伪爪）种检索表

1. 被甲前棘刺细长且向内弯曲························**中国腔轮虫 *L.* (*L.*) *chinesensis***
  被甲前棘刺较粗壮，一般不向内弯曲··2
2. 被甲呈长卵圆形，背甲略宽于腹甲················**刻纹腔轮虫 *L.* (*L.*) *signifera***
  被甲呈卵圆形，背甲明显宽于腹甲··3
3. 趾较长，在中部开始突然尖削····················**莱伟腔轮虫 *L.* (*L.*) *levistyla***

(209) 中国腔轮虫 Lecane (Lecane) chinesensis Zhuge et Koste, 1996（图 219）

Lecane chinesensis Zhuge et Koste, 1996.

　　形态　体呈卵圆形。被甲硬，表面光滑，无任何饰纹；背甲整个宽于腹甲。背、腹甲前端平直而几近吻合。前端两侧的棘刺长，向内弯曲。腹甲纵长，侧缘光滑，轻微弯曲，侧沟深。第 1 足节近似圆柱形，末端浑圆；第 2 足节略呈正方形，在两侧有乳突，并突出于体末端；趾长，两侧平直，在近末端 1/3 处开始从外侧瘦削，有 1 轻微凹陷；无爪。

　　标本测量　背甲长：85-90μm；背甲宽：75-80μm；腹甲长：96-105μm；腹甲宽：65-70μm；趾长：39-43μm；前棘刺长：12-14μm。

　　生态　中国腔轮虫一般生活在有水生植物分布的湖泊中。该种于 1995 年 5 月 20 日在湖南洞庭湖沿岸采得，同年 7 月 2 日又在同一湖泊中被发现。当时水温 22-23℃，pH 7-8。

　　分类讨论　中国腔轮虫外形与 *L. lauterborni* 和 *L. levistyla* 很接近，但前者所具有的以下特征可将其与后者区别开来：①前端两侧向内弯曲的长棘刺；②背甲宽于腹甲；③第 2 足节两侧具乳突；④趾的形状不同。

　　地理分布　北京、湖南（岳阳）。

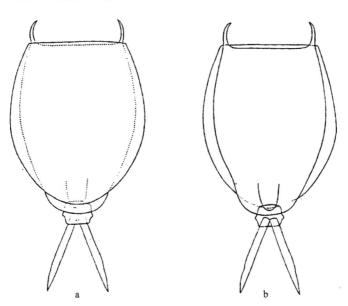

图 219　中国腔轮虫 *Lecane (Lecane) chinesensis* Zhuge et Koste

a. 背面观（dorsal view）；b. 腹面观（ventral view）

(210) 刻纹腔轮虫指名亚种 *Lecane (Lecane) signifera signifera* (Jennings, 1896)（图 220）

Distyla signifera Jennings, 1896a: 92.

Cathypna signifera: Murray, 1913b: 552.

Lecane signifera: Harring, 1913b: 62.

形态 被甲呈长椭圆形，背甲略宽于腹甲，两侧前棘刺较短小，前缘彼此吻合而平直；侧缘略呈弧形。背、腹甲均有对称而明显的刻纹。刻纹向上突起，形如半圆形颗粒；尾突起超过背甲末端，呈新月形。背甲后端较平直，侧沟浅。第 1 足节不清楚，第 2 足节方形。趾细长无爪。

标本测量 被甲长：150μm；被甲宽：82μm；趾长：60μm。

生态 本种习居于各种酸性水域中，是一广生性种类。在西藏吉隆一小水塘中采到。该处海拔 3300m，当时水温 17℃，pH 5.0 左右。

本种在《西藏水生无脊椎动物》一书中被称为显志腔轮虫。

地理分布 海南、湖北（武汉）、西藏（吉隆）；北美洲。

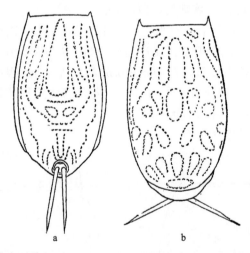

图 220　刻纹腔轮虫指名亚种 *Lecane (Lecane) signifera signifera* (Jennings)（仿龚循矩, 1983）

a. 腹面观（ventral view）；b. 背面观（dorsal view）

(211) 长圆刻纹腔轮虫 *Lecane (Lecane) signifera ploenensis* (Voigt, 1902)（图 221）

Distyla signifera ploenensis Voigt, 1902: 679.

Distyla affinis Lucks, 1912: 207.

Cathyla ploenensis: Murray, 1913b: 552.

Lecane ploenensis: Wang, 1961: 115.

形态 被甲的外形与指名亚种相似，唯其两侧前棘刺较粗壮一些。背甲表面具有很显著而固定不变的刻纹：中央部分的刻纹表面有规则隔成若干多边形的小块；两侧的刻纹既多弯曲，又断断续续，亦不形成真正小块。腹甲外形近似背甲，但比较狭，前端更狭；其表面刻纹呈长条形，亦不太规则。侧沟相当深。足节相当大而后端浑圆；第1足节狭而长，不易观察；第2足节近似四方形；趾细长无爪。尾突起比较短而宽，略突出于背甲之后。

　　标本测量　体长：130μm；体宽：78μm；趾长：50μm。

　　生态　习居于沉水植物丰富的湖泊、池塘等浅水水体。本亚种采自浙江宁波东钱湖汊。《中国淡水轮虫志》中所叙述的长圆腔轮虫 L. ploenensis 就是本亚种。

　　地理分布　海南、浙江（宁波）；澳大利亚，新西兰，非洲，北美洲，南美洲，东南亚，欧洲，亚洲北部。

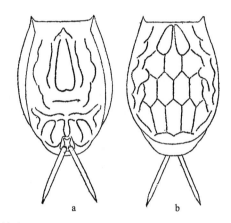

图 221　长圆刻纹腔轮虫 Lecane (Lecane) signifera ploenensis (Voigt)（仿王家楫, 1961）

a. 腹面观（ventral view）；b. 背面观（dorsal view）

(212) 莱伟腔轮虫 Lecane (Lecane) levistyla (Olofsson, 1917)（图 222）

Cathypna levistyla Olofesson, 1917: 280.

Lecane scobis Harring *et* Myers, 1926: 329.

　　形态　背甲前端平直，后端浑圆，中间呈弧形突出宽于腹甲。前端两侧有侧棘刺，短而尖。背、腹甲无明显刻纹。侧沟光滑轻微弯曲。由于腹甲较背甲长，因此不论从背、腹面观察均有宽大的尾部突起。第1足节不明显，第2足节似呈方形，不突出于体之末端。趾较长，两侧平直至中部，然后开始尖削；无爪。

　　标本测量　背甲长：112-190μm；背甲宽：82-148μm；腹甲长：120-202μm；腹甲宽：75-125μm；前侧刺之间距离：54-95μm；趾长：54-100μm。

　　生态　广生性种类，营底栖生活，常出现于丝状藻类间。采自北京市郊一鱼池，及湖南洞庭湖。

　　地理分布　湖南（岳阳）、北京；北美洲，欧洲，亚洲北部。

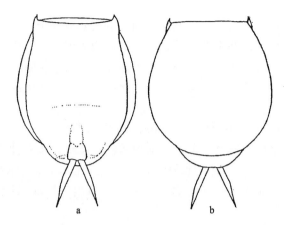

图 222　莱伟腔轮虫 Lecane (Lecane) levistyla (Olofsson)

a. 腹面观（ventral view）；b. 背面观（dorsal view）

(213) 劳氏腔轮虫 Lecane (Lecane) lauterborni Hauer, 1924（图 223）

Lecane lauterborni Hauer, 1924b: 146.

形态　背甲较短，呈卵圆形，比腹甲宽，但较腹甲短。被甲前端的侧棘刺较为粗壮，略向内弯曲。腹甲狭长，故从背面观，背甲下的腹甲呈舌形突出，侧面呈波浪形。通常背、腹甲表面有微弱的条纹。第 1 足节不甚明显；第 2 足节亦较短小；趾具有长而逐渐变细的尖端。无爪。

标本测量　被甲长：128μm；被甲宽：72μm；趾长：48μm。

生态　习居于有苔藓或水生植物的水域中。在西藏类乌齐一小水塘中采到；该处海拔 3850m，当时水温 19℃，pH 7.5。

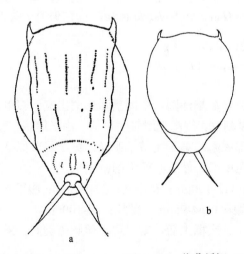

图 223　劳氏腔轮虫 Lecane (Lecane) lauterborni Hauer（a 仿龚循矩, 1983；b 仿 Koste, 1978）

a. 腹面观（ventral view）；b. 背面观（dorsal view）

地理分布 西藏（类乌齐）；北美洲，南美洲，太平洋地区，欧洲，亚洲北部。

(214) 罗氏腔轮虫 *Lecane (Lecane) ludwigii* (Eckstein, 1883)（图 224）

Distyla ludwigii Eckstein, 1883: 383.

Distyla ornata Daday, 1897: 135.

Distyla oxycauda Stenroos, 1898: 162.

Cathypna ludwigii: Murray, 1913b: 552.

Lecane ludwigii: Harring, 1913b: 61.

形态 被甲呈卵圆形。背甲和腹甲前端的边缘往往完全一致，略有下沉；背甲明显宽于腹甲，而腹甲比背甲长，因此腹甲向后延伸成形态各异的尾突起，大多数尖削，但有的平截，有的浑圆，故有的学者就把该种分成不少"型"或变种。被甲前端两侧角各形成 1 个相当粗壮但较短的尖棘刺。该种有的背甲从前到后具有 4 或 5 行多边形棋盘格的饰纹，相当明显而精致。第 1 足节狭长，它的末端呈乳头状而嵌入第 2 足节的前半部；第 2 足节较大，呈四方形。趾 1 对，长而细，两侧平行，末端尖锐。

标本测量 被甲长：162μm；被甲宽：79μm；趾长：47μm。

生态 习居于沉水植物和挺水植物丰富的水域中；能适应的 pH 和温度范围均很广。在浙江宁波市郊、上海崇明、黑龙江一些池塘、小河流均采到过。

地理分布 海南（琼海）、云南、湖南（岳阳）、湖北（武汉）、上海（崇明）、广西（南宁）、黑龙江、浙江（宁波）；澳大利亚，新西兰，非洲，北美洲，南美洲，东南亚，太平洋地区，欧洲，亚洲北部。

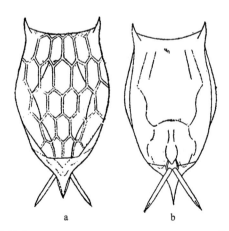

图 224　罗氏腔轮虫 *Lecane (Lecane) ludwigii* (Eckstein)（仿王家楫, 1961）

a. 背面观（dorsal view）；b. 腹面观（ventral view）

(215) 俄亥俄腔轮虫指名亚种 *Lecane (Lecane) ohioensis ohioensis* (Herrick, 1885)（图 225）

Distyla ohioensis Herrick, 1885: 54.

Cathypna ohioensis: Turner, 1892: 61.

Lecane ohioensis: Harring, 1913b: 61.

形态　被甲轮廓系相当宽阔的卵圆形。背甲和腹甲的前端边缘也基本一致，腹甲前端略比背甲前端低而凸出，两者均形成 1 很浅的下沉凹陷。前侧角也各有 1 粗壮而不太长的棘刺。背甲系宽阔的卵圆形，后端平直，表面也有几行不整齐的多边形网状条纹。腹甲呈椭圆形，略狭于背甲，腹甲表面亦有若干条条纹。尾部突起末端平截，呈柄状。第 1 足节狭小，呈锥状，它的乳头状后端嵌入第 2 足节的前半部；第 2 足节比较粗壮，或多或少呈四方形；趾 1 对细而长，两侧平行，末端尖锐；无爪。

标本测量　被甲长：168μm；被甲宽：108μm；趾长：48μm。

生态　习居于水生植物比较繁茂的浅水湖泊、池塘等小水体中，采自云南昆明市郊一莲花池。

地理分布　云南（昆明）、湖北（武汉）；澳大利亚，新西兰，非洲，北美洲，南美洲，东南亚，太平洋地区，欧洲，亚洲北部。

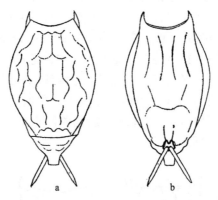

图 225　俄亥俄腔轮虫指名亚种 *Lecane (Lecane) ohioensis ohioensis* (Herrick)（仿王家楫, 1961）

a. 背面观（dorsal view）；b. 腹面观（ventral view）

(216) 鱼尾俄亥俄腔轮虫 *Lecane (Lecane) ohioensis appendiculata* Levander, 1894（图 226）

Lecane ohioensis f. *appendiculata* Levander, 1894: 50.

Cathypna appendiculata: Levander, 1894: 50.

Lecane ohioensis var. *jorroi* Arevalo, 1918: 1-47.

形态　被甲较透明。背甲比腹甲宽，背部隆起，近后端 1/3 处骤然平截下陷，然后继续向后平伸，后部显著地瘦削形成尾柄，末端 2 角较突出而呈鱼尾状。尾柄基部两侧分别具有 2 道较宽而深的斜行粗纹，上方往往连接在背甲隆起的末端。腹甲前端 2 侧角显著地形成 2 个粗壮而坚实的侧刺。足 2 节，自后部 1/3 处的腹面伸出；第 1 节较细长，显著地嵌入第 2 足节内；第 2 节较宽，略呈四方形。趾 1 对，较长而细，其长度约为体长的 1/3，末端尖削，但绝不是爪刺。侧面观背腹厚不及体宽的 1/2，两趾的基部钝圆，并显著地弯向腹面。尾柄基部 4 条斜行刻纹及末端鱼尾状，是本亚种的主要特征。

标本测量　体长：143μm；体宽：79μm；体高：35μm；趾长：46μm。

生态　一般认为是一底栖性轮虫，既能生活在淡水，亦可在咸淡水中存在，标本采自广东一水库。《中国淡水轮虫新资料》（伍焯田，1981）一文中称之为佐氏奥埃奥腔轮虫 *L. ohioensis* var. *jorroi*。Segers（2007）认为，该亚种是指名亚种的同物异名。

地理分布　广东；欧洲。

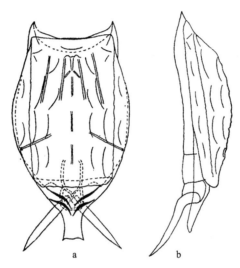

图 226　鱼尾俄亥俄腔轮虫 *Lecane* (*Lecane*) *ohioensis appendiculata* Levander（仿伍焯田，1981）

a. 背面观（dorsal view）；b. 侧面观（lateral view）

C 类腔轮虫（被甲前端无前侧刺，趾具爪或伪爪）种检索表

1. 被甲宽大于长···2
   被甲长大于宽···3
2. 趾短且向外弯曲···短趾腔轮虫 *L.* (*L.*) *pumila*
   趾长不向外弯曲···泰国腔轮虫 *L.* (*L.*) *thailandensis*
3. 第 2 足节突出于被甲末端···4
   第 2 足节不突出于被甲末端···5
4. 尾突起呈宽阔的三角形··薄甲腔轮虫 *L.* (*L.*) *subtilis*
   尾突起呈钝圆锥形··道李沙腔轮虫 *L.* (*L.*) *doryssa*
5. 被甲狭长，趾较细弱··无甲腔轮虫 *L.* (*L.*) *inermis*
   被甲浑圆，趾较粗壮···6
6. 腹甲下半部有 1 横褶···大腔轮虫 *L.* (*L.*) *grandis*
   腹甲下半部无横褶··7
7. 背甲比腹甲狭···爱琴腔轮虫 *L.* (*L.*) *aeganea*
   背甲、腹甲宽度基本相等···细爪腔轮虫 *L.* (*L.*) *tenuiseta*

(217) 短趾腔轮虫 *Lecane (Lecane) pumila* (Rousselet, 1906) （图 227）

Notommata pumila Rousselet, 1906: 183.

Lecane pumila: Hauer, 1936: 154.

形态　被甲很柔韧，但仍可保持一定的形状，无纵沟。被甲宽大于长。腹甲与背甲的宽度基本一致，但腹甲要比背甲长。前后端均外突，尾突起大，略呈长方形。第 1 足节呈圆柱形，前端 1 乳头状突起嵌入第 2 足节；第 2 足节略呈方形。趾短，自基部向末端变细并略向外弯曲；伪爪细小。

标本测量　体长：75-170μm；背甲长：60-75μm；背甲宽：90-140μm；腹甲长：80-110μm；趾长：12-15μm；爪长：3-5μm。

生态　一般生活在流水或静水中的苔藓等水生植物丛中。在北京市郊一鱼池中采得。《中国淡水轮虫志》所描述的短趾腔轮虫 *L. glypta* 现重新定名为网纹腔轮虫，属 D 类腔轮虫。

地理分布　北京、安徽（芜湖）、西藏（亚东）；澳大利亚，新西兰，非洲，东南亚，欧洲，亚洲北部。

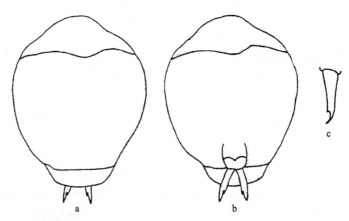

图 227　短趾腔轮虫 *Lecane (Lecane) pumila* (Rousselet)
a. 背面观（dorsal view）；b. 腹面观（ventral view）；c. 趾（toe）

(218) 泰国腔轮虫 *Lecane (Lecane) thailandensis* Segers *et* Sanoamuang, 1994 （图 228）

Lecane thailandensis Segers *et* Sanoamuang, 1994: 39-46.

Lecane hornemanni: Wang, 1961.

形态　本种为《中国淡水轮虫志》中的突纹腔轮虫 *Lecane hornemanni*。被甲为宽阔的卵圆形，宽略大于长。背、腹甲前端边缘彼此一致，无前侧棘刺。背甲表面具复杂而精致的刻纹，腹甲较背甲为狭，表面有折痕。尾突起比较短而宽，略突出于背甲之后。足 2 节，第 1 足节的乳状突起嵌入近四方形的第 2 足节。趾相当长，不向外弯曲，但少许向后瘦削，具伪爪。

标本测量　体长：107μm；体宽：113μm；趾长：40μm。

生态　本种往往栖息于沉水植物丛中。在有机质多的沼泽和池塘、浅水湖泊内有时也有它的踪迹。该种虽非常见，但分布很广，一旦出现，个体就比较多。在浙江宁波东钱湖的水样中发现许多个体。

地理分布　浙江（宁波）；东南亚。

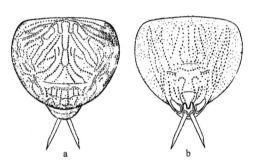

图 228　泰国腔轮虫 *Lecane* (*Lecane*) *thailandensis* Segers *et* Sanoamuang

a. 背面观（dorsal view）；b. 腹面观（ventral view）

(219) 薄甲腔轮虫 *Lecane* (*Lecane*) *subtilis* Harring *et* Myers, 1926（图 229）

Lecane subtilis Harring *et* Myers, 1926: 370.

Lecane murrayi Korde, 1927: 81.

形态　被甲柔软，略呈长方形，长大于宽，外形比较粗糙。背甲与腹甲前缘吻合，略向上突起，无前侧棘刺。背、腹甲两侧界线不清。3/4 的前部两侧平行，1/4 的后部变窄，呈宽三角形。背、腹甲均有刻纹，背甲末端有 1 宽三角形尾突起。第 1 足节不甚清楚，部分嵌入第 2 足节；第 2 足节为长方形，略超出腹甲之外。趾细长，末端有爪。

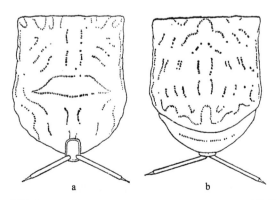

图 229　薄甲腔轮虫 *Lecane* (*Lecane*) *subtilis* Harring *et* Myers（仿龚循矩，1983）

a. 腹面观（ventral view）；b. 背面观（dorsal view）

标本测量　背甲长：54-70μm；背甲宽：50-60μm；腹甲长：60-75μm；腹甲宽：50-55μm；趾长：25-32μm；爪长：5-8μm。

生态　本种常出没于沉水植物和挺水植物丛中。在西藏察隅（海拔 1550m）和墨脱（海拔 830m）长有莎草及禾本科植物的小水塘中采得。

地理分布　西藏（察隅、墨脱）；非洲，北美洲，南美洲，欧洲，亚洲北部。

(220) 道李沙腔轮虫 *Lecane (Lecane) doryssa* Harring, 1914（图 230）

Lecane doryssa Harring, 1914: 542.

形态　被甲很柔韧，椭圆形或长卵圆形，长大于宽；背腹甲之间的厚度大。背甲前端边缘少许浮起而凸出；同时又由于表面皱痕隆起的"脊"一直伸到边缘，形成若干波浪式的起伏。腹甲前端边缘接近平直；它的两侧外角很简单，并不具备前刺或尖头。背甲卵圆形，后端平直或接近平直。背甲表面纵长而隆起的皱痕形成或多或少的小块。腹甲表面的皱痕或刻纹相当复杂，尾突起呈钝圆锥形。第 1 足节长圆柱形，中间略凹；第 2 足节接近四方形，超过被甲末端。趾细而长，后半段的下方突然尖削成 1 笔直的长针状的爪。

标本测量　背甲长：58μm；背甲宽：60μm；腹甲长：58μm；趾长：30-32μm；爪长：13μm。

生态　一般在周丛生物中出现，似乎适宜于酸性环境和较高的水温。采自辽宁境内一小水沟。

地理分布　云南、辽宁（凌海）、西藏（墨脱）；澳大利亚，新西兰，非洲，南美洲，东南亚，欧洲，亚洲北部。

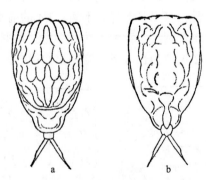

图 230　道李沙腔轮虫 *Lecane (Lecane) doryssa* Harring（仿王家楫，1961）
a. 背面观（dorsal view）；b. 腹面观（ventral view）

(221) 无甲腔轮虫 *Lecane (Lecane) inermis* (Bryce, 1892)（图 231）

Distyla inermis Bryce, 1892: 274.
Cathypna inermis: Murray, 1913b: 556.

Lecane amorphis Harring, 1914: 544.

形态　被甲薄而透明，较柔软，略呈长椭圆形。背、腹甲前端边缘平直，无侧棘刺；背甲比腹甲既狭且短，长略为宽的 2 倍，末端较平直；腹甲亦呈长卵圆形，尾突起呈扁平状。足 2 节，第 1 足节圆柱形；第 2 足节似呈方形，较第 1 足节要宽。趾较短，爪较长。活体状态下，体呈圆筒形，行动活泼。

标本测量　全长：95-102μm；被甲长：72-79μm；被甲宽：43-45μm；趾长（包括爪）：23-24μm。

生态　生活范围十分广泛，既可生活在淡水中，又可生活在咸淡水中。在 pH 4.8-10、水温 5.9-43℃的范围内均可生存，甚至在 62.5℃的温泉中也能生存（Kutikova，1970）。但一般在冷水中较少见，在暖水中也常能见到。

本种于 1974 年 7 月 14 日采自西藏拉萨一小河流中，河中有莎草、马来眼子菜等水生植物，当时水温 18℃，pH 6，海拔 3650m。

地理分布　海南、湖北（武汉）、江苏（无锡）、安徽（芜湖）、西藏（拉萨）；澳大利亚，新西兰，非洲，北美洲，南美洲，东南亚，太平洋地区，欧洲，亚洲北部。

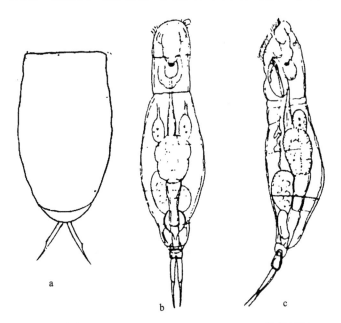

图 231　无甲腔轮虫 *Lecane (Lecane) inermis* (Bryce)（仿龚循矩，1983）

a. 背面观（dorsal view）；b, c. 虫体游泳时背面观和侧面观（dorsal and lateral view during swimming）

(222) 大腔轮虫 *Lecane (Lecane) grandis* (Murray, 1913)（图 232）

Cathypna grandis Murray, 1913b: 554.

Lecane grandis: Fadeew, 1925: 20.

形态 系大型腔轮虫。被甲前端两侧无侧刺，呈宽卵圆形，背、腹甲前端平直，表面光滑。背甲比腹甲窄；腹甲长稍大于宽，下半部具 1 完全的横褶，侧缘光滑，略微弯曲。第 2 足节呈长椭圆形，不突出于被甲末端。趾中等长，伪爪尖细。

大腔轮虫在不同的生态环境中被甲的长、宽变化较大。

标本测量 背甲长：125-180μm；背甲宽：105-160μm；腹甲长：140-200μm；腹甲宽：112-140μm；前端宽度：100-120μm；趾长：40-80μm；伪爪长：10-12μm。

生态 一般生活在小水体中，也可在咸淡水中出现。在其胃中常常可观察到硅藻。本种于 1995 年 12 月采自海南三亚三亚河旁一鱼塘，该塘水清，四周有许多杂草，当时水温 26℃。

地理分布 海南（三亚）；澳大利亚，新西兰，北美洲，南美洲，东南亚，欧洲，亚洲北部。

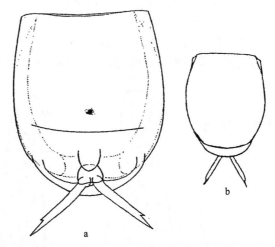

图 232 大腔轮虫 Lecane (Lecane) grandis (Murray)
a. 腹面观（ventral view）；b. 背面观（dorsal view）

(223) 爱琴腔轮虫 Lecane (Lecane) aeganea Harring, 1914（图 233）

Lecane aeganea Harring, 1914: 452.
Lecane tenuiseta aeganea Kutikova, 1970: 451.

形态 被甲硬，呈卵圆形。背甲整体比腹甲窄，光滑或有饰纹，背、腹甲前端平直，两者几近重叠，无侧棘刺。腹甲长稍大于宽，有饰纹或光滑。侧沟浅。足 2 节，第 1 足节不明显，第 2 足节呈方形，一般不突出体之末端。趾直，两侧基本呈平行状态；末端爪较细小。

标本测量 背甲长：72-76μm；背甲宽：66-67μm；腹甲长：79-82μm；腹甲宽：60-67μm；趾长：24-25μm；爪长：9μm。

生态 本种对水温、pH 和盐度的适应范围很宽。既能在盐度较高的青海湖敞水带生存（pH 9.5，水温 12.5℃），亦能在武汉东湖、云南抚仙湖等淡水湖泊中出现。

地理分布　云南（昆明）、青海、湖北（武汉）；澳大利亚，新西兰，非洲，北美洲，南美洲，东南亚，太平洋地区，欧洲。

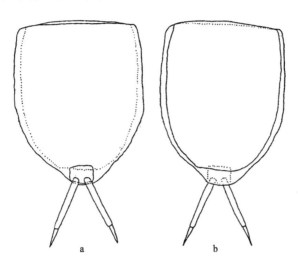

图 233　爱琴腔轮虫 Lecane (Lecane) aeganea Harring
a. 腹面观（ventral view）；b. 背面观（dorsal view）

(224) 细爪腔轮虫 Lecane (Lecane) tenuiseta Harring, 1914（图 234）

Lecane tenuiseta Harring, 1914: 543.

Lecane punctata Carlin-Nilsson, 1934: 9.

Lecane aegana Carlin, 1939: 24.

Lecane tenuiseta punctata Kutikova, 1970: 450.

形态　被甲很柔韧，它的轮廓呈长的卵圆形；如不包括趾在内，宽度约为长度的 2/3。背甲和腹甲的前端边缘彼此平行，两侧无棘刺，在中央部分少许浮起而略微凸出。背甲呈卵圆形，高度隆起，后端浑圆；腹甲宽度和背甲宽度相同，但远较背甲长；尾突起呈长卵圆形，突出于背甲之后。足的第 1 节狭长，两侧几乎平行，后端有 1 乳头状突出嵌入第 2 节内；第 2 节短而宽，近似棱形，不超过被甲末端。趾细而长，每一个趾的长度约为身体全长的 1/3，少许向后瘦削。爪非常细长而尖锐，往往略向外弯；它的内侧边缘和趾的内侧边缘相连，外侧基部钝圆，没有基刺的存在。

标本测量　背甲长：70μm；背甲宽：56μm；腹甲长：98μm；趾长：21μm；爪长：13μm。

生态　一般认为该种是喜酸性种类，分布在沼泽、池塘等有水生植物的水域中。在水温较高的水族箱中有时候也可看到；另外在水库的拦水坝的植被上亦可大量繁殖。本种采自浙江宁波一长有茂密水生植物的小湖汉中。

地理分布　海南、云南、湖南（岳阳）、北京、吉林（长白山）、浙江（宁波）、安徽

（芜湖）、西藏（拉萨、普兰）；澳大利亚，新西兰，非洲，北美洲，南美洲，东南亚，欧洲，亚洲北部。

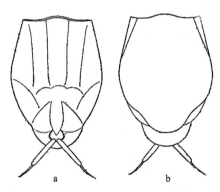

图 234　细爪腔轮虫 *Lecane (Lecane) tenuiseta* Harring（仿王家楫，1961）

a. 腹面观（ventral view）；b. 背面观（dorsal view）

D 类腔轮虫（前端具有侧刺，腹甲突出；趾具爪或伪爪）种检索表

1. 前侧棘刺末端圆钝或呈钝角 ·· 2
   前侧棘刺末端尖锐 ·· 3
2. 被甲前端两侧各具 1 隆起圆片 ···························· 凹顶腔轮虫 *L. (L.) papuana*
   被甲前端两侧无隆起圆片，仅为 1 钝角 ······················ 爱沙腔轮虫 *L. (L.) elsa*
3. 第 2 足节突出于被甲末端 ·· 4
   第 2 足节不突出于被甲末端 ·· 9
4. 趾与爪的连接处膨大呈结节状 ·························· 矛趾腔轮虫 *L. (L.) hastata*
   趾与爪的连接处不膨大呈结节状 ·· 5
5. 爪与爪呈不完全切割状，两者分界不明确 ············ 短棘腔轮虫 *L. (L.) haliclysta*
   爪与爪一般呈完全切割状，两者分界较明显 ·································· 6
6. 前侧棘刺长而尖，系非腹甲延伸物 ···················· 尖棘腔轮虫 *L. (L.) aculeata*
   前侧棘刺不长而尖，系腹甲延伸物 ·· 7
7. 背、腹甲后半部急剧收缩呈尖圆锥形 ·················· 鞋形腔轮虫 *L. (L.) crepida*
   背、腹甲后半部平缓收缩呈长椭圆形 ·· 8
8. 第 2 足节两侧有乳突 ······························ 强壮腔轮虫 *L. (L.) robertsonae*
   第 2 足节两侧无乳突 ······························ 棘腔轮虫 *L. (L.) stichaea*
9. 背、腹甲前端边缘平直或基本平直 ··· 10
   背、腹甲前端边缘有不同程度的凹陷 ······································· 13
10. 背、腹甲有横的或纵长的纵褶 ··· 11
    背、腹甲有刻纹或网纹 ··· 12
11. 腹甲有不完全的横和纵折痕 ························ 愉悦腔轮虫 *L. (L.) aspasia*
    腹甲只有完全的横折痕 ···························· 莱因腔轮虫 *L. (L.) rhenana*

12. 背、腹甲有明显的刻纹···**柔韧腔轮虫** *L. (L.) flexilis*
    背、腹甲有特别的精致网纹···**网纹腔轮虫** *L. (L.) glypta*
13. 腹甲前段边缘凹陷呈三角形···**尾片腔轮虫** *L. (L.) leontina*
    腹甲前段边缘凹陷不呈三角形·· 14
14. 爪细长，一般超过 20μm···**蹄形腔轮虫** *L. (L.) ungulata*
    爪不细长，一般不足 20μm·· 15
15. 前侧棘刺短而尖，向内弯曲···**弯角腔轮虫** *L. (L.) curvicornis*
    前侧棘刺一般呈微小的尖头，不向内弯曲······································**月形腔轮虫** *L. (L.) luna*

(225) 凹顶腔轮虫 *Lecane (Lecane) papuana* (Murray, 1913)（图 235）

Cathypna papuana Murray, 1913b: 551.

Lecane yamunensis Dvorakova, 1962: 175.

　　形态　被甲轮廓系宽阔的卵圆形或接近圆形。背甲前端边缘平直或很接近平直；腹甲前端边缘的中部下沉，形成 1 比较宽而浅的"V"形凹痕，凹痕底部浑圆或钝圆，两侧少许浮起。前端两侧前棘刺的位置各有 1 隆起的相当大的圆片，显著地突出在背甲前缘。背甲接近圆形，除了最前端一小部外，比腹甲要宽一些，后端浑圆，表面很光滑，没有任何刻纹或折痕。腹甲系宽阔的卵圆形；它的表面也相当光滑，只有 1 正常的折痕，横贯于足的前面；后端浑圆，少许突出于背甲之后。足的第 1 节较长，它的后端比前端宽；第 2 节很粗壮，呈宽阔的卵圆形，不突出于被甲末端。趾长而相当细，笔直，两侧几乎平行；爪尖锐。

　　标本测量　背甲长：92-120μm；背甲宽：82-102μm；腹甲长：112-115μm；腹甲宽：91-98μm；趾长：34-50μm；爪长：8-12μm。

　　生态　一般习居于水生植物繁茂的水域中，pH 6-7、水温 15-32℃的水体中均能生存。标本采自四川一池塘。

　　地理分布　海南、云南、湖北（武汉）、湖南（岳阳）、四川（成都）；澳大利亚，新西兰，非洲，北美洲，南美洲，东南亚，太平洋地区，欧洲，亚洲北部。

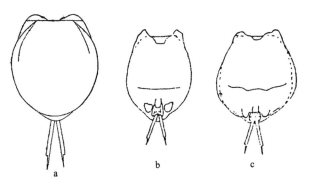

图 235　凹顶腔轮虫 *Lecane (Lecane) papuana* (Murray)

a. 背面观（dorsal view）；b, c. 腹面观（ventral view）

(226) 爱沙腔轮虫 *Lecane (Lecane) elsa* Hauer, 1931（图 236）

Lecane elsa Hauer, 1931: 8.

形态 体型较大，前棘刺并不明显，有时可看到小钝角。背甲表面光滑；腹甲具 1 明显贯通两侧的横褶，末端呈舌形突起，其长度超过第 2 足节。背甲整个较腹甲狭，前端平直，在侧面没有达到头孔边缘。腹甲在前端中央形成凹窦，两边略有突起。腹甲长大于宽。侧沟深。第 1 足节宽而短；第 2 足节呈梯形，不突出于体之末端。趾直，两侧平行；爪略弯曲，并具有 1 附刺。

标本测量 背甲长：122-140μm；背甲宽：102-113μm；腹甲长：133-160μm；腹甲宽：106-128μm；趾长：60-66μm；爪长：9-10μm。

生态 习居于小水体的水生植物丛中，在大水体的沿岸带较少发现。生活水域 pH 5-7，一般水温较高时才出现。本种于 1995 年 12 月 17 日采自海南三亚市郊一小河流，当时水温 24℃，pH 6.0。

地理分布 海南（三亚）、安徽（芜湖）；北美洲，欧洲，亚洲北部。

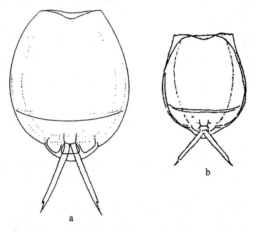

图 236 爱沙腔轮虫 *Lecane (Lecane) elsa* Hauer
a. 背面观（dorsal view）；b. 腹面观（ventral view）

(227) 矛趾腔轮虫 *Lecane (Lecane) hastata* (Murray, 1913)（图 237）

Cathypna hastata Murray, 1913b: 548.
Lecane hastata: Harring *et* Myers, 1926: 363-364.

形态 被甲相当柔韧，呈很宽的卵圆形。背甲前端边缘平直或少许下沉一些；腹甲前端边缘少许浮起或凸出一些，它的两侧外角各有 1 竖直的、尖头略向内弯的小棘刺。背甲远较腹甲狭而短，略呈椭圆形或近似杯形。腹甲表面的刻纹为 1 条横的折痕和 2 条纵长的皱纹。背甲和腹甲相连之处只显露了一些凹痕。足的第 1 节相当大，但不容易观察清楚；第 2 节系四方形，或多或少突出被甲之后。趾细长，与爪的连结处膨胀呈结节状，爪尖细。

标本测量　背甲长：74-97μm；背甲宽：50-79μm；腹甲长：96-115μm；腹甲宽：74-90μm；趾长：37-41μm；爪长：14-18μm。

生态　主要生活在淡水或咸淡水中。标本采自海南和湖北。

地理分布　海南、湖北（武汉）、湖南（岳阳）、黑龙江（哈尔滨）、辽宁（铁岭三台子）；澳大利亚，新西兰，非洲，北美洲，南美洲，东南亚，太平洋地区，欧洲，亚洲北部。

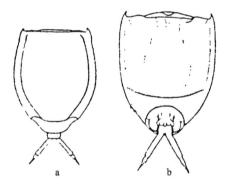

图 237　矛趾腔轮虫 Lecane (Lecane) hastata (Murray)（仿王家楫，1961）

a. 背面观（dorsal view）；b. 腹面观（ventral view）

(228) 短棘腔轮虫 *Lecane* (*Lecane*) *haliclysta* Harring *et* Myers, 1926（图 238）

Lecane haliclysta Harring *et* Myers, 1926: 348.

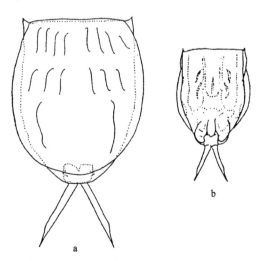

图 238　短棘腔轮虫 Lecane (Lecane) haliclysta Harring et Myers

a. 背面观（dorsal view）；b. 腹面观（ventral view）

形态 被甲较硬，表面有明显的饰纹。背甲呈坛形，前端比腹甲窄，中间则宽于腹甲。背、腹甲前端边缘平直或腹甲略外突；两侧各有 1 短棘刺，腹甲末端一般浑圆。第 1 足节较长；第 2 足节呈方形，突出于被甲末端。背甲末端有时会达到第 2 足节中间。趾长，并具不完全切割的真爪，趾与爪的分界不甚明显。

标本测量 背甲长：71-92μm；背甲宽：58-78μm；腹甲长：82-105μm；腹甲宽：56-74μm；趾长：31-42μm；爪长：8μm。

生态 通常生活于水生植物茂盛的酸性水体中。在海南三亚市郊河流和水塘、云南西双版纳一些水坑中均有发现。

地理分布 海南（三亚）、云南（昆明、西双版纳）；澳大利亚，新西兰，非洲，北美洲，南美洲，东南亚，欧洲，亚洲北部。

(229) 尖棘腔轮虫指名亚种 *Lecane (Lecane) aculeata aculeata* (Jakubski, 1912)（图 239）

Distyla aculeata Jakubski, 1912: 543.

Lecane gissensis Harring, 1913b: 61.

Lecane arcula: Koste, 1962: 105.

形态 被甲较硬，呈卵圆形，背、腹甲前端几乎吻合、平直。背甲呈坛形，略宽于腹甲，有不同形式的饰纹，前端平直，末端浑圆。腹甲前宽后窄，前端两侧各有 1 长而尖的棘刺，非腹甲延伸物，表面有不完全的横褶和纵褶，侧缘呈不规则的波浪状，在接近前端有缢缩，侧沟浅。第 1 足节狭长；第 2 足节长方形，突出于被甲末端。趾两侧平行；爪完全与趾分离，针状。

标本测量 背甲长：62-67μm；背甲宽：45-55μm；腹甲长：73-87μm；腹甲宽：46-52μm；趾长：22-28μm；爪长：5-7μm。

生态 习居于沉水植物丰富的水体中，一般在温度较高的季节出现，特别在稻田中经常可发现它的踪迹。

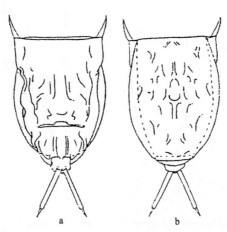

图 239 尖棘腔轮虫指名亚种 *Lecane (Lecane) aculeata aculeata* (Jakubski)
a. 腹面观（ventral view）；b. 背面观（dorsal view）

地理分布　湖南（岳阳）、湖北（武汉）、安徽（芜湖）；澳大利亚，新西兰，非洲，南美洲，东南亚，太平洋地区，欧洲，亚洲北部。

(230) 弓形尖棘腔轮虫 *Lecane (Lecane) aculeata arcula* Harring, 1914（图 240）

Lecane aculeata arcula Harring, 1914: 539.
Cathypna aculeata: Murray, 1913b: 550.
Lecane arcula: Wulfert, 1965a: 358; Wang, 1961.

形态　《中国淡水轮虫志》和《西藏水生无脊椎动物》两书中的尖棘腔轮虫 *Lecane arcula* Harring, 1914 即是本亚种。被甲呈长卵圆形，长度超过宽度；背、腹甲前端边缘彼此一致，表面的饰纹不太明显。腹甲前端边缘两侧瘦长的尖棘刺，总是或多或少指向前方和外方。尾突起比较宽阔而相当发达，后端浑圆，略突出于背甲之后。趾细长，基部略有弯曲；爪长而尖，与趾完全分离。

本亚种与指名亚种外形的区别主要是被甲表面饰纹不十分明显、趾的基部微弯和爪向两侧弯曲。

标本测量　全长：111μm；背甲长：64μm；背甲宽：61μm；腹甲长：75μm；趾长：22μm；爪长：5μm。

生态　一般生活在沉水植物丰富的偏酸性小水体中；本亚种于 1973 年采自西藏波密一小水塘；当时水温 25℃，pH 6.0，海拔 2700m。

分类讨论　Segers（2007）认为本亚种应升级为弓形腔轮虫 *Lecane arcula* Harring。

地理分布　浙江（萧山）、西藏（波密）；澳大利亚，新西兰，非洲，北美洲，南美洲，东南亚，太平洋地区，欧洲。

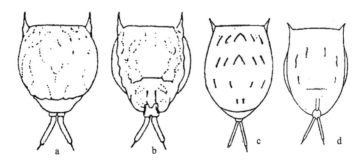

图 240　弓形尖棘腔轮虫 *Lecane (Lecane) aculeata arcula* Harring（a, b 仿王家楫, 1961；c, d 仿龚循矩, 1983）
a, c. 背面观（dorsal view）；b, d. 腹面观（ventral view）

(231) 鞋形腔轮虫 *Lecane (Lecane) crepida* Harring, 1914（图 241）

Lecane crepida Harring, 1914: 533.
Distyla gissensis Jennings, 1900: 91.

形态　被甲很柔韧而狭长，一般后半部比前半部更狭，到了足的部分更尖削。背甲前端边缘平直或略凸出一些；腹甲前端边缘也平直或略下沉一些，它的两侧外角超出被甲的边缘而又向上和向内弯转，形成 1 相当粗壮而内弯的前棘刺。背甲非常隆起，远较腹甲狭，背、腹甲后半部骤然紧缩，呈尖圆锥形；背甲表面有纵长而分歧的皱痕。腹甲腹部少许凸出；它的表面也有纵长的皱痕；皱痕或多或少呈波状曲折，自前端边缘一直伸展到横的折痕，侧沟很浅。第 1 足节呈球形，很大；第 2 足节接近四方形，绝大部分突出被甲的后面。趾很长而细；爪亦细长，末端尖锐。

标本测量　被甲长：103μm；趾长：38μm；爪长：9-10μm。

生态　一般营周丛生活，常常生活在水生植物丰富的各类小水体中。本种采自浙江宁波东钱湖一湖湾中。

地理分布　海南、安徽（芜湖）、浙江（宁波）；澳大利亚，新西兰，非洲，北美洲，南美洲，东南亚，欧洲，亚洲北部。

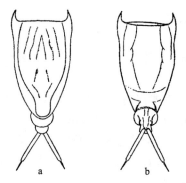

图 241　鞋形腔轮虫 *Lecane (Lecane) crepida* Harring

a. 背面观（dorsal view）；b. 腹面观（ventral view）

(232) 强壮腔轮虫 *Lecane (Lecane) robertsonae* Segers, 1993（图 242）

Lecane robertsonae Segers, 1993: 39-46.

Lecane aspasia amazonica Koste *et* Robertson, 1983.

形态　被甲较厚实，表面有少许饰纹。背、腹甲前端边缘彼此吻合一致而平直。背甲呈坛形，前端狭于腹甲，中间却较腹甲宽，末端平直；腹甲较长，前宽后狭，前端 2 侧棘刺粗壮，系腹甲延伸物；末端浑圆、宽阔。第 1 足节狭长，在末端有中央小窦；第 2 足节呈方形，两侧有乳突，突出于被甲之末端。趾平直而细长，爪很长。

标本测量　背甲长：85-101μm；背甲宽：66-73μm；腹甲长：97-111μm；腹甲宽：54-58μm；趾长：38μm；爪长：11-12μm。

生态　强壮腔轮虫原被认为是分布于南美洲中北部亚马孙河的特有种，后来在其他一些水体中陆续被发现。1995 年 12 月 15 日在海南琼海万泉河旁一积水中也采得该种；当时水温 20℃左右，pH 6，在小水体中有挺水植物及浮叶植物。

地理分布　海南（琼海）；澳大利亚，新西兰，南美洲，东南亚。

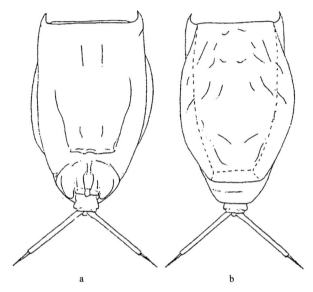

图 242　强壮腔轮虫 Lecane (Lecane) robertsonae Segers
a. 腹面观（ventral view）；b. 背面观（dorsal view）

(233) 棘腔轮虫指名亚种 *Lecane (Lecane) stichaea stichaea* **Harring, 1913**（图 243）

Lecane stichaea Harring, 1913a: 397.
Lecane methoria Harring et Myers, 1926: 343.

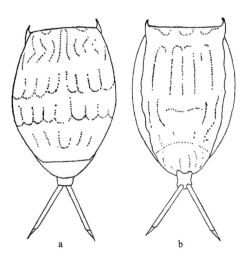

图 243　棘腔轮虫指名亚种 Lecane (Lecane) stichaea stichaea Harring（仿龚循矩, 1983）
a. 腹面观（ventral view）；b. 背面观（dorsal view）

形态 被甲几呈卵圆形，较为坚实，背、腹甲前端边缘亦彼此吻合而平直。背甲较腹甲宽，末端平截，表面具有规则而很特殊的刻纹，似乎排列成 4 个横列，又彼此相连。腹甲狭长，亦有纵横交叉的饰纹，前端两侧侧角各有 1 粗壮的、向内弯曲的短棘刺。第 1 足节窄而长；第 2 足节呈宽长方形，超过被甲末端。趾长而细，末端为爪，趾与爪的分界不甚明显。

标本测量 全长：140μm；背甲长：90μm；背甲宽：56μm；腹甲长：102μm；趾长：32μm；爪长：7μm。

生态 本指名亚种是一广生性种类，主要生活于池塘、水池等沼泽性水体中；也有可能在温泉、水井这些特殊水体中出现。1966 年、1974 年在西藏的森林小溪中采得。

地理分布 云南、湖北（武汉）、湖南（岳阳）、西藏（聂拉木）；澳大利亚，新西兰，非洲，北美洲，南美洲，东南亚，太平洋地区，欧洲，亚洲北部。

(234) 显纹棘腔轮虫 *Lecane* (*Lecane*) *stichaea saginata* Harring *et* Myers, 1926（图 244）

Lecane stichaea saginata Harring *et* Myers, 1926: 345.

形态 被甲呈卵圆形，背、腹甲前端吻合而平直，但表面有细微的波纹；背甲刻纹明显，分布 4 横列；腹甲亦有刻纹。第 2 足节略超出腹甲之外。趾细长，末端略向内弯曲，内侧末端切削成爪。

本亚种与指名亚种的主要区别在于：被甲前端边缘具细的波纹及趾向内弯曲。

显纹棘腔轮虫在《西藏水生无脊椎动物》一书中被命名为显纹腔轮虫 *Lecane saginata*。

标本测量 全长：140μm；背甲长：75μm；背甲宽：66μm；腹甲长：81μm；腹甲宽：34μm；趾长：40μm；爪长：7μm。

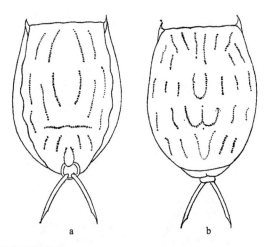

图 244 显纹棘腔轮虫 *Lecane* (*Lecane*) *stichaea saginata* Harring *et* Myers

a. 腹面观（ventral view）；b. 背面观（dorsal view）

生态　本种于 1974 年在西藏雅鲁藏布江边一长有莎草、禾本科植物的小水塘中采到；当时水温 25℃，pH 6.0，海拔 830m。

地理分布　西藏（墨脱）；澳大利亚，新西兰，非洲，北美洲，南美洲，东南亚，太平洋地区，欧洲，亚洲北部。

(235) 愉悦腔轮虫 *Lecane (Lecane) aspasia* Myers, 1917（图 245）

Lecane aspasia Myers, 1917.

形态　被甲较硬，表面有饰纹；背甲前端窄于腹甲，中间与腹甲几乎等宽；侧沟浅。背、腹甲前端平直，重叠，在两侧外角各具 1 很小的棘刺。腹甲长大于宽，有不完全的横褶和纵褶。第 1 足节狭长；第 2 足节宽大于长，两侧有乳状突起，不突出于体末端。趾直而长，两侧平行。爪短而细。

标本测量　背甲长：67-82μm；腹甲长：78-94μm；腹甲宽：62-75μm；趾长：24-30μm；爪长：7-8μm。

生态　一般生活于池塘、湖泊的沿岸带；标本采自湖南洞庭湖。

地理分布　湖南（岳阳）；北美洲，南美洲，东南亚，欧洲，亚洲北部。

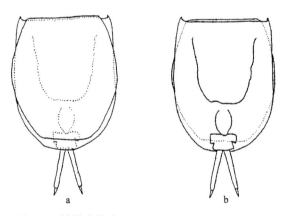

图 245　愉悦腔轮虫 *Lecane (Lecane) aspasia* Myers

a. 背面观（dorsal view）；b. 腹面观（ventral view）

(236) 莱因腔轮虫 *Lecane (Lecane) rhenana* Hauer, 1929（图 246）

Lecane rhenana Hauer, 1929: 145.

Lecane sibina Harring *et* Myers, 1926: 324.

形态　背甲呈圆形，前端平直，在中央与腹甲等宽或稍宽，前端窄于腹甲，表面光滑。腹甲呈尖卵圆形，前端侧棘刺粗壮。被甲长大于宽，表面光滑，有完全的横褶。侧缘光滑、弯曲，侧沟深。尾突起宽，第 1 足节较宽不易观察，第 2 足节呈梯形，不突出于体之末端。趾较短，两侧平直，具伪爪和附爪。

标本测量　被甲长：115-168μm；被甲宽：95-146μm。

生态　通常生活于有水生植物分布的湖泊、池塘中，经常出现在有轮藻的水域中。标本采自武汉东湖。

地理分布　湖北（武汉）；北美洲，南美洲，东南亚，欧洲，亚洲北部。

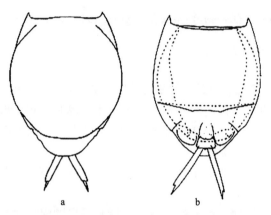

图 246　莱因腔轮虫 *Lecane (Lecane) rhenana* Hauer

a. 背面观（dorsal view）；b. 腹面观（ventral view）

(237) 柔韧腔轮虫 *Lecane (Lecane) flexilis* (Gosse, 1886)（图 247）

Distyla flexilis Gosse, 1886, In: Hudson *et* Gosse, 1886: 97.

Lecane flexilis: Harring, 1913b: 61.

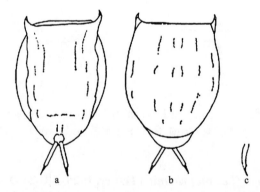

图 247　柔韧腔轮虫 *Lecane (Lecane) flexilis* (Gosse)（仿龚循矩，1983）

a. 腹面观（ventral view）；b. 背面观（dorsal view）；c. 趾侧面观（lateral view of toe）

形态　被甲轮廓系椭圆形，背面特别隆起。被甲前端明显宽，前侧棘刺在长度和方向等方面有较大变化，一般前侧棘刺较粗壮且向外伸展。背、腹甲前端边缘彼此基本一致，少许向上浮起而凸出。背甲呈椭圆形，比腹甲宽，末端呈椭圆形。背、腹甲表面均有明显的刻纹。尾突起明显突出于背甲之后。第 1 足节呈纵长的卵圆形；第 2 足节常呈四方形，不突出于被甲末端。趾 1 对，细长，两侧平行；爪瘦弱而尖锐，有时尖端略向内弯曲。

标本测量　背甲长：72-76μm；背甲宽：63-66μm；腹甲长：66-90μm；腹甲宽：50-60μm；趾长：18-30μm；爪长：3-5μm。

生态　分布广泛，在各类淡水及咸淡水域，特别是在夏、秋季节均有可能发现它的踪迹。本种采自西藏墨脱一小积水坑中，当时水温 20℃，pH 6.0。

地理分布　海南、云南、湖北（武汉）、北京、吉林（长白山）、青海（西宁）、新疆、浙江（宁波）、安徽（芜湖）、西藏（墨脱、芒康）；澳大利亚，新西兰，非洲，北美洲，南美洲，东南亚，太平洋地区，欧洲，亚洲北部。

(238) 网纹腔轮虫 *Lecane* (*Lecane*) *glypta* Harring *et* Myers, 1926（图 248）

Lecane glypta Harring *et* Myers, 1926: 360.

形态　被甲相当柔韧，前端两侧棘刺虽短小但可见；呈圆筒形或长卵圆形，两侧平行或几乎平行，后端浑圆。背甲和腹甲的前端边缘彼此并不一致；背甲前端或多或少向上浮而凸出，腹甲前端少许下沉而略微凹入，背、腹甲表面均有不同形态的精致网纹。背甲后端平直，腹甲后端浑圆。侧沟不明显。第 1 足节长而狭；第 2 足节呈梨形，不突出于被甲之末端。趾 1 对，长度一般，两侧平行或略向内弯曲；爪尖细，略向外弯曲，它的基部有 1 很小的基刺。

本种在《中国淡水轮虫志》中被命名为短趾腔轮虫。考虑到它的趾并不短，且从词意来说似乎称网纹腔轮虫更贴切些。

标本测量　被甲长：96μm；被甲宽：53μm；被甲前缘宽：44μm；趾长：20μm；爪长：5μm。

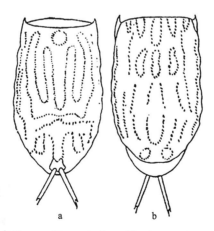

图 248　网纹腔轮虫 *Lecane* (*Lecane*) *glypta* Harring *et* Myers（仿龚循矩, 1983）
a. 腹面观（ventral view）；b. 背面观（dorsal view）

生态　本种 1926 年首次在北美洲一水草很多的池塘中被发现。1956 年在云南阳宗海沿岸带水草中采到若干个体；1975 年 6 月 5 日在西藏亚东的一冲积小湖中又被采集到。

当时水温 13℃，pH 6.0，海拔 3200m。由此可以认为，有水生植物分布的浅水湖泊沿岸带、池塘是该种最适宜的生存环境。

地理分布　云南（昆明）、西藏（亚东）；北美洲。

(239) 尾片腔轮虫 *Lecane* (*Lecane*) *leontina* (Turner, 1892)（图 249）

Cathypna leontina Turner, 1892: 61.

Cathypna scutari Stokes, 1897: 621.

Cathypna macrodactyla Daday, 1889: 92.

Cathypna leontina var. *bisinuata* Daday, 1905b: 109.

Lecane leontina: Harring, 1913b: 61.

形态　被甲轮廓近似梨形，背甲前端边缘少许下沉，形成 1 很浅的凹痕，或者并不下沉而接近平直；腹甲前端侧棘刺粗壮，边缘下沉的程度远较背甲深，形成 1 很宽的 "V" 形凹痕，凹痕底部钝圆。背甲的外形基本上和腹甲一致，宽度略小一些或几乎相同；后端浑圆；表面相当光滑，但在固定的标本上，两旁往往各有 1 纵长的皱痕，自前端和侧面边缘平行直达后端；腹甲表面也相当光滑。腹甲末端向下伸展，形成 1 比较宽而呈椭圆或矩形的尾突起；在某些标本上，尾突起两侧形成 2 个尖角。第 1 足节椭圆形，不很容易观察清楚；第 2 足节近似四方形，不突出于被甲末端。趾非常长而细，笔直而两侧平行；爪细长，它的基部有 1 基刺。

标本测量　被甲长：175-230μm；被甲宽：120-150μm；趾长：92-154μm；爪长：11-15μm。

生态　习居于热带、亚热带等湖泊、池塘等浅水水域沿岸带的沉水植物丛中，分布十分广泛。标本采自浙江宁波市郊及武汉东湖。

地理分布　湖北（武汉）、浙江（湖州、宁波）；澳大利亚，新西兰，非洲，北美洲，南美洲，东南亚，欧洲，亚洲北部。

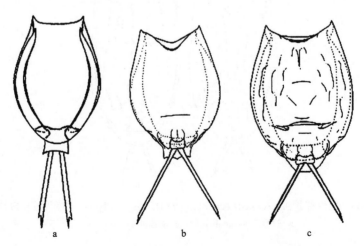

图 249　尾片腔轮虫 *Lecane* (*Lecane*) *leontina* (Turner)（仿王家楫，1961）

a. 背面观（dorsal view）；b, c. 腹面观（ventral view）

(240) 蹄形腔轮虫 *Lecane* (*Lecane*) *ungulata* (Gosse, 1887)（图 250）

Cathypna ungulata Gosse, 1887b: 361.

Distyla minnesotensis Herrick, 1885: 5.

Cathypna glandulosa Stokes, 1897: 632.

Lecane sverigis Ahlstrom, 1934: 258.

形态　被甲轮廓呈宽阔的卵圆形。背甲前端边缘相当平直；腹甲前端边缘凹陷成浅的"U"形，前端两侧的棘刺成 1 粗壮的三角形尖角（或称壮刺）。背甲卵圆形，后端少许凸出或接近平直，表面光滑且无皱痕。腹甲比背甲宽，但在第 2 足节处变狭，并向下形成 1 舌形尾突起，它超过第 2 足节。腹甲表面也相当光滑，只有 1 明显的折痕横贯在足的前面。侧沟相当深。第 1 足节较长，但不易观测清楚；第 2 足节较短而粗。趾 1 对，细长略弯曲；爪细长，一般超过 20μm，它的基部有 1 明显的附刺。

标本测量　被甲长（不包括趾）：210-270μm；趾长（连同爪）：96-112μm；爪长：20-45μm。

生态　蹄形腔轮虫分布十分广泛，是广生性种类，夏、秋季数量较多，主要栖息于不同类型淡水水体的沿岸带沉水植物间。本种是根据采自浙江菱湖和武汉东湖的标本描述的。

地理分布　湖北（武汉）、浙江（湖州）；澳大利亚，新西兰，非洲，北美洲，南美洲，东南亚，欧洲，亚洲北部。

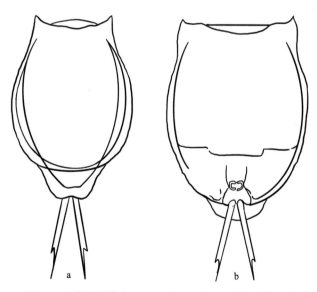

图 250　蹄形腔轮虫 *Lecane* (*Lecane*) *ungulata* (Gosse)

a. 背面观（dorsal view）；b. 腹面观（ventral view）

(241) 弯角腔轮虫 *Lecane (Lecane) curvicornis* (Murray, 1913)（图 251）

Cathypa curvicornis Murray, 1913b: 546.
Lecane nitida Murray, 1913a: 457.
Lecane lofuana Murray, 1913a: 457.
Lecane curvicornis: Harring, 1914: 535.

形态 背甲卵圆形，较腹甲窄，后端很接近平直；腹甲很像梨形，后端浑圆。背甲和腹甲表面前端边缘大致平直或稍有浅的凹痕；前侧棘刺短而尖，向内弯曲。腹甲上有1条非常明显的折痕横贯于足的前面；背甲上除了前半部的1条和后半部的2条横的刻纹外，尚有很多短而纵长的、斜行的及弯曲的刻纹，好像把整个背甲隔成许多小块；侧沟相当深。在背、腹甲表面刻纹复杂的类型，被甲的后端有1对向内弯入的凹痕，把后端裂成3片。第1足节相当粗壮，后半段比前半段宽；第2足节也很大，接近四方形，不突出被甲末端。趾细而很长；爪相当短小，爪的基部往往具有1微小的基刺。

弯角腔轮虫被甲表面刻纹及被甲后端裂片有较大变异，Koste（1978）将弯角腔轮虫分为华丽弯角腔轮虫 *L. curvicornis nitida* Murray, 1913 和裂尾弯角腔轮虫 *L. curvicornis* f. *lofuana* Murray, 1913；前者被甲表面有精致的刻纹，后者被甲后端形成3个小裂片。

标本测量 被甲长：150-170μm；被甲宽：122-132μm；趾长：69-79μm；爪长：10-16μm。

生态 主要生活在有水生植物分布的淡水水体中。在调查中发现，在东北小兴凯湖采到的个体被甲只有横的折痕而无刻纹；而在江苏、浙江湖泊中采到背、腹甲均有精致刻纹，且被甲后端有3个小裂片的个体。

地理分布 海南、湖北（武汉）、湖南（岳阳）、江苏（苏北）、浙江（宁波）、西藏（波密、察隅、措美）；澳大利亚，新西兰，非洲，北美洲，南美洲，东南亚，欧洲，亚洲北部。

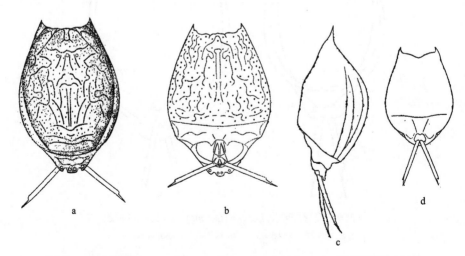

图 251 弯角腔轮虫 *Lecane (Lecane) curvicornis* (Murray)（仿王家楫，1961）
a. 背面观（dorsal view）；b, d. 腹面观（ventral view）；c. 侧面观（lateral view）

(242) 月形腔轮虫 *Lecane* (*Lecane*) *luna* (Müller, 1776)（图 252）

Cercaria luna Müller, 1776: 280.

Trichocerca luna: Bory de St. Vincent, 1826: 42.

Brachionus luna: Bleinville, 1830: 148.

Euchlanis luna: Ehrenberg, 1832: 131.

Cathypna luna: Hudson *et* Gosse, 1886: 94.

Lecane chankensis Bogoslovsky, 1958: 624.

形态　被甲前端边缘形成 1 月牙形下沉的凹痕；背、腹甲凹痕的深浅也几乎相等，不过背甲的前端边缘总是比腹甲的前端边缘狭，腹甲前端边缘两侧的外角形成 1 尖角。背甲很接近圆形，表面很光滑。腹甲比较像卵圆形；除了前端较宽以外，其他部分几近重合；表面亦很光滑，只有在足的前面有 1 平直的横条折痕；后端浑圆，只有少许突出于背甲之后。侧沟深，第 1 足节比较细而呈倒圆锥形，很不容易观察清楚；第 2 足节很粗壮，虽接近四方形，但它的后端总比前端宽，不突出于被甲末端。2 个趾相当长，两侧平行。趾的末端有 1 很明显的爪，爪的基部有 1 向外弯转的很小的基刺。

标本测量　被甲长：115-168μm；被甲宽：95-146μm；趾长：58-62μm；爪长：9-10μm。

生态　月形腔轮虫是最普通的种类之一。除了大型及深水湖泊的敞水带不会有它的踪迹外，其他自最浅的沼泽直到深水湖泊的沿岸带都有可能存在；最适宜于它的栖息环境无疑是水生植物比较多的沼泽和池塘，也可在咸淡水和内陆盐湖中出现；本种适应的温度范围也很广。本种是根据采自西藏的标本描述的。

地理分布　海南、云南、湖北（武汉）、湖南（岳阳）、青海（西宁）、吉林（长白山）、安徽（芜湖）、西藏（八宿、察隅、波密、措美、墨脱、吉隆、普兰、江达、拉萨）；澳大利亚，新西兰，非洲，北美洲，南美洲，东南亚，太平洋地区，欧洲，亚洲北部。

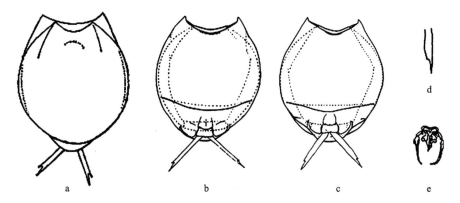

图 252　月形腔轮虫 *Lecane* (*Lecane*) *luna* (Müller)（仿龚循矩，1983）

a. 背面观（dorsal view）；b, c. 腹面观（ventral view）；d. 趾（toe）；e. 咀嚼器（trophi）

4）单趾轮亚属 *Monostyla* Ehrenberg, 1830

Monostyla Ehrenberg, 1830: 46.

Type species: *Trichoda cornuta=Monostyla cornuta* (Müller, 1786).

形态　本亚属的种类具趾 1 个，完全融合。

据不完全统计，全世界已发现 60 余种（包括亚种、变种及型），我国已记载 25 种 5 亚种。

种 检 索 表

(243) 四齿腔轮虫 *Lecane (Monostyla) quadridentata* (Ehrenberg, 1830)（图 253）

Monostyla quadridentata Ehrenberg, 1830: 130.
Lepadella cornuta Schmarda, 1859: 58.
Metopidia cornuta: Hudson *et* Gosse, 1889: 47.
Monostyla bicornis Daday, 1897: 139.
Lecane quadridentata: Edmondson, 1935: 302.

形态　被甲呈很宽的卵圆形,背甲比腹甲宽,其最宽之处位于背甲的后半部。背甲前端两侧向上很尖锐地突出,形成 1 对侧棘刺,侧棘刺的尖头有时少许向内弯转;2 个侧齿之间尚有 1 对镰刀状的长刺,长刺很显著地向外弯转,中间有 1 下沉的凹痕。腹甲前端边缘的凹痕略呈三角形,比背甲前端的凹痕更深而宽;腹甲上在足的前面有时有 1 横的折痕。侧沟在背甲和腹甲之间相当深而明显。后腹部比较小,其后端浑圆。第 1 足节呈狭长的卵圆形;第 2 足节为长方形,略突出于被甲之外。趾长,两边平行,趾边缘往往呈波纹状;爪 1 个,较长,其基部有 1 对很细弱的附刺。

标本测量　背甲长:130-160μm;背甲宽:96-126μm;腹甲长:140-170μm;腹甲宽:90-118μm;趾长:68-90μm;爪长:15-16μm。

生态　广生性种类，有较高的温度和 pH 忍耐范围。主要栖息于淡水水域的沿岸带、水生植物茂盛之处，也有可能在咸淡水中出现。采自浙江宁波东钱湖和武汉东湖。

地理分布　浙江（宁波）、湖北（武汉）、西藏（察隅、拉萨）；澳大利亚，新西兰，非洲，北美洲，南美洲，东南亚，太平洋地区，欧洲，亚洲北部。

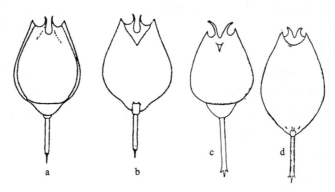

图 253　四齿腔轮虫 *Lecane (Monostyla) quadridentata* (Ehrenberg)（仿龚循矩, 1983）
a, c. 背面观（dorsal view）；b, d. 腹面观（ventral view）

(244) 双齿腔轮虫 *Lecane (Monostyla) bifurca* (Bryce, 1892)（图 254）

Monostyla bifurca Bryce, 1892: 274.
Notommata monostylaeformis Stenroos, 1898: 126.
Monostyla crypta Hauer, 1983: 538.
Lecane bifurca: Myers, 1942: 263.

形态　背、腹甲前端边缘平直，两者吻合。被甲最宽处位于中间，前端较宽，末端钝圆，外观呈梨形，被甲很薄，无侧沟，两侧缘呈波浪形。腹甲末端两侧第 2 足节处有 1 对细小的后侧刺。足 2 节，第 2 足节较第 1 足节短，不超过被甲末端。趾较长，末端爪 2 个，分开的，通常短小。

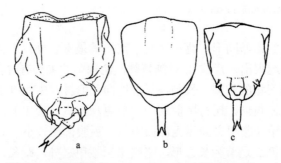

图 254　双齿腔轮虫 *Lecane (Monostyla) bifurca* (Bryce)
a, c. 腹面观（ventral view）；b. 背面观（dorsal view）

标本测量　背甲长: 50-54μm；背甲宽: 48-52μm；腹甲长: 54-58μm；腹甲宽: 48-52μm；

趾长：16-19μm；爪长：4-5μm。

生态 广生性种类，主要出现于营养类型较高的水体丝状藻类间，营周丛生活。采自湖北武汉东湖及沿岸小水体。

地理分布 湖北（武汉）；澳大利亚，新西兰，非洲，北美洲，南美洲，东南亚，太平洋地区，欧洲，亚洲北部。

(245) 叉爪腔轮虫 *Lecane* (*Monostyla*) *furcata* (Murray, 1913)（图 255）

Monostyla furcata Murray, 1913b: 560.
Lecane furcata: Edmondson, 1936: 215.

形态 被甲比较柔韧，轮廓系宽阔的卵圆形或接近圆形；如不包括趾在内，它的宽度仅略小于长度。背甲和腹甲前端边缘宽而平直，彼此相当一致。背甲表面光滑，接近圆形，前端比腹甲狭，中部和后半部较腹甲宽，后端呈圆形。腹甲前端比较宽而左右平行，后半部浑圆。腹甲也很光滑，只有在足的前端有 1 条显著的横的折痕。侧沟相当深。后腹部浑圆；全部几乎都被背甲覆盖在下面。第 1 足节不容易观察清楚；第 2 节接近圆形，不突出被甲末端。趾短而粗壮，爪 1 对，叉开的，细而尖锐。

标本测量 背甲长：62-76μm；背甲宽：62-70μm；腹甲长：64-78μm；腹甲宽：55-62μm；趾长：21-35μm；爪长：5-6μm。

生态 常常生活在水生植物丰富的淡水水体中，采自东北小兴凯湖湖汊水草繁茂的沿岸带。

地理分布 黑龙江（密山）、西藏（波密、察隅）；澳大利亚，新西兰，北美洲，南美洲，东南亚，欧洲，亚洲北部。

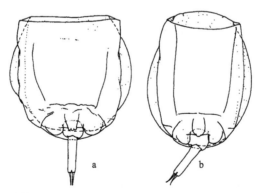

图 255　叉爪腔轮虫 *Lecane* (*Monostyla*) *furcata* (Murray)（仿王家楫, 1961）
a, b. 腹面观（ventral view）

(246) 精致腔轮虫 *Lecane* (*Monostyla*) *elachis* (Harring *et* Myers, 1926)（图 256）

Monostyla elachis Harring *et* Myers, 1926: 407.
Lecane (*Monostyla*) *elachis*: Wang, 1961.

形态　背、腹甲前端边缘宽阔而较平直，腹甲前端边缘比背甲宽，中间有 1 浅凹。背甲几近圆形，整个背甲自前到后有 4 列排列有序、左右对称的精致刻纹；腹甲呈椭圆形，表面光滑，只有 1 条横的折痕位于足的前面；从腹面观，除前端较宽外，其他部分都较背甲狭。趾相对较长，爪 1 个，基本融合在一起。

标本测量　背甲长：74μm；背甲宽：70μm；腹甲长：80μm；腹甲宽：58μm；趾长：22μm；爪长：5μm。

生态　精致腔轮虫一般生活在沼泽、池塘及浅水湖泊中，自 1926 年从北美洲若干水草繁茂的浅水池塘被初次发现后，在北欧、非洲及亚洲等地均有所发现，分布较普遍。采自浙江宁波、萧山。

地理分布　浙江（宁波、萧山）、安徽（芜湖）、西藏（拉萨、墨脱、林芝）；北美洲，非洲，北欧，亚洲。

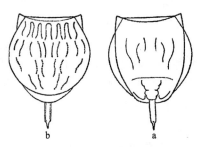

图 256　精致腔轮虫 Lecane (Monostyla) elachis (Harring et Myers)（仿王家楫, 1961）

a. 背面观（dorsal view）；b. 腹面观（ventral view）

(247) 索纹腔轮虫 Lecane (Monostyla) tethis (Harring et Myers, 1926)（图 257）

Monostyla tethis Harring et Myers, 1926: 407.
Lecane (Monostyla) tethis: Wang, 1961.

形态　被甲轮廓呈宽阔的卵圆形，它的宽度略小于长度。背、腹甲均有刻纹，腹甲的刻纹特别复杂，是其他同类轮虫中少见的。背甲的刻纹较腹甲的显著，且有规则，前端边缘完全一致，十分平直。腹甲末端有 3 个纽扣状褶皱。第 2 足节方形，不突出于体之末端。趾较长，爪短而尖，不分开。

标本测量　全长：106μm；体长：80μm；趾长（连同爪）：32μm。

生态　索纹腔轮虫习居于水生植物生长繁茂的各类淡水水体中。采自浙江宁波市郊一长有水生植物的小湖汊。

分类讨论　Segers（2007）认为上述 2 种腔轮虫是叉爪腔轮虫的同物异名。

地理分布　浙江（宁波）、安徽（芜湖）、西藏（亚东）；澳大利亚，新西兰，非洲，北美洲，南美洲，东南亚，太平洋地区，欧洲，亚洲北部。

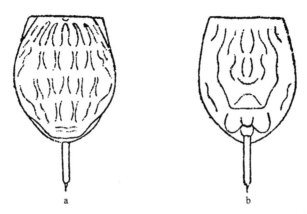

图 257　索纹腔轮虫 *Lecane* (*Monostyla*) *tethis* (Harring *et* Myers)（仿王家楫, 1961）

a. 背面观（dorsal view）；b. 腹面观（ventral view）

(248) 锥形腔轮虫 *Lecane* (*Monostyla*) *subulata* (Harring *et* Myers, 1926)（图 258）

Monostyla subulata Harring *et* Myers, 1926: 410.

Lecane subulata: Myers, 1937: 4.

　　形态　背、腹甲前端基本吻合，或腹甲略有下凹，腹甲略狭于背甲，前端两侧向内凹陷成 1 缢缩。被甲表面光滑。腹甲末端有 3 个指状褶皱。被甲前端两侧间距虽较宽，其长度大于背甲宽度的 1/2。腹甲末端浑圆。第 2 足节略超过腹甲末端，趾一般自基部向末端逐渐尖削。爪尖细，表面呈分离状，而实际上愈合在一起。

　　标本测量　被甲总长（收缩状态下）：87-100μm；背甲长：53-64μm；背甲宽：51-65μm；腹甲长：59-68μm；腹甲宽：46-55μm；趾长：25-27μm；爪长：8-10μm。

　　生态　喜酸性种类，主要栖息于水沟、池塘等呈酸性的苔藓湿地。采自西藏芒康县郊一小水沟边湿地，长有苔藓，当时气温 19℃，pH 6.5，海拔 4150m。

　　地理分布　西藏（芒康）；非洲，北美洲，南美洲，太平洋地区，欧洲，亚洲北部。

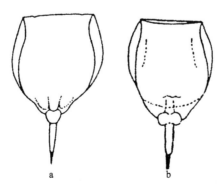

图 258　锥形腔轮虫 *Lecane* (*Monostyla*) *subulata* (Harring *et* Myers)（仿龚循矩, 1983）

a, b. 腹面观（ventral view）

(249) 盾形腔轮虫 Lecane (Monostyla) scutata (Harring et Myers, 1926)（图 259）

Monostyla scutata Harring *et* Myers, 1926: 401.

形态　被甲较为坚硬。背甲大部分比腹甲宽，仅在前后端彼此一致或略窄于腹甲。背、腹甲前端几乎重叠，微凹或平直。背甲前端两侧呈角状，无棘。腹甲长大于宽，具纵褶或横褶。第 1 足节狭长，末端圆；第 2 足节较扁，不突出于身体末端。趾单个，基部较宽，逐渐变细，在末端表面上为 2 个，实为 1 个爪，爪与趾分界明显。

标本测量　背甲长：62-74μm；背甲宽：62-77μm；腹甲长：67-82μm；腹甲宽：50-70μm；趾长：24-32μm；爪长：5-7μm。

生态　习居于沙质河岸边及苔藓池等酸性水体中，营周丛生活。1995 年 12 月 15 日采自海南琼海一小水塘，沿岸有水生植物；当时水温 20℃，pH 6.0。

地理分布　海南（琼海）、湖北（武汉）、湖南（岳阳）；澳大利亚，新西兰，北美洲，东南亚，欧洲，亚洲北部。

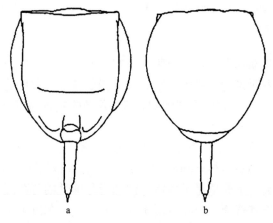

图 259　盾形腔轮虫 *Lecane* (*Monostyla*) *scutata* (Harring *et* Myers)
a. 腹面观（ventral view）；b. 背面观（dorsal view）

(250) 盔形腔轮虫 Lecane (Monostyla) galeata (Bryce, 1892)（图 260）

Monostyla galeata Bryce, 1892: 272.
Monostyla pygmaea Wulfert, 1940: 577.
Lecane galeata: Myers, 1942: 263.

形态　背甲整个较腹甲宽，光滑或仅有一些不规则的褶。背甲前端平直或轻微突起；腹甲前端中央形成 1 浅而宽的凹窦，两边突起，背甲前端两侧浑圆无棘。腹甲长大于宽，没有或稍有饰纹。腹甲末端浑圆。第 1 足节长大于宽，第 2 足节略呈方形，不突出于被甲末端。趾单个，两侧基本平行，爪 2 个，紧靠在一起。

标本测量　背甲长：55-80μm；背甲宽：45-72μm；腹甲长：52-88μm；腹甲宽：50-65μm；趾长：34-37μm；爪长：4-6μm。

生态　盔形腔轮虫一般活动于湖泊、池塘等水生植物体表。采自湖北武汉东湖沿岸一围栏中。

地理分布　湖北（武汉）、安徽（芜湖）；非洲，欧洲，亚洲北部。

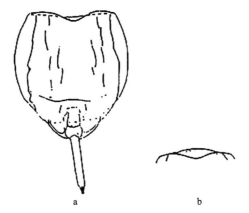

图 260　盔形腔轮虫 *Lecane* (*Monostyla*) *galeata* (Bryce)

a. 腹面观（ventral view）；b. 头部前端（anterior end of head）

(251) 纺锤腔轮虫 *Lecane* (*Monostyla*) *copeis* (Harring *et* Myers, 1926)（图 261）

Monostyla copeis Harring *et* Myers, 1926: 398.

Lecane eupsammophila Koste, 1992.

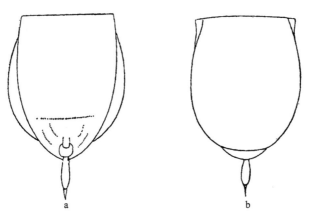

图 261　纺锤腔轮虫 *Lecane* (*Monostyla*) *copeis* (Harring *et* Myers)

a. 腹面观（ventral view）；b. 背面观（dorsal view）

形态　被甲呈宽椭圆形。背、腹甲前缘吻合而平直，两侧有钝角。背甲比腹甲宽，后端浑圆，表面光滑，无刻纹。腹甲明显的比背甲狭，前端两侧几呈平行，后部变窄，在足节前面有 1 横褶，横褶下面有少许纵褶。第 1 足节纵长，末端平直；第 2 足节梨形，不突出被甲末端。趾中部膨大呈纺锤形，末端有 1 钝爪。

标本测量　背甲长：75-88μm；背甲宽：72-80μm；腹甲长：86-94μm；腹甲宽：60-65μm；趾长：29-33μm；爪长：4-5μm。

生态　习居于水沟、河流及湖泊岸边的水生植物体上。在西藏、云南均有发现。

地理分布　云南、湖北（武汉）、西藏（察隅、墨脱、亚东）；北美洲，南美洲，欧洲，亚洲北部。

(252) 古维腔轮虫 Lecane (Monostyla) gwileti (Tarnogradski, 1930)（图 262）

Monostyla gwileti Tarnogradski, 1930: 129.

形态　背甲呈卵圆形，前端大多数平直，或略有下凹，比腹甲宽；腹甲略呈长方形，前端略有下凹；后端有 3 个指状褶皱。被甲一般薄而透明，有时被甲表面有轻微饰纹。第 1 足节呈锥形，第 2 足节呈宽卵圆形，不突出于被甲末端。趾自基部至末端逐渐变细，爪与趾的分界不明显；爪是融合的，中间的分离线不明显。

标本测量　背甲长：62-63μm；背甲宽：55-63μm；腹甲长：60-70μm；腹甲宽：48-50μm；趾长：26-32μm。

生态　本种是少见的小型种类，主要生活在沼泽和岸边沙质水域中。

地理分布　湖北（武汉）；欧洲，亚洲北部。

图 262　古维腔轮虫 Lecane (*Monostyla*) *gwileti* (Tarnogradski)
a. 背面观（dorsal view）；b. 腹面观（ventral view）

(253) 斑纹腔轮虫 Lecane (Monostyla) punctata (Murray, 1913)（图 263）

Monostyla punctata Murray, 1913a: 455.
Monstyla harringi Ahlstrom, 1934: 263.
Lecane harringi: Hauer, 1956: 301.

形态　本种外形几呈圆形或宽卵圆形，两前侧角之间的距离大于背甲宽度的1/2。背甲前端窄，中部宽于腹甲。两侧角呈斜钝角状。背甲前端平直或略微下凹，而腹甲稍有隆起，被甲末端浑圆。足2节，第1足节较长，第2足节略呈正方形，不超过被甲末端。趾两侧基本平行，末端具爪1个或2个，爪和趾末端连接的两侧不形成锐角。不同学者报道的本种形态特征变化较大（表6）。

表6　不同学者报道的斑纹腔轮虫形态特征的比较　　　　　　　（单位：μm）

作者（年份）	背甲长	背甲宽	腹甲长	趾长
Murray (1906)	85	75	90	30
Ahlstrom (1934)	106-113	89-103	可达118	39-41
Hauer (1956)	76	71	84	29
Wulfert (1966)	70	70	80	27

生态　能适应不同的生态环境，如温带的咸水水体、潮间带的小水坑等，偶尔也能在淡水水体中发现。在内蒙古分布较普遍，在248个采样点中有18个采集点发现此种，这18个采集点全分布在巴彦淖尔市（苏荣，2000）。

地理分布　内蒙古（巴彦淖尔）；非洲，北美洲，南美洲，东南亚，欧洲，亚洲北部。

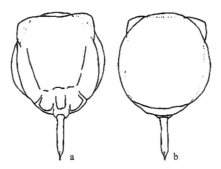

图263　斑纹腔轮虫 *Lecane (Monostyla) punctata* (Murray)（仿苏荣，2000）
a. 腹面观（ventral view）；b. 背面观（dorsal view）

(254) 爪趾腔轮虫 *Lecane (Monostyla) unguitata* (Fadeew, 1925)（图264）

Monostyla unguitata Fadeew, 1925: 21.
Lecane unguitata africana Koste, 1979: 246.

形态　背甲轮廓呈梨形，比腹甲狭；表面一般光滑，前端边缘平直，但靠近两侧往往各具有1很浅的凹痕。腹甲很接近圆形，表面也很光滑，它的前端和后半部都显著地突出在背甲的外缘；腹甲前端边缘呈波浪形；中央下沉形成1凹痕；两侧前侧圆钝，不呈尖角状。背甲、腹甲扁平。侧沟相当深。尾突起浑圆，突出于背甲之后。足的第1节系倒圆锥形,很不容易观察清楚;第 2 节很明显,呈四方形或矩形。趾较长,最前端较狭,中部少许膨大。趾的后端具有 1 很长而尖锐的爪,爪分离或融合;爪和趾相连接的两侧各形成 1 锐角。

标本测量 被甲长:105μm;被甲宽:98μm;趾长:37-44μm;爪长:可达 15μm。

生态 一般习居于水生植物繁茂的、有机质比较多的淡水水域。本种的分布范围虽广,但不常见,一旦出现则数量相当可观;在浙江宁波就采到过。

地理分布 海南、北京、浙江(宁波)、安徽(芜湖);澳大利亚,新西兰,非洲,北美洲,南美洲,东南亚,太平洋地区,欧洲,亚洲北部。

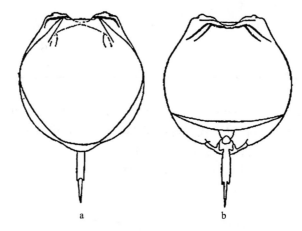

图 264 爪趾腔轮虫 Lecane (Monostyla) unguitata (Fadeew)(仿王家楫, 1961)
a. 背面观(dorsal view);b. 腹面观(ventral view)

(255) 史氏腔轮虫指名亚种 *Lecane (Monostyla) stenroosi stenroosi* (Meissner, 1908)(图 265)

Monostyla stenroosi Meissner, 1908: 22.
Monostyla bicornis Stenroos, 1898: 164.

形态 背甲卵圆形,较腹甲狭,前端边缘比较狭而较平直,有 2 条纵长的条纹,由前向后斜行,并在后端有 1 横纹连接在一起。背甲前端边缘的中央具有 1 浅而浑圆的凹痕,自凹痕向两旁显著地突起并分别向上弯转,在两侧各形成 1 短而粗壮的、向内弯转的钩状前侧刺。腹甲圆形,其后半部的两侧和后端边缘都突出在背甲边缘的外面。腹甲上在足的前面有 1 条很显著的横的折痕。侧沟比较深,特别在前半部的侧沟更深。足的第 1 节呈卵圆形,但不十分明显;第 2 节相当宽阔,或多或少呈棱形,不突出于体之末端。趾相当长,呈圆柱形或纺锤形;爪短而粗壮,末端很尖锐,趾和爪的连接处的两侧形成锐角。

标本测量 被甲长:112μm;被甲宽:84μm;趾长(包括爪):44μm。

生态 本种分布广泛,在东北、长江中下游一些有水草生长的湖汊、池塘等水体中均有发现。

地理分布　海南、云南、湖北（武汉）、湖南（岳阳）、北京、上海（崇明）、江苏（新化）、东北（铁岭三台子）；非洲，北美洲，欧洲，亚洲北部。

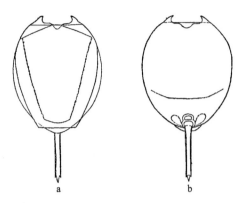

图 265　史氏腔轮虫指名亚种 Lecane (Monostyla) stenroosi stenroosi (Meissner)（仿王家楫，1961）

a. 背面观（dorsal view）；b. 腹面观（ventral view）

(256) 无爪史氏腔轮虫，新亚种 Lecane (Monostyla) stenroosi wuzhuaensis Zhuge et Huang, subsp. nov.（图 266）

正模标本：石蜡封片，保存于中国科学院水生生物研究所。

形态　被甲硬而光滑，背甲较腹甲狭，前端边缘略有凹陷，两侧角较明显；腹甲在中部最宽，侧缘光滑，末端略有弯曲。趾 1 个，基部最宽，向末端渐细。无爪和附爪。

本亚种与指名亚种十分相似，其区别就在于趾的形态及无爪和附爪。

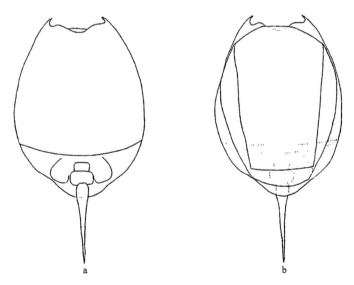

图 266　无爪史氏腔轮虫，新亚种 Lecane (Monostyla) stenroosi wuzhuaensis Zhuge et Huang, subsp. nov.

a. 腹面观（ventral view）；b. 背面观（dorsal view）

标本测量 背甲长：108μm；背甲宽：85μm；腹甲长：120μm；腹甲宽：93μm；趾长：50μm。

生态 本种于1995年12月采自海南琼海万泉河，该河水清，淡绿色，当时水温20℃，pH 6.0。

词源 该亚种足末端不具爪，用汉语拼音"wuzhua"（无爪）命名。

地理分布 海南（琼海）。

(257) 文饰腔轮虫 Lecane (Monostyla) ornata (Harring et Myers, 1926)（图267）

Monostyla ornata Harring *et* Myers, 1926: 384.

形态 被甲系宽的卵圆形。背甲比腹甲宽，但比腹甲短。背甲前端边缘中央少许突出，两侧比较平直；腹甲前端边缘中央有1宽的河床式的凹痕，两侧或多或少突出。被甲后端浑圆。背、腹甲上均有非常明显的饰纹，一般为角质细刺，常呈对称分布。第1足节较第2足节长，不突出于被甲末端。趾长而细，爪较粗壮，有时可在中间看到1条分裂线。

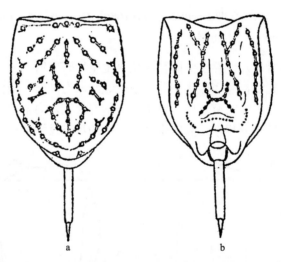

图267 文饰腔轮虫 Lecane (Monostyla) ornata (Harring et Myers)（仿王家楫，1961）
a. 背面观（dorsal view）；b. 腹面观（ventral view）

标本测量 被甲全长：98-130μm；背甲长：82μm；背甲宽：68μm；腹甲长：87μm；腹甲宽：60μm；趾长：39-45μm；爪长：7-8μm。

生态 文饰腔轮虫由Harring和Myers于1926年在美国新泽西大西洋城的沼泽中首次发现；1954年在浙江宁波东钱湖一水草丛生的小湖湾中被再次采到。

地理分布 浙江（宁波）；北美洲。

(258) 壮实腔轮虫 *Lecane (Monostyla) cornuta* (Müller, 1786)（图 268）

Trichoda cornuta Müller, 1786: 208.

Lepadella cornuta: Bory de St. Vincent, 1826: 285.

Notommata cornuta: Ehrenberg, 1830a: 769.

Monostyla cornuta: Ehrenberg, 1830a: 46.

Monostyla truncata Turner, 1892: 62.

Monostyla robusta Stokes, 1896a: 22.

Monostyla rotundata Jakuksky, 1914: 34.

Lecane cornuta: Edmondson, 1936: 214.

形态　本种轮虫在《西藏水生无脊椎动物》一书中，被称作尖爪单趾轮虫 *Monostyla cornuta*。被甲接近圆形，较厚实。背甲略小于腹甲，前端边缘平直或中间略有凸出。腹甲前端边缘有较深凹陷，前端 2 侧角不明显或略有小齿，腹甲下端具横褶，末端浑圆。第 1 足节较第 2 足节小，第 2 足节近方形，末端两侧各有 1 小突起，不突出于被甲末端。趾较长，两边接近平行，爪短，融合，或靠近基部处分离。不同种群间形态特征变化较小。

标本测量　全长：164μm；被甲宽：84μm；趾（连同爪）长：30μm。

生态　习居于水生植物繁茂的静水或流水水体中，在 pH 5-10、水温 5-32℃的环境下均能生存。

地理分布　湖北（武汉）、西藏（樟木、拉萨、当雄、普兰）；非洲等。

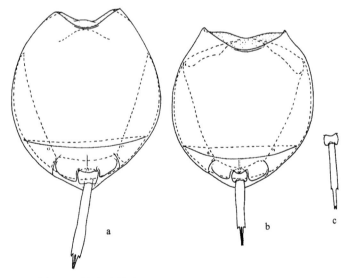

图 268　壮实腔轮虫 *Lecane (Monostyla) cornuta* (Müller)

a, b. 腹面观（ventral view）；c. 趾（toe）

(259) 薄片腔轮虫 *Lecane (Monostyla) lamellata* **(Daday, 1893)** （图 269）

Monostyla lamellata Daday, 1893: 40.

Monostyla appendiculata Skorikov, 1898: 556.

Lecane lamellata: Wiszniewski, 1954: 66.

形态　被甲较透明，长卵圆形；如不包括趾在内，宽度约相当于长度的 2/3。背甲和腹甲前端边缘彼此并不吻合一致。背甲前端边缘系新月形，下凹比较深且窄，腹甲前端边缘系 1 很宽而呈"V"形的凹陷，两侧形成 1 对刺状尖端。背甲卵圆形，后端浑圆。腹甲长卵圆形，比背甲略窄，近前端略微紧缩；它表面上的刻纹具有 1 条横的折痕，位于足的前面，又有 2 条纵长的折痕分别与横纹的两端相连接；但横的和纵的折痕在有的地理种群的个体里并不明显，甚至缺乏。尾突起系短而宽的鱼尾状，绝大部分很明显地突出于背甲之后。足的第 1 节比较短而细，第 2 节比较宽阔，呈鼓形，不突出于被甲末端。趾长，约相当于身体全长的 1/3；两侧平行，后端具爪；爪末端尖，是趾长的 1/4，爪基部有 1 对基刺。

标本测量　背甲长（不包括趾）：173μm；背甲宽：114μm；趾长：70μm。

生态　通常生活于盐度 1g/L 以下的河流入海处的咸水沼泽和内陆盐水湖泊。于 1990 年 6 月和 9 月采于山西运城附近的 3 个盐水湖泊，水体盐度为 3.6-73.1g/L；系兼性浮游轮虫。

地理分布　山西（运城）；北美洲，欧洲，亚洲北部。

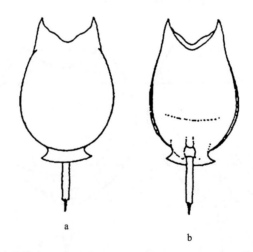

图 269　薄片腔轮虫 *Lecane (Monostyla) lamellata* (Daday)（仿赵文，1998）

a. 背面观（dorsal view）；b. 腹面观（ventral view）

(260) 似月腔轮虫指名亚种 *Lecane (Monostyla) lunaris lunaris* **(Ehrenberg, 1832)**（图 270）

Lepadella lunaris Ehrenberg, 1832: 127.

Monostyla lunaris: Ehrenberg, 1838: 46.

Monostyla quennerstedti Bergendal, 1892: 118.

Monostyla virga Harring, 1914: 546.

Lecane lunaris: Edmondson, 1935: 302.

形态　被甲呈宽阔的卵圆形。背甲表面相当光滑，前端边缘显著地较腹甲狭，具有半月形或"V"形的下沉凹痕，凹痕底部浑圆。腹甲前端边缘很宽，它的"V"形凹痕下沉的程度较背甲深，两侧角呈钝角状，两侧角间的距离大于被甲宽度的1/2。在足的前面有1或多或少呈波浪起伏的横褶。尾突起发达，后端浑圆，大部分突出于背甲之后。第1足节比较短，两侧几乎平行；第2足节呈四方形，末端不超过被甲末端。趾细长、笔直，两侧平行；爪亦细长而尖锐，大多数融合，极少数分离。

似月腔轮虫在《中国淡水轮虫志》中被称为月形单趾轮虫 *Monostyla lunaris*。

标本测量　全长：200μm；被甲长：124μm；趾长：42-76μm；爪长：6-12μm。

生态　似月腔轮虫是一广生性种类，习居于水生植物丰富的静水或流水水域的沿岸带；在沼泽中也能发现。在我国分布广泛。

似月腔轮虫形态变化较大，是一复合种群，除该种外，还有若干亚种。

地理分布　海南、云南、湖北（武汉）、湖南（岳阳）、北京、吉林（长白山）、安徽（芜湖）、西藏（波密、察隅、亚东、芒康、墨脱、聂拉木、八宿、措美、吉隆、普兰、江达、拉萨）；澳大利亚，新西兰，非洲，南极地区，北美洲，南美洲，东南亚，太平洋地区，欧洲，亚洲北部。

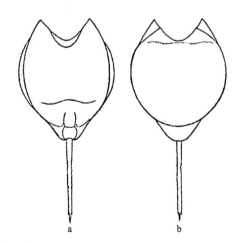

图 270　似月腔轮虫指名亚种 *Lecane (Monostyla) lunaris lunaris* (Ehrenberg)（仿王家楫，1961）

a. 腹面观（ventral view）；b. 背面观（dorsal view）

(261) 长趾似月腔轮虫 *Lecane (Monostyla) lunaris acus* (Harring, 1913)（图 271）

Monostyla lunaris acus Harring, 1913a: 387.

形态　背甲卵圆形，两侧较腹甲宽；腹甲长椭圆形，略长于背甲；背、腹甲前端的凹痕较浅且重叠。尾突起浑圆，突出于背甲之后。第 2 足节不超过腹甲之后。趾细长。

标本测量　趾长：64-80μm；爪长：9-12μm。

生态　本亚种常在酸性水体中出现。1995 年 12 月 15 日采自海南琼海市郊一小水塘，塘中有水生植物，水清，当时水温 20℃，pH 6.0。

地理分布　海南、安徽（芜湖）；澳大利亚，新西兰，非洲，南极地区，北美洲，南美洲，东南亚，太平洋地区，欧洲，亚洲北部。

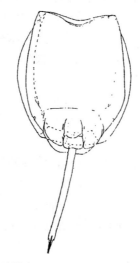

图 271　长趾似月腔轮虫 Lecane (Monostyla) lunaris acus (Harring)
腹面观（ventral view）

(262) 钝齿似月腔轮虫 Lecane (Monostyla) lunaris crenata (Harring, 1913)（图 272）

Monostyla lunaris crenata Harring, 1913a: 399.

形态　背甲前端平直或浅凹；腹甲前端形成深的凹痕，两侧略向外弯转而突出呈钝齿状。第 2 足节很像正方形，有一半突出于被甲之后。趾很长，爪短。

《中国淡水轮虫志》一书中的钝齿单趾轮虫 *Monostyla crenata* 即为本亚种。

标本测量　被甲长：96μm；被甲宽：80μm；趾长：65μm。

生态　本亚种习居于水生植物茂盛的热带、亚热带水域中，通常营周丛生活方式，一般在夏季出现，可能是一种偏碱性种类。海南、吉林和湖北均有分布。

地理分布　海南、吉林（长白山）、浙江（湖州）、安徽（芜湖）、湖北、西藏（察隅）；澳大利亚，新西兰，非洲，北美洲，南美洲，东南亚，太平洋地区，欧洲，亚洲北部。

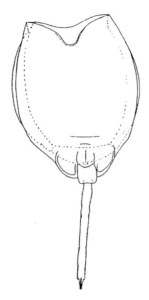

图 272　钝齿似月腔轮虫 Lecane (*Monostyla*) *lunaris crenata* (Harring)

腹面观（ventral view）

(263) 前缢似月腔轮虫 Lecane (*Monostyla*) *lunaris constricta* **(Murray, 1913)**（图 273）

Monostyla lunaris constricta Murray, 1913b: 557.
Monostyla constricta: Carlin, 1939: 28.

形态　体较大。被甲呈圆形，背、腹甲前端凹痕较深；被甲在前端向内缢缩。第 2 足节不突出于被甲之后。趾长，爪细。

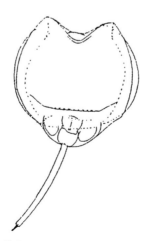

图 273　前缢似月腔轮虫 Lecane (*Monostyla*) *lunaris constricta* (Murray)

腹面观（ventral view）

标本测量　背甲长：100-129μm；背甲宽：97-119μm；腹甲长：114-155μm；腹甲宽：70-104μm；趾长：64-80μm；爪长：8-10μm。

生态　本亚种一般在水体沉积物中生活。1995 年 12 月采自海南琼山市郊一河流中生长的凤眼莲的根部，同年在吉林长白山一长有杂草的小水泡中亦有发现。

地理分布　海南、湖北（武汉）、吉林（长白山）；澳大利亚，新西兰，非洲，北美洲，南美洲，东南亚，太平洋地区，欧洲。

(264) 囊形腔轮虫指名亚种 *Lecane (Monostyla) bulla bulla* (Gosse, 1851)（图 274）

Monostyla bulla Gosse, 1851: 200.
Monostyla bipes Stokes, 1896a: 23.
Monostyla incisa Daday, 1897: 137.
Lecane bulla: Edmondson, 1935: 302.

形态　被甲系长卵圆形。背甲略大于腹甲，腹甲扁平且有深的横沟；背甲强烈拱起，前端有 1 浅的半圆形凹陷；腹甲前端有 1 很大而深的"V"形凹痕，两侧角间的距离不足被甲宽度的 1/2。背甲、腹甲之间的侧沟相当深，自侧面观察非常清楚。第 1 足节短而宽，第 2 足节很短，不超过被甲末端。趾长，向腹面弯曲；爪尖细，中间有 1 明显的分裂槽，有 2 个小附爪。

标本测量　背甲长：100-133μm；背甲宽：74-105μm；腹甲长：93-140μm；腹甲宽：68-97μm；趾长：48-85μm；爪长：20μm。

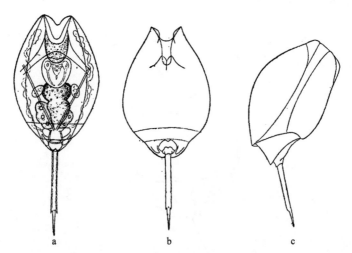

图 274　囊形腔轮虫指名亚种 *Lecane (Monostyla) bulla bulla* (Gosse)（仿王家楫, 1961）
a. 背面观（dorsal view）；b. 腹面观（ventral view）；c. 侧面观（lateral view）

生态　本种分布十分广泛，有很高的水温和 pH 耐受性，在淡水、咸水、海水等水域均可出现；不过这种轮虫最适宜的居住环境应是水生植物比较繁茂、有机质较多的沼泽和池塘。在我国分布广泛。

地理分布　海南、云南、湖北（武汉）、湖南（岳阳）、江苏（无锡）、浙江（宁波）、安徽（芜湖）、西藏（察隅、拉萨、错那、墨脱）；澳大利亚，新西兰，非洲，北美洲，南美洲，东南亚，太平洋地区，欧洲，亚洲北部。

(265) 长爪囊形腔轮虫 *Lecane (Monostyla) bulla styrax* (Harring *et* Myers, 1926)（图 275）

Monostyla bulla styrax Harring *et* Myers, 1926: 389.

形态　本亚种与指名亚种非常相似。被甲呈椭圆形，背甲在前端中央的凹陷呈"U"形；腹甲之凹陷则呈"V"形。两侧边缘基本一致。第 2 足节不超出被甲末端。趾末端逐渐变细并愈合成 1 个长爪，无附爪。

标本测量　背甲长：124μm；背甲宽：90μm；腹甲长：128μm；腹甲宽：90μm；趾长：78μm；爪长：24μm。

生态　一般生活于酸性的池塘、小河流中。采自海南三亚市郊一 pH 为 5.8 的小河中。

地理分布　海南；北美洲，欧洲。

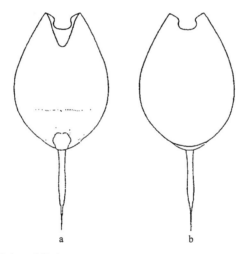

图 275　长爪囊形腔轮虫 *Lecane (Monostyla) bulla styrax* (Harring *et* Myers)
a. 腹面观（ventral view）；b. 背面观（dorsal view）

(266) 梨形腔轮虫 *Lecane (Monostyla) pyriformis* (Daday, 1905)（图 276）

Monostyla pyriformis Daday, 1905: 330.
Monostyla truncata Murray, 1913a: 558.
Lecane pyriformis: Edmondson, 1938: 153.

形态　被甲轮廓系很宽的卵圆形，背、腹甲前端边缘彼此一致，很平直。腹甲较背甲窄，背、腹甲表面均很光滑。尾突起比较小，后端浑圆略突出于背甲。第 1 足节呈半椭圆形，略长；第 2 足节呈方形，不突出于被甲之外。趾较长，上半段粗而两侧平行，下半段逐渐细削，最后形成 1 针状尖锐的末端；无爪。

标本测量　背甲长：51-67μm；背甲宽：40-60μm；腹甲长：53-70μm；腹甲宽：39-40μm；趾长：22-36μm。

生态　广生性种类，分布范围很广，主要生活于酸性水体中的水生植物如藓、狸藻等体表。

地理分布　海南、湖北（武汉）、四川（成都）、安徽（芜湖）、西藏（波密、林芝、拉萨）；澳大利亚，新西兰，非洲，北美洲，南美洲，东南亚，太平洋地区，欧洲，亚洲北部。

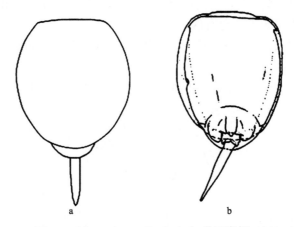

图 276　梨形腔轮虫 *Lecane* (*Monostyla*) *pyriformis* (Daday)（a 仿王家楫，1961；b 仿 Segers *et al.*, 1993）

a. 背面观（dorsal view）；b. 腹面观（ventral view）

(267) 尖趾腔轮虫 *Lecane* (*Monostyla*) *closterocerca* (Schmarda, 1859)（图 277）

Monostyla closterocerca Schmarda, 1859: 59.
Monostyla truncata Turner, 1892: 62.
Monostyla cornuta anglica Bryce, 1924: 81-108.
Monostyla eichsfeldica Kuhne, 1926: 207-286.
Lecane closterocerca: Hauer, 1956: 302-303.

形态　被甲略呈圆形，宽度和长度接近相等。一般地，背、腹甲前端边缘以背甲较腹甲为窄，在中间共同形成 1 很宽阔的"V"形浅凹。凹痕向左右张开，使两侧相当明显地突出。背甲比腹甲更接近圆形，靠近前端边缘的表面有 1 呈弧形的拆痕。腹甲远较背甲窄，呈长卵圆形，在足的前面有 1 平行的横的折痕；在腹甲前端还有 4 行纵长的条纹。后腹部呈半圆形，突出于背甲末端。第 1 足节较小；第 2 足节呈心脏形，不超过被甲末端。趾相当粗壮，两侧不平行，中部较宽，近末端 1/3 处急剧尖削，无爪。

标本测量　背甲长：55-90μm；背甲宽：60-75μm；腹甲长：52-85μm；腹甲宽：63-78μm；趾长：30-38μm。

生态　尖趾腔轮虫是一广生性种类，耐受 pH 和水温的范围很广，因此在我国淡水、咸水中分布很普遍。

地理分布　海南、云南、湖北（武汉）、湖南（岳阳）、北京、吉林（长白山）、青海（西宁）、广东（南海）、安徽（芜湖）、西藏（察隅、波密、错那、墨脱、普兰、康马）；澳大利亚，新西兰，非洲，南极地区，北美洲，南美洲，东南亚，太平洋地区，欧洲，亚洲北部。

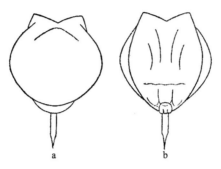

图 277　尖趾腔轮虫 Lecane (Monostyla) closterocerca (Schmarda)（仿王家楫，1961）
a. 背面观（dorsal view）；b. 腹面观（ventral view）

(268) 弓形腔轮虫 *Lecane (Monostyla) arcuata* (Bryce, 1891)（图 278）

Monostyla arcuata Bryce, 1891: 206.
Lecane arcuata: Wiszniewski, 1953: 61.

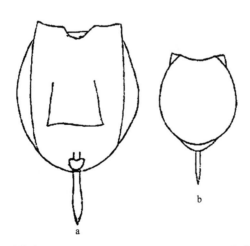

图 278　弓形腔轮虫 Lecane (Monostyla) arcuata (Bryce)（仿龚循矩，1983）
a. 腹面观（ventral view）；b. 背面观（dorsal view）

形态　背甲呈卵圆形或近圆形，由于前端收缩比腹甲狭，两侧则较腹甲宽，末端近圆形，表面光滑。腹甲似呈长方形，前端两侧向外突出呈粗壮的钝角状，两侧接近平行，前端有凹缢，较背甲狭，末端浑圆，表面有 2 条纵纹和 1 条横纹。背、腹甲前端凹痕较平缓。第 1 足节细小；第 2 足节呈心脏形，不突出于被甲末端。趾两侧不甚平行，下半部较宽，末端逐渐尖削；无爪。

　　标本测量　被甲长：67-70μm；被甲宽：56-59μm；趾长：25μm。

　　生态　弓形腔轮虫通常生活于苔藓及藻类中间，同时也可能在含硫的泉水中出现。本种采自西藏聂拉木一小溪的附有苔藓的石块表面。

　　地理分布　海南、青海（西宁）、西藏（聂拉木）；澳大利亚，新西兰，非洲，北美洲，南美洲，东南亚，太平洋地区，欧洲，亚洲北部。

(269) 擦碟腔轮虫 Lecane (Monostyla) batillifer (Murray, 1913)（图 279）

Monostyla batillifer Murray, 1913a: 458.

Lecane batillifer: Wiszniewski, 1954: 62.

　　形态　被甲系长卵圆形，背甲和腹甲前端的边缘凹陷呈"V"形，但彼此并不一致，腹甲的凹陷比背甲深，两侧形成 1 对非常粗壮的钝刺。背甲卵圆形，后端浑圆；腹甲长卵圆形，比背甲狭，前端略微紧缩，中间偏后膨大，末端形成短而宽的鱼尾状尾突起，突出于背甲之后。第 1 足节比较细而长；第 2 足节比较宽阔，呈鼓形，不突出于被甲末端。趾较细长，两侧平行，末端尖削；无爪。

　　标本测量　被甲长（不包括趾）：95μm；被甲宽：57μm；趾长：28μm。

　　生态　擦碟腔轮虫一般分布于有水草的池塘中，水温 20℃左右。本种 1913 年在澳大利亚悉尼一浅水池塘中首次被发现，1954 年在浙江宁波东钱湖第二次被发现，可见该种并不常见。

　　地理分布　浙江（宁波）、安徽（芜湖）；澳大利亚，新西兰，东南亚。

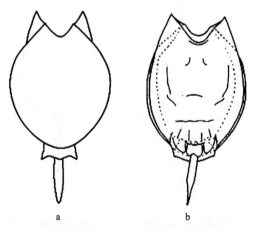

a　　　　　　　　b

图 279　擦碟腔轮虫 Lecane (Monostyla) batillifer (Murray)（a 仿王家楫, 1961；b 仿 Segers, 1995b）

a. 背面观（dorsal view）; b. 腹面观（ventral view）

(270) 尖角腔轮虫 *Lecane (Monostyla) hamata* (Stokes, 1896)（图 280）

Monostyla hamata Stokes, 1896a: 21.

Lecane hamata: Myers, 1937: 3.

形态 被甲系长卵圆形。背甲隆起，腹甲相当扁平，除了前端一小部分外，它的宽度略比背甲狭。被甲前端边缘因为背甲狭而腹甲宽，两者就形成不一致的边缘。背甲的前端边缘很显著地下沉，形成 1 半月形的凹痕。腹甲前端边缘下沉的程度更较背甲深，呈"U"形，两侧各有 1 粗壮的、呈钩状弯曲的尖角。背甲后端浑圆，表面有纵长断续的条纹。第 1 足节比较小，呈椭圆形；第 2 足节略似四方形，不突出于被甲之末端。趾细而长，两侧接近平行；无爪。

标本测量 背甲长：78-88μm；背甲宽：58-64μm；腹甲长：80-92μm；腹甲宽：55-60μm；趾长：31-35μm。

生态 尖角腔轮虫是一广生性种类，分布十分广泛，在 pH 4-8、水温 5-32℃的水环境中均能生存。有机质丰富、水生植物茂盛的小水体应是该种最适宜的生活环境。在长江流域及西藏许多采样点均采到该种。

地理分布 海南、云南、湖北（武汉）、湖南（岳阳）、北京、吉林（长白山）、青海（西宁）、上海、安徽（芜湖）、西藏（察隅、错那、拉萨、亚东）；澳大利亚，新西兰，非洲，北美洲，南美洲，东南亚，太平洋地区，欧洲，亚洲北部。

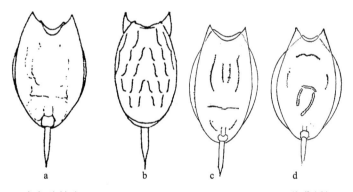

图 280 尖角腔轮虫 *Lecane (Monostyla) hamata* (Stokes)（c, d 仿龚循矩, 1983）

a, c, d. 腹面观（ventral view）；b. 背面观（dorsal view）

(271) 忝氏腔轮虫 *Lecane (Monostyla) thienemanni* (Hauer, 1938)（图 281）

Monostyla thienemanni Hauer, 1938a: 548.

Lecane thienemanni: Wulfert, 1966: 81.

形态 被甲呈卵圆形或长卵圆形。背甲接近圆形，前端边缘平直，较腹甲狭，两侧则较腹甲宽。腹甲狭长呈长卵圆形，前端边缘下沉形成 1 宽阔的"V"形凹痕，两侧各形成 1 很粗壮而突出的尖刺。背、腹甲表面均很光滑。尾突起厚实，突出于背甲之后。第 1 足节呈梯形；第 2 足节近似四方形，它的后半部往往突出于被甲后端。趾较长，略呈纺锤形，末端尖削；无爪。

标本测量　全长：110μm；背甲长：53μm；背甲宽：58μm；腹甲长：70μm；腹甲宽：43μm；趾长：33μm。

生态　忝氏腔轮虫通常生活在呈碱性的淡水湖泊、池塘的水生植物叶片或茎上，一般在 20℃以上水温才出现。采自浙江宁波市郊一湖湾水草丛中。

地理分布　海南、浙江（宁波）；澳大利亚，新西兰，非洲，南美洲，东南亚。

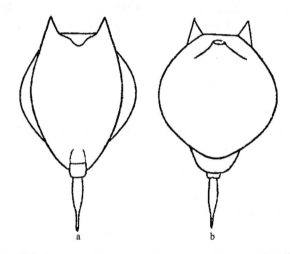

图 281　忝氏腔轮虫 *Lecane* (*Monostyla*) *thienemanni* (Hauer)（仿王家楫, 1961）

a. 腹面观（ventral view）；b. 背面观（dorsal view）

(272) 探索腔轮虫 *Lecane* (*Monostyla*) *decipiens* (Murray, 1913)（图 282）

Monostyla decipiens Murray, 1913a: 460.

Lecane (*Monostyla*) *decipiens*: Wiszniewski, 1954: 64.

形态　被甲呈长卵圆形，硬而光滑。背甲较腹甲宽而短。背、腹甲前端边缘均有很深的凹痕。腹甲长，具不完全的横褶和微弱的纵褶，前端两侧角较粗壮。侧沟深，边缘较光滑。尾突起呈三角形。第 1 足节狭长，末端有中央小突；第 2 足节呈长圆形，不突出于被甲末端。趾单个，两侧平行，末端尖削；无爪。

标本测量　背甲长：75-116μm；背甲宽：60-98μm；腹甲长：90-128μm；腹甲宽：50-78μm；趾长：25-48μm。

生态　探索腔轮虫有强的生态耐受性，主要栖息于苔藓植物间。在海南多处发现，在青海、武汉也采到过。

地理分布　海南（琼海、海口、三亚）、青海、湖北（武汉）、湖南（岳阳）；澳大利亚，新西兰，非洲，北美洲，南美洲，东南亚，太平洋地区，欧洲，亚洲北部。

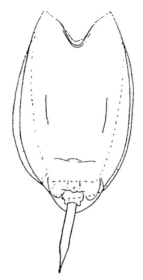

图 282　探索腔轮虫 Lecane (*Monostyla*) *decipiens* (Murray)
腹面观（ventral view）

5）半趾轮亚属 *Hemimonostyla* Bartoš, 1959

Hemimonostyla Bartoš, 1959: 498.
Type species: *Distyla agilis=Hemimonostyla agilis* (Bryce, 1892).

形态　本亚属种类的主要特点是趾或多或少是融合的。
全世界已发现 10 种以上，我国只发现 1 种 1 亚种。

(273) 胖趾腔轮虫指名亚种 *Lecane* (*Hemimonostyla*) *inopinata inopinata* Harring *et* Myers, 1926（图 283）

Lecane inopinata Harring *et* Myers, 1926: 32.

形态　被甲呈卵圆形。背、腹甲前端边缘完全一致，平直；前端两侧浑圆，无任何突起。背甲扁平、光滑，前端两侧略狭于腹甲；腹甲表面有饰纹，末端浑圆。第 1 足节细长，略呈锥形；第 2 足节呈心脏形，不突出于被甲末端。趾的基部融合，融合部分约占趾长的 1/3。爪短。
标本测量　全长：128μm；被甲宽：64μm；被甲长：96μm；被甲前缘宽：56μm；趾（连同爪）长：32μm。
生态　胖趾腔轮虫系喜温性种类，习居于浅水湖泊、池塘中。于 1974 年 6 月采自西藏波密一路旁积水塘中，塘中有水蓼、莎草等，海拔 2800m，当时水温 20℃，pH 6.0；1995 年在海南亦有记录。

地理分布　海南、西藏（波密）；澳大利亚，新西兰，非洲，北美洲，南美洲，东南亚，太平洋地区，欧洲，亚洲北部。

图 283　胖趾腔轮虫指名亚种 Lecane (Hemimonostyla) inopinata inopinata Harring et Myers（仿龚循矩，1983）

a. 腹面观（ventral view）；b. 背面观（dorsal view）

(274) 霍氏胖趾腔轮虫 Lecane (Hemimonostyla) inopinata sympoda Hauer, 1929（图 284）

Lecane sympoda Hauer, 1929: 152.

Lecane inopinata sympoda Zhuge et al., 1998

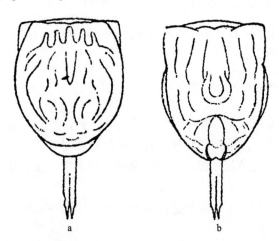

图 284　霍氏胖趾腔轮虫 Lecane (Hemimonostyla) inopinata sympoda Hauer（仿王家楫, 1961）

a. 背面观（dorsal view）；b. 腹面观（ventral view）

形态　霍氏胖趾腔轮虫与指名亚种十分相似。背、腹甲均有不同饰纹。背甲前端常常呈波浪形，有时两侧有矮小的棘刺。第 1 足节呈长椭圆形，相当粗壮；第 2 足节也较大，呈不等边的四方形或棱形。趾相当长，约为体长的 1/3；前端 1/3 完全融合，后端的分裂槽明显可见。爪细小，略向外伸展，很少连在一起。

霍氏胖趾腔轮虫实为《中国淡水轮虫志》所描述的共趾腔轮虫 *Lecane sympoda*。

标本测量　全长：90μm；被甲宽：54μm；被甲长：65μm；趾长：17μm；爪长：25μm。

生态　霍氏胖趾腔轮虫亦是喜温性种类，出现时水温一般较高，酸性水体中常有它的踪迹。本种是根据采自湖北武汉东湖水样中的标本描述的。

地理分布　湖北（武汉）、浙江（宁波、萧山）、四川（成都）、安徽（芜湖）；非洲，欧洲，亚洲北部。

十一、晶囊轮科 Asplanchnidae Eckstein, 1883

Asplanchnidae Eckstein, 1883: 495.

形态　该科种类的皮层十分柔软，无色而透明。体呈囊状或球状。头冠大而发达，系典型的晶囊轮虫型式：只有 1 圈围顶纤毛在背面和腹面的中央，间断而不连续。咀嚼器系典型的砧型，或介乎砧型与槌型之间。多数种类没有肠和肛门的存在。卵黄腺呈带形、马蹄形或圆球形。多数是卵胎生的种类。有很多种类肾管上的焰茎球特别多而发达。背触手和侧触手各 1 对。有的种类有足；有的不具备足。典型的浮游种类，所包括的属和种不多，均系大型种类。

本科包括晶囊轮属 *Asplanchna*、囊足轮属 *Asplanchnopus* 和哈林轮属 *Harringia* 等3 属。

属 检 索 表

1.　无足和趾 ·· **晶囊轮属 *Asplanchna***
　　有足和趾 ·· 2
2.　咀嚼器为典型的砧型；无肠和肛门 ···························· **囊足轮属 *Asplanchnopus***
　　咀嚼器介于砧型和槌型之间；有肠和肛门 ·················· **哈林轮属 *Harringia***

35. 哈林轮属 *Harringia* de Beauchamp, 1912

Harringia de Beauchamp, 1912a: 223.
Asplanchopus Hudson *et* Gosse, 1889: 16.
Dinops Rousselet, 1891.
Type species: *Asplanchna eupoda*=*Harringia eupoda* (Gosse, 1887).

形态　身体背面观近似卵圆形。足粗壮而分节。趾小。咀嚼器大，介乎砧型和槌型之间：砧枝内侧有齿，槌钩有许多细齿，槌柄小。有肠和肛门，胃与肠明显分界。卵黄腺带状，有 30 个卵黄核。足腺大。脑眼仅在幼体出现。

本属全世界已记录 2 种，我国记录 1 种。

(275) 真足哈林轮虫 *Harringia eupoda* (Gosse, 1887)（图 285）

Asplanchna eupoda Gosse, 1887a: 1-7.

Asplanchnopus eupoda: Hudson *et* Gosse, 1889: 1-64.

Dinops eupoda: Rousselet, 1901a: 12.

Harringia eupoda: de Beauchamp, 1912: 224.

形态　身体很粗壮，显著地分成头、躯干和足等 3 部分；背面观近似卵圆形，但头部也相当宽阔，与欧氏柱头轮虫 *Eosphora ehrenbergi* 相似。头冠位于顶部，并有中间不连续的纤毛。颈圈十分明显，躯干中间最宽，并向下逐渐变窄，与足的分界不太明显。躯干的背面后端有 1 很小突出的尾突起。足粗壮分节，整个足能够伸缩自如，有时可完全缩入体内。趾 1 对，很短，呈倒圆锥形。咀嚼器的形式介乎砧型和槌型之间：砧基短，砧枝很发达，每一砧枝的内侧各有相当突出的齿 3、4 枚；槌柄并不退化而存在；槌钩变成 4 个细而长的线条。卵巢呈宽阔的带形，围绕在胃和肠的周围。脑呈囊袋形。足腺 1 对，相当大，位于第 2、3 足节内。背触手 1 对或 2 个，系感觉的凹窦，中央具有 1 束感觉毛，自躯干中部前面一些射出；2 个背触手不仅并列在一起，而且还有神经横索把两者联络在一起。侧触手 1 对，构造和背触手相同，但比较小一些，自躯干后半部靠近腹面的两侧射出。

标本测量　体长：385-700μm；足和趾长：130-300μm。

生态　真足哈林轮虫是一种底栖种类，分布虽广但不常见。最适宜居住的环境应是营养类型较高、沉水植物比较繁茂的湖泊、池塘的沿岸带。它是一种肉食性轮虫，一般以纤毛虫为食。本种根据采自武汉珞珈山附近的池塘和沼泽地中的标本描述。

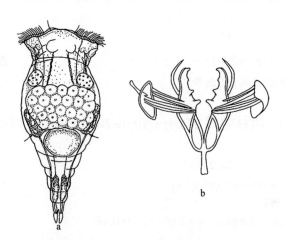

图 285　真足哈林轮虫 *Harringia eupoda* (Gosse)（仿王家楫, 1961）

a. 腹面观（ventral view）；b. 咀嚼器（trophi）

地理分布　湖北（武汉）；北美洲，欧洲，亚洲北部。

36. 囊足轮属 *Asplanchnopus* de Guerne, 1888

Asplanchnopus de Guerne, 1888: 57.

Type species: *Brachionus multiceps=Asplanchnopus multiceps* (Schrank, 1793).

形态　除了有足和趾的存在外，身体的轮廓和构造基本上与晶囊轮属相同。胃相当大而很发达，但无肠与肛门的存在。咀嚼器亦属典型的砧型，通常横卧在相当大的咀嚼囊内，摄取食物时突然作 90°-180° 转动而瞬间伸出口外。

该属轮虫专性浮游生物，不会营底栖生活。全世界已知 4 种，我国记录 2 种。

种 检 索 表

足短而比较粗；卵黄腺呈 "V" 形或马蹄形······················ 多突囊足轮虫 *A. multiceps*
足长而比较细；卵黄腺呈带形······························ 透明囊足轮虫 *A. hyalinus*

(276) 多突囊足轮虫 *Asplanchnopus multiceps* (Schrank, 1793)（图 286）

Brachionus multiceps Schrank, 1793: 30.
Notommata myrmeleo Ehrenberg, 1834: 214.
Asplanchna myrmeleo: Eyferth, 1878: 82.
Asplanchna magnificus Herrick, 1885: 60.
Asplanchna myrmeleo: Hudson *et* Gosse, 1889: 15.
Asplanchna papuana Daday, 1897: 132.
Asplanchnopus multiceps: de Guerne, 1888: 57.

形态　体常呈淡红色，囊袋形，长度总是超过宽度，后半部总是比前半部宽阔。后端浑圆，足位于躯干 1/3 的后端腹面，很短，呈圆锥形，分成 2 节。趾 1 对，极小而短。头冠面向身体的最前端，盘顶很大而发达，只有 1 圈纤毛环围绕盘顶周围。咀嚼器系典型的砧型：砧基比较细而短；砧枝相当光滑而不具备任何饰物，基部的基翼很不发达，只形成 1 对很小的三角形突出；每一砧枝的内侧并无任何齿的存在。左右槌钩已完全退化；槌柄虽亦已退化，但留了一些分叉的肋条状的痕迹。卵巢和卵黄腺呈马蹄形，马蹄的两侧很长而像带形。两侧的原肾管很长，从躯干前端直达后端的膀胱，每一侧有 50 个以上小的焰细胞，膀胱相当大。足腺 1 对，短而很粗大。眼点共有 3 个：1 个单独位于脑的腹面；2 个成对位于头冠围顶带两侧。雄体较发达。

标本测量　雌体长：455-1000μm；雄体长：400-500μm。

生态　多突囊足轮虫是一广生而喜暖性的种类，常出现在夏、秋季。一般分布在沼泽、池塘及浅水湖泊中，也可在咸淡水中生活。本种根据先后采自江苏无锡市郊一池塘及湖北武汉东湖的标本描述。

地理分布　海南、江苏（无锡）、湖北（武汉）；澳大利亚，新西兰，非洲，北美洲，南美洲，东南亚，欧洲，亚洲北部。

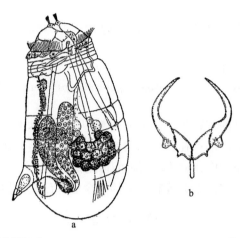

图 286 多突囊足轮虫 *Asplanchnopus multiceps* (Schrank)（仿王家楫, 1961）
a. 侧面观（lateral view）；b. 咀嚼器（trophi）

(277) 透明囊足轮虫 *Asplanchnopus hyalinus* Harring, 1913（图 287）

Asplanchnopus hyalinus Harring, 1913a: 402.

形态 身体非常透明，呈囊袋形，长大于宽。后半部总是比前半部宽阔。后端浑圆。足位于近躯干后端的腹面，相当长，略呈圆筒形；但自基部向后少许细削，显著地分成2节，第2节远较第1节长。趾1对，尖削。头冠位于身体的最前端，盘顶很大而发达，只有1圈纤毛环围绕盘顶周围；有颈圈。咀嚼器系典型的砧型：砧基比较细而短；砧枝

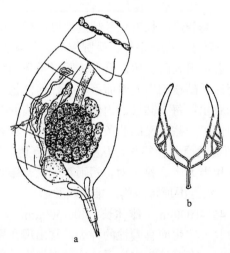

图 287 透明囊足轮虫 *Asplanchnopus hyalinus* Harring（仿王家楫, 1961）
a. 侧面观（lateral view）；b. 咀嚼器（trophi）

相当光滑而不具备任何饰物，它的基部两侧具有 1 对比较小的、尖三角形的刺状突出；每一砧枝的内侧并无任何齿的存在，但其末端则具有 1 钝齿；左右槌钩似乎已完全退化；槌柄虽亦已退化，但还留有不少分叉的线状肋条，附着在砧枝上面。卵巢和卵黄腺呈比较细而长的带形，往往围绕在胃的周围。左右两侧的原肾管十分回旋屈曲；每一侧具有 8 对焰细胞。足腺 1 对，很长，膨大的前端有时位于足基部前面的本体内部。脑呈不规则的椭圆形。眼点共有 3 个：1 个单独位于脑的腹面，2 个成对位于头冠围顶带两侧。

标本测量　全长：520-660μm；足长：90-120μm；趾长：32-40μm。

生态　透明囊足轮虫主要生活于沼泽、池塘及浅水湖泊的沿岸带，常出现在夏、秋季。在武汉东湖的沿岸带及附近的池塘中均采到过该种标本。

地理分布　湖北（武汉）、安徽（芜湖）；澳大利亚，新西兰，非洲，南美洲，东南亚，欧洲，亚洲北部。

37. 晶囊轮属 *Asplanchna* Gosse, 1850

Asplanchna Gosse, 1850: 18.

Asplanchnella Sudzuki, 1964: 77.

Type species: *Asplanchna priodonta* Gosse, 1850.

形态　身体非常透明而呈囊袋形，或多或少像一电灯泡。咀嚼器系典型的砧型，通常横卧在相当膨大的咀嚼囊内，静置而不动；碰到外界有可食而较大的其他浮游动植物时，咀嚼器突然作 90°-180°转动伸出口外，摄取食物后随即缩入。消化管后半部即肠和肛门都已消失，胃则相当发达。胃内如有不能消化的残渣，再自口吐出。后端浑圆而无足。均系卵胎生。该属都是典型的浮游种类，决不会营底栖生活。有的能生存在深水湖泊的敞水带。

目前，全世界已发现晶囊轮虫 10 种，还有若干变种或亚种。我国已描述 5 种 1 亚种。Sudzuki（1964b）根据卵黄腺的形态及砧枝的特征，把晶囊轮属分为 2 亚属：*Asplanchna* 和 *Asplanchnella*。但为描述方便起见，本书仍把晶囊轮虫作为 1 个属。

种　检　索　表

1. 卵黄腺圆形或球形，砧枝内侧具锯齿…………………………………………**前节晶囊轮虫** *A. priodonta*
   卵黄腺带状或呈马蹄形；砧枝内侧光滑无锯齿，或在中间具 1 大齿………………………………………2
2. 砧枝两侧基部无基翼…………………………………………**盖氏晶囊轮虫** *A. girodi*
   砧枝两侧基部有基翼…………………………………………………………………………………………3
3. 砧枝内侧光滑无齿…………………………………………**中型晶囊轮虫** *A. intermedia*
   砧枝内侧中部具有大齿………………………………………………………………………………………4
4. 身体两侧和背、腹面无突起…………………………………………**卜氏晶囊轮虫** *A. brightwellii*
   身体两侧和背、腹面有瘤状或翼状突起…………………………………**西氏晶囊轮虫** *A. sieboldii*

(278) 前节晶囊轮虫指名亚种 *Asplanchna priodonta priodonta* Gosse, 1850（图 288）

Asplanchna priodonta Gosse, 1850: 18.

Asplanchna krameri de Guerne, 1888: 53.

Asplanchna priodonta pelagica Zacharias, 1892: 457.

形态 身体非常透明，长度总是超过宽度。前后两端宽度不大，中部或后半部或多或少比较宽，后端浑圆。头冠面向身体的前端，盘顶很大而发达；只有 1 圈纤毛环围绕盘顶周围。头冠和躯干之间，由于内部体壁上附有相当发达的括约肌，外表上形成 4-6行的环纹。砧型咀嚼器，砧基比较短，砧枝虽很发达，但相当光滑而不具备任何附属的饰物，其基部的基翼不甚显著，后面则具有小的刺状的突出；每一砧枝前半部的内侧具有 4-16 个参差不齐、大小不同的锯齿，砧枝的末端则形成 1 向内弯转、特别粗壮而尖锐的大齿，大齿基部还有 1 相当发达的附齿；左右槌钩已退化成纵长的膜质片，宽阔的基部附着在砧枝的外侧，尖锐的末梢指向前端并向内弯转；槌柄已高度退化，只留一些分叉的肋条状的痕迹。卵巢和卵黄腺呈圆球形。眼点共有 3 个：1 个单独位于脑的腹面后半部，2 个成对位于纤毛环两侧。背触手和腹触手各 1 对，均呈纺锤形，末端具有 1 束感觉毛；背触手 1 对，自躯干中部或少许向上一些的背面两侧伸出；腹触手 1 对，自躯干中部后方的两侧伸出。雄体细而纵长，不到雌体的一半大小。

标本测量 雌体长：250-700μm；雄体长：40-320μm。

前节晶囊轮虫有十分明显的季节变异。在夏季个体往往变得很长，呈腊肠形，长度与宽度的比例为 5:1；而到了冬季就变成 1.5:1.0 左右。

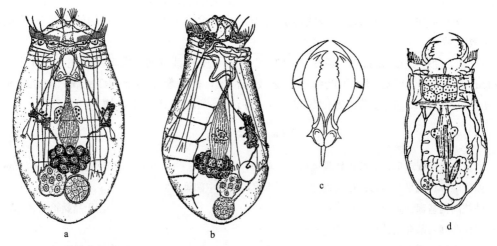

图 288　前节晶囊轮虫指名亚种 *Asplanchna priodonta priodonta* Gosse（a-c 仿王家楫, 1961；d 仿 Koste, 1978）

a. 背面观（dorsal view）; b. 侧面观（lateral view）; c. 咀嚼器（trophi）; d. 咀嚼器伸出口外捕食时的个体（individual with trophi extending out of its mouth when predating）

生态　前节晶囊轮虫系广生性种类，在我国分布广泛，适宜于贫、中营养型水体中生活，在湖泊、池塘中较多。有时也会出现在咸淡水水域。

地理分布　海南、云南、湖北（武汉）、湖南（岳阳）、安徽（芜湖）、西藏（波密、措美）；澳大利亚，新西兰，非洲，北美洲，南美洲，东南亚，欧洲，亚洲北部。

(279) 郝氏前节晶囊轮虫 *Asplanchna priodonta henrietta* Langhans, 1906（图 289）

Asplanchna priodonta henrietta Langhans, 1906: 463.

Asplanchna priodonta minor Voronkov, 1907: 86.

形态　该亚种与指名亚种很相似，只在砧枝前端 1/3 处的内侧各有 1 棱脊，砧枝前端内侧有 2、3 个齿。

标本测量　雌体长：430-650μm。

生态　郝氏前节晶囊轮虫最初报道于欧洲。1995 年 3 月 19 日在云南昆明滇池采得该亚种，当时水温 15℃，pH 约为 7，水体呈富营养化。

地理分布　云南（昆明）；欧洲。

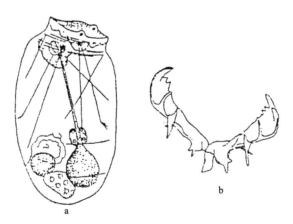

图 289　郝氏前节晶囊轮虫 *Asplanchna priodonta henrietta* Langhans
a. 侧面观（lateral view）；b. 咀嚼器（trophi）

(280) 盖氏晶囊轮虫 *Asplanchna girodi* de Guerne, 1888（图 290）

Asplanchna girodi de Guerne, 1888: 54.

Asplanchna brightwellii girodi Voronkow, 1907: 147-215.

形态　身体很透明，呈囊袋形。头冠面向身体的最前端，盘顶很大而发达，只有 1 圈纤毛环围绕盘顶周围。头冠盘顶中央总是向上凸出，形成 1 对脊状浮起，浮起上具有 1 或 2 束感觉毛。头冠和躯干之间往往形成 1 相当显著的颈圈。咀嚼器系典型的砧型：砧基比较短，砧枝虽亦相当发达，但比较简单，基部两侧无基翼，但其中间外侧有 1 短刺状的突出；每 1 个砧枝的内侧边缘既无齿的存在，中部又无任何齿状突出，枝的末端则形成 1 向内弯转而尖锐的大齿，大齿的基部还有 1 相当发达的附齿；槌柄退化仅留膜质条片。卵巢和卵黄腺呈带形，总是从中部或多或少弯转而形成马蹄状；卵黄核的数目可达 50 个；原肾管的焰细胞 16 个。眼点只有 1 个，位于脑的后半部。

标本测量　雌体长：500-700μm；雄体长：250-400μm。

生态　盖氏晶囊轮虫分布比较广泛，主要生活在池塘、湖泊中；有时也会在咸淡水中出现。

分类讨论　盖氏晶囊轮虫在外形上和卜氏晶囊轮虫十分相似，极易混淆；但前者的咀嚼器明显简单，砧枝基部无基翼；后者的卵黄核及焰细胞的数目显著的少。

地理分布　湖北（武汉）、北京、吉林（长白山）、青海（西宁）、安徽（芜湖）、西藏（察雅）；澳大利亚，新西兰，非洲，北美洲，南美洲，东南亚，太平洋地区，欧洲，亚洲北部。

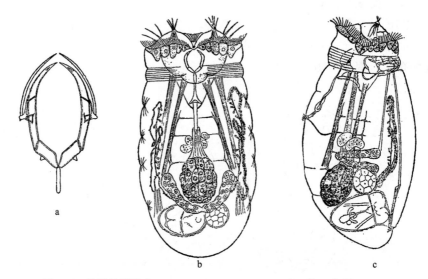

图 290　盖氏晶囊轮虫 *Asplanchna girodi* de Guerne（仿王家楫，1961）
a. 咀嚼器（trophi）；b. 背面观（dorsal view）；c. 侧面观（lateral view）

(281) 中型晶囊轮虫 *Asplanchna intermedia* Hudson, 1886（图 291）

Asplanchna intermedia Hudson, 1886, In: Hudson *et* Gosse, 1886: 122.

形态　体呈囊形，透明，一般认为它是盖氏晶囊轮虫和卜氏晶囊轮虫间的过渡类型。砧枝内缘无齿而光滑，和盖氏晶囊轮虫相似；而砧枝基部有基翼，又和卜氏晶囊轮虫一致。槌柄、槌钩均退化。卵黄腺呈马鞍形，具 34-38 个卵黄核。原肾管左右两侧各有焰细胞 20 个以上。

标本测量　雌体长：580-900μm；雄体长：290-439μm。

生态　中型晶囊轮虫通常分布于湖泊、池塘中。在湖北武汉东湖、青海西宁市郊池塘、海南海口市郊鱼塘均有发现。

地理分布　湖北（武汉）、青海（西宁）、海南（海口、琼海）；澳大利亚，新西兰，非洲，北美洲，东南亚，欧洲，亚洲北部。

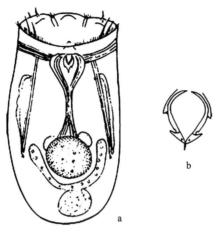

图 291　中型晶囊轮虫 *Asplanchna intermedia* Hudson

a. 背面观（dorsal view）；b. 咀嚼器（trophi）

(282) 卜氏晶囊轮虫 *Asplanchna brightwellii* Gosse, 1850（图 292）

Asplanchna brightwellii Gosse, 1850: 23.

Ascomorpha anglica Perty, 1852: 39.

Notommata anglica: Leydig, 1854b: 64.

Apus auglica: Schoch, 1868: 22.

Asplanchna ceylonica Daday, 1898: 92.

形态　身体很透明，呈囊袋形或钟形，长大于宽。头冠盘顶中央少许向上凸出，有 1 或 2 束感觉毛。头冠和躯干之间有 1 颈圈，并有若干行环纹。砧型咀嚼器：砧基短，砧枝很发达而厚实，基翼呈钩状突出；左右砧枝内侧虽无细齿存在但中部有 1 发达的壮齿，末端形成向内弯曲而尖锐的大齿，基部还有附齿；槌钩、槌柄等已不同程度的退化。食道较长；消化腺 1 对，呈不规则的球状。卵巢和卵黄腺呈带形，总是从中部或多或少弯转而形成马蹄状，卵黄核细胞约 32 个，左右焰细胞 10-20 个。眼点 1 个，位于脑腹面后半部。雄体大小仅为雌体的 1/3。

标本测量　雌体长：500-1500μm；雄体长：160-500μm。

生态　卜氏晶囊轮虫是一种大型肉食性浮游性轮虫，广泛分布在各种类型的淡水水体中。

地理分布　云南、青海（西宁）、安徽（芜湖）、西藏（乃东）；澳大利亚，新西兰，非洲，北美洲，南美洲，东南亚，太平洋地区，欧洲，亚洲北部。

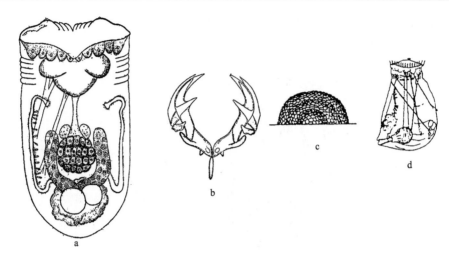

图 292　　卜氏晶囊轮虫 *Asplanchna brightwellii* Gosse（仿王家楫，1961）

a. 背面观（dorsal view）；b. 咀嚼器（trophi）；c. 休眠卵（resting egg）；d. 雄体（male）

(283) 西氏晶囊轮虫 *Asplanchna sieboldii* (Leydig, 1854)（图 293）

Notommata sieboldii Leydig, 1854b: 24.

Apus sieboldii: Schoch, 1868: 22.

Asplanchna sieboldii: Eyferth, 1878: 94.

Asplanchna ebbesbornii Hudson, 1883: 621.

Asplanchna sieboldii leydigi Lange, 1911: 440.

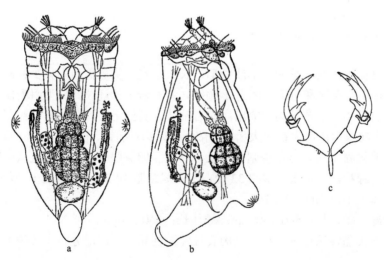

图 293　　西氏晶囊轮虫 *Asplanchna sieboldii* (Leydig)（仿王家楫，1961）

a. 背面观（dorsal view）；b. 侧面观（lateral view）；c. 咀嚼器（trophi）

　　形态　身体很透明，呈不规则的囊袋形，两侧往往有 1 对翼状或瘤状的突出，后端背面和腹面也往往各有 1 瘤状的突出。自背面或腹面观，最宽之处位于躯干前半部的两侧瘤状突出部分。头冠顶位，盘顶很大而发达，中央总是向上凸出，形成 1 脊状浮起，浮起上具有 1 或 2 束感觉毛。头冠与躯干之间亦形成 4-6 行的环纹。咀嚼器系典型的砧型：砧基比较短；砧枝发达而厚实，在基部两侧有基翼，内侧有 1 对大齿，在砧枝末端还有 1 小齿；槌钩、槌柄已退化。卵巢和卵黄腺呈带形，具有 50 个左右卵黄核。焰细胞数目可达到 50 个。眼点 1 个，位于脑的背面。雄体的大小约为雌体的 1/2。

　　标本测量　雌体长：500-2500μm；雄体长：300-1200μm。

　　生态　西氏晶囊轮虫是一种大型轮虫，有较大的形态变化。它是喜温性种类，主要分布于池塘、湖泊等水域，常在夏、秋季出现。

　　地理分布　海南、江苏（无锡）、浙江（湖州）、安徽（芜湖）；澳大利亚，新西兰，非洲，北美洲，南美洲，东南亚，欧洲，亚洲北部。

十二、椎轮科 Notommatidae Remane, 1933

Notommatidae Remane, 1933: 387.

　　形态　本科轮虫的头冠总是或多或少偏在腹面。身体一般纵长，头部前端时有脑后囊和脑侧腺。咀嚼器杖型。大多以底栖生活为主而兼浮游生活，少数种类以浮游生活为主。椎轮科是游泳目中种类较多、分类最困难的科之一。由于其种类多，变异大，故其中有些属的位置一直存在很多争议。Bartoš（1959）认为尽管前翼轮虫（以往将之置于椎轮科中）与椎轮科种类很相似，但由于前翼轮虫具变型的槌型咀嚼器，故将之从椎轮科中分出，作为单独的 1 个科——前翼轮科 Proalidae。考虑到盲囊轮虫的咀嚼器已失去泵吸作用，并明显呈现出向猪吻轮虫所具有的钳型咀嚼器过渡，故 Markevich（1993）将盲囊轮虫从原来的椎轮科中的 1 个属即盲囊轮属 Itura 提升为盲囊轮科 Ituriidae，该科仅 1 属，即盲囊轮属 Itura。Segers（1995a）依据对高跷轮虫咀嚼器结构的分析，认为高跷轮属 Scaridium 也应该从椎轮科中独立出来作为单独的 1 个科即高跷轮科 Scaridiidae，该科含 1 属，即高跷轮属 Scaridium。

　　Bartoš（1959）根据在胃与肠之间是否出现 1 个花环状的泡状腺，将椎轮科分为 2 亚科：胃与肠之间有 1 花环状的泡状腺的称为四管轮亚科 Tetrasiphoninae，胃与肠之间无 1 花环状的泡状腺的称为椎轮亚科 Notommatinae。四管轮亚科的 2 个属 Tetrasiphon 和 Repauliana 在我国目前均无记录。椎轮亚科共有 19 属，在我国只记录了其中的 11 属。

属 检 索 表

1. 卵黄腺带状或环状，不规则分散排列 ···2
　　卵黄腺卵圆形或肾形 ···3
2. 卵黄核带状 ···拟哈林轮属 *Pseudoharringia*
　　卵黄核不规则地分散排列 ···枝胃轮属 *Enteroplea*
3. 足与趾较身体长，且趾不等长 ···长肢轮属 *Monommata*
　　足与趾比身体要短，趾大多等长 ···4

4. 躯干部有 3-5 片被甲 ·· 5
　　躯干部无被甲 ··· 6
5. 背、腹甲角质化程度高，表面布满颗粒 ·· 间足轮属 *Metadiaschiza*
　　背、腹甲角质化不明显，表面光滑 ·· 巨头轮属 *Cephalodella*
6. 躯干背侧有许多深的横褶沟 ··· 沟栖轮属 *Taphrocampa*
　　躯干背侧光滑，无横褶沟 ·· 7
7. 头部有 2 个端眼和 1 个脑眼 ··· 8
　　头部无端眼，脑眼有或无 ·· 9
8. 咀嚼器有 1 个唾液腺 ··· 晓柱轮属 *Eothinia*
　　咀嚼器有 1 对唾液腺 ··· 柱头轮属 *Eosphora*
9. 头冠腹向，两侧有纤毛耳出现 ··· 椎轮属 *Notommata*
　　头冠顶位，两侧无纤毛耳出现 ··· 10
10. 唾液腺 1 对，左右对称；咀嚼器结构简单 ··· 侧盘轮属 *Pleurotrocha*
　　唾液腺退化，不对称；咀嚼器结构较复杂 ·· 索轮属 *Resticula*

38. 枝胃轮属 *Enteroplea* Ehrenberg, 1830

Enteroplea Ehrenberg, 1830: 46.
Triphylus Hudson *et* Gosse, 1889: 19.
Type species: *Enteroplea lacustris* Ehrenberg, 1830; by monotype.

形态　身体由宽阔的头部和囊状的躯干部组成。足向腹部弯曲，由 3 节组成，与躯干部分界明显。卵黄腺带状，中间弯曲成马蹄形；卵黄核随机排列。
　　本属只有 1 种。

(284) 水生枝胃轮虫 *Enteroplea lacustris* Ehrenberg, 1830（图 294）

Enteroplea lacustris Ehrenberg, 1830a: 46.
Diglena lacustris: Ehrenberg, 1832: 2.
Triphylus lacustris: Hudson, 1889: 19.

形态　身体呈囊袋状，短而粗壮。头部宽，方形。足 3 节，向腹面弯曲，与躯干部分界明显。趾 1 对，短，足腺长。头冠轻微倾斜，周围边缘具有 1 圈纤毛，口或多或少下陷，除了马蹄形边缘具有 1 圈纤毛外，其他均无纤毛。躯干部背侧面具有 2 条并列的、凹入相当深的 "V" 形沟。眼点 1 对，位于头冠顶端两侧。唾液腺 1 对，小；肠呈锥形或漏斗状，具纵的长沟；胃腺带状，末端有分叉；在胃的背侧，有 1 对很狭长的附属物；卵黄腺带状或环状，卵黄核呈不规则的分散排列。咀嚼器呈变态杖型，砧枝很发达，呈钳形，可以从口中伸出，左右砧枝两侧的基部各有 1 显著的基翼，两旁各有 1 比较薄而宽的侧膜，中部分别自左右两面向上向内弯转，左右砧枝互相会合的内缘呈锯齿状，并附有细致的横纹，还具有比较粗大的齿各 1 个，砧枝顶部是 2 个相对的、非常发达的、宽而钩状的巨齿；砧基棍状；槌钩各有 1 个主齿和 1 个附齿；槌柄在基部两侧有膜片，末端细而稍弯。

标本测量　全长：500-600μm；趾长：30-35μm；咀嚼器长：85μm。

生态　本种一般喜居于浅水池沼中，分布广但并不常见；它往往和棒状水轮虫生活在一起。本种采自武汉东湖沿岸带的水草丛中。

地理分布　湖北（武汉）；澳大利亚，新西兰，北美洲，南美洲，东南亚，欧洲，亚洲北部。

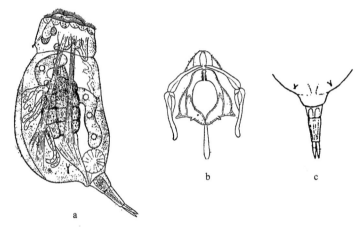

图 294　水生枝胃轮虫 *Enteroplea lacustris* Ehrenberg（a，b 仿王家楫，1961；c 仿 Koste，1978）
a. 侧面观（lateral view）；b. 咀嚼器（trophi）；c. 足和趾（foot and toe）

39. 拟哈林轮属 *Pseudoharringia* Fadeew, 1925

Pseudoharringia Fadeew, 1925e: 73.
Type species: *Pseudoharringia similis* Fadeew, 1925.

形态　身体囊袋状，分为头、躯干和足 3 部分。足分节，趾 1 对，很小。卵黄腺带状，6 个卵黄核线形排列。咀嚼器变异杖型。

本属全世界已知 2 种，我国只发现 1 种。

(285) 象形拟哈林轮虫 *Pseudoharringia similis* Fadeew, 1925（图 295）

Pseudoharringia similis Fadeew, 1925e: 73.

形态　身体比较短而粗壮，可分为头、躯干及足 3 部分。头部相当宽阔，头和躯干交界之处虽有一些紧缩的折痕，但颈圈并不十分明显。躯干部相当膨大，背面显著地隆起而凸出，表面有若干条纹。足 3 节，趾小，呈倒圆锥形。头冠虽少许倾斜，但还是顶位；周围边缘具有 1 圈比较长的围顶纤毛；口略下陷。脑旁边有 1 红色脑下囊。无眼点。卵黄腺带状，具有 6 个呈线形排列的卵黄核。足腺 1 对，长而发达，呈棍棒状。背触手位于头部后端；侧触手 1 对，自躯干 1/3 的后端两旁射出。咀嚼器系变态的杖型：砧基相当长而细，自基部逐渐向后加宽加厚，末端呈匙状；砧枝宽阔，呈长方形，两旁各有 1 基翼突起。槌柄略短于砧基，末端略向内弯曲；槌钩由若干个小薄片组成。

标本测量 全长：305-400μm；足长：60-70μm；趾长：8-14μm。

生态 象形拟哈林轮虫是一种不常见的轮虫；1925 年在俄罗斯初次被发现后，在欧洲其他国家也有报道。在武汉东湖也经常被发现。该种常居于流水或静水的湖泊中，在丝状藻类或沉水植物之间游动。

地理分布 湖北（武汉）；欧洲，亚洲北部。

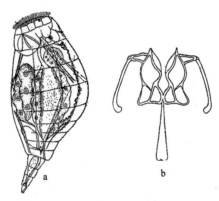

图 295 象形拟哈林轮虫 *Pseudoharringia similis* Fadeew（仿王家楫，1961）

a. 侧面观（lateral view）；b. 咀嚼器（trophi）

40. 长肢轮属 *Monommata* Bartsch, 1870

Monommata Bartsch, 1870: 344.

Type species: *Vorticella longiseta=Monommata longiseta* (Müller, 1786).

形态 身体呈长圆形或纺锤形，头与躯干之间有颈环。皮层薄，但很柔韧，侧面和背面均有纵的条纹。足 2、3 节，有时分节不显著。趾 1 对，很长，其长度总是超过身体的长度，而且不等长，右趾总是长于左趾（*M. aequalis* 例外）。趾的基部相当粗壮，自粗壮的基部逐渐向针状的后端尖削，表面具有很细的横纹。头冠稍微倾斜，有 1 轮纤毛环及头部两侧形成的纤毛簇，头盘区无纤毛，口区有纤毛。咀嚼器变化较大，从简单的杖型至杖型与钳型的中间型。背触手单个或 1 对，脑眼位于脑后端。

本属全世界已发现 17 种，我国仅记录 4 种。该属种类的分类主要依据其咀嚼器结构，由于其咀嚼器较小，结构又变化多样，故观察起来有一定的困难。

种 检 索 表

(286) 北方长肢轮虫 *Monommata actices* Myers, 1930（图 296）

Monommata actices Myers, 1930: 394.

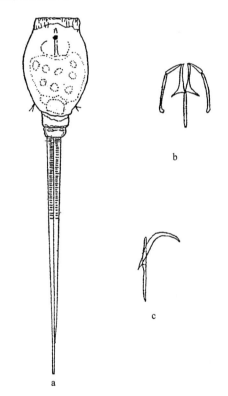

图 296　北方长肢轮虫 *Monommata actices* Myers

a. 收缩的虫体（contracted body）；b. 咀嚼器（trophi）；c. 咀嚼器侧面观（lateral view of trophi）

　　形态　体呈长圆形，头与躯干间有颈环或褶环。成对的背触手位于头部背侧的后端，在收缩的标本中不易观察。足较壮实，趾相当长，并在基部至 1/2 处有环纹。侧触手似红色圆点，位于体后端的两侧。头冠轻微倾斜。咀嚼器小，简单的杖型：砧基长，棍状，在其基部有基翼；砧枝细，竖琴状，在中部开始向下弯曲，砧枝两侧的基翼细长；槌钩具 2 个短齿，在槌钩和槌柄之间有 1 对很薄的膜翼板；槌柄细长，末端弯曲。胃与肠之间无缢缩。足腺和脑后囊小。眼点在头部神经节的末端。

标本测量 体长：150-195μm；左趾长：150-170μm；右趾长：200-210μm；咀嚼器长：22-24μm。

生态 北方长肢轮虫过去只在欧洲和美洲有报道。它一般喜生活在偏酸的池沼。1995年采自吉林长白山和云南大理洱海有水生植物生长的小水体中。

地理分布 云南（武定）、吉林（长白山）；澳大利亚，新西兰，东南亚，南美洲，北美洲，欧洲，亚洲北部。

(287) 含羞长肢轮虫 *Monommata aeschyna* Myers, 1930（图 297）

Monommata aeschyna Myers, 1930: 387.

形态 体纵长，纺锤形。颈部轻微缢缩，身体从前向后至足逐渐变细。足有 3 节，趾细而长。背触手单个。咀嚼器杖型，小而简单：砧基笔直而细长，在基部有 1 骨突；砧枝三角形，内侧光滑无齿，基部的基翼很大；槌柄简单，棍状，末端弯曲，成钩状，在中央有 1 小突起；槌钩单齿。胃腺、脑后囊均很小，眼点在神经节的腹面。

标本测量 体长：130-150μm；右趾长：150-165μm；左趾长：120-145μm；咀嚼器长：25-35μm。

生态 含羞长肢轮虫广生但稀少。采自北京付家台一池塘，当时水温 15℃，pH 7.7。

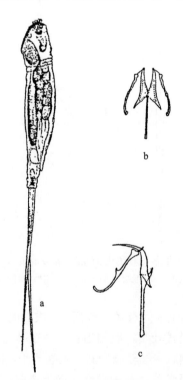

图 297 含羞长肢轮虫 *Monommata aeschyna* Myers
a. 侧面观（lateral view）；b. 咀嚼器（trophi）；c. 咀嚼器侧面观（lateral view of trophi）

地理分布　北京；澳大利亚，新西兰，北美洲，欧洲，亚洲北部。

(288) 巨长肢轮虫 *Monommata grandis* Tessin, 1890（图 298）

Monommata grandis Tessin, 1890: 151.

Furcularia longiseta var. *grandis* Rousselet, 1895: 124.

Monommata orbis var. *grandis* Harring, 1913b: 72.

Monommata robusta Bêrzins, 1949a: 1.

形态　身体长卵圆形或近似纺锤形，相当透明。头部比较大，与躯干部交界处有 1 明显紧缩的横的折痕。背面或多或少隆起而凸出，腹面接近扁平。足短而粗壮，分成不很明显的 2 节。趾 1 对，非常长，右趾较左趾长，2 个趾的基部相当粗壮，并由此逐渐向针状的后端尖削。头冠少许向腹面倾斜。咀嚼囊相当大，咀嚼器的形式介乎杖型和钳型之间：砧基与砧枝几乎等长，其基部较宽，向后变细；砧枝内缘具 4 个大齿和大约 25 个梳状齿，在其中部外侧有薄的膜片，砧枝基部两侧的基翼大；槌钩具 1 片状齿，末端裂成指状；槌柄的基部较宽阔，有膜片。足腺 1 对，相当小，呈长梨形。脑后囊小，无脑侧腺。眼点位于神经节后端。背触手单个位于头部背侧的后端，系具有 1 束感觉毛的乳头状小突起。侧触手 1 对，自躯干部后端射出。

标本测量　体长：190-240μm；右趾长：210-470μm；左趾长：150-336μm；咀嚼器长：35μm。

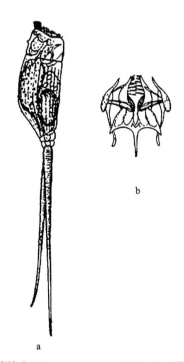

a

b

图 298　巨长肢轮虫 *Monommata grandis* Tessin（仿王家楫，1961）

a. 侧面观（lateral view）；b. 咀嚼器（trophi）

生态　巨长肢轮虫主要活动于丝状藻类和沉水植物之间，有较高的 pH 耐受性，在贫营养型水体中较常见；有沉水植物分布的池塘、湖汊等淡水水体中均有可能发现。

地理分布　海南、湖北（武汉）、浙江（宁波、湖州）、江苏（无锡）；澳大利亚，新西兰，非洲，北美洲，南美洲，东南亚，欧洲，亚洲北部。

(289) 细长肢轮虫 *Monommata longiseta* (Müller, 1786)（图 299）

Vorticella longiseta Müller, 1786: 295.

Trichoda bicaudula Schrank, 1803: 144.

Vaginaria brachiura Schrank, 1803: 87.

Notommata longiseta inaequalis Ehrenberg, 1832: 134.

Furculoria longiseta: Lamarck, 1816: 568.

Scaridium longisetum: Schoch, 1868: 30.

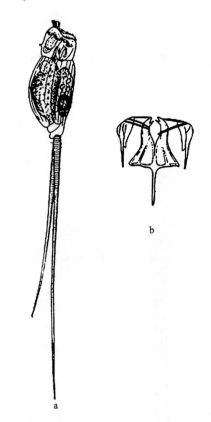

图 299　细长肢轮虫 *Monommata longiseta* (Müller)（仿王家楫, 1961）
a. 侧面观（lateral view）；b. 咀嚼器（trophi）

形态　身体细，呈长圆形；头短，相当透明。躯干部和头部交界处有 1 明显紧缩的横的折痕。躯干背面或多或少隆起，腹面接近扁平，后端浑圆。躯干部皮层表面密布不少细而断续的、纵长的条纹。足短而粗壮，分成不明显的 2 节。趾 1 对，很长；右趾总比左趾长，两趾的基部相当粗壮，右趾笔直，左趾稍向左侧弯转。头冠略向腹面倾斜。咀嚼囊相当大。咀嚼器为变态的杖型：砧基细而长，自前端向后端逐渐尖削；砧枝基部呈三角形，左右砧枝内侧前端各有 1 相当长的单独的齿；右槌钩具 3 个细而长的齿，左槌钩具 2 个齿；槌柄前半部很宽呈片状，后半部细长呈棒状。背触手单个，是具有 1 束感觉毛的乳头状小突起，侧触手自身体后端两侧射出。

标本测量　体长：86-115μm；右趾长：155μm；左趾长：120μm；咀嚼器长：15-16μm。

生态　习居于水生植物繁茂、丝状藻类丰富的水体中，适应 pH 5.0-7.5、水温 0-17℃ 环境。采自浙江宁波东钱湖、湖北武汉东湖。

地理分布　湖北（武汉）、南京、浙江（宁波）、四川（成都）、上海（崇明）、安徽（芜湖）、西藏（亚东、拉萨）；澳大利亚，新西兰，非洲，北美洲，南美洲，东南亚，欧洲，亚洲北部。

41. 沟栖轮属 *Taphrocampa* Gosse, 1851

Taphrocampa Gosse, 1851: 199.

Type species: *Taphrocampa annulosa* Gosse, 1851.

形态　身体纵长，蠕虫状，可伸缩。身体的背侧有许多很深的横折痕是本属最重要的特征。头冠倾向腹面，在两侧形成纤毛簇。在头部中央有 1 个脑眼。咀嚼器杖型，不对称：槌钩 2、3 齿，砧枝有较大的基翼。

本属全世界已知 4 种，我国已发现 2 种。

种 检 索 表

趾较长而弯曲；砧枝内侧有多齿···**弯趾沟栖轮虫 *T. selenura***

趾短，呈圆锥形；砧枝内侧仅 1 个钝齿···**环形沟栖轮虫 *T. annulosa***

(290) 环形沟栖轮虫 *Taphrocampa annulosa* Gosse, 1851（图 300）

Taphrocampa annulosa Gosse, 1851: 199.

Diglena rosa Gosse, 1887a: 1.

形态　身体有时呈比较细的圆筒形，有时或多或少呈纺锤形。头部有 3 个横的折痕，其中 2 个比较窄，1 个较宽；躯干部有 8 个横折痕。头与躯干之间分界不甚明显。尾相当宽而很显著，后端浑圆；它与躯干交界之处的背面有 1 很深的横的凹沟。足很短并不分节，背面观往往被突出的尾部所掩盖而不易看见。趾 1 对，短，系倒圆锥形，稍向腹面弯转。头冠高度地斜向腹面，两侧的耳比较小，总是呈半圆形的突出。咀嚼囊相当大。咀嚼器系比较简单的杖型：左右两侧不很对称；砧基很细长，后端膨大，为附着活塞上的肌肉之用；砧枝腹面观呈三角形，基部的两侧具有很发达的基翼，末端形成少许弯转的锐角；右砧枝内侧边缘具有 1 钝齿。左右槌钩都系一大一小的 2 个箭头状的细齿所组成；槌柄很细长，基部略微弯转，具有很狭的薄膜片，末端稍膨大，略向内弯而呈匙形。

标本测量 全长：180μm 左右；趾长：12μm；咀嚼器长：28μm。

生态 系广生性种类，行动迟缓，爬行，常出没于有机碎屑丰富的周丛生物间和岸边沙土中，也会在水生植被上爬行。样本采自湖北武汉东湖的马来眼子菜的叶片上。

地理分布 湖北（武汉）；澳大利亚，新西兰，非洲，北美洲，南美洲，东南亚，欧洲，亚洲北部。

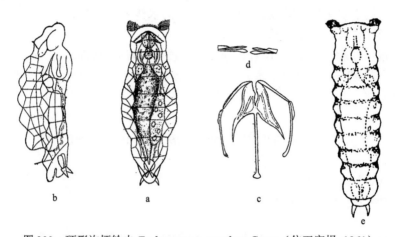

图 300　环形沟栖轮虫 *Taphrocampa annulosa* Gosse（仿王家楫，1961）

a. 腹面观（ventral view）；b. 侧面观（lateral view）；c. 咀嚼器（trophi）；d. 槌钩（uncus）；e. 背面观（dorsal view）

(291) 弯趾沟栖轮虫 *Taphrocampa selenura* Gosse, 1887（图 301）

Taphrocampa selenura Gosse, 1887a: 1.

Taphrocampa viscosa Levander, 1894: 26.

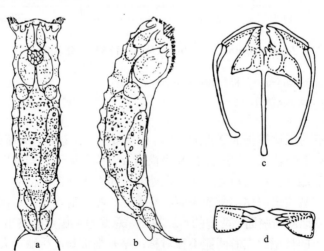

图 301　弯趾沟栖轮虫 *Taphrocampa selenura* Gosse

a. 背面观（dorsal view）；b. 侧面观（lateral view）；c. 咀嚼器（trophi）；d. 槌钩（uncus）

形态　体呈圆柱形，从前端至足逐渐变细。头部有 3 个横的折痕，躯干部有 8 个横折痕。体表通常粘有许多有机碎屑。足中等长度，并不分节，背面观往往为突出的、宽阔的尾部所覆盖而不易看见。趾细长，弯曲，背面观 2 个趾呈半圆形。咀嚼器不对称，但左右槌柄的长度几近相等；右砧枝内侧具 7 个细齿，左砧枝内侧具 1 个钝齿、1 个膜片，然后又是 2 个钝齿。左槌钩具 2 齿，右槌钩具 3 齿。

标本测量　体长：220-290μm；趾长：25-33μm；咀嚼囊长：36μm。

生态　弯趾沟栖轮虫在海南、吉林长白山和湖南洞庭湖均有发现。常习居于有机碎屑丰富的富营养型水体中。

地理分布　海南（海口、三亚、琼海）、湖南（岳阳）、吉林（长白山）；澳大利亚，新西兰，非洲，北美洲，南美洲，东南亚，欧洲，亚洲北部。

42. 晓柱轮属 *Eothinia* Harring *et* Myers, 1922

Eothinia Harring *et* Myers, 1922: 646; 1924: 528.

Type species: *Eothinia elongata* (Ehrenberg, 1832).

形态　体纵长。头与躯干之间有颈环分开。躯干透明，有许多纵褶。足 2 节，趾 2 个。头冠腹向，纤毛冠在两侧形成纤毛簇。食管长，胃与肠有分界。后脑器官明显，脑后囊及脑侧腺均出现。头部有 1 个脑眼和 2 个相距较远的端眼。唾液腺单个。咀嚼器杖型，砧基细长，末端较宽；砧枝三角形，内缘有齿，背面有 1 对短而直的侧棍。槌钩 1-4 齿；槌柄棒状，基部两侧均具膜片。

本属全世界已知 6 种，我国只发现 1 种。

(292) 纵长晓柱轮虫 *Eothinia elongata* (Ehrenberg, 1832)（图 302）

Eosphora elongata Ehrenberg, 1832: 140.

Notommata elongata: Bartsch, 1870: 339.

Eosphora striata Glascott, 1893: 57.

Eothinia elongata: Harring *et* Myers, 1922: 555.

形态　躯干部很长，最宽之处位于中段或后半部的中央，自最宽处向后端逐渐瘦削，和颈交界之处也有 1 相当明显紧缩的折痕。足相当长，分成 2 节，自前端向后端稍瘦削。趾 1 对，相当细而笔直，呈倒圆锥形。头冠面向前端，它周围的 1 圈边缘纤毛环在背面的纤毛已大大减少，并转向两侧的耳状区域。咀嚼囊很长而发达。咀嚼器系特别变态的杖型：砧枝呈不规则的三角形，砧枝基部向两侧伸展，各形成 1 宽而或多或少弯转的基翼，砧枝背面附着 1 对呈拐杖状的侧棍，内侧具有许多紧密排列的尖锐齿；砧基很大而笔直，系 2 条长片在背面愈合而成，砧基后端割裂成许多细的丝条；槌钩系 1 单独的腹齿所组成；槌柄笔直而细长，棒状，基部则少许膨大。脑眼呈新月形，位于脑的后端背面；端眼 1 对，分别位于头冠两侧的小乳突上。

标本测量 体长：325-380μm；趾长：32-38μm；咀嚼器长：55μm。

生态 本种习居于沿岸的水生植物之间，一年四季均有可能采到，分布也很广，是一肉食性种类，以小轮虫特别是蛭态类轮虫为食。

地理分布 云南、湖北（武汉）、浙江（宁波）、上海、江苏（南京、无锡）、安徽（芜湖）、西藏（林芝）；澳大利亚，新西兰，非洲，北美洲，南美洲，东南亚，欧洲，亚洲北部。

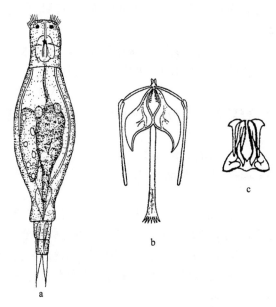

图 302 纵长晓柱轮虫 *Eothinia elongata* (Ehrenberg)（c 仿 Koste, 1978）
a. 背面观（dorsal view）；b. 咀嚼器（trophi）；c. 砧枝和侧棍（ramus and pleural rod）

43. 柱头轮属 *Eosphora* Ehrenberg, 1830

Eosphora Ehrenberg, 1830: 47.
Type species: *Eosphora najas* Ehrenberg, 1830.

形态 体粗壮，有假节。颈部与躯干部之间有 1 明显折痕。躯干几呈囊状，后端具有浑圆的或分成 3 裂片的尾部。足分节或不分节，足腺发达。趾 1 对。轮盘顶位，纤毛环在背面中断，在侧面形成纤毛簇，在腹面的口区纤毛分布较疏。脑眼位于脑后端的神经节上（*E. anthadis* 例外，该种无眼点），此外有时还有 1 对端眼分别位于头冠两端的乳状突起上。有脑后器官及脑侧腺。唾液腺 1 对，对称或不对称。咀嚼器变态杖型：砧基宽，板状；砧枝三角形，表面有许多孔隙，内侧有齿，在其两侧基部常有基翼突起；槌钩通常单齿；有上咽板 1 对及附着在砧枝背面的 1 对短而直的侧棍。

本属全球已记录 7 种，我国记录 4 种。

种 检 索 表

(293) 无眼柱头轮虫 *Eosphora anthadis* Harring *et* Myers, 1922（图 303）

Eosphora anthadis Harring *et* Myers, 1922: 641-642.

形态　身体粗壮；头宽，呈梯形；体被柔软而透明。足不分节，趾短而宽，背面观趾似半球状，趾尖具很小的爪。无唾液腺，胃腺很大，卵圆形。足腺 1 对，很大，末端有黏液贮泡。神经节小，有脑后囊，无眼点。咀嚼器为变态的杖型：砧枝三角形，在砧枝内侧有 4、5 齿；砧基由 2 块板融合在一起，前端较细，末端膨大；槌柄轻微弯曲；槌钩单齿。

标本测量　全长：276-410μm；趾长：16-28μm；咀嚼器长：33-35μm。

生态　喜生活于偏酸性的小水体中。海南海口市郊、三亚市郊小水体中分别采到过该种标本。

地理分布　海南（海口、三亚）；澳大利亚，新西兰，北美洲，南美洲，东南亚，欧洲，亚洲北部。

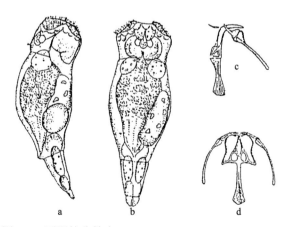

图 303　无眼柱头轮虫 *Eosphora anthadis* Harring *et* Myers

a. 侧面观（lateral view）；b. 背面观（dorsal view）；c. 咀嚼器侧面观（lateral view of trophi）；d. 咀嚼器腹面观（ventral view of trophi）

(294) 欧氏柱头轮虫 *Eosphora ehrenbergi* Weber *et* Montet, 1918（图304）

Eosphora ehrenbergi Weber *et* Montet, 1918: 123.

Notommata najas: Ehrenberg, 1832: 132.

形态 身体较粗壮，活体时常显棕色，体褶不明显。躯干末端浑圆，具1小的尾突。足2节，趾短，锥形。唾液腺1对，很大且不对称。足腺长但无黏液贮泡。有眼点及脑后囊。咀嚼器杖型：砧枝三角形，基部有许多小孔，前端明显弯曲，在其内侧各有2齿；砧基侧面观很宽；槌钩单齿；槌柄直，在基部两侧有膜片，呈三角形。上咽板2个，具3齿。

标本测量 体长：350-450μm；趾长：24-30μm；咀嚼器长：65μm。

生态 常出现于淡水和咸淡水中的水生植物间。采自北京付家台鱼塘。

地理分布 北京；澳大利亚，新西兰，非洲，北美洲，南美洲，东南亚，欧洲，亚洲北部。

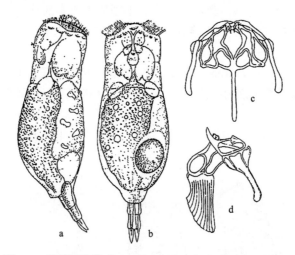

图304 欧氏柱头轮虫 *Eosphora ehrenbergi* Weber *et* Montet

a. 侧面观（lateral view）；b. 背面观（dorsal view）；c. 咀嚼器（trophi）；d. 咀嚼器侧面观（lateral view of trophi）

(295) 眼镜柱头轮虫 *Eosphora najas* Ehrenberg, 1830（图305）

Eosphora najas Ehrenberg, 1830a: 47.

Eosphora digitata Ehrenberg, 1838: 452.

Notommata eosphora Bartsch, 1870: 339.

Furcularia najas: Dujardin, 1941: 650.

形态 身体较粗壮，相当透明，往往带有橙黄色。头与颈、颈与躯干之间均有明显折痕，把两者分开，最宽处通常位于中部躯干。最后端的尾部，虽不十分大，但也很明显，有时由 3 个裂片所组成，在背面中央的 1 个主要裂片比较大。足近似圆筒形，隔成 3 节。趾 1 对相当直而细，呈倒圆锥形，在其基部有 1 感觉乳突。头冠面向前端，腹面边缘纤毛环围绕在口的下面。咀嚼囊相当大，唾液腺 1 对，很显著，不对称，右面的比左面的大 1 倍。咀嚼器系变态的杖型，相当复杂而发达。砧枝发达，三角形，有 2 个粗壮而弯曲的基翼，内缘齿数目变异大；砧基长，侧面观很宽；槌钩具 1 个棒状齿和 2 个小齿；槌柄短而粗；1 对侧棍呈直角，1 对上咽板小，锯齿状。足腺长，末端有黏液贮泡。眼点位于脑后端的背面，另有 1 对辅助眼点位于头冠 2 个柱头状的突起上。背触手系具有 1 束感觉毛的、很小的乳头状突起；侧触手 1 对，呈短的管状，位于靠近躯干的后端。

标本测量　全长：460-610μm；趾长：36-48μm；咀嚼器长：可达 80μm。

生态　系广生性种类，喜居于沿岸带的水生植物之间；许多湖泊，几乎一年四季均有可能采到。肉食性种类，以其他小轮虫为食；有时也捕食比它大的须足轮虫（如图 305e 所示）。

地理分布　云南、湖北（武汉）、湖南（岳阳）、北京、江苏（无锡、南京）、西藏（亚东、措勤）；澳大利亚，新西兰，非洲，北美洲，南美洲，东南亚，欧洲，亚洲北部。

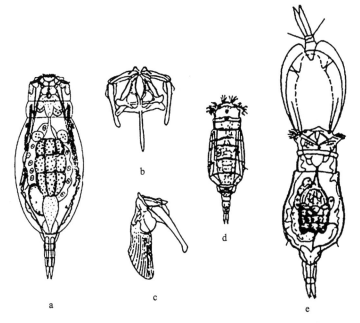

图 305　眼镜柱头轮虫 *Eosphora najas* Ehrenberg（a, b 仿王家楫，1961；c-e 仿 Koste, 1978）
a. 背面观（dorsal view）；b. 咀嚼器（trophi）；c. 咀嚼器侧面观（lateral view of trophi）；d. 雄体（male）；e. 正在捕食（predating）

(296) 圆盖柱头轮虫 *Eosphora thoa* Harring *et* Myers, 1924（图 306）

Eosphora thoa Harring *et* Myers, 1924: 523-524.

形态　体呈宽圆锥形，全身透明。皮层很柔韧，以致躯体能高度伸缩，有纵长的条纹。头部和颈部间无明显的分界折痕，躯干部和头颈部交界处有 1 明显紧缩的凹痕。躯干部中间宽，后端尖削。足粗壮，呈长圆锥形，外表具 4、5 圈不规则的环纹，不分节。趾 1 对，较短，背面观心脏形，趾末端呈点状。头冠顶位，周围有 1 圈边缘纤毛。头冠顶端两侧各有 1 个比较大的乳头状突起，其上有 1 束感觉毛。咀嚼器系变态的杖型：砧枝呈三角形；砧基相当长，后端膨大而浑圆，侧面观宽阔；槌钩比较简单，系 1 棍棒状的腹齿；槌柄细长。前咽片 1 对，很发达，位于槌钩上方。足腺大而发达，与足同样长短，末端有黏液贮泡。唾液腺对称。脑眼很大，位于脑的后端背面，头冠 2 个柱头状的突起上并无辅助眼点。

标本测量　体长：360-500μm；趾长：20-35μm；咀嚼囊长：50μm。

生态　习居于有机质丰富、沉水植物很茂盛的湖泊、池塘等淡水水体，自 1924 年被发现以来有关它的报道较少。采自武汉东湖。

地理分布　海南、湖北（武汉）；澳大利亚，新西兰，北美洲，南美洲，欧洲，亚洲北部。

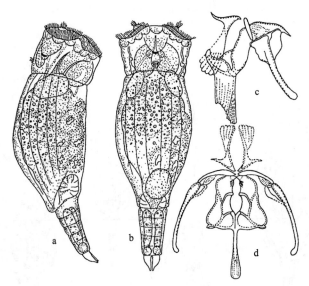

图 306　圆盖柱头轮虫 *Eosphora thoa* Harring *et* Myers（仿王家楫, 1961）

a. 侧面观（lateral view）；b. 背面观（dorsal view）；c. 咀嚼器侧面观（lateral view of trophi）；d. 咀嚼器（trophi）

44. 索轮属 *Resticula* Harring *et* Myers, 1924

Resticula Harring *et* Myers, 1924: 518.

Type species: *Furcularia melandocus*=*Resticula melandocus* (Gosse, 1887).

形态　体呈蠕虫形或纺锤形；趾短，具球状的黏液贮泡。头冠位于前端，具纤毛环和 2 个小的似纤毛耳样的运动纤毛簇。唾液腺退化或不对称，脑后囊是 1 小的无管的囊，黑色，在囊上有时有色素疏松排列的眼点。咀嚼器杖型，砧基细长，砧枝三角形，有基翼；槌钩细长，1、2 个齿，上咽板退化或缺。

本属全世界已知 7 种，我国已发现 3 种。

种 检 索 表

1. 无眼点或吻，趾基部明显膨大 ·· **黑斑索轮虫 R. melandocus**

有眼点或吻，趾基部不明显膨大 ·· 2

2. 体呈纺锤形，躯干与足有明确的分界 ·· **冷淡索轮虫 R. gelida**

体呈蠕虫形，躯干与足无明确的分界 ·· **突吻索轮虫 R. nyssa**

(297) 黑斑索轮虫 *Resticula melandocus* (Gosse, 1887)（图 307）

Furcularia melandocus Gosse, 1887a: 2.

Eosphora melandocus: Harring *et* Myers, 1922: 644.

Notommata melandocus: Harring *et* Myers, 1924: 518.

形态　身体细长，略呈纺锤形，透明，表面具有不十分明显的纵长条纹。躯干部很长，自中部向后端逐渐瘦削，一直到足的基部为止。足很短而宽，不分节。趾 1 对很特别，每 1 个趾的基部高度膨大而呈球状，急剧地向后半部尖削；尖削的后端总是或多或少向腹面弯转。头冠少许向腹面倾斜，咀嚼囊相当大而发达；其外面有 1 对唾液腺，右侧的唾液腺远较左侧的大。咀嚼板系变态的杖型，腹面观呈三角形：砧基相当细而直长，末端膨大；砧枝背面的内侧左右各具有 1 枚主齿，并在顶端分别具有 2 枚和 1 枚前砧小齿；左右槌钩末端具有棒状的腹齿并相连，且各有 2 个和 1 个小前钩齿；槌柄相当大，其前半部的背腹面都具有很发达的膜质片。消化腺 1 对，相当大，呈卵圆形。足腺 1 对，非常发达而大，呈卵圆形，伸展到趾的膨大的基部。脑比较大，呈囊袋形。脑后囊相当

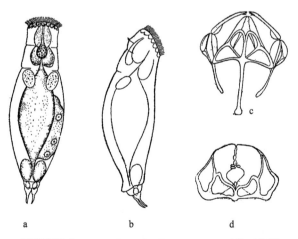

图 307　黑斑索轮虫 *Resticula melandocus* (Gosse)（仿王家楫, 1961）

a. 背面观（dorsal view）；b. 侧面观（lateral view）；c. 咀嚼器（trophi）；d. 砧板顶面观（apical view of rami）

发达，呈梨形或接近圆球形，无眼点；背触手和侧触手都系具有 1 束感觉毛的、很小的乳头状突起。

标本测量 全长：210-380μm；趾长：25-37μm；咀嚼囊长：34-50μm。

生态 习居于沉水植物比较繁茂、有机质较多的水体中；广生性种类，在我国许多浅水湖泊、池塘中均有分布；肉食性，在肠管中可经常发现蛭态类轮虫的咀嚼器。

地理分布 湖北（武汉）、青海（西宁）、浙江（湖州）、上海、江苏（南京、无锡）；澳大利亚，新西兰，非洲，北美洲，南美洲，欧洲，东南亚，亚洲北部。

(298) 冷淡索轮虫 *Resticula gelida* (Harring *et* Myers, 1922)（图 308）

Eosphora gelida Harring *et* Myers, 1922: 642.
Resticula gelida: Harring *et* Myers, 1924: 519.

形态 身体较宽，呈纺锤形，透明。头部和颈部已连成一片。躯干部明显变宽，与头颈部交界处有 1 明显的折痕。足较粗壮而长，不分节但有环纹，与躯干部有明确的分界线；趾狭长，末端尖，基部不明显膨大，与足分界明确。咀嚼囊相当大，系变态的杖型咀嚼器。每一砧枝的内侧各有很发达的齿，两侧基翼较小；砧基相当长，后端膨大而浑圆。槌钩顶端有小的钩前齿；槌柄细长，末端向腹面弯曲。足腺 1 对，相当长，呈棍棒状。脑比较大，呈囊袋形，有眼点。背触手有感觉毛位于头颈部的后半部，侧触手位于躯干部后半部两侧。

标本测量 全长：350-600μm；趾长：18-30μm；咀嚼囊长：45-75μm。

生态 习居于静水或流水的湖泊、池塘等水体中的水生植物间，营周丛生活，以各种藻类如裸藻为食。于 1922 年在北美一冰冻刚融化的池塘内首次被发现。在成都和武汉夏末、秋初的季节均在池沼中采到过该种轮虫。它常常和柱头轮虫一起出现。

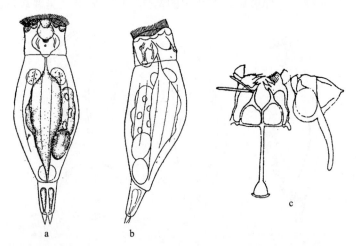

图 308 冷淡索轮虫 *Resticula gelida* (Harring *et* Myers)（仿王家楫，1961）
a. 背面观（dorsal view）；b. 侧面观（lateral view）；c. 咀嚼器（trophi）

地理分布　湖北（武汉）、四川（成都）、西藏（八宿）；澳大利亚，新西兰，南极地区，北美洲，南美洲，欧洲，亚洲北部。

(299) 突吻索轮虫 *Resticula nyssa* Harring *et* Myers, 1924（图 309）

Resticula nyssa Harring *et* Myers, 1924: 521.

形态　体呈狭长蠕虫状，头颈部与躯干部均无明显的分界；躯干部有纵折和横纹。头冠腹面有很小的吻状突出物。足 2、3 节，与躯干分界不明显；趾尖削，基部不明显膨大。有眼，它是许多红色素的聚合，唾液腺不对称。咀嚼器发达，砧枝三角形，两侧的基翼大而向下弯曲，砧枝前端内侧有 3、4 齿，砧基长，侧面观呈匙形；槌钩具主齿及附齿；槌柄细长，侧棍亦细，末端扇形与砧枝相接。胃呈金黄色或棕色。脑下囊褐色。

标本测量　全长：300-630μm；趾长：14-21μm；咀嚼囊长：50-60μm。

生态　通常生活于水生植物间，如苔藓等，营周丛生活。于 1995 年 4 月 21 日在北京怀柔水库的沿岸带采到，水很清，呈绿色；当时水温 14℃ 左右，pH 7.8。

地理分布　北京；澳大利亚，新西兰，北美洲，欧洲，亚洲北部。

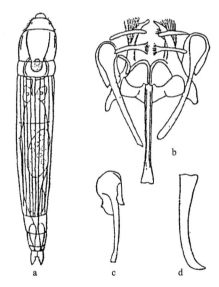

图 309　突吻索轮虫 *Resticula nyssa* Harring *et* Myers

a. 背面观（dorsal view）；b. 咀嚼器（trophi）；c. 槌柄（manubrium）；d. 砧基侧面观（lateral view of fulcrum）

45. 椎轮属 *Notommata* Ehrenberg, 1830

Notommata Ehrenberg, 1830a: 46.

Labidodon Ehrenberg, 1838: 425.

Type species: *Vorticella aurita=Notommata aurita* (Müller, 1786).

形态 身体呈纵长的纺锤形，头、颈、躯干和足4部分一般都很明显。躯干后端背面除了个别种类外，都有尾突。头冠面向腹面，它的中央有1狭长的凹沟，口围后端向下延长，形成1细削的或钝圆锥形的颚。头冠两侧都具有能够伸缩的耳，耳末端又有比较长而发达的纤毛。咀嚼器杖型，左右或多或少不对称；脑后囊和脑侧腺一般都很发达。有的种类在脑侧腺有细菌集合体所形成的圆球形黑斑。膀胱是泄殖腔膨大部分，大多数椎轮虫仅有1个，个别种类左右各1个。

椎轮属种类生活方式以底栖为主，虽然它们能游泳，但无一真正行浮游生活。吸吮的咀嚼器使它们能消化各种形状和大小的食物。

本属全世界共记录超过50种，其中有一半种类来自南美洲的酸性水体中。我国记录16种。

种 检 索 表

14. 砧基细小；基翼短，略呈三角形·····························短砧椎轮虫 *N. saccigera*

　　砧基粗壮；基翼较长，呈尖棘形·· 15

15. 脑后囊呈梨形，淡灰色；脑侧腺比脑后囊略短···············鹊形椎轮虫 *N. thopica*

　　脑后囊呈圆形，黑色；脑侧腺比脑后囊略长···············耳叉椎轮虫 *N. aurita*

(300) 腊肠椎轮虫 *Notommata allantois* Wulfert, 1935（图 310）

Notommata allantois Wulfert, 1935: 591.

Copeus quinquelobatus Stokes, 1896b: 277.

形态　体呈囊状，体两侧的纤毛耳发达，基部宽阔，末端有纤毛束，侧触手位于圆柱形的乳突上，皮层很柔韧，尾突起覆盖在足上面，略向背弯曲。足粗壮，鼓形；趾长，圆锥形，透明，似乎有 2 部分。眼点红色。咀嚼器相当发达，砧枝和槌柄均不对称，左侧明显比右侧发达；槌钩在腹侧的齿很粗壮，与之相接的是 2 个小的附齿；亦有 2 个侧棍和 2 个亚槌钩存在。砧基从侧面观是弯曲的，末端较宽呈斜面向背面弯曲；从腹面观砧基细长，末端强烈变宽。有 2 个膀胱是本种的重要特点。

标本测量　全长：350-550μm；趾长：35-54μm；咀嚼囊长：75-100μm。

生态　腊肠椎轮虫习居于各种小水体中生长的水绵、苔藓等水生植物间。过去只在欧洲一个 pH 4.5-6.5、长有泥炭藓的水体中发现。1995 年 7 月 10 日在吉林长白山二道白河镇一长有杂草和水绵的水池中采得该种，当时水温 29℃，pH 8 左右。

地理分布　吉林（长白山）；北美洲，南美洲，东南亚，太平洋地区，欧洲，亚洲北部。

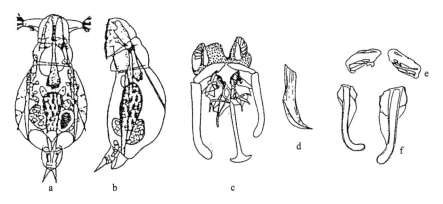

图 310　腊肠椎轮虫 *Notommata allantois* Wulfert

a. 背面观（dorsal view）；b. 侧面观（lateral view）；c. 咀嚼器（trophi）；d. 砧基侧面观（lateral view of fulcrum）；e. 槌钩（uncus）；f. 槌柄（manubrium）

(301) 辐手椎轮虫 *Notommata peridia* Harring *et* Myers, 1922（图 311）

Notommata peridia Harring *et* Myers, 1922: 553-662.

形态　体呈纺锤形，非常细长。皮层柔韧但体形变化不大。身体很透明。头、颈、躯干有明显的折痕可以区别。头冠自腹面向下伸展可达到体长的 1/4，口向下延长形成 1 显著的颚。躯干自最宽处向后尖削，后端和尾突相连之处略微紧缩。尾突系钝圆形的 1 片，其背面有 1 对显著的乳头状突起。足 2 节，细而短；趾细长而尖。侧触手特别发达，管状，很长，它们的末端膨大如"节瘤"，末端有几根很长且比较粗的感觉毛。杖型咀嚼器，很不对称，砧基长，较粗壮；右砧枝有 1 片状的大齿斜对左砧枝；右砧枝面对左砧枝的大齿之处常常凹入。左、右砧枝基部均有基翼，左边比右边大。左、右槌钩均有腹齿。脑后囊非常大，呈扁平的卵圆形或椭圆形；脑侧腺梨形，相当大。

标本测量　全长：350μm；趾长：28μm；咀嚼囊长：65μm。

生态　辐手椎轮虫是不常见的种类。自 1924 年在美国威斯康星州和新泽西州发现后一直鲜有报道；1956 年在浙江宁波东钱湖梅湖汊发现；该种一般生活在水草多的沼泽、池塘中。

地理分布　浙江（宁波）；北美洲，南美洲。

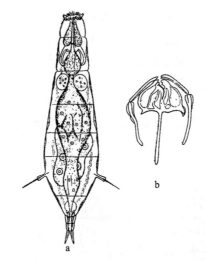

图 311　辐手椎轮虫 *Notommata peridia* Harring *et* Myers（仿王家楫, 1961）

a. 背面观（dorsal view）；b. 咀嚼器（trophi）

(302) 拟番犬椎轮虫 *Notommata pseudocerberus* de Beauchamp, 1908（图 312）

Notommata pseudocerberus de Beauchamp, 1908: 400.

Notommata cerberus de Beauchamp, 1907a: 4.

形态　体细长，皮层柔韧，全身相当透明，头冠两侧的耳较粗壮，具有较长的纤毛。颈部比较短。躯干部最宽之处往往靠近后端，尾突起呈舌形。足 2 节，分界不太明显，趾尖削。背触手和侧触手都为具有 1 束感觉毛的乳头状小突起。咀嚼器杖型，比较柔弱简单，两侧对称。砧基细长，后半部并不膨大。砧枝左右对称，很宽，均系简单的薄片所构成，上面有侧棍存在，槌钩亦很简单，左右 2 个亦很对称，系 1 块长的膜质基片和 1 个瘦长的齿所形成；膜质基片的末端裂成 4 或 5 个细齿。槌柄很短，前半部膨大为薄的膜片。足腺 2 对，主要的 1 对相当大而长，呈棒状，还有附属的 1 对比较细而短。脑后囊发达，在中部往往有细菌状的集合体。脑侧腺也同样很发达，与脑后囊几乎同一大小、同一长短。脑相当大而呈袋形，它的后面有 1 眼点；背面观眼点往往为脑后囊内的细菌状集合体所遮盖而不易看到。

标本测量　体长：510-600μm；趾长：32-35μm；咀嚼囊长：45μm。

生态　本种是一广生性种类，常在静水或流水中的水生植物体表，通常在叶片上缓慢爬行。采自湖北武汉东湖一长有水生植物的湖汊中。

地理分布　湖北（武汉）；澳大利亚，新西兰，非洲，北美洲，南美洲，东南亚，太平洋地区，欧洲，亚洲北部。

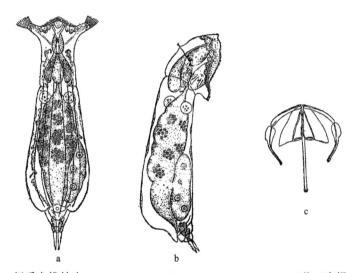

图 312　拟番犬椎轮虫 *Notommata pseudocerberus* de Beauchamp（仿王家楫, 1961）
a. 背面观（dorsal view）；b. 侧面观（lateral view）；c. 咀嚼器（trophi）

(303) 弯趾椎轮虫 *Notommata cyrtopus* Gosse, 1886（图 313）

Notommata cyrtopus Gosse, 1886, In: Hudson *et* Gosse, 1886: 22.

Notommata elmata Harring *et* Myers, 1922: 484.

Notommata carpartica Rodewald, 1935b: 209.

形态　体形呈纵长纺缍形，头颈部较狭，躯干部较宽，呈乳白色，较透明。躯干部背面具有向下纵伸、末端集合在一起的纵褶；尾突起较短。足 2、3 节，第 1 足节位于尾突起的下面；趾基部很厚实，末端向外弯曲，一般不超过 40μm。头冠自腹面向下延伸可达到颈部；头冠两侧的耳在伸出时较短而粗壮。脑后囊呈梨形，内具细菌状集合体，黑色；脑呈袋形，后端具有眼点。咀嚼器系杖型，不对称，砧基相当长，末端膨大而向内弯转，左右砧枝呈三角形，内侧具不对称的梳状齿，并具尖基翼；具 2 个薄而略弯曲的侧棍。左右槌钩对称，略呈四边形，具主齿和前钩齿；槌柄棍棒状，末端略弯曲。

标本测量 体长：175-250μm；趾长：22-28μm；咀嚼囊长：30-35μm。

生态 常栖息于各类水体沿岸带的水生植物上，分布十分广泛，一般以周丛生物出现。标本采自浙江宁波东钱湖。

地理分布 浙江（宁波）、云南、湖北（武汉）、湖南（岳阳）、北京、吉林（长白山）、青海（西宁）、西藏（亚东）；澳大利亚，新西兰，非洲，南极地区，北美洲，南美洲，东南亚，太平洋地区，欧洲，亚洲北部。

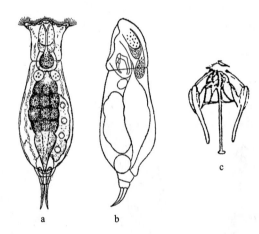

图 313 弯趾椎轮虫 *Notommata cyrtopus* Gosse（a, b 仿王家楫，1961；c 仿 Koste, 1978）
a. 背面观（dorsal view）；b. 侧面观（lateral view）；c. 咀嚼器（trophi）

(304) 三足椎轮虫 *Notommata tripus* Ehrenberg, 1838（图 314）

Notommata tripus Ehrenberg, 1838: 434.
Notommata pilarius Hudson et Gosse, 1886: 23.

形态 身体短而宽，相当透明。头部和颈部愈合在一起，背面很显著地隆起。头冠两侧的耳短而粗壮。前端唯一的横折痕把头颈部和躯干部很明显地区别开。躯干部狭长；尾突起系相当长的杆状突出，不分节，其长度达到趾的末端；因此整个身体后端的外观形成"三足鼎立"。足短小，不分节，趾比较长。背触手和侧触手顶端都有细小而短的小突起。杖型咀嚼器，两侧很不匀称，左侧远较右侧发达。砧基很长而细，它的末端稍膨大而弯转；砧枝腹面观呈不规则的三角形；左砧枝前端的内缘具有 4 或 5 个钝齿；右砧枝前端的内缘为很多细小的锯齿所形成。左右砧枝的基翼非常宽而大，急剧地向下又向内弯转。左槌钩比右槌钩大，有 1 比较发达而呈棒状的腹齿；紧靠腹齿还有 2 个比较细小的齿。左槌钩上的腹齿比较小。槌钩的前半部很宽，具有很薄的膜片；后半部细长，向腹面弯转。足腺很大，呈梨形。脑后囊比较小，长圆形或圆球形；常含有较多的细菌状集合体而呈暗色。眼点明显红色，位于囊状的脑的后部。

　　标本测量　全长：165-200μm；趾长：20-23μm；咀嚼囊长：28-30μm。

　　生态　三足椎轮虫一般栖息于沉水植物茂盛、富营养型的碱性水域中，分布广泛；本种采自武汉东湖水生植物的体表。

　　地理分布　湖北（武汉）、湖南（岳阳）；澳大利亚，新西兰，非洲，北美洲，南美洲，东南亚，太平洋地区，欧洲，亚洲北部。

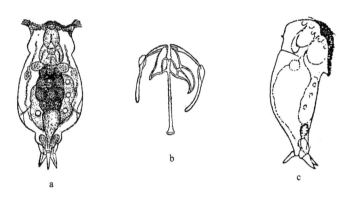

图 314　三足椎轮虫 *Notommata tripus* Ehrenberg（仿王家楫，1961）

a. 背面观（dorsal view）；b. 咀嚼器（trophi）；c. 游泳个体侧面观（lateral view of swimming individual）

(305) 龙大椎轮虫 *Notommata copeus* Ehrenberg, 1834（图 315）

Notommata copeus Ehrenberg, 1834: 186.

Copeus americanus Pell, 1890: 144.

Copeus copeus: Collin, 1897: 5.

Copeus centrurus Daday, 1905b: 95.

　　形态　身体纵长，头部短，顶端相当平直；腹面头冠的中央有 1 狭长凹沟向下延长，变成 1 钝圆锥形的颚。头冠两侧的耳伸出时伸得很长，呈管状，末端具有纤毛，长度超过头部的宽度。耳仅在颈部相当长，自前向后逐渐膨大。腹部最长，也自前向后逐渐膨大。尾突起呈杆状很显著，分节，末端尖削，其长度达不到趾末端。足 2 节，第 2 节后端背面有 1 圆丘形的小突起，并有 1 束很细的感觉毛。背触手较大；侧触手均具有感觉毛。趾圆锥形，细长。咀嚼器系杖型。咀嚼板两侧颇不对称，左侧远较右侧粗壮。砧基很大，后半段具有 2 片斜行的薄片。砧枝腹面观系不规则的三角形，中央有比较显著的突起。右砧枝有 1 宽而呈片状的大齿，斜对左砧枝；大齿边缘布满细小的锯齿。左砧枝面对大齿之处是凹入的。左右砧枝各有 1 翼膜。左槌钩有 5 个齿条：腹面 1 个很大，末端呈棒状；随后 3 个很小；背面 1 个更小。右槌钩有 4 个齿条，发达程度虽亦不同，但差别没有像左槌钩齿条那么大。槌柄很大而宽，后端向背面弯曲。食道很长而细。膀胱 1 个，囊袋形。足腺很长而细，前端膨大成棒状。脑后囊非常大，伸展到腹部的前端，呈泡沫状而透明；脑侧腺腊肠形或刀豆形，也相当大，但不及脑后囊长度的 1/2，有时因含有细菌状集合体而呈暗色。眼点具很明显的红色，呈长方形或椭圆形，位于袋形的脑的后部。

标本测量　全长：600-950μm；趾长：40-60μm；咀嚼囊长：85-95μm。

生态　龙大椎轮虫系广生性种类，常在水生植物体表缓慢爬行。它以藻类为食，取食时槌钩自口孔伸出将食物捉住，咬破细胞壁并吸其内含物。本种是根据在武汉东湖采到的样品而作出的描述。

地理分布　湖北（武汉）、北京、吉林（长白山）、西藏（拉萨）；澳大利亚，新西兰，非洲，北美洲，南美洲，东南亚，欧洲，亚洲北部。

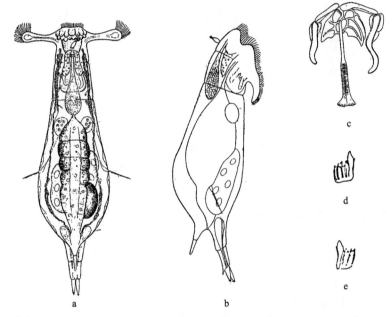

图 315　龙大椎轮虫 *Notommata copeus* Ehrenberg（a-c 仿王家楫, 1961；d, e 仿 Koste, 1978）
a. 背面观（dorsal view）；b. 侧面观（lateral view）；c. 咀嚼器（trophi）；d, e. 槌钩（uncus）

(306) 长趾椎轮虫 *Notommata doneta* Harring *et* Myers, 1924（图 316）

Notommata doneta Harring *et* Myers, 1924: 448.

形态　身体纵长，呈纺缍形，有纵褶；头、颈、躯干分界不甚明显。头冠倾向腹面，有 2 个小耳突。咀嚼器不对称，砧枝内侧有许多微齿，两侧有很小的基翼；砧基细长，槌钩由 1 主齿和 1 退化的附齿组成。体后端的尾突起较明显。足 2 节，2 个趾长而弯曲。脑后囊大，圆形；脑侧腺大，几乎到达脑后囊的前端。

该种与弯趾椎轮虫 *N. cyrtopus* 相似，但根据趾的大小及形状完全可将之区分。

标本测量　全长：275-300μm；趾长：45-50μm。

生态　一般生活在泥炭藓间、潮湿的沙地、沿岸带的水生植物间。于 1995 年 4 月在北京怀柔水库和北海公园采到，当时水温 14℃，pH 8。

地理分布　北京；澳大利亚，新西兰，北美洲，欧洲，亚洲北部。

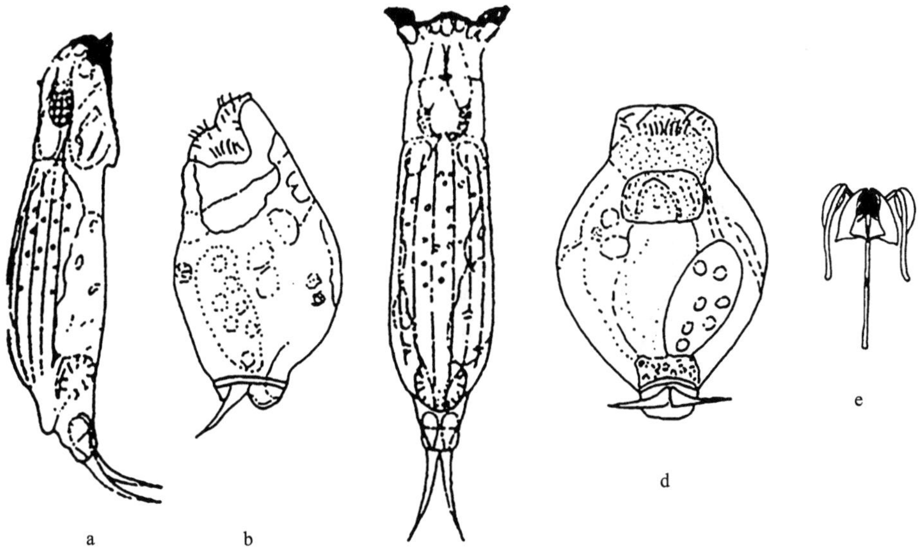

图 316　长趾椎轮虫 *Notommata doneta* Harring *et* Myers

a. 侧面观（lateral view）；b. 收缩的虫体侧面观（lateral view of contracted body）；c. 背面观（dorsal view）；d. 收缩的虫体腹面观（ventral view of contracted body）；e. 咀嚼器（trophi）

(307) 雕刻椎轮虫 *Notommata glyphura* Wulfert, 1935（图 317）

Notommata glyphura Wulfert, 1935: 590.

形态　身体较粗壮，末端膨大呈葫芦状；和番犬椎轮虫一样，尾突起上有 1 向上凹入的刻痕。脑后囊黑色，经常延伸到咀嚼囊的末端；脑侧腺很发达，附着在脑上。咀嚼囊大，胃腺卵圆形到球形。足腺发达，4 对焰细胞。咀嚼器粗壮，不对称。砧基较长，末端膨大，侧面观呈 "L" 形，左右砧枝内侧有不对称的梳状齿，左基翼远较右基翼大，呈棘刺状。槌柄上有侧棍存在；槌钩上有 1 个主齿和 3 个附齿。足 2 节，第 2 足节无小孔。非混交卵光滑、淡灰色，休眠卵表面有短棘齿。

标本测量　全长：325-500μm；趾长：20-24μm；咀嚼囊长：60-70μm。

生态　雕刻椎轮虫系广生性种类，分布很广。海南、吉林及地处青藏高原的青海等地的池塘和浅水湖泊中，凡水草丰富的小水体中均可采到标本；甚至在咸淡水中也可生存。

地理分布　海南、云南、湖北（武汉）、北京、吉林、青海（西宁）；澳大利亚，新西兰，非洲，北美洲，南美洲，东南亚，欧洲，亚洲北部。

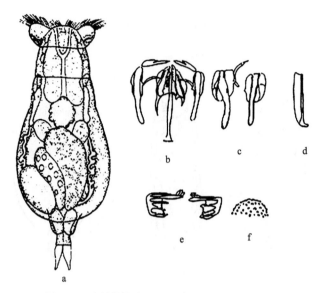

图 317　雕刻椎轮虫 *Notommata glyphura* Wulfert

a. 背面观（dorsal view）；b. 咀嚼器（trophi）；c. 槌柄（manubrium）；d. 砧基侧面观（lateral view of fulcrum）；e. 槌钩（uncus）；

f. 休眠卵（resting egg）

(308) 番犬椎轮虫 *Notommata cerberus* (Gosse, 1886)（图 318）

Copeus cerberus Gosse, 1886, In: Hudson *et* Gosse, 1886: 34.

Notommata cerberus: de Beauchamp, 1908: 401.

形态　本种的形状和大小有较大变化；同时身体的一些结构如脑下腺的大小、脑下囊的结构、尾突起的长度也有变化。有些结构比较稳定，如侧触手的数目、横肌、成对的尾触手、4 个足腺等。

身体比较细长，头、颈、躯干的区分不甚明显。头部较短，头冠自腹面向下伸展，口围区稍延伸成 1 不甚显著的颚。头冠两侧的耳较短而粗壮。腹部自前向后细削、增厚。尾突起明显，有向上凹入的刻痕，覆盖在第 1 足节上方，这是本种的重要特征。足 2 节，趾较大。咀嚼器不甚对称；砧基长度适中，后半部略弯曲；砧枝不对称，一般右侧比左侧发达，内侧有深的沟痕，左右砧枝外侧有不对称的、相差不大的壮齿状基翼；有侧棍存在。槌钩有 3-5 个大齿，腹面主齿有小的附齿；槌柄基部有翼膜，末端弯曲。

标本测量　体长：420-500μm；趾长：28-32μm；咀嚼囊长：40-60μm。

生态　番犬椎轮虫最适宜的环境为 pH 4-7 的沼泽和水草多的小型水体，一般以周丛生物出现，本种采自湖北武汉市郊一水草很多的池塘。

地理分布　云南、湖北（武汉）、西藏（拉萨）；澳大利亚，新西兰，非洲，北美洲，南美洲，欧洲，亚洲北部。

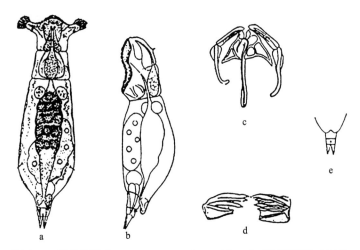

图 318　番犬椎轮虫 *Notommata cerberus* (Gosse)（仿王家楫, 1961）

a. 背面观（dorsal view）；b. 侧面观（lateral view）；c. 咀嚼器（trophi）；d. 槌钩（uncus）；e. 足和趾（foot and toe）

(309)　细尾椎轮虫 *Notommata silpha* (Gosse, 1887)（图 319）

Diglena silpha Gosse, 1887a: 2.

Notommata forcipata Hudson *et* Gosse, 1886: 23.

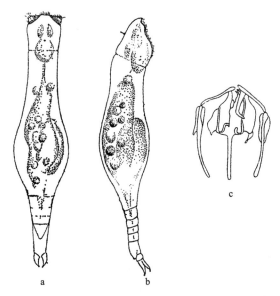

图 319　细尾椎轮虫 *Notommata silpha* (Gosse)（仿龚循矩, 1983）

a. 背面观（dorsal view）；b. 侧面观（lateral view）；c. 咀嚼器（trophi）

形态　体纵长，呈纺锤形。皮层柔软，十分透明。头、颈部较宽，躯干部中间亦较宽，然后逐渐变细，身体末端有环纹。头冠倾向腹面，有 2 个小的耳突。尾突起为 1 很小的叶片，前端细，具有横皱，末端紧贴在最后 1 足节上。足 2、3 节，在足节末端背面或趾的基部有 1 很小的突起。趾 1 对，短，末端尖，向内弯曲。咀嚼器为变态杖型，砧枝不对称，其内侧无梳状齿；砧基腹面观呈柄状，侧面观呈板状。左右槌钩各具 3 枚大齿，接近对称，槌柄基部有 1 钩状骨突。

标本测量　全长：150-210μm；趾长：22-24μm。

生态　一般在沿岸的水草丛中生活，也在腐殖质较多的水域中出现。1976 年在西藏海拔 4156m 的芒康一小水沟中发现，当时水温 12℃，pH 8。

地理分布　湖北（武汉）、湖南（岳阳）、西藏（芒康）；非洲，北美洲，欧洲，亚洲北部。

(310) 耳叉椎轮虫 *Notommata aurita* (Müller, 1786)（图 320）

Vorticella aurita Müller, 1786: 288.

Furcularia aurita: Lamarck, 1816: 38.

Cyclogena lupus Ehrenberg, 1830a: 48.

Notommata aurita: Ehrenberg, 1830: 46.

形态　身体长圆筒形；皮层相当柔韧、透明，头、颈、腹 3 部分有明显的折痕可以区别。头部和颈部都比较短而宽。头冠自腹面向下伸展可达到体长的 1/3；头冠两侧的耳短而粗壮；具有较长的纤毛。腹部最宽之处位于后半部的中间，后端浑圆。尾突起为比较小的片状物，基部宽，很明显地与腹部的后端区别开。足 2 节，第 1 节宽而短，尾突起覆盖其上。趾圆锥形，较小。咀嚼器不对称，左侧较右侧发达。砧基棍棒状，较长，末端膨大而向内弯转。右砧枝的腹面边缘稍凹入，布满比较粗的锯齿。左砧枝的基部也突出而有 1 相当大的钝齿。砧枝的基翼有较大的变化，一般较为尖削。左右槌钩各有 1 接近长方形的基片，各有 1 个主要的腹齿和 1 个细长的附齿。槌柄前半部具有膜片而很

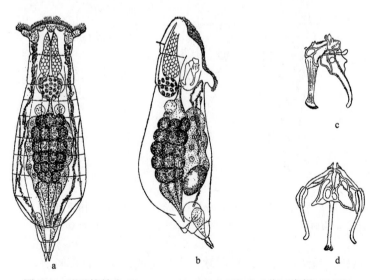

图 320　耳叉椎轮虫 *Notommata aurita* (Müller)（仿王家楫，1961）

a. 背面观（dorsal view）；b. 侧面观（lateral view）；c. 咀嚼器侧面观（lateral view of trophi）；d. 咀嚼器（trophi）

宽；后半部细长，末端总是弯转的。脑后囊较发达，呈圆形，大多数呈微黑色；脑侧腺较脑后囊略长；眼点仅在侧面可见。

标本测量　体长：325-370μm；趾长：16-20μm；咀嚼器长：36μm。

生态　系广生性种类，肉食性，有较高的 pH 耐受性，在淡水、咸淡水中均可存在。浙江、上海及湖北的一些池塘及浅水湖泊中在春、秋季均有发现。

地理分布　海南、浙江、上海、湖北（武汉）；澳大利亚，新西兰，北美洲，南美洲，欧洲，亚洲北部。

(311) 短砧椎轮虫 *Notommata saccigera* Ehrenberg, 1830（图 321）

Notommata saccigera Ehrenberg, 1830: 133.

形态　本种与雕刻椎轮虫 *N. glyphura*、颈项椎轮虫 *N. collaris* 相似。体短而粗，在体后端突然变细形成很小的尾突起覆盖在足的背面。足短，有 2 个较细的趾。皮层较厚，且不透明，呈浅棕色；体的轮廓略有变化。咀嚼囊大，咀嚼器发达，不对称。砧基细而较短，侧面宽，末端倾斜、弯曲。砧枝提琴形，基翼短，略呈三角形；左侧内缘为 1 有皱褶、具细齿的半圆形薄板。槌钩结构特殊，左侧主齿具 3 个粗壮的附齿；右侧则具大的主齿和基部宽阔的短齿，在这 2 个齿的隙口中有 3 个细长的齿。脑后器很长，脑下腺比脑也长，眼点显著。

标本测量　体长：325-350μm；趾长：12-14μm；咀嚼囊长：75μm。

生态　短砧椎轮虫分布广，一般生活在有狸藻、水绵等分布的小水体中；但有时也会在较大的湖泊（湖南洞庭湖）中发现。

地理分布　海南、湖南（岳阳）、吉林（长白山）；澳大利亚，新西兰，非洲，北美洲，南美洲，欧洲，亚洲北部。

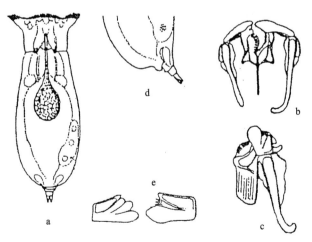

图 321　短砧椎轮虫 *Notommata saccigera* Ehrenberg

a. 背面观（dorsal view）；b. 咀嚼器（trophi）；c. 咀嚼器侧面观（lateral view of trophi）；d. 身体后端（posterior end of body）；
e. 槌钩（uncus）

(312) 镰形椎轮虫 *Notommata falcinella* Harring *et* Myers, 1922（图 322）

Notommata falcinella Harring *et* Myers, 1922: 571.

形态　外形与番犬椎轮虫 *N. cerberus* 相似，头、颈、躯干 3 部分均有明显褶皱，接近等宽。皮层透明，有时略显浅红色；脑淡灰色，眼点呈浅红色。从头到躯干逐渐变宽，然后急剧变窄成尾突起，它可掩盖第 1 足节的中部。尾突分 3 叶，中叶大，左右各有 1 小的侧叶，侧叶还再分裂成 1 很小的副叶。足 3 节，末节中央有 1 向背面弯曲的短的乳突。头冠倾向腹面，口区下端形成颚突，2 侧耳短。咀嚼器杖型，不对称；砧基细长，末端较粗；左砧枝比右砧枝小，内缘有 1 钝齿；右砧枝内缘无齿；有不对称的基翼；槌钩较短，槌柄长，微弯。眼点位于脑的后端。

标本测量　全长：420-550μm；趾长：25-33μm。

生态　镰形椎轮虫一般在沼泽及苔藓中生活。样品采自西藏珠穆朗玛峰附近聂拉木和定日的溪流（海拔 1668-5500m，水温 2-16℃）。

地理分布　西藏（聂拉木、定日）；北美洲，欧洲，亚洲北部。

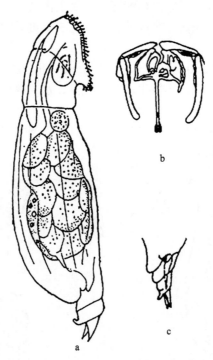

图 322　镰形椎轮虫 *Notommata falcinella* Harring *et* Myers（仿龚循矩, 1983）
a. 侧面观（lateral view）；b. 咀嚼器（trophi）；c. 身体后部（the rear part of the body）

(313) 颈项椎轮虫 *Notommata collaris* Ehrenberg, 1832（图 323）

Notommata collaris Ehrenberg, 1832: 131.

Copeus collaris: Voigt, 1912: 93.

形态　身体纺锤形，相当粗壮，后半部膨大而隆起。头部很小，头冠两侧的耳相当粗壮。颈部特别膨大呈鼓形。腹部自前端向后逐渐加宽，到达后半部最宽，后端浑圆。尾突起大而很宽，呈片状。足2节，短而宽；第2节后端背面有1节瘤状的小突起，它的末端有1束刚毛。趾圆锥形，比较短。背触手和侧触手都比较小，为具有1束感觉毛的锥形突起。咀嚼器两侧不很匀称，左侧较右侧发达。砧基前半部细长，后半部有2片波状的薄片较宽。右砧枝有1宽而呈片状的巨齿，巨齿边缘具有许多粗糙的小齿，倾斜地转向在左砧枝1个很深的凹痕之上；左右砧枝上的基翼相当发达，其外角向下弯转。右槌钩略比左槌钩小；槌柄很长而宽，末端弯曲，具有很薄的膜片。足腺很大，它们的顶端呈棍棒状。膀胱1个，囊袋形。脑后囊很长，梨形，呈泡沫状而透明；脑侧腺相当小而短。眼点很明显，纵长，位于囊状的脑的后部。

标本测量　体长520μm；趾长：32μm；咀嚼囊长：95μm。

生态　一般出没于水生植物茂盛的小水体中，以周丛生物方式出现；样品采自湖北武汉和海南三亚。

地理分布　海南（三亚）、湖北（武汉）；澳大利亚，新西兰，非洲，北美洲，南美洲，欧洲，亚洲北部。

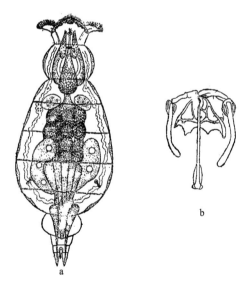

图323　颈项椎轮虫 *Notommata collaris* Ehrenberg

a. 背面观（dorsal view）；b. 咀嚼器（trophi）

(314) 厚实椎轮虫 *Notommata pachyura* (Gosse, 1886)（图324）

Copeus pachyurus Gosse, 1886, In: Hudson *et* Gosse, 1886: 31.

Notommata pachyura: Harring *et* Myers, 1922: 565.

形态　身体纺锤形，比较厚实，体长一般超过 500μm。头部很小，头冠两侧的耳都很粗大，当完全伸出时，其长度超过头部的宽度。颈的长度一般。腹部最长，背面隆起，后端稍尖削而圆。尾突较宽。足 2 节，短而很宽。趾长而呈圆锥形，背触手系着生 1 束很细刚毛的小突起。侧触手具有 1 束细而比较短的感觉毛。咀嚼器两侧不很对称，右侧较左侧粗壮。砧基很长，后半部具有 2 片斜行波状薄片的一般比较短。砧枝腹面观呈不规则的三角形；左砧枝具有尖削的基翼。槌板每边具有 1 发达的棍棒状及 3、4 个小齿，并有 2 个呈 "S" 形的侧棍。足腺很长而细，略呈棍棒状。脑后囊非常长，长梨形，呈泡沫状而透明；脑侧腺相当小而短。眼点大而明显，位于囊状的脑的后部。

标本测量　体长：550-700μm；趾长：60μm；咀嚼囊长：70μm。

生态　系广生性种类，适应的 pH 范围为 5-8。一般出现于水生植物茂盛的小型水体中，北京、海南、云南、湖北等均有分布。

地理分布　海南、云南、湖北（武汉）、湖南（岳阳）、吉林（长白山）、北京、西藏（聂拉木）；澳大利亚，新西兰，非洲，北美洲，南美洲，东南亚，欧洲，亚洲北部。

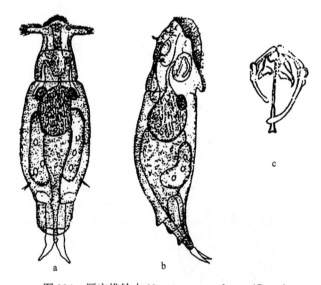

图 324　厚实椎轮虫 *Notommata pachyura* (Gosse)

a. 背面观（dorsal view）；b. 侧面观（lateral view）；c. 咀嚼器（trophi）

(315) 鹊形椎轮虫 *Notommata thopica* Harring *et* Myers, 1924（图 325）

Notommata thopica Harring *et* Myers, 1924: 146-149.

形态　体纺锤形，呈乳白色而相当透明，一般体长不足 400μm。头、颈、躯干之间有明显的折痕可区别。头冠自腹面向下伸展，口向下延长形成 1 显著的颚。头冠两侧的耳在伸出时相当粗大。尾突短而宽，两旁各有 1 侧尾片，但只有侧面观时才能看到。足 2 节，较短；趾圆锥形，也较短。有背触手及侧触手。杖型咀嚼器两侧不对称。砧基较长而后端细削；左砧枝的顶点有 1 显著的钝齿；钝齿以下的边缘有 8 或 9 个紧连在一起的齿状突起；右砧枝的顶端有 2 个显著的钝齿，是和左砧枝上的钝齿互相钳合，但无齿状突起。基翼尖削。槌钩两侧不对称，左右各有 1 相当发达的腹齿；左槌钩上有 4 个附齿；右槌钩上有 3 个附齿。脑后囊呈梨形，很长，脑侧腺比脑后囊略短，它们的后半部含有圆球状的细菌状集合体，很明显，这是与其他椎轮虫的不同之处。

标本测量　全长：320μm；趾长：15μm；咀嚼囊长：37μm。

生态　鹊形椎轮虫一般生活在有水草的小水体中，并不常见。标本采自武汉东湖沿岸带的水草丛中。

地理分布　湖北（武汉）；北美洲，太平洋地区。

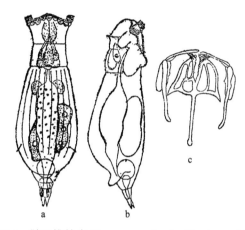

图 325　鹊形椎轮虫 *Notommata thopica* Harring *et* Myers
a. 背面观（dorsal view）；b. 侧面观（lateral view）；c. 咀嚼器（trophi）

46. 巨头轮属 *Cephalodella* Bory de St. Vincent, 1826

Cephalodella Bory de St. Vincent, 1826: 43.

Diglena Ehrenberg, 1830a: 18.

Diaschiza Hudon *et* Gosse, 1886: 77.

Type species: *Cercaria catellina=Cephalodella catellina* (Müller, 1786).

形态　身体呈圆筒形、纺锤形或近似棱形；除少数种类无被甲外，大部分种类躯干部一般为 3-5 个薄而光滑柔韧的甲板所围裹。头与躯干间有紧缩的颈圈，而足与躯干界线不十分明显。足上有趾 1 对，长度和形状变异很大。身体全长与趾长的比例是该属分类的重要特征。身体后端背侧常形成尾突起，部分或完全覆盖在足的上方。头冠通常倾向腹面，有时形成突起的唇或口喙。在捕食性种类中，它的上咽板可伸出口外。头冠除了 1 圈长的围顶纤毛外，在两侧各有 1 很密而长的纤毛簇，但不形成耳。后脑器官出现或缺，红色或黑色的眼点出现或缺，位于颈部或头部前端，有时在头部前端还具有折射功能的晶体颗粒。咀嚼器杖型，也是该属分类所依据的最重要的特征。

Wulfert（1937）根据咀嚼器的形态和结构，将该属分为下述 6 种类型：

A 型：砧枝简单，在其内侧无齿，基部两侧有或无基翼；砧基细长，在末端膨大。槌钩简单，1 齿；槌柄细长弯曲，在其近基端两侧无膜翼，其远端没有膨大。

B 型：砧枝较复杂，在其上有棱、肋或孔口，在其内侧有齿或肋，基部两侧有或无基翼；砧基远端膨大，呈匙型，砧基的基部有时有 1 骨突。槌钩简单；槌柄近基端一侧或两侧有膜翼，其远端膨大成"T"形，偶尔匙形或扇形。

C 型：是 B 型的变异型，咀嚼器不对称，槌柄末端的膨大似 1 环形，封闭或不封闭。

D 型：该型结构独特，较为复杂；砧枝内侧具许多似梳状的齿；砧基末端加宽，基部有时有骨突（basal apophysis）。槌钩由 1 背板及其上的单齿构成，位于槌柄后面的亚槌钩（subunci）似扇形或帚状，槌柄在其远末端急弯，在其近基端两侧有腹翼。在有些种，如剪形巨头轮虫 *C. forficula*、细趾巨头轮虫 *C. tenuiseta* 等，在砧枝上方有 1 边缘具锯齿的膜板。

E 型：具该型的咀嚼器仅见于大头巨头轮虫 *C. mgealocephala* 和较小巨头轮虫 *C. minora*，砧基细长，不膨大；砧枝背面成直角（侧面观），左右砧枝在基部紧靠，在远端分得很开。槌柄"S"形弯曲，基部的膜翼较薄弱。

F 型：具该型的咀嚼器仅见于奇异巨头轮虫 *C. mira*，砧枝看起来好似很细长柔弱的槌柄内侧的膜翼，附着在细棍状的砧基的顶端。整个脆弱的咀嚼器结构似乎仅起吸泵的作用。

巨头轮虫可能是所有单巢轮虫中最难进行分类的种类，因为它们不仅外形相似，而且种类多样（至今已知有 190 多种），除了少数营寄生生活外，大多数分布在沼泽、池塘及湖泊的沿岸带，经常出没于沉水植物丛中，习惯于底栖生活。

我国目前共记录 46 种。

在本属种类鉴定中，应首先进行活体观察，并在盖玻片下用描图仪绘制轮虫的大概轮廓，测量全长、趾长及咀嚼囊的长度，确定脑眼有无、位置及咀嚼器的类型。

鉴于巨头轮虫分类上的困难，本志把容易掌握的特征，如全长与趾长的比，先行归类，然后再按其他特征进一步检索。

1. 全长：趾长<3 ·· **长趾型（Ⅰ型）巨头轮虫**
   全长：趾长>3 ·· 2
2. 全长：趾长为 3-5 ·· **中趾型（Ⅱ型）巨头轮虫**
   全长：趾长为 5-11 ··· **短趾型（Ⅲ型）巨头轮虫**

长趾型（Ⅰ型）巨头轮虫（全长：趾长<3）种检索表

1. 有脑眼 ··· 2
   无脑眼 ··· 3
2. 趾侧面观呈"S"形，基部有结节 ································· **矮小巨头轮虫 *C. nana***
   趾向背面弯曲，基部无结节 ·································· **细尾巨头轮虫 *C. tantilloides***
3. 咀嚼器 A 型 ·· 4
   咀嚼器非 A 型 ·· 5

4. 口孔上有喙状突起·· **粗趾巨头轮虫 *C. gobio***

　　口孔上无喙状突起······································ **长趾巨头轮虫 *C. macrodactyla***

5. 咀嚼器 D 型··· **巨大巨头轮虫 *C. gigantea***

　　咀嚼器 B 型···6

6. 具钩状尾突起·· **尾钩巨头轮虫 *C. mucronata***

　　无钩状尾突起·· **叉爪巨头轮虫 *C. biungulata***

(316) 矮小巨头轮虫 *Cephalodella nana* **Myers, 1924**（图 326）

Cephalodella nana Myers, 1924, In: Harring *et* Myers, 1924: 491.

Proales tigridia Weber, 1898: 468.

Diaschiza tigridia: Harring, 1913b: 35.

　　形态　趾长，全长/趾长约为 3。身体短而呈圆锥形，从头到足的基部逐渐变细；头部很大，约为体长的 1/2，且较身体宽。体被柔韧，头冠倾斜，头顶有明显的喙。足短，后触手明显，部分被尾突起所覆盖。趾细长，趾在基部分得较开，基部有结节，侧面观略呈 "S" 形弯曲，趾尖很细，呈须状。咀嚼囊很大，咀嚼器 A 型；砧基在末端略微膨大；槌柄细长，弯曲，末端不膨大；砧枝三角状，在两侧延伸成角状。唾液腺小，有脑眼，无后脑囊，足腺小，梨形。

　　标本测量　全长：105-160μm；趾长：35-52μm；咀嚼囊长：30-34μm。

　　生态　矮小巨头轮虫一般出没于有沉水植物的小水体中。1995 年在海南琼海一小水塘采到，同时亦在三亚一河流中发现。

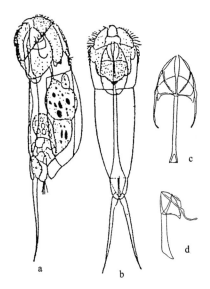

图 326　矮小巨头轮虫 *Cephalodella nana* Myers

a. 侧面观（lateral view）；b. 背面观（dorsal view）；c. 咀嚼器（trophi）；d. 咀嚼器侧面观（lateral view of trophi）

地理分布 海南（琼海、三亚）；澳大利亚，新西兰，北美洲，南美洲，太平洋地区，欧洲，亚洲北部。

(317) 细尾巨头轮虫 *Cephalodella tantilloides* Hauer, 1935（图 327）

Cephalodella tantilloides Hauer, 1935: 69.

形态 趾长，全长/趾长约为 2.5，末端向背面略有弯曲。体粗短，头向腹面弯曲，头冠十分倾斜，在正常情况下，前缘很突出并有上、下唇突。颈圈明显。背缘十分拱起。被甲较坚硬。足很短，圆锥形。基部无结节，末端有尖细的爪向背面弯曲。尾突起一般大小。咀嚼器属 A 型，砧基长，末端膨大，槌柄长而弯曲，砧枝具有内齿。具脑眼，融合或分离状。

细尾巨头轮虫与凸背巨头轮虫相似，但咀嚼器结构不同，前者砧基末端不特别膨大；趾尖细并有爪。

标本测量 全长（收缩状态）：113μm；趾长：45μm（趾尖长：14μm）。

生态 常在沼泽化的泥炭藓中活动，有时亦可沙生，分布并不普遍。采自西藏仲巴一草地积水坑中，海拔 4400m，当时水温 12℃，pH 7.0。

地理分布 西藏（仲巴）；澳大利亚，新西兰，欧洲，亚洲北部。

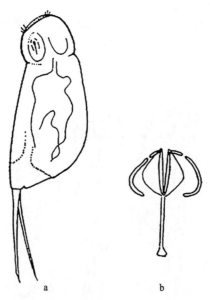

图 327 细尾巨头轮虫 *Cephalodella tantilloides* Hauer（仿龚循矩，1983）

a. 侧面观（lateral view）；b. 咀嚼器（trophi）

(318) 粗趾巨头轮虫 *Cephalodella gobio* Wulfert, 1937（图 328）

Cephalodella gobio Wulfert, 1937: 618.

形态　趾长，全长/趾长约为 3。体纵长，向后渐细，最宽处在头部，背部稍拱起。足方形，被尾突所覆盖。趾轻微地背向弯曲，在趾的中部近后端背面有 1 浅凹。体被柔软，侧沟很窄，但长。头冠稍腹向，头顶凸出，形成喙状突起。神经节大，无后脑囊和脑眼，卵黄核 8 个。咀嚼器 A 型：砧枝内齿有微齿，无基翼，砧基末端膨大，在其顶端有骨刺，有侧棍，槌柄直，在末端弯曲，略有膨大，"T" 形或扇形，槌柄的基部一侧有膜翼；槌钩单齿。在不同的栖息地，该种的形态变化较大。

采自湖南洞庭湖的标本趾特别长，咀嚼器也较大，无侧棍（原始记录趾长：40-52μm，咀嚼器长：18-20μm，有侧棍），但都具有以下特征而应属同一种：①趾在中部后端都有 1 浅凹；②趾尖有时有膈；③砧基的顶端有骨刺；④咀嚼器结构也基本相同。

标本测量　湖南洞庭湖标本收缩时体长：120-150μm；体宽：63μm；趾长：100-112μm；咀嚼器长：38-42μm；槌柄长：25-28μm；槌钩长：10.0-12.5μm。

云南大理标本收缩时体长：120μm；体宽：60μm；趾长：40μm；咀嚼器长：25μm；槌柄长：20μm；槌钩长：7μm。

生态　习居于湖泊、池塘、水沟等小型水体的水生植物体表或泥表面，分布并不普遍。

地理分布　云南、湖南（岳阳）；欧洲，亚洲北部。

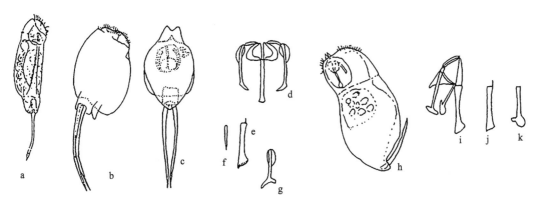

图 328　粗趾巨头轮虫 *Cephalodella gobio* Wulfert（a-g 来自湖南洞庭湖标本；h-k 来自云南大理标本）
a, b. 侧面观（lateral view）；c. 背面观（dorsal view）；d. 咀嚼器（trophi）；e, j. 砧基（fulcrum）；f. 槌钩（uncus）；g, k. 槌柄（manubrium）；h. 侧面观（lateral view）；i. 咀嚼器侧面观（lateral view of trophi）

(319) 长趾巨头轮虫 *Cephalodella macrodactyla* (Stenroos, 1898)（图 329）

Furcularia macrodactyla Stenroos, 1898: 134.

Diaschiza gibba Harring, 1913b: 34.

Cephalodella macrodactyla: Harring *et* Myers, 1924: 509-510.

形态　趾长，全长/趾长约为 2.5。体相当纵长，在背侧轻微拱起弯曲。头也相当长，颈部有缢缩。足大，圆锥形。尾突起很小，仅到达足的基部。趾很长，弯曲，基部宽，向着趾尖渐细。头冠轻微腹向，无喙状突起。咀嚼器 A 型，结构简单：砧基细而短，末端不膨大；砧枝三角形，无内齿，在两侧形成角状。槌柄弯曲，末端也无膨大，在其近前端的两侧有 1 很小的突出，槌钩单齿。有 1 个唾液腺，胃腺大，通常呈粉红色；神经节相当大，囊状，无脑眼和后脑囊，8 个卵黄核。

标本测量　全长：155μm；趾长：60μm；咀嚼器长：20μm（砧基长：10μm）。

生态　习居于酸性水体中，常在岸边的一些水生植物上活动，分布并不普遍。1995年采自海南三亚一积水塘和小河流中，均有水生植物分布，当时水温 25℃，pH 6.0。

地理分布　海南、安徽（芜湖）；北美洲，欧洲，亚洲北部。

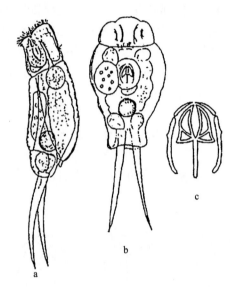

图 329　长趾巨头轮虫 *Cephalodella macrodactyla* (Stenroos)

a. 侧面观（lateral view）；b. 收缩的虫体（contracted body）；c. 咀嚼器（trophi）

(320) 巨大巨头轮虫 *Cephalodella gigantea* Remane, 1933（图 330）

Cephalodella gigantea Remane, 1933: 554.

形态　趾很长，全长/趾长接近 3。身体呈近乎细长的圆筒形，头部或多或少向腹面倾斜。从侧面观，头部略较腹面狭，腹面平直或接近平直，背面少许凸出一些。尾突起较大，覆盖在足的背面。足相当粗而长。趾 1 对，非常长；除了基部稍粗壮一些外，一直到最后尖削的末端都非常细弱，而且在中段或后半段往往有波浪式的屈曲。咀嚼器 D型。砧基粗壮而短，后端少许膨大，前端还伸出 1 比较细的基刺，把 2 个砧枝的基部间隔开来；2 个砧枝各具有 15 个左右的小齿和 1 个大的齿，前端顶上还附有 1 相当大的顶膜片，顶膜片边缘有很明显的柳状条纹；槌柄相当长而较细，它的后半段总是向内弯转；自砧枝顶膜片的后端和槌柄的前端之间，又伸出 1 束树枝状分叉丝条的附属物。脑相当大而长，呈袋形；脑后囊很小，但相当明显。无脑眼，背触手系 1 束短的感觉毛所形成，自头部 1/3 后端射出；侧触手的感觉毛更短，自腹部 1/3 的后端两侧射出。

标本测量　全长：610μm；趾长：210μm；咀嚼囊长：88μm。

生态　巨大巨头轮虫是一并不常见的种类，一般生活在有机质丰富的小水体中。本种采自武汉东湖一有水生植物生长的、趋于沼泽化的湖汊中。

地理分布　湖北（武汉）；南美洲，东南亚，欧洲，亚洲北部。

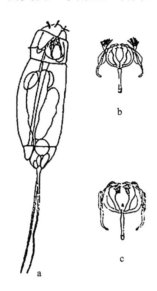

图 330　巨大巨头轮虫 *Cephalodella gigantea* Remane（仿王家楫, 1961）

a. 侧面观（lateral view）；b, c. 咀嚼器（trophi）

(321) 尾钩巨头轮虫 *Cephalodella mucronata* Myers, 1924（图 331）

Cephalodella mucronata Myers, 1924, In: Harring *et* Myers, 1924: 510.

形态　趾很长，全长/趾长约为 2。体纵长，头冠稍腹向，被甲较为坚硬。身体在后端延伸而成 1 向背面弯的钩状尾突起，尤为显著，覆盖着整个足；侧沟长而深；趾相当长（几与体等长），细而末端尖，弯曲；咀嚼器 B 型：砧基长而直，末端稍稍膨大，槌柄细长，末端形成小的扇形膨大，基部有膜翼，砧枝在其内侧有些细齿；有脑后囊，无脑眼。

标本测量　全长：265-275μm；趾长：120-140μm；咀嚼囊长：36μm。

生态　尾钩巨头轮虫是一种喜温性、嗜酸性（pH 4-6）种类，主要分布在热带、亚热带的流水或静水的江河、湖泊中。采自海南三亚一河流，该河流水浑浊，当时水温 27℃，pH 6.4。

地理分布　海南、安徽（芜湖）；澳大利亚，新西兰，非洲，北美洲，南美洲，东南亚，欧洲，亚洲北部。

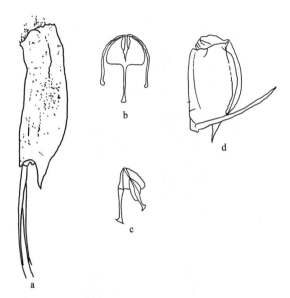

图 331 尾钩巨头轮虫 *Cephalodella mucronata* Myers

a. 侧面观（lateral view）；b. 咀嚼器（trophi）；c. 咀嚼器侧面观（lateral view of trophi）；d. 收缩的虫体（contracted body）

(322) 叉爪巨头轮虫 *Cephalodella biungulata* Wulfert, 1937（图 332）

Cephalodella biungulata Wulfert, 1937: 592.

形态 趾长，全长/趾长约为 2.8。身体长圆形，体被透明，背面拱起，头冠轻微腹

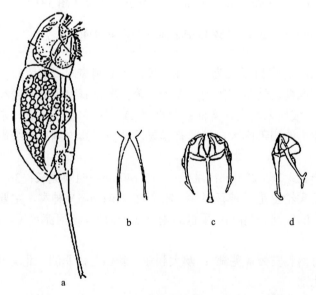

图 332 叉爪巨头轮虫 *Cephalodella biungulata* Wulfert

a. 侧面观（lateral view）；b. 趾（toe）；c. 咀嚼器（trophi）；d. 咀嚼器侧面观（lateral view of trophi）

向倾斜，尾突起圆钝，不成钩状。足短，为尾突起所覆盖；趾长，趾尖由于长有 1 小刺而似乎显得分叉。咀嚼囊无唾液腺。咀嚼器 B 型：对称的砧枝在内侧有齿，槌柄末端膨大，"T"形，在槌柄的基部两侧有膜翼，槌钩单齿，被半圆形的膜翼所围裹；无脑眼。

该种与凸背巨头轮虫 *C. gibba* 很相似，不同之处在于该种无脑眼，趾尖分叉。

标本测量　全长：250-313μm；趾长：88-112μm；咀嚼器长：50-54μm。

生态　习居于有水草的小水沟、小水塘、湖汊等小型淡水水体中，在酸性水体中较常见。样品采自北京、湖北等地一些池塘、湖汊。

地理分布　湖北（武汉）、湖南（岳阳）、北京、吉林（长白山）、青海（西宁）；澳大利亚，新西兰，南美洲，欧洲，亚洲北部。

中趾型（II 型）巨头轮虫（全长：趾长为 3-5）种检索表

体细长，眼点位于脑后·······霍氏巨头轮虫 *C. hoodii*

15. 咀嚼器 B 型···················16

咀嚼器非 B 型···················19

16. 有明显甲片，左砧枝基部外侧有 1 小齿·······尾棘巨头轮虫 *C. sterea*

无明显甲片，左砧枝外侧无棘···················17

17. 趾腹向弯曲，端眼 1 对·······双眼巨头轮虫 *C. reimanni*

趾背向弯曲，端眼 1 个···················18

18. 体大，全长超过 250μm·······凸背巨头轮虫 *C. gibba*

体小，全长不足 150μm·······龙骨巨头轮虫 *C. carina*

19. 咀嚼器 C 型···················20

咀嚼器 D 型···················21

20. 体细长，透明·······隐藏巨头轮虫 *C. obvia*

体壮实，被甲化·······皱甲巨头轮虫 *C. misgurnus*

21. 尾突起大，趾背面无齿或刺·······丁卡巨头轮虫 *C. tinca*

尾突起小，趾背面有齿或刺···················22

22. 趾背面有 2 小齿·······剪形巨头轮虫 *C. forficula*

趾背面有 1 小齿·······巴拿巨头轮虫 *C. panarista*

(323) 弯趾巨头轮虫 *Cephalodella apocolea* Myers, 1924（图 333）

Cephalodella apocolea Myers, 1924, In: Harring *et* Myers, 1924: 509.

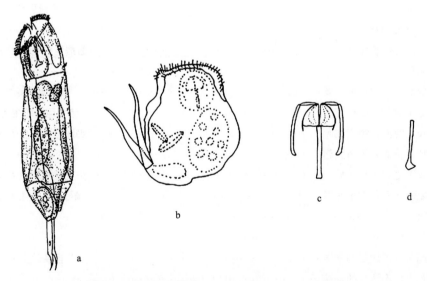

图 333 弯趾巨头轮虫 *Cephalodella apocolea* Myers

a. 侧面观（lateral view）；b. 收缩的虫体（contracted body）；c. 咀嚼器（trophi）；d. 槌柄侧面观（lateral view of manubrium）

形态　趾较长，全长/趾长为 3.2-3.8。身体很透明，纵长，长圆形或圆筒形，体两侧轻微侧扁。头短而宽，倾斜；体被薄但柔韧，有侧沟。足粗壮，足上方有小的尾突起。趾直，呈圆柱形，在基部分得较开，趾在末端形成向背面弯曲的镰刀状的趾尖。足腺大，梨形。无后脑囊和眼点。咀嚼器 A 型：砧基较短而粗，末端少许增大；砧枝简单，内侧无齿，在其两侧无基翼。槌柄末端膨大，有侧棍。

标本测量　全长：125-185μm；趾长：32-58μm；咀嚼器长：25-30μm。

生态　本种属偏酸性种类，常在沉水植物间以周丛生活方式出现；1995 年初采自云南大理一长有满江红和轮藻的小水塘中，当时水温 13℃。

地理分布　云南（大理）；澳大利亚，新西兰，北美洲，南美洲，太平洋地区，欧洲，亚洲北部。

(324) 琼海巨头轮虫 *Cephalodella qionghaiensis* Koste *et* Zhuge, 1998（图 334）

Cephalodella qionghaiensis Koste *et* Zhuge, 1998: 183-222.

形态　趾较长，全长/趾长为 4.3-4.8。个体较小，纵长，分为头、躯干及足 3 部分，体被透明。体后端尾突起不明显。轮冠稍腹向。趾长而直，基部宽，末端细，呈针状。足腺长袋状，在咀嚼囊两侧有 1 对小的唾液腺，在胃的上端两侧有 1 对卵圆形的胃腺。无眼点，与大多数巨头轮虫不同的是卵黄核 12 个。咀嚼器 C 型：砧基长，在末端膨大，呈匙状；砧枝较小，其内侧无齿，基部两侧尖削亦无基翼，砧枝上有"U"形侧棍；槌

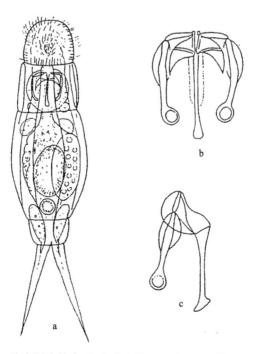

图 334　琼海巨头轮虫 *Cephalodella qionghaiensis* Koste *et* Zhuge
a. 背面观（dorsal view）；b. 咀嚼器（trophi）；c. 咀嚼器侧面观（lateral view of trophi）

柄末端成封闭环状，基部两侧有膜翼；槌钩2齿，附着在槌柄和砧枝上。

标本测量 全长：130-145μm；趾长：30μm；咀嚼器长：22μm。

生态 一般生活在有水草的小水沟中。1995年12月15日采自海南琼海门山园附近小水坑，当时水温20℃，pH 6.0。1995年12月17日又在海南三亚亚龙湾新村水沟中采得，当时水温24℃，pH 6.0。

地理分布 海南（琼海、三亚）；东南亚。

(325) 不安巨头轮虫 *Cephalodella intuta* Myers, 1924（图335）

Cephalodella intuta Myers, 1924, In: Harring et Myers, 1924: 500.

形态 趾较长，全长/趾长约为3.8。体长圆形，侧扁；头较短，头冠显著倾向腹面；被甲较柔韧，头与躯干之间凹陷较明显。趾长而细，常背向弯曲，基部较粗并逐渐向末端尖削，趾尖处有膈。咀嚼囊大，有唾液腺；咀嚼器B型：砧基在末端非常膨大，在基部有骨刺；槌柄末端也很膨大，呈"T"形，其基部两侧均有膜翼；砧枝内侧有齿，基部两侧有很小的基翼（在用碱液消解咀嚼器时很容易丢失）。胃腺红色或棕红色，有后脑囊，无眼点。

标本测量 全长：115-225μm；趾长：30-60μm；咀嚼器长：30-40μm。

生态 不安巨头轮虫系广生种类，在我国分布较广；南到海南、云南，北至吉林、青海的湖泊、池塘中均能采到；在流水或静水中的苔藓、水生植物上均可发现，一般以周丛生物形态存在。

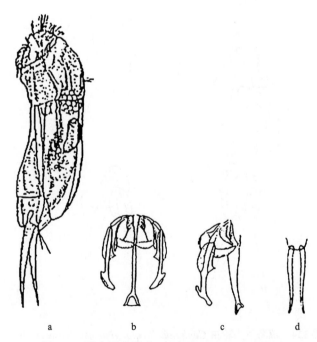

图 335 不安巨头轮虫 *Cephalodella intuta* Myers

a. 侧面观（lateral view）；b. 咀嚼器（trophi）；c. 咀嚼器侧面观（lateral view of trophi）；d. 趾（toe）

地理分布　海南、云南、湖南（岳阳）、北京、吉林（长白山）、青海（西宁）；澳大利亚，新西兰，北美洲，南美洲，东南亚，太平洋地区，欧洲，亚洲北部。

(326) 发趾巨头轮虫 *Cephalodella eva* (Gosse, 1887)（图 336）

Furcularia eva Gosse, 1887c: 864.
Furcularia semisetifera Glascott, 1893: 55.
Diaschiza eva: Dixon-nuttall *et* Fereman, 1903: 137.
Cephalodella eva: Harring *et* Myers, 1924: 507.

形态　趾较长，全长/趾长为 3.4-3.8。体略长，侧扁。被甲薄而柔软，从背面观，背缝贯穿躯干部，前端呈喇叭形，中间平行；侧面观侧缝也清晰可见。头较大而弯曲，头与躯干间的颈圈凹陷明显。头冠倾斜，身体背部略突起。足大，呈圆锥形；尾突起小。趾有较大变化，一般基部较宽，趾尖无膈，下端急剧变细如发丝，并略有弯曲。无唇突和眼点。咀嚼器 B 型。槌柄和砧基长度相仿。左右砧枝内侧各有锯齿。

标本测量　全长：190-285μm；趾长：50-85μm；咀嚼囊长：23-30μm。

生态　发趾巨头轮虫是一广生性种类，在各种不同面积的流水、静水水体中的沉水植物、苔藓间均可发现，甚至在瀑布下的苔藓、沉水植物间也可见到本种的踪迹。本种于 1976 年 7 月 23 日采自西藏普兰一长有水生植物的水塘中，当时水温 15℃，pH 6.0，海拔 4585m。

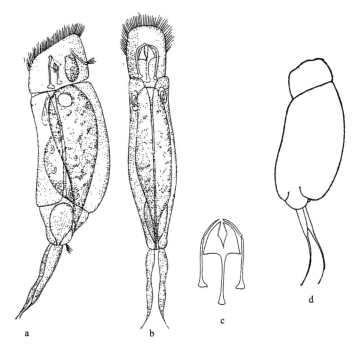

图 336　发趾巨头轮虫 *Cephalodella eva* (Gosse)（a-c 仿 Rudescu, 1960；d 仿龚循矩, 1983）
a. 侧面观（lateral view）；b. 背面观（dorsal view）；c. 咀嚼器（trophi）；d. 侧面观（lateral view）

地理分布 西藏（普兰）；澳大利亚，新西兰，北美洲，南美洲，东南亚，太平洋地区，欧洲和亚洲北部。

(327) 客居巨头轮虫 *Cephalodella inquilina* Myers, 1924（图 337）

Cephalodella inquilina Myers, 1924, In: Harring *et* Myers, 1924: 502.

形态 趾较长，全长/趾长约为 4。体纵长，被甲柔韧可弯曲。头较短，向腹面略弯曲；头冠倾斜，颈圈清楚。从背面观，躯干部两侧接近平行。背缝贯穿躯干部，两头细，中间宽。从侧面观，躯干部外突明显，侧缝也清楚可见。足粗壮，尾突起小，仅达足中部。趾细长，笔直，在趾的末端很细，呈钩状弯曲。咀嚼器 B 型，较小。砧基细长，末端较膨大；槌柄为拐杖型，末端呈钩状。无脑后囊和眼点。胃腺紫色。

标本测量 全长：250-270μm；趾长：62-68μm；咀嚼囊长：38μm。

生态 本种是一罕见种，自 1924 年在北美洲被初次发现以来，有关它的报道极少；20 世纪 60 年代在西藏聂拉木一小溪中被发现，海拔 2750m，当时水温 13.5℃，pH 6.0。

地理分布 西藏（聂拉木）；北美洲，欧洲，亚洲北部。

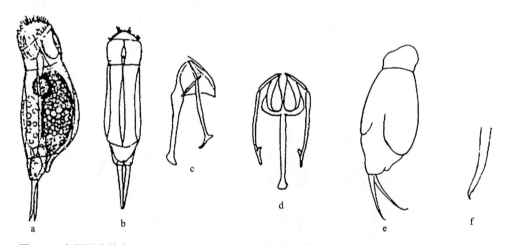

图 337 客居巨头轮虫 *Cephalodella inquilina* Myers（a-d 仿 Koste, 1978；e, f 仿龚循矩, 1983）

a, e. 侧面观（lateral view）；b. 背面观（dorsal view）；c. 咀嚼器侧面观（lateral view of trophi）；d. 咀嚼器（trophi）；f. 趾侧面观（lateral view of toe）

(328) 截头巨头轮虫 *Cephalodella incila* Wulfert, 1937（图 338）

Cephalodella incila Wulfert, 1937: 616.

形态 趾较长，全长/趾长为 4.5-4.8。身体纵长，头冠明显向腹面倾斜，头部与躯干部间的颈圈凹痕明显。足较发达，尾突起覆盖其全部。趾细长，略向背面弯曲，末端尖削，无爪，有时趾尖有膈存在。胃腺与咀嚼囊一样大。咀嚼器 B 型，左右对称，砧基较长，末端膨大，内缘有齿，砧枝两侧无基翼；槌柄拐杖型，末端较膨大。无眼点。

标本测量　全长：128-180μm；趾长：26-40μm；咀嚼囊长：18-29μm。

生态　本种比较少见，在草地、牧场的小河沟、苔藓上有时可发现。青海、西藏均有分布，1973 年采自西藏察隅一小水沟，水沟水流缓慢，水中轮藻和丝状藻类很多，当时水温 20℃，pH 6.0，海拔 2070m。

地理分布　云南、湖南（岳阳）、北京、吉林（长白山）、青海（西宁）、西藏（察隅、樟木）；北美洲，太平洋地区，欧洲，亚洲北部。

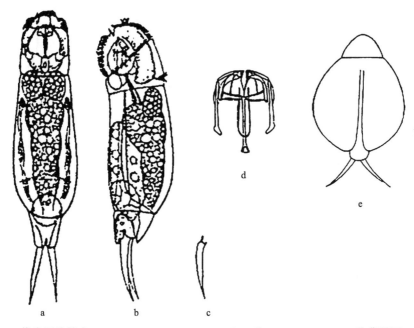

图 338　截头巨头轮虫 *Cephalodella incila* Wulfert（a-c 仿 Koste, 1978；d, e 仿龚循矩, 1983）
a. 背面观（dorsal view）；b. 侧面观（lateral view）；c. 趾（toe）；d. 咀嚼器（trophi）；e. 收缩的虫体（contracted body）

(329) 齿状巨头轮虫 *Cephalodella dentata* Wulfert, 1937（图 339）

Cephalodella dentata Wulfert, 1937: 616.

形态　趾较长，全长/趾长为 4.2-4.5。身体背面略拱起，腹面较平直，背沟较宽，形成棱。头较大，略微倾斜和突起；侧沟较宽。足粗壮，被尾突覆盖；趾长而直，在趾的中部开始突然变细，趾尖呈针状。咀嚼器 B 型，不对称；砧基细长，末端膨大；砧枝内侧有齿，两侧基部有棘状的基翼；槌柄右边小，左边大，末端呈截状增大，基部两侧无膜翼。头部无眼点。

从青海采得的标本部分结构与原始描述明显不同，如趾明显短于原始标本。但咀嚼器的构造如槌柄左右不对称、砧枝基翼很发达等和趾的形状均与原始描述相似，故仍认为青海采得的标本亦是齿状巨头轮虫。

标本测量　全长：150-170μm；趾长：36-38μm；咀嚼囊长：22μm。收缩时体长：

60μm；趾长：18μm；咀嚼囊长：20μm。

生态　齿状巨头轮虫的分布并不普遍，过去只在中欧出现。1995 年 6 月 25 日在青海一小水沟中采得。在水沟中有一些水草，泥质底，当时水温 7.5℃，pH 7。

地理分布　青海（西宁）；欧洲，亚洲北部。

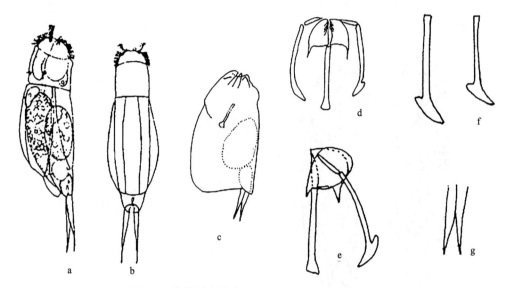

图 339　齿状巨头轮虫 *Cephalodella dentata* Wulfert

a. 侧面观（lateral view）；b. 背面观（dorsal view）；c. 收缩的虫体（contracted body）；d. 咀嚼器（trophi）；e. 咀嚼器侧面观（lateral view of trophi）；f. 槌柄（manubrium）；g. 趾（toe）

(330) 细趾巨头轮虫 *Cephalodella tenuiseta* (Burn, 1890)（图 340）

Furcularia tenuiseta Burn, 1890: 34-37.

Cephalodella tenuiseta simplex Bērziņš, 1976: 42.

形态　趾较长，全长/趾长为 3.3-3.5。体纵长，前部较平直，侧扁。头部大而短，倾斜，前端平截。背缝较宽，头与躯干之间的凹陷较明显；躯干部分很长，且在后端有些拱起。足较长，尾突起小；趾细长，基部膨大，相互靠近，并略向背面弯曲，但无齿状突起，在末端又叉开。头冠倾斜，无喙突。咀嚼器 D 型：砧基在末端轻微膨大；砧枝圆形，内侧有齿；槌柄在末端弯曲，不膨大，基部有膜翼。无后脑囊及眼点。

标本测量　全长：205-314μm；趾长：59-96μm；咀嚼器长：35-39μm。

生态　细趾巨头轮虫于 1995 年 12 月 17 日在海南三亚市郊一菜地积水坑中采得，水绿色，有杂草；当时水温 26℃，pH 7。1996 年 3 月 16 日，在云南大理洱海岸边小水塘中再次采得，水塘中长满了轮藻和满江红；当时水温 13℃，pH 7。也有该种轮虫生活在水底沉积物的表面的报道（Koste, 1978）。

分类讨论　在《西藏水生无脊椎动物》中也报道过一种细趾巨头轮虫 *C. dorseyi* Myers, 1924，但非本种巨头轮虫。由于该种提供的图件太少，故没有收录。

地理分布　海南（三亚）、云南（大理）、西藏（浪卡子）；澳大利亚，新西兰，北美洲，南美洲，欧洲，亚洲北部。

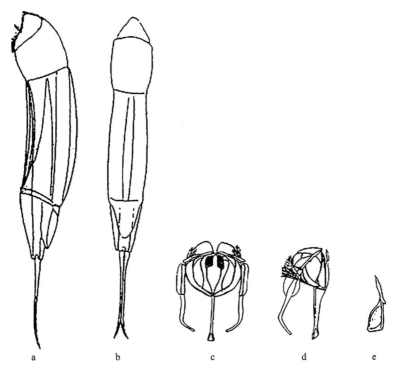

图 340　细趾巨头轮虫 *Cephalodella tenuiseta* (Burn)

a. 侧面观（lateral view）；b. 背面观（dorsal view）；c. 咀嚼器（trophi）；d. 咀嚼器侧面观（lateral view of trophi）；e. 槌钩（uncus）

(331) 史氏巨头轮虫 *Cephalodella stenroosi* Wulfert, 1937（图 341）

Cephalodella stenroosi Wulfert, 1937: 624.

Cephalodella bertonicensis Manfredi, 1927.

Cephalodella deformis Donner, 1950.

形态　趾较长，全长/趾长为 3.5-3.7。体圆柱形或棱柱形。躯干在体近后端常被 1 横褶分为两部分；被甲较为坚硬，侧沟末端窄；头冠腹向，头与躯干之间的颈沟明显。足短，圆锥形。趾短而粗壮，向背面弯曲，在趾的中部背面有 1 钝齿突起，背面观 2 个趾紧紧靠在一起；趾基较宽，趾末端尖细。足腺大，有贮泡，胃腺也相当大。神经节长并有脑侧腺，无眼点。咀嚼囊长圆形，无唾液腺。咀嚼器 D 型：砧基长，末端膨大，砧枝半圆形，无内齿及基翼；槌柄细条状，基部两侧有膜翼，末端弯曲，不膨大。

标本测量　全长：190-240μm；趾长：55-65μm；咀嚼器长：30-34μm。

生态　史氏巨头轮虫对水温和 pH 的忍耐范围较大，在泥质、沙质或有石块的小流水沟中均有发现，亦可在静水中生活。在北京、海南、青海和湖南的湖泊、池塘中均采到过。

地理分布　北京、海南（三亚）、湖南（岳阳）、青海；南美洲，欧洲，亚洲北部。

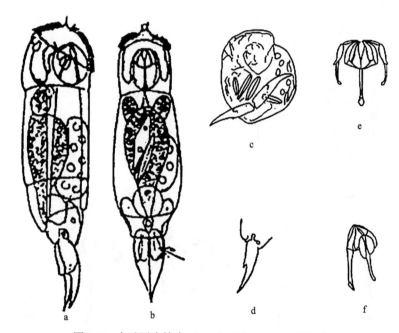

图 341　史氏巨头轮虫 *Cephalodella stenroosi* Wulfert

a. 侧面观（lateral view）；b. 背面观（dorsal view）；c. 收缩的虫体（contracted body）；d. 趾（toe）；e. 咀嚼器（trophi）；
f. 咀嚼器侧面观（lateral view of trophi）

(332) 畸形巨头轮虫 *Cephalodella deformis* Donner, 1950（图 342）

Cephalodella deformis Donner, 1950b: 321.

形态　趾较长，全长/趾长约为 3.4。身体纵长，几呈圆筒形，被甲柔软而透明。头略呈方形，较长而不弯曲；头与躯干之间的颈沟不明显。头冠略倾斜。头缝自前向后逐渐变宽，两侧的侧缝也较窄。足粗壮，基部宽大，尾突起可达足的中部；趾 1 对，粗壮、弯曲，趾的基部宽，末端针尖形，趾的背面前段约 1/2 处有 1 粗壮的齿。无眼点。D 型咀嚼器，砧基较长，槌柄不呈拐杖形。

标本测量　全长：165μm；趾长：49μm；咀嚼囊长：30μm。

生态　这种巨头轮虫比较少见，在欧洲一些国家有报道（Donner, 1949; Kutikova, 1970）。1976 年 5 月，在西藏班戈一湖畔小积水塘中采得，当时水温 16℃，pH 7.5，海拔 4660m。

分类讨论　Segers（2007）认为，本种是史氏巨头轮虫的同物异名。

地理分布　西藏（班戈）；南美洲，欧洲，亚洲北部。

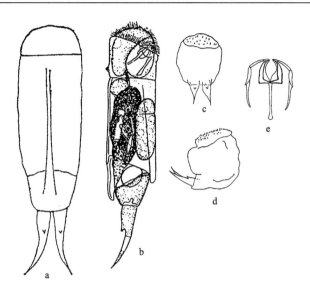

图 342 畸形巨头轮虫 Cephalodella deformis Donner（仿龚循矩, 1983）

a. 背面观（dorsal view）；b. 侧面观（lateral view）；c, d. 收缩的虫体（contracted body）；e. 咀嚼器（trophi）

(333) 腹足巨头轮虫 *Cephalodella ventripes* (Dixon-Nuttall, 1901)（图 343）

Diaschiza ventripes Dixon-Nuttall, 1901: 25.

Cephalodella ventripes: Harring et Myers, 1924: 484.

形态 趾较长，全长/趾长约为 4.5。被甲粗壮、侧扁、较硬。头大，向腹面弯曲。头冠倾斜，活体时前端有明显的上、下唇突，固定的标本不十分明显。背缘弯弓形，腹缘微凹。足圆锥形，腹位，尾突起大，可达足的末端。背面观被甲完全将足掩盖。趾 1 对，较粗壮，略弯曲，末端尖削。具脑眼 1 对。8 个卵黄核。咀嚼器 A 型。砧基细长，末端膨大；砧枝为半圆形或宽三角形，内缘无齿；槌柄钩状，末端弯曲。

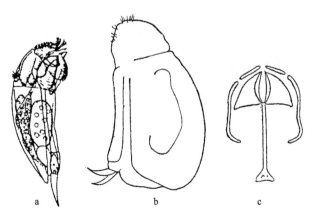

图 343 腹足巨头轮虫 Cephalodella ventripes (Dixon-Nuttall)（仿龚循矩, 1983）

a, b. 侧面观（lateral view）；c. 咀嚼器（trophi）

标本测量 全长：127-140μm；趾长：25-34μm；咀嚼囊长：25-28μm。

生态 腹足巨头轮虫一般以周丛生物形式出现，也可在苔藓、沼泽及沙质中生活。1976 年 8 月采自西藏噶尔沼泽草地小沟中，当时水温 7℃，pH 6.0，海拔 4500m。

地理分布 海南、云南、北京、吉林（长白山）、青海（西宁）、西藏（噶尔）；澳大利亚，新西兰，北美洲，南美洲，太平洋地区，欧洲，亚洲北部。

(334) 小巨头轮虫 *Cephalodella exigua* (Gosse, 1886)（图 344）

Diaschiza exigua Gosse, 1886, In: Hudson *et* Gosse, 1886: 78.

Cephalodella exigua: Harring *et* Myers, 1924: 481.

形态 趾较长，全长/趾长约为 4.5。身体较小，短而粗壮，被甲柔软，前端显著地向腹面倾斜。头部很大而倾斜，它与腹部交界之处有 1 很明显紧缩的颈圈凹痕。尾突起很小，少许突出在足的背面。足瘦小，它的后端背面往往有 1 束很微弱的刚毛；趾 1 对，尖细。咀嚼器很大，A 型，左右两侧对称；砧基细长，它的后端或多或少膨大；腹面观砧枝呈三角形；槌钩短而简单，槌柄很细而长，它们向末端显著地向内弯转。脑相当发达，呈长的囊袋形。具脑眼，背触手比较显著，自头部中央的后面一些射出；侧触手比较小一些，自腹部 1/3 的后端、靠近侧裂缝的背面边缘射出。消化腺 1 对，相当大。足腺相当小，呈梨形。

标本测量 全长：90-125μm；趾长：20-26μm；咀嚼囊长：30μm。

生态 习居于有沉水植物生长的沼泽、池塘及浅水湖泊中，一般冬末春初数量较多。采自上海、湖北的池塘及湖泊。

地理分布 海南、云南、湖北（武汉）、北京、青海（西宁）、上海、江苏（无锡、南京）、安徽（芜湖）、西藏（康马、波密、拉萨、墨脱、芒康）；澳大利亚，新西兰，北美洲，南美洲，欧洲，亚洲北部。

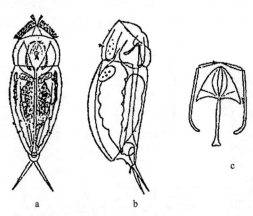

图 344　小巨头轮虫 *Cephalodella exigua* (Gosse)（仿王家楫，1961）

a. 背面观（dorsal view）；b. 侧面观（lateral view）；c. 咀嚼器（trophi）

(335) 水泡巨头轮虫 *Cephalodella physalis* Myers, 1924（图 345）

Cephalodella physalis Myers, 1924, In: Harring *et* Myers, 1924: 484.

形态　趾较长，全长/趾长约为 5。身体短而粗壮，背面非常拱起。头宽而短，头冠倾向腹面，在前端形成小的头喙；被甲很柔韧，体侧沟较宽。足短，尾突起小，接近足的基部。趾 1 对，细长，似叶状，腹向弯曲，趾尖针状。咀嚼囊大，咀嚼器 A 型：砧基细长，在末端稍膨大；砧枝无内齿及两侧的基翼；槌柄细，末端弯曲。神经节大，囊状；眼点（脑眼）1 对，位于颈部，无后脑囊。

标本测量　全长：103μm（收缩时长：80μm；宽：65μm）；趾长：20μm；咀嚼器长：35-40μm。

生态　水泡巨头轮虫是一不常见的种类，常在酸性具苔藓的水体中出现。1995 年 7 月采自吉林长白山一有挺水植物生长的水沟中，当时水温 26℃，pH 6.0。

地理分布　吉林（长白山）；澳大利亚，新西兰，北美洲，欧洲，亚洲北部。

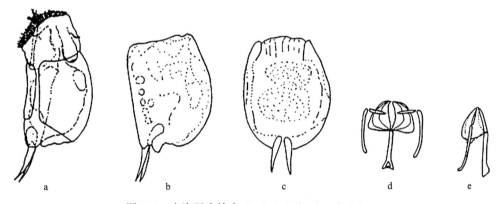

图 345　水泡巨头轮虫 *Cephalodella physalis* Myers
a, b. 侧面观（lateral view）；c. 收缩的虫体背面观（dorsal view of contracted body）；d. 咀嚼器（trophi）；e. 咀嚼器侧面观（lateral view of trophi）

(336) 霍氏巨头轮虫 *Cephalodella hoodii* (Gosse, 1886)（图 346）

Diaschiza hoodii Gosse, 1886, In: Hudson *et* Gosse, 1886: 79.
Cephalodella remanei Wisniewski, 1934: 353.

形态　趾相对较长，全长/趾长为 3.5-4.1。体形略细，特别在快速游泳时身体最细；头向腹面弯曲。头冠倾斜，前端上、下唇突明显，颈圈凹陷清楚。躯干部背缘凸出，最宽处在中部或稍后。足小，可弯曲。尾突起较发达，可达足的中部。趾 1 对，基部较宽，向末端逐渐缩细并向腹面弯曲。眼点 1 对，位于脑后。咀嚼器 A 型：砧基较长，末端略膨大；槌柄末端弯曲，呈杆状。

标本测量 全长：110-195μm；趾长：32-47μm；咀嚼囊长：30-38μm。

生态 生活环境多样，一般在静水、流水的水生植物间活动，偶尔也会在盐水湖中采到。标本采自西藏波密一小水塘中，该塘泥质底，有生活污水排入，有水生植物生长，当时水温 25℃，pH 6.0，海拔 2700m。

地理分布 云南、北京、西藏（波密）；北美洲，东南亚，欧洲，亚洲北部。

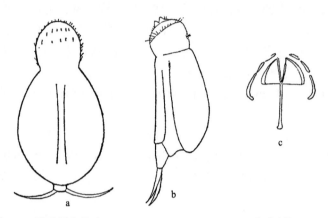

图 346 霍氏巨头轮虫 *Cephalodella hoodii* (Gosse)（仿龚循矩，1983）

a. 背面观（dorsal view）；b. 侧面观（lateral view）；c. 咀嚼器（trophi）

(337) 尾棘巨头轮虫 *Cephalodella sterea* (Gosse, 1887)（图 347）

Furcularia sterea Gosse, 1887c: 864.

Diaschiza sterea: Dixon-Nuttall *et* Freeman, 1903: 8.

Cephalodella sterea: Nogrady *et* Pourriot, 1995: 127.

形态 趾较长，全长/趾长约为 4。身体比较细长，呈纺锤形或近似圆筒形。头部相当长，显著地向腹面倾斜，颈圈凹痕明显。躯干部背面显著地弯转而凸出，腹面接近平直。被甲比较坚韧，甲片的存在相当明显而容易辨别；背面裂缝比较狭，2 条缝线平行；侧面裂缝很宽，靠近后端更宽。尾突起很显著，它的末端总是突出在足的后面。足大而粗壮，近似不规则的四方形；趾 1 对，细长。咀嚼器 B 型，但左右并不对称；砧基相当长而粗，后端或多或少膨大；左砧枝基部外角有 1 小齿，左右砧枝的前端内侧各有若干枚很显著的齿；不同生态型齿的数目不同。槌柄很长，后端膨大而形成拐杖样结构。端眼 2 个，位于头冠顶端背面，它们不仅紧密地并列在一起，而且还包括在 1 个眼眶之内。背触手系 1 束感觉毛所形成，自头部的后半部射出。

标本测量 全长：224μm；趾长：56μm；咀嚼囊长：38μm。

生态 尾棘巨头轮虫是一广生性种类，分布广泛；一般适宜生活于沉水植物和有机质丰富的流水和静水中。本种采自武汉珞珈山旁一水池中。

地理分布 海南、云南、湖北（武汉）、湖南（岳阳）、北京、吉林（长白山）、青海（西宁）、安徽（芜湖）、西藏（亚东、康马）；澳大利亚，新西兰，非洲，南极地区，北美洲，南美洲，东南亚，太平洋地区，欧洲，亚洲北部。

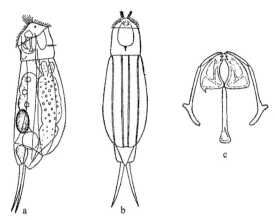

图 347　尾棘巨头轮虫 *Cephalodella sterea* (Gosse)（仿王家楫, 1961）

a. 侧面观（lateral view）；b. 背面观（dorsal view）；c. 咀嚼器（trophi）

(338) 双眼巨头轮虫 *Cephalodella reimanni* Donner, 1950（图 348）

Cephalodella reimanni Donner, 1950b: 309.

　　形态　趾较长，全长/趾长约为 4.5。身体短而粗壮，浑圆，头部大而倾斜，背甲裂缝片较狭；侧沟明显，无腹沟。足较小，在腹面拱起（侧面观易见），足节几乎被尾突起所覆盖；趾短而尖，向腹面弯曲。头冠明显腹向，顶部有喙。咀嚼囊大，有唾液腺。咀

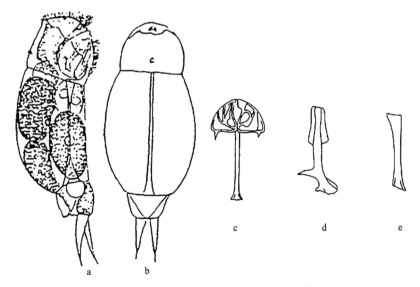

图 348　双眼巨头轮虫 *Cephalodella reimanni* Donner（仿 Donner, 1950b）

a. 侧面观（lateral view）；b. 背面观（dorsal view）；c. 砧板（incus）；d. 槌柄（manubrium）；e. 砧基（fulcrum）

嚼器 B 型；砧基末端膨大，匙形；砧枝不对称，右砧枝内侧有齿，而左侧则无，在其基部两侧有大小不等的基翼；槌柄很发达，末端的膨大特别显著，有基翼；在槌柄的基部两侧均有膜翼。砧枝上附着 1 侧棍。具 1 对端眼和 2 条脑侧腺。

标本测量 全长：122-132μm；趾长：23-31μm；咀嚼囊长：25μm。

生态 双眼巨头轮虫是一不太常见的种类，一般出现在腐殖质较多的小水体中；本种采自北京小龙门南沟，当时水温 6℃，pH 7.4。

地理分布 北京；欧洲，亚洲北部。

(339) 凸背巨头轮虫 *Cephalodella gibba* (Ehrenberg, 1830)（图 349）

Furcularia gibba Ehrenberg, 1830: 130.

Plagiognatha felis Dujardin, 1841: 652.

Diaschiza semiaperta Hudson *et* Gosse, 1886: 80.

Cephalodella gibba: Harring *et* Myers, 1924: 472-473.

形态 趾较长，全长/趾长约为 3.2。身体相当纵长，全长超过 250μm。被甲亦较坚固，左右两侧少许压缩而比较狭，背面显著地弯转而凸出，腹面接近平直。头部相当大，略向腹面倾斜，与腹部交界之处有 1 很明显紧缩的颈圈凹痕。侧边裂缝前端比较狭，自前端逐渐向后端加剧，到了后端裂缝显著地张开。尾突起相当小，它的末端只伸展到足背面的中部为止。足细长，呈倒圆锥形。趾 1 对，很长，基部相当宽，急剧地向末端尖削、背向弯转。咀嚼器 B 型；砧基后端膨大而很宽阔；砧枝顶端的腹面边缘具有柳状细齿的薄膜片；槌钩系 1 简单的齿，槌柄相当细而长，末端膨大呈"T"形。脑相当长；端眼小，1 个，圆球形，具晶体，位于头冠顶端。背触手很明显，从头部的后半部射出。

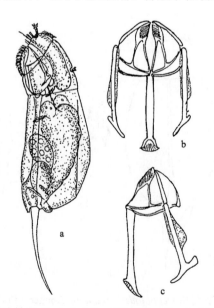

图 349 凸背巨头轮虫 *Cephalodella gibba* (Ehrenberg)（仿王家楫, 1961）

a. 侧面观（lateral view）；b. 咀嚼器（trophi）；c. 咀嚼器侧面观（lateral view of trophi）

消化腺比较小，系圆球形。足腺相当大，系梨形。本种具有不同的生态型，体形变异较大。

标本测量　全长：256μm；趾长：80μm；咀嚼囊长：85-90μm。

生态　本种是一广生性种类，肉食性，也以单细胞藻、鞭毛藻、纤毛虫为食，习居于水生植物多的沼泽、池塘、浅水湖泊中，春、秋季数量较多，有时也生活在河虾的鳃腔中。本种采自浙江菱湖一水草很多的浅水池塘中。

地理分布　海南、云南、湖北（武汉）、湖南（岳阳）、北京、吉林（长白山）、青海（西宁）、江苏（无锡）、浙江（湖州）、安徽（芜湖）、西藏（波密、措美、错那、亚东、樟木、吉隆、芒康）；澳大利亚，新西兰，非洲，南极地区，北美洲，南美洲，东南亚，太平洋地区，欧洲，亚洲北部。

(340) 龙骨巨头轮虫 *Cephalodella carina* Wulfert, 1959（图 350）

Cephalodella carina Wulfert, 1959: 60.

形态　趾较长，全长/趾长约为 5。体型较小，全长一般不足 150μm，透明而柔韧。头部短，颈圈明显。足节显著，尾突小。趾细长，向背面弯曲，2 个趾总是张开。头冠稍倾，在腹面有唇。胃腺和唾液腺均很小。卵黄核 6 个，头部有 1 很小的端眼。咀嚼器 B 型：槌柄在末端膨大呈"T"形，在其基部的两侧有膜翼；砧枝内侧无齿，两侧无基翼，有侧棍；砧基末端稍稍肿大。

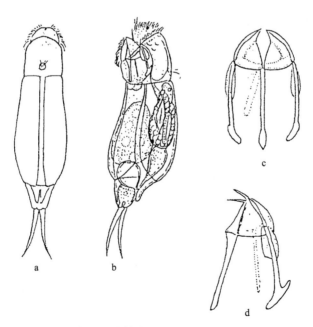

图 350　龙骨巨头轮虫 *Cephalodella carina* Wulfert

a. 背面观（dorsal view）；b. 侧面观（lateral view）；c. 咀嚼器（trophi）；d. 咀嚼器侧面观（lateral view of trophi）

标本测量　全长：105-115μm；趾长：20-25μm；咀嚼器长：19-20μm（砧基长：12μm，

砧枝长：8μm，槌柄长：15μm）。

生态 龙骨巨头轮虫一般附着在水生植物体表，有时也会在水体中出现。1995 年 3 月 14 日采自云南石林剑峰池，该池水清、绿色，当时水温 10℃，pH 7；同年 4 月 24 日在北京付家台一鱼池亦采到该种。

地理分布 云南（石林）、北京；欧洲，亚洲北部。

(341) 隐藏巨头轮虫 *Cephalodella obvia* Donner, 1950（图 351）

Cephalodella obvia Donner, 1950b: 319.

形态 趾较长，全长/趾长约为 3.6。身体透明，呈长圆筒形，侧面裂缝平行，靠近后端较宽。足短，被尾突所覆盖；趾从基部至趾尖渐细。头冠明显突起。胃腺大。8 个卵黄核。咀嚼囊有 2 个唾液腺，咀嚼器不对称，C 型；砧基细长，末端膨大；右砧枝内侧有 3 齿，左砧枝内侧无齿；槌钩单齿，槌柄由 1 半圆形的薄膜所围裹，末端是 1 未封闭的环，基部有膜翼，左侧槌柄明显大于右侧。神经节长，2 个端眼。

标本测量 全长：152-172μm；趾长：44-46μm；咀嚼器长：35μm。

生态 一般生活在长有水绵和一些水生植物、底部为泥质的生境中。标本采自青海海北高寒草甸一小水体中，当时水温 13.5℃，pH 7.0，海拔 3250m。

地理分布 青海（西宁）；北美洲，欧洲，亚洲北部。

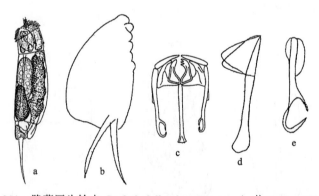

图 351 隐藏巨头轮虫 *Cephalodella obvia* Donner（a 仿 Koste, 1978）
a. 侧面观（lateral view）；b. 收缩的虫体（contracted body）；c. 咀嚼器（trophi）；d. 咀嚼器侧面观（lateral view of trophi）；
e. 槌柄（manubrium）

(342) 皱甲巨头轮虫 *Cephalodella misgurnus* Wulfert, 1937（图 352）

Cephalodella misgurnus Wulfert, 1937: 620.

在《西藏水生无脊椎动物》一书中称为鳅巨头轮虫。

形态 趾较长，全长/趾长为 3.1-3.4。体短而壮实，背缘突起，腹缘平直。头较大，略向腹面弯曲；颈圈凹痕明显。从头部到足部均被甲化，且头部和躯干部的被甲上具有纵的脊条，甚至有的个体还有斑纹。足短，尾突起可达足的末端。趾 1 对，中等长，基部宽，向末端逐渐变细稍弯曲。端眼位于头冠的前端。咀嚼器 C 型，较小，具 2 个小唾液腺。砧基较长，末端膨大；砧枝结构简单；槌柄长，末端呈匙形。

标本测量　全长：165-190μm；趾长：49-61μm；咀嚼囊长：22μm。

生态　主要生活在沼泽化水体或流水的泥表面，并不常见，自 1937 年在德国被发现以来，仅有为数不多的报道（Donner, 1949; Rudescu, 1960）。标本采自西藏拉萨一小水潭（当时水温 13℃，pH 6.0，海拔 3650m）和康马一积水池中。

地理分布　北京、吉林（长白山）、青海（西宁）、西藏（樟木、康马、拉萨）；澳大利亚，新西兰，北美洲，南美洲，东南亚，欧洲，亚洲北部。

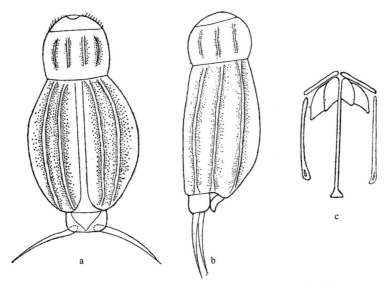

图 352　皱甲巨头轮虫 Cephalodella misgurnus Wulfert（仿龚循矩, 1983）

a. 背面观（dorsal view）；b. 侧面观（lateral view）；c. 咀嚼器（trophi）

(343) 丁卡巨头轮虫 *Cephalodella tinca* Wulfert, 1937（图 353）

Cephalodella tinca Wulfert, 1937: 622.

形态　趾较长，全长/趾长为 4-5。身体纵长，侧扁，被甲片很显著；侧面裂缝由前向后逐渐变宽。躯干背侧轻微拱起，尾突起大，覆盖整个足节。趾在基部肿起并向末端逐渐尖削，背面无齿或刺。咀嚼囊有 2 个大的唾液腺。咀嚼器 D 型：砧基末端膨大，侧面观砧基的基部也很宽；槌柄直，末端不膨大，基部有膜翼。端眼 1 对，在 1 囊内。

标本测量　全长：260-280μm；趾长：52-70μm；咀嚼囊长：29-31μm。

生态　丁卡巨头轮虫喜生活在有杂草的污水沟中，如牲畜圈旁边的小水潭。标本采自海南三亚市郊一有水草生长的积水潭中，当时水温 26℃，pH 6.7。

地理分布　海南（三亚）；澳大利亚，新西兰，北美洲，南美洲，欧洲，亚洲北部。

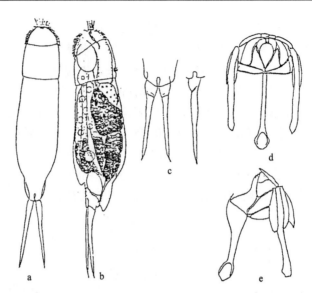

图 353 丁卡巨头轮虫 *Cephalodella tinca* Wulfert

a. 背面观（dorsal view）；b. 侧面观（lateral view）；c. 趾（toe）；d. 咀嚼器（trophi）；e. 咀嚼器侧面观（lateral view of trophi）

(344) 剪形巨头轮虫 *Cephalodella forficula* (Ehrenberg, 1838)（图 354）

Distemma forficula Ehrenberg, 1838: 139.

Cephalodella forficula: Harring *et* Myers, 1924: 476.

形态 趾较长，全长/趾长约为 4。身体呈圆筒形或近似纺锤形。头部比较大，略向腹面倾斜，颈圈凹痕明显。尾突起比较小，掩盖了足背面中央部分。足大；趾 1 对，比较短而很粗壮，稍向背面弯转有 1 半椭圆形的"浮起"，"浮起"后端边缘具有 2-4 个很短而尖锐的小刺；在趾的背面，还有 2 个小齿。咀嚼器 D 型，附着在它的腹面有 1 对唾液腺。砧基细长，后端少许膨大；左右砧枝前端内侧有齿；在槌柄前半段两旁附有很薄的膜翼，后端略微内弯。脑相当长，系囊袋形；脑后囊显著地存在，但很小；脑侧腺 1 对，相当发达。端眼 1 对，位于头冠的顶端，彼此相当紧密地并列在一起。背触手系 1 束很短的感觉毛所组成，自靠近头部后端的背面射出。消化腺 1 对，相当小。足腺很长，或多或少呈棍棒状。

标本测量 全长：265μm；趾长：65μm；咀嚼囊长：45μm。

本种的个体大小变化很大，最小的仅为 160μm，趾长 30μm（Harring and Myers, 1924）；最大的长达 375μm，趾长 90μm（Wulfert, 1937）。

生态 剪形巨头轮虫是一广生性种类，分布广泛，一般习居于沉水植物较多的沼泽、池塘及淡水湖泊中。

地理分布 海南、云南、湖北（武汉）、湖南（岳阳）、北京、吉林（长白山）、青海（西宁）、浙江（湖州）、上海、江苏（无锡、南京）；澳大利亚，新西兰，北美洲，南美洲，东南亚，太平洋地区，欧洲，亚洲北部。

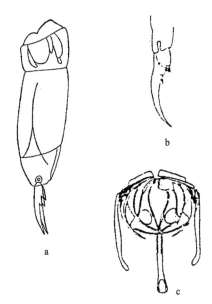

图 354　剪形巨头轮虫 *Cephalodella forficula* (Ehrenberg)（a 仿王家楫, 1961；b, c 仿 Koste, 1978）

a. 侧面观（lateral view）；b. 趾（toe）；c. 咀嚼器（trophi）

(345) 巴拿巨头轮虫 *Cephalodella panarista* Myers, 1924（图 355）

Cephalodella panarista Myers, 1924, In: Harring *et* Myers, 1924: 478.

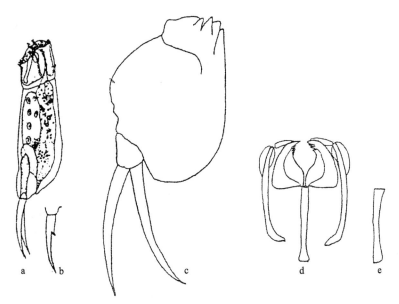

图 355　巴拿巨头轮虫 *Cephalodella panarista* Myers

a. 侧面观（lateral view）；b. 趾（toe）；c. 收缩的虫体（contracted body）；d. 咀嚼器（trophi）；e. 砧基（fulcrum）

形态　趾较长，全长/趾长约为 3.5。个体较大，纵长。体被很柔韧，背、腹板不明显。趾粗壮，长度一般，略弯曲，末端渐细，在趾的背面有 1 小齿，这和史氏巨头轮虫 *C. stenroosi* 有相似之处。足腺很长，长圆形。咀嚼囊大，咀嚼器发达，D 型：砧基直而细长，在末端仅轻微膨大；槌柄较长，末端弯曲但不膨大，基部有膜翼；砧枝内侧有细齿，无基翼。有端眼，并伴有无色的晶体颗粒。

标本测量　全长：280-375μm；趾长：80-105μm；咀嚼囊长：55-65μm。收缩时体长：80μm；趾长：50μm。

生态　巴拿巨头轮虫一般出现在静止或流动的小水体中。本种于 1995 年 12 月 17 日采自海南三亚市郊一小河流，底质为泥，当时水温 24℃，pH 约为 6；同年 5 月 9 日采自湖南洞庭湖敞水带中，当时水温 25℃，pH 约为 7。

地理分布　海南（三亚）、湖南（岳阳）；澳大利亚，新西兰，北美洲，南美洲，东南亚，欧洲，亚洲北部。

短趾型（Ⅲ型）巨头轮虫（全长：趾长为 5-11）种检索表

1. 有眼···2
　　无眼··10
2. 有脑眼··3
　　无脑眼··5
3. 脑眼不分裂，尾刚毛长·······································**耳形巨头轮虫 *C. auriculata***
　　脑眼分裂，无尾刚毛··4
4. 尾突起大覆盖足部，趾尖腹面有 1 浅凹···············**粗壮巨头轮虫 *C. theodora***
　　尾突起尖，不覆盖足部，趾尖腹面无浅凹···············**矛趾巨头轮虫 *C. doryphora***
5. 咀嚼器 C 型，足短小，位于体腹面·······················**小连巨头轮虫 *C. catellina***
　　咀嚼器非 C 型，足一般，位于体末端··6
6. 咀嚼器 A 型··7
　　咀嚼器 B 型··8
7. 砧枝两侧不延伸成 2 个尖角·································**细长巨头轮虫 *C. gracilis***
　　砧枝两侧延伸成 2 个尖角·································**精致巨头轮虫 *C. delicata***
8. 头顶部有 2 个短棘··**圆球巨头轮虫 *C. globata***
　　头顶部无短棘··9
9. 砧枝两侧基翼短小···**钳枝巨头轮虫 *C. forceps***
　　砧枝两侧基翼细长···**剑巨头轮虫 *C. cyclops***
10. 神经节旁具水晶体···11
　　神经节旁无水晶体···12
11. 尾突起覆盖足部··**圆柱巨头轮虫 *C. rotunda***
　　尾突起不覆盖足全部··**瘦巨头轮虫 *C. tenuior***
12. 头冠两侧形成纤毛簇·····························**短趾巨头轮虫，新种 *C. curta* sp. nov.**
　　头冠两侧无纤毛簇···13

(346) 耳形巨头轮虫 *Cephalodella auriculata* (Müller, 1773)（图 356）

Vorticella auriculata Müller, 1773: 111.

Ecclissa lacinulata Schrank, 1803: 107.

Furacularia lacinulata: Lamarck, 1816: 38.

Notommata lacinulata: Ehrenberg, 1830a: 46.

Proales gibba Hudson *et* Gosse, 1886: 37.

Plagiognatha lacinulata: Tessin, 1890: 149.

Cephalodella auriculata: Harring *et* Myers, 1924: 479.

该种在《西藏水生无脊椎动物》中被称为急跳巨头轮虫。

形态　趾短，全长/趾长为 5.5-5.7。体短而粗，头部略大于躯干部，向腹面弯曲，具有 1 吻；头冠倾斜，向上十分突起，有喙状的上下唇突；头的前端两侧向外突出。颈圈十分清楚。躯干部两侧接近平行，仅在末端变狭，背裂缝和侧裂缝均呈上狭下宽。足短，尾刚毛长，趾尖削。咀嚼囊大，咀嚼器 A 型。砧基从侧面观比较宽，末端膨大；槌柄弯曲，细长。脑眼 1 个，不分裂，在头部背面。胃腺红色。

标本测量　全长：120-160μm；趾长：22-28μm；咀嚼器长：36μm。

图 356　耳形巨头轮虫 *Cephalodella auriculata* (Müller)（a, b 仿龚循矩, 1983；c 仿 Koste, 1978；d 仿 Rudescu, 1960）

a. 背面观（dorsal view）；b. 咀嚼器（trophi）；c. 头部侧面观（lateral view of head）；d. 侧面观（lateral view）

生态　耳形巨头轮虫是一广生性种类，分布广泛，习居于岸边的沙地中或水域的水生植物体表。标本采自西藏察隅一小水沟，该水沟水流缓慢、沙底，水中有轮藻和丝状藻类，当时水温 18℃，pH 6.0，海拔 2070m。

地理分布 湖北（武汉）、北京、青海（西宁）、西藏（察隅）；澳大利亚，新西兰，南极地区，北美洲，南美洲，东南亚，欧洲，亚洲北部。

(347) 粗壮巨头轮虫 *Cephalodella theodora* Koch-Althaus, 1961（图 357）

Cephalodella theodora Koch-Althaus, 1961: 219-221.

形态 趾短，收缩时全长/趾长约为 5.0。体短，粗壮，背侧明显拱起。头部大，足很短，位于腹面，被大尾突起所覆盖。趾短而粗壮，腹向弯曲，在趾尖的腹面有 1 小浅凹。头冠轻微倾斜，前端突起，有喙突。1 个分裂脑眼。咀嚼器为 B 型与 D 型的中间型：砧枝对称，在其内侧有 8-10 个钝齿；砧基棒状，末端稍膨大；槌柄向腹面弯曲，中部及末端均有小环孔，槌钩单齿；胃内充满硅藻等食物，卵黄核 8 个。

标本测量 收缩时体长：150-160μm；体宽：85-90μm；趾长：28-33μm；咀嚼器长：28-33μm。

生态 习居于湖泊的沿岸带及水流缓慢的溪流中，分布并不普遍。标本采自北京一溪流及湖南洞庭湖，青海亦有发现。

地理分布 湖南（岳阳）、北京、青海（西宁）；北美洲，欧洲，亚洲北部。

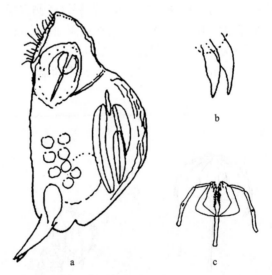

图 357 粗壮巨头轮虫 *Cephalodella theodora* Koch-Althaus
a. 侧面观（lateral view）；b. 趾（toe）；c. 咀嚼器（trophi）

(348) 矛趾巨头轮虫 *Cephalodella doryphora* Myers, 1934（图 358）

Cephalodella doryphora Myers, 1934: 2-3.

形态　趾短，全长/趾长为 7.0-7.3。体很短而粗壮，头部大，轻微倾斜；颈部有缢缩；体被较硬，不透明。足短，尾突起尖削，不覆盖足部。趾也很短，正面观，趾笔直地伸向前方；侧面观，趾腹向弯曲。头冠前端明显突起形成喙。神经节长，脑眼裂成两部分，一般位于近腹侧。咀嚼囊大，咀嚼器为 A 型：不对称砧基长，末端膨大；砧枝略呈三角形，无基翼；槌柄细长，围成半圆形，中部有小孔环。

该种与水泡巨头轮虫 C. physalis 很相似，但前者个体更小，趾短些，有喙及不同的咀嚼器结构。

标本测量　全长：95-105μm（收缩时长：70-85μm）；趾长：13-15μm；咀嚼器长：25-30μm。

生态　矛趾巨头轮虫是一不常见的种类，常生活在苔藓及一些小水体中。于 1995 年 3 月 14 日采自云南石林剑峰池，该池水清，呈绿色；当时水温 10℃，pH 7。

地理分布　海南、云南（石林）、湖北（武汉）；北美洲，欧洲，亚洲北部。

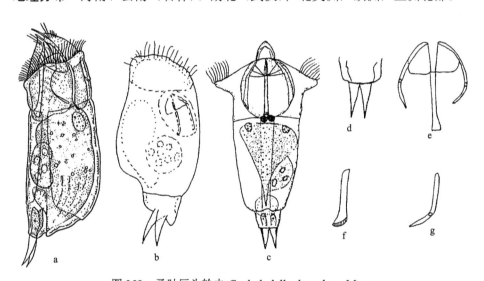

图 358　矛趾巨头轮虫 *Cephalodella doryphora* Myers

a, b. 侧面观（lateral view）；c. 背面观（dorsal view）；d. 趾（toe）；e. 咀嚼器（trophi）；f. 砧基侧面观（lateral view of fulcrum）；

g. 槌柄（manubrium）

(349) 小连巨头轮虫 *Cephalodella catellina* (Müller, 1786)（图 359）

Cercaria catellina Müller, 1786: 130.

Cephalodella catellina: Bory de St. Vincent, 1826: 43.

形态　趾很短，全长/趾长为 8.9-11.4。身体短而粗壮，背面略隆起，末端浑圆。头部相当大，它的前端倾斜，背面远较腹面长。头部与腹面交界处有 1 相当明显紧缩的凹痕；腹部 1/3 的后端非常突出，弯向腹面。尾突起相当发达，超过并覆盖在足上方。足短而小，从身体的腹面伸出。趾 1 对，较短。咀嚼器 C 型，左右侧不十分对称；砧基长，后端少许膨大一些，砧基两侧尖削，但无基翼；槌柄呈很长的棍棒状，左槌柄略较右槌柄长。脑相当大，呈囊袋形，并无脑后囊和脑眼；眼1对，系红色小圆球，相当靠拢而并列一起位于头冠顶端。背触手系1束感觉毛，位于头部背面中央。

标本测量　全长：80-160μm；趾长：9-14μm；咀嚼囊长：27μm。

生态　小连巨头轮虫是一分布十分广泛的轮虫，在淡水、咸水中均可生存；但适宜的居住环境应为沉水植物茂盛的沼泽、池塘及浅水湖泊。

地理分布　海南、云南、湖北（武汉）、湖南（岳阳）、北京、青海（西宁）、西藏（康马、波密、拉萨、墨脱、芒康）；澳大利亚，新西兰，非洲，南极地区，北美洲，南美洲，东南亚，欧洲，亚洲北部。

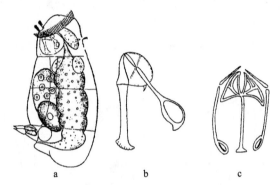

图 359　小连巨头轮虫 *Cephalodella catellina* (Müller)

a. 侧面观（lateral view）；b. 咀嚼器侧面观（lateral view of trophi）；c. 咀嚼器（trophi）

(350) 细长巨头轮虫 *Cephalodella gracilis* (Ehrenberg, 1830)（图 360）

Furcularia gracilis Ehrenberg, 1830: 130.

Diaschiza gracilis: Dixon-Nuttall *et* Freeman, 1903: 10.

Cephalodella sagitta Wulfert, 1951: 454.

形态　趾短，全长/趾长为 5.7-6.5。该种变异较大，个体小而瘦长，体侧扁，背面拱起。头相对短而宽，前端突起，无喙；颈很明显，被甲薄而柔软。足相当短，圆锥形，尾突小，达足的中部；趾也很短而细长，轻微地背向弯曲。头冠倾斜。咀嚼器较大，A型：砧基很细长，末端有些膨大；槌柄也很细长，末端膨大呈"T"形或扇形，无基部膜翼。神经节长，囊袋形；无脑后囊和脑眼，端眼亦位于头冠顶端。

标本测量　全长：125-150μm；趾长：22-23μm；咀嚼器长：22-27μm。

生态　细长巨头轮虫主要分布在淡水中，很少在咸水中出现。本种与细趾巨头轮虫 *C. tenuiseta* 同时在海南三亚市郊一菜地积水坑中采得，水呈绿色，有杂草，当时水温13℃，pH 7。

地理分布　海南（三亚）；澳大利亚，新西兰，南美洲，东南亚，太平洋地区，欧洲，亚洲北部。

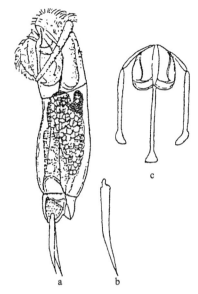

图 360　细长巨头轮虫 *Cephalodella gracilis* (Ehrenberg)
a. 侧面观（lateral view）；b. 趾（toe）；c. 咀嚼器（trophi）

(351) 精致巨头轮虫 *Cephalodella delicata* Wulfert, 1937（图 361）

Cephalodella delicata Wulfert, 1937: 603.

形态　趾短，全长/趾长为 5.4-6.7。体纵长，长圆筒形，背侧略有拱起，背缝相当明显，末端较宽；头部相对长，头冠明显向腹面倾斜，顶端突起，有喙，在颈部有 1 浅的收缩。体被很柔韧，侧沟不明显。足短而宽，圆锥形，尾突起明显，可达足中部；趾长

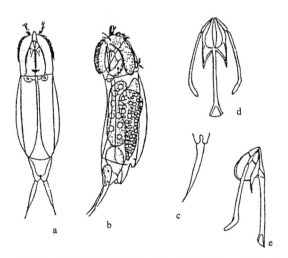

图 361　精致巨头轮虫 *Cephalodella delicata* Wulfert
a. 背面观（dorsal view）；b. 侧面观（lateral view）；c. 趾（toe）；d. 咀嚼器（trophi）；e. 咀嚼器侧面观（lateral view of trophi）

而细，腹向弯曲，趾基部较宽，向末端渐细，趾尖，似针状。咀嚼器 A 型：槌柄细长，末端不膨大；砧枝的两侧向下延伸成 2 个尖角，似基翼，砧枝内侧无齿，砧基末端膨大。有脑眼，而无脑后囊。

标本测量 全长：100-125μm；趾长：15-23μm；咀嚼器长：23-25μm（砧基长：12.5μm；砧枝长：9μm；槌柄长：13μm；槌钩长：5μm）。

生态 精致巨头轮虫一般生活在小水体中，咸淡水中亦可生存。1995 年 4 月 24 日采自北京付家台一鱼池，该池水较清，底质为泥；当时水温 15℃，pH 7.7。

地理分布 北京；北美洲，南美洲，太平洋地区，欧洲，亚洲北部。

(352) 圆球巨头轮虫 *Cephalodella globata* (Gosse, 1887)（图 362）

Diaschiza globata Gosse, 1887b: 362.

Cephalodella globata: Harring *et* Myers, 1924: 475.

形态 趾短，全长/趾长约为 5.6。身体短而粗壮，背部拱起。头相当短而宽，轻微地向下弯曲；头冠倾斜，在头顶略有突出，有 2 个短棘而无吻；头部周围有 1 圈加厚，颈部不很明显。足短而宽，尾突起小，仅达到足的基部；趾短，相当细，轻微地腹向弯曲，并向末端渐细而尖。咀嚼器大，B 型：砧基末端轻微膨大；槌柄长，末端膨大呈"T"形，基部一侧有膜翼；砧枝内侧有齿，无基翼，有附在砧枝上的侧棍。神经节长，囊袋状，无后脑囊，有淡红色端眼。

标本测量 全长：125-140μm；趾长：22-25μm；咀嚼器长：20-22μm。

生态 圆球巨头轮虫在淡水、咸水中均可生存，一般在湖泊沿岸带及浅水池中可发现。1995 年 4 月 24 日在北京付家台一鱼池中采得。该池水清、泥底，当时水温 15℃，pH 7.7。

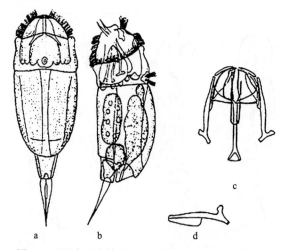

图 362 圆球巨头轮虫 *Cephalodella globata* (Gosse)

a. 背面观（dorsal view）；b. 侧面观（lateral view）；c. 咀嚼器（trophi）；d. 槌柄（manubrium）

分类讨论　圆球巨头轮虫与水泡巨头轮虫 *C. physalis* 外形较相似，但后者个体较大，趾较长，有脑眼和不同的咀嚼器；同时与双眼巨头轮虫 *C. reimanni* 也很相似，但后者砧枝的两侧基部有较大的基翼。

地理分布　北京；澳大利亚，新西兰，北美洲，东南亚，欧洲，亚洲北部。

(353) 钳枝巨头轮虫 *Cephalodella forceps* Donner, 1950（图 363）

Cephalodella forceps Donner, 1950b: 313.

形态　趾短，全长/趾长约为 6.5。体长圆形。背侧拱起，好似凸背巨头轮虫 *C. gibba*。头部短，颈不甚明显。足被尾突起所覆盖；趾似匕首状，短而直，向背面略弯，在趾的末端较尖，在趾的中部有时有孔。咀嚼囊有唾液腺，胃腺很大。咀嚼器壮实，B 型：砧基末端膨大，呈匙形；砧枝内侧无齿，两侧基部基翼短小。槌柄末端特别膨大，有骨突，槌柄基部有膜翼；槌钩短而粗壮。头部有 2 个端眼；8 个卵黄核。

标本测量　全长：168-191μm；趾长：26-30μm；咀嚼器长：30-32μm。

生态　钳枝巨头轮虫一般生活于沙质或泥质底的小水体中。本种采自北京清水河，水清，缓流；当时水温 13℃，pH 7.6。

地理分布　北京、安徽（芜湖）；欧洲，亚洲北部。

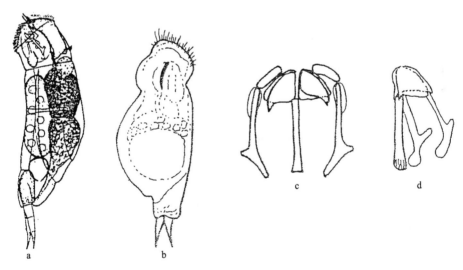

图 363　钳枝巨头轮虫 *Cephalodella forceps* Donner

a, b. 侧面观（lateral view）；c. 咀嚼器（trophi）；d. 咀嚼器侧面观（lateral view of trophi）

(354) 剑巨头轮虫 *Cephalodella cyclops* Wulfert, 1937（图 364）

Cephalodella cyclops Wulfert, 1937: 604.

形态　趾短，全长/趾长为 5.4-6.0。身体较粗壮，头部宽，颈环不明显。头冠轻微腹向倾斜，头顶突起，有吻但无短棘。体两边的侧沟宽。尾突细长，覆盖足的基部；足呈梯形，趾呈匕首状，向腹面弯曲。唾液腺 4 个。有脑后囊。2 个大的端眼，并有晶体颗粒。咀嚼器 B 型：砧基末端膨大，砧枝上有 2 个很细而弯曲的侧棍，两侧基部的基翼细长；槌柄长，末端膨大呈"T"形。

本种和双眼巨头轮虫很相似，但后者咀嚼器的砧枝两侧基部的基翼小且不对称。

标本测量 全长：115-125μm；趾长：19-23μm；咀嚼囊长：25-27μm。

生态 剑巨头轮虫通常生活在有水流的小河及小水沟中。自 1937 年在德国被发现以来，仅在 1970 年由 Kutikova 再次报道，本次是第三次发现。本种的形态是根据青海湟水河上游采得的标本描述的。该河水清、流急，当时水温 11℃，pH 7 左右。

地理分布 青海、海南（琼海）；欧洲，亚洲北部。

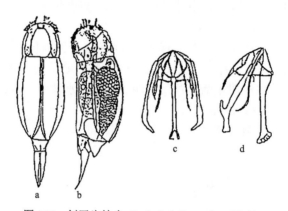

图 364 剑巨头轮虫 *Cephalodella cyclops* Wulfert

a. 背面观（dorsal view）；b. 侧面观（lateral view）；c. 咀嚼器（trophi）；d. 咀嚼器侧面观（lateral view of trophi）

(355) 圆柱巨头轮虫 *Cephalodella rotunda* Wulfert, 1937（图 365）

Cephalodella rotunda Wulfert, 1937: 613.

形态 趾短，全长/趾长为 5.0-5.4。本种与瘦巨头轮虫 *C. tenuior* 相似。背面观或腹面观，身体呈圆柱形。头大，头冠前缘很突出，向腹面弯曲，颈圈明显。被甲较硬。足短，尾突起可达足的末端；趾 1 对，粗壮，末端尖削。无眼点和唇突，神经节末端有 1 水晶体。B 型咀嚼器：砧基细长，末端略膨大；从顶面观，砧枝具细齿；槌柄柔细呈拐杖型。

标本测量 全长：124-140μm；趾长：23-28μm；咀嚼囊长：21-28μm。

生态 本种自 1937 年在德国被发现以来，相关报道较少；1975 年在西藏康马一小水坑和仲巴草甸积水坑中采到，当时水温 12℃，pH 6.0，海拔 4360m。一般而言，它喜生活在水生植物丰富的小水体中。

地理分布 西藏（康马、仲巴）；北美洲，欧洲，亚洲北部。

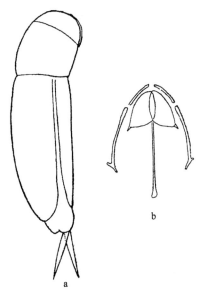

图 365　圆柱巨头轮虫 *Cephalodella rotunda* Wulfert（仿龚循矩, 1983）

a. 侧面观（lateral view）；b. 咀嚼器（trophi）

(356)　瘦巨头轮虫 *Cephalodella tenuior* (Gosse, 1886)（图 366）

Diaschiza tenuior Gosse, 1886, In: Hudson *et* Gosse, 1886: 81.

Cephalodella tenuior: Harring *et* Myers, 1924: 497.

形态　趾短，全长/趾长约为 5.5。体纵长、细瘦，似圆柱形。头较大而弯曲，颈圈不甚清楚。躯干部背面略拱起，前端两侧略平行，后端略宽。足短，宽圆锥形；尾突起小，不覆盖足全部；趾短而直，常常向背面弯曲。无眼点和唇突；神经节末端有 1、2

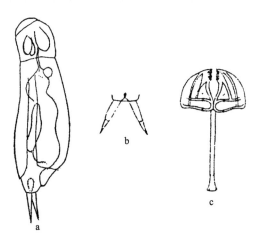

图 366　瘦巨头轮虫 *Cephalodella tenuior* (Gosse)（a 仿龚循矩, 1983；b, c 仿 Koste, 1978）

a. 侧面观（lateral view）；b. 趾（toe）；c. 砧板（incus）

个无色水晶体。B 型咀嚼器：砧基细长，末端略膨大；砧枝内缘具细齿，具 "S" 形侧棍；槌柄呈拐杖形。

标本测量 全长：137-140μm；趾长：25μm；咀嚼囊长：21μm。

生态 瘦巨头轮虫分布较广，但在不同地区个体大小差别较大。常常生活在有苔藓、沉水植物的淡水水体中，在滨海岸边、沙地有时也可采到。本种采自西藏普兰一多水草的水坑，该水坑海拔 4585m，塘边有牛羊放牧，当时水温 20℃，pH 8.0。

地理分布 西藏（普兰）；澳大利亚，新西兰，南极地区，北美洲，东南亚，欧洲，亚洲北部。

(357) 短趾巨头轮虫，新种 *Cephalodella curta* Zhuge et Huang, sp. nov.（图 367）

正模标本：石蜡封片，保存于中国科学院水生生物研究所。

形态 该新种身体粗壮，头冠稍腹向，在两侧形成纤毛簇，在头部前端有喙。无眼点。足短，其长度小于 15μm；趾呈爪状。咀嚼器 A 型：砧基背面观或腹面观细长，末端稍微膨大，侧面观砧基自中部向后相当膨大，很宽，砧枝圆形，内侧无齿，基部两侧无基翼；槌柄细长而弯曲，其中央有孔环；槌钩简单，单齿。

标本测量 体长：100μm，体宽：53μm；体厚：57.5μm；足长：7.5μm；趾长：12-15μm；咀嚼器长：30.0-32.5μm。

生态 1995 年 4 月 22 日采于北京北海公园，当时水温 14℃，pH 8.0；同时在玉渊潭公园、小龙门南沟也采到。同年 5 月 18 日在湖北武汉东湖的汤林湖区黄家大湾亦发现该种，当时水温 26℃。

分类讨论 该新种在外形上与耳形巨头轮虫 *C. auriculata* 和矛趾巨头轮虫 *C. doryphora* 有些相似，但它们在趾形和长短、咀嚼器的细微结构上均有区别（表 7）。

表 7 短趾巨头轮虫与耳形巨头轮虫和矛趾巨头轮虫的形态比较

	耳形巨头轮虫 *C. auriculata*	矛趾巨头轮虫 *C. doryphora*	短趾巨头轮虫 *C. curta* sp. nov
体长	120-160μm	95-105μm	100μm
眼点	脑眼	脑眼	无
趾	22-28μm	15μm	12-15μm
趾形（背面观）	弯曲	笔直	向两侧弯曲
咀嚼器长	36μm	25-30μm	30.0-32.5μm
砧基（侧面观）	稍膨大	稍膨大	特别膨大
槌柄中间	无小孔环	有小孔环	有小孔环

词源 该新种被命名为 "curta"（短的），源自其趾短。

地理分布 湖北（武汉）、北京。

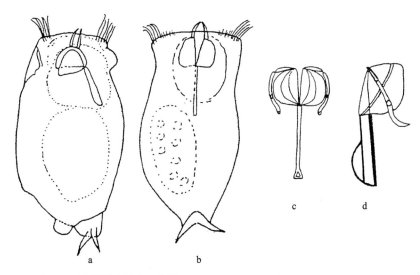

图 367　短趾巨头轮虫，新种 *Cephalodella curta* Zhuge *et* Huang, sp. nov.

a. 侧面观（lateral view）；b. 腹面观（ventral view）；c. 咀嚼器（trophi）；d. 咀嚼器侧面观（lateral view of trophi）

(358) 怀特巨头轮虫 *Cephalodella wrighti* Wulfert, 1960（图 368）

Cephalodella wrighti Wulfert, 1960b: 318.

　　形态　趾比较短，全长/趾长为 5.7-6.3。体呈圆柱形，身体透明。头部较大，头冠向腹面倾斜；头的边缘有 1 圈加厚，被甲较为明显。足短，圆锥形，尾突起并不覆盖整个

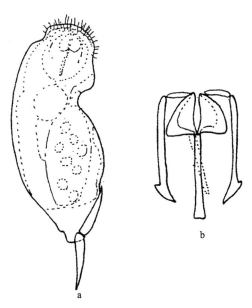

图 368　怀特巨头轮虫 *Cephalodella wrighti* Wulfert

a. 侧面观（lateral view）；b. 咀嚼器（trophi）

足；趾短而笔直，与体轴线平行。头冠外突明显，无喙突，但其有上咽板。脑长，无眼点。B 型咀嚼器：砧基很长，末端略膨大；砧枝内侧无齿，两侧无基翼，有"Y"形侧棍；槌柄呈拐杖状，基部无膜翼。

标本测量　全长：125-130μm；宽：40μm；趾长：20-23；咀嚼器长：20-25μm。

生态　怀特巨头轮虫习居于有沉水植物生长的池塘或浅水湖泊及河流中，周丛生物的生活方式，也可在水中自由生活，通常在春季出现。1995 年 6 月采自青海大通河，河水流急，底质为石和沙，水清。当时水温 10℃，pH 6.0，海拔 2900m。

地理分布　青海（西宁）；欧洲，亚洲北部。

(359) 奇槌巨头轮虫 *Cephalodella evabroedae* De Smet, 1988（图 369）

Cephalodella evabroedae De Smet, 1988: 1-18.

形态　体短而粗壮，背侧略拱起。头大，被甲较坚硬，侧沟窄。轮冠在头顶突起，有喙。足一般，尾突起较小；趾短而壮实，似匕首状，背向弯曲，基部膨大，末端尖削。无眼点，卵黄核 8 个。B 型咀嚼器，大而对称，砧基末端极为膨大，侧面观很宽；砧枝内侧有齿，两侧基部延伸呈角状，砧枝上方有上砧枝（suprarami）；槌钩短而厚实；槌柄向内明显弯曲，在其中部内侧有 1 似"T"形的突起，它与槌柄的末端构成 1 不封闭的环状结构，可视为 B 型咀嚼器至 C 型、D 型咀嚼器的过渡类型。本种虽然在外形上与钳枝巨头轮虫相似，但咀嚼器的类型是不同的。

与原始描述相比，青海标本在趾及咀嚼器的构造上基本一致；相异之处仅在于砧枝上方有上砧枝。

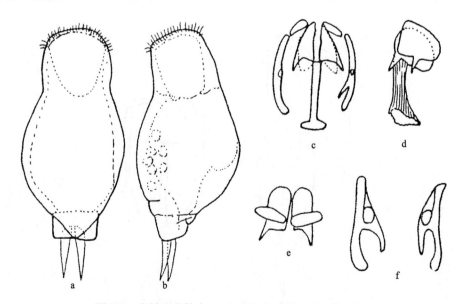

图 369　奇槌巨头轮虫 *Cephalodella evabroedae* De Smet

a. 背面观（dorsal view）；b. 侧面观（lateral view）；c. 咀嚼器（trophi）；d. 咀嚼器侧面观（lateral view of trophi）；e. 咀嚼器顶面观（apical view of trophi）；f. 槌柄（manubrium）

标本测量　全长：201-221μm；收缩时长：190μm；趾长：30-41μm；咀嚼器长：38-40μm。

生态　本种于 1988 年在挪威一小池塘中首次被发现。后于 1995 年 6 月 25 日采自青海刚察布哈河，该河水清，流动，底质为石和沙，当时水温 12℃，pH 6，是本种的第二次被发现。

地理分布　青海（西宁）；南美洲，欧洲，亚洲北部。

(360) 较小巨头轮虫 *Cephalodella minora* Wulfert, 1960（图 370）

Cephalodella minora Wulfert, 1960a: 271.

形态　趾短，收缩时全长/趾长约为 6.7。体圆筒形，头部大而宽；身体由 2 节组成，前 1 节大，表面有许多条纹；第 2 节很短。足也有 2 节；趾 1 对，很独特：由基部的管套及末端的针状趾 2 部分所组成。足腺大，无尾突起。头冠很倾斜，在咀嚼囊的一侧有 1 个很大的唾液腺。胃腺 1 对，大，内充满小颗粒状物。神经节大，无眼，8 个卵黄核。咀嚼器 E 型：砧基细长，末端不膨大；砧枝半圆形，无内齿及基翼；槌柄弯曲，末端也不膨大，基部一侧有膜翼。

本种与大头巨头轮虫 *C. megalocephala* 很相似，可它分节的足和独特的趾与巨头轮属其他种类均不同。

标本测量　收缩时体长：120μm；宽：80μm；趾长：28μm（管套长：10μm；针状趾长：18μm）；咀嚼器长：35-37μm。

生态　较小巨头轮虫一般生活于有浮叶植物、挺水植物的小水体中，有时也会在浅水湖泊中出现。

分类讨论　本种的原始描述不甚详细，特别是咀嚼器的构造缺少图示。在云南及湖南的 2 份标本中均观察到本种，提供了较为清楚的咀嚼器构造；只是在我国获得的标本身体相对更为粗壮（可能是收缩的缘故），个体更大些，趾也长很多。

地理分布　云南（昆明）、湖南（岳阳）；欧洲，亚洲北部。

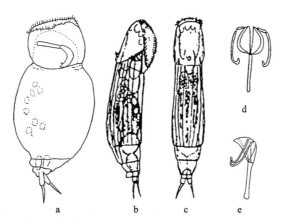

图 370　较小巨头轮虫 *Cephalodella minora* Wulfert

a. 收缩的虫体（contracted body）；b. 侧面观（lateral view）；c. 腹面观（ventral view）；d. 咀嚼器（trophi）；e. 咀嚼器侧面观（lateral view of trophi）

(361) 大头巨头轮虫 *Cephalodella megalocephala* (Glascott, 1893)（图 371）

Furcularia megalocephala Glascott, 1893: 56.

Diaschiza megalocephala: Rousselet, 1895: 123.

Cephalodella megalocephala: Harring et Myers, 1924: 494-496.

形态　趾短，全长/趾长为 5.5-5.7。身体从侧面观比较宽。头部很大，向腹面高度倾斜；颈圈凹痕明显。腹面接近平直，或少许凸出一些；背面显著地弯转而凸出，末端具有 1 圆丘状的尾突起。足相当粗壮，系倒圆锥形，前半部为尾突起所遮盖；趾 1 对，不长，基部较粗，自基部起即向后尖削，或多或少向腹面弯转，外观上似有 2 节，但不是套管结构。咀嚼器 E 型，相当大，咀嚼板两侧对称；砧基棒状；砧枝半圆形，内侧具细齿；槌柄呈"S"形弯曲。脑很长而呈囊袋形。背触手系 1 束相当微细的感觉毛，自头部背面靠近颈圈的地方射出；侧触手 1 对，也由感觉毛构成，分别自腹部后半部两旁偏向背面之处射出。足腺 1 对，很大，呈梨形。8 个卵黄核。

标本测量　全长：195-210μm；趾长：34-38μm；咀嚼囊长：30μm。

生态　大头巨头轮虫经常出没于泥土或砂土的表面，在淡水或咸淡水中亦以周丛生物出现。本种是根据武汉珞珈山一有很多水草的沼泽地池塘中采集到的标本描述的。

地理分布　湖北（武汉）、西藏（措美、浪卡子、吉隆、芒康）；澳大利亚，新西兰，南极地区，北美洲，南美洲，东南亚，太平洋地区，欧洲，亚洲北部。

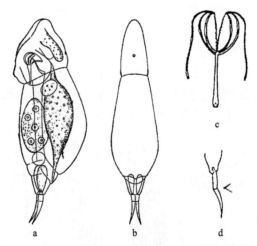

图 371　大头巨头轮虫 *Cephalodella megalocephala* (Glascott)（a, b 仿王家楫, 1961；c, d 仿 Koste, 1978）
a. 侧面观（lateral view）；b. 背面观（dorsal view）；c. 咀嚼器（trophi）；d. 趾（toe）

47. 侧盘轮属 *Pleurotrocha* Ehrenberg, 1830

Pleurotrocha Ehrenberg, 1830: 34.

Type species: *Pleurotrocha petromyzon* Ehrenberg, 1830.

形态　头与颈分界明显。头冠顶位，有 1 纤毛环及两侧运动纤毛簇。单眼；唾液腺 1 对，左右对称。脑大而显著，有或无脑后囊。足长，圆柱形，分节或不分节；足腺通常大，且有黏液贮泡；2 个趾（粗壮侧盘轮虫 *P. robusta* 除外）。咀嚼器杖形，结构简单，砧基细长；砧枝三角形，基翼有或无；槌钩有 1-3 齿；槌柄棒状，基部两侧有时有膜翼。

本属全世界已记录 8 种，我国记录 2 种。

种 检 索 表

趾单个，槌柄前端无突出锥体 ··· **粗壮侧盘轮虫 *P. robusta***

趾 1 对，槌柄前端有突出锥体 ··· **粘岩侧盘轮虫 *P. petromyzon***

(362) 粘岩侧盘轮虫 *Pleurotrocha petromyzon* Ehrenberg, 1830（图 372）

Pleurotrocha petromyzon Ehrenberg, 1830: 46.

形态　体呈长卵圆形，透明或略呈灰色，躯干部较头部为宽，交界处有 1 明显折痕。头冠顶位，略向腹面倾斜，具有 1 圈围绕头顶的纤毛环，在两侧的特别发达，形成 2 束较长的耳状纤毛簇。咀嚼囊相当大。唾液腺 1 对，左右对称。咀嚼器系简单化的杖型：砧枝腹面观接近三角形；砧枝两侧无基翼，基部具有比较大而突出的浑圆的翼膜片；砧基细而很长，末端则稍膨大；槌钩具有 1 个微弱的腹齿及另 1 个很不发达的附齿，附齿的存在只有在侧面观时才能看到；槌柄比较长而弯曲，自宽的基部逐渐向末端瘦削，靠近前端的腹面还突出 1 锥体。足相当长，或多或少呈圆筒形，有 2 节组成；趾 1 对，很短，末端尖锐而稍向腹面弯转。足腺很长而发达，近似圆筒形。脑相当大而呈囊袋形，眼点位于脑的后端。背触手和侧触手都系具有 1 束感觉毛的微小突起，分别位于脑和躯

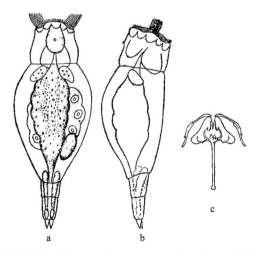

图 372　粘岩侧盘轮虫 *Pleurotrocha petromyzon* Ehrenberg（仿王家楫, 1961）
a. 背面观（dorsal view）；b. 侧面观（lateral view）；c. 咀嚼器（trophi）

干中部略后。

标本测量　全长：220-280μm；趾长：12-15μm；咀嚼板长：32-37μm。

生态　粘岩侧盘轮虫是一广生性轮虫，主要出现于富营养型的静水、流水水体中，淡水、咸水中均可生存。本种采自浙江菱湖一池塘。这种轮虫往往在枝角类消亡后和原生动物中的纤毛虫一起大量发展。

地理分布　云南、北京、浙江、西藏（察隅、拉萨）；澳大利亚，新西兰，非洲，北美洲，南美洲，东南亚，欧洲，亚洲北部。

(363) 粗壮侧盘轮虫 *Pleurotrocha robusta* (Glascott, 1893)（图 373）

Microcodon robusta Glascott, 1893: 40.

Mikrocodides robusta: Harring, 1913b: 71.

形态　身体短而粗壮，很透明，背部隆起，头部比较短而宽；躯干部近似长圆球形，颈沟明显。头冠虽在前端，但略斜向腹面，两侧有较发达的耳状长纤毛。简化的杖型咀嚼器：砧板腹面观近乎长三角形。左右砧枝很均称，相当壮实，顶端和内侧都没有腹齿或其他任何锯齿；两侧的基翼很发达。砧基细长，末端略膨大。槌钩很简单；每一槌钩的末端只形成细长而棍棒状的腹齿，基部也并无基膜片。槌柄很长而细，前端具有 1 相当小的基膜片，后端少许弯转。足相当长而粗壮，由 3 节组成；趾单个，较短，基部甚宽，末端细削。足腺 1 对，很发达，每一足腺与足的长度相等，自前端向后逐渐瘦削。脑大而呈囊袋形。有脑后囊的存在。眼点位于头的前半部，在脑的腹面。背触手大而很显著，位于头的后端，即在紧缩的颈折痕的前面，呈圆丘状，系 1 个漏斗状的凹陷，中间伸出 1 束感觉毛；侧触手呈微小的管状，管中央射出几根很短的感觉毛。

标本测量　全长：180-220μm；趾长：15-20μm；咀嚼囊长：25-37μm。

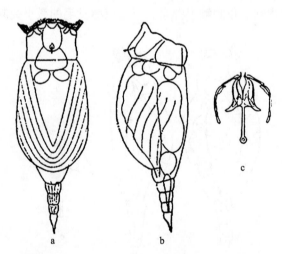

图 373　粗壮侧盘轮虫 *Pleurotrocha robusta* (Glascott)（仿王家楫，1961）

a. 背面观（dorsal view）；b. 侧面观（lateral view）；c. 咀嚼器（trophi）

生态　习居于池塘、水坑等一些小水体中，常在秋季出现。标本采自上海市郊一小水塘和武汉东湖沿岸带。

地理分布　海南、湖北（武汉）、上海、西藏（亚东）；北美洲，欧洲，亚洲北部。

48.　间足轮属 *Metadiaschiza* Fadeew, 1925

Metadiaschiza Fadeew, 1925a: 133.

Type species: *Diplois trigona=Metadiaschiza trigona* (Rousselet, 1895); by monotype.

形态　与巨头轮虫很相似，但间足轮虫头部大部分和整个足部连同躯干部为一层厚的被甲所覆盖，被甲上布满颗粒物。躯干部的被甲系 2 块背侧甲及 1 块腹甲片愈合在一起而形成。躯干部背面隆起而突出，甲沟宽；头部呈方形，2 个端眼位于头冠顶盘部分，无脑后囊。足圆锥形；趾 1 对，细而长，末端似须状；咀嚼器杖型：砧枝内侧无齿，槌柄末端膨大呈扇形。

本属至今只发现 1 种。

(364)　三足间足轮虫 *Metadiaschiza trigona* (Rousselet, 1895)（图 374）

Diplois trigona Rousselet, 1895: 119.
Furcularia leptodactyla Hauer, 1922: 693.
Metadiaschiza sculpturata Daday, 1897.
Cephalodella leptodactyla: Harring *et* Myers, 1924: 465.

形态　与巨头轮虫外形相似，身体纵长，头甲具有不少很明显纵长的折痕。头冠比较圆，略斜向腹面。躯干部的被甲比较厚而坚硬，表面布满了许多粒状的刻纹，背面很隆起而凸出，腹面接近平直或只呈很平稳而轻微的凸出；躯干部横切面呈相当高的三棱形。背面中央 2 块背侧甲连接之处，自前端直到后端，有 1 下沉较深的背沟，两侧背侧甲和腹甲接近之处也少许凹入而形成左右 2 个侧沟。足短而粗，不分节；趾 1 对，很长，笔直或略微弯曲，末端尖削。咀嚼囊相当大，咀嚼器系杖型；砧基直而长，末端膨大；砧枝的内侧并无齿的存在；槌柄呈棍棒状，末端膨大。脑呈长的囊袋形。眼点 1 对，呈圆球形，位于头冠盘顶部分；2 眼点并列，两者相距不远。背触手相当发达，位于靠近头部的后端。

标本测量　全长：215-260μm；趾长：75-95μm。

生态　本种是一不常见的种类，一般在小水体中出现，通常在冬末春初，可能是一冷水性种类。主要营周丛生活，常出没于沉水植物之间。在浙江杭州市郊、武汉东湖、湖南洞庭湖均有分布。

地理分布　湖北（武汉）、湖南（岳阳）、浙江（杭州）；欧洲，亚洲北部。

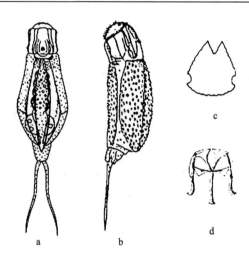

图 374 三足间足轮虫 *Metadiaschiza trigona* (Rousselet)（a, b 仿王家楫, 1961；c 仿 Koste, 1978；d 仿 Rudescu, 1960）

a. 背面观（dorsal view）；b. 侧面观（lateral view）；c. 横切面（cross section）；d. 咀嚼器（trophi）

十三、高跷轮科 Scaridiidae Manfredi, 1927

Scaridiidae Manfredi, 1927: 27-29.

形态 根据 Segers（1995a）的观点，由于高跷轮属轮虫的咀嚼器形态特殊，故将之从椎轮科中独立出来，作为单独的 1 科。该科咀嚼器杖型，槌钩的齿端常突出在口的外面，伸向两侧。变异的椎轮虫型头冠，略倾向腹面，可伸缩；头部两侧有成对的叶突；轮冠上有较硬的刚毛。

本科仅有 1 属。

49. 高跷轮属 *Scaridium* Ehrenberg, 1830

Scaridium Ehrenberg, 1830: 47.

Type species: *Scaridium longicaudum=Trichoda longicauda* (Müller, 1786).

形态 体纵长，有薄的被甲。头部两侧有 2 对叶突，在轮冠与背触手之间出现背腹裂沟，头冠是 1 圈边缘纤毛环，在背侧中断，轮冠的腹面有较硬的围口刚毛和腹侧面的纤毛。槌钩常突出于口的外面，在口区有内唇齿、刚毛和触手。躯干部有 2 对长褶。无眼点。咀嚼囊前端有 1 个红色的颗粒。有 8 个卵黄核。足内有很发达的、具有横纹的肌肉纤维，足分 3 节，第 1 节短，第 2 节特别是第 3 节很长；趾 1 对，长而细。咀嚼器变态杖型，对称；砧基长，在腹面中央具棱脊，砧枝有很发达的上砧枝，有基翼或无；槌柄"S"形，基部较短而窄，中部长而宽，末端细，呈棍状；上咽板发达，呈马蹄形，有多细齿。

　　值得指出的是，根据足和趾的构造，本属的种类与曼弗轮属似乎很接近；但就与亲缘关系联系更紧密的咀嚼器和头冠而论，两者间有基本上的差别。本属具有椎轮虫型头冠和变态杖型咀嚼器；曼弗轮属则具有须足轮虫型头冠和槌型咀嚼器。

　　本属全世界已发现 7 种，我国记录了其中的 5 种；它们一般喜生活在有水生植物分布的水体中。

种 检 索 表

1. 砧枝两侧无基翼，躯干部呈方形·····························高山高跷轮虫 *S. montanum*

　　砧枝两侧有基翼，躯干部不呈方形·· 2

2. 砧枝基翼向两侧伸展，似钩状·····························较大高跷轮虫 *S. grande*

　　砧枝基翼不向两侧伸展，不似钩状·· 3

3. 砧枝基翼短而圆钝·····································伯氏高跷轮虫 *S. bostjani*

　　砧枝基翼长而尖削·· 4

4. 个体一般较大，通常在 400μm 左右；头冠两侧各有 1 束长一些"耳状"纤毛····················
　　···长趾高跷轮虫 *S. longicaudum*

　　个体一般较小，通常在 300μm 左右；头冠两侧无"耳状"纤毛··········长翼高跷轮虫 *S. elegans*

(365) 较大高跷轮虫 *Scaridium grande* Segers, 1995（图 375）

Scaridium grande Segers, 1995a: 91-100.

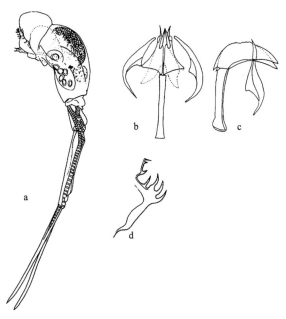

图 375　较大高跷轮虫 *Scaridium grande* Segers

a. 侧面观（lateral view）；b. 咀嚼器（trophi）；c. 咀嚼器侧面观（lateral view of trophi）；d. 上咽板（epipharynx）

形态 体纵长，有薄的被甲。头冠倾向腹面；躯干部在体前端腹面有褶。足发达，尤其是第 2、3 足节相对长，趾也很长。砧基在腹面中央的脊较低，末端膨大，砧枝的基翼向两侧伸展，似钩状；槌柄基部较窄，在其腹端的后突起小而圆钝，槌柄前面部分的膜翼很发达，后面的膜翼大但较薄，槌柄末端的轴干细而长。上咽板由许多前齿及 1 个大的后齿组成。

标本测量 全长：350μm；宽：70μm；第 1 足节长：15μm；第 2 足节长：30μm；第 3 足节长：68μm；趾长：113μm；咀嚼囊长：50μm。

生态 较大高跷轮虫一般生活在有水生植物生长的淡水湖泊、池塘中。1995 年 4 月 23 日采自北京玉渊潭的小水塘中，该塘长有水草，水呈绿色，轮虫就生活在水草的叶片上。当时水温 15℃，pH 8 左右。

地理分布 北京；非洲，东南亚。

(366) 高山高跷轮虫 *Scaridium montanum* Segers, 1995（图 376）

Scaridium montanum Segers, 1995a: 91-100.

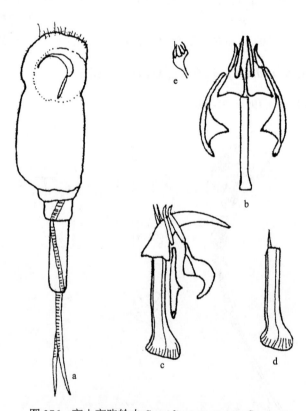

图 376 高山高跷轮虫 *Scaridium montanum* Segers

a. 侧面观（lateral view）；b. 咀嚼器（trophi）；c. 咀嚼器侧面观（lateral view of trophi）；d. 砧基侧面观（lateral view of fulcrum）；

e. 上咽板（epipharynx）

形态　体呈长方形，被甲较薄，头部圆钝，躯干部呈长方形。足 3 节，趾细长，肌肉发达。杖形咀嚼器，左右对称。砧基腹面中央的脊较低，末端膨大不明显，在砧基近后端的两侧各有 1 小的叶突，砧枝齿大，无基翼，在砧枝两侧的基部成棱角状；槌柄狭长，在腹面后端的突起小，或圆钝或呈三角形，后端的腹翼较薄弱，上咽板有许多长而不等的齿。

标本测量　全长：296-366μm；体长：106-126μm；躯干长：92-101μm；第 2 足节长：28-38μm；第 3 足节长：67-77μm；趾长：110-126μm。

生态　高山高跷轮虫一般生活在湖泊、水库及池塘等小水体中。标本采自北京怀柔水库敞水带和沿岸带，以及北海公园、玉渊潭公园的小水体中，水温 15℃左右，pH 8。

地理分布　北京；欧洲，亚洲北部。

(367) 长翼高跷轮虫 *Scaridium elegans* Segers *et* De Meester, 1994（图 377）

Scaridium elegans Segers *et* De Meester, 1994: 117-119.

形态　个体相对小，一般在 300μm 左右。体呈圆筒形，头部浑圆，躯干部向背部弯曲，相对较短。足 3 节，以第 3 节最长；趾细长。咀嚼器较小；砧基腹侧中央的脊低，末端膨大呈扇形；砧枝齿小，两侧的基翼长而尖，呈尖棘刺状；槌钩细长，在中部有 1 小突起；槌柄小，前端很窄，腹缘几近平直，在腹缘后端的突起呈三角状，很尖锐，无后端的腹翼存在；无上咽板。

标本测量　全长：286-340μm；体长：72-101μm；躯干长：54-82μm；第 2 足节长：21-34μm；第 3 足节长：70-81μm；趾长：113-142μm。

生态　长翼高跷轮虫习居于有水草生长的各类淡水水体中，以池塘、小湖汊较为常见。1995 年 7 月 2 日采自青海西宁市郊一池塘中，当时水温 22℃，pH 8.0。

地理分布　青海（西宁）；澳大利亚，新西兰，非洲，南美洲，东南亚。

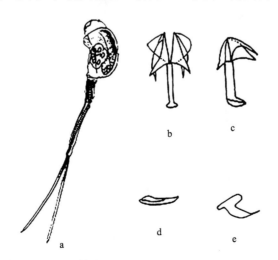

图 377　长翼高跷轮虫 *Scaridium elegans* Segers *et* De Meester

a. 侧面观（lateral view）；b. 咀嚼器（trophi）；c. 咀嚼器侧面观（lateral view of trophi）；d. 槌钩（uncus）；e. 槌柄（manubrium）

(368) 长趾高跷轮虫 *Scaridium longicaudum* (Müller, 1786)（图 378）

Trichoda longicauda Müller, 1786: 216.

Vaginaria longicaudata Schrank, 1803: 139.

Trichocerca longicaudum: Lamarck, 1816: 25.

Furcularia longicauda: Bory de St. Vincent, 1826: 70.

Scaridium longicaudum: Ehrenberg, 1830: 47.

形态　个体相对较大，一般在 400μm 左右；体呈圆筒形或纺锤形，被甲较薄，腹甲扁平，背甲稍许外凸。椎轮型头冠，略腹位，可伸缩；头部两侧有成对叶突和 1 束长一些的"耳状"纤毛。足 3 节，亦以第 3 节为最长，足的长度接近头部和躯干部之和，足内肌肉发达；趾 1 对，细而长。杖型咀嚼器，砧枝发达，有发达的上砧枝，基翼相对短而圆钝；砧基长，腹面有棱脊，槌柄与槌钩相连接的关节处相对较宽；槌钩的齿端常突出在口的外面。雄体与雌体完全不同，不但足已经大大缩短，趾的缩短程度更大。

标本测量　全长：356-428μm；足长：120-126μm；趾长：108-172μm。

生态　长趾高跷轮虫是一广生性种类，有较高的 pH 耐受性和温度适应范围（13-32℃）。该种经常出没于水生植物之间，凡是沉水植物比较多的沼泽、池塘、浅水湖泊都有找到它的可能。

地理分布　西藏（察隅、错那、亚东、芒康、贡觉）；澳大利亚，新西兰，非洲，南极地区，北美洲，南美洲，东南亚，太平洋地区，欧洲，亚洲北部。

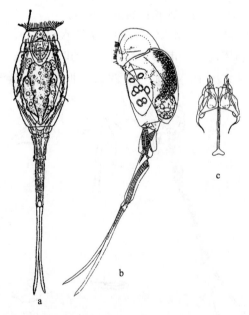

图 378　长趾高跷轮虫 *Scaridium longicaudum* (Müller)（仿王家楫, 1961）

a. 背面观（dorsal view）；b. 侧面观（lateral view）；c. 咀嚼器（trophi）

(369) 伯氏高跷轮虫 *Scaridium bostjani* Daems *et* Dumont, 1974（图 379）

Scaridium bostjani Daems *et* Dumont, 1974: 61-81.

形态　全长一般不超过 400μm，头部较宽，躯干部厚实，略有弯曲。足 3 节，第 3 节最长并有横纹；趾长而尖削。杖型咀嚼器，砧基腹面中央的脊很高，末端膨大，砧枝内侧齿长而尖；两侧的基翼较短而圆钝。槌柄在与槌钩相连接的关节处相对较窄，在它的前端边缘外凸，腹侧后端的翼膜呈三角状，后端腹侧无翼膜；上咽板有许多不等的齿。

标本测量　全长：304-373μm；体长：103-142μm；躯干长：67-101μm；第 2 足节长：31-41μm；第 3 足节长：70-83μm；趾长：106-131μm。

生态　伯氏高跷轮虫喜生活在营养程度较高的小水体中，在云南大理洱海的小水塘、海南琼海万泉河及武汉东湖均有分布。

地理分布　海南（琼海）、云南（大理）、湖北（武汉）；澳大利亚，新西兰，非洲，南极地区，北美洲，南美洲，东南亚，太平洋地区，欧洲，亚洲北部。

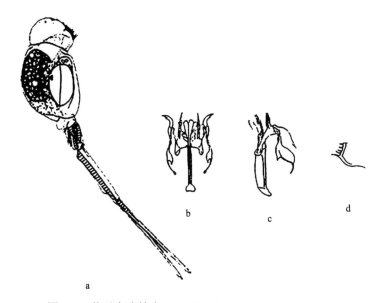

图 379　伯氏高跷轮虫 *Scaridium bostjani* Daems *et* Dumont
a. 侧面观（lateral view）；b. 咀嚼器（trophi）；c. 咀嚼器侧面观（lateral view of trophi）；d. 上咽板（epipharynx）

十四、前翼轮科 Proalidae Harring *et* Myers, 1924

Proalinae Harring *et* Myers, 1924: 415-549.
Proalidae Bartoš, 1959: 969.

形态　前翼轮虫由于咀嚼器变异较大，又有发达的起着泵功能的下咽肌，因此分类地位一直存在分歧。长久以来它都被放在椎轮科中，作为其中的 1 个属。1924 年 Harring et Myers 将该类群提升为椎轮科的 1 个亚科。1959 年 Bartoš 又将之独立成科。

本科的种类体无被甲，较柔软，一般呈纺锤形或蠕虫状，分头、躯干和足 3 部分。头冠简单，位于口之上，由倾斜的口区和周围的纤毛环组成。咀嚼器系槌型、杖型或它们的变异类型。咀嚼囊有下咽肌，起着泵的功能。眼点通常在脑上，有少数种类在前端或缺失。

本科现有 4 属：棘吻轮属 *Bryceella*、乌尔夫轮属 *Wulfertia*、拟前翼轮属 *Proalinopsis* 和前翼轮属 *Proales*。我国目前只发现 3 属：乌尔夫轮属、拟前翼轮属和前翼轮属。

属 检 索 表

1. 头冠退化，两侧无纤毛束 ·· 乌尔夫轮属 *Wulfertia*
   头冠正常，两侧有纤毛束 ·· 2
2. 足基部背侧有突起，其上有 1 根刚毛或纤毛 ····················· 拟前翼轮属 *Proalinopsis*
   足基部背侧无突起，亦无刚毛或纤毛的存在 ························· 前翼轮属 *Proales*

50. 乌尔夫轮属 *Wulfertia* Donner, 1943

Wulfertia Donner, 1943: 30.
Type species: *Wulfertia ornata* Donner, 1943.

形态 体无被甲，纺锤形，头与躯干分界不明显，头冠位于顶端，退化，只是 1 简单的短纤毛环；口位于口区的后端。足很小；趾短而厚实。脑眼位于体前端右侧，囊状。卵黄核 8 个。杖形咀嚼器，槌钩具 4、5 齿，槌柄宽；上咽板和侧棍发达。

本属全世界已报道 3 种，我国仅发现 1 种。

(370) 蠕形乌尔夫轮虫 *Wulfertia ornata* Donner, 1943（图 380）

Wulfertia ornata Donner, 1943a: 30.

形态 体无被甲，透明，纵长。头、躯干和足 3 部分分界不明显。头冠位于顶端，退化为 1 简单的纤毛环。口位于口区的后端，无吻。体最宽处位于末端 1/3 处；体中部常形成许多假分节；躯干部背侧有纵褶。尾突起小，足 1 节，短小；足腺梨形；趾小而厚实，末端尖。杖型咀嚼器，砧基棍棒状，中等长，侧面观呈板状；砧枝背面观呈梯形，内侧具 6-8 个小的钝齿，两侧无基翼；槌钩具 4、5 个主齿及 3、4 个附齿，最外面的主齿分叉，有附齿；槌柄宽，末端向背面弯曲；上咽板发达，在前缘具锯齿；侧棍长，呈楔形。

标本测量 全长：102-180μm；趾长：6-9μm；咀嚼囊长：16-18μm。

生态 习居于有水生植物生长的湖泊、池塘中。1996 年 4 月 26 日采自湖北大冶保安湖，该湖沉水植物茂盛，水质清新，湖边有荷花和菱角；水温 20℃左右，pH 7.0。

地理分布　湖北（大冶）；非洲，北美洲，太平洋地区，欧洲，亚洲北部。

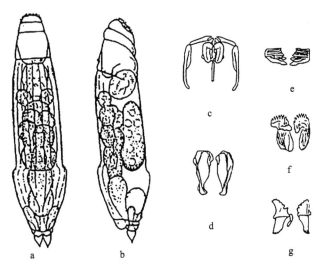

图 380　蠕形乌尔夫轮虫 *Wulfertia ornata* Donner

a. 背面观（dorsal view）；b. 侧面观（lateral view）；c. 咀嚼器（trophi）；d. 槌柄（manubrium）；e. 槌钩（uncus）；f. 上咽板（epipharynx）；g. 砧板（incus）

51. 拟前翼轮属 *Proalinopsis* Weber, 1918

Proalinopsis Weber, 1918: 1-335.

Type species: *Notommata caudatus=Proalinopsis caudatus* (Collins, 1872).

　　形态　体无被甲，柔软而透明。头、足与躯干分界明显。足具 1-4 个假节，趾通常中等长度，尖削。尾突起或足基部背侧有突起，其上有 1 刚毛或纤毛。背触手成乳突状；头冠腹向，口区周围有均匀分布的纤毛环，在头冠的两侧常有长纤毛束。口位于口区的腹缘，脑上有眼点，脑后囊退化或无。咀嚼器杖型或呈槌型与杖型之间的变异类型，无上咽板。

　　本属全世界已发现 7 种，我国只发现 2 种。

种 检 索 表

足基部背侧突起上有 1 细纤毛·······························尾突拟前翼轮虫 *P. caudatus*

足基部背侧突起上有 1 长刚毛·······························十字拟前翼轮虫 *P. staurus*

(371) 尾突拟前翼轮虫 *Proalinopsis caudatus* (Collins, 1872)（图 381）

Notommata caudata Collins, 1872: 11.

Copeus caudatus: Hudson *et* Gosse, 1886: 33.

Proalinopsis caudatus: Weber *et* Montet, 1918: 98.

形态　体长，呈纺锤形，被甲柔软，无色透明。成体有时具丝状的胶鞘。头部小，有横褶，颈细而长，与头部等宽，躯干部卵圆形，腹面扁平，背面拱起，尾突起小。足相对长，是体长的1/7-1/5，有2-4个足节。在足基部背侧有1管状突起，顶端有1长纤毛及周围的短纤毛，最末端的足节背面在趾的中央有1小突起。脑大，**囊状**，眼点红色，位于脑的后面。咀嚼器杖型，对称；砧基相当细小，腹面观呈细棍状，侧面观为刀形；砧枝三角形，在砧枝内侧，由前至后有5个大的和5、6个小的钝状齿，无基翼；槌钩有7、8个主齿和3、4个小齿，大小逐渐递减，在槌钩最靠近腹面的主齿中央有1小突起；槌柄宽，末端轻微弯曲。

标本测量　全长：125-268μm；宽：直至77μm；趾长：12-22μm；咀嚼囊长：18μm。

生态　尾突拟前翼轮虫一般生活在偏酸性的、具泥炭藓及其他水生植物的小水体中，常附着在这些植物体的表面。于1995年7月11日采自吉林长白山一有挺水植物生长、有机物特别丰富的小水塘中，当时水温25℃，pH 6.0。

地理分布　吉林（长白山）；澳大利亚，新西兰，非洲，北美洲，欧洲，亚洲北部。

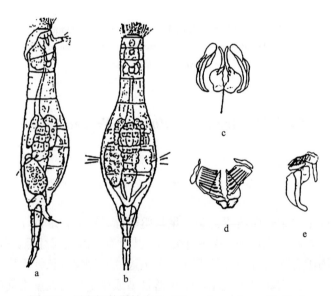

图381　尾突拟前翼轮虫 *Proalinopsis caudatus* (Collins)

a. 侧面观（lateral view）；b. 背面观（dorsal view）；c. 咀嚼器（trophi）；d. 咀嚼器顶面观（apical view of trophi）；e. 咀嚼器侧面观（lateral view of trophi）

(372) 十字拟前翼轮虫 *Proalinopsis staurus* Harring *et* Myers, 1924（图382）

Proalinopsis staurus Harring *et* Myers, 1924: 439.

形态　体呈纺锤形，皮层柔软，透明。头部与躯干部之间有颈，躯干部在接近中央处最宽。足基部背侧处有1突起，其顶端具1长刚毛，长度约为全长的1/5。足粗壮，2个假节；趾长，基部宽，向末端逐渐变尖。头冠腹位倾斜，背触手乳突状。咀嚼器属于槌型和杖型之间类型：砧基短，腹面观呈棍状，侧面观基部较宽向末端渐细；砧枝略呈四方形，在内侧无齿，基部有短小基翼；槌钩具 8、9 齿，由腹面向背面逐渐变小，最靠近腹面的主齿分叉；槌柄很长，基部宽，末端细。

标本测量　全长：100μm；刚毛长：22μm；咀嚼囊长：15μm。

生态　于 1995 年 7 月 11 日采自吉林长白山一水塘，该塘长有挺水植物，有机质特别丰富，当时水温 25℃，pH 6.0。与尾突拟前翼轮虫采自同一水体。

地理分布　吉林（长白山）、安徽（芜湖）；澳大利亚，新西兰，非洲，北美洲，南美洲，欧洲，亚洲北部。

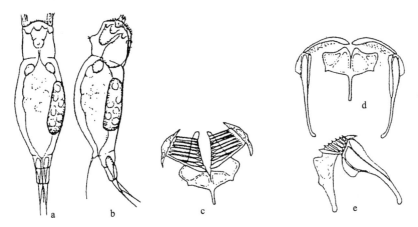

图 382　十字拟前翼轮虫 *Proalinopsis staurus* Harring *et* Myers

a. 背面观（dorsal view）；b. 侧面观（lateral view）；c. 咀嚼器顶面观（apical view of trophi）；d. 咀嚼器（trophi）；e. 咀嚼器侧面观（lateral view of trophi）

52. 前翼轮属 *Proales* Gosse, 1886

Proales Gosse, 1886, In: Hudson *et* Gosse, 1886: 36.

Mytilia Gosse, 1887a: 3.

Type species: *Notommata decipiens*=*Proales decipiens* (Ehrenberg, 1832).

形态　体呈纺锤形、管形或圆柱形，皮层柔软，呈蠕虫状，少数种类被甲化。头部与躯干部以颈环分开；躯干部通常向足端渐细。足在不同种类间形状及大小变异较大，趾 1 对（桶状前翼轮虫例外）。头冠向腹面倾斜，纤毛环发达，并在头冠两侧各有 1 长纤毛束，无纤毛耳。口区大，纤毛均匀分布，口在口区中央。吻在少数种类中出现，眼点有或无，如出现则通常在脑上或接近脑的位置，很少位于头部前端。咀嚼器通常很小，槌型或槌型和杖型之间的变异类型，砧枝常呈三角形，在内侧常有齿，在外侧基部基翼发达；砧基楔形，短或中等长；槌钩具 1-7 齿；槌柄长；上咽板杆状，形状不规则。

自由生活、外寄生或寄生；淡水或咸水中均可出现。全世界已描述 50-60 种，我国已发现 12 种。

种 检 索 表

(373) 壮缰前翼轮虫 *Proales reinhardti* (Ehrenberg, 1834)（图 383）

Furcularia reinhardti Ehrenberg, 1834: 208.

Pleurotrocha reinhardti: von Hofsten, 1912: 187.

Proales reinhardti: Harring *et* Myers, 1924: 431-434.

形态　身体纵长而比较细，皮层柔韧而透明。头部略呈四方形，与躯干部交界处有 1 折痕。腹部呈长椭圆形，腹面扁平，背面或多或少隆起。足 2 节，基节较末节宽，但短得多。收缩时，足能够像套筒那样套入躯干之内。足腺很长。趾 1 对，比较长，基部不融合，呈矛形。头冠位于前端但稍向腹面。咀嚼囊大而发达，咀嚼器系变态的槌型：砧基很短，砧枝腹面观呈三角形；槌柄长而向内弯曲，槌钩具 2 个大主齿和 3、4 个附齿。眼点 2 个，位于头部前端，无脑后囊。背触手系具有 1 束感觉毛的乳头状小突起所组成；侧触手也比较小，呈纺锤形，从靠近躯干部后端尾的基部两旁射出。

标本测量　全长：370μm；趾长：28μm；咀嚼囊长：37μm。

生态　壮缰前翼轮虫在咸水中（盐度 0.6%-4.0%）较为常见，在淡水中也有发现，一般以硅藻为食物。标本采自湖北武汉一沉水植物很多的池塘中，因此沉水植物比较丰富的水域可能是本种轮虫适宜的生态环境，出现温度为 6-20℃。

地理分布　湖北（武汉）；北美洲，欧洲，亚洲北部，南极地区，北极地区。

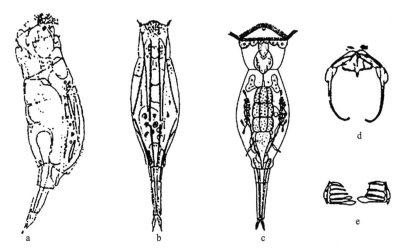

图 383　壮缰前翼轮虫 *Proales reinhardti* (Ehrenberg)（c 仿王家楫，1961；a, b, d, e 仿 Koste, 1978）

a. 侧面观（lateral view）；b. 腹面观（ventral view）；c. 背面观（dorsal view）；d. 咀嚼器（trophi）；e. 槌钩（uncus）

(374) 粗壮前翼轮虫 *Proales theodora* (Gosse, 1887)（图 384）

Notommata theodora Gosse, 1887c: 862.

Proales longipes var. *calcarata* Wulfert, 1938: 386.

形态　体纵长，透明，纺锤形，头部与躯干部之间有颈环。足相当长，大于全长的 1/3；足分 3 节，基部 1 节短，但较宽；中间 1 节最长，圆柱形；末节最短，通常部分缩入中央节。趾矛状，在末端有尖突常向背侧弯曲；趾在基部部分融合。头冠微微倾斜，在两侧有纤毛束。脑大，**囊状**；2 个端眼，呈眼镜状。咀嚼器槌型：砧基短，末端腹面观明显膨大，侧面观呈楔形；砧枝基部具突起的基翼，在砧枝内侧上方各有 1 板状的骨突，上有 12 个梳状齿；槌钩具 3、4 齿，逐渐变小，主齿有时在中部有突起；槌柄棒状，基部宽，末端细，腹向弯曲，偶有 2 个细的侧棍。背触手在颈部末端，微小的侧触手位于躯干部后端。

标本测量　全长：265-600μm；趾长：27-39μm；咀嚼囊长：22-29μm。

生态　粗壮前翼轮虫是一广生性轮虫，淡水、海水、咸水中均有分布，喜栖息于有水生植物生长的沟、塘、河等水体中。在北京玉渊潭公园、小龙门南沟、清水河上下游、永定河，以及青海湟水河中均采到过该种。

地理分布　北京、青海（西宁）；澳大利亚，新西兰，北美洲，欧洲，亚洲北部。

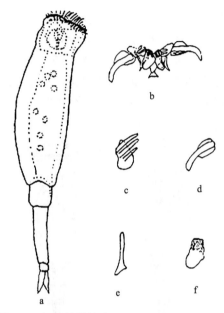

图 384　粗壮前翼轮虫 *Proales theodora* (Gosse)

a. 侧面观（lateral view）; b. 咀嚼器（trophi）; c. 槌钩（uncus）; d. 槌柄（manubrium）; e. 侧棍（pleural rod）; f. 砧枝（ramus）

(375) 桶状前翼轮虫 *Proales doliaris* (Rousselet, 1895)（图 385）

Microcodides doliaris Rousselet, 1895: 120.

Proales doliaris: Harring *et* Myers, 1924: 437-438.

形态　皮层柔韧而透明。头部狭，与躯干部明显分开；躯干部中部膨大，呈桶状。

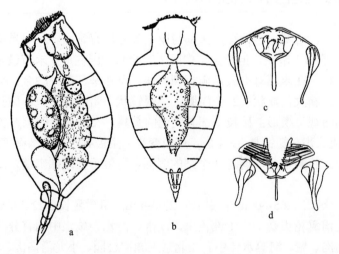

图 385　桶状前翼轮虫 *Proales doliaris* (Rousselet)（a 仿龚循矩, 1983；b-d 仿 Rudescu, 1960）

a. 侧面观（lateral view）; b. 背面观（dorsal view）; c. 咀嚼器（trophi）; d. 咀嚼器顶面观（apical view of trophi）

头冠轻微向腹面倾斜,两侧具有长纤毛的耳区。躯干部后面较前面狭,与足有一定的界线。足2、3节,较短,有1对足腺,趾1个。有1个不太清楚的红色脑眼位于脑后。咀嚼器接近槌型:左槌钩有7个齿条,右槌钩有6个齿条;砧枝内缘有不对称的钩状小刺。

标本测量　全长:220-260μm;趾长:20μm。

生态　桶状前翼轮虫习居于偏酸性(pH 4.8-6.5)的苔藓湿地及小水体中,过去只在欧洲、中亚及北美洲地区有报道,似乎是一种狭温性轮虫。标本采自西藏珠穆朗玛峰(海拔1668-5550m)一小水体中。

地理分布　西藏(聂拉木、定日);澳大利亚,新西兰,北美洲,欧洲,亚洲北部。

(376) 暗淡前翼轮虫 *Proales phaeopis* Myers, 1933(图386)

Proales phaeopis Myers, 1933: 1-25.

形态　体纺锤形,纵长,皮层柔软而透明。头部与躯干部之间有颈环,躯干部前部较宽,向后逐渐变细,身体后半部的背侧常有几个横褶。足1节,短而宽,小于全长的1/15;趾1对,短,呈圆锥状,末端有较钝而向外弯的趾尖突。头冠位于顶端,不倾斜,周围纤毛短而密,在两侧有纤毛簇。脑大,囊状,脑后囊缺,一大一小2个眼点位于脑的后端中央或偏向右边。胃与肠界线不明显,胃腺小,肾形,足腺相对长,一直延伸至躯干部末端。咀嚼器变态槌型:砧基正面观棍状,末端稍膨大呈扇形,侧面观楔形;砧枝在中部最宽,然后向前端迅速尖削成齿,左砧枝内侧有2齿,右砧枝内侧有5个梳状齿,基部浑圆无基翼;槌钩具4个棒状齿;槌柄细长,在末端向内弯曲,上咽板不规则楔形。

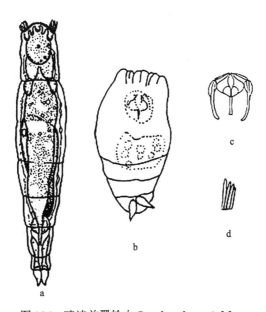

图386　暗淡前翼轮虫 *Proales phaeopis* Myers

a. 背面观(dorsal view); b. 收缩的虫体(contracted body); c. 咀嚼器(trophi); d. 槌钩(uncus)

标本测量 全长：240μm；宽：60μm（收缩后体长：90μm；宽：50μm）；趾长：10μm；咀嚼囊长：20μm。

生态 暗淡前翼轮虫一般分布在酸性小水体的沉水植物体表。本种是根据 1995 年 12 月 13 日采自海南琼山一河流中的标本描述的，当时水温 21℃，pH 6.0 左右。

地理分布 海南（琼海）；北美洲。

(377) 简单前翼轮虫 *Proales simplex* Wang, 1961（图 387）

Proales simplex Wang, 1961: 161.

形态 身体细长；背面观颇似蠕虫，侧面观呈长圆锥形，最宽之处总是位于前端的头颈部，它的宽度约为身体全长的 1/4。皮层很软而柔韧，体形容易改变。头部和颈部之间，在侧面观背面和腹面边缘虽都有一些凹入的痕迹，但看不出有横的交界的折痕；背面观则头颈两部更难找到明确的界线把二者区别开来，因此就统称为头颈部。头颈部长大于宽；头部前端浑圆，或多或少凸出而向腹面弯转。躯干部腹面几乎平直，背面和两侧则都从前端向后逐渐瘦削，直到足的基部为止；躯干部后端的 1/4 或 1/3 处，往往有 1 不十分显著的横的折痕。足短而宽，并不分节；自基部逐渐向后端瘦削；趾 1 对，呈倒圆锥形，相当短。头冠虽面向前端，但总是少许向腹面倾斜；在两侧耳状区域内的纤毛比较长一些。口位于靠近头冠腹面边缘。咀嚼囊很大而发达，咀嚼板系变态的杖型，并接近槌型：砧基相当长而笔直，后端或多或少膨大；砧枝基部中央具有 1 对很突出的长圆形的离砧体；左右砧枝本身的背面顶端各形成 2 个尖锐的齿；槌钩长而发达，左右槌钩由若干个线条状的齿所组成；槌柄比较粗壮，前端又膨大而具有膜质片，后半部稍向内弯转；此外，紧密地附着在砧板和槌板之间有 1 对相当发达的前咽片；每 1 前咽片由 1 条短而分叉及 1 条长而略微弯转的条片及宽阔的薄膜所组成。足腺 1 对，呈椭圆形，相当大；二者都直接通入附着在趾基部的黏液贮胞之内。脑比较大，形似囊袋。脑后囊呈长圆形，虽略小于脑，但很发达。眼点 1 个，相当小，位于脑的后端右侧。背触手系具有 1 束感觉毛的凹痕；位于头颈部的中央。

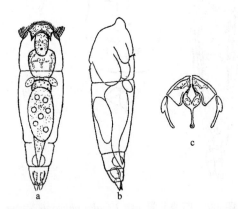

图 387 简单前翼轮虫 *Proales simplex* Wang（仿王家楫, 1961）

a. 腹面观（ventral view）；b. 侧面观（lateral view）；c. 咀嚼器（trophi）

标本测量　全长：125μm；趾长：9μm；咀嚼囊长：33μm。

分类讨论　简单前翼轮虫是 1956 年 9 月 16 日从采自湖北武汉珞珈山一浅水池塘的水样中首次发现的。它栖息在蕉草 *Scirpus* sp.丛中，行动非常迟缓，呈蠕行的动作。当时作者一共只看到 6 个标本，最初把它误认为小足前翼轮虫 *P. micropus*；但小足前翼轮虫不仅没有眼点，而且咀嚼板的构造和与作者所见的标本很不相同。该种咀嚼板的形式很接近暧昧前翼轮虫 *P. fallaciosa* 和探索前翼轮虫 *P. decipiens*，但从它的长圆锥形的身体、很短而不分节的足、比较发达而很长的脑后囊、连同蠕形的生活习性等特点，很容易与上述 2 种区别开来。

地理分布　湖北（武汉）、安徽（芜湖）；欧洲，亚洲北部。

(378) 小前翼轮虫 *Proales minima* (Montet, 1915)（图 388）

Pleurotrocha minima Montet, 1915: 333.
Proales minima: Weber *et* Montet, 1918: 103.

形态　皮层柔软透明，体呈纺锤形。头、躯干和足 3 部分可明显区分，躯干部膨大呈囊状。足长，由 3 节组成，其中末节最长；趾 1 对，比其他前翼轮虫长而发达，并略弯曲呈钳状。头冠向腹面倾斜，两侧具有长纤毛的耳区。眼点缺失，如有则很小。咀嚼器接近槌型：砧基短，末端不膨大；砧枝略呈三角形。右槌钩有 5 个齿条，左槌钩有 4 个齿条；槌柄长，末端不弯曲。

标本测量　全长：160μm；收缩时全长：110μm；趾长：20μm。

生态　小前翼轮虫常生活在湖沼及河流中的沉水植物体表，以苔藓植物最为常见。标本采自西藏珠穆朗玛峰（海拔 2900m）一沼泽地的小水坑中，当时水温 18℃，pH 6，小水坑中有苔藓及枯草。

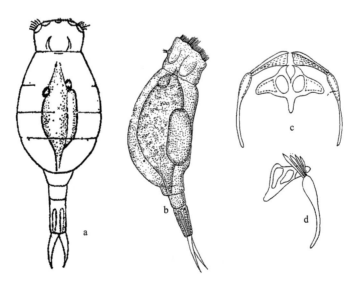

图 388　小前翼轮虫 *Proales minima* (Montet)（仿龚循矩，1983）
a. 背面观（dorsal view）；b. 侧面观（lateral view）；c. 咀嚼器（trophi）；d. 咀嚼器侧面观（lateral view of trophi）

地理分布　西藏（亚东）；北美洲，太平洋地区，欧洲，亚洲北部。

(379) 污前翼轮虫 *Proales sordida* Gosse, 1886（图 389）

Proales sordida Gosse, 1886, In: Hudson *et* Gosse, 1886: 37.
Pleurotrocha sordida: Harring, 1913b: 85.

形态　身体或多或少呈纺锤形，但比较宽阔而短一些。皮层柔韧而透明，但体形变化不大。头部相当宽阔，前端或多或少凸出，总是略向腹面倾斜。颈部宽而短。躯干部中间略微膨大，表面有不甚明显的折痕。足显著地分为 3 节，比较长，其长度超过全长的 1/4。趾 1 对，相当肥大，不弯曲呈钳状，足腺亦相当发达。头冠虽面向前端，但很显著地向腹面倾斜，有 1 圈围绕头冠边缘的纤毛环。咀嚼囊较大，接近圆形。咀嚼器系变态的杖型：左右很均称，砧基长，末端膨大；砧枝基部中央有长椭圆形的侧棍；两侧又有显著弯转的翼膜片；槌钩系 5 个长而简单的细齿所组成，齿与齿之间有薄膜把它们连在一起；槌柄长，基部膜质薄片，末端总是略向腹面弯转。脑大而宽阔，脑后囊半圆形，并有眼点 1 个，很大。

标本测量　全长：210μm；趾长：12μm；咀嚼囊长：28μm。

生态　污前翼轮虫是一广生性种类，遍布全国，凡沉水植物茂盛的沼泽、池塘、浅水湖泊等小水体中均可能找到，在富营养型和污染水域会大量出现。

地理分布　湖北（武汉）、吉林（长白山）、西藏（乃东、仲巴）；澳大利亚，新西兰，非洲，北美洲，东南亚，欧洲，亚洲北部。

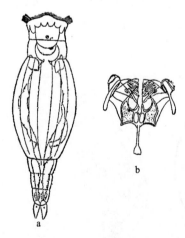

图 389　污前翼轮虫 *Proales sordida* Gosse（仿王家楫, 1961）
a. 背面观（dorsal view）；b. 咀嚼器（trophi）

(380) 暧昧前翼轮虫 *Proales fallaciosa* Wulfert, 1937（图 390）

Proales fallaciosa Wulfert, 1937: 65.
Proales decipiens Weber, 1898: 466.

Proales sordida Harring *et* Myers, 1922: 605.

形态　身体纵长，相当细，或多或少呈纺锤形。皮层柔韧，极透明。身体可分头、颈、躯干3部分。头部相当宽，前端略微突出，并向腹面倾斜。躯干部有若干条横褶，腹面接近平直，背面略有隆起。足很粗壮，但较短，其长度不足体长的1/4，由2节组成，基节较宽阔，末节较狭，从侧面可观察到尾突起的存在。趾1对，比较短，呈倒圆锥形，末端急剧地尖削，趾之间背面有乳状突起。头冠向腹面倾斜。咀嚼囊相当大而发达，咀嚼器系变态的槌型，并接近杖型，左右稍不对称：砧基细直，末端膨大，左右砧枝厚实，背面顶端各形成3个尖锐的齿；左槌钩由7个齿条组成，右槌钩由5-6个齿条组成；槌柄很长，末端较细略弯曲；砧板前端两侧有1对很发达而复杂的前咽片。脑大，眼点1个，相当小。

标本测量　全长：200-320μm；趾长：9-15μm；咀嚼囊长：25-28μm。

生态　暖昧前翼轮虫是一广生性种类，分布广泛。它往往与污前翼轮虫同时出现，生长在沼泽、池塘及浅水湖泊的沉水植物之间。

地理分布　海南、云南、湖北（武汉）；澳大利亚，新西兰，非洲，北美洲，南美洲，东南亚，太平洋地区，欧洲，亚洲北部。

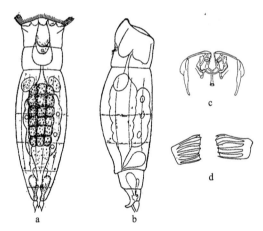

图 390　暖昧前翼轮虫 *Proales fallaciosa* Wulfert（仿王家楫，1961）
a. 背面观（dorsal view）；b. 侧面观（lateral view）；c. 咀嚼器（trophi）；d. 槌钩（uncus）

(381) 韦氏前翼轮虫 *Proales wesenbergi* Wulfert, 1960（图 391）

Proales wesenbergi Wulfert, 1960: 326.

形态　体呈纺锤形，身体从头部至躯干部后1/3处逐渐变宽之后开始收缩；头部与躯干部之间有明显的颈，颈比头部稍长，躯干部后半部有横褶。尾突起覆盖足基节，侧面观呈三角形。足2节，很短，不足体长的1/4。趾1对，短小，末端尖，向两侧弯转。头冠略向腹面倾斜，两侧无纤毛束。眼点红色，1个，片状，位于脑与脑后囊之间。胃与肠之间无缢缩，胃腺小而透明，足腺长圆形。咀嚼器系变态杖型：砧基长，腹面观呈棍状，末端稍膨大；砧枝半圆形，内侧前端各有 2、3 个钝齿，基部无基翼，顶端有长圆形骨突；槌柄长，基部宽，末端向内弯；左槌钩 6 齿，右槌钩 5 齿。

标本测量　体长：180μm；体宽：50μm；趾长：6-8μm；咀嚼器长：32μm（砧基长：12.5μm，砧枝长：10μm，槌柄长：23μm，槌钩长：12-15μm）。

生态　韦氏前翼轮虫由 Wulfert 于 1960 年在德国一酸性水体中发现。我国于 1995 年 7 月 11 日在吉林长白山一森林小水坑中采得，水坑中有挺水植物，水很浅（0.2m），混浊而呈黄绿色，当时水温 30℃左右，pH 8.0。

地理分布　吉林（长白山）；欧洲，亚洲北部。

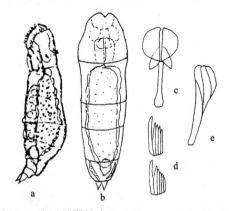

图 391　韦氏前翼轮虫 *Proales wesenbergi* Wulfert

a. 侧面观（lateral view）；b. 背面观（dorsal view）；c. 砧板（incus）；d. 槌钩（uncus）；e. 槌柄（manubrium）

(382) 蚤上前翼轮虫 *Proales daphnicola* Thompson, 1892（图 392）

Proales daphnicola Thompson, 1892b: 220.
Pleurotrocha daphnicola: Harring, 1913b: 7-266.

形态　身体呈长卵圆形或宽阔的纺锤形，较透明。头部相当短而宽，头部和躯干部交界之处有 1 很明显折痕。头冠虽面向前端，但或多或少向腹面倾斜。头冠两侧耳状的纤毛特别长而发达。躯干部呈椭圆形或接近长梨形，背面隆起而凸出，腹面几乎平直，或只凸出一些；自最宽处少许向后瘦削，到了最后端形成 1 不十分显著但比较宽的尾突起，它并不覆盖足的基节。足虽很短，但较粗壮，不足体长的 1/4；分成 2 节，基节比末节稍长而又宽，末节末端边缘完全平直。趾 1 对，较厚实。咀嚼囊呈心脏形，大而发达。咀嚼板系变态的槌型，很粗壮而发达：砧基比较短而宽，砧枝很发达而不同于寻常，它们具有双层结构，而它们的背面顶端各向外弯成角状长棘刺；槌钩具有 5 个粗齿；槌柄细长而弯曲。脑相当大，呈囊袋形，在脑下有 1 小而红色的眼点，眼点有时无色。背触手比较小，系具有 1 束感觉毛的乳头状小突起形成；侧触手呈纺锤形，从靠近躯干部中部的两侧射出。

标本测量　全长：260-360μm；趾长：32-36μm；咀嚼囊长：28-32μm。

生态　蚤上前翼轮虫常附着在枝角类的甲壳上，有时也附着在水生寡毛类等的体表，也可在沉水植物间自由活动。本种是根据采自上海郊区和海南的、沉水植物很多的池塘中的标本描述的。

地理分布　海南、上海、安徽（芜湖）；澳大利亚，新西兰，非洲，北美洲，东南亚，欧洲，亚洲北部。

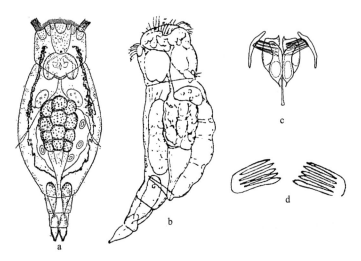

图 392　蚤上前翼轮虫 *Proales daphnicola* Thompson（仿王家楫，1961）
a. 背面观（dorsal view）；b. 侧面观（lateral view）；c. 咀嚼器（trophi）；d. 槌钩（uncus）

(383) 探索前翼轮虫 *Proales decipiens* (Ehrenberg, 1832)（图 393）

Natommata decipiens Ehrenberg, 1832: 132.
Proales decipiens: Hudson et Gosse, 1886: 36.
Pleurotrocha decipiens: von Hofsten, 1909: 12.

形态　身体纵长，头部有明显的折痕，可将头、颈区别开来。躯干部具有纵褶，皮层薄而透明，背部不隆起而突出。头冠向腹面倾斜，两侧有长的纤毛耳区，无收缩的耳突。足 2 节，基节宽而短，不为尾突起覆盖；末节短小。足的长度不足体长的 1/4，有 1 对棒状足腺。趾 1 对，圆锥形，基部背面无瘤突。咀嚼器接近槌型：砧基呈短棍状；砧枝基部两侧无基翼，基部有不对称的小齿；槌钩具有 4-5 个小齿；槌柄长，具有长条状薄片。眼点小而呈红色，大多数偏向右边，极少数偏向左边。

标本测量　全长：120-250μm；趾长：10-16μm。

生态　探索前翼轮虫习居于有苔藓的沼泽化的小水体中，有时数量甚多，以淡水生活为主。1975 年在西藏亚东一沼泽化的小水坑中采得，该小水坑水清，有苔藓及枯草，当时水温 15℃，pH 6.0，海拔 2900m。

地理分布　云南、湖南（岳阳）、北京、吉林（长白山）、西藏（亚东）；澳大利亚，新西兰，非洲，北美洲，南美洲，东南亚，欧洲，亚洲北部。

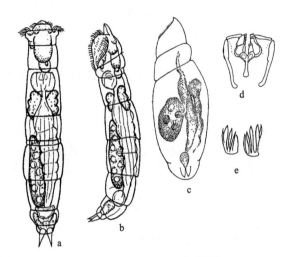

图 393 探索前翼轮虫 *Proales decipiens* (Ehrenberg)（c 仿龚循矩，1983；a, b, d, e 仿 Koste, 1978）

a. 背面观（dorsal view）；b. 侧面观（lateral view）；c. 收缩的虫体（contracted body）；d. 咀嚼器（trophi）；e. 槌钩（uncus）

(384) 寄生前翼轮虫 *Proales parasita* (Ehrenberg, 1838)（图 394）

Notommata parasita Ehrenberg, 1838: 426.
Proales parasita: Rousselet, 1911: 8.

形态 体呈纺锤形，皮层软而柔韧，头部和躯干部之间还有 1 颈部；头、颈、躯干部之间均有明显的紧缩折痕。头部前端平直，稍向腹面倾斜；颈部短；躯干部自前向后逐渐变宽，至 1/3 的后端再逐渐尖削。尾突起不明显，呈 1 浑圆的突起，不覆盖足的基节。足 2 节，宽阔而短，不足体长的 1/4；趾 1 对，很短，基部显著地膨大，中间变细，末端尖削。咀嚼器变态杖型：砧基细长而直；砧枝左右不十分均匀；右砧枝较左砧枝发达；左右槌钩均系不发达的 3 个箭头的齿所组成；槌柄细而长，或多或少弯曲，基部具有相当发达的基膜片；此外尚有 1 对细长而弯转的线条状的前咽片附在咀嚼板上。脑大，呈椭圆形；眼点系紧密在一起的红色微粒所组成，位于脑的后端。

标本测量 全长：135-170μm；趾长：10-11μm；咀嚼板长：15-18μm。

生态 寄生前翼轮虫和团藻无柄轮虫一样，都是寄生在团藻 *Volvox* 群体内的种类。它在团藻群内出现的频率虽不及团藻无柄轮虫那样高，但在全世界的分布还是相当广泛的。本种是根据采自武汉东湖和湖南洞庭湖的标本进行描述的。

地理分布 湖北（武汉）、湖南（岳阳）、西藏（仲巴）；澳大利亚，新西兰，北美洲，南美洲，欧洲，亚洲北部。

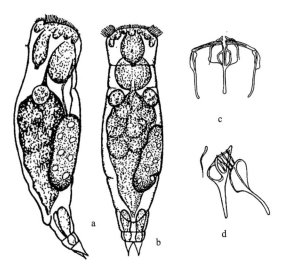

图 394　寄生前翼轮虫 *Proales parasita* (Ehrenberg)（a, b 仿王家楫, 1961；c 仿龚循矩, 1983；d 仿 Koste, 1978）

a. 侧面观（lateral view）；b. 背面观（dorsal view）；c. 咀嚼器（trophi）；d. 咀嚼器侧面观（lateral view of trophi）

十五、腹尾轮科 Gastropodidae Harring, 1913

Gastropodidae Harring, 1913b: 7-226.

　　形态　本科种类均系体型较小的轮虫，种类不多。无被甲或被甲很薄，呈卵圆形、囊袋形或灯泡状，左右侧扁或背腹面扁平。有足（腹尾轮属）或无足（无柄轮属）。头部前端有或无感觉乳突。咀嚼器杖型或变态的杖型。胃很大，具有向四面扩张出去的盲囊，几乎充满了原体腔，整个胃充满绿、橙、褐等颜色的物质，某些种类还含有污秽泡。

　　本科有 2 属：腹尾轮属 *Gastropus* 和无柄轮属 *Ascomorpha*。这 2 属的种类都是典型的浮游种类。

属 检 索 表

无足，体内有 1-4 个黑色或褐色的污秽泡 ··· **无柄轮属** *Ascomorpha*

有足，体内无污秽泡··· **腹尾轮属** *Gastropus*

53. 无柄轮属 *Ascomorpha* Perty, 1850

Ascomorpha Perty, 1850: 18.
Sacculus Gosse, 1851: 198.
Chromogaster Lauterborn, 1893: 266.
Type species: *Ascomorpha ecaudis* Perty, 1850.

形态　身体呈囊袋形、卵圆形或桶形，无被甲或被甲很薄。无足。头冠除了 1 圈围顶纤毛外，有时有感觉触手或盘顶触手的存在。杖型咀嚼器，槌钩细，针状；砧枝长而尖。胃大（分叶或内有污秽泡），充满整个原体腔。1 个脑眼。

无柄轮属的种类善于吮吸一些藻类细胞的原生质作为其主要食物。有时它们还可将整个藻类细胞吞食，这些藻类细胞在其胃内被消化之前，还可存活和分裂。

根据现行的分类系统，《中国淡水轮虫志》中的彩胃轮属 *Chromogaster* Lauterborn, 1893，现称为无柄轮属；其中，弧形彩胃轮虫 *Chromogaster testudo* Lauterborn, 1893 和卵形彩胃轮虫 *C. ovalis* Beryendal, 1892 合并为卵形无柄轮虫 *Ascomorpha ovalis*。而该书中原属于无柄轮属的团藻无柄轮虫 *Ascomorpha volvocicola* Plate, 1886，现被划归到异尾轮科的拟无柄轮属 *Ascomorphella* 中，定名为团藻拟无柄轮虫 *Ascomorpella volvocicola*。

本属全世界已描述 10 种，我国发现 3 种。

种 检 索 表

1. 头冠有盘顶触手 ··· 2
   头冠无盘顶触手 ·· **没尾无柄轮虫 *A. ecaudis***
2. 被甲有明显的背腹甲之分，一般污秽泡为 4 个 ·················· **卵形无柄轮虫 *A. ovalis***
   被甲无明显的背腹甲之分，一般污秽泡为 1 个 ·················· **舞跃无柄轮虫 *A. saltans***

(385) 没尾无柄轮虫 *Ascomorpha ecaudis* Perty, 1850（图 395）

Ascomorpha ecaudis Perty, 1850: 18.
Ascomorpha helvetica Perty, 1852: 39.
Ascomorpha germanica Leydig, 1854b: 45.
Ascomorpha saltans Kolisko, 1938a: 165-207.

形态　皮层虽已相当硬化，但并无真正被甲的存在。身体呈卵圆形。前端头部虽也相当宽阔，但往往比躯干部狭。头冠面向最前端，呈晶囊轮虫型。盘顶相当大而宽阔，中央显著地向上隆起而凸出；周围只具有 1 圈纤毛环。虽无指头状的"盘顶触手"，但有 2 对相当长的、能动的感觉触毛。咀嚼囊比较小，呈囊袋形。咀嚼器系少许变态的杖型，两侧均称：砧枝比较发达，具三角形的基翼，但砧基和槌柄仍然很长而细，槌钩呈杆状或针状；此外还有板条状的前咽片的存在。胃非常大，并向周围扩张出许多突出的盲囊，整个胃呈绿色或黄绿色，使全身亦呈绿色，通常含有 4 个污秽泡，也有超过 4 个而且形状也有所不同；污秽泡呈暗褐色或黑色，系不规则的大块或小块。卵黄核 8 个。膀胱相当大，位于躯干部最后端。脑相当大，呈囊袋形。有 1 对很小的、已经退化的脑侧腺位于脑的前面，即在头冠盘顶的内部。眼点 1 个，呈深红色，位于脑的背面，总是或多或少偏于左侧。背触手 1 个，末端具 1 束感觉毛；侧触手 1 对，分别位于后半部中央和靠近躯干部后端的两旁。

标本测量　全长：140-180μm。

生态　没尾无柄轮虫习居于池塘、湖泊中，有时也可在沼泽水体中发现。一般春、秋两季为出现高峰。

地理分布　海南、云南、湖北（武汉）、北京、吉林（长白山）、安徽（芜湖）；澳大利亚，新西兰，非洲，北美洲，东南亚，欧洲，亚洲北部。

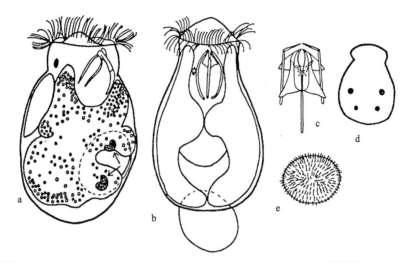

图 395　没尾无柄轮虫 *Ascomorpha ecaudis* Perty（a, b 仿 Pontin, 1978；c 仿龚循矩, 1983；d, e 仿 Koste, 1978）

a. 侧面观（lateral view）；b. 背面观（dorsal view）；c. 咀嚼器（trophi）；d. 背面观, 示"污秽泡"（dorsal view, showing accretion bodies）；e. 休眠卵（resting egg）

(386) 舞跃无柄轮虫 *Ascomorpha saltans* Bartsch, 1870（图 396）

Ascomorpha saltans Bartsch, 1870: 364.
Sacculus hyalinus Kellicott, 1888: 84-96.

形态　被甲略呈卵圆形，从横切面看似无明显的背、腹甲之分；背、腹面各有 2 条隆起的皱褶。头部往往具有不十分明显的环状褶纹。头冠呈晶囊轮虫型，盘顶相当大而宽阔，中央或多或少向上隆起而凸出，周围有 1 圈纤毛环，背面中央有 1 长而粗、末端圆而光滑无纤毛的盘顶触手。腹面有 2 个较小的触须，其周围还有 1 圈很微弱的口围纤毛。咀嚼囊有 2、3 个不同大小的唾液腺。咀嚼器系少许变态的杖型，两侧均称：砧枝具有尖削的基翼和圆盖状的上咽骨；砧基末端向腹面弯曲；槌柄呈长棍棒状。胃相当大，向周围扩张形成不少盲囊，整个胃呈褐色或暗褐色，并有 1 个或大小不等的若干个污秽泡。脑相当大，呈囊袋形。眼点 1 个，深红色，在脑的背面。

标本测量　全长：132-150μm。

生态　舞跃无柄轮虫系典型的浮游性种类，分布相当普遍，常出现于贫营养型或中营养型的湖泊、池塘中，以池塘中数量较多。一般在沿岸带较多，有时亦可在海水中出现。虽然一年中均可出现，但以春、夏季较常见。

地理分布　海南、湖北（武汉）、安徽（芜湖）、西藏（措美）；澳大利亚，新西兰，非洲，北美洲，南美洲，东南亚，欧洲，亚洲北部。

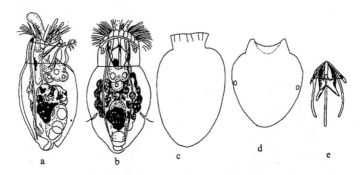

图 396　舞跃无柄轮虫 *Ascomorpha saltans* Bartsch
a. 侧面观（lateral view）；b. 背面观（dorsal view）；c, d. 收缩的虫体（contracted body）；e. 咀嚼器（trophi）

(387) 卵形无柄轮虫 *Ascomorpha ovalis* (Bergendal, 1892)（图 397）

Anapus ovalis Bergendal, 1892: 1.
Ascomorpha ovalis: Carlin, 1943: 34.

形态　本种由弧形彩胃轮虫和卵形彩胃轮虫合并而成。角质化的被甲，从横切面看由大小相仿的背甲和腹甲组成，并有 1 薄的皮层把两者连结一起。头冠位于最前端，呈晶囊轮虫型，盘顶区较小而平坦，只有 1 圈较长的围顶纤毛。盘顶触手位于盘顶中央，长而粗壮，末端往往少许弯转而呈镰刀形；在其近旁还有 2 对乳状小突起及感觉毛。杖型咀嚼器：砧枝有时不对称，具有长的基翼；砧基细长，柄状；槌柄呈拐杖形。胃大，充满了具有不同颜色的食物颗粒，其中大多数个体有 4 个黑色的圆球形或卵圆形的污秽泡，也有多个污秽泡的个体；无肠和肛门。

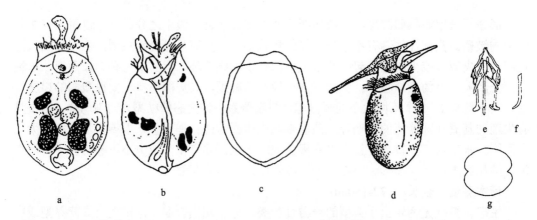

图 397　卵形无柄轮虫 *Ascomorpha ovalis* (Bergendal)（a, b 仿王家楫, 1961；d, e, g 仿 Koste, 1978）
a. 背面观（dorsal view）；b. 侧面观（lateral view）；c. 被甲（lorica）；d. 正在捕食（predating）；e. 咀嚼器（trophi）；f. 砧基（fulcrum）；g. 横切面（cross section）

标本测量　全长：100-200μm；咀嚼囊长：35μm。

生态　卵形无柄轮虫是十分常见的种类，主要生活于池塘中，湖泊中也可发现，有时甚至在咸淡水中也能找到。本种是根据湖北武汉东湖采到的标本描述的。

地理分布　湖北（武汉）、云南（昆明）、浙江（湖州）、上海、江苏（无锡）、四川（成都）、安徽（芜湖）；澳大利亚，新西兰，非洲，北美洲，南美洲，东南亚，欧洲，亚洲北部。

54. 腹尾轮属 *Gastropus* Imhof, 1888

Gastropus Imhof, 1888: 171.

Hudsonia Hood, 1893a: 281.

Hudsonella Zacharias, 1893a: 25.

Postclausa Hilgendorf, 1899: 101-134.

Type species: *Gastropus stylifer* Imhof, 1891.

形态　身体侧扁，具很薄的被甲。头冠除了周围 1 圈围顶纤毛外，两旁往往还有 1 对较长的感觉触毛。背触手靠近身体后端，侧触手 1 对，不对称。咀嚼囊有前咽管。咀嚼器杖型：砧枝长而尖。胃呈囊状。卵黄腺 8-24 个核。足有 1、2 节或具横的皱沟痕，并非从躯干部最后端伸出，而总是偏向腹面。趾 1 个或 1 对，短而尖削。

本属全世界共记录 3 种，我国均有发现。

种 检 索 表

1. 足自腹面的中央伸出，不分节，具横的皱沟痕 ·· 柱足腹尾轮虫 *G. stylifer*
   足自腹面后半部伸出，无横的皱沟痕 ·· 2
2. 卵黄腺具 15-26 个卵黄核，体型较大，一般在 150μm 以上 ·············· 腹足腹尾轮虫 *G. hyptopus*
   卵黄腺具 4-8 个卵黄核，体型较小，一般在 150μm 以下 ·············· 小型腹尾轮虫 *G. minor*

(388) 柱足腹尾轮虫 *Gastropus stylifer* Imhof, 1891（图 398）

Gastropus stylifer Imhof, 1891a: 37.

Ascomporpha orbicularis: Jennings, 1901: 738.

形态　被甲比较薄而透明，高度侧扁，呈军用水壶形式；前端总是比较狭，头孔边缘或多或少呈波浪式起伏；后端显著地较前端宽阔而浑圆，但从侧面观被甲最宽之处还是位于中部。头冠面向最前端，但有时稍向腹面倾斜，接近晶囊轮虫型，但比较短而狭。咀嚼囊呈袋形，咀嚼器系变态的杖型：砧基棍棒状，末端膨大，砧枝具基翼，同时具有 1 皮层硬化形成的、非常长的前咽管，倒置在咀嚼囊内。消化腺 1 对，相当小，呈卵圆形或圆球形，位于胃的前端两侧。胃很大而发达，总是向背、腹面扩张而凸出不少或大或小的盲囊；整个胃染有蓝色及金黄色。在个别水体内所采得的标本，也有只呈褐色而并无这样美丽的杂色。固定液固定的标本，原有美丽的杂色已减退或完全消失。具 6-8 个卵黄核。足孔位于腹面中央，足完全伸出的时候，不分节，但具有较密的横的皱痕，末端只有 1 个单独的尖削的趾。眼点 1 个，呈红色。背触手 1 个，位于背面中间右侧；侧触手 1 对，右侧的位于靠近后端，并偏向腹面边缘，左侧的总是高出右侧之前，并从侧面的中部射出。

标本测量 全长：128-175μm。

生态 柱足腹尾轮虫是典型的浮游种类，分布广泛，自最浅的沼泽到深水湖泊的敞水带都有找到它的可能，一般在夏季出现。本文是根据采自湖北武汉东湖的标本描述的。

地理分布 湖北（武汉）、浙江（宁波）、安徽（芜湖）；澳大利亚，新西兰，非洲，北美洲，南美洲，欧洲，亚洲北部。

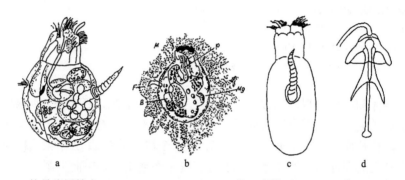

图 398 柱足腹尾轮虫 *Gastropus stylifer* Imhof（a 仿王家楫，1961；b-d 仿 Koste, 1978）

a. 侧面观（lateral view）；b. 在胶囊中个体（with a gelatinous case）；c. 足孔及足（foot opening and foot）；d. 咀嚼器（trophi）

(389) 腹足腹尾轮虫 *Gastropus hyptopus* (Ehrenberg, 1838)（图 399）

Notommata hyptopus Ehrenberg, 1838: 426.

Notops hyptopus: Hudson *et* Gosse, 1886: 13.

Gastropus hyptopus: Weber, 1898: 752.

Gastropus bretensis Linder, 1904: 237.

形态 和小型腹尾轮虫相比，本种体型较大，成体全长一般超过 150μm。被甲薄而透明，呈宽椭圆形，有 2 条纵褶将被甲分为背、腹部。头孔边缘或多或少呈波浪式起伏。从横切面看，腹甲呈半圆形，而背甲呈帽形。足孔位于腹面 1/3 处的后端。头冠位于顶端，或多或少向腹面倾斜，接近晶囊轮虫型。盘顶的两侧各有 1 乳状突起，末端有 1 较长的刚毛。足短，2 节；趾 1 对，尖削。胃液具有大的油滴。眼点大，位于脑的背面。有 15-26 个卵黄核。高度变态杖型咀嚼器：左右砧枝呈不规则的三角形，对称，基部两侧的基翼向下尖削，砧枝末端具 5 个细齿；槌板非常特殊，由 1 块略呈长方形的骨片和 2 根骨条组成。休眠卵呈卵圆形或长圆形，卵壳上布满了小刺。

标本测量 全长：150-320μm；趾长：25-30μm。

生态 腹足腹尾轮虫从沼泽到深水湖泊的各种淡水水域中均有分布，每年的高峰期一般出现在春季（6-10℃）和秋末。

地理分布　云南、湖北（武汉）、广西（梧州）、广东（广州）、浙江（湖州）、江苏（无锡）、安徽（芜湖）、西藏（日土）；澳大利亚，新西兰，非洲，北美洲，南美洲，东南亚，欧洲，亚洲北部。

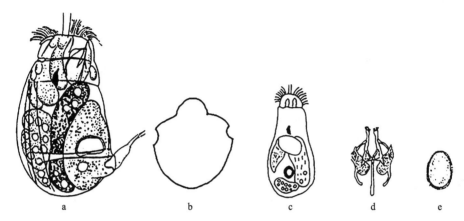

图 399　腹足腹尾轮虫 *Gastropus hyptopus* (Ehrenberg)（a 仿王家楫，1961；b-e 仿 Koste, 1978）

a. 侧面观（lateral view）；b. 横切面（cross section）；c. 收缩的虫体（contracted body）；d. 咀嚼器（trophi）；e. 休眠卵（resting egg）

(390) 小型腹尾轮虫 *Gastropus minor* (Rousselet, 1892)（图 400）

Notops minor Rousselet, 1892: 359.

Gastropus minuta Weber, 1898: 752.

Gastropus cirularis Hilgendorf, 1899: 126.

形态　本种体型较小，全长一般小于 150μm，被甲薄而透明，呈壶状。前端较后端狭，犹如瓶颈一样。头孔边缘平直而光滑，没有波浪式起伏。足孔位于躯干部中部下面一些，被甲的最宽之处即位于足孔伸出的部位。头冠位于前端，晶囊轮虫型，只有 1 圈相当长的围顶纤毛。砧基柄状，中等长度，砧枝具有很尖的基翼，槌柄细长，末端钩状。胃中有许多脂肪油点。足完全伸出的时候较长，显著地分成 2 节，足的表面有许多环形皱痕。趾 1 对，长而显著；具有 4 个卵黄核。

标本测量　全长：85-110μm。

生态　小型腹尾轮虫系比较常见的种类，种群高峰一般出现在冬季（2-10℃），从最浅的沼泽到深水湖泊中均有可能发现。江苏兴化、广西南宁、云南昆明的水样中均有发现。

地理分布　云南（昆明）、湖北（武汉）、广西（南宁）、江苏（无锡、兴化）、安徽（芜湖）；澳大利亚，新西兰，非洲，北美洲，南美洲，东南亚，欧洲，亚洲北部。

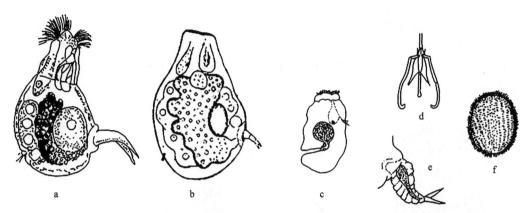

图 400　小型腹尾轮虫 *Gastropus minor* (Rousselet)（b 仿王家楫, 1961; a, c-e 仿 Koste, 1978）

a, b. 侧面观（lateral view）; c. 雄体（male）; d. 咀嚼器（trophi）; e. 足（foot）; f. 休眠卵（resting egg）

十六、异尾轮科 Trichocercidae Harring, 1913

Trichocercidae Harring, 1913b: 7-226.

形态　体呈卵圆形或桶形（拟无柄轮属、*Elosa*），或纺锤形、囊形及圆筒形（异尾轮属 *Trichocerca*）。被甲总是或多或少弯转而扭曲。不对称头冠似椎轮虫型。被甲表面往往有纵长的沟痕和隆起的脊。头部前端常有齿或刺的存在。足有或缺。趾直或弯曲，或短或长，似刚毛状，很少是等长的，通常是左趾长于右趾，在趾的基部一般还着生 1 或几根短的附趾。咀嚼器杖型，不对称。浮游或底栖生活。

本科共有 3 属，我国已记录 2 属。

属 检 索 表

有足；趾刚毛状，等长或不等长·······································**异尾轮属 *Trichocerca***

无足；趾不呈刚毛状·······································**拟无柄轮属 *Ascomorphella***

55. 异尾轮属 *Trichocerca* Lamarck, 1801

Trichocerca Lamarck, 1801: 394.

Vaginaria Schrank, 1802: 383.

Rattulus Lamarck, 1816: 24.

Diurella Bory de St. Vincent, 1824: 568.

Monocerca Bory de St. Vincent, 1826: 69.

Mastigocerca Ehrenberg, 1830a: 46.

Coelopus Hudson *et* Gosse, 1886: 67.

Acanthodactylus Tessin, 1890: 152.

Type species: *Trichoda rattus*=*Trichocerca rattus* (Müller, 1776).

形态　被甲纵长或粗壮，或多或少地从左边向右边扭转弯曲而呈现不对称，表面常有纵长的沟痕和隆起之脊，称之为脊状突起、隆脊或龙骨。有 1 紧缩的颈环，前端边缘光滑或有刺、齿或褶痕（在个体收缩后比较明显）等构造。眼点、脑和侧触手也不对称。咀嚼囊纵长，咀嚼器亦不对称。趾长或短，直或弯曲，等长或不等长，位于背面；左趾发达，右趾一般退化。砧枝有发达的基翼，在某些种类有亚槌钩，左槌柄总是较右槌柄发达，末端弯钩状或膨大呈"丁"字形。

《中国淡水轮虫志》中的混鼠轮科，即为本属。同时，根据其 2 个趾长度的比例将该科分为同尾轮属 *Diurella* 和异尾轮属 *Trichocerca*。Koste（1978）将它们合并为 1 属，即异尾轮属。

本属种类很多。初步统计全世界已描述 100 种左右，我国分布 34 种。

种 检 索 表

32. 左趾长，等于或大于体长……………………………………………**圆筒异尾轮虫 *T. cylindrica***
　　左趾短，约为体长的 2/3 ……………………………………………**垂毛异尾轮虫 *T. chattoni***
33. 体末端形成 1 弯向背面的尖角突起…………………………………………**红异尾轮虫 *T. rosea***
　　体末端浑圆，不形成尖角突起………………………………………**长刺异尾轮虫 *T. longiseta***

(391) 颈环异尾轮虫 *Trichocerca collaris* (Rousselet, 1896)（图 401）

Rattulus collaris Rousselet, 1896: 266.
Diurella collaris: Jennings, 1903: 319.
Trichocerca collaris: Koste, 1978: 381.

形态　被甲纵长，近乎圆筒形，后端或多或少向腹面弯转；整个被甲表面满布很微小的斑点。头部相当长，与躯干部交界处有 2 条前后相隔一定距离的紧缩的颈圈；两颈圈之间形成 1 很显著的颈环。被甲头部前端孔口边缘简单而光滑，没有任何刺、棘或缺刻的存在，但甲鞘表面有不少纵长的褶痕，将头的前半部隔成若干纵长的褶片；当内部本体完全收缩时，褶片的顶部都凸出而汇集在一起，把甲鞘孔口大大地缩小，或完全关闭。被甲躯干部背面或多或少凸出；腹面接近平直，或少许凹入一些；后端足伸出处的孔口，倾斜而偏在腹面。足呈倒圆锥形。它的背部往往完全为被甲所掩盖。趾 1 对，系同样长度；趾的后半节向腹面弯转。附趾 1 对，极小。杖型咀嚼器很长而发达，左右很不对称，砧基发达，呈倒 "T" 形，左侧的槌柄远较右侧的槌柄长。眼点虽小，但很明显；位于脑的最后端。背触手自头部后端的背面射出；虽系 1 束很短而微弱的感觉毛，但相当清楚而易见；侧触手 1 对，比背触手发达，从本体 1/3 的后端靠近背面的两旁射

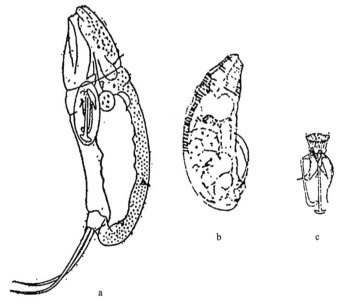

图 401　颈环异尾轮虫 *Trichocerca collaris* (Rousselet)（a 仿王家楫，1961）
a. 侧面观（lateral view）；b. 收缩的虫体（contracted body）；c. 咀嚼器（trophi）

出。据观察，该种是吸吮性的种类，遇到食物时，杖型咀嚼器可伸出口外。

　　标本测量　体长：200-309μm；趾长：90-130μm。

　　生态　颈环异尾轮虫虽是一广生性种类，但一般出现于小型池塘、沼泽等酸性水域中。通常夏、秋季可能会找到。系根据位于湖北武汉珞珈山脚下一长有丰富水生植物芡实 *Euryale ferox* 的池塘中获得的标本作出的描述。

　　地理分布　湖北（武汉）、海南；澳大利亚，新西兰，非洲，北美洲，南美洲，东南亚，欧洲，亚洲北部。

(392) 罗氏异尾轮虫 *Trichocerca rousseleti* (Voigt, 1902)（图 402）

Coelopus rousseleti Voigt, 1902a: 38.

Diurella rousseleti: Jennings, 1903: 315.

Trichocerca rousseleti: Koste, 1978: 386.

　　形态　体型小。被甲短而厚；背面凸出，或多或少呈半圆形；腹面少许凹入或接近平直；后半部向末端显著地尖削。头部比较大，有 1 紧缩的颈圈，头部周围具有不少纵长沟状的折痕，把甲鞘裂成 9 个折片；这些折片和其他种类都不相同，即所有 9 个折片的顶端都形成尖头的齿，呈锯齿状；右侧的几个尖头状的齿似乎比左侧的几个要大一些；其中靠近背面的 1 个更大一些，它的尖头总是高出其他 8 个尖头。当本体完全收缩的时候，9 个折片上尖头的齿都能紧密地汇集在一起，将前端孔口或多或少掩盖起来。足比较短而小，系倒圆锥形；趾 1 对，并非同样长短；右趾较短，它的长度约为左趾长度的 1/2；左趾的长度接近本体长度的 1/3；左右 2 趾总是并列在一起而少许弯转。杖型咀嚼器，左右槌柄几乎等长，但左槌柄较右槌柄粗壮；左砧枝具有细齿。眼点位于脑的后半部；背触手自靠近颈圈的头部射出，但不很容易观察清楚。

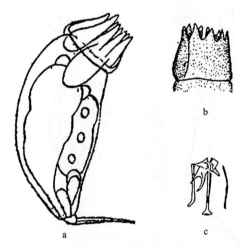

图 402　罗氏异尾轮虫 *Trichocerca rousseleti* (Voigt)（a 仿王家楫，1961；b 仿 Rudescu，1960；c 仿 Koste，1978）

a. 侧面观（lateral view）；b. 身体前端（anterior end of body）；c. 咀嚼器（trophi）

标本测量　体长：95μm；左趾长：30μm。

生态　罗氏异尾轮虫一般在湖泊中营浮游生活，秋季种群数量较高。根据采自黑龙江省牡丹江市镜泊湖的标本描述。

地理分布　湖北（武汉）、黑龙江（牡丹江）、安徽（芜湖）；澳大利亚，北美洲，非洲，东南亚，欧洲，亚洲北部。

(393) 异趾异尾轮虫 *Trichocerca heterodactyla* (Tschugunoff, 1921)（图 403）

Diurella heterodactyla Tschugunoff, 1921: 10.

Trichocerca heterodactyla: Koste, 1978: 386.

形态　体圆钝，在体后 1/3 的部分明显变窄。体背侧有低的隆脊；被甲前端边缘突起呈褶痕状或波浪状。在头部背侧有 1 伸向腹面不甚发达的舌状突起。左趾小于体长的 1/2，一般超过 80μm；右趾大于左趾长的 1/2。

标本测量　全长：308μm；体长：218-245μm；左趾长：80-86μm；右趾长：49-56μm。

生态　异趾异尾轮虫常常生活在有水草生长的浅水湖泊、池塘中，分布范围很狭窄。Niszniewski 于 1954 年、Kutikova 于 1970 年曾在欧洲采集到该种，作者在湖北武汉东湖岸边一有水草的围栏内采集到该种。

地理分布　湖北（武汉）；欧洲。

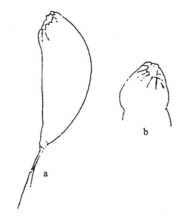

图 403　异趾异尾轮虫 *Trichocerca heterodactyla* (Tschugunoff)
a. 侧面观（lateral view）；b. 收缩的头部（contracted head）

(394) 无甲异尾轮虫 *Trichocerca inermis* (Linder, 1904)（图 404）

Coelopus inermis Linder, 1904: 240.

Diurella inermis: Sachse, 1912: 134.

Trichocerca inermis: Edmondson, 1936: 219.

形态　体圆而粗钝，无脊状突起；体后半部较前半部宽，背部后端略有拱起；腹面平直。头部有 1 圈纤毛并有 1 向背面伸展的指状突起，前端无棘齿等结构，只有呈褶痕排列的指状物，因此前缘呈波浪状或钝突。趾 1 对，不等长，两者相差较大；左趾小于体长的 1/2，一般超过 50μm，腹向弯曲；右趾很短，约为左趾长的 1/3。杖形咀嚼器，左右不对称，砧基呈棍棒状；砧枝左侧较右侧发达，基部两侧基翼呈尖角状；槌钩细小，槌柄末端略有弯曲。

标本测量　全长：<135μm；体长：95μm；左趾长：30-45μm；右趾长：12-13μm。

生态　一般分布在湖泊、水库中。根据采自海南三亚亚龙湾附近一水库中获得的标本描述的。当时水温 24℃，pH 6.1，水体的底质为泥沙。在湖南洞庭湖亦有发现。

地理分布　海南（三亚）、湖南（岳阳）；欧洲。

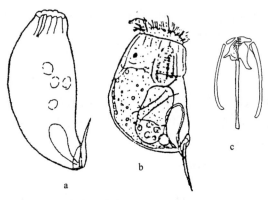

图 404　无甲异尾轮虫 *Trichocerca inermis* (Linder)

a, b. 侧面观（lateral view）；c. 咀嚼器（trophi）

(395) 田奈异尾轮虫 *Trichocerca dixon-nuttalli* Jennings, 1903（图 405）

Trichocerca dixon-nuttalli Jennings, 1903: 318.
Coelopus inermis Harring, 1913b: 68.
Diurella minnuta Olofsson, 1918: 183-468.

形态　被甲近似圆筒形，末端尖削。背面或多或少弯转而凸出；腹面接近平直，或少许凹入一些。头部甲鞘前端有一定数目的纵长的褶痕，将甲鞘裂成不少纵长的褶片；所有褶片顶端都平直或浑圆，当本体完全收缩时，这些褶片顶端能汇集在一起，把孔口至少部分地掩盖起来。被甲背面有 1 下沉的凹沟，自头部最前端起，一直到颈环的再后面一些为止。足系短的倒圆锥形，能够自由伸缩。趾 1 对，总是紧密地并列在一起，二者长度相差较小；左趾较长，长度超过体长的 1/3，一般不超过 50μm。右趾相对较长，长度约为左趾长的 2/3。每一个趾的基部附有 1 很短的附趾。杖形咀嚼器，很不对称，右侧的槌板远较左侧的短而细。眼点位于脑的后端。背触手从凹沟内颈环的中部射出。侧触手 1 对；右侧触手靠近身体最后端射出，左侧触手射出的方位则远在右触手的前面。

标本测量　全长：130-170μm；体长：90-120μm；咀嚼板长：30-32μm；左趾长：

45-50μm；右趾长：27-28μm。

生态　田奈异尾轮虫分布广泛，它适宜的居住环境应是水草繁茂的沼泽、池塘，一般以周丛生物或偶然性浮游生物形式出现。

地理分布　湖北（武汉）、湖南（岳阳）、安徽（芜湖）；澳大利亚，新西兰，非洲，北美洲，南美洲，东南亚，欧洲，亚洲北部。

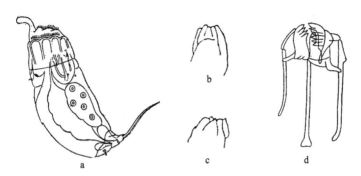

图 405　田奈异尾轮虫 *Trichocerca dixon-nuttalli* Jennings（a 仿王家楫，1961；b-d 仿 Koste，1978）

a. 侧面观（lateral view）；b, c. 收缩的头部（contracted head）；d. 咀嚼器（trophi）

(396) 沟痕异尾轮虫 *Trichocerca sulcata* (Jennings, 1894)（图 406）

Rattulus sulcatus Jennings, 1894a: 20.

Diurella sulcata: Jennings, 1903: 316.

Trichocerca sulcata: Koste, 1978: 384.

形态　体粗短；腹面接近平直，背面拱起，被甲末端形成锐角，掩盖足前部。有显著紧缩的颈圈；2 条颈圈之间形成 1 明显的颈环。被甲头部前端孔口边缘，背面少许高出于腹面一些。甲鞘周围没有褶皱的存在，但在它背部的中央有 1 条少许下沉的浅沟，浅沟相当狭，它的两旁为 2 条少许上浮的很不发达的脊状隆起，一起从甲鞘的最前端伸展到第 1 条颈圈。足比较小，常缩在被甲之内，因此极不容易观察清楚。趾 1 对，同样长短，都很短、很细弱而向腹面弯转。每一个趾的基部附有 1 很短的附趾。咀嚼板很大，两侧很不对称，右侧的槌柄远较左侧的细而短。眼点相当大，位于脑的后端；侧触手 1 对，位于体两侧 1/3 的后端。

标本测量　全长：110-200μm；趾长：13-35μm。

本种体型变化较大，不同作者测得的体长有较大不同。

生态　沟痕异尾轮虫主要栖息于沉水植物比较繁茂的静水水体，一般在夏、秋季出现。本种是根据湖北武汉珞珈山一长满芡实的池塘中获得的标本描述的。

地理分布　湖北（武汉）、北京、西藏（察隅、八宿、波密、措美、错那、芒康、江达、普兰、日土）；澳大利亚，新西兰，北美洲，南美洲，欧洲，亚洲北部。

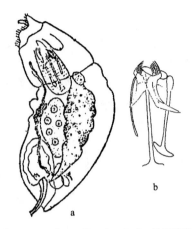

图 406 沟痕异尾轮虫 *Trichocerca sulcata* (Jennings)（a 仿王家楫, 1961; b 仿 Koste, 1978）

a. 侧面观（lateral view）; b. 咀嚼器（trophi）

(397) 孤独异尾轮虫 *Trichocerca relicta* Donner, 1950（图 407）

Trichocerca relicta Donner, 1950a: 147.

形态 体纵长，背侧略弯曲，腹面较平直，近似圆筒形，后端较细。在收缩的标本中可看出，左前端仅有 5 个皱褶，右面比较高，同时具有 1 箭头状片突。脊状突起在背缘下方向右斜伸到躯干中部。杖型咀嚼器极不对称，左侧远较右侧发达; 左槌柄和砧基末端膨大，均呈倒拐杖型。趾等长，弯曲，并有 2、3 个附趾。有背、侧触手。

标本测量 被甲长：105-125μm; 趾长：30-32μm。

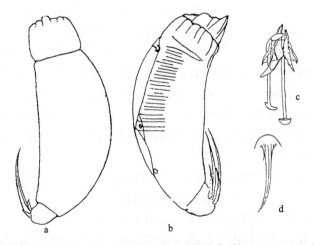

图 407 孤独异尾轮虫 *Trichocerca relicta* Donner（a, b 仿龚循矩, 1983; c, d 仿 Koste, 1978）

a, b. 侧面观（lateral view）; c. 咀嚼器（trophi）; d. 趾和附趾（toe and spinous）

生态 孤独异尾轮虫一般以周丛生物形式出现，有时活动在池塘的苔藓植物间。在我国分布比较广泛，在北京、海南、山东、西藏的一些水域均被观察到。上文是根据 1976

年 8 月 17 日采自西藏昌都一小水池中的标本进行描述的，当时气温 18℃，水温 13℃，pH 7.0，海拔 3800m。

地理分布　北京、山东、吉林（长白山）、湖北（武汉）、海南、青海（西宁）、西藏（类乌齐）；北美洲，南美洲，太平洋地区，欧洲，亚洲北部。

(398) 腕状异尾轮虫 *Trichocerca brachyura* (Gosse, 1851)（图 408）

Monocerca brachyura Gosse, 1851: 199.
Coelopus brachyurus: Hudson *et* Gosse, 1886: 69.
Trichocerca brachyura: Koste, 1978: 385.

形态　背甲显著弯曲略呈半圆形；腹面略内凹。头部甲鞘孔口边缘相当简单，在甲鞘周围有若干纵长的褶痕，把头部隔成不少纵长的褶片；其中左侧的 1 个褶片，它的顶端总是高出其他褶片的顶端，形成 1 钝圆的齿。通常没有脊状隆起的存在，但在少数标本，有时在偏背面中央左边一些有 1 条少许高起来的痕迹。被甲背面往往还有 1 横纹区域；在有脊状隆起痕迹的个体，横纹区域尤为显著。足系短而宽的倒圆锥形。趾 1 对，几乎同样长短，左趾总是比右趾略长一些，或多或少向腹面弯转。自左右 2 趾的基部各有 1 很短的附趾伸出。咀嚼板相当发达，很不对称，右侧的槌柄远较左侧的细而短。眼点位于脑的后端；背触手着生于横纹区域；侧触手则位于身体 1/3 的后端。

标本测量　体长：90-117μm；左趾长：32μm；右趾长：23μm；咀嚼板长：30-36μm。

生态　腕状异尾轮虫是一广生性种类；在不同类型的淡水水体中，特别是长有水生植物的沼泽、池塘和浅水湖泊中均可能发现它的踪迹。上文是根据采自湖北汉阳一沼泽化水体中的标本描述的。

地理分布　海南、湖北（武汉）、西藏（错那、康马、拉萨、亚东）；澳大利亚，新西兰，南极地区，非洲，北美洲，南美洲，东南亚，欧洲，亚洲北部。

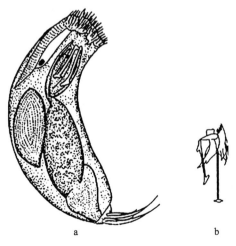

图 408　腕状异尾轮虫 *Trichocerca brachyura* (Gosse)（a 仿 Rudescu, 1960；b 仿王家楫, 1961）

a. 侧面观（lateral view）；b. 咀嚼器（trophi）

(399) 钩状异尾轮虫 *Trichocerca uncinata* (Voigt, 1902)（图 409）

Coelopus uncinatus Voigt, 1902: 679.

Diurella uncinata: Jennings, 1903: 319.

Trichocerca uncinata: Koste, 1978: 386.

形态 体较壮实，头部较狭；背部弯曲，腹面平直。头部甲鞘周围有若干纵长的褶痕；在背侧有 1 向腹面弯曲的长棘，在该棘的左侧下方有舌状的突起。颈环不明显。眼点 1 个，大。足短；趾不等长而弯曲，它的长度不足体长的 1/2。咀嚼器杖型，左右极不对称；左槌钩棒状，多齿；右槌钩短而粗，2 齿，左槌柄长圆柱形，末端膨大呈扇形；砧基末端和槌柄一样，膨大呈扇形，左砧枝基翼长，水平延伸，末端呈钩状。

标本测量 体长：65-95μm；左趾长：12-27μm；右趾长：10-25μm；咀嚼器长：27μm；前棘长：14-26μm。

生态 钩状异尾轮虫一般分布于各类淡水小水体中，在藻类水华、沙栖生物或周丛生物中均可发现。pH 的适应范围为 5.0-7.0，温度为 5.0-24.0℃。本种于 1995 年 3 月采自云南玉溪澄江抚仙湖。

地理分布 云南（玉溪）；北美洲，欧洲，亚洲北部。

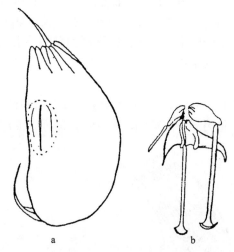

图 409 钩状异尾轮虫 *Trichocerca uncinata* (Voigt)
a. 侧面观（lateral view）；b. 咀嚼器（trophi）

(400) 韦氏异尾轮虫 *Trichocerca weberi* (Jennings, 1903)（图 410）

Diurella weberi Jennings, 1903: 309.

Trichocerca weberi: Koste, 1978: 387.

形态 被甲短而粗壮，后半部显著地比前半部瘦弱。被甲头部与躯干部交界之处有

1 不很明显的紧缩痕迹。甲鞘前端孔口边缘的左侧具有 1 大而接近半圆形的舌状突起。甲鞘前端边缘的背面中央有 1 大而很突出的矛状齿。1 片形似龙骨的脊状隆起，自矛状齿的基部开始向后伸展，一直达到体长 2/3 的后端；隆起相当高，比较薄而很透明，外表上有排列很整齐的横纹。足比较粗壮，系宽阔的倒圆锥形。趾 1 对，左趾略比右趾长，基部有 3、4 个很短而不甚显著的附趾。咀嚼板很发达，两侧很不对称，右侧的砧板和槌板远较左侧的细而短。眼点位于脑后端的右侧。背触手位于脊状隆起的左侧；侧触手 1 对，右侧触手在身体 2/3 的后端，左侧触手则在身体的中部附近。

　　标本测量　被甲长：95-133μm；左趾长：30-45μm；右趾长：可达 42μm。

　　生态　韦氏异尾轮虫是一广生性种类，几乎遍布全国，凡是沉水植物比较繁茂的沼泽、池塘、湖泊等的沿岸带都有存在的可能。

　　地理分布　云南、湖北（武汉）、北京、浙江（湖州）、上海、江苏（无锡）、安徽（芜湖）、西藏（措勤）；澳大利亚，新西兰，非洲，北美洲，南美洲，东南亚，太平洋地区，欧洲，亚洲北部。

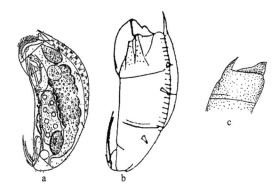

图 410　韦氏异尾轮虫 *Trichocerca weberi* (Jennings)（a 仿王家楫，1961；b, c 仿 Koste, 1978）
a. 侧面观（lateral view）；b. 收缩的虫体（contracted body）；c. 头部（head）

(401) 纤巧异尾轮虫 *Trichocerca tenuior* (Gosse, 1886)（图 411）

Coelopus tenuior Gosse, 1886, In: Hudson *et* Gosse, 1886: 68.
Diurella tenuior: Jennings, 1903: 308.
Trichocerca tenuior: Koste, 1978: 387.

　　形态　被甲纵长，接近圆筒形。背面很显著地凸出，腹面略凹。有紧缩的颈圈；头部甲鞘上也有纵长的褶痕，将头部的前半部隔成不少纵长的褶片，当完全收缩时，褶片凸出的顶端缩小到甲鞘的孔口。甲鞘前端有 1 相当发达的尖齿。1 条纵长斜行的脊状隆起，自尖齿的基部起伸展到本体的中部或稍稍往下延伸一些，表面有显著的横纹可见。足相当发达，呈宽的圆锥形，与躯干部的分界明显。趾 1 对，不等长。左趾长约为体长的 1/2，右趾等于或短于左趾长的 1/2。附趾基部较宽，外侧有细刺。咀嚼器很不对称，退化的右侧槌柄已非常短而细；左槌柄和趾基一样，呈倒拐杖型。眼点位于脑的后端；

背触手位于眼点前面；侧触手 1 对，从靠近躯干部后端的两旁射出。

标本测量　全长：225μm；体长：160μm；左趾长：65μm。

生态　纤巧异尾轮虫是一广生性种类，分布广泛，各种淡水湖泊、池塘等水体中均可发现，在藻类水华群丛间及沿岸的水生植物、沙栖生物间也可能有它的踪迹。

地理分布　云南（昆明）、安徽（芜湖）；澳大利亚，新西兰，非洲，北美洲，南美洲，东南亚，太平洋地区，欧洲，亚洲北部。

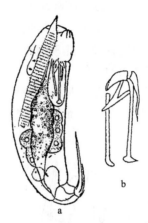

图 411　纤巧异尾轮虫 Trichocerca tenuior (Gosse)（仿王家楫, 1961）

a. 侧面观（lateral view）；b. 咀嚼器（trophi）

(402) 中型异尾轮虫 *Trichocerca intermedia* (Stenroos, 1898)（图 412）

Coelopus intermedia Stenroos, 1898: 150.

Trichocera intermedia: Koste, 1978: 388.

形态　体细长，头部相对较大，略向腹面倾斜；在甲鞘上隆脊延伸到体之中部，表面有密集的横纹。头部与躯干部之间有颈环。在个体收缩时，头部前端有 9 个指状褶痕，

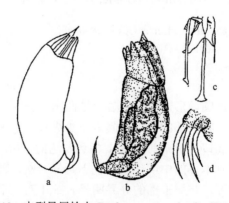

图 412　中型异尾轮虫 *Trichocerca intermedia* (Stenroos)

a. 侧面观（lateral view）；b. 侧面观，示隆脊（lateral view, showing crest）；c. 咀嚼器（trophi）；d. 足和趾（foot and toe）

背侧有 1 个棘齿。在身体的 1/3 后端明显变窄。足较发达，似呈梯形；趾 1 对，较短，等长或接近等长，基部靠在一起且折向腹面，并有 2 个较长的附趾；趾长约为体长的 1/3。杖形咀嚼器，发达，左槌柄末端两侧突起，呈"丁"字形。侧触手 1 对，极不对称，左侧触手位于躯干前半部，右侧触手则在躯干部下端。

标本测量 体长：90-106μm；左趾长：23-30μm；咀嚼器长：33μm。

生态 中型异尾轮虫分布较广，流水、静水中均可生存，在云南石林、大理、澄江等地均有分布。本种于 1995 年采自云南石林一小水池，当时水温 19℃，pH 约为 7。

地理分布 云南（石林、大理、昆明）、北京；澳大利亚，新西兰，北美洲，南美洲，太平洋地区，欧洲，亚洲北部。

(403) 尖头异尾轮虫 *Trichocerca tigris* (Müller, 1786)（图 413）

Trichoda tigris Müller, 1786: 206.

Diuralla tigris: Bory de St. Vincent, 1824a: 568.

Notommata tigris: Ehrenberg, 1833: 215.

Plagiognatha tigris: Dujardin, 1841: 652.

Scaridium tigris: Schoch, 1868: 30.

Rattulus tigris: Hudson *et* Gosse, 1886: 65.

Trichocerca tigris: Koste, 1978: 389.

形态 被甲呈圆筒形，头部比较狭一些，有 1 紧缩的颈圈。甲鞘前端有 1 相当发达的尖齿。有 1 条纵长斜行的脊状隆起，自尖齿的基部起逐渐向后并向左扭转；脊状隆起的左侧，在外表上也有显著的横纹可见。足相当长，很明显地突出于被甲的后端。趾 1 对，较长，约为体长的 1/2，等长或有小的差别，基部分开，相当粗壮，逐渐向末端尖削，都或多或少向腹面弯转。很短的附趾至少有 8 个。咀嚼板发达，但左右很不对称：左侧

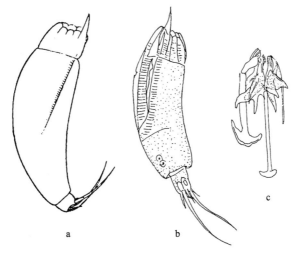

图 413 尖头异尾轮虫 *Trichocerca tigris* (Müller)（a 仿龚循矩, 1983；b, c 仿 Koste, 1978）

a, b. 侧面观（lateral view）；c. 咀嚼器（trophi）

的槌柄非常粗而长，右侧的槌柄几乎只留一些退化的针状痕迹。眼点位于脑的后端；背触手位于颈圈的下面，侧触手则着生在本体 1/3 的后端。

标本测量 全长：265μm；体长：186μm；趾长：79μm。

生态 本种是一广生性种类，凡是挺水植物和沉水植物比较繁茂的沼泽、池塘、湖泊中都可能有它的存在。

地理分布 海南、云南、湖北（武汉）、湖南（岳阳）、北京、青海（西宁）、浙江（宁波）、上海、江苏（无锡）、西藏（察隅、措美、错那、亚东、康马）；澳大利亚，新西兰，非洲，南极地区，北美洲，南美洲，东南亚，太平洋地区，欧洲，亚洲北部。

(404) 特异异尾轮虫 *Trichocerca insignis* (Herrick, 1885)（图 414）

Diurella insignis Herrick, 1885: 43-62.

Trichocerca insignis: Koste, 1978: 392.

形态 被甲纵长，略呈圆筒形，躯干部后半部比前半部更瘦削。头部甲鞘上有不少纵长的褶痕，形成一定数目的纵长褶片。头部有 2 个相当发达的尖齿，右齿远较左齿为长，但也有一定程度的变异。被甲上具有 1 条纵长斜行的脊状隆起，自尖齿的基部起逐渐向后并向左扭转，一直到本体全长 3/4 的后端为止。足呈倒圆锥形，相当短；趾 1 对，并非同样长短：左趾比较大，它的长度为本体长度的 1/3-1/2；右趾长度约为左趾长的 1/2。附趾 1 对，左侧的附趾略长于右侧。咀嚼板很发达，左右高度不对称，右侧的砧板和槌板较左侧的细而小。眼点位于脑的后端；侧触手 1 对，分别自本体 1/4 的后端两旁射出。

标本测量 全长：320-370μm；体长：200-250μm；左趾长：90-120μm；右趾长：50-55μm。

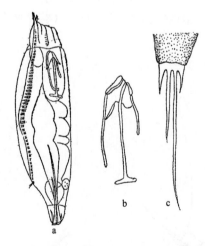

图 414 特异异尾轮虫 *Trichocerca insignis* (Herrick)（a 仿王家楫，1961；b, c 仿 Rudescu, 1960）

a. 侧面观（lateral view）；b. 咀嚼器（trophi）；c. 足和趾（foot and toe）

生态 特异异尾轮虫一般以周丛生物的形式出现，偶尔也能在浮游生物中找到；一般习居于静水或流水的小水体中，有时在苔藓中也可发现。本种采自浙江宁波东钱湖的水草丛中。

　　地理分布　海南、北京、广西（南宁）、浙江（宁波）、新疆、安徽（芜湖）；澳大利亚，新西兰，非洲，北美洲，南美洲，东南亚，太平洋地区，欧洲，亚洲北部。

(405) 瓷甲异尾轮虫 *Trichocerca porcellus* (Gosse, 1851)（图 415）

Monocerca porcellus Gosse, 1851: 199.

Coelopus porcellus: Harring *et* Myers, 1886: 67.

Trichocerca porcellus: Koste, 1978: 390.

　　形态　被甲短而粗壮，后半部与前半部几乎同样宽阔；颈圈不明显。在头部前端有2个显著突出并紧靠在一起的尖齿，右齿略长于左齿。1 片不很发达的脊状隆起，自右面1 个大的尖齿的基部起向后伸展，一直到达被甲躯干部的中央或再后一些为止；隆起表面具有相当显著的横纹。足相当粗壮，系宽阔的倒圆锥形；趾 1 对，几乎同样长短；但左趾总比右趾长一些，约为体长的 1/3。左右 2 趾的基部各附有 2 个附趾。咀嚼板相当发达，很不对称，左侧的槌柄远较右侧的粗而长。眼点位于脑的后端。背触手自脊状隆起的左侧下沉凹痕的前端射出；侧触手 1 对，位于身体的后端。

　　标本测量　体长：144μm；左趾长：50μm。

　　生态　瓷甲异尾轮虫是一广生性种类，有时可作贫营养水域的指示种（Sládecek, 1973），在碱性水体中的个体比酸性水体中的个体大一些。该种遍布于沉水植物比较多的沼泽、池塘、浅水湖泊中，本种采自浙江菱湖一池塘中。

　　地理分布　海南、云南、湖北（武汉）、北京、吉林（长白山）、浙江（湖州）、安徽（芜湖）；澳大利亚，新西兰，非洲，北美洲，南美洲，东南亚，欧洲，亚洲北部。

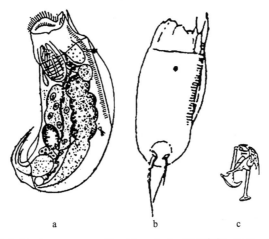

图 415　瓷甲异尾轮虫 *Trichocerca porcellus* (Gosse)（a 仿王家楫, 1961；b, c 仿 Koste, 1978）

a. 侧面观（lateral view）；b. 腹面观（ventral view）；c. 咀嚼器（trophi）

(406) 臀棘异尾轮虫 *Trichocerca pygocera* (Wiszniewski, 1932)（图 416）

Diurella pygocera Wiszniewski, 1932: 97.
Trichocerca pygocera: Koste, 1978: 391.

形态　体短而粗壮；背面呈弓形，腹面平直；颈圈不明显。头部甲鞘上有不少纵长的褶痕，形成一定数目的褶片。头部前端有长短不等的 2 个棘刺，似背、腹相对，在背侧的棘长而尖，向腹面弯曲。在腹侧的短而粗壮。在身体后端的一侧有 1 向背面弯曲的小齿，这是与奇异异尾轮虫 *T. taurocephala* 的不同之处。足细长；左趾小于 1/2 体长，腹向弯曲。杖型咀嚼器，左右极不对称；右槌柄细长，左槌柄末端膨大呈拐杖型；右砧枝的基翼分叉。

标本测量　体长：110-128μm；左趾长：34μm；右趾长：24μm；前棘刺长：26μm。

生态　臀棘异尾轮虫虽是沙栖性生物，但在河流中也能发现。本种是根据海南琼海万泉河获得的标本描述的，当时水温 20℃，pH 6.0 左右。

地理分布　海南（琼海）；欧洲，亚洲北部。

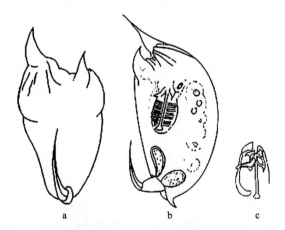

图 416　臀棘异尾轮虫 *Trichocerca pygocera* (Wiszniewski)
a. 腹面观（ventral view）；b. 侧面观（lateral view）；c. 咀嚼器（trophi）

(407) 奇异异尾轮虫 *Trichocerca taurocephala* (Hauer, 1931)（图 417）

Diurella taurocephala Hauer, 1931b: 173.
Trichocerca taurocephala: Koste, 1978: 391.

形态　在外形上与臀棘异尾轮虫较为相似。头部较大，在甲鞘上有若干褶痕；并由 1 横褶与躯干部分开。躯干部相对较细长；被甲背面末端无弯曲小齿（与臀棘异尾轮虫 *T. pygocera* 不同）；头部前端有长短不等的 2 棘刺，间隔较远，其中右棘刺较长，向内弯转。眼点 1 个，很大，位于脑的后面。杖型咀嚼器，左右不对称，右槌柄纤细，远短于左槌柄；左槌柄发达呈倒拐杖型；左砧枝具有很长的水平延伸的基翼。足粗壮，趾 1 对，不等长，腹向弯曲，左趾比右趾长，但也不足体长的 1/2。

标本测量　全长：135-160μm；体长：100-120μm；左趾长：38-41μm；右趾长：17-18μm；咀嚼器长：33μm。

生态　奇异异尾轮虫习居于咸淡水中，有时出没于水生植物之间，以周丛生物方式存在。本种采自北京清水河上游水草体表，该河水清，缓流，底质泥和石，有水草。当时水温 15℃，pH 7.6。

地理分布　北京、安徽（芜湖）；北美洲，欧洲，亚洲北部。

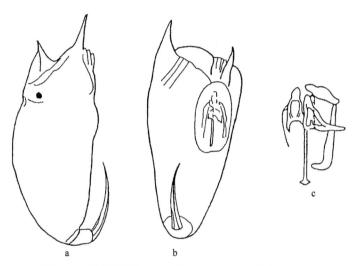

图 417　奇异异尾轮虫 *Trichocerca taurocephala* (Hauer)
a. 侧面观（lateral view）；b. 腹面观（ventral view）；c. 咀嚼器（trophi）

(408) 等棘异尾轮虫 *Trichocerca similis* (Wierzejski, 1893)（图 418）

Coelopus similes Wierzejski, 1893: 406.
Trichocerca stylata f. *monolesia* Hauer, 1937: 296.
Diurella stylata: Wang, 1961: 214.

形态　被甲纵长，末端较细，呈倒圆锥形。头部甲鞘相当宽而短，与躯干部交界处有 1 颈环凹痕。头部甲鞘的腹面和两侧具有不少纵长的褶痕，当身体收缩时，形成许多纵长的褶片。头部背面具有 2 个同样长短、有时能活动或交叉的棘刺。2 棘刺下面有脊状隆起，虽低矮但比较清楚，脊状隆起间有狭长的横纹区。足 2 节，基节发达，很宽阔；末节较细，呈圆柱形。被甲末端像屋顶样覆盖在基节上方。趾 1 对，左趾略长于右趾，基部有附趾。杖型咀嚼器，不对称，左侧比右侧发达，砧枝两侧的基翼呈尖角状。背触手 1 个，位于颈圈下面横纹区；侧触手 1 对，极不对称，左侧触手自身体前半部伸出，右侧触手从躯干部中下端伸出。

《中国淡水轮虫志》一书中的对棘同尾轮虫 *Diurella stylata* 应为本种。

标本测量　全长：176-280μm；体长：140-200μm；左趾长：50-80μm；右趾长：30-50μm。

生态　本种是广生性种类，分布很广，一般在贫-中营养型的水体中较多，是典型的浮游性种类。曾是湖北武汉东湖的优势轮虫。

地理分布　海南、云南、湖北（武汉）、湖南（岳阳）、北京、安徽（芜湖）、西藏（札达、拉萨）；澳大利亚，新西兰，非洲，北美洲，南美洲，东南亚，太平洋地区，欧洲，亚洲北部。

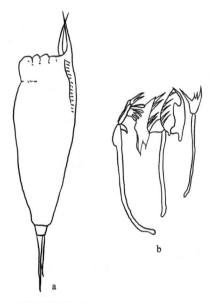

图 418　等棘异尾轮虫 Trichocerca similis (Wierzejski)

a. 侧面观（lateral view）；b. 咀嚼器（trophi）

(409) 双齿异尾轮虫 Trichocerca bidens (Lucks, 1912)（图 419）

Diurella bidens Lucks, 1912: 66.

Diurella cavia Gosse, 1927: 144.

Trichocerca bidens Ahlstom 1938: 88-110.

形态　被甲相当粗壮而坚实，在头部背侧具有 2 个相当大又大致等长的尖头齿，齿上有明显的横纹。头部腹面和两侧还有少数纵长的褶痕，把甲鞘隔成若干褶片；褶片上也具有横纹，当前端孔口收缩时，这些褶片顶端就或多或少尖锐化而密集在一起，所以呈多个尖头齿的顶端。在颈部有时有 3 个横褶。被甲背面没有脊状隆起的存在，但有 1 明显的凹沟。足短而宽，呈倒圆锥形。趾 1 对，等长，略向腹面弯转；趾长约为体长的1/3。左右趾的基部还有较长的附趾。咀嚼器相当发达，很不对称，右侧槌板远较左侧的细而短，左侧槌柄呈拐杖型。眼点位于脑的后端。背触手在头部中间；侧触手 1 对，位于躯干部的中下端。

标本测量　全长：200-230μm；体长：150-175μm；趾长：50-60μm。

生态　双齿异尾轮虫是一广生性种类；往往生活于酸性水域中，一般以底栖生活为主，居住环境限于水生植物多的沼泽、池塘及浅水湖泊的沿岸带。

地理分布　海南、云南、湖北（武汉）、北京、吉林（长白山）、浙江（宁波）、西藏（察隅、措美、错那、亚东）；澳大利亚，新西兰，非洲，南极地区，北美洲，南美洲，东南亚，太平洋地区，欧洲，亚洲北部。

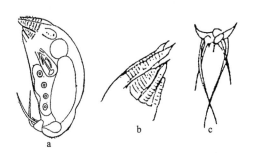

图 419　双齿异尾轮虫 *Trichocerca bidens* (Lucks)（a 仿王家楫，1961；b, c 仿 Koste, 1978）

a. 侧面观（lateral view）; b. 头部（head）; c. 趾（toe）

(410) 海洋异尾轮虫 *Trichocerca marina* (Daday, 1890)（图 420）

Diurella marina Daday, 1890: 16.

Mastigocerca dubia Lauterborn, 1894: 213.

Rattulus marinus: de Beauchamp, 1907c: 148.

Rattulus henseni Zelinka, 1907: 1-181.

Trichocerca marina: Koste, 1978: 401.

形态　被甲纵长，背部外凸，腹面较平直，头部较长，有 1 颈环凹痕与躯干部分开。头部背面有 4-6 条具横纹的纵长折痕；同时在两侧各有 1 枚基部很宽、末端尖削的长刺，两侧之间常有 2、3 枚小刺。杖形咀嚼器，极不对称，左侧远较右侧发达。左趾较长，约为体长的 1/3；右趾及附趾很短。

标本测量　体长：100-129μm；左趾长：32-38μm。

生态　系典型的咸淡水种类，也可在海水中生活。1994 年 7 月 30 日采自福建莆田木兰溪下游与兴化湾交会的感潮河段，当时水温 27℃，pH 7.0。

在此介绍一有趣现象：有些个体的左趾长达体长的 2-4 倍，而且趾的后部通常卷曲盘绕或呈弹簧状。如用 5% 的氢氧化钠溶液处理标本，一段时间后长趾即行溶解、脱落，露出正常的趾。异尾轮属的许多种类，常常出现这种现象，这是因为这类轮虫在足腺的旁边还有 1 个大黏液泡，其开口在趾的基部，黏液自管口沿左趾排出体外，凝固后将原来的趾完全包裹在中间。

地理分布　福建（莆田）；澳大利亚，新西兰，非洲，南极地区，北美洲，南美洲，东南亚，太平洋地区，欧洲，亚洲北部。

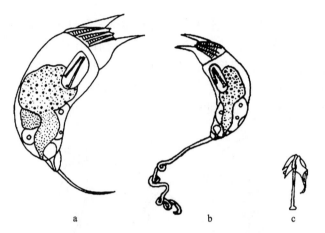

图 420　海洋异尾轮虫 *Trichocerca marina* (Daday)（仿许友勤, 1998）

a. 侧面观（lateral view）；b. 具带状黏液的个体（with ribbon-shaped mucus form）；c. 咀嚼器（trophi）

(411) 纵长异尾轮虫 *Trichocerca elongata* (Gosse, 1886)（图 421）

Mastigocerca elongata Gosse, 1886, In: Hudson *et* Gosse, 1886: 62.
Rattulus elongatus: Jennings, 1903: 337.
Trichocerca elongata: Koste, 1978: 395-397.

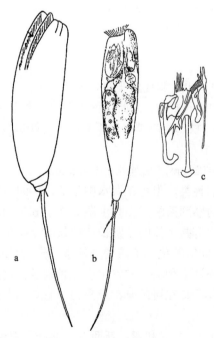

图 421　纵长异尾轮虫 *Trichocerca elongata* (Gosse)（a 仿 Pontin, 1978；b 仿王家楫, 1961；c 仿 Rudescu, 1960）

a. 侧面观，示隆脊（lateral view, showing crest）；b. 侧面观（lateral view）；c. 咀嚼器（trophi）

形态　被甲比较细长侧扁，背面有 2 条相对于二突异尾轮虫而言比较低的有横纹的脊状突起；自被甲前端向后延伸到约被甲前端 1/3 处，2 条脊状突起间形成 1 较宽的凹陷。在有些头部合拢的标本中还可看到 1 指状突出物。背触手帽状，从 2 条龙骨中间伸出；侧触手 1 对，自被甲后半部的两旁伸出；右侧的触手远较左侧的触手接近背面。足细长，趾 1 对，左趾基部较粗，远较右趾长，趾基部还有附趾。咀嚼板相当发达，很不对称，左侧远较右侧发达，左槌柄呈钩状，左砧枝末端有 3 个尖棘齿。被甲有时呈微红色到棕色，被甲表面有颗粒状物质。

标本测量　全长：525-680μm；体长：275-450μm；左趾长：160-350μm；右趾长：32-56μm。

生态　纵长异尾轮虫是一广生性种类，不同类型的淡水水体中均能发现，但一般在沉水植物茂盛的水体中个体较多。

地理分布　海南、云南、湖北（武汉）、吉林（长白山）、西藏（康马）；澳大利亚，新西兰，非洲，北美洲，南美洲，东南亚，欧洲，亚洲北部。

(412) 二突异尾轮虫 *Trichocerca bicristata* (Gosse, 1887)（图 422）

Mastigocerca bicristata Gosse, 1887a: 2.

Rattulus bicristatus: Jennings, 1903: 330.

Trichocerca bicristata: Koste, 1978: 395-397.

形态　体型较大，被甲侧面观略呈长卵圆形，头部与躯干部的交界点只在腹面具备

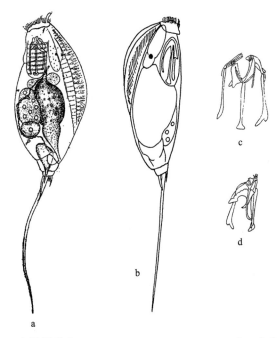

图 422　二突异尾轮虫 *Trichocerca bicristata* (Gosse)（仿王家楫，1961）

a, b. 侧面观（lateral view）；c. 咀嚼器背面观（dorsal view of trophi）；d. 咀嚼器侧面观（lateral view of trophi）

很明显紧缩起来的缺刻。背面具有 2 个很高而长有横纹的脊状隆起，自头部最前端起少许向左斜行，一直到 1/3 的后端为止，它们的中间形成 1 宽的"V"形纵长凹陷。被甲头部前端孔口边缘很简单而光滑。足比较粗壮；左趾很长，但比本体略短；并总是多少有些弯曲；右趾虽已退化，但还有一定的长度；此外还有若干个很短小的附趾。咀嚼板比较大而坚实，不对称，右侧的砧板和槌板比左侧的发达。砧基棒状，末端膨大，砧枝顶端具细齿；槌柄细长，末端呈"丁"字形。眼点相当显著，位于脑中央的后端。背触手自 2 个脊状隆起之间的凹沟沟底射出，在收缩的标本中，背触手位于眼点之后；侧触手从靠近躯干后端的两旁射出。

标本测量　全长：480-660μm；体长（包括足）：220-320μm；左趾长：200-320μm；右趾长：25-36μm。

生态　二突异尾轮虫在本属中属大型种类，也是一广生性种类。在沉水植物比较多的沼泽、池塘、浅水湖泊及大型或深水湖泊的沿岸带，都有这种异尾轮虫存在的可能。据报道，二突异尾轮虫还是贫营养型水体的指示种。

地理分布　湖北（武汉）、浙江（湖州）、上海、江苏（无锡）、安徽（芜湖）、西藏（芒康）；澳大利亚，新西兰，非洲，北美洲，南美洲，东南亚，太平洋地区，欧洲，亚洲北部。

(413) 双褶异尾轮虫 *Trichocerca vargai* Wulfert, 1961（图 423）

Trichocerca vargai Wulfert, 1961a: 96.

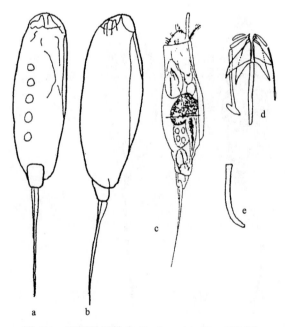

图 423　双褶异尾轮虫 *Trichocerca vargai* Wulfert

a. 腹面观（ventral view）；b, c. 侧面观（lateral view）；d. 咀嚼器（trophi）；e. 槌柄（manubrium）

形态　体纵长，在体后 1/3 的部分明显变窄；脊状突起长，无横纹，几乎占整个躯干部的 2/3；头部小，在收缩的标本中，周围有短的不发达的褶痕，其中背侧中央具短齿状双褶。左趾直，超过体长的 1/2；右趾短于 1/3 左趾。咀嚼器左右不对称，左侧远较右侧发达，左槌柄末端两侧均有突起；左槌钩多齿，砧枝的基翼很尖，有上砧枝出现。

标本测量　全长：270-320μm；左趾长：74-80μm；右趾长：14-17μm；咀嚼器长：22-28μm。

生态　双褶异尾轮虫一般在秋季出现，喜居于有水草的酸性池塘等小水体中。该种于 1995 年 7 月从采自吉林长白山一有水草生长、有机质特别丰富的小水塘样品中发现；当时水温 26℃，pH 6.0。

地理分布　吉林（长白山）；欧洲，亚洲北部。

(414) 冠饰异尾轮虫 *Trichocerca lophoessa* (Gosse, 1886)（图 424）

Mastigocerca lophoessa Gosse, 1886, In: Hudson *et* Gosse, 1886: 60.

Mastigocerca rectocaudatus Hilgendorf, 1899: 120.

Rattulus lophoessus: Jennings, 1903: 334.

Trichocerca lophoessa: Koste, 1978: 398.

形态　被甲系比较长的卵圆形，头部与躯干部交界处的腹面和两旁有 1 明显紧缩的颈圈，偏于背面的右侧，自被甲头部的最前端起一直到躯干部的最后端，有 1 很长而比较高的脊状隆起，表面有分叉的横纹。足的左边大部分被被甲后端掩盖。左趾近乎笔直，相当长，约为体长的 2/3；右趾短而细，末端往往弯转与左趾交叉。左右趾的两旁还有 1 极短细的附趾。咀嚼器发达，左右不对称，左边的砧板和槌板远较右边的大；砧枝具有

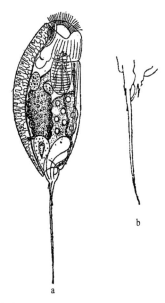

图 424　冠饰异尾轮虫 *Trichocerca lophoessa* (Gosse)（仿王家楫, 1961）

a. 侧面观（lateral view）；b. 趾（toe）

长而尖的基翼。眼点位于脑的左侧。背触手小，位于眼点之前，脊状突起左侧；侧触手则自被甲后半部两旁伸出。

标本测量　全长：300-415μm；体长：250-246μm；左趾长：160-180μm。

生态　冠饰异尾轮虫是分布相当广泛的种类，一般习居于水草丰富的池塘、湖泊及沼泽等水域。本种是根据采自湖北武汉东湖水草丛中获得的样本描述的。

地理分布　湖北（武汉）、浙江（湖州）、安徽（芜湖）、西藏（康马、八宿）；澳大利亚，新西兰，非洲，北美洲，南美洲，东南亚，欧洲，亚洲北部。

(415) 鼠异尾轮虫指名亚种 *Trichocerca rattus rattus* (Müller, 1776)（图 425）

Trichoda rattus Müller, 1776: 281.

Trichoda cricetus Schrank, 1803: 90.

Mastigocerca rattus: Hudson *et* Gosse, 1886: 62.

Acanthodactylus rattus: Tessin, 1886: 156.

Rattulus rattus: Jennings, 1903: 333.

Trichocerca cristata Harring, 1913b: 126.

形态　被甲系长卵圆形，具有 1 条或高或低较薄的呈龙骨状的脊状突起，自被甲最前端背面的左侧起一直向后斜行伸展到中部背面的右侧为止，但亦有龙骨突起退化的个体；背面上有宽阔的横纹区。足比较短，它的前端背部和两侧为被甲所掩盖。左趾很长，笔直，其长度有时可超过体长；右趾柔弱，甚至比最长的附趾还要短。咀嚼器不对称，左槌柄比右槌柄发达；左边砧枝基翼向下延伸，双角状；右侧则浑圆。背触手位于背面脊状突起的左方；侧触手 1 对，位于躯干后半部的两旁。

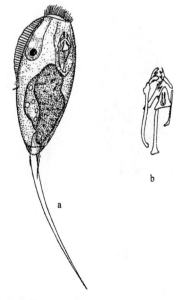

图 425　鼠异尾轮虫指名亚种 *Trichocerca rattus rattus* (Müller)（仿王家楫, 1961）

a. 侧面观（lateral view）；b. 咀嚼器（trophi）

标本测量　全长：280-400μm；体长：150-220μm；左趾长：130-192μm；右趾长：40-45μm。

生态　鼠异尾轮虫分布十分广泛，淡水、咸水中均可存在，不过主要还是出没于沉水植物较多的湖泊、河流和沼泽地。本种采自江苏无锡五里湖。

地理分布　海南、云南、湖北（武汉）、江苏（无锡）、吉林（长白山）、青海（西宁）、西藏（错那、康马、波密）；澳大利亚，新西兰，非洲，南极地区，北美洲，南美洲，东南亚，太平洋地区，欧洲，亚洲北部。

(416) 隆脊鼠异尾轮虫 *Trichocerca rattus carinata* (Ehrenberg, 1830)（图 426）

Mastigocerca rattus: Ehrenberg, 1830: 45.

Acanthodactylus carinatus Tessin, 1890: 156.

Rattulus carinatus: Jennings, 1903: 132; Hofsten, 1923: 829.

Trichocerca rattus: Wang, 1961: 224.

形态　《中国淡水轮虫志》中的鼠异尾轮虫即为本亚种。其主要特征是被甲前端背面自左侧向后伸展的脊状突起（龙骨突起）十分高，约为其体高的 1/3；同时伸展至中部略后一些。头部前端的口孔亦较宽。

标本测量　全长：380μm；左趾长：200μm。

生态　隆脊鼠异尾轮虫的分布与指名亚种一样广泛而普遍，往往同时出现。

图 426　隆脊鼠异尾轮虫 *Trichocerca rattus carinata* (Ehrenberg)（仿王家楫, 1961）

侧面观（lateral view）

地理分布 湖北（武汉）、北京；澳大利亚，新西兰，非洲，北美洲，南美洲，东南亚，欧洲，亚洲北部。

(417) 细异尾轮虫 *Trichocerca gracilis* (Tessin, 1890)（图 427）

Acanthodactylus gracilis Tessin, 1890: 155.
Trichocerca gracilis: Koste, 1978: 400.

形态 被甲纵长而略微弯曲，背面略微凸出，腹面少许凹入或接近平直。1 条低矮的脊状突起自右侧的头部逐渐斜向背部一直伸展到足的前面。被甲头部较躯干部狭，两者之间有 1 颈圈。头部被甲具有不少纵长皱褶。在收缩的标本中，孔口完全闭合。头部右侧和脊状隆起相连接，有 1 比较细小而尖锐的齿。足短而粗，左趾很长，其长度约为体长的 1/2；右趾短得多，约为左趾长度的 1/3，末端往往与左趾交叉；趾的基部有附趾。咀嚼器相当瘦弱，不对称，槌柄短而细，左槌柄则远较右槌柄粗壮而长。眼点远远地偏在背隆起的左边。背触手位于脊状隆起左方的被甲头部和躯干部交界之处。2 个侧触手位于身体后端 1/4 处。

标本测量 体长：160μm；左趾长：75μm；右趾长：28μm。

生态 细异尾轮虫一般习居于沉水植物茂盛的淡水湖泊、池塘及沼泽水体中。本种在西藏较普遍，在许多样品中发现了该种。

地理分布 北京、上海、江苏（无锡）、安徽（芜湖）、西藏（察隅、波密、错那、亚东、康马、江达、普兰、日土）；澳大利亚，新西兰，非洲，北美洲，南美洲，东南亚，欧洲，亚洲北部。

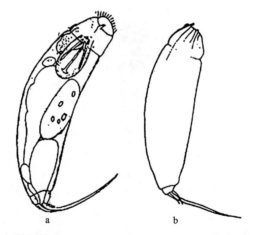

图 427 细异尾轮虫 *Trichocerca gracilis* (Tessin)（仿龚循矩，1983）
a. 侧面观，示内部结构（lateral view, showing internal structures）；b. 侧面观，示外部特征（lateral view, showing external features）

(418) 棘异尾轮虫 *Trichocerca stylata* (Gosse, 1851)（图 428）

Monocerca stylata Gosse, 1851: 199.

Mastigocerca stylata: Hudson *et* Gosse, 1886: 64.

Rattulus stylataus: Jennings, 1903: 338.

Trichocerca stylata: Koste, 1978: 401.

形态　本种在身体形态，特别是左右趾基部呈"S"形弯曲，与暗小异尾轮虫 *T. pusilla* 相似，但前者体型较大而趾较短。体略呈圆锥形，背部弯曲，腹部平直，头部较大，有 1 颈圈与躯干部分开，躯干部的后端明显变狭。头部前端呈波浪形，有乳状突起，无齿、棘或覆盖物。咀嚼器一般，亦不对称。眼点位于脑之中部。左右趾均比较短，基部呈"S"形弯曲，左趾不足体长的 1/3。侧触手位于身体中部附近。

标本测量　全长：180-230μm；体长：135-180μm；左趾长：45-50μm。

生态　棘异尾轮虫是一广生性种类，习居于湖泊、池塘等淡水水体中，是一种典型的浮游生物。

地理分布　海南、云南、湖北（武汉）、湖南（岳阳）；澳大利亚，新西兰，非洲，北美洲，南美洲，东南亚，太平洋地区，欧洲，亚洲北部。

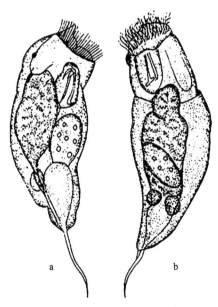

图 428　棘异尾轮虫 *Trichocerca stylata* (Gosse)

a. 右侧面观（right lateral view）；b. 左侧面观（left lateral view）

(419) 暗小异尾轮虫 *Trichocerca pusilla* (Jennings, 1903)（图 429）

Rattulus pusillus: Jennings, 1903: 339.

Trichocerca pusilla: Koste, 1978: 401.

形态　被甲短小而厚实，被甲前端亦呈波浪形，有乳状突起，具有很微弱的纵褶。

背面自头部右侧的最前端起有 1 狭小而下沉很浅的凹沟，一直斜行伸展到背面中央。被甲头部与躯干部交界处有 1 相当明显紧缩的刻纹或颈圈。足短小，左趾较长，超过体长的 1/3。基部或多或少略弯曲；右趾很短。此外，尚有附趾存在。咀嚼器左右不对称，砧枝具有发达向外伸展的尖的基翼。左槌柄细小，略弯曲；右槌柄短而呈柄状。眼点总位于脑末端背面，呈淡红色。侧触手 1 对，右侧较短，从足部射出；左侧从体后端 1/3 处射出。

标本测量　全长：110-175μm；体长：70-115μm；左趾长：40-60μm；咀嚼器长：30-31μm。

生态　暗小异尾轮虫是一广生性种类，广泛分布于湖泊、池塘中，亦可在咸淡水中生活，是一种典型的浮游生物。20 世纪 90 年代在湖北武汉东湖成为优势种群之一。

地理分布　海南、云南、湖北（武汉）、湖南（岳阳）、青海（西宁）、内蒙古；澳大利亚，新西兰，非洲，北美洲，南美洲，东南亚，太平洋地区，欧洲，亚洲北部。

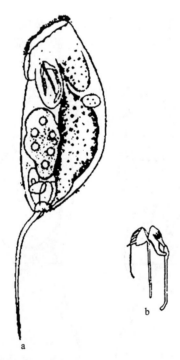

图 429　暗小异尾轮虫 *Trichocerca pusilla* (Jennings)（a 仿王家楫，1961；b 仿 Koste，1978）

a. 侧面观（lateral view）；b. 咀嚼器（trophi）

(420) 刺盖异尾轮虫 *Trichocerca capucina* (Wierzejski *et* Zacharias, 1893)（图 430）

Mastigocerca capucina Wierzejski et Zacharias, 1893: 242.

Rattulus capucinus: Jennings, 1903: 327.

Trichocerca capucina: Koste, 1978: 406.

形态　被甲呈纵长的圆筒形，十分透明。头部较躯干部狭，两者之间有 1 非常明显紧缩的颈圈。头部具有 5 对褶片和 2 个乳突，当头部收缩时，这些褶片的顶端都凸出而集合在一起，形成像贝壳一样的扇形边缘。头部背面具有 1 个很大的三角形甲鞘，犹如头盔远远地突出于头部的前面，并显著地弯向被甲腹面。足很短，系宽阔的倒圆锥形。左趾相当长，它的长度约为体长的 1/2，几乎笔直；右趾短，末端往往与左趾交叉；此外还有 2 个更短的附趾。咀嚼板很细长而弱，左右不对称。砧基棍棒状，末端略膨大；左右砧枝的基翼尖削；左右槌柄形态上相似，但左侧比右侧发达。眼点位于脑的背面，但不十分显著。背触手系 1 束短而很细的感觉毛，从头部背面三角形的甲鞘片射出。侧触手 1 对，远较背触手发达，从躯干后半部中央两侧射出。值得一提的是，刺盖异尾轮虫经福尔马林、鲁哥氏液固定后，内部结构仍清楚可见。

标本测量　全长：430μm；左趾长：126μm；三角形甲鞘长：68μm。

生态　刺盖异尾轮虫是一广生性种类，分布十分普遍；从最浅的沼泽到湖泊、池塘、河流均有发现的可能，在咸淡水中亦可生存。是一种典型的浮游生物。

地理分布　海南、湖北（武汉）、广东（南海）、黑龙江（哈尔滨）、江苏（无锡）、安徽（芜湖）；澳大利亚，新西兰，非洲，北美洲，南美洲，东南亚，欧洲，亚洲北部。

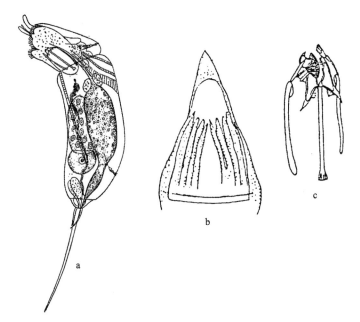

图 430　刺盖异尾轮虫 Trichocerca capucina (Wierzejski et Zacharias)（a 仿王家楫，1961；b, c 仿 Koste, 1978）

a. 侧面观（lateral view）；b. 头部收缩腹面观（ventral view of contracted head）；c. 咀嚼器（trophi）

(421) 细齿异尾轮虫 *Trichocerca iernis* (Gosse, 1887)（图 431）

Mastigocerca iernis Gosse, 1887c: 866.

Trichocerca microcornis Myers, 1942: 251.

形态 体纵长，呈纺锤形，头部较小，有 1 颈圈与躯干部分开。自被甲头部背面起一直到躯干部末端，有 1 条比较高而明显的脊状突起（或称龙骨），头部被甲还有若干纵长褶皱。身体前端靠近腹面有 1 细齿。足较宽，趾直或轻微弯曲；左趾较长，约为体长的 1/2；右趾退化，短于左趾的 1/3。咀嚼器不对称，左侧较右侧发达；砧基棒状，末端膨大，砧板两侧基翼尖削，左槌柄长，末端呈弯钩状；左槌钩有锯齿。侧触手 1 对，着生在不同部位。左侧触手着生的位置要高于右侧触手。

标本测量 全长：可达 308μm；体长：168-198μm；左趾长：80-100μm。

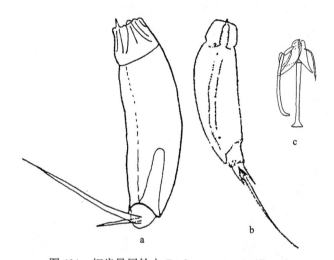

图 431 细齿异尾轮虫 *Trichocerca iernis* (Gosse)

a. 侧面观（lateral view）；b. 侧面观，示隆脊（lateral view, showing crest）；c. 咀嚼器（trophi）

生态 细齿异尾轮虫是一广生性种类，主要习居于静水或流水的水生植物间，或在其体表活动。1995 年 4 月 23 日采自北京玉渊潭内小水体中，水清，有水草和水绵分布。本种轮虫生活于这些水生植物的表面，当时水温 15℃，pH 8。

地理分布 北京；澳大利亚，新西兰，非洲，北美洲，南美洲，东南亚，太平洋地区，欧洲，亚洲北部。

(422) 圆筒异尾轮虫 *Trichocerca cylindrica* (Imhof, 1891)（图 432）

Mastigocerca cylindrica Imhof, 1891a: 37.

Trichocerca cylindrica: Koste, 1978: 403.

形态 被甲轮廓很接近圆桶形，腹面相当平直，背面略拱起。绝大多数个体，被甲背面前端即在背触手的后方，或多或少下沉而形成 1 微弱的凹陷。头部与躯干部尚可区别，但不明显，有时在交界处可见一些紧缩的痕迹。头部甲鞘比较长而狭，周围具有不少纵长的褶痕；当完全收缩时，甲鞘的孔口就会关闭起来；甲鞘的背面具有 1 相当细而长的刺钩，从背面伸出后，向腹面弯曲；从刺钩基部向后延伸为 1 具横纹的脊状突起直至躯干部末端。足呈倒圆锥形，基部相当粗壮。左趾细而很长，其长接近体长，有时能超过体长，笔直不弯曲；右趾退化，还有附趾存在，但很细小。咀嚼器左右基本对称。槌柄和砧基均很细长，末端略微膨大。眼点位于脑的中部背面，背触手特别长而发达；侧触手从躯干部中部两旁接近腹面的方向伸出。

标本测量　全长：542μm；体长：296μm；左趾长：256μm。

生态　圆筒异尾轮虫分布甚广，是一种典型的浮游生物。主要生活在湖泊、池塘、沼泽中。有时该种能分泌胶囊把身体绝大部分或小部分围裹在胶质中，以增加浮力。

地理分布　海南、云南、湖北（武汉）、湖南（岳阳）、江苏（无锡）、安徽（芜湖）；澳大利亚，新西兰，非洲，北美洲，南美洲，东南亚，欧洲，亚洲北部。

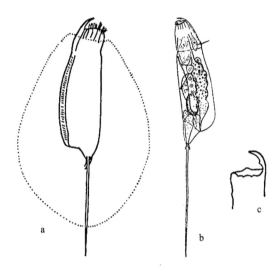

图 432　圆筒异尾轮虫 *Trichocerca cylindrica* (Imhof)（a, c 仿 Pontin, 1978；b 仿王家楫, 1961）

a. 侧面观，在胶囊中（lateral view, in case）；b. 侧面观（lateral view）；c. 被甲前端（anterior end of lorica）

(423) 垂毛异尾轮虫 *Trichocerca chattoni* (de Beauchamp, 1907)（图 433）

Rattulus chattoni de Beauchamp, 1907c: 154-156.

Trichocerca chattoni Shiel *et* Koste, 1992: 1-27.

形态　体呈圆筒形，个体收缩时，在头部前端有许多指状褶痕。背侧有 1 长棘，向腹面弯曲，该长棘的基部较宽，与增厚的脊状突起相连，其突起有横纹并延伸至体中部。显然，该种与圆筒异尾轮虫很相似，可是 Shiel 和 Koste（1992）认为，垂毛异尾轮虫个体要小和粗短些，左趾短，一般为体长的 2/3，右趾相对长一些；脊状突起延伸的位置也不同。生态习性也有差异；扫描电镜观察到它们的细微结构也有差别。因此有必要分为不同的种。

标本测量　全长：300-448μm；前端棘刺长：26-51μm；左趾长：115-140μm；右趾长：24-39μm。

生态　垂毛异尾轮虫在热带、亚热带水域较为常见，它是一种典型的浮游生物。采自海南琼海及亚龙湾小水沟的样品中有此种。

地理分布　海南（琼海）；澳大利亚，新西兰，非洲，南美洲，东南亚，欧洲，亚洲北部。

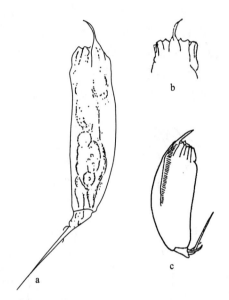

图 433　垂毛异尾轮虫 *Trichocerca chattoni* (de Beauchamp)

a. 侧面观（lateral view）；b. 被甲前端背面观（dorsal view of anterior end of lorica）；c. 收缩的虫体（contracted body）

(424) 长刺异尾轮虫 *Trichocerca longiseta* (Schrank, 1802)（图 434）

Vaginaria longiseta Schrank, 1802: 383.

Rattulus longiseta: Jennings, 1903: 323.

Trichocerca longiseta: Koste, 1978: 404.

形态　被甲纵长，体呈纺锤形。头部背面具有 2 根很发达的棘状长刺，右边 1 根远较左边 1 根长，两者向上伸出后都略向腹面弯曲。长刺是从下面稍偏右侧的被甲背面 2 条隆起的脊伸展出来的，两脊之间形成 1 纵长的浅沟，浅沟自被甲前端一直延伸到躯干部中部。由于两脊内部都附有肌肉纤维，纵长的浅沟从外表看起来具有横纹。被甲头部具有若干纵长的褶皱。前端除了 2 根长刺外，还有若干尖细的棘突出于两侧和腹面。趾 1 对，左趾很长，其长度约为体长的 2/3；右趾很短，有附趾存在。咀嚼器发达，不对称，左边的槌板远较右边的发达，脑点位于背面。背触手从浅沟内前半部伸出；2 个侧触手自身体 1/3 后端不同高度处伸出。

标本测量　全长：300-560μm；体长：200-370μm；前端长刺长：48-55μm；左趾长：100-230μm。

生态　长刺异尾轮虫系广生性种类，一般生活在沉水植物或沙栖生物间，除淡水水域外，咸淡水中也有可能找到。

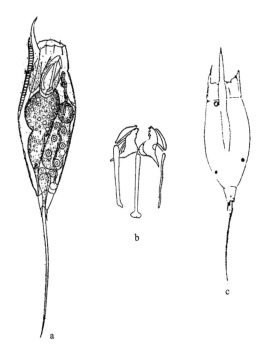

图 434　长刺异尾轮虫 *Trichocerca longiseta* (Schrank)（a 仿王家楫, 1961；b 仿 Rudescu, 1960；c 仿 Koste, 1978）

a. 侧面观（lateral view）；b. 咀嚼器（trophi）；c. 背面观（dorsal view）

地理分布　海南、云南、湖北（武汉）、北京、青海（西宁）、安徽（芜湖）、西藏（波密、拉萨、措美、芒康、日土）；澳大利亚，新西兰，非洲，北美洲，南美洲，东南亚，欧洲，亚洲北部。

(425) 红异尾轮虫 *Trichocerca rosea* (Stenroos, 1898)（图 435）

Mastigocerca rosea Stenroos, 1898: 146.

Rattulus roseus: Jennings, 1903: 341.

Trichocerca rosea: Koste, 1978: 405.

形态　该种与长刺异尾轮虫 *T. longiseta* 很相似。体纵长，头部与躯干部间有明显的颈圈，并有若干纵褶。在头部前端有一大一小基部厚实、末端尖削的 2 个棘刺；长棘刺的基部有 1 较低的隆脊，向下延伸直至侧触手的位置。身体后端 1/3 部分明显变窄；在其末端形成 1 个向背面弯曲的角状突起。足粗壮，左趾约与体长相等，右趾细小。咀嚼器不对称，砧枝的基翼有分叉，左槌柄末端一侧突起，弯曲。

标本测量　体长：260-370μm；左趾长：160-218μm；右趾长：<40μm。

生态　红异尾轮虫习居于苔藓池及湖泊的沿岸带。本种的描述是根据采自海南琼海一水清、塘边有挺水植物的小塘中的标本，当时水温 20℃，pH 6.0。

地理分布　海南（琼海）；澳大利亚，新西兰，北美洲，南美洲，欧洲，亚洲北部。

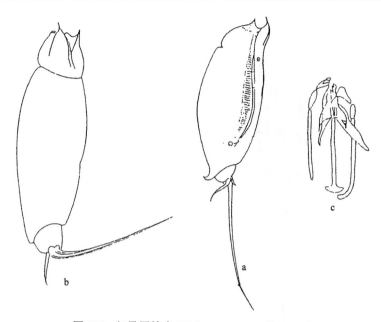

图 435　红异尾轮虫 *Trichocerca rosea* (Stenroos)

a. 侧面观（lateral view）；b. 腹面观（ventral view）；c. 咀嚼器（trophi）

56. 拟无柄轮属 *Ascomorphella* Wiszniewski, 1953

Ascomorphella Wiszniewski, 1953: 340.

Hertwigia Plate, 1886a: 26.

Type species: *Hertwigia volvocicola*=*Ascomorphella volvocicola* (Plate, 1886); by monotype.

　　形态　体呈囊袋形、卵圆形或筒形；无被甲或仅有一层很薄的被甲；无足；咀嚼器系少许变态的杖型。

　　本属只有 1 种，即团藻拟无柄轮虫 *Ascomorphella volvocicola*。在《中国淡水轮虫志》一书中，作者把该种放在腹尾轮科无柄轮属 *Ascomorpha* 中。

(426) 团藻拟无柄轮虫 *Ascomorphella volvocicola* (Plate, 1886)（图 436）

Hertwigia volvocicola Plate, 1886a: 26.

Ascomorpha volvocicola: Wang, 1961: 207.

　　形态　本种轮虫是寄生于美丽团藻 *Volvox aureus* 和球团藻 *V. globator* 群体中的种类。皮层较柔软，体型有较大的变化。身体呈宽阔的桶形，一般中间大而两头较狭，尤其是后半部比前半部更狭。躯干背部表面有 4 条、腹面有 2 条纵长肋纹。后端平直或少许凹入，无足，但有 2 个小的趾。晶囊轮虫型头冠，前端隆起，或多或少作半圆形突出，盘顶大而宽阔，它的周围只有 1 圈纤毛环，在背面中央具有 1 个很粗而长的、光滑而无纤毛的指头状的盘顶触手。咀嚼器系异尾轮虫型的变态杖型咀嚼器，左右两侧不十分对称。
砧基细而长，左右砧枝发达，末端具尖而弯曲的基翼；左右槌钩具 3 个尖齿，有前咽板
存在。胃由于吮吸团藻的细胞质而往往呈绿色，没有污秽泡。眼点位于脑的背面；背触
手 1 对，系很小的乳头状突起；侧触手位于身体末端肋条间。

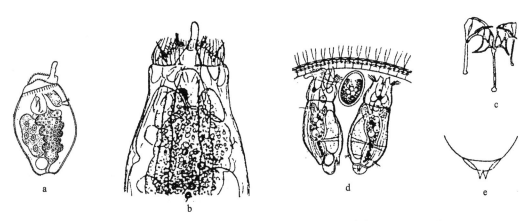

图 436　团藻拟无柄轮虫 *Ascomorphella volvocicola* (Plate)（a 仿王家楫, 1961；b-e 仿 Koste, 1978）
a. 收缩的虫体侧面观（lateral view, contracted body）；b. 背面观（dorsal view）；c. 咀嚼器（trophi）；d. 寄生在团藻中（in *Volvox*）；
e. 身体后部（posterior part of body）

标本测量　全长：95-160μm。

生态　团藻拟无柄轮虫除营寄生生活外，在静水水体中亦以浮游生物的方式存在。
湖北武汉东湖在春、秋季往往有许多个体出现。

地理分布　湖北（武汉）、西藏（仲巴）；澳大利亚，新西兰，非洲，北美洲，东南
亚，欧洲，亚洲北部。

十七、疣毛轮科 Synchaetidae Hudson *et* Gosse, 1886

Synchaetidae Hudson *et* Gosse, 1886: 112.

形态　体被柔软，只有少数种类有被甲；体呈钟形、梨形、圆锥形或囊袋形。头冠
呈晶囊轮虫型；头部前端两侧有或无纤毛耳，在靠近口的位置有粗刚毛。咀嚼囊中有结
构复杂的下咽肌，咀嚼器杖型。有足，趾出现或退化。

本科有 4 属：多肢轮属 *Polyarthra*、皱甲轮属 *Ploesoma*、疣毛轮属 *Synchaeta* 和伪皱
甲轮属 *Pseudoploesoma*，其中前 3 属在我国有发现。

属 检 索 表

1. 无足；体呈长方形或囊袋形；有发达而能动的附肢·····························**多肢轮属 *Polyarthra***

　有足；体呈钟形、倒圆锥形或梨形；无附肢···2

2. 无被甲；头冠两旁各有 1 很突出的纤毛耳····································**疣毛轮属 *Synchaeta***

有被甲，甲上往往有网状刻纹或沟和肋；无纤毛耳························皱甲轮属 *Ploesoma*

57. 疣毛轮属 *Synchaeta* Ehrenberg, 1832

Synchaeta Ehrenberg, 1832: 135.

Type species: *Synchaeta pectinata* Ehrenberg, 1832.

形态 体被柔软而透明，身体呈倒圆锥形或钟形。头冠宽阔，略向上突起，并有 4 根长而粗的刚毛；左右两侧各有 1 个很显著突出的纤毛耳，耳上的纤毛特别发达，作为身体运动的工具。足短，1 节，位于躯干部最后端；趾 1 对，短而小。咀嚼囊内的纤维肌肉高度发达，尤以具有横纹的"V"形肌肉更显而易见。咀嚼器杖型。本属种类的混交卵、休眠卵形态多样。

疣毛轮虫是常见的浮游种类，全世界已发现 30 多种，其中 20 多种是生活在咸水和海洋中的种类（Ruttner-Kolisko, 1974; Koste, 1978）。我国已描述 9 种。

种 检 索 表

1. 身体前端背面有 1 对角状突起·····························弯体疣毛轮虫 *S. arcifera*
   身体前端背面无角状突起··2
2. 趾 1 个··································单趾疣毛轮虫，新种 *S. monostyla* sp. nov.
   趾 1 对··3
3. 咀嚼器中的槌钩只有 1 个主齿，无附齿··4
   咀嚼器中的槌钩除了主齿外，还有数目不等的附齿····································6
4. 头冠盘顶的中央有 1 对短管状的、很显著的盘顶触手·······梳状疣毛轮虫 *S. pectinata*
   头冠盘顶的中央无盘顶触手··5
5. 体较大，躯干与足无明显分界····························尖尾疣毛轮虫 *S. stylata*
   体较小，躯干与足有明显分界····························长足疣毛轮虫 *S. longipes*
6. 侧触手位于体后 1/3 处的两侧··7
   侧触手位于足基部的两侧····························颤动疣毛轮虫 *S. tremula*
7. 身体在纤毛耳下方明显缢缩····················喜冷疣毛轮虫 *S. lakowitziana*
   身体在纤毛耳下方不缢缩··8
8. 体呈圆筒形，纤毛耳相对大，呈水平状态··············喜盐疣毛轮虫 *S. tavina*
   体呈钟形，纤毛耳相对小，呈倒挂状态·············长圆疣毛轮虫 *S. oblonga*

(427) 弯体疣毛轮虫 *Synchaeta arcifera* Xu, 1998（图 437）

Synchaeta arcifera Xu, 1998: 164-165.

形态 个体小，较透明，无真正的被甲，皮层薄而柔韧；身体前端的背面具 1 对弯向腹面的角状突起，后端呈尖角状，在活体或固定标本中均未观察到足和趾。虫体向腹面强烈地弯曲，收缩状态下，侧面观或多或少呈弯月形。背面观呈长圆筒形。头冠为晶囊轮虫型，上面有 4 根长而粗的刚毛，无盘顶触手，仅有若干束感觉毛。左右两侧各有 1 个突出的耳，耳上的纤毛发达，略呈倒挂状态。咀嚼囊很大，带横纹的"V"形肌肉非常发达。咀嚼器系典型的杖型，砧基和槌柄均很细长，槌柄外侧具翼膜，左右槌钩不对称，右槌钩有 6 齿，左槌钩有 7 齿，左右槌钩靠近内侧的 1 枚齿呈银杏叶状，其他各齿均为剑形。生活时胃呈墨绿色或黑褐色，胃内常有不同大小和形状且数量不定的黑色秽物。肠很短，肛门开口在身体后端 1/3 处的背面，有些个体不明显，有些个体肛门外突，非常发达。膀胱很大，位于体后端的背面。卵巢及卵黄腺在腹面。脑较大，**囊状**，位于咀嚼囊的背方；脑的背面有 1 暗红色眼点。背触手从身体前端的背方即 2 个角状突起的分叉处伸出，侧触手未观察到。腹神经 1 对，粗大，紧贴身体腹面，并有 2、3 个缢痕。雄虫尚未发现。

标本测量　体长：91-150μm；宽：54-60μm；背-腹厚：60-66μm。

生态　于 1993 年 11 月 20 日（当时水温 27℃，pH 7.0）及 1994 年 7 月 30 日（当时水温 31℃，pH 7.2）采自福建莆田木兰溪下游与兴化湾相接的感潮河流，该水域为典型的咸淡水交汇区域。河道中无沉水植物，与本种同时采得的还有囊状腔轮虫、曲腿龟甲轮虫等。弯体疣毛轮虫是典型的河口咸淡水浮游种类，其生长高峰在秋季。

地理分布　福建（莆田）；南美洲，欧洲，亚洲北部。

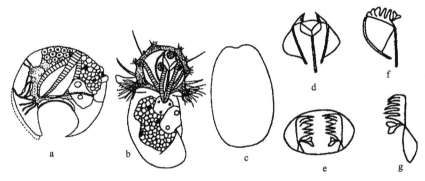

图 437　弯体疣毛轮虫 *Synchaeta arcifera* Xu（仿许友勤，1998）

a. 收缩的虫体侧面观（lateral view, contracted body）；b.活体腹面观（ventral view, of living individual）；c. 背面观（dorsal view）；d. 咀嚼器（trophi）；e. 咀嚼器顶面观（apical view of trophi）；f, g. 咀嚼器侧面观（lateral view of trophi）

(428) 单趾疣毛轮虫，新种 *Synchaeta monostyla* Zhuge *et* Huang, sp. nov.（图 438）

正模标本：石蜡封片，保存于中国科学院水生生物研究所。

形态　体呈倒钟形，头部前端稍突起，无盘顶触手。眼点分离，右侧的 1 个明显大于左侧的。卵黄核 6-8 个；胃大，位于体后端，内充满颗粒状食物。足短，趾 1 个，2 个足腺小；肛门在足基部的背侧。咀嚼器杖型：砧基细长，侧面观宽板状；砧枝三角形，在基部有很宽的基翼；槌柄外侧有半圆形的膜翼，在距基部 1/3 处的内外两侧均有尖突；槌钩的排列非常特别，这是与其他疣毛轮虫的重要区别，除了 1 个主齿外，左槌钩还具

3 个较尖的小附齿及 3 个较钝的小附齿，右槌钩具 3 个较尖的小附齿及 2 个钝的附齿。

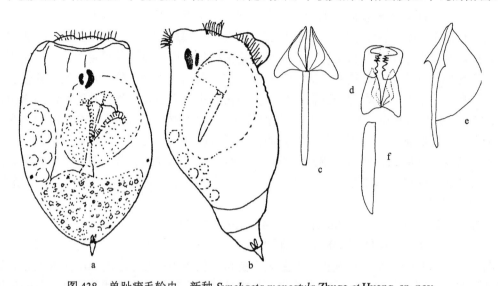

图 438 单趾疣毛轮虫，新种 *Synchaeta monostyla* Zhuge et Huang, sp. nov.
a. 背面观（dorsal view）；b. 侧面观（lateral view）；c. 砧板（incus）；d. 砧枝和槌钩（ramus and uncus）；e. 槌柄（manubrium）；
f. 砧基侧面观（fulcrum in lateral view）

标本测量 全长：105-135μm；宽：65-75μm；足长：7-10μm；趾长：4-6μm；咀嚼器长：48-52μm（砧基长：30μm；砧枝长：18μm；槌钩长：7-8μm；槌柄长：40μm）。

生态 单趾疣毛轮虫于 1995 年 4 月 24 日在北京付家台附近一鱼池中采得，该池底泥质，水较清，有水生植物生长；当时水温 15℃，pH 7.7。水样中还有巨头轮虫、异尾轮虫、须足轮虫、臂尾轮虫等 30 多种轮虫。

词源 本新种因为只有 1 个趾而被命名为 "*monostyla*"，意即单趾。

地理分布 湖北（武汉）、北京。

(429) 梳状疣毛轮虫 *Synchaeta pectinata* Ehrenberg, 1832（图 439）

Synchaeta pectinata Ehrenberg, 1832: 135.

形态 身体透明呈圆锥形或钟形，前端头部两侧在疣状突出的耳的部分最为宽阔。两侧的耳状突起较发达，有时呈倒挂状态，耳的末端有较长而密的纤毛。自耳的基部起，向上浮起而形成盘顶区，呈半圆形的突出；躯干部皮层外表具有若干环状的及纵长的条纹。头冠顶位，呈晶囊轮虫型，盘顶除 1 圈短的纤毛外，有 2 对长而发达的刚毛；盘顶的中央有 1 对短管状很显著的盘顶触手，它们的末端具 1 束密而比较长的感觉毛。咀嚼囊大，呈心脏形，具有高度发达的肌肉，其中有横纹的 "V" 形肌肉更显而易见。咀嚼器杖型，砧基细长，末端尖细，砧枝有明显基翼，槌柄发达，外侧有半圆形翼膜；槌钩内侧具细齿。足短而粗壮，趾 1 对，小而尖削。眼点呈暗红色至紫蓝色，位于脑的后端背面。背触手 1 个，位于头部背面；侧触手 1 对，自躯干部后端伸出。非混交卵的形态十分特殊。雄体仅为雌体的 1/2 大小，头冠简单，"耳"亦退化，但 4 根长的刚毛还存在。

标本测量　雌体长：360-590μm；雄体长：160μm。

生态　梳状疣毛轮虫系广生性浮游种类，分布极为普遍，各种不同类型的淡水水体乃至咸淡水中均有可能找到。

地理分布　海南、云南、湖北（武汉）、湖南（岳阳）、北京、青海（西宁）、安徽（芜湖）、西藏（吉隆）；澳大利亚，新西兰，非洲，北美洲，南美洲，东南亚，欧洲，亚洲北部。

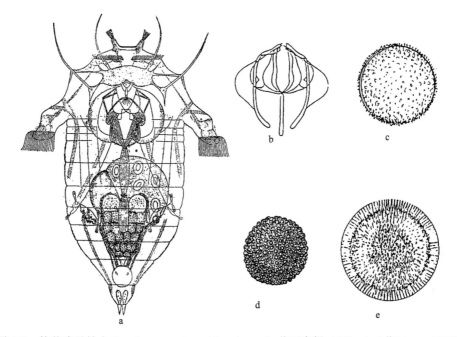

图 439　梳状疣毛轮虫 *Synchaeta pectinata* Ehrenberg（a 仿王家楫, 1961；b-d 仿 Koste, 1978）
a. 背面观（dorsal view）；b. 咀嚼器（trophi）；c. 非混交卵（amictic egg）；d, e. 休眠卵（resting egg）

(430) 尖尾疣毛轮虫 *Synchaeta stylata* Wierzejski, 1893（图 440）

Synchaeta stylata Wierzejski, 1893: 404.

形态　身体纵长，透明，躯干部自前至后明显变细。头冠顶位，呈晶囊轮虫型。盘顶广阔，向上隆起，除有 1 圈纤毛外，尚有 2 对长而粗的刚毛。盘顶中央有 2 束紧密并列在一起的感觉毛，但并无盘顶触手的存在。头冠两侧的疣状耳相当发达，显著地向后倒挂。咀嚼囊大，具有高度发达的肌肉，"V"形肌肉亦十分显著。杖型咀嚼器，砧基细长，末端尖细；砧枝两侧基翼发达；槌柄外侧有半圆形翼膜，内侧具齿。足长，基部较宽，因此与瘦削的躯干部之间无明显的分界线。趾 1 对，短小。眼点呈暗红色，位于脑的背面；背触手 1 个，位于头部背面；侧触手 1 对，由躯干部下端 1/3 处伸出，末端有 1 束纤毛。雄体瘦小，两侧的疣状"耳"已退化，但 2 对长刚毛仍然发达。非混交卵很特殊，外表具许多刚毛，卵内有许多油滴，悬浮在水中，在浮游物样品中经常发现，有时还误认为原生动物。

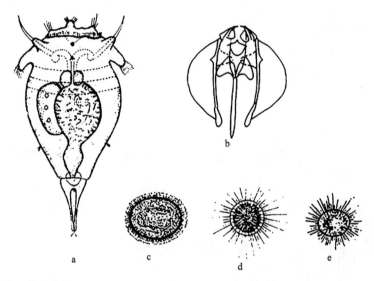

图 440　尖尾疣毛轮虫 *Synchaeta stylata* Wierzejski（a 仿王家楫, 1961；c-e 仿 Koste, 1978）
a. 背面观（dorsal view）；b. 咀嚼器（trophi）；c. 休眠卵（resting egg）；d. 非混交卵（amictic egg）；e. 雄卵（male egg）

标本测量　雌体长：220-300μm；雄体长：89μm。

生态　尖尾疣毛轮虫系喜温性轮虫，常常在水温较高的季节出现。一般在贫中营养型水体中较为常见，也可在咸淡水中发现。

地理分布　海南、湖北（武汉）、湖南（岳阳）、北京、云南（昆明）、江西（九江）、安徽（芜湖）；澳大利亚，新西兰，非洲，北美洲，南美洲，东南亚，欧洲，亚洲北部。

(431) 长足疣毛轮虫 *Synchaeta longipes* Gosse, 1887（图 441）

Synchaeta longipes Gosse, 1887a: 5.

形态　体略呈圆柱形，透明。盘顶区高度凸出，有 2 对长而粗的刚毛；头部前端呈宽三角形突起，顶端有细的感觉毛；两侧宽阔的纤毛耳伸向后方，呈倒挂状态。身体最宽处不似其他种类在前端两侧疣毛耳突出的部位，而是在身体中部稍靠后的侧触手处。足与身体分界明显，细而长，呈圆柱形，末端有 2 个短趾。杖型咀嚼器，砧基细长，末端不膨大；砧枝呈三角形，两侧无基翼；槌钩只有 1 个主齿而无附齿；槌柄细长，在外缘近前端 1/3 处有 1 尖突。

标本测量　全长：164-204μm；趾长：6-7μm。

生态　长足疣毛轮虫习居于营养类型较低的湖泊、池塘及河流中。在北京、海南、云南、湖南等地均有发现。

地理分布　海南、云南、湖南（岳阳）、北京、安徽（芜湖）；澳大利亚，新西兰，非洲，北美洲，南美洲，东南亚，欧洲，亚洲北部。

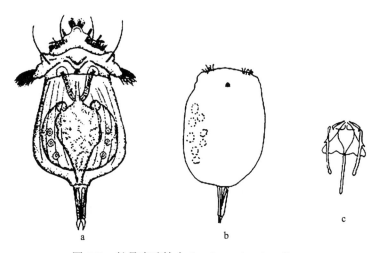

图 441　长足疣毛轮虫 *Synchaeta longipes* Gosse

a. 背面观（dorsal view）；b. 收缩的虫体（contracted body）；c. 咀嚼器（trophi）

(432) 颤动疣毛轮虫 *Synchaeta tremula* (Müller, 1786)（图 442）

Vorticella tremula Müller, 1786: 280.

Furcularia tremula: Bleinville, 1830: 152.

Synchaeta tremula: von Hofsten, 1909: 36.

形态　身体呈圆锥形，透明或略呈淡黄色；全身最宽处位于最前端，由前向后逐渐尖削。头部虽宽阔但很短；躯干部皮层具有若干条横纹及较密集的纵纹，使躯干部外表形成褶皱状态。头冠顶位，呈晶囊轮虫型。盘顶较平坦，有 1 圈纤毛，2 对粗而长的刚毛；此外，盘顶上还有若干对成束的感觉毛。头冠两侧疣状的"耳"小而不甚发达，呈

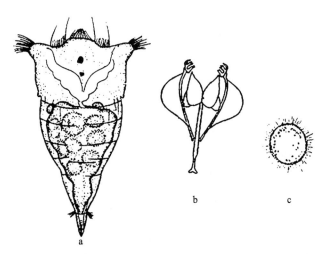

图 442　颤动疣毛轮虫 *Synchaeta tremula* (Müller)（c 仿 Koste, 1978）

a. 侧面观（lateral view）；b. 咀嚼器（trophi）；c. 休眠卵（resting egg）

水平方向伸出，不呈倒挂状态。身体尖削的末端具 1 圆锥形的足；趾 1 对，略呈锥形。咀嚼囊呈宽阔的"V"形或棱形，具有高度发达的"V"形肌肉。杖型咀嚼器，砧枝不对称，每侧具 1 个主齿和 4-6 个附齿；槌柄外侧有翼膜，槌钩具齿。非混交卵同一般轮虫的卵无异；休眠卵外表具细刚毛及短棘齿。眼点 1 个，很大，半圆形或圆锥形，呈深红色、暗红色或黄紫色。背触手 1 个，位于头部；侧触手 1 对，末端有 1 束感觉毛，自躯干部最后端左右侧角分别伸出。

标本测量 雌体长：170-265μm；雄体长：102μm；咀嚼囊长：79-85μm。

生态 颤动疣毛轮虫生活环境多种多样，从沼泽到池塘、深水湖泊均有可能找到。以冬季较为常见，但也可能在春、夏季发现。

地理分布 湖北（武汉）、安徽（芜湖）；澳大利亚，新西兰，非洲，北美洲，南美洲，东南亚，欧洲，亚洲北部。

(433) 喜冷疣毛轮虫 *Synchaeta lakowitziana* Lucks, 1930（图 443）

Synchaeta lakowitziana Lucks, 1930: 59.

形态 本种最显著的特点是，前端两纤毛耳下方的颈部有 1 明显的缢缩。体透明，头部较长，躯干部呈卵圆形，并有横环纹，盘顶较突出，有 1 圈浓密的纤毛，两侧的纤毛耳较小，基本呈水平状态。躯干部中间较宽。足较长，足腺小，趾 1 对，尖削。眼点 1 对，呈分离状态。前端两侧的感觉刚毛着生在粗壮的乳突上。杖型咀嚼器，槌钩板上各有 1、2 个匕首状的大齿及 6、7 个附齿。侧触手 1 对，位于躯干部末端左右侧同一位置。

标本测量 雌体长：250-300μm；雄体长：110μm。

生态 喜冷疣毛轮虫是一种狭冷性轮虫，一般仅在冬季出现，常习居于高山湖泊的湖下层。本种采自吉林长白山天池出口处，当时水温 5℃，pH 6.8。

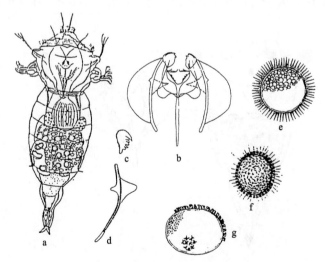

图 443 喜冷疣毛轮虫 *Synchaeta lakowitziana* Lucks（b, e-g 仿 Koste, 1978）
a. 背面观（dorsal view）；b. 咀嚼器（trophi）；c. 槌钩（uncus）；d. 槌柄（manubrium）；e-g. 休眠卵（resting egg）

地理分布　吉林（长白山）；澳大利亚，新西兰，北美洲，欧洲，亚洲北部。

(434) 喜盐疣毛轮虫 *Synchaeta tavina* Hood, 1893（图 444）

Synchaeta tavina Hood, 1893b: 382.

形态　体透明，几呈圆筒状。身体两侧的纤毛耳小，呈水平状态。盘顶微凸，感觉毛 2 束位于盘顶顶端；稍下位置有长短不等的长刚毛 2 对。足短而宽，趾 1 对，短小。胃具有前胃。眼点大多是 1 对，也有融合为 1 个的，许多情况下呈红色。卵黄核 8-12 个。杖型咀嚼器，两侧对称，槌钩具有 4、5 个较大的齿；砧枝两侧具三角状基翼；砧基背面观呈细棍状，侧面观呈具横纹的半圆形。侧触手 1 对，位于身体后端的两侧。

标本测量　体长：176-254μm；体宽：61μm。

生态　喜盐疣毛轮虫一般生活在咸淡水和海水中，有时亦会在淡水中出现。本种在北京怀柔水库下游河滩上的小水坑中采得。该水坑长满水绵，底质沙和泥；当时水温 19℃，pH 9.0。

地理分布　北京；澳大利亚，新西兰，北美洲，欧洲，亚洲北部。

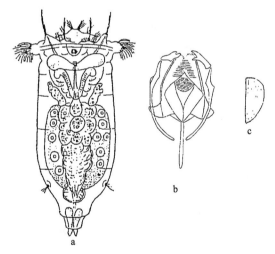

图 444　喜盐疣毛轮虫 *Synchaeta tavina* Hood（b 仿 Koste, 1978）
a. 背面观（dorsal view）；b. 咀嚼器（trophi）；c. 砧基侧面观（lateral view of fulcrum）

(435) 长圆疣毛轮虫 *Synchaeta oblonga* Ehrenberg, 1832（图 445）

Synchaeta oblonga Ehrenberg, 1832: 135.
Synchaeta neglecta Zacharias, 1901: 382.
Synchaeta pectinata f. *minor* Wesenberg-Lund, 1930: 84.

形态　体型有较大变化，躯干部呈钟形者居多，从侧面观略有拱起。皮层外表具有若干环状及相当多的纵长条纹。头冠顶位，晶囊轮虫型；盘顶有 1 圈纤毛，但无盘顶触手，这是和梳状疣毛轮虫的重要区别之处。头冠两侧的疣状耳较小，呈倒挂状。咀嚼器杖型，槌钩一般左右对称。具 6-8 个齿（包括 1 个主齿和若干附齿），槌柄有发达的翼膜，末端呈桨状；砧枝具有圆形基翼。眼点大多 1 对，呈分离状态，有时融合为 1 个，呈红色或暗红色。足比较细而呈管状；趾 1 对，短而细削。背触手 1 个，棒状，位于头部；侧触手 1 对，于躯干部中间偏下伸出。休眠卵壳具短棘齿，雄体很小。

标本测量 雌体长：220-260μm；雄体长：105μm。

生态 长圆疣毛轮虫分布较广，从最浅的沼泽到深水湖泊均有存在的可能，有时也可在海水中发现。一般在春、秋季数量较多。

地理分布 海南、云南、湖北（武汉）、湖南（岳阳）、北京、青海（西宁）、安徽（芜湖）；澳大利亚，新西兰，非洲，北美洲，南美洲，东南亚，太平洋地区，欧洲，亚洲北部。

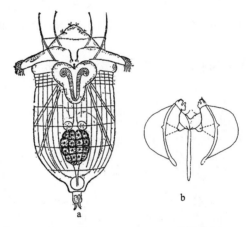

图 445 长圆疣毛轮虫 *Synchaeta oblonga* Ehrenberg（a 仿王家楫，1961；b 仿 Koste, 1978）

a. 背面观（dorsal view）；b. 咀嚼器（trophi）

58. 多肢轮属 *Polyarthra* Ehrenberg, 1834

Polyarthra Ehrenberg, 1834: 226.

Anarthra Hood, 1895: 672.

Type species: *Polyarthra vulgaris* Carlin, 1943=*Polyarthra trigla* Ehrenberg, 1834.

形态 体呈长方形或圆筒形，背、腹面或多或少扁平。头冠上没有很长的刚毛和突出的耳。身体后端无足；背、腹面两侧各有 3 对剑状、边缘锯齿状的附肢，专为跳跃和游泳之用，这些附肢在从休眠卵孵化出的第 1 代幼体中是不具备的；有些种类在腹面有 1 对短的腹小鳍；头冠呈晶囊轮虫型；侧触手在体近后端两侧；咀嚼器具横纹的"V"形肌肉；咀嚼器杖型；卵黄核 4、8 或 12 个。

Koste（1978）述及了本属种类在固定时鉴定的困难；因此他建议用体长：肢长、肢长：肢宽、卵黄核的数目及咀嚼器的细微构造来进行种类的区分。Guiset（1977）运用这些参数对西班牙诸水库中的多肢轮虫进行了较好的分类；但由于种群有季节变异及地理分布上的变异，体长：肢长、肢长：肢宽等参数变化也很大，故 Shiel（1995）认为将它们作为种的分类依据有待证实。鉴于腹小鳍在分类上的重要性，特别要注意活体观察。

本属均系典型的浮游种类。Ruttner-Kolisko（1974）根据附肢的长度和宽度将本属的种类分成 3 个系列：短肢型 *remata-minor*、长肢型 *dolichoptera-vulgaris* 和宽肢型 *major-euryptera*。全世界已发现约 10 种，我国记录 5 种。

种 检 索 表

1. 身体腹面有 1 对短的腹小鳍 ··2
   身体腹面无 1 对短的腹小鳍 ··3
2. 肢长不足体长的 1.2 倍，肢宽>15μm，咀嚼器砧枝内侧有齿 1、2 个 ······**广生多肢轮虫 P. vulgaris**
   肢长超过体长的 1.2 倍，肢宽<15μm，咀嚼器砧枝内侧各有齿 1 个·····**长肢多肢轮虫 P. dolichoptera**
3. 卵黄核 4-8 个，体长<120μm ··**红多肢轮虫 P. remata**
   卵黄核 8-13 个，体长>120μm ···4
4. 肢宽 20-37μm，卵黄核 8 个 ···**较大多肢轮虫 P. major**
   肢宽 40-62μm，卵黄核 10-13 个···**真翅多肢轮虫 P. euryptera**

(436) 广生多肢轮虫 *Polyarthra vulgaris* Carlin, 1943（图 446）

Polyarthra vulgaris Carlin, 1943: 88.
Polyarthra trigla Ehrenberg, 1834: 145.
Polyarthra platyptera Ehrenberg, 1838.
Polyarthra trigla vulgaris Sudzuki, 1964: 70.

形态　身体透明，呈长方形。背、腹面共有 12 条披针形附肢，附肢有中央肋及侧肋，边缘锯齿状；肢宽通常大于 15μm。附肢的长度仅在少数情况下超过体长，通常达不到身体的末端；附肢与体长之比小于 1.2。腹小鳍刚毛样，但边缘无细齿，位于头冠腹面下端。晶囊轮虫型头冠。杖型咀嚼器，右砧枝内侧有 1 齿，左砧枝有 2 齿。侧触手 1 对，位于身体末端。雄体强烈退化。据研究，广生多肢轮虫的体长、附肢长在不同季节变化较大，夏天的体长、附肢长比冬天要短一些。

标本测量　体长：100-145μm；附肢长：118-160μm；附肢宽：16-20μm；腹小鳍长：30-70μm；休眠卵（长径×短径）：(78-88)μm×(52-60)μm；非混交卵（长径×短径）：76μm×50μm；雄体长：42-44μm。

生态　广生多肢轮虫是一广生性种类，适温范围很广，是典型的浮游生物。从沼泽到深水湖泊均可发现它的存在。

地理分布　海南、云南、湖北（武汉）、北京、安徽（芜湖）；澳大利亚，新西兰，非洲，北美洲，南美洲，东南亚，太平洋地区，欧洲，亚洲北部。

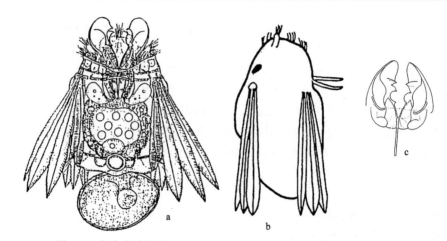

图 446　广生多肢轮虫 *Polyarthra vulgaris* Carlin（b 仿 Pontin, 1978）

a. 携带非混交卵的雌体（amictic-egg-carrying female）；b. 侧面观，示腹小鳍（lateral, showing finlets）；c. 咀嚼器（trophi）

(437) 长肢多肢轮虫 *Polyarthra dolichoptera* Idelson, 1925（图 447）

Polyarthra platyptera var. *dolichoptera* Idelson, 1925: 84.

Polyarthra dolichoptera proloba Wulfert, 1941b: 169.

形态　身体透明，呈长方形，其外形比广生多肢轮虫狭。附肢长，一般超过体之末端，但其宽度通常小于 15μm，附肢与体长之比大于 1.2。腹小鳍刚毛样，边缘有细齿。

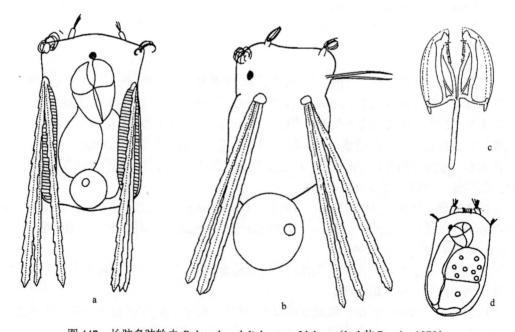

图 447　长肢多肢轮虫 *Polyarthra dolichoptera* Idelson（b-d 仿 Pontin, 1978）

a. 背面观（dorsal view）；b. 侧面观，示腹小鳍（lateral, showing finlets）；c. 咀嚼器（trophi）；d. 无附肢的幼体（forma aptera）

附肢的中肋十分清楚，但边肋有时不清楚，甚至缺乏。附肢边缘有细齿。晶囊轮虫型头冠。杖型咀嚼器，砧枝内侧各有 1 个齿。侧触手 1 对，位于身体后端两侧。眼点 1 个，位于头部背面中央。雄体退化，休眠卵具厚壳。

标本测量　体长：90-140μm；附肢长：110-220μm；附肢宽：7-15μm；腹小鳍长：60-72μm。

生态　长肢多肢轮虫是一狭冷性轮虫，常常生活于水温 4-10℃的池塘、湖泊、水库等水体中，水温高于 15℃时就很难发现。

分类讨论　广生多肢轮虫和长肢多肢轮虫广泛分布于我国不同类型的内陆水体中。《中国淡水轮虫志》中的针簇多肢轮虫 *P. trigla* Ehrenberg, 1834，其实是上述 2 个种类的集合体。由于近代研究表明这 2 种多肢轮虫无论在外形、咀嚼器结构和生态习性上均存在差异，所以将它们作为不同种类更为合适。

地理分布　海南、云南、湖北（武汉）、湖南（岳阳）、北京、吉林（长白山）、青海（西宁）、安徽（芜湖）；澳大利亚，新西兰，非洲，北美洲，东南亚，太平洋地区，欧洲，亚洲北部。

(438) 较大多肢轮虫 *Polyarthra major* Burckhardt, 1900（图 448）

Polyarthra platyptera var. *major* Burckhardt, 1900: 414.
Polyarthra trigla var. *major* Schreyer, 1920: 329.

形态　身体透明，亦呈长方形；附肢较身体短，叶片状，宽度小于 40μm，有中央肋，边缘有细齿。无腹小鳍。侧触手在躯干部下半部的两侧。卵黄核 8 个。晶囊轮虫型头冠，通常呈微红色或紫红色。杖形咀嚼器，砧基细长，左右砧枝基部两侧具向上弯曲的基翼，槌板发达，中间外侧有钝齿，槌钩有梳状齿。无附肢的个体是多肢轮虫从卵孵化而来的幼体，令人称奇的是这样的幼体竟然在体内怀有非混交卵。

标本测量　体长：136-197μm；附肢长：102-188μm；附肢宽：20-37μm。

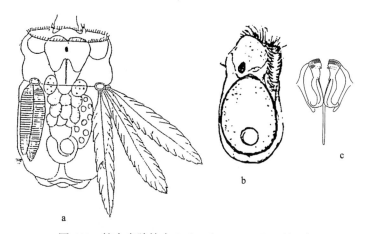

图 448　较大多肢轮虫 *Polyarthra major* Burckhardt
a. 背面观（dorsal view）；b. 怀非混交卵的无肢型个体（aptera-reducta form with amictic egg）；c. 咀嚼器（trophi）

生态 较大多肢轮虫是一种喜温性浮游轮虫，一般出现在夏季，常生活于湖泊、池塘中。本种采自云南澄江抚仙湖，pH 8.0 以上。

地理分布 云南（昆明）；澳大利亚，新西兰，北美洲，南美洲，东南亚，欧洲，亚洲北部。

(439) 红多肢轮虫 *Polyarthra remata* Skorikov, 1896（图 449）

Polyarthra plataptera var. *remata* Skorikov, 1896: 277.

形态 体呈长方形，末端略微突起，有时会形成 2 个凹陷。附肢叶状，略长于身体，有中央肋和边肋，边缘细齿状。无腹小鳍。侧触手 1 对，位于体末端两侧。卵黄核 4-8 个。眼点 1 个，位于头部中央。晶囊轮虫型头冠，一般呈微红色。杖形咀嚼器的左右砧枝内侧各有 1 大齿和若干小齿；砧基具细齿，末端略膨大；槌柄弯曲呈弧形。

标本测量 体长：70-110μm；附肢长：102-188μm；附肢宽：7-8μm。

生态 红多肢轮虫习居于池塘、湖泊等淡水水体中，有时亦能在咸淡水中出现，分布比较普遍，在北京、云南、湖北等地均有发现。

地理分布 云南（大理、石林）、湖北（武汉）、北京、安徽（芜湖）；澳大利亚，新西兰，北美洲，南美洲，东南亚，欧洲，亚洲北部。

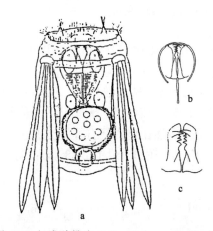

图 449 红多肢轮虫 *Polyarthra remata* Skorikov

a. 背面观（dorsal view）；b. 咀嚼器（trophi）；c. 砧枝内齿（inner part of ramus）

(440) 真翅多肢轮虫 *Polyarthra euryptera* Wierzejski, 1891（图 450）

Polyarthra platyptera euryptera Wierzejski, 1891: 50.
Polyarthra latiremis Imhof, 1891: 125.

形态 身体透明，呈宽长方形。附肢比身体短，十分宽阔，叶片状，其宽度大于 30μm，并有中肋和边肋，边缘具细齿。无腹小鳍。晶囊轮虫型头冠，盘顶区相当大而发达并有

1 圈纤毛环，盘顶中央有 1 对盘顶触手。咀嚼器杖型。10-13 个卵黄核。眼点 1 个，位于脑的背面。背触手比较大而发达，呈乳头状突出，并具有 1 束感觉毛，位于躯干部前端；侧触手位于身体末端两侧，其位置略高于较大多肢轮虫。

标本测量　体长：148-195μm；附肢长：125-160μm；附肢宽：50-62μm。

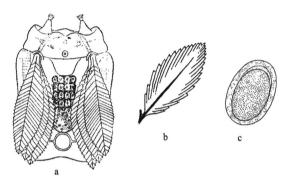

图 450　真翅多肢轮虫 *Polyarthra euryptera* Wierzejski
a. 背面观（dorsal view）；b. 单肢（single fin）；c. 休眠卵（resting egg）

生态　真翅多肢轮虫系喜温性轮虫，一般出现在温度较高的季节。主要分布在我国南方各省的湖泊和池塘中。本种采自江西艾溪湖。

地理分布　江西、吉林、安徽（芜湖）；北美洲，东南亚，欧洲，亚洲北部。

59. 皱甲轮属 *Ploesoma* Herrick, 1885

Ploesoma Herrick, 1885: 57.
Gomphogaster Vorce, 1888: 250.
Gastroschiza Bergendal, 1892: 1.
Type species: *Ploesoma leuticulare* Herrick, 1885.

形态　被甲呈倒圆锥形、卵圆形或椭圆形。被甲上或具有网状刻纹，或具有纵横交错的沟痕和肋条。在多数种类，腹面有 1 纵长的裂缝。足总是从躯干部腹面靠近中央射出，足不分节，很长，具有密的环形沟痕。趾 1 对，很发达，呈矛头状或钳形。头冠除周围 1 圈围顶纤毛外，还有盘顶触手的存在。变态杖型咀嚼器，与钳型接近。

本属基本上是浮游或半浮游性的肉食性种类，以浮游或底栖的轮虫为食。全世界已发现约 10 种，我国记录 3 种。

种 检 索 表

(441) 郝氏皱甲轮虫 *Ploesoma hudsoni* (Imhof, 1891)（图 451）

Gastropus hudsoni Imhof, 1891: 37.

Ploesoma hudsoni: Jennings, 1894: 56.

形态 被甲呈圆锥形，两侧少许紧压，后端浑圆，前端相当平直；腹面并不裂开，无纵长的裂缝。整个被甲具有网状刻纹；背面前半部有 1 圆丘形隆起的盾饰，盾饰中央还有 1 "V" 形凸出的肋纹。背面靠近后端总是存在着 1 条很明显的横的沟痕。头冠呈晶囊轮虫型。靠近盘顶中央有 4 个乳头状的突起，顶端有纤毛，两侧有盘顶侧触手。足从腹面靠近中央的 1 个孔口伸出，很长，它的长度总是或多或少超过被甲长度的 1/2，它 2/3 的前端具有很明显的横的环纹；足能够显著地缩短，但不会从被甲的腹面孔口缩入体内。趾 1 对，相当长而发达，呈矛状。咀嚼囊很大，呈宽阔的心脏形。咀嚼板系变态的杖型，已接近钳型；砧基相当长；砧枝呈宽阔的三角形，左右砧枝的前端内侧都凹入，它们尖锐的末端又向内弯转，内侧具细齿。眼点相当大，位于脑的背面；背触手呈管状，位于被甲前端 "V" 形凸出的底部；侧触手 1 对，位于躯干部末端。

标本测量 体长：320-450μm；足和趾长：195-280μm；趾长：60μm；咀嚼囊长：96μm。

生态 郝氏皱甲轮虫通常在夏季出现，是典型的浮游种类；肉食性，一般以其他小轮虫为食。在我国长江中下游许多湖泊、池塘中均有发现。

地理分布 海南、湖北（武汉）、湖南（岳阳）、江苏（新化）、安徽（芜湖）；北美洲，南美洲，欧洲，亚洲北部。

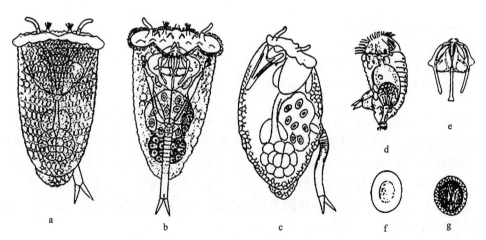

图 451 郝氏皱甲轮虫 *Ploesoma hudsoni* (Imhof)（d-g 仿 Nipkow, 1961）

a. 背面观（dorsal view）；b. 腹面观（ventral view）；c. 侧面观（lateral view）；d. 雄体（male）；e. 咀嚼器（trophi）；f. 非混交卵（amictic egg）；g. 混交卵（mictic egg）

(442) 截头皱甲轮虫 *Ploesoma truncatum* (Levander, 1894)（图 452）

Gastroschiza truncata Levander, 1894: 25.

Gastroschiza truncata var. *triangulata* Zernov, 1901: 31.

Ploesoma truncatum: Lucks, 1912: 163.

形态　被甲呈宽阔的卵圆形，前端相当宽阔，两侧中部少许膨大。被甲腹面自前端到后端都裂开，裂缝中部较狭，前后端都很宽。整个被甲具有浮起的肋条和下沉的沟条。被甲背面前端平直，后半部中央沟条形成 1 大的长三角形区域；在某些标本中，这一区域还有 1 横肋把它隔成前后两半。头冠呈晶囊轮虫型，但围顶纤毛比较长而发达；此外，盘顶中央还有 4 个具有纤毛的浮起，盘顶背面有 1 对具有纤毛的"盘顶背触手"，盘顶两侧各有 1 个很长的、手指状的盘顶侧触手。足从被甲腹面裂缝的中部伸出；虽很长，但它的长度不会超过被甲的长度；它的前端具有很明显的环状沟纹，不会完全缩入被甲内。趾 1 对，呈钳形。咀嚼器系变态的杖型，已接近钳型。眼点红色。

标本测量　体长：165-280μm；足长：80μm。

生态　截头皱甲轮虫系夏季浮游生物，也营底栖生活；一般栖息于湖泊、池塘中，也有可能在河流中采到，沉水植物较多的水体是它适宜的生活环境。

地理分布　海南、云南、湖北（武汉）、湖南（岳阳）、江西、黑龙江、安徽（芜湖）；澳大利亚，新西兰，非洲，北美洲，南美洲，欧洲，亚洲北部。

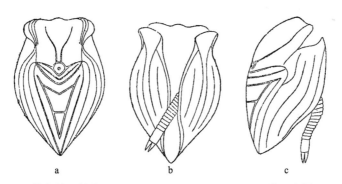

图 452　截头皱甲轮虫 *Ploesoma truncatum* (Levander)（仿王家楫，1961）

a. 背面观（dorsal view）；b. 腹面观（ventral view）；c. 侧面观（lateral view）

(443) 晶体皱甲轮虫 *Ploesoma lenticulare* Herrick, 1885（图 453）

Ploesoma lenticulare Herrick, 1885: 57.

Ploesoma lynceus: Jennings, 1894b: 55.

Ploesoma ekmaui Brehm, 1910: 190.

形态　被甲呈椭圆形，背面前端中央作 1 三角形尖头的突出，从侧面观，这 1 尖头突出更为显著；后端边缘显著地形成 3 个裂片而呈"M"形；后半部的两侧总是向外弯而凸出。被甲腹面自前端到将近后端都是裂开的；足伸出部分裂缝两旁的被甲腹面边缘总是显著地作弧状凸出。背甲有 5 个纵长的肋条，把背甲前半部隔成 4 块少许下沉的、比较长而大的区域。头冠呈晶囊轮虫型，除了 1 圈围顶纤毛以外，盘顶中央还有 4 个具有纤毛的浮突、1 对具有纤毛的盘顶背触手，以及 1 对很长的手指状的、没有纤毛的盘顶侧触手。足从被甲腹面裂缝的中部伸出在外面；伸缩能力特别强，当高度伸长时可远远超过被甲的长度；通常中 2/3 的前端具有很明显的环状沟纹。趾 1 对，呈钳形，末端尖锐。咀嚼器系变态的杖型；砧基侧面观呈板形；砧枝无内齿，基部褶皱；槌柄两侧有翼膜，槌钩具 2 个主齿。眼点相当大，红色或黑色。

标本测量 被甲长：150-220μm；足和趾长：85-95μm；咀嚼囊长：48μm。

生态 晶体皱甲轮虫系夏季浮游生物，有时也营底栖生活，习居于沉水植物和有机质比较多的湖泊、池塘中，有较高的 pH 耐受性。在江苏兴化高邮湖及湖北武汉东湖均采到过本种标本。

地理分布 北京、湖北（武汉）、江苏（兴化）、安徽（芜湖）；澳大利亚，新西兰，非洲，北美洲，南美洲，东南亚，欧洲，亚洲北部。

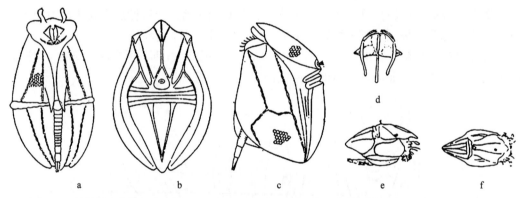

图 453 晶体皱甲轮虫 *Ploesoma lenticulare* Herrick（a-c 仿王家楫，1961；d-f 仿 Koste，1978）
a. 腹面观（ventral view）；b. 背面观（dorsal view）；c. 侧面观（lateral view）；d. 咀嚼器（trophi）；e, f. 游泳个体（swimming specimens）

簇轮目 Flosculariacea Harring, 1913

Flosculariacea Harring, 1913a: 387-405.

本目不仅限于簇轮科中的巨冠轮属、团胶轮属、沼轮属及簇轮属等属中固着生活的种类，而且还包括自由生活的种类。凡是咀嚼器属槌枝型，以及头冠呈六腕轮虫型、聚花轮虫型的所有轮虫，尽管它们的生活方式不同，都应属于簇轮目。

本目共有 6 科。

科 检 索 表

十八、簇轮科 Flosculariidae Ehrenberg, 1838

Flosculariidae Ehrenberg, 1838: 410.

形态　幼体或雄体行浮游生活；成体除少数种类外，一般都行固着生活。头冠呈盘状或喇叭状，有圆形的、卵圆的、肾形的或心脏形的；头冠的围顶带又往往裂成 2、4 或 8 个裂片。体分头、躯干与足 3 部分。足细而纵长，呈柄状，作为固着之用；足部总是被 1 重胶质或管室所围囊。已经排出的非混交卵在胶质团或管室之内，粘着于足柄之上。个体或群体生活。

本科有 7 属。

属 检 索 表

60. 八盘轮属 *Octotrocha* Thorpe, 1893

Octotrocha Thorpe, 1893: 146.

Type species: *Octotrocha speciosa* Thorpe, 1893; by monotype.

形态 属固着生物,单独生活。足部通常有透明胶囊;头冠大而发达,裂成对称的裂片。

本属只有 1 种。

(444) 特殊八盘轮虫 *Octotrocha speciosa* Thorpe, 1893（图 454）

Octotrocha speciosa Thorpe, 1893: 146-147.

形态 非群栖生活,单独的个体固着在沉水植物上面。外围有一团胶质所形成的透明胶囊;个体相当长,显著地分成头、躯干和足 3 部分。头冠大而发达,它的边缘显著地成为 8 个左右对称的裂片,裂片扭转或卷曲。躯干呈纺锤形,有环纹;足相当细而长。咀嚼器槌枝型,砧基短,末端锚状;槌柄比较短而宽阔,显著地隔成 3 段;槌钩每侧各有 2、3 个很发达的大齿及 1、2 个小齿。眼点 1 对,很小,位于头冠中央的下端。

标本测量 全长:960-1500μm。

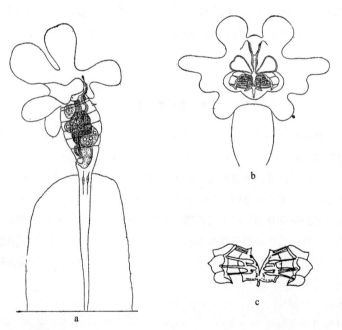

图 454 特殊八盘轮虫 *Octotrocha speciosa* Thorpe（a, b 仿王家楫, 1961；c 仿 Koste, 1978）
a. 侧面观（lateral view）；b. 头冠（corona）；c. 咀嚼器（trophi）

生态　特殊八盘轮虫由 Thorpe 于 1893 年在四川巫山通入长江的一条小河中首次发现；王家楫在湖北武汉珞珈山一水池中也观察到本种；后来在海南、云南等地均有发现。本种能忍耐较宽的 pH 范围（pH 4.0-7.5），一般生活在沉水植物较多的小水体中。本种与巨冠轮虫和团胶轮虫主要不同之处是营单独生活。

地理分布　海南、云南、湖北（武汉）、四川（巫山）；澳大利亚，新西兰，北美洲，南美洲，欧洲，亚洲北部。

61. 沼轮属 *Limnias* Schrank, 1803

Limnias Schrank, 1803: 311.
Cephalosiphon Ehrenberg, 1853: 187.
Limnioides Tatem, 1868: 124.
Type species: *Limnias ceratophylli* Schrank, 1803.

形态　成体都是固着而具有管室的种类。单个体或群栖生活。头冠宽阔，显著地分成左右 2 个裂片。背触手很小，侧触手长而显著。足长，无眼点，在头冠下面背部常有疣突。

本属全世界已发现 6 种，我国已发现 2 种。

种 检 索 表

头冠背面无钩状疣突；管室一般黑暗而不透明··························**金鱼藻沼轮虫 *L. ceratophylli***
头冠背面有 7 个钩状疣突；管室一般无色而透明··························**海神沼轮虫 *L. melicerta***

(445) 金鱼藻沼轮虫 *Limnias ceratophylli* Schrank, 1803（图 455）

Limnias ceratophylli Schrank, 1803: 311.
Melicerta ceratophylli: Gosse, 1862: 481.
Limnias socialis Leidy, 1874: 140.
Limnias ceratorhylli var. *sphagnicola* Zacharias, 1886: 255.

形态　成熟的雌体总是固着在金鱼藻或其他沉水植物表面；个体单独存在或形成树枝状、相当大的群体。个体或群体中的每一个个体都栖息在 1 个细长圆锥形的管室内；管室自后端逐渐向前端膨大，系胶质形成，呈暗黄色或淡褐色，外面附有沙粒虫壳及其他外来物质，因此很不透明；但也有个别个体或群体管室无色而透明。整个头冠为 1 圈轮环纤毛及 1 圈腰环纤毛所围绕，2 圈纤毛之间系 1 相当宽阔的围顶带；在背面 2 个裂片之间相当凹入，无钩状疣突，轮环和腰环纤毛也少许间断；在腹面围顶带和腰环纤毛圈下垂，形成 1 漏斗状口围区。足已变成 1 很长的柄，它附着的末端往往膨大而呈半圆盘形。咀嚼囊呈相当大的心脏形。咀嚼器系典型的槌枝型。

标本测量　个体长：770-1390μm；单独管室长：480-1370μm；群体管室长：可达

2167μm。

生态　在固着的簇轮科中，金鱼藻沼轮虫是普通常见的种类之一。分布很广，凡是金鱼藻或其他沉水植物比较多的沼泽、池塘、浅水湖泊及深水湖泊的沿岸带都有找到它的可能。

地理分布　海南、湖北（武汉）、浙江（湖州）、江苏（无锡、南京）、西藏（康马）；澳大利亚，新西兰，非洲，北美洲，南美洲，东南亚，太平洋地区，欧洲，亚洲北部。

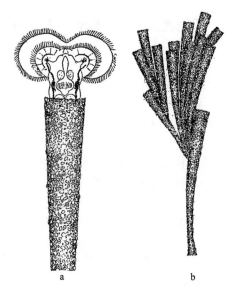

a　　　　　　　　b

图 455　金鱼藻沼轮虫 *Limnias ceratophylli* Schrank（仿王家楫, 1961）

a. 个体腹面观（ventral view of an individual）；b. 群体（colony）

(446) 海神沼轮虫 *Limnias melicerta* Weisse, 1848（图 456）

Limnias melicerta Weisse, 1848: 357.

Limnias corniculata Ehrenberg, 1853: 187.

形态　成年雌体总是固着在各种沉水植物的茎叶表面；个体都是单独存在，决不会形成群体。每一个体总是栖息在 1 个笔直的长圆筒形的管室之内；管室非常透明，系已经硬化的胶质而类似角质所形成的薄膜组成，后半部总是比前半部狭而小，有相当密的、横的或环状的、少许凸出的肋状条纹。头冠后端背面具有 7 个很显著的钩状疣突，排成横的 3 行；中间 1 行 3 个，前后 2 行各有 2 个。足已变成 1 很长的柄，它的末端直接附着在沉水植物的茎叶表面。咀嚼器系典型的槌枝型。砧枝左右两旁不十分均称；在每一槌钩的线条状的齿中，有 3 个比较大而粗壮。

标本测量　本体长：790-1000μm；管室长：650-960μm；管室宽：70-85μm。

生态　海神沼轮虫是广生性种类，pH 耐受范围较广。凡是沉水植物比较多的沼泽、池塘、浅水湖泊及深水湖泊的沿岸带都有找到它的可能。连同管室的个体往往附着在眼子菜、狸藻 *Utricularia* 等表面；如果附着在比较阔叶的沉水植物像睡莲 *Nymphaea* 上，那么总是附在叶片的腹面。自本体排出的非混交卵总是包含在管室之内。有时可看到 1 个管室内具有 2 个一大一小的个体，小的个体无疑是 1 个非需精卵刚孵化出来的幼体。

地理分布　海南、湖北（武汉）；澳大利亚，新西兰，非洲，北美洲，南美洲，东南亚，太平洋地区，欧洲，亚洲北部。

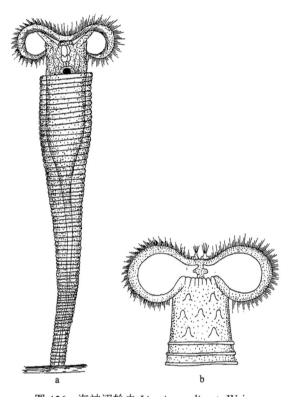

图 456　海神沼轮虫 *Limnias melicerta* Weisse

a. 腹面观（ventral view）；b. 头部前端背面观（dorsal view of anterior end of head）

62. 簇轮属 *Floscularia* Cuvier, 1798

Floscularia Cuvier, 1798: 664.

Melicerta Schrank, 1803: 310.

Tubicolaria Lamarck, 1816: 33.

Type species: *Serpula ringens＝Floscularia ringens* (Linnaeus, 1758).

形态　营单独或群体的固着生活。头冠裂成 4 个裂片，腹面较背面的大。腹触手长而发达，末端具 1 束感觉毛。

本属全世界已记录 10 种，我国只发现 1 种。

(447) 圆簇轮虫 *Floscularia ringens* (Linnaeus, 1758)（图 457）

Serpula ringens Linnaeus, 1758: 788.
Melicerta ringens: Schrank, 1803: 310.
Floscularia ringens: Harring, 1913b: 49.

形态 幼体自由生活，成体单独存在或形成群体营固着生活。头冠伸开时，腹面向上而背面向下，显著地分割成 4 个裂片；腹面 2 个裂片较背面 2 个大。每一个体的外面总有结构很精致的管室，管室由许多不同颜色的球形小丸或长条形的秽物有规则地堆砌在一起而形成。本体分成头、躯干和足 3 部分。腹面中央围顶带和腰环纤毛圈显著地下垂，形成 1 有短纤毛的唇。成熟个体无眼点；背触手小；腹触手 1 对，长而发达，末端具 1 束感觉毛，自躯干前端腹面的两旁射出。足长，末端有足柄。

标本测量 单独雌体长：990-1400μm；管室长：700-1180μm；雄体长：300-400μm。

生态 圆簇轮虫是一广生性种类，广泛分布于有沉水植物生长的各类淡水水体中，有较高的 pH 耐受范围。在浙江菱湖地区采到的标本，大多是形成分支和复杂的群体，大的群体长度往往超过 2000μm，有时甚至达到 3000μm。采自湖北武汉东湖的标本，大多是单独存在的个体，很少有分支形成群体的现象。

地理分布 海南、湖北（武汉）、浙江（湖州）、上海、江苏（无锡、南京）、西藏（拉萨）；澳大利亚，新西兰，非洲，北美洲，南美洲，东南亚，欧洲，亚洲北部。

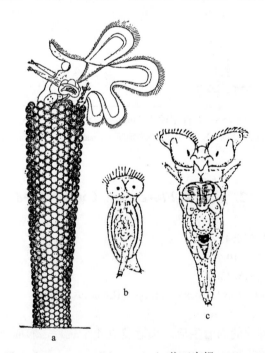

图 457 圆簇轮虫 *Floscularia ringens* (Linnaeus)（a 仿王家楫，1961；b, c 仿 Koste, 1978）

a. 侧面观（lateral view）；b. 雄体（male）；c. 游泳的幼体（swimming larva）

63. 细簇轮属 *Ptygura* Ehrenberg, 1832

Ptygura Ehrenberg, 1832a: 122.

Oecistes Ehrenberg, 1834: 233.

Pseudoecistes Stenroos, 1898: 109.

Type species: *Ptygura melicerta* Ehrenberg, 1832.

形态　本属种类或形成群体或单个体生活。有固着生活的，也有少数营浮游生活。管室或短或长，或硬或软，因种类而异。头冠呈圆形，但有时呈卵圆形或不明显地裂成2 瓣。头冠后端背面在有些种类形成钩状突起。足很长，表面有环形的肋纹或折痕，足末端有 1 细管状的柄称之足柄；也有的种类足的末端为 1 锚状结构以便固着生活。背触手小，呈乳头状；腹触手小或大。成熟个体无眼点。槌枝型咀嚼器。

本属全世界已发现约 30 种（包括变种、亚种），我国发现 7 种（包括亚种）。

种 检 索 表

1. 足末端有柄 ·· 2
　　足末端无柄 ·· 4
2. 足柄很长，其长度超过足长 ··· **长柄细簇轮虫** *P. pedunculata*
　　足柄短 ·· 3
3. 无管室，头冠表面有 2 个小角状突起 ······························· **海神细簇轮虫** *P. melicerta*
　　有管室，头冠背面无角状突起 ·· **中继细簇轮虫** *P. intermedia*
4. 颈部背侧无突起，侧触手长 ·· **长角细簇轮虫** *P. longicornis*
　　颈部背侧有突起，侧触手短 ·· 5
5. 突起末端爪 1 对 ·· **叉爪细簇轮虫** *P. furcillata*
　　突起末端爪 2 对 ··· **鹿角细簇轮虫** *P. elsteri*

(448) 长柄细簇轮虫 *Ptygura pedunculata* Edmondson, 1939（图 458）

Ptygura pedunculata Edmondson, 1939: 464.

形态　身体纵长，头冠明显比颈部宽；头冠圆形向背部倾斜；足和躯干部分界不明显。足柄相当长，其长度比足还长。管室非常透明，柔软，形状不规则，常有若干卵附着在其中。侧触手由 1 短的乳突上伸出，末端具有细小纤毛。槌枝型咀嚼器。

标本测量　全长：590-1650μm；足柄长：231-850μm。

生态　长柄细簇轮虫的 pH 耐受范围比较宽，常常生活在小水体中的水生植物体表。本种采自北京玉渊潭公园小池塘中的水草表面，当时水温 15℃，pH 8.3。

地理分布　海南（海口）、北京；北美洲，南美洲，欧洲，亚洲北部。

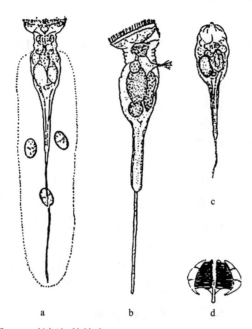

图 458 长柄细簇轮虫 *Ptygura pedunculata* Edmondson
a. 背面观（dorsal view）；b. 侧面观（lateral view）；c. 收缩的虫体（contracted body）；d. 咀嚼器（trophi）

(449) 海神细簇轮虫指名亚种 *Ptygura melicerta melicerta* Ehrenberg, 1832（图 459）

Ptygura melicerta Ehrenberg, 1832: 122.
Oecistes melicerta: Jennings, 1900: 76.
Ptygura spongicola Bērzinš, 1950b: 191.

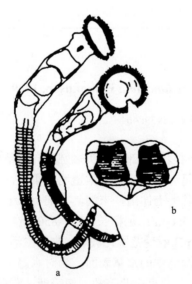

图 459 海神细簇轮虫指名亚种 *Ptygura melicerta melicerta* Ehrenberg
a. 背面观（dorsal view）；b. 咀嚼器（trophi）

形态　成年雌体总是固着在胶刺藻群体或其他藻类的胶质球内，自身没有管室。身体可分为头、躯干和足 3 部分。头冠很小，圆形或球形，背面显著凹入。头冠背面有 2 个很小的角状物。足很长而细，具环形肋纹和折痕，犹如 1 胶管，其长度达到躯干的 3 倍以上；足的最后端还有 1 细针状的柄，直接附着在藻类细胞上。无眼点；背触手系乳头状突起；侧触手 1 对，很小，位于头冠下面的腹部。

标本测量　全长：150-370μm。

生态　本种系广生性种类，通常着生在胶刺藻 *Gloeotrichia* 的群体中。

地理分布　海南、湖北（武汉）、青海（西宁）；澳大利亚，新西兰，非洲，南极地区，北美洲，南美洲，东南亚，欧洲，亚洲北部。

(450) 粘管海神细簇轮虫 *Ptygura melicerta mucicola* (Kellicott, 1888)（图 460）

Oecistes mucicola Kellicott, 1888: 83.

Ptygura mucicola: Harring, 1913b: 88.

形态　头冠圆形，纤毛环在背侧有中断。与指名亚种的主要区别是颈部具 1 钩状突起物。当头冠完全收缩时，钩状突出物尤其显著而往往指向身体的最前端。

标本测量　全长：150-544μm；钩状突起长：4μm 左右。

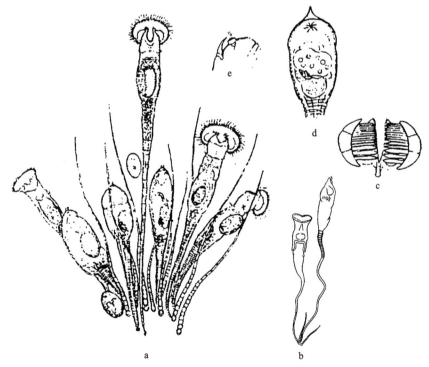

图 460　粘管海神细簇轮虫 *Ptygura melicerta mucicola* (Kellicott)（b 仿 Koste, 1978）

a. 生活在胶刺藻中的群体（colony in *Gloeotrichia*）；b. 群体中的 2 个个体（two individuals in colony）；c. 咀嚼器（trophi）；

d, e. 收缩虫体头部的角状突起（cornu of head in contracted body）

生态 粘管海神细簇轮虫是一群栖种类，一般生活在淡水湖泊或池塘中。它们的足部附着在形成群体的蓝藻或绿藻，如胶刺藻、溪藻 *Rivularia* 等的胶质球内，自身没有管室。标本采自湖北武汉东湖。

分类讨论 Segers（2007）认为，本亚种应提升为粘管细簇轮虫 *Ptygura mucicola* (Kellicott, 1888)。

地理分布 湖北（武汉）；北美洲，欧洲。

(451) 中继细簇轮虫 *Ptygura intermedia* (Davis, 1867)（图 461）

Oecistes intermedia Davis, 1867: 14.
Ptygura intermedia: Harring, 1913b: 87.

形态 成熟雌体总是固着在狸藻、金鱼藻或其他沉水植物表面，单独存在，并不形成群体。每个个体栖息在 1 个呈桶形、很薄但不透明的管室内；管室外附有不同的外来物质；而且表面还有相当细致的横条纹。身体亦由头、躯干和足 3 部分组成；头部虽小，但比海神细簇轮虫大。头冠左右宽阔，背中央的凹痕不显著，在腹面形成口围区，背部无任何角状突出物；躯干部呈粗壮的圆筒形。足是躯干部逐渐细削而成，末端为固着用的、短而粗的足柄。侧触手 1 对，位于头冠腹面，相当发达，呈粗的短管状，末端具感觉毛；左右两侧触手并排，相距很近。

标本测量 全长：550-760μm；管室长：400-585μm。

生态 中继细簇轮虫往往生活在有狸藻、金鱼藻或其他沉水植物的水体中。本种是根据湖北武汉珞珈山下一池塘中获得的标本进行描述的。特别要提醒的是，如果没有观察到张开的头冠，那么其极易被误认为是一种沼轮虫。

图 461 中继细簇轮虫 *Ptygura intermedia* (Davis)（仿王家楫, 1961）
侧面观（lateral view）

地理分布　湖北（武汉）；澳大利亚，新西兰，南美洲，欧洲，亚洲北部。

(452) 长角细簇轮虫 *Ptygura longicornis* (Davis, 1867)（图 462）

Oecistes longicornis Davis, 1867: 14.

Ptygura longicornis: Edmondson, 1944: 45.

形态　成熟雌体固着在管室之中；也有若干个体足部粘在一起群栖 1 个胶质囊中。一般头冠及躯干部上半部露出管室之外，常有卵附在其中。头冠肾形或宽圆形，其宽度约为颈部的 2 倍。背侧略微突出，背触手小，1 对，无钩状突起；躯干部纵长，足部有紧密的环纹，末端无足柄，而是 1 锚状结构。槌枝型咀嚼器。侧触手长，位于头部背面后端，末端具细小纤毛。头冠纤毛环在背侧有中断。管室粘有碎屑及排泄物，形状不规则。

标本测量　全长：可达 350μm；侧触手长：32μm。

生态　长角细簇轮虫一般生活在沉水植物丰富的各类淡水水体中。本种采自北京玉渊潭公园的小池塘中，塘中有沉水植物，当时水温 15℃，pH 8.3。

地理分布　北京；澳大利亚，新西兰，北美洲，南美洲，欧洲，亚洲北部。

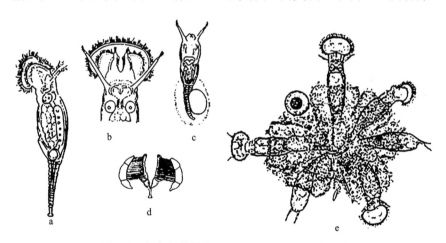

图 462　长角细簇轮虫 *Ptygura longicornis* (Davis)

a. 侧面观（lateral view）；b. 头部前端（anterior end of head）；c. 收缩的虫体（contracted body）；d. 咀嚼器（trophi）；e. 群体（colony）

(453) 叉爪细簇轮虫 *Ptygura furcillata* (Kellicott, 1889)（图 463）

Cephalosiphon furcillata Kellicott, 1889: 32-33.

Ptygura furcata Hauer, 1938a: 555-556.

形态　身体由头、躯干和尾 3 部分组成，头冠呈球形，躯干部呈纺锤形。足很长，具环形肋纹，无足柄。末端锚状以便固着。侧触手小，不明显。本种主要特征是在头冠后端背部有1柄状突起，末端有爪1对，略弯曲呈叉状。

标本测量 全长：可达 390μm；头冠宽：70μm；咀嚼囊长：17-19μm。

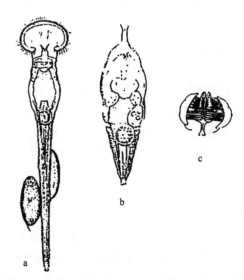

图 463 叉爪细簇轮虫 *Ptygura furcillata* (Kellicott)

a. 背面观（dorsal view）；b. 收缩的虫体（contracted body）；c. 咀嚼器（trophi）

生态 叉爪细簇轮虫是一广生性种类，具有喜温性。一般着生在水生植物体表，如聚草 *Myriophyllum*、金鱼藻 *Ceratophyllum*、凤眼莲 *Eichhornia* 等叶片的末端。本种采自青海西宁一长有水草的小水池中，当时水温 23℃，pH 7.8。

地理分布 青海（西宁）；澳大利亚，新西兰，非洲，北美洲，南美洲，东南亚，欧洲，亚洲北部。

(454) 泰国鹿角细簇轮虫 *Ptygura elsteri thailandensis* Koste, 1975（图 464）

Ptygura elsteri thailandensis Koste, 1975: 50.

形态 头冠后端背面伸出向腹面弯曲、有柄的爪，似鹿角状；爪发达而光滑，前后2 对。躯干部是身体最宽部分，它与足分界不太明确；足上有密的环形沟纹；无足柄，末端锚状以便固着之用。侧触手不明显。肛门开口于足基部的背侧。咀嚼器槌枝型，每侧槌钩有 3 个大齿及 15 个小齿。

标本测量 全长（固定后）：200-248μm；前端爪长：25-28μm。

生态 泰国鹿角细簇轮虫一般着生在如凤眼莲等水生植物的表面，本亚种于 1975年由 Koste 在泰国首次发现（pH 7.9-8.3）。1995 年 12 月在海南一小河流的凤眼莲根部采得本亚种，是第二次发现。我国尚无鹿角细簇轮虫 *Ptygura elsteri* Koste, 1972 的记录。

地理分布 海南（海口）；南美洲，东南亚。

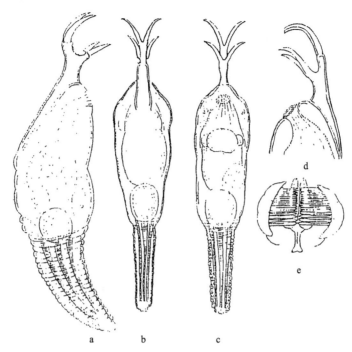

图 464　泰国鹿角细簇轮虫 *Ptygura elsteri thailandensis* Koste

a. 侧面观（lateral view）；b. 背面观（dorsal view）；c. 腹面观（ventral view）；d. 头部前端（anterior end of head）；e. 咀嚼器（trophi）

64. 巨冠轮属 *Sinantherina* Bory de St. Vincent, 1826

Sinantherina Bory de St. Vincent, 1826: 67.

Megalotrocha Bory de St. Vincent, 1826: 76.

Synantherina Bory de St. Vincent, 1827: 709.

Voronkowia Fadeew, 1925c: 74.

Type species: *Hydro socialis=Sinantherina socialis* (Linnaeus, 1758).

形态　所包括的种类均形成群体，群体或多或少呈球形，自由浮游活动或固着在沉水植物的茎叶上。围裹群体的胶质不十分发达，往往只限于个体足的末端。头冠轮廓呈肾形或宽卵圆形。在肛门的后端靠近足的基部，有卵托的存在。有的种类在颈部下面长有疣突；有的无疣突而在躯干部腹面布满尖锐的刺。

本属全世界已发现 6 种，我国已描述 4 种。

种 检 索 表

1. 躯干腹面满布着钩状尖锐的刺，颈部下面无赘疣存在 ·························· **胸刺巨冠轮虫 *S. spinosa***

   躯干腹面无任何刺的存在，颈部下面显著地具疣突 ·· 2

2. 颈部下面疣突只有 2 个；头冠接近方形···**半圆巨冠轮虫 *S. semibullata***

颈部下面常有疣突 4 个；头冠呈肾形···3

3. 足粗壮，长度不会超过头和躯干长度的 1 倍；卵托不显著·············**群栖巨冠轮虫 *S. socialis***

足细长，长度约为头和躯干长度的 3、4 倍；卵托极显著·············**长柄巨冠轮虫 *S. procera***

(455) 胸刺巨冠轮虫 *Sinantherina spinosa* (Thorpe, 1893)（图 465）

Megalotrocha spinosa Thorpe, 1893: 151.

Sinantherina spinosa: Harring, 1913b: 51.

形态 群体呈圆球形，自由浮游于水中；虽然并不附着在水生植物表面，但有时会停息在水生植物的茎叶上或其他物体上。每一群体的个体数目至少 20-30 个，一般总是在 50 个左右；所有个体的足的末端，由于足腺分泌出来的黏液，都密集联合在一起，而把身体向四周射出。个体很长，显著地分成头、躯干和足 3 部分。在躯干部腹面纵向排列着 5-7 行尖锐的刺。足长，末端膨大而形成 1 杯状卵托，常有若干个卵附着。槌枝型咀嚼器。

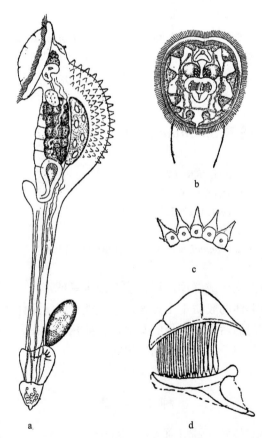

图 465 胸刺巨冠轮虫 *Sinantherina spinosa* (Thorpe)（a-c 仿王家楫，1961；d 仿 Koste, 1978）

a. 侧面观（lateral view）；b. 头冠（corona）；c. 胸刺横切面（cross section of spines）；d. 咀嚼器侧面观（lateral view of trophi）

标本测量　个体全长：900-1050μm；群体直径：可达 2mm。

生态　胸刺巨冠轮虫于 1893 年由英国学者 Thorpe 在我国广东一池塘中首次发现，随后在其他国家也有报道。它往往同半圆巨冠轮虫一起出现。分布于热带、亚热带和温带地区沉水植物繁茂、有机质丰富的小水体中。本种采自湖北武汉珞珈山下一水生植物丰富的池塘中。

地理分布　湖北（武汉）、广东、四川（成都）；澳大利亚，新西兰，非洲，北美洲，南美洲，东南亚，欧洲，亚洲北部。

(456) 半圆巨冠轮虫 *Sinantherina semibullata* (Thorpe, 1893)（图 466）

Megalotrocha semibullata Thorpe, 1893: 613.
Sinantherina semibullata: Harring, 1913b: 53.

形态　本种亦是群栖种类，每一群体的个体数在 50 个左右。头冠犹如托在躯干上的 1 个四方形盘子。躯干部前端腹面即在颈下，具有 2 个显著的棱形或椭圆形疣突，在收缩的标本中尤为显著。足的最前端和躯干部交界处，不但有明显紧缩的痕迹，而且还有 2、3 个显著向外的突起，称为卵托。槌枝型咀嚼器，槌钩具 3 个粗齿。

标本测量　群体直径：1600-2400μm；个体长：810-1250μm。

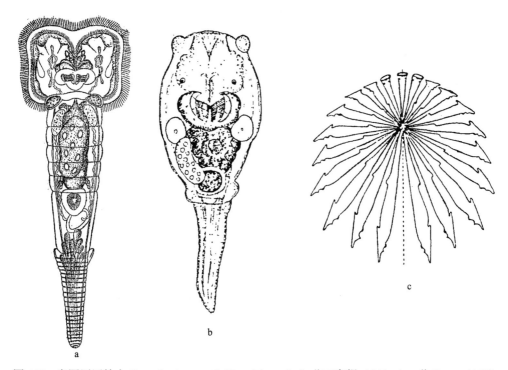

图 466　半圆巨冠轮虫 *Sinantherina semibullata* (Thorpe)（a 仿王家楫，1961；b, c 仿 Koste, 1978）
a. 腹面观（ventral view）；b. 收缩的虫体（contracted body）；c. 游泳群体（swimming colony）

生态　半圆巨冠轮虫于 1893 年在澳大利亚被发现以来，香港九龙也曾有过报道。夏、秋季在湖北武汉珞珈山下一些长有水生植物、有机质丰富的小水体中，往往有许多个体出现。

地理分布　湖北（武汉）、四川（成都）、香港（九龙）；澳大利亚，新西兰，非洲，北美洲，南美洲，东南亚，欧洲，亚洲北部。

(457) 群栖巨冠轮虫 *Sinantherina socialis* (Linnaeus, 1758)（图 467）

Hydro socialis Linnaeus, 1758: 817.
Vorticella socialis: Müller, 1773: 112.
Lacinularia socialis: Schweigger, 1820: 408.
Stentor socialis: Goldfuss, 1820: 70.
Sinantherina socialis: Bory de St. Vincent, 1826: 709.

形态　本种与团胶轮属的簇团胶轮虫 *Lacinularia flosculoso* 外形十分相似，但区别也明显，后者既无卵托亦无疣突；而且整个群体在巨大胶囊中。群栖巨冠轮虫群体一般呈球形，群体的个体数至少 20 个，一般总数 40-60 个，固着或自由生活。围裹群体的胶囊仅限于足的末端，并向四周射出。头冠肾形或接近圆形。躯干部前端腹面即在颈下具有

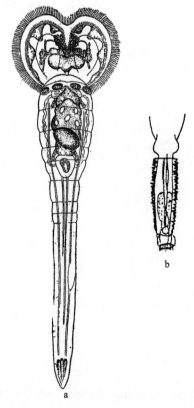

图 467　群栖巨冠轮虫 *Sinantherina socialis* (Linnaeus)
a. 腹面观（ventral view）；b. 足和幼体（foot and larva）

4个显著的、呈黑色的疣突，在输卵管旁一般还有2个卵托。槌枝型咀嚼器，槌钩有3、4个主齿。

标本测量　群体直径：1170-3500μm；雌性个体长：600-1860μm；雄性个体长：150μm。

生态　群栖巨冠轮虫是一广生性种类，有很大的 pH 及温度耐受范围。凡是沉水植物较多的沼泽、池塘或浅水湖泊均有发现的可能。在浙江菱湖和湖北武汉东湖经常采到。

地理分布　湖北（武汉）、浙江（湖州）、江苏（无锡）、安徽（芜湖）；澳大利亚，新西兰，非洲，北美洲，南美洲，东南亚，欧洲，亚洲北部。

(458) 长柄巨冠轮虫 *Sinantherina procera* (Thorpe, 1893)（图 468）

Megalotrocha procera Thorpe, 1893: 150.

Sinantherina procera: Harring, 1913b: 54.

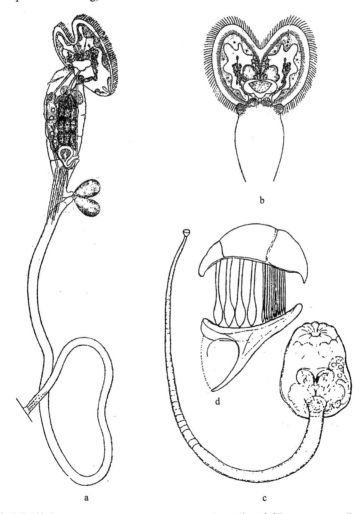

图 468　长柄巨冠轮虫 *Sinantherina procera* (Thorpe)（a, b 仿王家楫, 1961；c, d 仿 Koste, 1978）

a. 侧面观（lateral view）；b. 身体前端腹面观（ventral view of anterior end of body）；c. 收缩的虫体（contracted body）；d. 咀嚼器（trophi）

形态　群体呈不规则的圆球形，胶囊小，一般由足分泌出来的胶质把群体附着在沉水植物的茎叶表面。个体非常长；头冠呈心脏形，比躯干部大而宽阔；躯干部前端腹面4 个紧密排列在一起的疣突大而明显，躯干部后端背面有数目可达 4 个的卵托。足特别细长，它的长度约为头冠和躯干部总长的 3、4 倍。槌枝型咀嚼器，槌钩具有 4 个粗壮的齿。

标本测量　个体长：可达 2mm 以上；群体直径：5-6mm。咀嚼囊长：45μm；最大槌钩齿长：27μm。

生态　长柄巨冠轮虫于 1893 年由 Thorpe 在长江中游的湖北武汉市郊一荷花塘中发现。一般栖息于沉水植物丰富的热带、亚热带小水体中。本种采自湖北武汉珞珈山下一长满荷花和金鱼藻的湖汊中。

地理分布　云南、湖北（武汉）；南美洲，东南亚。

65. 团胶轮属 *Lacinularia* Schweigger, 1820

Lacinularia Schweigger, 1820: 408.
Megalotrocha Bory de St. Vincent, 1826: 76.
Strophosphaera Poggenpol, 1872: 9-14.
Type species: *Vorticella flosculosa=Lacinularia flosculosa* (Müller, 1773).

形态　一般群栖；自由生活或固着在沉水植物的茎叶上面。群体中除成熟的雌体外，还有幼体。头冠心脏形、肾形或几近圆形，在头冠腹面的凹窦或深或浅。背、腹触手均小；眼点在成熟个体缺。躯干呈纺锤形，与头冠相连之处有显著的颈，颈的下面无任何突起；自躯干部最宽的中部起逐渐向细长的足部细削。靠近躯干部后端的背面有 1 乳头状的突起，突起上的孔口为内部泄殖腔通到外面的肛门。咀嚼器槌枝型，左右槌钩各具4 个较大的齿和许多细齿。

本属全世界已发现 8 种，我国记录 1 种。

(459) 簇团胶轮虫 *Lacinularia flosculosa* (Müller, 1773)（图 469）

Vorticella flosculosa Müller, 1773: 113.
Linza flosculosa: Schrank, 1803: 313.
Lacinularia fluviatilis Carus, 1831: 7.

形态　群体围裹在巨大的胶囊之中，或多或少呈圆球形，附着在沉水植物的茎叶上面，偶尔也有脱离群栖呈自由浮游的。每一群体的数目一般在 50-60 个，围绕着 1 共同点向四周伸出。个体纵长而比较细弱，显著地分成头、躯干和足 3 部分。头冠呈心脏形，腹面中央有 1 很显著的"V"形凹陷。躯干呈纺锤形；足比较细长，槌枝型咀嚼器，左右槌钩各具比较大的齿 3、4 个及许多细齿。成体无眼点。

簇团胶轮虫与巨冠轮虫的外形很接近，但最主要的区别在于前者颈的下面无赘疣，躯干和腹面没有尖锐的刺。

标本测量　群体直径：3500-5500μm；雌体个体长：1350-2000μm。

生态　簇团胶轮虫分布广泛，凡沉水植物较多的沼泽、池塘、小型浅水湖泊均可生存。在夏、秋季常附着在狸藻叶片上。

地理分布　湖北（武汉）、北京、吉林（长白山）；澳大利亚，新西兰，北美洲，南美洲，东南亚，欧洲，亚洲北部。

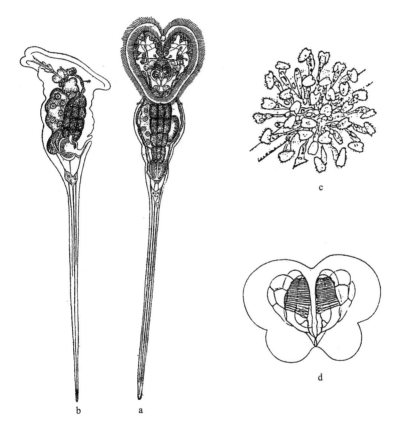

图 469　簇团胶轮虫 *Lacinularia flosculosa* (Müller)（a, b 仿王家楫, 1961；c, d 仿 Koste, 1978）

a. 背面观（dorsal view）；b. 侧面观（lateral view）；c. 群体（colony）；d. 咀嚼器（trophi）

66. 蒲氏轮属 *Beauchampia* Harring, 1913

Beauchampia Harring, 1913b: 17.

Cephalosiphon Ehrenberg, 1853: 187.

Type species: *Rotifer crucigera=Beauchampia crucigera* (Dutrochet, 1812); by monotype.

形态　成年的雌体单独栖息在 1 个已经硬化的胶质、类似角质薄膜所组成的管室内。头冠在张开的时候总是比躯干宽阔，呈椭圆形或圆形。咀嚼囊呈心脏形，咀嚼器系典型的槌枝型。背触手 1 个，非常长，呈管状；腹触手 1 对，系乳头状的突起，很微小。

本属只有 1 种。

(460) 十架形蒲氏轮虫 *Beauchampia crucigera* (Dutrochet, 1812)（图 470）

Rotifer crucigera Dutrochet, 1812: 385.
Melicerta crucigera: Goldfuszs, 1820: 76.
Cephalosiphon crucigera: Hlava, 1904b: 247.
Beauchampia crucigera: Harring, 1913b: 17.

形态 成年的雌体单独固着在金鱼藻等沉水植物的茎叶上面。每一个体总是栖息在 1 个笔直的或者少许弯曲的圆筒形或者长的圆锥形的管室内；管室由已经硬化的胶质、类似角质所形成的薄膜所组成；呈褐色或灰色，不透明或半透明，满具很密的横的条纹，并附有或多或少微小的沙粒或其他外来物质。头冠在张开的时候总是比躯干宽阔；呈椭圆形或圆形；背面边缘显著地凹入，少许有分成左右 2 个裂片的倾向。咀嚼囊呈心脏形，咀嚼器系典型的槌枝型；每一槌钩大多数具有 10-12 个柔弱的齿。背触手 1 个，非常长，呈管状，末端具有 1 束感觉毛；腹触手 1 对，系乳头状的突起，很微小。

标本测量 身体全长：385-478μm；管室长：150-950μm。

生态 十架形蒲氏轮虫系广生性种类，一般习居于沉水植物丰富的中营养型-富营养型水体中。

地理分布 湖北（武汉）；澳大利亚，新西兰，非洲，北美洲，南美洲，东南亚，太平洋地区，欧洲，亚洲北部。

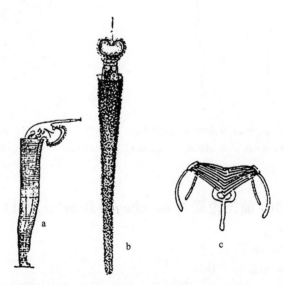

图 470 十架形蒲氏轮虫 *Beauchampia crucigera* (Dutrochet)（a 仿王家楫, 1961；b, c 仿 Koste, 1978）
a. 侧面观（lateral view）；b. 腹面观（ventral view）；c. 咀嚼器（trophi）

十九、聚花轮科 Conochilidae Harring, 1913

Conochilidae Harring, 1913b: 189.

形态　体无被甲，很柔软，圆形或瓶形。足长，无趾。身体大部分有胶质鞘包裹。头冠马蹄形，似六腕轮虫头冠型。口位于围顶带的中央或靠近背面。背触手有或无。腹触手位于头冠的盘顶上或躯干前端的腹面，分开或融合成为 1 个，其中也有不少过渡类型。咀嚼器槌枝型。

本科种类系典型的浮游种类，群体或个体生活；包括 2 属：聚花轮属 *Conochilus* 和拟聚花轮属 *Conochiloides*。

属 检 索 表

腹触手位于头冠的盘顶上·· **聚花轮属** *Conochilus*
腹触手位于躯干前端的腹面··· **拟聚花轮属** *Conochiloides*

67. 聚花轮属 *Conochilus* Ehrenberg, 1834

Conochilus Ehrenberg, 1834: 224.
Type species: *Conochilus unicornis* Rousselet, 1892.

形态　聚花轮属的种类一般都形成群体，小的由 2-25 个个体所组成，大的由 25-100 个个体所组成。腹触手位于头冠的盘顶上，无背触手。

本属在全世界已描述 2 种，我国均有发现。

种 检 索 表

2 个腹触手虽很靠近，但是分开的；群体较大····························· **团状聚花轮虫** *C. hippocrepis*
2 个腹触手融合为 1 单独的触手；群体较小····························· **独角聚花轮虫** *C. unicornis*

(461) 团状聚花轮虫 *Conochilus hippocrepis* (Schrank, 1803)（图 471）

Linza hippocrepis Schrank, 1803: 314.
Conochilus volvox Ehrenberg, 1834: 224.

形态　群体主要由非常透明的胶质把足的末端联结在一起而形成，通常呈圆形或长圆形，可自由游泳。头部和躯干部比较宽阔，呈椭圆形；头盘略向腹面倾斜，呈马蹄形，其缺口位于腹面中央；在背面"马蹄"向内少许凸出而下垂，口即位于背面"马蹄"向内凸出的部位。足远较躯干细而长，末端尖削。咀嚼器为典型的槌枝型。腹触手 1 对，位于头冠腹面，完全分离，或在基部仅仅很少一点融合，呈管状，相当长而发达，末端有感觉毛。群体的规模 30-300 个，最多可达 400 个，一般呈淡黄色。

标本测量　个体长：410-800μm；群体直径：2000-4000μm。

生态　团状聚花轮虫系典型的浮游种类，分布十分普遍，沼泽、池塘、湖泊均有本种的存在；但深水湖泊一般较难找到，通常在春、夏之交达到数量高峰。

地理分布　湖北（武汉、鄂城）、浙江、江苏、安徽（芜湖）；澳大利亚，新西兰，非洲，北美洲，南美洲，东南亚，欧洲，亚洲北部。

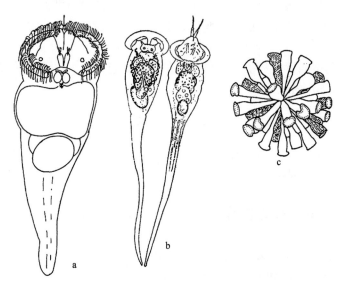

图 471　团状聚花轮虫 *Conochilus hippocrepis* (Schrank)（a, c 仿 Pontin, 1978；b 仿王家楫, 1961）

a, b. 腹面观（ventral view）；c. 群体（colony）

(462) 独角聚花轮虫 *Conochilus unicornis* Rousselet, 1892（图 472）

Conochilus unicornis Rousselet, 1892: 367.

Conochilus leptopus Forbes, 1893: 256.

Conochilus limnceticus Stenroos, 1898: 109.

Conochilus norvegicus Burckhardt, 1943: 354-384.

形态　典型的群体浮游种类，呈不规则的圆球形，每一群体至少由 2-7 个个体所组成，一般为 25 个左右，由胶质把不同个体足部联结在一起。个体比较粗壮，呈不规则的长卵形。头冠向腹面倾斜，呈马蹄形的特殊形式；"马蹄"缺口位于腹面中央，在背面"马蹄"向内略微凸出而下垂，口即位于背面马蹄向内凸出的部分。头盘的中央顶端往往向上浮起而突出。槌枝型咀嚼器。腹触手融合为 1 个，呈管状，位于头冠腹面；末端有 2 束纤毛，由此可以推断，它是由 2 个小管融合在一起而成。

标本测量　个体长：250-1300μm；群体直径：0.5-3.0mm。

生态　独角聚花轮虫是一种典型的浮游动物，分布范围很广，自浅水池塘到深水湖泊均能生存。在大型湖泊、深水湖泊有时能达到数量高峰。在黑龙江镜泊湖、云南阳宗海、浙江菱湖的河道，以及湖北武汉的许多湖泊中均观察到许多样品。

地理分布　云南（昆明）、湖北（武汉）、湖南（岳阳）、黑龙江（宁安）、浙江（湖州）、江苏（无锡、南京）、安徽（芜湖）；澳大利亚，新西兰，非洲，北美洲，南美洲，东南亚，欧洲，亚洲北部。

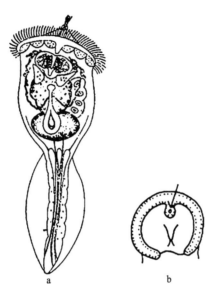

图 472　独角聚花轮虫 *Conochilus unicornis* Rousselet（a 仿王家楫，1961）
a. 背面观（dorsal view）；b. 头冠，示口（corona, showing mouth）

68. 拟聚花轮属 *Conochiloides* Hlava, 1904

Conochiloides Hlava, 1904: 253.
Type species: *Conochiloides dossuarius* (Hudson, 1885).

形态　拟聚花轮属种类一般行个体自由生活；若行群体生活，则个体数很少。腹触手位于躯干前端的腹面，背触手小。

本属全世界已发现 5 种，我国有 2 种分布。

种 检 索 表

2 个腹触手融合为一，仅在末端有些分离·····················**叉角拟聚花轮虫 *C. dossuarius***
2 个腹触手完全分离···**敞水拟聚花轮虫 *C. natans***

(463) 敞水拟聚花轮虫 *Conochiloides natans* (Seligo, 1900)（图 473）

Tubicolaria natans Seligo, 1900: 60.
Conochilus (Conochiloides) natans: Voigt, 1904: 680.

形态　本种轮虫属非群集生活种类。身体无色或略显灰色，胶质外套透明，围裹了几乎身体的 2/3，达到腹触手下端。足粗壮与躯干部分界不明显，无趾。头冠马蹄形，盘顶区扁平，口位于马蹄形背面的中央。腹触手位于躯干前端的腹面，完全分离；背触手很小。槌枝型咀嚼器，槌板具 5 对对称的主齿。

标本测量　全长：280-510μm。

生态　敞水拟聚花轮虫习居于湖泊、池塘，适应温度的范围较广。常常在温度较低的冬天或早春出现，在温度较高的水体有时亦能采到。本种采自海南三亚一小河流中，当时水温 24℃，pH 6.0 左右。

地理分布　海南（海口、三亚）；澳大利亚，新西兰，非洲，北美洲，南美洲，东南亚，欧洲，亚洲北部。

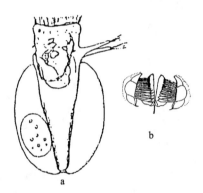

图 473　敞水拟聚花轮虫 *Conochiloides natans* (Seligo)
a. 侧面观（lateral view）；b. 咀嚼器（trophi）

(464) 叉角拟聚花轮虫 *Conochiloides dossuarius* (Hudson, 1885)（图 474）

Conochilus dossuarius Hudson, 1885: 611.
Cephalosiphon dossuarius: Hudson *et* Gosse, 1886: 91.

形态　一般系 1 个单独的个体或者由极少数的个体联合一起而形成的不规则群体。自由浮游生活。个体相当长而粗壮，近似高脚杯形。胶质外套很发达，不仅围裹了整个足，而且也围裹了躯干部的 1/3 后端或整个后半部分。头盘位于前端或略向腹面倾斜，呈马蹄形，其缺口位于腹面中央，也就是口的位置。咀嚼囊相当大，呈心脏形；槌枝型咀嚼器，贴枝左右不对称；右槌板的大齿末端不分叉；左槌钩的大齿末端分叉。腹触手发达，末端 1/3 处分两叉，每一叉末端具有 1 束感觉毛。

标本测量　全长：380-480μm；腹触手长：40-50μm。

生态　叉角拟聚花轮虫系典型的浮游、广生性种类，习居于浅水湖泊、池塘、沼泽等水体，通常在温暖季节出现，夏、秋季数量较多。

地理分布　海南、湖北（武汉）、浙江（湖州）、上海、江苏（无锡、南京）、安徽（芜湖）、西藏（定日、札达）；澳大利亚，新西兰，非洲，北美洲，南美洲，东南亚，欧洲，亚洲北部。

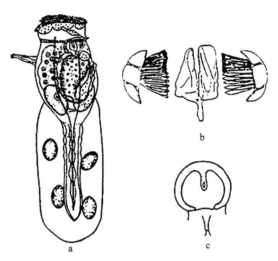

图 474　叉角拟聚花轮虫 *Conochiloides dossuarius* (Hudson)（a, c 仿王家楫, 1961；b 仿 Koste, 1978）
a. 侧面观（lateral view）；b. 槌板（malleus）；c. 头冠，示口及腹触手（corona, showing mouth and ventral antenna）

二十、镜轮科 Testudinellidae Harring, 1913

Testudinellidae Harring, 1913b: 190.

形态　本科种类体有被甲，或薄或厚，六腕轮虫型头冠；槌枝型咀嚼器；有足或无足，如有足，足孔在体腹面中央或后端，足末端无趾。

本科包括镜轮属 *Testudinella*、*Anchitestudinella* 和泡轮属 *Pompholyx*。前 2 属的种类较多，喜底栖生活；泡轮属的种类则系典型的浮游种类。我国目前只记录到镜轮属和泡轮属 2 属。

属　检　索　表

被甲比较厚而较坚硬；有足 ·· **镜轮属 *Testudinella***
被甲比较薄而较柔韧；无足 ··· **泡轮属 *Pompholyx***

69. 泡轮属 *Pompholyx* Gosse, 1851

Pompholyx Gosse, 1851: 203.
Type species: *Pompholyx complanata* Gosse, 1851.

形态　被甲薄而透明；体末端虽也有足孔的通路，但本体并无真正足的存在。被甲背、腹面或扁平，或凸出而隆起。六腕轮虫型头冠、槌枝型咀嚼器。胃腺大，肠内有纤毛；卵黄核 12 个。眼点 1 对，位于头冠下面脑前端的两侧；侧触手 1 对，自后半部的两旁射出。体末端有 1 单囊状的足腺往往分泌 1 个黏液管子，从足孔伸出，将已经排出的成熟卵联系在一起。

本属全世界已发现 3、4 种，我国记录 3 种。

种 检 索 表

1. 被甲背腹面及两侧都凸出而隆起，故具 4 条纵长的沟痕·····················沟痕泡轮虫 *P. sulcata*
   被甲背腹面高度扁平，表面光滑而无沟痕··2
2. 被甲前端两侧呈明显锐角···锐角泡轮虫 *P. acutangula*
   被甲前端两侧不呈明显锐角···扁平泡轮虫 *P. complanata*

(465) 沟痕泡轮虫 *Pompholyx sulcata* Hudson, 1885（图 475）

Pompholyx sulcata Hudson, 1885: 613.

形态 被甲比较薄而透明，呈宽阔的卵圆形，前端紧缩而比较细而窄，后半部宽一些；从横切面看，背、腹及两侧均向外凸出。表面具有 4 条纵长而很明显的凹沟，把背、腹部及左右两侧明显区分开。被甲前端背面中央边缘向上突出，后端有 1 小的圆孔；虽称为足孔，但并无足的存在。头部纤毛环比较简单。口位于腹面围项带和下唇之间，咀嚼囊呈心脏形，典型的槌枝型咀嚼器。侧触手比较明显，自躯干部两旁小管口射出。足腺和体后端孔口相连，已经发育的卵往往通过孔口排出体外。休眠卵黑色，圆形，表面光滑，有 2 层壳包裹。

标本测量 被甲长：140-165μm。

生态 沟痕泡轮虫系典型的浮游性种类，主要在夏、秋季出现，在长江中下游的池塘和浅水湖泊广为分布。

地理分布 海南、云南、湖北（武汉）、湖南（岳阳）、江苏（无锡）、安徽（芜湖）；非洲，北美洲，南美洲，东南亚，欧洲，亚洲北部。

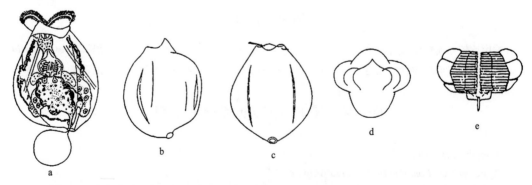

图 475 沟痕泡轮虫 *Pompholyx sulcata* Hudson（a-d 仿王家楫, 1961；e 仿 Koste, 1978）

a, b. 侧面观（lateral view）；c. 腹面观（ventral view）；d. 身体横切面（cross section of the body）；e. 咀嚼器（trophi）

(466) 扁平泡轮虫 *Pompholyx complanata* Gosse, 1851（图 476）

Pompholyx complanata Gosse, 1851: 203.

形态　被甲比较薄，无色透明，背、腹面高度压缩而扁平，因此，从横切面看，似乎呈叶片形，其厚度约为宽度的 1/5；背面观，外形与沟痕泡轮虫一样均呈卵圆形，表面光滑而没有任何沟痕。被甲前端背面中央的边缘向上突出形成末端并不尖锐的突出，腹面中央下沉而形成 1 "V" 形凹痕。身体末端亦有 1 孔，侧触手位于身体两侧的末端 1/3 处。头冠的纤毛带分裂成 2 个纤毛环。眼点 1 对，系红色，呈圆球形，位于头冠背面凹痕的两旁。咀嚼囊大，槌枝型咀嚼器。休眠卵黑色，椭圆形，由 1 层光滑而比较厚的卵壳包裹。

标本测量　体长：70-90μm；体宽：60-75μm。

生态　扁平泡轮虫是一典型的浮游性种类，习居于池塘、湖泊，十分常见。

地理分布　海南、云南、湖北（武汉）、北京、青海（西宁）、浙江（杭州）、安徽（芜湖）；澳大利亚，新西兰，非洲，北美洲，南美洲，东南亚，欧洲，亚洲北部。

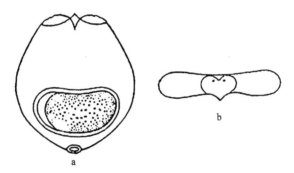

图 476　扁平泡轮虫 *Pompholyx complanata* Gosse（仿王家楫，1961）

a. 背面观，携休眠卵（dorsal view, carrying a resting egg）；b. 身体横切面（cross section of the body）

(467) 锐角泡轮虫 *Pompholyx acutangula* Wu, 1981（图 477）

Pompholyx acutangula Wu, 1981: 237.

形态　被甲较透明，无沟痕。背面观或腹面观均呈卵圆形，前端稍瘦削而略伸长，后端较宽而钝圆。侧面观如香蕉状。背、腹高度扁平，前端两侧形成明显的锐角。背甲远比腹甲大，故两边包向腹面，其中部纵向隆起，两边向外倾斜，横切面如"斗笠"。背甲前端中央稍向前鼓出，呈 1 尖的唇片；腹甲前端中央则向内凹陷成为宽的"V"形缺刻。被甲中部最宽，后端往往有 1 短的管状体，稍向背面弯转，使足孔整个朝向背面，孔外常见 1 丝状体，携带着 1、2 个非混交卵。头盘系巨腕轮虫型。咀嚼器系槌枝型。

本种与沟痕泡轮虫的主要区别在于被甲上无沟痕，背、腹甚扁平。与扁平泡轮虫相似，与本种主要区别在于：①被甲前端两侧呈明显的锐角；②足孔有 1 短管弯向背面；

③横切面不呈双叶螺旋桨形而呈斗笠形。此外，本种与三叶泡轮虫 *P. triloba* 亦很近似，但前者前端两角尖锐而后者钝圆；横切面背甲中央隆起较尖，腹甲中央向外鼓出，后者则不然。

标本测量　体长：123μm；体宽：117μm；体厚：23μm。

生态　本种于 1978 年 9 月 19 日采自广东鹤地水库。

地理分布　广东；非洲，东南亚，欧洲，亚洲北部。

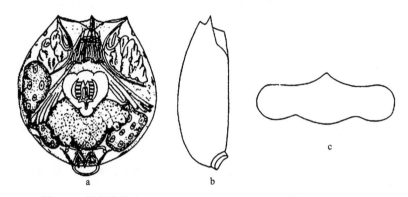

图 477　锐角泡轮虫 *Pompholyx acutangula* Wu（仿伍焯田，1981）

a. 背面观（dorsal view）；b. 侧面观（lateral view）；c. 身体横切面（cross section of the body）

70. 镜轮属 *Testudinella* Bory de St. Vincent, 1826

Testudinella Bory de St. Vincent, 1826: 85.

Proboskidea Bory de St. Vincent, 1826: 84.

Pterodina Ehrenberg, 1830: 48.

Type species: *Brachionus clypeatus*＝*Testudinella clypeatus* (Müller, 1786).

形态　被甲比较厚而硬，或多或少背腹面扁平，或者背面凹入而腹面凸出，或腹面凹入而背面凸出。背腹甲在两侧边缘完全融合在一起。体呈圆形、瓶形、梨形、卵形或椭圆形。身体后端一般浑圆或轻微凹陷或成细柄状；前端或浑圆或有缺刻或有棘齿等。头冠呈六腕轮虫型；有或无 2 个红色眼点。足很长，呈圆筒形，并不分节，前半段具有相当密的环形沟痕，末端无趾而有自内侧伸出的 1 圈纤毛；足孔位于被甲腹面中央、后半部或后端。咀嚼器槌枝型。

本属种的鉴定主要依据壳的形态、足孔的位置等；一般将虫体固定后更易观察。该属的种类多以底栖生活为主。目前全世界已描述约 40 种；由于种类鉴定困难，许多种类有一定的不确定性，我国有 6 种 6 亚种。

种 检 索 表

1. 被甲纵长，后端延伸成细柄或管状 ·· 三齿镜轮虫 *T. tridentata*

被甲浑圆，后端不延伸成细柄或管状···2

2. 足孔在腹甲的中部或离后端近 1/3 处···3

　　足孔在腹甲的末端或靠近末端···4

3. 背甲前缘中央有 1 尖三角形的凸出·················微凸镜轮虫 *T. mucronata*

　　背甲前缘中央不形成 1 尖三角形的凸出················盘镜轮虫 *T. patina*

4. 腹面前缘呈领口样凹陷·································小镜轮虫 *T. parva*

　　腹面前缘不呈领口样凹陷···5

5. 足孔呈方形或长方形·································缺刻镜轮虫 *T. incisa*

　　足孔呈裂缝形······································波氏镜轮虫 *T. brycei*

(468) 三齿镜轮虫指名亚种 *Testudinella tridentata tridentata* Smirnov, 1931（图 478）

Testudinella tridentata Smirnov, 1931: 54-58.

Testudinella paratridentata Wang, 1961: 246.

形态　被甲很透明，呈狭长的卵圆形，最宽之处位于体之中部，后端延伸呈细柄或管状。前端头冠伸出的孔口系 1 个宽阔的横裂缝，其两侧各有 1 个相当粗壮而略向外弯曲的刺，中央具有 1 很发达的矛头状的尖刺，其长度超过两侧的刺。足孔呈椭圆形，位于体之末端。

《中国淡水轮虫志》中记述的拟三齿镜轮虫 *Testudinella paratridentata* 即为本种。

标本测量　被甲长：120-150μm；被甲宽：60-78μm。

生态　三齿镜轮虫通常生活在酸性水域（pH 4-6）中沉水植物的表面。在上海市郊和浙江的一些池塘中均采到过本种。

地理分布　海南、浙江（宁波）、上海；澳大利亚，新西兰，非洲，北美洲，南美洲，东南亚，欧洲，亚洲北部。

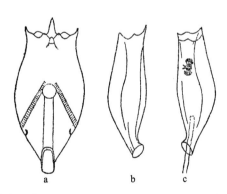

图 478　三齿镜轮虫指名亚种 *Testudinella tridentata tridentata* Smirnov（仿王家楫, 1961）

a. 腹面观（ventral view）；b, c. 侧面观（lateral view）

(469) 无棘三齿镜轮虫 *Testudinella tridentata edentata* **Zhuge et Huang, 1997**（图 479）

Testudinella tridentata edentata Zhuge et Huang, 1997.

形态 被甲透明，背面观或腹面观呈狭长的卵圆形或瓶形；横切面呈扁三角形，背面扁平略凹，腹面中央拱起；被甲前端两侧有短棘，背甲前缘平直，腹甲前缘中央有 2 钝齿。侧触手在体中部的两侧，是体最宽处；被甲最后端的腹面有 1 圆形足孔。

标本测量 被甲长：105μm；被甲宽：70μm；被甲厚：55μm；足孔长：7.5μm；前侧棘长：3μm。

生态 本亚种于 1995 年 9 月采于湖南洞庭湖边一水沟，当时水温 25℃，pH 8.4。

地理分布 湖南（岳阳）。

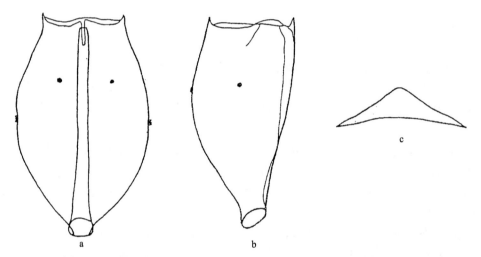

图 479 无棘三齿镜轮虫 *Testudinella tridentata edentata* Zhuge et Huang
a. 腹面观（ventral view）；b. 侧面观（lateral view）；c. 横切面（cross section）

(470) 钝角三齿镜轮虫 *Testudinella tridentata obtusa* **Wu, 1981**（图 480）

Testudinella tridentata obtusa Wu, 1981: 237.

形态 被甲较透明，长椭圆形，两头瘦削；前端显著比后端宽，具 3 个齿状突出。背甲前端中央 1 棘刺长而尖，弯向腹面，基部很宽；腹甲前端中央 2 个齿短而钝，其外侧各有 1 个乳头状突起，不易发现。腹甲后端有 1 近乎长方形的足孔。侧触手 1 对，自前面一直伸到躯干中部两侧。被甲侧面观呈半月形，背面高度隆起，腹面稍许凹入；足孔高度弯向腹面。主要特征不但个体大，而且被甲前端显著地狭窄如瓶口状，不那么宽阔；长棘刺显著地长而尖；被甲前端的两侧绝不呈现锐齿，而是浑圆的钝角；腹甲前端中央 2 齿较长，其外侧各有 1 个乳头状突起。

标本测量 被甲长（包括长齿在内）：336μm；被甲宽：157μm；背前齿长：47μm；

背腹厚：76μm。

生态　本亚种于 1978 年 9 月 19 日采自广东博罗县显岗水库。

地理分布　广东（博罗）；澳大利亚，新西兰，非洲，南美洲，东南亚。

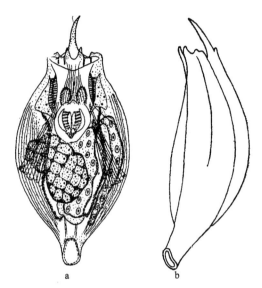

图 480　钝角三齿镜轮虫 *Testudinella tridentata obtusa* Wu（仿伍焯田, 1981）

a. 背面观（dorsal view）；b. 侧面观（lateral view）

(471) 微凸镜轮虫 *Testudinella mucronata* (Gosse, 1886)（图 481）

Pterodina mucronata Gosse, 1886, In: Hudson *et* Gosse, 1886: 114.

Pterodina patina mucronata Voronkow, 1907: 147-215.

Testudinella mucronata: Harring, 1913b: 100.

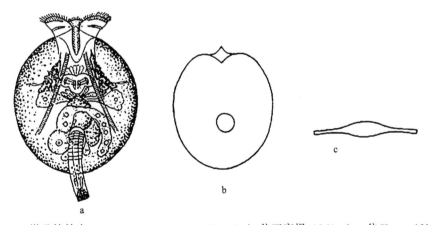

图 481　微凸镜轮虫 *Testudinella mucronata* (Gosse)（a 仿王家楫, 1961；b, c 仿 Koste, 1978）

a. 腹面观（ventral view）；b. 收缩的虫体腹面观（ventral view of contracted body）；c. 被甲横切面（cross section of lorica）

形态　被甲较透明，背、腹甲两侧愈合处十分扁平，背面观和腹面观呈宽阔的卵圆形或接近圆形。中间向外略微凸出，横切面呈菱形。被甲前端头冠伸出的孔口系 1 个横的裂缝，裂缝的背面边缘总是显著的凸出而形成 1 三角形的尖端，裂缝的腹面形成 1 很宽阔的"V"形缺刻。足孔圆形，位于腹面中间或后 1/3 处。足完全伸出时呈圆筒形，前半段有相当密的环纹；后半段光滑，末端有 1 圈比较长的纤毛。

标本测量　被甲长：140-170μm；被甲宽：可达 140μm。

生态　微凸镜轮虫有较大的 pH 和温度耐受范围。一般出现在沉水植物的表面，在湖北武汉市郊的一些池塘和东湖沿岸带采到过不少活体标本。

地理分布　云南、湖北（武汉）、安徽（芜湖）、西藏（芒康、类乌齐）；澳大利亚，新西兰，非洲，北美洲，南美洲，东南亚，欧洲，亚洲北部。

(472) 盘镜轮虫指名亚种 *Testudinella patina patina* (Hermann, 1783)（图 482）

Brachionus patina Hermann, 1783: 48.

Proboskidia patina: Bory de St. Vincent, 1826: 84.

Pterodina patina: Ehrenberg, 1830a: 48.

Testudinella pseudoelliptica Bartoš, 1951: 10-20.

形态　被甲非常透明，系 2 片扁平的、接近对称的背腹甲，在两侧和后端彼此愈合在一起而形成。背面观或腹面观被甲几乎呈 1 个扁的圆盘。被甲前端腹面形成 1 相当深的"V"形缺刻，背面边缘则很平稳或少许呈波状弯曲。腹甲 1/3 的后端有 1 圆形或卵圆形足孔。足呈长圆筒形，前半部具有相当密的环状沟纹，后半部表面则光滑，末端的内面还着生 1 圈相当长的纤毛。侧触手 1 对，位于体前半部两旁；背触手也位于体前半部背面。

标本测量　全长：120-160μm。

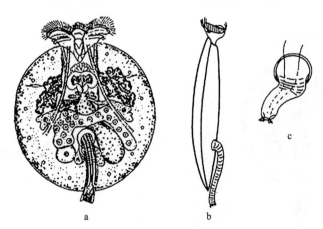

图 482　盘镜轮虫指名亚种 *Testudinella patina patina* (Hermann)（a 仿王家楫, 1961；b, c 仿 Pontin, 1978）
a. 腹面观（ventral view）；b. 侧面观（lateral view）；c. 足和足孔（foot and foot opening）

生态　盘镜轮虫是一广生性种类，在淡水、海水、咸淡水中均能发现；习性虽以底栖为主，但也善于浮游；在沉水植物多的沼泽、池塘、浅水湖泊中十分常见。

地理分布　海南、云南、湖北（武汉）、湖南（岳阳）、北京、青海（西宁）、安徽（芜湖）、西藏（波密、噶尔、拉萨）；澳大利亚，新西兰，非洲，北美洲，南美洲，东南亚，太平洋地区，欧洲，亚洲北部。

(473) 中型盘镜轮虫 *Testudinella patina inetrmedia* (Anderson, 1889)（图 483）

Pterodina patina inetrmedia Anderson, 1889: 356.

Testudinella patina inetrmedia Skorikov 1896: 209-347.

形态　体圆形，与指名亚种几乎一样大小；被甲背面前端中央有 1 圆钝突起；足孔圆形，位置在体腹面中央偏下。

标本测量　全长：110-165μm。

生态　中型盘镜轮虫一般生活在沉水植物较多的小型水体中。本亚种采自云南大理洱海岸边一小水塘，该塘满江红和轮藻等水生植物十分茂盛；当时水温 13℃，pH 约为 7。同时在湖北武汉、吉林长白山亦采到本亚种。

地理分布　云南、湖北（武汉）、吉林（长白山）；澳大利亚，新西兰，非洲，北美洲，南美洲，东南亚，太平洋地区，欧洲，亚洲北部。

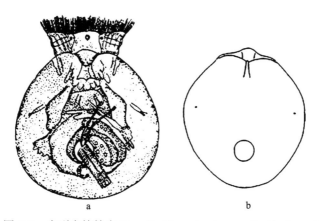

图 483　中型盘镜轮虫 *Testudinella patina inetrmedia* (Anderson)

a. 腹面观（ventral view）；b. 收缩的虫体腹面观（ventral view of contracted body）

(474) 小镜轮虫指名亚种 *Testudinella parva parva* (Ternetz, 1892)（图 484）

Pterodina parva Ternetz, 1892: 20.

Testudinella insuata Hauer, 1938a: 507.

形态　被甲透明，系背、腹甲在两侧和后端边缘愈合而成，背面观和腹面观呈卵圆形或圆形。前端头冠伸出的孔口背面总是或多或少凸出，凸出的中央部分微凹而腹面前端呈三角形领口样凹陷。足伸出的孔口位于腹甲后端，接近长方形或梨形；孔口后端边缘一般不突出于被甲之后；侧触手接近被甲中央两侧，并不在后半部。

标本测量 被甲长：90-100μm；被甲宽：90-95μm。

生态 小镜轮虫是一广生性种类，习居于沉水植物或群体藻类的表面。

地理分布 海南、湖北、安徽；澳大利亚，新西兰，非洲，北美洲，南美洲，东南亚，欧洲，亚洲北部。

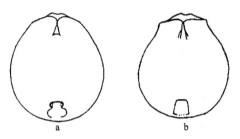

图 484 小镜轮虫指名亚种 *Testudinella parva parva* (Ternetz)

a. 腹面观，示梨形足孔（ventral view, showing a pear-shaped foot hole）；b. 腹面观，示近长方形足孔（ventral view, showing an Approximate rectangular foot hole）

(475) 双齿小镜轮虫 *Testudinella parva bidentata* (Ternetz, 1892)（图 485）

Pterodina bidentata Ternetz, 1892: 44.

Testudinella bidentata: Harring, 1913b: 100.

Testudinella parva var. *bidentats* Myers, 1931: 11.

Testudinella triangulais Myers, 1934d: 1-2.

Testudinella bidentata: Wang, 1961: 241.

形态 本亚种的主要特点是被甲后半部两侧各具 1 齿状尖角形的突起，角尖或多或少向上弯转。在尖角上面的腹甲两旁各有 1 裂口，系侧触手伸出的孔道。

标本测量 被甲长：121μm；被甲宽：103μm。

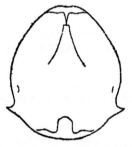

图 485 双齿小镜轮虫 *Testudinella parva bidentata* (Ternetz)
腹面观（ventral view）

生态 双齿小镜轮虫在《中国淡水轮虫志》中系 1 独立的种：双齿镜轮虫 *Testudinella*

bidentata。本亚种一般栖息于沉水植物间；从目前的记录来看，它只限于沼泽、池塘及浅水湖泊的沿岸带。

地理分布　云南（昆明）、吉林（长白山）；澳大利亚，新西兰，非洲，北美洲，南美洲，东南亚，欧洲，亚洲北部。

(476) 缺刻镜轮虫指名亚种 *Testudinella incisa incisa* (Ternetz, 1892)（图 486）

Pterodina incisa Ternetz, 1892: 30.

Testudinella incisa: Harring, 1913b: 100.

形态　被甲很透明，系背甲和腹甲在两侧和后端边缘愈合而成，呈宽阔的卵圆形；背甲显著地凹入，腹甲高度突出，因此横切面呈宽阔的"V"形，"V"形底部最厚，就是背、腹甲的距离最大，向两侧逐渐变薄。被甲腹面前端的孔口亦呈"V"形缺刻。足孔位于腹甲下端，几近方形，往往形成八角形的边缘。足呈长圆管形，末端亦具 1 圈纤毛。

标本测量　被甲长：100-124μm；被甲宽：80-90μm。

生态　缺刻镜轮虫习居于沼泽、池塘及浅水湖泊中，主要营底栖生活，常常在沉水植物的表面活动。从调查结果看，华东、华中地区较为常见。

地理分布　云南、湖北（武汉）、青海（西宁）；澳大利亚，新西兰，非洲，北美洲，南美洲，东南亚，欧洲，亚洲北部。

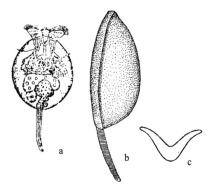

图 486　缺刻镜轮虫指名亚种 *Testudinella incisa incisa* (Ternetz)（a, b 仿王家楫，1961；c 仿 Rudescu, 1960）
a. 腹面观（ventral view）；b. 侧面观（lateral view）；c. 横切面（cross section）

(477) 裾切缺刻镜轮虫 *Testudinella incisa emarginula* (Stenroos, 1898)（图 487）

Pterodina emarginula Stenroos, 1898: 168.

Pterodina incisa: Harring, 1913b: 106.

Pterodina emarginula: Von Hofsten, 1909: 1-125.

Testudinella emarginula: Wang, 1961.

形态　被甲呈宽阔的卵圆形至椭圆形的瓶状或壶状；1/3 的前端两侧有缢缩。背甲或多或少下沉而凹入，腹甲显著地凸出，前端有皱褶，横切面呈扁棱形。被甲前端背面边缘具有 2 片唇状或舌状突出；2 片突出的中间和两旁则都较平直。足孔为 1 裂缝，位于被甲末端。

标本测量　被甲长：103μm；被甲宽：84μm。

生态　本亚种是一周丛生物，有较大的 pH 和温度耐受范围，但一般在低温下出现的频率较高。在浙江宁波、四川成都一些长有沉水植物的池塘中均采到过该种标本。

地理分布　海南、云南、湖北（武汉）、湖南（岳阳）、北京、浙江（宁波）、四川（成都）；澳大利亚，新西兰，非洲，北美洲，南美洲，东南亚，太平洋地区，欧洲，亚洲北部。

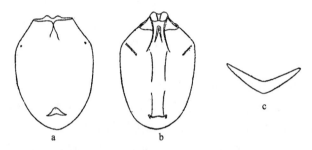

图 487　裙切缺刻镜轮虫 *Testudinella incisa emarginula* (Stenroos)（仿王家楫，1961）

a, b. 腹面观（ventral view）；c. 横切面（cross section）

(478) 阿氏缺刻镜轮虫 *Testudinella incisa ahlstromi* Hauer, 1956（图 488）

Testudinella ahlstromi Hauer, 1956: 306.

形态　阿氏缺刻镜轮虫与裙切缺刻镜轮虫的主要区别在于：前者被甲前端 1/3 处无缢缩；前端唇形突出中央有半圆形外凸。侧触手在体前端 1/4 处的两侧。背面拱起，腹面浅凹，横切面呈三角形。足孔位于体腹面近末端，裂缝状。

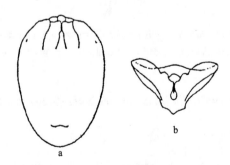

图 488　阿氏缺刻镜轮虫 *Testudinella incisa ahlstromi* Hauer

a. 背面观（dorsal view）；b. 横切面（cross section）

标本测量　体长：111-122μm；体宽：84-87μm。

生态　阿氏缺刻镜轮虫一般分布在亚热带和热带的酸性水域中；本亚种采自云南西双版纳一荷花塘中。该塘水清，有水草，当时水温 22℃，pH 7.0。

地理分布　云南（西双版纳）；澳大利亚，新西兰，印度尼西亚，墨西哥，中南美洲，北美洲。

(479) 波氏镜轮虫 *Testudinella brycei* Hauer, 1938（图 489）

Testudinella brycei Hauer, 1938: 558.

形态　被甲呈坛子形，前端窄，约在前端 1/5 处最宽，然后向后再变窄；但被甲的末端仍然比前端要宽。腹面前缘有 1 "V" 形缺刻，背面的前缘微凸，被甲横切面略呈三角形。足孔位于腹面相当后的后端，呈裂缝形，两侧微向下弯曲。

标本测量　被甲长：110-140μm；被甲宽：84-104μm。

生态　波氏镜轮虫最初在印度尼西亚苏门答腊海拔约 1500m、pH 为 5.5 的水体中发现；1960 年在日本亦有记载。1974 年在西藏拉萨一处草甸中浅的积水坑中采集到。西藏的波氏镜轮虫比印度尼西亚和日本的都大一些。该小水体长有芦苇等禾本科植物及大量轮藻，水较清；当时水温 22℃，pH 6.0，海拔 3650m。

地理分布　西藏（拉萨）；非洲，南美洲，东南亚，欧洲，亚洲北部。

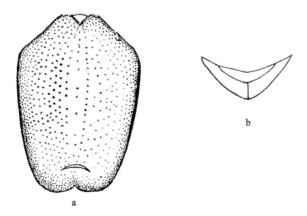

图 489　波氏镜轮虫 *Testudinella brycei* Hauer（仿龚循矩, 1983）
a. 腹面观（ventral view）；b. 横切面（cross section）

二十一、三肢轮科 Filiniidae Bartoš, 1959

Filiniidae Bartoš, 1959: 969.

形态　体呈卵圆形，无被甲。身体前端两侧各着生 1 根细而长的附肢，称为前肢，能自由划动；身体后端常具 1 根附肢，称为后肢，不能自由活动。

本科由三肢轮属 *Filinia* Bory de St. Vincent, 1824 提升而成，并把四肢轮属 *Tetramastix* Zacharias, 1898 合并入三肢轮属。

71. 三肢轮属 *Filinia* Bory de St. Vincent, 1824

Filinia Bory de St. Vincent, 1824: 507.
Triarthra Ehrenberg, 1832: 138.
Tetramastix Zacharias, 1898: 89.
Fadeewella Smirnov, 1928: 129.
Type species: *Filinia longisata* (Ehrenberg, 1834).

形态　体呈卵圆形、囊袋形。体被柔软而透明，分成头与躯干 2 部分，无足。头冠呈六腕轮虫型，只是轮环纤毛退化或缺。背触手在头冠下面的背侧；侧触手在身体中部稍后一些；2 个红色眼点。在身体前端两侧各着生 1 根或长或短的附肢，称为前肢，能自由划动；身体后端常具 1 根附肢，个别也有 2 根，称为后肢，只在极少数种类中缺乏。咀嚼器槌枝型。

本属种类均系典型的浮游生物，广泛分布于各种不同类型的水体中。全世界已被描述 15 种，我国已发现 10 种 1 亚种。观察结果表明，所谓的无肢三肢轮虫 *F. aseta* 是三肢轮虫休眠卵孵化出来的初生幼体，类似于多肢轮虫的第 1 代幼体。肢体的长度在不同季节有些变化，一般冬天要比夏天长一些。

种 检 索 表

9. 后端的附肢从体末端或离末端不足 10μm 处伸出 ·····················**端生三肢轮虫** *F. terminalis*
　　后端的附肢从离体末端 15μm 以上处伸出 ·····················**长三肢轮虫** *F. longiseta*

(480) 微小三肢轮虫 *Filinia minuta* (Smirnov, 1928)（图 490）

Fadeewella minuta Smirnov, 1928: 130-133.
Filinia minuta: Rutter-Kolisko, 1972: 212.

形态　体略呈球形或卵圆形，与臂三肢轮虫和角三肢轮虫外形颇为相似。体被柔软，在身体前、后端共着生 4 根刚毛样附肢，其长度几乎等长。侧触手在身体中间，休眠卵一般在体内。

标本测量　体长：40-80μm；体宽：30-60μm；前后肢长：10-20μm。

生态　微小三肢轮虫习居于湖泊、池塘中。武汉东湖在春季（水温 13℃左右）经常出现，有时发现体内有休眠卵 1 枚。

地理分布　湖北（武汉）、安徽（芜湖）；欧洲，亚洲北部。

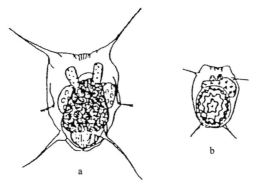

图 490　微小三肢轮虫 *Filinia minuta* (Smirnov)
a. 腹面观（ventral view）；b. 背面观（dorsal view）

(481) 脾状三肢轮虫 *Filinia opoliensis* (Zacharias, 1898)（图 491）

Tetramastix opoliensis Zacharias, 1898: 132.
Filinia opoliensis: Remane, 1933: 516.

形态　身体相当纵长，或多或少呈纺锤形，表皮高度硬化趋于形成被甲。2 条刚毛样前肢自前端两侧生出，左右并非对称，右前肢总是比身体要长；而左前肢则比身体要短。2 条刚毛样后肢都在身体的后端，1 条粗壮得犹如躯干部向后延伸而成，较长，往往超过体长；另 1 条刚毛样后肢较短而细，或多或少有些弯曲。

《中国淡水轮虫志》中把脾状三肢轮虫独立为四肢轮属 *Tetramastix*，并把 1 种四肢轮虫称为脾状四肢轮虫 *Tetramastix opoliensis*。

标本测量　体长：186-210μm；全长：420-525μm。

生态　脾状三肢轮虫是一喜温性、广泛分布的种类，一般在夏季出现，习居于湖泊、池塘中。在湖北武汉东湖夏季会经常出现。

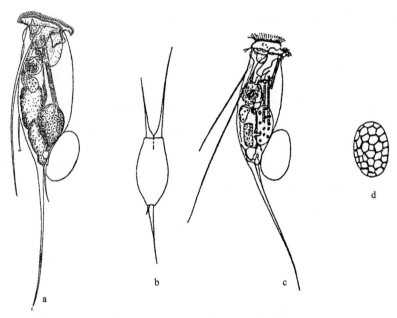

图 491　脾状三肢轮虫 *Filinia opoliensis* (Zacharias)（a 仿王家楫，1961；b-d 仿 Koste, 1978）

a, c. 侧面观（lateral view）；b. 收缩的虫体（contracted body）；d. 休眠卵（resting egg）

地理分布　海南、云南、湖北（武汉）、湖南（岳阳）、广西（南宁）、浙江（宁波）、江苏（无锡）、广东（广州）、安徽（芜湖）；澳大利亚，新西兰，非洲，北美洲，南美洲，东南亚，欧洲，亚洲北部。

(482) 角三肢轮虫 *Filinia cornuta* (Weisse, 1847)（图 492）

Triarthra cornuta Weisse, 1847: 143.

Filinia cornuta: Harring, 1913b: 48.

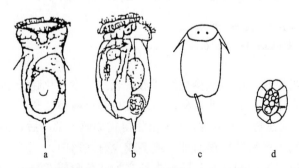

图 492　角三肢轮虫 *Filinia cornuta* (Weisse)（c, d 仿 Pontin, 1978）

a. 背面观（dorsal view）；b. 侧面观（lateral view）；c. 腹面观（ventral view）；d. 休眠卵（resting egg）

形态　体小，呈长圆形。前后肢刚毛样，后刚毛 1 根，从离身体末端 10μm 以内的位置伸出；前刚毛 1 对，从前端两侧伸出，均不超过体长的 1/3。

标本测量　体长：70-110μm；体宽：40-50μm；前肢长 20-30μm；后肢长 30-40μm。

生态　角三肢轮虫在我国从南到北、从东到西许多湖泊、池塘等水体中均有分布；虽然分布广泛，但种群密度不高，一般在冬季出现。

地理分布　云南、湖北（武汉）、湖南（岳阳）、北京、青海（西宁）、安徽（芜湖）；澳大利亚，新西兰，非洲，北美洲，南美洲，东南亚，欧洲，亚洲北部。

(483) 臂三肢轮虫 *Filinia brachiata* (Rousselet, 1901)（图 493）

Triarthra brachiata Rousselet, 1901b: 143.

Filinia brachiata: Harring, 1913b: 47.

形态　体呈卵圆形，前侧肢和后肢均较短。前侧肢从腹面两侧伸出，呈臂状，基部显著膨大，它的长度达不到身体末端，约为体长的 2/3。后肢的基部厚实，它的长度往往超过前肢，但比体长稍短一些。下唇明显突出呈喙状。槌枝型咀嚼器，槌钩有 2 个主齿及 6-8 个细齿。

标本测量　体长：94-190μm；侧肢长：65-70μm；后肢长：50-80μm。

生态　臂三肢轮虫通常在夏季出现，广泛分布于小型湖泊、池塘、水沟等小水体中，也可在咸淡水中出现。

地理分布　云南（昆明）、湖北（武汉）、湖南（岳阳）、北京、青海（西宁）、广西（南宁）、浙江（杭州）、安徽（芜湖）；澳大利亚，新西兰，非洲，北美洲，东南亚，欧洲，亚洲北部。

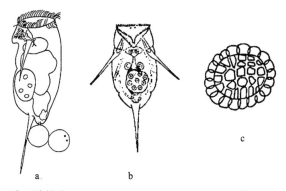

图 493　臂三肢轮虫 *Filinia brachiata* (Rousselet)（a, c 仿 Pontin, 1978）

a. 侧面观（lateral view）；b. 腹面观（ventral view）；c. 休眠卵（resting egg）

(484) 舞跃三肢轮虫 *Filinia saltator* (Gosse, 1886)（图 494）

Pedetes saltator Gosse, 1886, In: Hudson *et* Gosse, 1886.

Filinia longiseta var. *acaudata* Hauer, 1953: 166.

形态　体呈长圆形，后肢缺失或十分短，侧肢长为体长的 2 倍多。咀嚼器不对称，左侧槌钩齿 12 个，2 个大齿，10 个小齿；右侧槌钩齿 10 个，1 个大齿，9 个小齿。

标本测量　体长：120-135μm；侧肢长：255-320μm。

生态　舞跃三肢轮虫虽广泛分布于各类淡水水体中，但不如端生三肢轮虫那样分布广泛。本种于 1995 年 4 月 18 日采自北京房山新镇一池塘中，该池水质较肥，呈黄绿色，底质为泥；当时水温 16℃，pH 8.0。

地理分布　北京；非洲，南美洲，欧洲，亚洲北部。

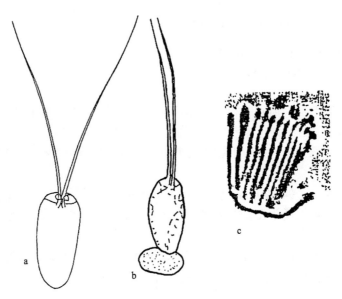

图 494　舞跃三肢轮虫 *Filinia saltator* (Gosse)（a, b 仿 Koste, 1978）
a. 背面观（dorsal view）；b. 侧面观（lateral view）；c. 右槌钩（right uncus）

(485) 泛热三肢轮虫指名亚种 *Filinia camasecla camasecla* Myers, 1938（图 495）

Filinia camasecla camasecla Myers, 1938: 15.

形态　体呈宽卵圆形，体被较其他三肢轮虫硬，头部前端 2 个眼点，分开很远。两前肢从身体中部两侧伸出；后肢从身体末端伸出，较硬而不可动；肢的基部厚实。

标本测量　体长：84-104μm；侧肢长：90-127μm；后肢长：90-127μm；咀嚼器长：25μm。

生态　泛热三肢轮虫是喜温性轮虫，先后在巴拿马、斯里兰卡、柬埔寨等地被发现。标本在海南琼海一池塘中采得，当时水温 20℃，pH 6.0，池塘边有一些水生维管束植物；同时在海南三亚亚龙湾附近一水库中也采得本种。

地理分布　海南（琼海、三亚）、安徽（芜湖）；东南亚。

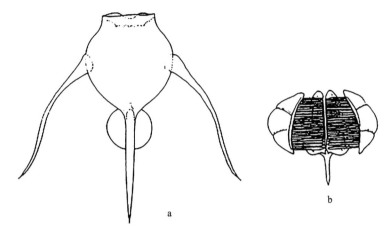

图 495　泛热三肢轮虫指名亚种 *Filinia camasecla camasecla* Myers

a. 背面观（dorsal view）；b. 咀嚼器（trophi）

(486) 柬泛热三肢轮虫 *Filinia camasecla cambodgensis* Bērzinš, 1973（图 496）

Filinia camasecla cambodgensis Bērzinš, 1973: 453-454.

形态　体较小，十分透明。躯干部近似五边形，中部有 2 根较长而能动的附肢，在腹面左右两侧最宽处伸出；侧面观其腹部后半部隆起，在侧肢前方骤然平截下陷至体高 1/3 处继续向前平伸。与指名亚种不同之处：后端有 1 根能前后活动的附肢，基部相当粗壮，具有明显的活动器，其结构背腹不尽相同。

标本测量　体长：170-200μm；体宽：73-87μm；前附肢长：88-103μm；后附肢长：97-113μm。

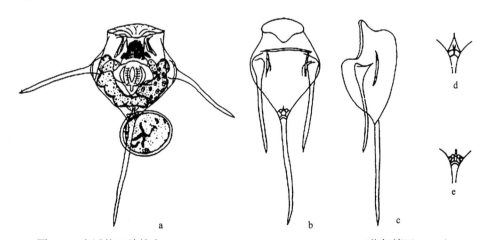

图 496　柬泛热三肢轮虫 *Filinia camasecla cambodgensis* Bērzinš（仿伍焯田, 1981）

a. 带卵的成体（adult with egg）；b. 腹面观（ventral view）；c. 侧面观（lateral view）；d, e. 后肢基部活动器（joint of posterior spine）

生态　1978 年 7 月 26 日在我国广东鹤地水库首次被发现；随后又在广西大王滩、灵东、清平、青狮潭水库，以及广东同沙、镇岗等水库相继被发现，个体较多。

地理分布　广东（廉江、东莞）、广西（南宁）；东南亚。

(487) 沼三肢轮虫 *Filinia limnetica* (Zacharias, 1893)（图 497）

Triarthra longiseta var. *limnetica* Zacharias, 1893: 23.
Filinia limnetica: Carlin, 1943: 34.

形态　本种轮虫较长三肢轮虫小，可无论前肢和后肢均很长，约为体长的 4 倍多；后肢从体腹面伸出，离末端约 25μm。卵黄核 8-14 个。和跃进三肢轮虫一样，也有不少学者把沼三肢轮虫视为长三肢轮虫的 1 亚种。

标本测量　体长：150-200μm；前肢长：可达 550μm；后肢长：可达 430μm。

生态　沼三肢轮虫是一广生性种类，一般出现在 pH 大于 7 的碱性水体的敞水带；也可在咸淡水中出现，但种群数量不高。在北京怀柔水库和海南一些水体中采到该种标本。

地理分布　海南（三亚）、北京；澳大利亚，新西兰，非洲，北美洲，南美洲，东南亚，欧洲，亚洲北部。

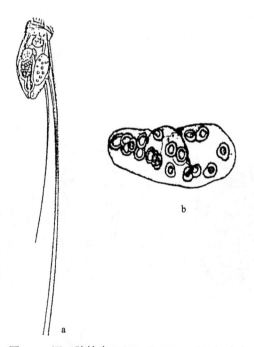

图 497　沼三肢轮虫 *Filinia limnetica* (Zacharias)
a. 侧面观（lateral view）；b. 卵黄腺（vitellarium）

(488) 跃进三肢轮虫 *Filinia passa* (Müller, 1786)（图 498）

Brachionus passa Müller, 1786: 353.
Filinia longiseta var. *passa* Sudzuki, 1964: 79.

形态　身体相当透明，比较粗壮。外形与长三肢轮虫相似，但跃进三肢轮虫前侧肢基部厚实，虽然比身体长，但不会超过其 2 倍；后肢亦从身体腹部射出，离末端 15μm 以上。口所在处围项带明显下垂，突出形成喙状下唇。不少学者，如 Koste 等将本种归为长三肢轮虫 *F. longiseta* 的 1 变种。

标本测量　体长：175-200μm；前肢长：198-300μm；后肢长：190-260μm。

生态　跃进三肢轮虫一般习居于富营养型咸性水体中，分布广泛，在水温 15℃ 以上时可大量繁殖。

地理分布　湖北（武汉）、湖南（岳阳）、北京、浙江（湖州）、上海、江苏（无锡、南京）、安徽（芜湖）；澳大利亚，新西兰，非洲，北美洲，东南亚，欧洲，亚洲北部。

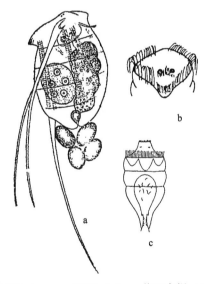

图 498　跃进三肢轮虫 *Filinia passa* (Müller)（a, c 仿王家楫，1961；b 仿 Pontin, 1978）
a. 侧面观（lateral view）；b. 头部腹面观（ventral view of head）；c. 雄体（male）

(489) 端生三肢轮虫 *Filinia terminalis* (Plate, 1886)（图 499）

Triarthra terminalis Plate, 1886a: 19.
Filinia maior Carlin, 1943: 256.

形态　体呈卵圆形，但没有长三肢轮虫那样粗壮，前肢比后肢一般要长一些，它们的比例约为 1.25，这是与长三肢轮虫的区别所在。后肢从离身体末端 10μm 之内的位置伸出，它不像前肢那样可自由活动，这又是与长三肢轮虫另一个不同之处。可是在保存的标本中，由于收缩的缘故，后肢并非在末端，侧肢亦向上一些。没有下唇的存在。

在我国，往往把端生三肢轮虫称为迈氏三肢轮虫或较大三肢轮虫，学名均为 *Filinia maior*。

标本测量 体长：105-180μm；前肢长：330-475μm；后肢长：235-440μm。

生态 端生三肢轮虫往往与长三肢轮虫一起出现，均属浮游性轮虫，分布十分广泛。习居于湖泊、池塘和咸淡水中，有时候数量比较多。

地理分布 海南、云南、湖北（武汉）、湖南（岳阳）、北京、江苏（无锡）、安徽（芜湖）；澳大利亚，新西兰，非洲，北美洲，南美洲，东南亚，欧洲，亚洲北部。

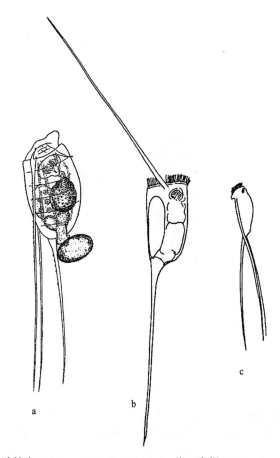

图 499 端生三肢轮虫 *Filinia terminalis* (Plate)（a 仿王家楫, 1961；b, c 仿 Pontin, 1978）

a. 右侧面观，示内部结构（right lateral view, showing internal structure）；b. 左侧面观，示向前方伸出的前肢（left lateral view, showing forelimbs extending forward）；c. 左侧面观，示向后方伸出的前肢（left lateral view, showing forelimbs extending backwards）

(490) 长三肢轮虫 *Filinia longiseta* (Ehrenberg, 1834)（图 500）

Triarthra longiseta Ehrenberg, 1834: 272.

Filinia longiseta: Harring, 1913b: 48.

形态　身体相当透明，呈卵圆的**囊袋形**，比较宽阔；分成头和躯干 2 部分，无足；具有 3 条很长的鞭状或粗刚毛状附肢。2 条活动前肢的长度为体长的 2、3 倍，后肢在躯干部腹部离末端 15μm 以上的位置伸出，腹面口所在处围顶带并不下垂，因此无下唇的存在。

标本测量　体长：125-235μm；前肢长：285-510μm；后肢长：150-410μm。

生态　长三肢轮虫分布广泛，在华东和华中等地区的池塘和中小型湖泊等淡水水体中采到大量标本，该种特别在夏、秋季往往能形成种群高峰。同时还观察到，采自池塘或浅水湖泊中的标本 3 个肢体总比较短，而采自大型或深水湖泊内的标本肢体都要长一些。

地理分布　海南、云南、湖北（武汉）、湖南（岳阳）、北京、青海（西宁）、安徽（芜湖）、西藏（浪卡子）；澳大利亚，新西兰，非洲，北美洲，南美洲，东南亚，欧洲，亚洲北部。

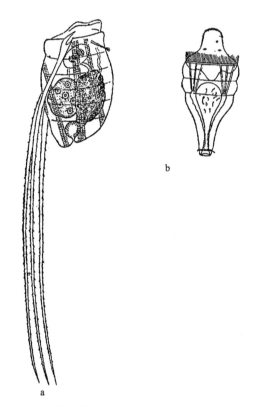

图 500　长三肢轮虫 *Filinia longiseta* (Ehrenberg)
a. 侧面观（lateral view）；b. 雄体（male）

二十二、六腕轮科 Hexarthridae Bartoš, 1959

Hexarthridae Bartoš, 1959: 969.

形态 体无被甲。身体前半部周围有 6 根比较粗壮、能自由活动的腕状附肢。无足和趾。头冠呈六腕轮虫型，口位于围顶环带腹面的中央。

本科是由原六腕轮属 *Hexarthra* 提升而成，仅有 1 属，即六腕轮属，本属过去称为巨腕轮属 *Pedalia*。

72. 六腕轮属 *Hexarthra* Schmarda, 1854

Hexarthra Schmarda, 1854: 15.

Pedalion Hudson, 1871b: 121.

Pedalia Barrois, 1878: 661.

Type species: *Pedalion mira=Hexarthra mira* (Hudson, 1871).

形态 体无被甲，身体锥形或钟形，末端浑圆。身体前半部周围有 6 根比较粗壮的、能自由活动的腕状附肢：1 根背肢短，指状；2 根背侧肢和 2 根腹侧肢短而宽；1 根腹肢最为粗壮，侧面有齿。无足和趾的存在；有些种类在体末端有 1 对具备纤毛的拇指状的尾附属器。头冠呈六腕轮虫型，头冠顶端形成 1 较大的接近心脏形的顶盘，顶盘边缘具有 1 圈比较长而发达的轮环纤毛。头冠下面的边缘也具有 1 圈发达而短的腰环纤毛，轮环纤毛与腰环纤毛之间形成 1 沟状围顶环带，围顶环带内具有密集的、短而细的围顶纤毛。口位于围顶环带腹面的中央；2 个红色眼点。咀嚼器槌枝型，槌钩齿数目随种类而不等。

本属系典型的浮游种类，在淡水和咸水中均有分布；全世界已描述 20 余种，我国已发现 3 种。

种 检 索 表

1. 身体后端无尾附属器；头冠环顶带腹面无下唇······················· 环顶六腕轮虫 *H. fennica*
   身体后端有尾附属器；头冠环顶带腹面有明显或不甚明显的下唇···2
2. 槌钩齿式 6/6 ·· 奇异六腕轮虫 *H. mira*
   槌钩齿式 5/5 或 5/6 ·································· 中型六腕轮虫 *H. intermedia*

(491) 奇异六腕轮虫 *Hexarthra mira* (Hudson, 1871)（图 501）

Pedalion mira Hudson, 1871b: 121.

Hexarthra mira: Bartoš, 1959: 841.

形态 体呈圆锥形，比较短而粗壮；体无色，或呈灰色、微红色等，后端浑圆。身体上半部具有 6 根能动的腕状突出，其中腹面 1 对最为粗壮，附肢末端均具刚毛，并有一定的数目和排列方式。体末端背面有拇指状附属器 1 对，其末端略微膨大并有纤毛。围顶带下垂而形成 1 下唇。槌枝型咀嚼器左右对称，左右槌钩各具齿 6 个（6/6）。

标本测量 体长：145-180μm。

生态　奇异六腕轮虫是典型的浮游性种类，习居于湖泊、池塘中，分布十分广泛，是一喜温性轮虫，常在水温达 20℃ 以上时出现。有时也能在咸淡水中发现。

地理分布　海南、湖北（武汉）、湖南（岳阳）、吉林（长白山）、安徽（芜湖）、西藏（波密）；澳大利亚，新西兰，非洲，北美洲，南美洲，东南亚，太平洋地区，欧洲，亚洲北部。

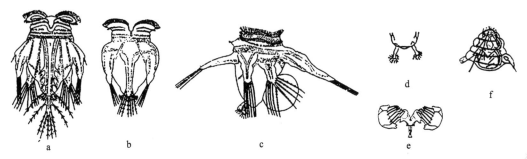

图 501　奇异六腕轮虫 *Hexarthra mira* (Hudson)（a-c 仿王家楫，1961；d-f 仿 Koste，1978）

a. 腹面观（ventral view）；b. 背面观（dorsal view）；c. 侧面观（lateral view）；d. 尾附属器（caudal antenna）；e. 咀嚼器（trophi）；
f. 雄体（male）

(492) 环顶六腕轮虫 *Hexarthra fennica* (Levander, 1892)（图 502）

Pedalion fennicum Levander, 1892: 403.
Polyptera fennica: Schmarda, 1854: 1-28.
Hexarthra fennica: Bartoš, 1959: 841.

形态　身体形状与奇异六腕轮虫相似，短而粗壮，近似圆锥形，与奇异六腕轮虫最大的区别在于，身体末端背面无任何附属器的存在；口下面的围顶带环并不下垂，因此也就无下唇的存在。典型的槌枝型咀嚼器，左右对称，槌钩各具齿 7 个，但也有 6/6、6/7、7/8 或 8/8。背触手 1 个，相当大而显著，位于头冠下面颈部，其末端有 1 束感觉毛；侧

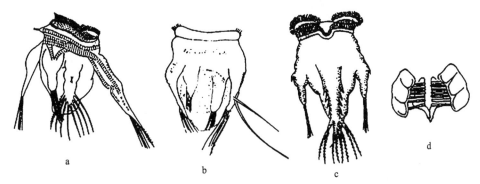

图 502　环顶六腕轮虫 *Hexarthra fennica* (Levander)（仿龚循矩，1983）

a, b. 侧面观（lateral view）；c. 背面观（dorsal view）；d. 咀嚼器（trophi）

触手1对，很小，呈管状，末端亦具1束感觉毛，位于侧肢前半部。

标本测量 体长：104-304μm。

生态 环顶六腕轮虫是一种嗜盐性浮游生物，主要生活在海洋及内陆的咸水湖泊中。本种采自青海青海湖附近一盐度很高的小湖，pH值高达9.3-9.8。

地理分布 青海（西宁）、西藏（昂仁）；澳大利亚，新西兰，非洲，北美洲，南美洲，东南亚。

(493) 中型六腕轮虫 *Hexarthra intermedia* (Wiszniewski, 1929)（图503）

Pedalia intermedia Wiszniewski, 1929: 137.

形态 体呈圆锥形，身体比上述2种六腕轮虫小一些；围顶带环下面的下唇不明显，身体末端亦有附属器，但比奇异六腕轮虫的小。槌枝型咀嚼器不很对称，齿式为5/5，亦有5/6。

标本测量 体长：100-150μm；体宽：80-120μm；腹腕长：150-180μm。

生态 中型六腕轮虫一般生活于热带及亚热带的淡水或微咸水中。夏季常出现在湖北武汉东湖，有时种群密度较高。

地理分布 湖北（武汉）、湖南（岳阳）、吉林（长白山）；澳大利亚，新西兰，非洲，北美洲，南美洲，东南亚，欧洲，亚洲北部。

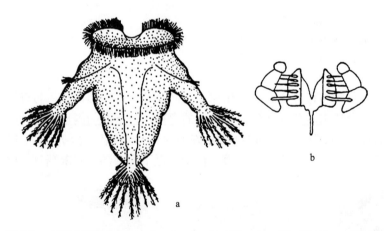

图503 中型六腕轮虫 *Hexarthra intermedia* (Wiszniewski)（仿 Koste, 1978）
a. 腹面观（ventral view）；b. 咀嚼器（trophi）

二十三、球轮科 Trochosphaeridae Harring, 1913

Trochosphaeridae Harring, 1913b: 81.

形态 本科是由球轮属 *Trochosphaera* 提升而成；由球轮属和钟轮属 *Horaella* 组成，

前者体呈圆球形，卵黄腺具许多核；后者体呈卵圆形，卵黄腺具 8 核。本科在轮虫系统分类上有重要地位。

我国目前仅发现球轮属中的至点球轮虫 1 种。

73. 球轮属 *Trochosphaera* Semper, 1872

Trochosphaera Semper, 1872: 311.

Type species: *Trochosphaera aequatorialis* Semper, 1872.

形态　身体呈圆球形，简单而透明；既无头和躯干的区分，又无足的存在。槌枝型咀嚼器，很小。

全世界只有 2 种，我国发现 1 种。

(494) 至点球轮虫 *Trochosphaera solstitialis* Thorpe, 1893（图 504）

Trochosphaera solstitialis Thorpe, 1893: 145-152.

形态　身体呈圆球形，非常简单而透明。全身既无头和躯干的区分，又无足的存在。皮层虽相当柔韧，但体形几乎不会有所改变。围绕圆球前半部的中央，即在"赤道"和"北极"之间，有 1 圈纤毛环，环上只有 1 行相当长的纤毛；紧连在纤毛环下面，具有 1 圈少许硬化的"基质带"，口即位于纤毛环和基质带下面，口所在之处可当作腹面；围绕口的上半部有很小的 1 束口围纤毛。整个纤毛环和基质带及围绕口上半部的口围纤毛，应该等于其他轮虫的头冠。咀嚼囊相当小，或多或少呈圆球形。咀嚼器很小，不很容易观察到，系典型的槌枝型。食道很细而长，从咀嚼囊一直通到相当粗的圆筒形的胃。消化腺 2 对，1 对比较大，呈棍棒状；1 对很小，近似圆球形。卵巢及卵黄腺呈扁长的带形，有 1 细长的输卵管，自"带"的一端通入泄殖腔内。眼点 1 对，呈圆球形，比较大而发达；圆球下半部深红色，上半部系透明的晶体；位于靠近腹面两旁的纤毛环下。背触手呈纺锤形，末端的 1 束纤毛从"赤道"的上面射出体外；侧触手 1 对，形状和背触手完全相同，自身体的下半部两旁射出。

标本测量　体长：350-536μm；体宽：396-629μm；咀嚼囊长：42-57μm。

生态　到目前为止，全世界已知的球轮属只有 2 种，一种系赤道球轮虫 *Trochosphaera aequatorialis*，是由 Semper 于 1859 年从菲律宾的水稻田中首先发现的；另一种就是至点球轮虫，系由 Thorpe 于 1892 年从我国安徽芜湖一池塘内初次发现的。2 种球轮虫的主要区别在于纤毛环所处的方位不同：赤道球轮虫的纤毛环围绕圆球的中央，就是在"赤道"的周围。自从这 2 种球轮虫被先后发现以来，球轮虫在很长时期内曾经被动物学工作者认为是最原始的轮虫种类，由于它们的构造和某些环节动物中的担轮幼虫（trochophore larva）相似，轮虫的系统关系被直接与环节动物联系起来。只是到了最近几十年中，多数的轮虫工作者才主张这 2 种轮虫不过是高度特化的种类，与担轮幼虫并无直接的亲缘关系。

至点球轮虫虽然是典型的浮游种类，但主要分布在长江以南的沼泽、水稻田及沉水植物和有机质比较多的浅水池塘中，在中小型浅水湖泊的湖中心很难找到它的踪迹。在过去几年，曾先后从采自南京、武汉、成都及南宁的水样中观察到不少这一种类的标本。至点球轮虫在我国的分布虽相当广泛，但从采自华北、东北及西北地区的小型水体的水样中还没有观察到它的踪迹。

地理分布 湖北（武汉）、安徽（芜湖）、四川（成都）、江苏（南京）、广西（南宁）；非洲，北美洲，东南亚，欧洲，亚洲北部。

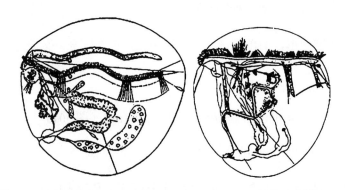

图 504 至点球轮虫 *Trochosphaera solstitialis* Thorpe（仿王家楫，1961）
侧面观（lateral view）

胶鞘轮目 Collothecacea Remane, 1933

Collothecacea Remane, 1933: 377.

形态 凡是咀嚼器系钩型、头冠呈胶鞘轮虫型的种类都属胶鞘轮目。本目的头冠由于口围区域达到高度的发展，整个头冠向四周张开而作宽阔的漏斗状。漏斗上面边缘有的形成 1-7 个很突出的裂片，具有 2 或 4 个裂片的则很少，但也有无裂片的。裂片上或裂片的顶端往往着生一系列成束或不成束的刺毛或针毛。绝大多数种类是固着的，而漏斗状头冠也就形成捕食的陷阱。有少数种类，漏斗状头冠由于高度退化而趋于消失，故没有刚毛、刺毛、针毛等结构。

胶鞘轮目只有胶鞘轮科和无轮科。

科 检 索 表

头冠周缘具有裂片··**胶鞘轮科 Collothecidae**
头冠周缘无裂片··**无轮科 Atrochidae**

二十四、无轮科 Atrochidae Harring, 1913

Atrochidae Harring, 1913b: 81.

形态　头冠退化，周缘无裂片、叶突、触手等构造，成体头冠无纤毛和刚毛。有的种类足退化，在腹面形成吸盘或在后端形成泥套；有的种类在足的末端形成小吸盘。胶质鞘有或无，如有，则很小。

本科共有 3 属：箱轮属 *Cupelopagis*、*Acyclus* 和无轮属 *Atrochus*。我国只记录箱轮属 1 属。

74. 箱轮属 *Cupelopagis* Forbes, 1882

Cupelopagis Forbes, 1882.
Apsilus Metschnikov, 1886: 346.
Dictyphora Leidy, 1857.
Type species: *Dictyphora vorax=Cupelopagis vorax* (Leidy, 1857); by monotype.

形态　体呈箱笼形，无鞘。体只有头和躯干之分；头部形成 1 大而短、较宽的漏斗，似 1 张张开的网，漏斗的前端无纤毛或刚毛。足退化，腹面的吸盘作固着使用。钩型口器。幼体在母体内发育；体被纤毛后，可离开母体自由游泳。

本属只有 1 种：嗜食箱轮虫 *Cupelopagis vorax* (Leidy, 1857)。

箱轮属在《中国淡水轮虫志》中属胶鞘轮科中的 1 个属。但由于其头冠形态的不同，Koste（1978）把本属作为无轮科的 1 个属。

(495) 嗜食箱轮虫 *Cupelopagis vorax* (Leidy, 1857)（图 505）

Dictyophora vorax Leidy, 1857: 205.
Cupelopagis bucinedax Forbes, 1882: 102.
Cupelopagis bucinedax: de Beauchamp, 1912b: 248.

形态　整个身体呈宽阔的囊袋形或箱笼形，无色而很透明。外表上只分成头和躯干 2 部分，头和躯干之间总是十分紧缩，形成 1 相当明显的颈。腹面中央具有 1 短而很突出的吸盘；吸盘系幼体后端的足，作为固着之用，一旦固着沉水植物边缘，吸盘总是少许膨大。背触手并无感觉毛的存在；侧触手 1 对，明显自颈部前端两旁射出，末端具感觉毛。卵胎生，在母体内发育，体有纤毛后，离开母体，幼体自由活动，成体一般固着在阔叶的沉水植物叶片的腹面，无眼点。从自由生活的幼体发展到固着成体，原有的足逐渐变化移动而形成 1 吸盘，是这种轮虫生活史上一个特点。咀嚼器钩型。

标本测量　幼体长：240μm 左右；成体长：600-1100μm。

生态 嗜食箱轮虫主要分布在热带、亚热带的小水体中，凡是有睡莲 *Nymphaea*、芡实 *Euryale ferox* 等阔叶水生植物生长的沼泽、池塘和浅水湖泊均有找到它的可能。本种轮虫一般以小型轮虫为食，标本采自湖北武汉东湖沿岸睡莲的叶片上。

地理分布 海南、湖北（武汉）、浙江（湖州）、上海、江苏（无锡、南京）、安徽（芜湖）；澳大利亚，新西兰，非洲，北美洲，南美洲，东南亚，欧洲，亚洲北部。

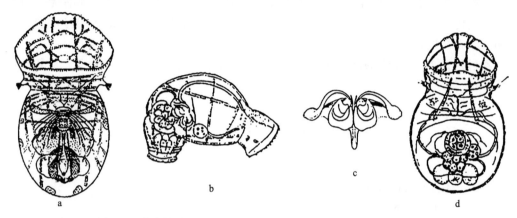

图 505 嗜食箱轮虫 *Cupelopagis vorax* (Leidy)（仿王家楫，1961）
a. 腹面观（ventral view）；b, d. 幼体（larva）；c. 咀嚼器（trophi）

二十五、胶鞘轮科 Collothecidae Harring, 1913

Collothecidae Harring, 1913b: 81.

形态 头冠周围有 1-7 个裂片或很长的触手臂；幼体一般营自由生活，成体多数固着生活，也有少数营自由生活，但很少是群体生活的；红色眼点在幼体均存在，在成体有或无；足细长，无趾，有时在足的末端有足柄和足板；钩型咀嚼器；卵生；体外有胶质鞘。

胶鞘轮科有 2 属：花环轮属 *Stephanoceros* 和胶鞘轮属 *Collotheca*。

属 检 索 表

头冠边缘分裂成 5 个细长的、触手状的臂··花环轮属 *Stephanoceros*
头冠边缘分裂成 1-7 个裂片···胶鞘轮属 *Collotheca*

75. 花环轮属 *Stephanoceros* Ehrenberg, 1832

Stephanoceros Ehrenberg, 1832: 125.
Coronella Goldfusz, 1820: 77.
Type species: *Coronella fimbriatus*=*Stephanoceros fimbriatus* (Goldfusz, 1820); by monotype.

形态　身体单独栖息在 1 胶质管室中，一般固着在沉水植物的茎叶表面。体大而纵长；分成漏斗状的头、近似椭圆形的躯干及细而呈长圆筒形的足 3 部分。钩型咀嚼器。幼体自由生活，成体营固着生活。

目前全球只发现 1 种。

(496) 丝带花环轮虫 *Stephanoceros fimbriatus* (Goldfusz, 1820)（图 506）

Coronella fimbriatus Goldfusz, 1820: 77.
Stephanoceros eichhorni Ehrenberg, 1832: 125.
Stephanoceros vulgaris Oken, 1835: 48.
Stephanoceros glacialis Perty, 1849a: 34.

形态　身体单独栖息在一非常透明的胶质所形成的管室中，它一般固着在沉水植物的茎叶表面。本体相当大而纵长；分成漏斗状的头、近似椭圆形的躯干及细而呈长圆筒形的足 3 部分。漏斗状头部头冠的边缘深刻地裂成 5 个同样长的、触手状的臂，都或多或少向内弯转；具有十几行排列整齐的鬃毛。头部与躯干部之间有 1 相当明显的颈。幼体期足比体长为短，可是到了成体，足很长，其长度超过躯干的长度，用于固着的足柄很短。钩型咀嚼器；槌柄自基部分叉，形成 2 个箭头状细长的齿。卵胎生。幼体自由生活，成体营固着生活。

标本测量　幼体长：可达 260μm；成体长：可达 960-1500μm。

生态　丝带花环轮虫一般着生在沉水植物表面，以藻类为食。采自湖北武汉东湖旁一小水塘。

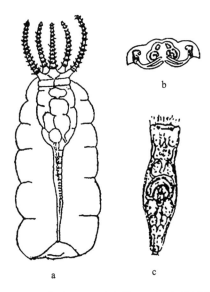

图 506　丝带花环轮虫 *Stephanoceros fimbriatus* (Goldfusz)（a, b 仿王家楫，1961；c 仿 Koste, 1978）
a. 侧面观（lateral view）；b. 咀嚼器（trophi）；c. 幼体（larva）

地理分布　湖北（武汉）；澳大利亚，新西兰，北美洲，南美洲，东南亚，欧洲，亚洲北部。

76. 胶鞘轮属 *Collotheca* Harring, 1913

Collotheca Harring, 1913b: 26.
Floscularia Ehrenberg, 1798: 46.
Type species: *Floscularia campanulata*=*Collotheca campanulata* (Dobie, 1849).

形态　体呈纺锤形或圆筒形，柔软。头冠周围无裂片或有 1-7 个或长或短具刚毛的裂片。成体多数固着生活，少数营浮游生活。足细长，固着种类常在末端有足柄和足板，足的前端有时有环纹。身体和足常由胶质鞘所包裹，在鞘内常有 1 或几个非混交卵。钩型咀嚼器中的槌钩常有 2、3 个齿。

胶鞘轮虫借助头冠周围的裂片和刚毛的帮助摄取藻类、原生动物、浮游轮虫和小型枝角类作为食物。

本属目前全世界已发现 40 余种，我国有 11 种及 2 亚种。

种 检 索 表

1. 头冠有 1、2 个裂片，或者光滑无裂片 ………………………………………………………… 2
　　头冠有 5 个瓣状或触手样裂片 …………………………………………………………………… 5
2. 头冠有 1、2 个裂片 …………………………………………………………………………………… 3
　　头冠光滑无裂片 ……………………………………………………………………………………… 4
3. 头冠具 2 个裂片，足末端梭状加厚 ………………………… 无常胶鞘轮虫 *C. mutabilis*
　　头冠具 1 个裂片，足末端球茎状加厚 ………………………… 球茎胶鞘轮虫 *C. libera*
4. 头冠边缘呈环状加厚，但内侧无唇状或舌状凸出 ……………… 无齿胶鞘轮虫 *C. edentata*
　　头冠边缘不呈环状加厚，但内侧有 5 个唇状或舌状辐射状凸出 …… 敞水胶鞘轮虫 *C. pelagica*
5. 头冠裂片呈瓣状 …………………………………………………………………………………………… 6
　　头冠裂片呈触手状或纽扣状突起 ………………………………………………………………… 7
6. 头冠具 5 个明显的瓣状裂片 ………………………… 长足胶鞘轮虫 *C. campanulata*
　　头冠具 3 个瓣状裂片及 2 个小浮突 …………………………………………………………… 8
7. 头冠外表面具有排列有序的纵行的小颗粒突起；足前端无环纹 ……… 藻领胶鞘轮虫 *C. algicola*
　　头冠外表面无小颗粒突起；足前端有环纹 ………………………… 多态胶鞘轮虫 *C. ambigua*
8. 头冠 5 个触手状裂片 ………………………………… 长指胶鞘轮虫 *C. tenuilobata*
　　头冠具 5 个或长或短的纽扣状突起 ……………………………………………………………… 9
9. 头冠的 5 个纽扣状突起长 ………………………………… 花环胶鞘轮虫 *C. coronetta*
　　头冠的 5 个纽扣状突起短 ……………………………………………………………………… 10
10. 头冠周围有 1 带状结构 ………………………………… 冠带胶鞘轮虫 *C. trifidlobata*
　　头冠周围无带状结构 ………………………………………… 瓣状胶鞘轮虫 *C. ornata*

(497) 敞水胶鞘轮虫 *Collotheca pelagica* (Rousselet, 1893)（图 507）

Floscularia pelagica Rousselet, 1893: 444.

Collotheca pelagica: Harring, 1913b: 28.

　　形态　身体包裹在 1 个非常透明的胶鞘中，呈长圆筒形，系典型的浮游种类；它由头、倒圆锥形的躯干及细而挺直的杆状足 3 部分组成。莲蓬形头部的头冠系圆形，边缘并无裂片存在，有 1 圈纤毛不停地摆动。头冠前端边缘的内侧有 5 个唇状或舌状的突出，向内作辐射状排列。每个突起并有 1 束比较长而硬的寻常没有摆动作用的刚毛。这在形体上也就等于其他种类头冠周围的裂片，这不过是通过变态而退化了。足长，已经排出的非混交卵总是附着在足的周围。钩型咀嚼器。

　　标本测量　全长：300-500μm。

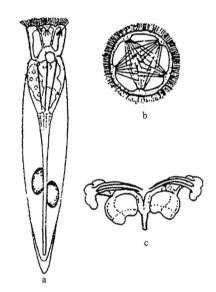

图 507　敞水胶鞘轮虫 *Collotheca pelagica* (Rousselet)（a, b 仿王家楫, 1961；c 仿 Koste, 1978）
a. 背面观（dorsal view）；b. 头冠顶端观（corona, from top view）；c. 咀嚼器（trophi）

　　生态　敞水胶鞘轮虫分布广泛，在淡水、咸淡水中均能生存，系典型的浮游性轮虫。一般在活体时容易鉴定，因为它一经福尔马林或鲁哥氏液固定后，就变得面目全非。虽称敞水胶鞘轮虫，但在浅水湖泊沿岸带及沼泽地有时也能采到。

　　地理分布　海南、湖北（武汉）、安徽（芜湖）；澳大利亚，新西兰，非洲，北美洲，南美洲，东南亚，欧洲，亚洲北部。

(498) 无常胶鞘轮虫 *Collotheca mutabilis* (Hudson, 1885)（图 508）

Floscularia mutabilis Hudson, 1885: 609.

Collotheca mutabilis: Harring, 1913b: 28.

形态 身体为 1 非常透明的胶质包裹，呈喇叭状；漏斗状头部的头冠显著地分成 2 个突出的瓣状裂片，背面的 1 个较腹面的大。裂片的顶端具有相当长而能动的刚毛；裂片之间弯入的部分具有短纤毛，背裂片上有 2 个明显的眼点。足长，末端呈梭状加厚，并有吸盘；还经常可看到非混交卵在足的周围。有时在足的末端下还有一些可能是分泌出来的细丝。

标本测量 全长：140-580μm；胶鞘长：370μm；胶鞘宽：215μm。

生态 无常胶鞘轮虫是典型的浮游性种类，分布相当广泛，池塘、湖泊、淡水、咸淡水中均可能存在。通常在温暖季节出现，偶尔也能在冬季找到。

地理分布 海南、云南（昆明）、湖北（武汉）、湖南（岳阳）；澳大利亚，新西兰，非洲，北美洲，南美洲，东南亚，欧洲，亚洲北部。

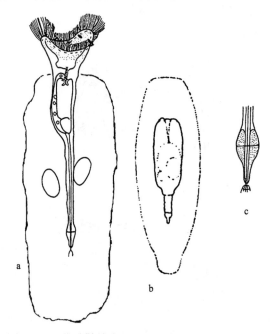

图 508 无常胶鞘轮虫 *Collotheca mutabilis* (Hudson)

a. 在胶囊中个体，侧面观（in case, lateral view）；b. 收缩的虫体（contracted body）；c. 足末端（end of foot）

(499) 球茎胶鞘轮虫 *Collotheca libera* (Zacharias, 1894)（图 509）

Floscularia libera Zacharias, 1894: 83.

Floscularia libera campanulata Linder, 1904: 235.

Collotheca libera: Harring, 1913b: 28.

形态 身体大部分为 1 透明的胶囊包裹，头冠在背面有 1 瓣状突起，上有 2 个具晶体的眼点，瓣上纤毛长，而四周短，躯干部与头冠无明显分界。足末端常是球茎状的加厚。透明的胶鞘也呈圆球状，在后端两侧凹陷。常有非混交卵附在足周围。

标本测量 全长：120-170μm；胶鞘长：85μm；胶鞘宽：90μm。

生态　球茎胶鞘轮虫是浮游性轮虫，一般分布在湖泊、池塘、河流中，常在夏季出现。本种和长指胶鞘轮虫同时采自海南三亚市郊一小水体中，当时水温 24℃，pH 5.8，底质为泥。

地理分布　海南（三亚）；澳大利亚，新西兰，非洲，北美洲，南美洲，东南亚，欧洲，亚洲北部。

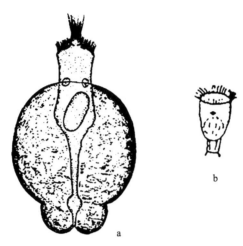

图 509　球茎胶鞘轮虫 *Collotheca libera* (Zacharias)

a. 背面观（dorsal view）；b. 雄体（male）

(500)　无齿胶鞘轮虫 *Collotheca edentata* (Collins, 1872)（图 510）

Floscularia edentata Collins, 1872: 10.

Collotheca edentata: Harring, 1913b: 27.

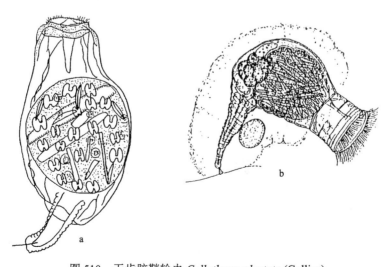

图 510　无齿胶鞘轮虫 *Collotheca edentata* (Collins)

a. 收缩的虫体（contracted body）；b. 活体侧面观（lateral view of living animal）

形态　具有很大的囊状胶鞘。头冠边缘呈环状加厚，有较密的纤毛但光滑无裂片。颈部明显，呈圆筒状。成体的胃内充满了硅藻类食物。足较长，密布环纹，与躯干部分界明显；足末端分泌形成的吸柄短。

标本测量　体长：280-460μm；头冠宽：90-130μm。

生态　无齿胶鞘轮虫一般附着在泥炭藓、狸藻 Utricularia、聚草 Myriophyllum 等大型水生植物的叶片上。本种采自吉林长白山区一小水塘中，该塘周围有挺水植物，水面上漂有水绵，有机质特别丰富，当时水温 25℃，pH 6.6。

地理分布　吉林（长白山）、西藏（拉萨）；澳大利亚，新西兰，北美洲，南美洲，东南亚，欧洲，亚洲北部。

(501) 长足胶鞘轮虫 *Collotheca campanulata* (Dobie, 1849)（图 511）

Floscularia campanulata Dobie, 1849: 233.
Collotheca campanulata: Harring, 1913b: 27.

形态　头冠具有 5 个明显的瓣状裂片，背部的裂片最宽且圆，头冠周缘纤毛都很长。胶鞘大而透明，并粘有碎屑物，在胶囊内常常有非混交卵附其足上。足细长，与躯干部分界亦不明显，末端具有或长或短的吸柄。钩形咀嚼器，槌钩具 2 条形齿。卵黄核的数目超过 8 个，在幼体期有眼点存在。

标本测量　体长：可达 1400μm；足柄长：可达 20μm。

生态　长足胶鞘轮虫主要附着在沉水植物的表面，有较宽的 pH 耐受范围，淡水、咸淡水中均能生存；在湖北、云南、青海一些长有水生植物的池塘、湖泊中均有发现。

地理分布　云南（大理）、湖北（武汉）、青海；澳大利亚，新西兰，非洲，南极地区，北美洲，南美洲，东南亚，欧洲，亚洲北部。

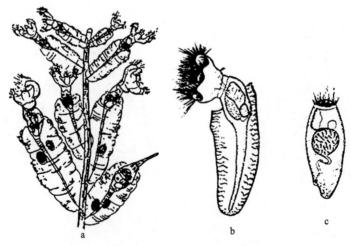

图 511　长足胶鞘轮虫 *Collotheca campanulata* (Dobie)
a. 群体（colony）；b. 单个体（individual）；c. 雄体（male）

(502) 藻领胶鞘轮虫 *Collotheca algicola* (Hudson, 1886)（图 512）

Floscularia algicola Hudson, 1886, In: Hudson *et* Gosse, 1886: 54.
Collotheca algicola: Harring, 1913b: 26.

形态　身体围裹在胶刺藻 *Gloeotrichia* 的群体中，以藻类群体的胶质作为它寄居的室。轮虫的身体由漏斗状的头、近似椭圆形的躯干及细长的足部组成。头冠的形态与多态胶鞘轮虫十分相似：3 个显著的裂片及 2 个浮突，头冠表面具有非常微小的粒状突起，有规则地排成纵长的行列，自裂片的前端一直伸展到颈部。足细长，它的长度超过头和躯干的长度之和，其末端并非尖削而是呈很小的圆盘，已经排出的卵附在足两旁。

标本测量　全长：240-320μm。

生态　藻领胶鞘轮虫一般栖息在胶刺藻群体之中，而胶刺藻本身又固着在沉水植物的体表。在湖北武汉东湖和浙江菱湖均采到过标本。

地理分布　湖北（武汉）、浙江（湖州）；澳大利亚，新西兰，非洲，北美洲，南美洲，欧洲，亚洲北部。

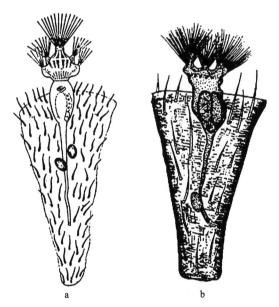

图 512　藻领胶鞘轮虫 *Collotheca algicola* (Hudson)（a 仿王家楫, 1961；b 仿 Rudescu, 1960）
a. 背面观（dorsal view）；b. 侧面观（lateral view）

(503) 多态胶鞘轮虫 *Collotheca ambigua* (Hudson, 1883)（图 513）

Floscularia ambigua Hudson, 1883: 163.
Collotheca ambigua: Harring, 1913b: 26.

形态　体呈喇叭状，由漏斗状的头、椭圆形的躯干及圆筒形的足 3 部分组成，外被透明胶囊。背裂片 1 个，远较 2 个腹裂片大，在背、腹裂片之间各有浮起，因此可算为 5 个裂片，末端均有长而发达的刚毛，在刚毛间还有细纤毛。足长，前半部或 1/3 的前端外表上具有环纹，有已经排出的混交卵附在足上。与躯干部分界不明显，末端有发达的吸盘。钩型咀嚼器，槌钩具 2 齿。

标本测量　体长：200-850μm；头盘宽：100-220μm。

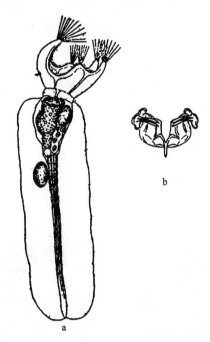

图 513　多态胶鞘轮虫 *Collotheca ambigua* (Hudson)（a 仿王家楫，1961；b 仿 Koste，1978）

a. 侧面观（lateral view）；b. 咀嚼器（trophi）

生态　多态胶鞘轮虫一般固着在沉水植物的茎、叶表面，分布比较广泛，常在夏、秋季出现。

地理分布　海南、云南、湖北（武汉）、青海（西宁）、浙江（湖州）、上海、江苏（无锡）；澳大利亚，新西兰，非洲，北美洲，南美洲，欧洲，亚洲北部。

(504) 长指胶鞘轮虫 *Collotheca tenuilobata* (Anderson, 1889)（图 514）

Floscularia tenuilobata Anderson, 1889: 345-358.

Collotheca corynetis Edmondson, 1938: 153-157.

形态　头冠前端 5 个裂片呈触手状，很长，触手顶端的纤毛远远长于触手两侧或之间的纤毛。躯干部与足的分界并不明显。足细长，具短的吸柄及较大的吸盘；胶囊较大，围裹着躯干和足部；有的胶囊中，足旁可看到非混交卵，有时甚至还看到休眠卵。

标本测量　全长：700-1000μm；头冠上突起长：60-80μm。

生态　长指胶鞘轮虫一般着生在丝状藻类群体间，常出现在湖泊、溪流中。1995 年

12月采自海南三亚市郊一小河流中，当时水温24℃，pH 5.8。

　　地理分布　海南（三亚）；澳大利亚，新西兰，非洲，北美洲，南美洲，欧洲，亚洲北部。

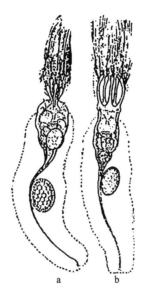

图 514　长指胶鞘轮虫 *Collotheca tenuilobata* (Anderson)

a. 轻微收缩的虫体（slightly contracted body）；b. 背面观（dorsal view）

(505) 花环胶鞘轮虫 *Collotheca coronetta* (Cubitt, 1869)（图 515）

Floscularia coronetta Cubitt, 1869: 133.

Collotheca coronetta: Harring, 1913b: 27.

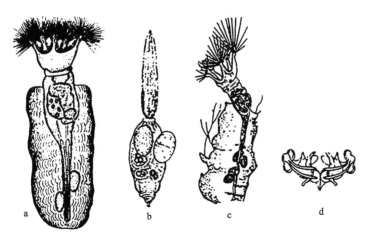

图 515　花环胶鞘轮虫 *Collotheca coronetta* (Cubitt)

a, c. 侧面观（lateral view）；b. 收缩的虫体（contracted body）；d. 咀嚼器（trophi）

形态 身体包裹在 1 非常透明的胶鞘中，呈长圆锥形；在长而直的杆状足上总是附着非混交卵。头冠上的 5 个钮扣状的突起很长；顶端有长的纤毛，头冠周缘在裂片中间盘顶区有短纤毛。在背面长的钮扣状突起的基部有长的纤毛束。

标本测量 全长：180-460μm。

生态 花环胶鞘轮虫系一营周丛生活的轮虫，在沼泽、池塘等水体中水生植物的体表活动。本种采自海南海口一池塘中，当时水温 20℃，pH 5.7。

地理分布 海南（海口）；澳大利亚，新西兰，非洲，南美洲，欧洲，亚洲北部。

(506) 冠带胶鞘轮虫 *Collotheca trifidlobata* (Pittock, 1895)（图 516）

Floscularia trifidlobata Pittock, 1895: 77.

Collotheca trifidlobata: Harring, 1913b: 28.

形态 本体由漏斗状的头、近似圆锥形的躯干和细长的足 3 部分组成，通常胶囊只围裹足部。头冠分裂成 5 个裂片，末端均呈钮扣样，裂片中以背裂片最发达，末端又分裂成指状突起。在裂片末端均有刚毛，相对而言，这些末端刚毛较其他胶鞘轮虫短，在头冠的下面有 1 圈带状结构。

标本测量 体长：305-500μm。

生态 冠带胶鞘轮虫一般附着在水中植物体的表面，夏、秋季数量较多。本种于 1995 年 7 月采自吉林长白山一有水草分布的小水体中，当时水温 21℃，pH 6.0。

地理分布 吉林（长白山）；欧洲，亚洲北部。

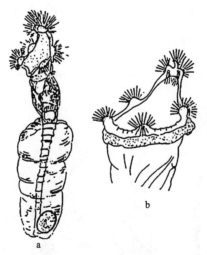

图 516 冠带胶鞘轮虫 *Collotheca trifidlobata* (Pittock)
a. 侧面观（lateral view）；b. 头冠（corona）

(507) 瓣状胶鞘轮虫指名亚种 *Collotheca ornata ornata* (Ehrenberg, 1832)（图 517）

Floscularia ornata Ehrenberg, 1832: 146.

Collotheca ornata: Harring, 1913b: 28.

形态　本体呈不规则的喇叭状，分漏斗状的头、近似椭圆形的躯干及细长的足 3 部分，部分躯干和足包裹在透明的胶囊中。头冠显著地分成 5 个裂片，末端少许膨大而呈纽扣状，并有 1 束密而长的刚毛，裂片间无纤毛存在；头冠周围无带状结构。足长，末端的吸柄短，已经排出的非需精卵一般附着在足的后半部。钩型咀嚼器，槌钩具 2 齿。

标本测量　体长：240-1200μm。

生态　瓣状胶鞘轮虫固着在沉水植物体表，特别喜欢固着在狸藻的茎叶上，分布比较广泛，有很宽的 pH 适应范围，淡水、咸淡水中只要水生植物丰富均有找到它的可能。

地理分布　云南、湖北（武汉）、北京、青海（西宁）、浙江（湖州）、上海、江苏（无锡、南京）、安徽（芜湖）；澳大利亚，新西兰，非洲，南极地区，北美洲，南美洲，东南亚，太平洋地区，欧洲，亚洲北部。

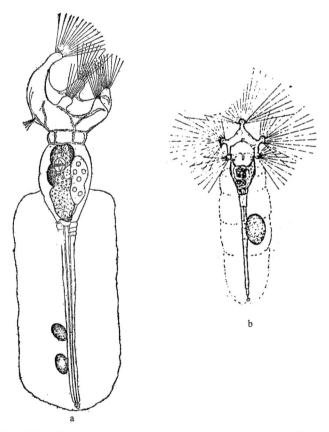

图 517　瓣状胶鞘轮虫指名亚种 *Collotheca ornata ornata* (Ehrenberg)（a 仿王家楫, 1961；b 仿 Koste, 1978）

a. 侧面观（lateral view）；b. 背面观（dorsal view）

(508) 背指瓣状胶鞘轮虫 *Collotheca ornata cornuta* (Dobie, 1849)（图 518）

Floscularia cornuta Dobie, 1849: 33.

Collotheca ornata cornuta Harring, 1913b: 27.

形态　头冠具 5 个纽扣状突起。头冠周缘在裂片之间无短纤毛；背面的纽扣状突起最大，其上有 1 长的、可伸缩的蠕虫状突起。纽扣状突起长的末端纤毛很长；足约为体长的 2 倍。眼点有时在成体也可见。

标本测量　体长：240-650μm。

生态　背指瓣状胶鞘轮虫一般固着在沉水植物体表，但也有附着在枝角类的甲壳上，常在秋季出现。本种于 1995 年 12 月采自海南琼海万泉河，当时水温 20℃，pH 6，该河水质清新，呈淡绿色。

地理分布　北京、湖北（武汉）、海南（琼海）；澳大利亚，新西兰，非洲，南极地区，北美洲，南美洲，东南亚，太平洋地区，欧洲，亚洲北部。

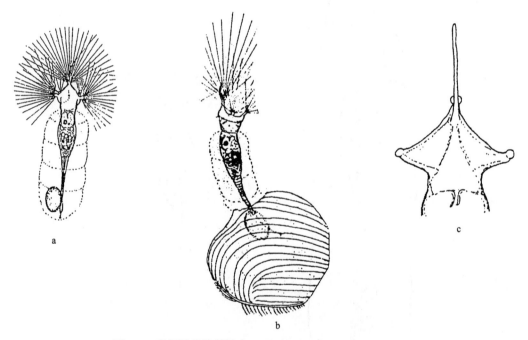

图 518　背指瓣状胶鞘轮虫 *Collotheca ornata cornuta* (Dobie)

a. 背面观（dorsal view）；b. 侧面观（lateral view）；c. 头冠（corona）

(509) 浮游瓣状胶鞘轮虫 *Collotheca ornata natans* (Tschugunoff, 1921)（图 519）

Floscularis ornata natans Tschugunoff, 1921: 6.

形态　本亚种与指名亚种主要区别在于成体也营浮游生活，胶鞘在后端逐渐尖削；

足末端加厚；吸柄透明。

标本测量　体长：335-415μm。

生态　淡水、海水中均有分布。1993 年 12 月采自海南琼海和亚龙湾附近有水草的小水体中。

分类讨论　依 Segers（2007）的观点，上述 2 亚种均为指名亚种的同物异名。

地理分布　海南（琼海、三亚）；澳大利亚，新西兰，非洲，南极地区，北美洲，南美洲，东南亚，太平洋地区，欧洲，亚洲北部。

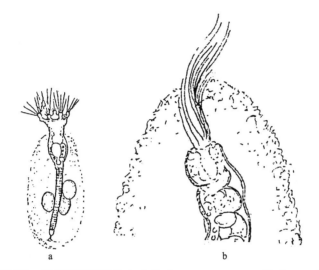

图 519　浮游瓣状胶鞘轮虫 *Collotheca ornata natans* (Tschugunoff)

a. 侧面观（lateral view）；b. 收缩的虫体（contracted body）

附：双巢纲 Digononta Wesenberg-Lund, 1899

Digononta Wesenberg-Lund, 1899: 145.

本纲有 2 目：蛭态目 Bdelloidea 和尾盘目 Seisonidea，后者专性寄生于海洋甲壳动物鳃腔中，已发现 3 种，我国目前尚无记载。

蛭态目 Bdelloidea Hudson, 1884

Bdelloidea Hudson, 1884: 144.

形态　头冠分裂为左右 2 个轮盘，少数种类轮盘退化。卵巢成对。无侧触手。身体有假体节，可作套筒式收缩。有些种类的吻十分长，借助于吻的收缩和趾的作用而爬行。趾（3、4 个）和吸盘仅在爬行时才伸出足外，这是分类特征之一。本目的不少种类除趾外，在足的末端还有刺载。咀嚼器系典型的枝型。该目各种轮虫中均未发现雄体。

该目种类繁多，主要栖息于陆生和水生苔藓植物中，在酸性沼泽、湖泊沿岸带、潮湿的土壤中亦有分布。因此，有的学者把这类轮虫称之为半水生无脊椎动物。目前全球已发现的蛭态目轮虫 461 种，隶属于宿轮科、旋轮科、盘网轮科和舟形轮科 4 科 21 属；而我国目前仅记录 3 科 7 属 30 种。从多年的考察中发现，我国蛭态类轮虫很多，尚待进一步调查研究。

附篇的内容摘自《西藏水生无脊椎动物》中的西藏高原轮虫（龚循矩，1983）和《中国淡水轮虫志》（王家楫，1961）。

科 检 索 表

1. 无消化腔，食物在合胞体内形成大小不等的"食物丸" ························· 宿轮科 **Habrotrochidae**
   有消化腔，食物不在合胞体内形成"食物丸" ·· 2
2. 头冠上有 2 个十分发达的轮盘 ·· 旋轮科 **Philodinidae**
   头冠上并无 2 个轮盘，在腹面形成具纤毛的盘网 ······························ 盘网轮科 **Adinetidae**

一、宿轮科 Habrotrochidae Harring, 1913

Habrotrochidae Harring, 1913.

形态 肠胃为一整块合胞体，无肠、胃和消化管道的分化。食物进入咀嚼囊后就落入合胞体的原生质中形成大小不等的"食物丸"。轮器十分狭窄，很少比颈和头宽。足较短，3 趾。颈很长而窄，上唇一般相当大，呈钝三角形，上唇的前缘无切口的凹痕。不少种类体外有鞘包裹。宿轮科的种类一般较小，通常分布在酸性沼泽和冷水性的苔藓植物中，有一些种类专门生活在泥炭藓（sphagnum）植物中，少数种类生活在陆生苔藓和土壤中，还有一些种类营外寄生生活。生活在陆生苔藓植物中的种类能分泌黏性物质，将外来杂物凝在身体外围，以适应干燥环境中的正常生活。卵生。

宿轮科含 3 属，目前我国仅有宿轮属 *Habrotrocha* 的记载。

1. 宿轮属 *Habrotrocha* Bryce, 1910

Habrotrocha Bryce, 1910: 75.

Type species: *Habrotrocha angusticollis* (Murray, 1905).

形态 皮层角质化，无色；大多数种类体柔软，表面有纵皱，也有些种类体表有颗粒状、角状、齿状等饰物。身体一般纵长，末端较细。左右 2 个轮盘通常比头窄，很少有比头宽的。上唇和下唇正常，无赘瘤；轮盘的盘托中部不会有角质环。枝型咀嚼器，齿的形式是本属分类的重要依据。所谓齿的形式，就是左右槌钩具有对称的而彼此又平行的肋条状的齿的数目。眼点有或无，有的种类有鞘（或管室），有的种类则无。

本属是宿轮科中最大的属，种类很多，通常分布在酸性池沼及冷水性的苔藓植物中。全球目前已发现 80 余种，我国仅记录 8 种。

种 检 索 表

1. 有眼点，背触手相当长，盘托之间有 1 大的圆锥形舌突 ························· 领宿轮虫 *H. collaris*
   无眼点，背触手较短，盘托之间无舌突 ··· 2
2. 身体具管室 ·· 3
   身体不具管室 ·· 4
3. 头和颈周围有 4 个半圆形角质肋突，齿式 2/2 ························· 狭颈宿轮虫 *H. angusticollis*
   头和颈周围无增厚的角质突起，齿式 4/3 或 3/3 ························· 矮小宿轮虫 *H. pusilla*
4. 左右 2 个轮盘比颈宽 ··· 5
   左右 2 个轮盘比颈狭 ··· 6
5. 齿式 7/7-9/9，齿为极细的条纹；上唇呈钝三角形，无缺刻 ····················· 清洁宿轮虫 *H. munda*
   齿式 2/2；上唇宽三角形，其顶端中央有 1 "V" 形缺刻 ··············· 弯唇宿轮虫 *H. thienemanni*
6. 齿式 6/6-10/10；躯干部呈纺锤形，皮层无圆形颗粒 ····················· 华丽宿轮虫 *H. elegans*
   齿式 3/3-5/5；躯干部膨大或有纵长皱痕或粒状突起 ··· 7
7. 齿式 3/3；躯干部宽阔，皮层有一层圆形颗粒物质 ····················· 美丽宿轮虫 *H. pulchra*
   齿式 5/5；躯干部有纵长皱痕或粒状突起 ······························· 实心宿轮虫 *H. solida*

(1) 狭颈宿轮虫 *Habrotrocha angusticollis* (Murray, 1905)（附图 1）

Callidina angusticollis Murray, 1905: 374.
Habrotrocha angusticollis: Bryce, 1910: 75.

形态　系有管室的种类。本体总是栖息在壶状的管室内，管室一般固着在泥炭藓或其他水生苔藓植物体上。当头、颈及躯干的最前面部分伸出"室"外时，体呈圆筒形。2 个轮盘较小且比较接近，轮盘下面的盘托比较宽，吻大而显著。无眼点，背触手发达，2 节，末端有纤毛。头颈周围有 4 个椭圆形"肋条"状的隆起。枝型咀嚼器，齿式 2/2。

标本测量　全长：250-280μm；宽：70-90μm；管室长：120-180μm；管室宽：60-90μm。

生态　狭颈宿轮虫习居于有苔藓植物分布的各种小水体或潮湿的环境中。本种采自浙江萧山一小溪流中水藓的体表；在西藏喜马拉雅山（海拔 609-2438m）的苔藓上，以及许多处的池、沟及潮湿地均有发现。

地理分布　海南、云南、浙江（萧山）、西藏（墨脱）；澳大利亚，新西兰，非洲，南极地区，北美洲，南美洲，东南亚，欧洲，亚洲北部。

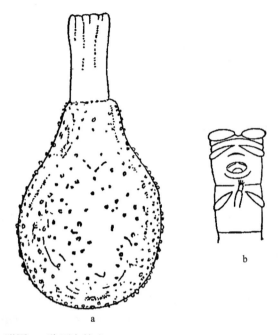

附图 1　狭颈宿轮虫 *Habrotrocha angusticollis* (Murray)

a. 收缩的虫体（contracted body）；b. 头冠背面观（dorsal view of corona）

(2) 领宿轮虫 *Habrotrocha collaris* (Ehrenberg, 1832)（附图 2）

Philodina collaris Ehrenberg, 1832: 148.

Habrotrocha collaris: Bryce, 1910: 75.

形态　身体无色透明。躯干部有若干纵皱。头冠上的 2 个轮盘很小，彼此靠得很近。盘托之间有 1 深的凹沟，沟较窄。沟的中央有 1 圆锥形的舌突，舌突向前方伸出，与轮盘的高度相当。吻有 2 个叶片，在爬行时伸出头的最前端，借助吻的不断伸缩，使得身体在底质上移动。在游泳或摄食时，吻退缩到头的背部，形成 1 个突起。背触手相当长，其长度略大于颈的宽度，分成 2 节，节间有明显的隘痕，末端有感觉毛，背触手的基部两侧有时可见到突起。眼 1 对，位于脑的后缘，略呈红色，据记载也有呈棕红色、黄色和紫色的。足短，在倒数第 2 足节上有 1 对刺戟（spur），圆锥形，不十分长，末端尖，基部宽，2 个刺戟的基部不相连。趾 3 个，着生在最末 1 足节的末端，除了在爬行时偶尔能看到外，总是缩入足内，只能看到 2 个刺戟。咀嚼器是典型的枝型，齿式 4/4、5/5、6/5 或 7/7。

标本测量　体长：240-270μm；体宽：40-45μm；背触手长：30-35μm；趾长：10-13μm。

生态　领宿轮虫曾发现于泥炭藓中，以及溪流中毛翅目幼虫的管室上。主要食腐殖质和细菌。在我国西藏拉萨、类乌齐等小水池内多次采到，这些小水体海拔 3000m 以上，水温 20℃左右。

地理分布　西藏（类乌齐、察隅、拉萨）；澳大利亚，新西兰，非洲，北美洲，欧洲，亚洲北部。

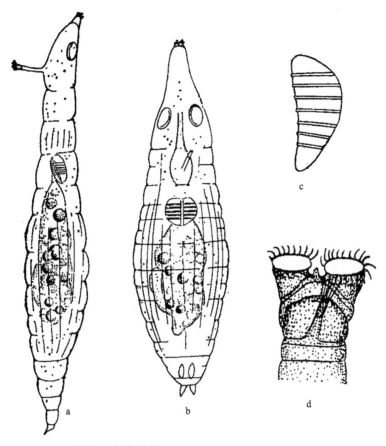

附图 2　领宿轮虫 *Habrotrocha collaris* (Ehrenberg)

a. 侧面观（lateral view）；b. 背面观（dorsal view）；c. 咀嚼器（trophi）；d. 头冠背面观（dorsal view of corona）

(3) 矮小宿轮虫 *Habrotrocha pusilla* (Bryce, 1893)（附图3）

Callidina pusilla Bryce, 1893: 198.

Habrotrocha pusilla: Bryce, 1910: 75.

形态　身体无色透明。躯干部在管室中，管室棕色，由碎屑粘合而成。左右2个轮盘很小，轮盘顶面中央有1触毛，盘托之间的沟痕很浅。上唇为碗状或弓形，其顶端中央有1突起。吻短而宽。背触手2节，末端有感觉毛，长度约为颈宽的3/4。足和刺戟均很短。无眼点。躯干部有若干纵褶。食管很短。咀嚼器枝型，齿式4/3或3/3。除齿以外，尚有许多细的条纹。

标本测量　体长：210-220μm；收缩时长：85μm；体宽：55-70μm。

生态　矮小宿轮虫是苔栖种类，在森林遮荫的地方经常存在，在《西藏水生无脊椎动物》中被称作胆怯宿轮虫。本种1974年采自西藏墨脱县一水稻田中，当时水稻植株已有 80cm 长，水温 22℃，pH 6.0，海拔 830m。

　　地理分布　西藏（墨脱）；澳大利亚，新西兰，非洲，北美洲，欧洲，亚洲北部。

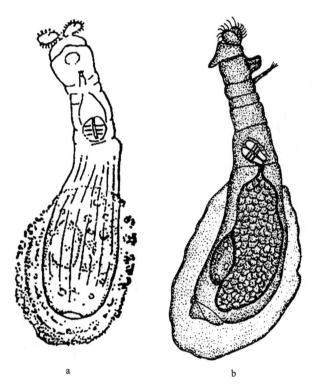

附图 3　矮小宿轮虫 *Habrotrocha pusilla* (Bryce)
a. 背面观（dorsal view）；b. 侧面观（lateral view）

(4) 弯唇宿轮虫 *Habrotrocha thienemanni* Hauer, 1924（附图 4）

Habrotrocha thienemanni Hauer, 1924.

　　形态　身体无色，游泳时呈圆柱形。体表光滑，但有若干纵长的角质肋纹。左右 2 个轮盘比颈略宽，轮盘之间有 1 较宽阔的沟痕，呈"U"形。轮盘顶部有感觉毛，盘托显得很短。上唇为 1 宽阔的三角形，其顶端中央有 1 浅的"V"形缺刻。领褶不十分宽，其中部为上唇所掩盖。颈较长而窄。吻短，有 2 个叶片，摄食和游泳时退缩在颈的背部中央，形成 1 扁形突起。无眼点。背触手 2 节，末端有触毛，长度约为颈宽的 3/4 或与颈的宽度相等。躯干部比颈和足都宽。足 4 节，短而粗壮。1 对中等长的刺戟，呈圆锥形，其基部联合在一起。趾 3 个，很短。咀嚼器枝型，齿式 2/2。

　　标本测量　体长：190-380μm。

　　生态　弯唇宿轮虫多生活在苔藓植物上，于 1973 年在西藏拉萨一静水池中发现，该池有水草，较清洁，当时水温 13℃，pH 7.0，海拔 3685m；1974 年 9 月在西藏墨脱多次采到，它常同三趾宿轮虫 *H. tripus* 在一起生活。

地理分布　西藏（墨脱、拉萨）；欧洲，亚洲北部。

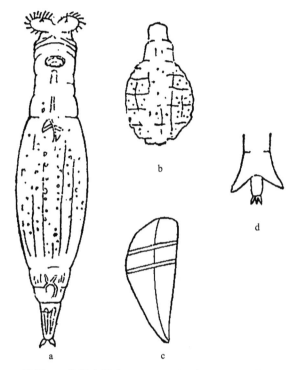

附图 4　弯唇宿轮虫 *Habrotrocha thienemanni* Hauer

a. 背面观（dorsal view）；b. 收缩的虫体（contracted body）；c. 咀嚼器（trophi）；d. 刺戟和趾（spur and toe）

(5) 清洁宿轮虫 *Habrotrocha munda* Bryce, 1913（附图 5）

Habrotrocha munda Bryce, 1913: 83-94.

Habrotrocha affinis Bartoš, 1938.

形态　身体在游泳时呈纺锤形；2 个轮盘比颈宽，向背面倾斜，盘托也向背面倾斜。盘托之间的沟痕十分浅而窄。上唇呈钝三角形。背触手 2 节，其长度相当于颈的宽度。足短。据前人描述，第 1 足节的背面常有 1 个大的瘤突，有时会消失，我们尚未观察到。刺戟比较大，圆锥形，基部不相连。无眼点。齿式 7/7-9/9。这些齿是极细的条纹。

标本测量　体长：320-330μm；收缩时长：292μm。

生态　清洁宿轮虫习居于潮湿的苔藓植物及沼泽中。本种于 1975 年在西藏亚东一积水坑中采到，当时水温 17℃，pH 6.0，海拔 4200m。

地理分布　西藏（亚东）；澳大利亚，新西兰，非洲，北美洲，欧洲，亚洲北部。

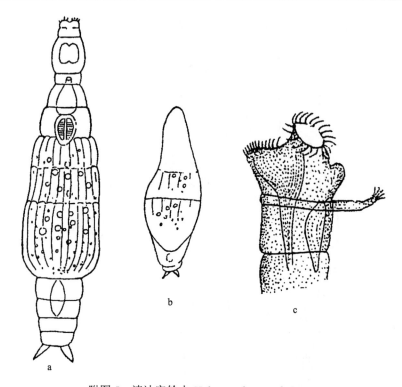

附图 5　清洁宿轮虫 *Habrotrocha munda* Bryce

a. 背面观（dorsal view）；b. 收缩的虫体（contracted body）；c. 头部侧面观（lateral view of head）

(6) 华丽宿轮虫 *Habrotrocha elegans* (Milne, 1886)（附图 6）

Macrotrachela elegans Milne, 1886: 138.

Callidina elegans: Ehrenberg, 1832.

Habrotrocha elegans: Bryce, 1910: 75.

形态　身体纵长，躯干部略膨大，呈浅红色。食道很长。左右 2 个轮盘较小，至多与颈的宽度相等。盘托之间有 1 深的沟痕。领褶中央为上唇掩盖。上唇为三角形的突起，其顶端可达到轮盘。背触手 2 节，末端有感觉毛，其长度等于颈的宽度。躯干部有许多纵褶。足短，4 节。刺戟圆锥形，中等大小，其基部分开。咀嚼器枝型，齿式 6/6-10/10。除齿条外，尚有许多细的横纹。无眼点。

标本测量　体长：250-360μm；收缩时长：190μm。

生态　华丽宿轮虫在苔藓植物中生活，也有人曾在昆虫的幼体表面上发现过它。它与长宿轮虫 *H. longula* Bryce 相似，但长宿轮虫的轮盘比颈宽，齿式 5/5。本种于 1973 年在西藏拉萨布达拉宫后龙王潭采到，该潭内有水草，当时水温 13℃，pH 7.0，海拔 3658m。

地理分布　西藏（拉萨）；欧洲，亚洲北部。

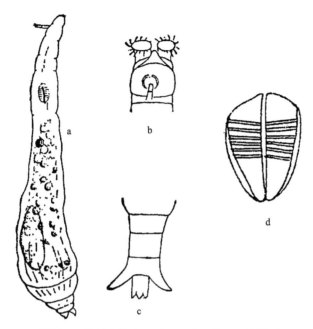

附图6 华丽宿轮虫 *Habrotrocha elegans* (Milne)

a. 侧面观（lateral view）；b. 头部背面观（dorsal view of head）；c. 刺戟和趾（spur and toe）；d. 咀嚼器（trophi）

(7) 美丽宿轮虫 *Habrotrocha pulchra* (Murray, 1905)（附图7）

Callidina pulchra Murray, 1905: 367.

Habrotrocha pulchra: Bryce, 1910: 75.

形态 躯干部近似方形。轮盘比领略窄，盘顶有触毛。盘托之间的距离较宽。上唇中央向前突出，可以达到轮盘。吻小而宽，分成2叶。每一颈节的两侧突出成节瘤状，特别是与头相连的第1颈节和与躯干相连的最后1颈节的两侧节瘤比较明显。躯干部宽大，有明显的纵褶，并覆盖一层细小的角质颗粒，这些颗粒的角质物仅限于躯干部分，头、颈、足及刺戟上都很光滑。足3节，比较短。刺戟基部相连，圆锥形。趾3个。无眼点。齿式3/3。

标本测量 体长：200μm；收缩时长：99μm。

生态 美丽宿轮虫在沼泽及湖泊沿岸带均有分布，在树干上阴湿的苔藓植物中亦能生活。本种于1966年采自西藏定日县东、西绒布冰川交会处流出的泉水池中，当时水温17℃，pH 8.0，海拔5700m。

地理分布 西藏（定日）；澳大利亚，新西兰，非洲，南极地区，北美洲，南美洲，欧洲，亚洲北部。

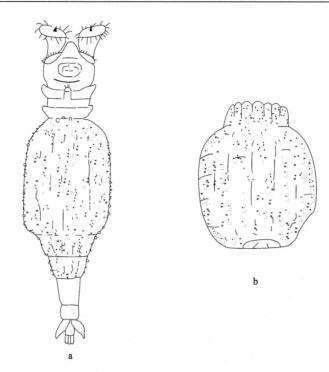

附图 7　美丽宿轮虫 *Habrotrocha pulchra* (Murray)

a. 背面观（dorsal view）；b. 收缩的虫体背面观（dorsal view of contracted body）

(8) 实心宿轮虫 *Habrotrocha solida* Donner, 1949（附图 8）

Habrotrocha solida Donner, 1949: 132.

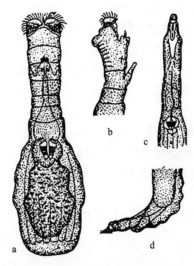

附图 8　实心宿轮虫 *Habrotrocha solida* Donner

a. 背面观（dorsal view）；b. 头部侧面观（lateral view of head）；c. 头部背面观（dorsal view of head）；d. 足侧面观（lateral view of foot）

形态　体呈长圆筒形。躯干部的背面隆起，两侧向外扩大。一般无色，但也有淡黄色或红棕色的；轮盘比较小，彼此比较靠近。前端背面由腰环形成的唇略呈三角形，并有 1 刺状突出。表皮比较粗糙，特别在躯干部往往有纵长皱痕或颗粒状突起。背触手较发达，无眼点。足 3 节，刺戟附在第 3 足节上。枝型咀嚼器，齿式 5/5，偶尔也有 3/3 的。

标本测量　体长：180-210μm。

生态　实心宿轮虫多生活在苔藓植物较多的水体中，在地衣或土壤中有时也能找到，偶尔也能在废水处理的曝气池中发现。

地理分布　海南、广州；南美洲，欧洲，亚洲北部。

二、旋轮科 Philodinidae Ehrenberg, 1838

Philodinidae Ehrenberg, 1838: 46.

形态　胃壁厚，虽由合胞体组成，但有 1 个具有纤毛的管道或称"消化道"。"消化道"的壁内有一些大大小小的油滴，易与宿轮科的合胞体内的"食物丸"相混淆。油滴无色，十分细小，而"食物丸"总是具有颜色，十分粗糙。左右 2 个轮盘总是明显地分开，除少数种类的轮盘与颈的宽度相等或略窄以外，一般都比颈宽。上唇一般有 2 个唇舌。足的末端有 2-4 趾或无趾。分布在淡水水体、沼泽和苔藓植物中。

本科共有 8 属，我国分布 5 属。

属 检 索 表

1. 足无趾 ···水蛭轮属 *Mniobia*
   足有趾 ··· 2
2. 躯干部皮层薄而光滑，无刺突和任何角质层增厚的突起 ································· 3
   躯干部皮层厚，有角质化的尖刺和突起 ··· 4
3. 眼点 1 对，位于吻上；足末端有 3 趾 ····························轮虫属 *Rotaria*
   眼点 1 对，位于脑上；足末端有 4 趾 ····························旋轮属 *Philodina*
4. 无眼点，足上的 1 对刺戟正常大小，趾 3 个 ··············粗颈轮属 *Macrotrachela*
   通常有眼点，足上的 1 对刺戟十分长，趾 4 个 ··············间盘轮属 *Dissotrocha*

2. 轮虫属 *Rotaria* Scopoli, 1777

Rotaria Scopoli, 1777: 375.

Type species: *Rotaria rotatoria* (Pallas, 1766).

形态　轮虫属是旋轮科中最常见的 1 个属，身体比旋轮属要细长。眼点 1 对，总是位于背触手前面的吻上，红色或色淡以至无色。吻比旋轮属要长，突出在轮盘之上。足具 3 趾。躯干部表面常有一层黏液。在湖泊、池塘、沼泽等淡水水体中经常存在。有少数种类曾在废水处理厂的活性污泥中出现。

本属全世界已发现 20 余种，我国仅记录 6 种。

种 检 索 表

1. 足很长，超过头和躯干的长度 ······························ 长足轮虫 *R. neptunia*
   足不超过头和躯干的长度 ·· 2
2. 齿式 3/3 ·· 三齿轮虫 *R. tridens*
   齿式 2/2 ·· 3
3. 背触手长，为躯干长的 1/3-1/2 ··························· 巨腊轮虫 *R. macroceros*
   背触手长度一般 ·· 4
4. 皮层十分褶皱，躯干部粘附外来污物，刺戟较长 ······· 懒轮虫 *R. tardigrada*
   皮层光滑，体表无外来污物，刺戟不长 ···································· 5
5. 身体呈纺锤形，躯干部呈橘绿色或橘黄色 ················· 橘色轮虫 *R. citrina*
   体窄，躯干部呈乳白色，不很透明 ······················· 转轮虫 *R. rotatoria*

(9) 转轮虫 *Rotaria rotatoria* (Pallas, 1766)（附图 9）

Brachionus rotatorius Pallas, 1766: 94.

Rotaria rotatoria: Harring, 1913b: 92.

形态 身体完全伸直时很细长，呈细锥形，乳白色，不甚透明，但周身很光滑，可分成头、颈、躯干、足 4 部分。头部当头盘完全张开时相当宽阔，宽度总是超过长度。颈 3 节，自前端向后端逐渐加宽。躯干 5 或 6 节，前端最宽，向后逐渐细削，一直到很细的足部为止。轮环纤毛与 2 个轮盘之间的盘托相当长而显著。吻宽而短，但当轮盘完全卷缩在体内时吻不仅向前方展长，而且自它内面伸出 1 具有纤毛的"舌片"。眼点 1对，位于背触手之前，即在吻的上面；每一个眼点虽呈球形，但只有后半部呈深红色，前半部的色素并不显著。背触手位于颈部的第 1 节，即在吻的后端；比较短而粗，基部更宽阔，末端具有 1 束感觉毛。足 4 节，很长，第 1 节基节与躯干的最后 1 节相连续，外表上并无明确的界线可加以区别；最后 1 节基部的 1 对刺戟比较直而长，并向末端显著地尖削；末端的 3 个趾比较长，呈管状。咀嚼囊呈心脏形。咀嚼板系典型的枝型，齿式 2/2。

标本测量 体长：450-1050μm；刺戟长：28-40μm。

生态 转轮虫系最普通的蛭态类轮虫，分布很广，往往栖息于沼泽、池塘及浅水湖泊的沉水植物之间，或底层的有机碎片之中。它的习性虽以底栖爬行为主，但也能自由游动。该种全年都有随时采到的可能，不过春秋两季出现的频率比较高。本种采自上海近郊的池塘。

地理分布 海南、湖北（武汉）、北京、上海、安徽（芜湖）、西藏（墨脱）；澳大利亚，新西兰，非洲，北美洲，南美洲，东南亚，欧洲，亚洲北部。

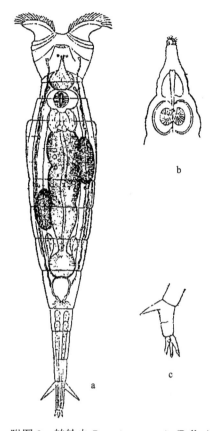

附图 9　转轮虫 *Rotaria rotatoria* (Pallas)

a. 背面观（dorsal view）；b. 头冠部分缩入时吻伸出的状态（rostrum observed when corona contracted）；c. 趾（toe）

(10) 三齿轮虫 *Rotaria tridens* (Montet, 1915)（附图 10）

Rotifer tridens Montet, 1915: 251-360.

Rotaria tridentata Varga, 1954: 347.

形态　身体几乎呈圆柱形，细长。轮盘比颈宽，轮盘之间有 1 浅凹痕。吻中等长度，向前伸出可达到轮盘的高度。吻上有 2 个浅红色的眼点，有时眼点无色。背触手 2 节，末端具感觉毛。躯干部末端背面有 2 个纵褶，皮层下面具棒形或颗粒的质体。胃有 1 对消化腺。足的长度适中，刺戟圆锥形，基部相连续。趾 3 个。咀嚼器枝型，齿式 3/3。此外，槌钩上还有其他相当细的条纹。

标本测量　体长：405-468μm；收缩时长：120μm。

生态　在苔藓植物中生活。曾有学者在栉水虱 *Asellus aquaticus* 体表发现此种存在（龚循矩，1983）。龚循矩（1983）在西藏南部海拔 2900-4550m 的亚东沼泽、流水沟中的苔藓及石头上着生物中采到该种，其个体比 Stewart（1908）在我国西藏日喀则江孜附近海拔 4000-4200m 的沼泽藻类中采到并命名为 *Rotifer tridentatus* 的要大一些；认为两者属同物异名。Segers（2007）认为，*Rotaria tridentata* Varga, 1954 为三齿轮虫 *Rotaria tridens* (Montet, 1915)的同物异名。*Rotifer tridentatus* 和三齿轮虫是否属同物异名，仍需进一步论证。

地理分布 西藏（亚东）；澳大利亚，新西兰，北美洲，南美洲，欧洲，亚洲北部。

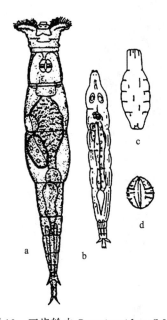

附图 10 三齿轮虫 *Rotaria tridens* (Montet)

a. 背面观（dorsal view）；b. 爬行的个体背面观（dorsal view of crawling individual）；c. 收缩的虫体（contracted body）；d. 咀嚼器（trophi）

(11) 懒轮虫 *Rotaria tardigrada* (Ehrenberg, 1830)（附图 11）

Rotifer tardigrada Ehrenberg, 1830: 145.
Rotifer tardus Ehrenberg, 1838: 400.
Rotaria tardigrada: Harring, 1913b: 93.

形态 身体完全伸直时虽也相当长，但显著地比该属的其他种类宽阔而粗壮；头部和足部无色而相当透明，躯干部则呈褐色；躯干部分的皮层高度的褶皱，形成明显纵长的和横的褶襞，并有许多微尘、硅藻壳片及其他外界污秽的物质粘着在皮层的凹陷之内。颈部分节很不明显。皮层上横的褶襞把躯干部通常分隔成 4 节，第 3 节往往最长、最宽。足比较短，一般分成 4 节，与躯干相连接之处具有很明确的界线。完全张开的头冠，左右 2 个向前展开的轮盘很宽阔而发达。吻呈圆筒形，宽阔而长，它末端的纤毛亦很显著。眼点 1 对，相当大，呈卵圆形或椭圆形，位于吻的上面，远在背触手之前方，呈深红色或淡红色，但色素往往会消失。背触手位于颈部，即在吻的后面，呈较长的管状，"管"的后半部远较前半部宽阔，末端具有 1 束相当发达的感觉毛。第 3 足节的后端或第 4 足节的基部着生 1 对比较长的刺戟，呈尖锐的矛状，笔直或略弯曲，分成 2 节，尖锐的第 2 节很短。趾 3 个，2 个很长且对称，1 个特别短。咀嚼器系典型的枝型，齿式 2/2。

标本测量　体长：400-780μm；刺戟长：30-55μm。

生态　懒轮虫是普通常见的种类，一般栖息于沼泽、池底或湖底的腐殖质、沉水植物或冰藓中。本种是根据采自江苏无锡五里湖的标本描述的。

地理分布　海南、湖北（武汉）、上海、甘肃（兰州）、黑龙江（哈尔滨）、江苏（无锡）、安徽（芜湖）、西藏（察隅、拉萨）；澳大利亚，新西兰，非洲，北美洲，南美洲，东南亚，欧洲，亚洲北部。

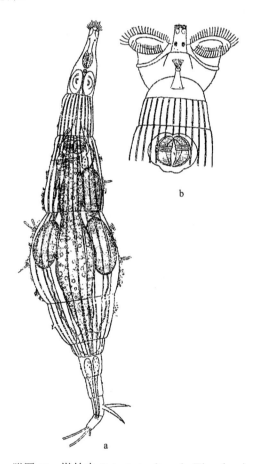

附图 11　懒轮虫 *Rotaria tardigrada* (Ehrenberg)

a. 爬行的个体（crawling individual）；b. 头冠背面观（dorsal view of corona）

(12) 橘色轮虫 *Rotaria citrina* (**Ehrenberg, 1838**)（附图 12）

Rotifer citrinus Ehrenberg, 1838: 480.

Rotaria citrina: Harring, 1913b: 91.

形态　身体完全伸直时近似纵长的纺锤形。头部、颈部及足部无色而相当透明；躯干部总是呈橘绿色或橘黄色。皮层相当光滑，但具有纵长的条纹，尤其在躯干部条纹更明显。皮层外表或多或少胶黏，以致外界"微尘"等物质容易附着其上。颈部显著地分成 3 节。完全张开的头冠，左右 2 个向前展开的轮盘相当宽阔。躯干部和足部无明确的分界线。吻的长度适中，它的基部较宽，前端较狭而浑圆，并具有很短而细的纤毛。眼点 1 对，略呈圆球形，但顶部凹陷，位于吻部。背触手自颈部的第 1 节射出，它的末端具有 1 束感觉毛。刺戟 1 对，位于足最后 1 节的基部；3 个等长的趾很短，自最后 1 足节的末端分叉而出。枝型咀嚼器，齿式 2/2。

标本测量　体长：700-1050μm；刺戟长：25-30μm。

生态　橘色轮虫的分布相当广，一般栖息于沼泽及池塘和浅水湖泊的沿岸带，个体也能够游动，不过游动非常迟缓。

地理分布　浙江（湖州）、上海、江苏（无锡）、西藏（墨脱、芒康）；澳大利亚，新西兰，非洲，北美洲，欧洲，亚洲北部。

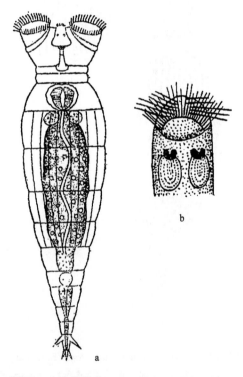

附图 12　橘色轮虫 *Rotaria citrina* (Ehrenberg)

a. 背面观（dorsal view）；b. 头冠腹面观（ventral view of corona）

(13) 长足轮虫 *Rotaria neptunia* (Ehrenberg, 1830)（附图 13）

Actinurus neptunius Ehrenberg, 1830: 145.

Rotifer neptunius: Jennings, 1900: 19.

Rotaria neptunia: Harring, 1913b: 91.

形态　身体呈乳白色且非常透明，能高度伸缩，完全伸直时极长而细，是蛭态目轮虫中最细长的种类。皮层很光滑，体分成头、颈、躯干及足 4 部分。头部比较小，完全张开时相当宽阔；颈部 3 节；躯干一般 3-5 节；足非常长而细，一般为 6 节。完全张开的头冠，左右 2 个向前展开的轮盘比较短而小，不十分发达。吻比较短，眼点 1 对，呈圆球形，位于吻的上面。背触手位于颈部的第 1 节即在吻的后端，呈相当长的管状，末端具有 1 束感觉毛。足的最后 1 节的基部具 1 对很显著的刺载；趾 3 个，很长而细，自最后 1 足节的末端分叉而出，鼎足而立。咀嚼器系典型的枝型，齿式 2/2。

标本测量　体长：505-1640μm。

生态　长足轮虫广泛分布于最浅的沼泽至大型湖泊沉水植物及有机质比较多的沿岸带。每逢出现，个体总是很多。特别在湖北武汉东湖经常能采到。

地理分布　云南（昆明）、湖北（武汉）、北京、黑龙江（哈尔滨）、辽宁（大连）、甘肃（兰州）、湖南（岳阳）、广东（广州）、广西（南宁）、四川（成都）、浙江（湖州）、上海、江苏（无锡、南京）、安徽（芜湖）、西藏（拉萨）；澳大利亚，新西兰，非洲，北美洲，南美洲，东南亚，欧洲，亚洲北部。

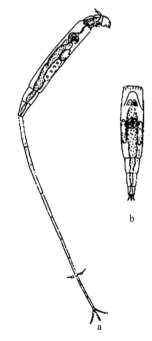

附图 13　长足轮虫 *Rotaria neptunia* (Ehrenberg)

a. 伸长的个体侧面观（lateral view of elongated body）；b. 收缩的虫体（contracted body）

(14) 巨腊轮虫 *Rotaria macroceros* (Gosse, 1851)（附图 14）

Rotifer macroceros Gosse, 1851: 202.

Rotaria macroceros: Harring, 1913b: 91.

形态　身体无色透明，纵长，可分头、颈、躯干及足 4 部分。通常颈由 3 节、躯干部由 5 节组成；足虽由 5、6 节组成，但比躯干部短，两者分界明确。轮盘明显；吻呈圆筒形，比较短而宽。背触手特别发达，它的长度有时可达躯干长的一半，是本种的主要特征之一。当轮虫在水中活动时，背触手能摆动，似乎是确定方向。最后 1 足节的基部具有 1 对刺戟，比较粗壮。趾 3 个，等长。枝型咀嚼器，齿式 2/2。

标本测量　体长：250-350μm。

生态　巨腊轮虫一般生活于有机质丰富的沉水植物茎叶上面，除了爬行于沉水植物之间，有时也进行浮游生活。有的种类会形成胶质管室，暂时或永久栖息在室中。本种采自武汉一池塘中生长的金鱼藻的体表。

地理分布　湖北（武汉）；澳大利亚，新西兰，非洲，北美洲，南美洲，东南亚，欧洲，亚洲北部。

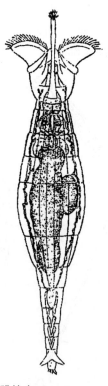

附图 14　巨腊轮虫 *Rotaria macroceros* (Gosse)
背面观（dorsal view）

3. 旋轮属 *Philodina* Ehrenberg, 1830

Philodina Ehrenberg, 1830: 84.

Type species: *Philodina erythrophthalma* Ehrenberg, 1830.

形态 绝大多数种类有眼点，少数种类的眼点发育不全或缺乏。若有眼点，总是 1 对，位于脑上。躯干比轮虫属粗壮，头与颈、躯干与足之间的界线均较轮虫属清楚。在淡水中生活，在陆地苔藓植物中亦有分布。

本属全世界已描述 50 余种，我国分布 6 种。

种 检 索 表

1. 躯干部短而宽，一般呈卵圆形或长方形 ···2
   躯干部较长，一般呈圆筒形或纺锤形 ···3
2. 足较短，上唇呈波浪形，似分 4 叶 ···裂唇旋轮虫 *P. nemoralis*
   足较长，上唇平直 ···巨环旋轮虫 *P. megalotrocha*
3. 躯干部无颜色 ···红眼旋轮虫 *P. erythrophthalma*
   躯干部有颜色 ···4
4. 躯干部呈橘色，趾 2 个 ···橘色旋轮虫 *P. citrina*
   躯干部呈不同程度的红色，趾 4 个 ···5
5. 躯干部呈粉红色至深红色，砧枝内侧有 1 圆锥状突出 ···············玫瑰旋轮虫 *P. roseola*
   躯干部呈浅红色，砧枝内侧无突出 ···凶猛旋轮虫 *P. vorax*

(15) 红眼旋轮虫 *Philodina erythrophthalma* Ehrenberg, 1830（附图 15）

Philodina erythrophthalma Ehrenberg, 1830: 84.
Philodina acuticornis Bartoš, 1951: 432.

形态 身体纵长，呈纺锤形，无色透明，但有很明显的纵长条纹。除了全身没有红色或其他色素外，一般外部形态完全和玫瑰旋轮虫相同，因此过去有不少人认为它是无色的玫瑰旋轮虫。伸展的 2 个轮盘相当宽阔而明显，盘顶较为发达，盘托之间有 1 明显 "U" 形凹陷。眼点 1 对，位于背触手之后的脑背面，比较大而明显，呈粉红色或深红色的圆球形至长椭圆形或宽阔的杆状。背触手自颈的第 1 节射出，呈管状，末端具有 1 束感觉毛。足 5 节，趾有一大一小 2 对；刺戟 1 对，分别位于足后端两旁；这些结构只有当第 5 足节伸展的时候才能观察到，与玫瑰轮虫基本相同。咀嚼器系典型的枝型，退化的砧枝内侧并无圆锥的齿状突出存在；槌钩齿式 2/2。

就形体而言，红眼旋轮虫的确与玫瑰旋轮虫非常接近；明显的不同之处除了眼点呈红色外，全身透明无色，咀嚼器已经退化的砧枝内侧并无圆锥状的突出存在。除此之外，几乎没有其他任何不同之处。

标本测量 体长：320-460μm；咀嚼囊长：22-26μm。

生态 生活在沼泽和浅水池塘中，一年四季均可出现。

地理分布 湖北（武汉）、安徽（芜湖）、西藏（聂拉木）；澳大利亚，新西兰，非洲，北美洲，南美洲，欧洲，亚洲北部。

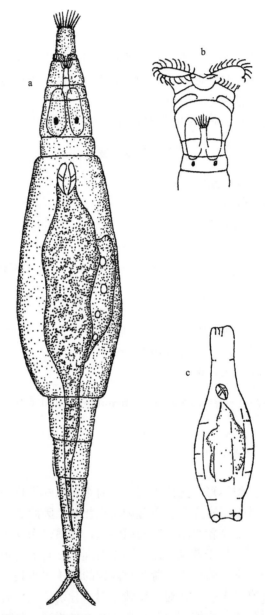

附图 15 红眼旋轮虫 *Philodina erythrophthalma* Ehrenberg
a. 背面观（dorsal view）；b. 头冠（corona）；c. 收缩的虫体（contracted body）

(16) 玫瑰旋轮虫 *Philodina roseola* Ehrenberg, 1832（附图 16）

Philodina roseola Ehrenberg, 1832: 147.

Philodina roseola var. *glacialis* Voigt, 1832: 137.

Philodina roseola var. *nivalis* Voigt, 1841.

Philodina cinnabarina Zacharias, 1886: 231.

Philodina roseola var. *alpina* Calloni, 1889.

形态　身体比较纵长，略呈纺锤形，呈粉红色至深红色。皮层相当光滑，但具有很明显的纵长条纹。当头冠完全张开的时候，头部大小适中。颈分成 3 节，相当明显；躯干似由呈不规则的长方体组成，前半部总是比后半部宽，左右 2 个向前展开的轮盘相当宽阔而明显。吻比较短而宽。眼点 1 对，斜置并列于背触手之后，即在脑的后半部的背面，一般呈粉红色、深红色或红褐色，有时会呈黄金色。背触手位于颈部第 1 节，呈管状，末端具有 1 束感觉毛。足 5 节；趾 4 个，只有在爬行和第 5 足节伸长的时候才看得清楚，1 对比较粗而长的趾位于足的最后端，另 1 对比较小而短的趾在前面一些，即位于末端和刺戟之间，当游泳的时候只能看到粗壮 1 对的痕迹。刺戟 1 对，在游动的时候分列于足最后端的两旁，呈短而粗壮的矛头状，有时"矛头"的尖端伸长而形成 1 针状的末梢。咀嚼囊呈宽阔的圆球形。咀嚼器系典型的枝型；退化的砧枝内侧具有 1 圆锥形的刺状突出，槌钩齿式 2/2。

标本测量　体长：380-500μm；咀嚼囊长：20-25μm。

生态　玫瑰旋轮虫习居于沉水植物及有机碎片多的沼泽和池塘中，在中小型浅水湖泊内却很少有它的踪迹。也有学者报道，该种在温泉、咸淡水及酸沼之中亦有分布。本种是根据采自武汉东湖的标本描述的。

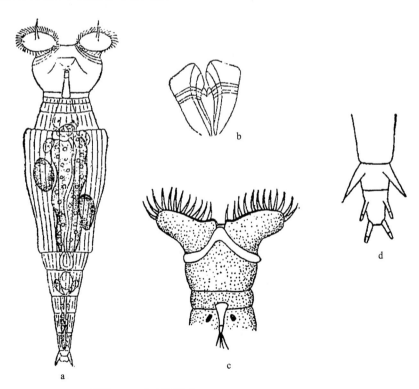

附图 16　玫瑰旋轮虫 *Philodina roseola* Ehrenberg

a. 背面观（dorsal view）；b. 枝形咀嚼器（ramate trophi）；c. 头部腹面观（ventral view of head）；d. 刺戟和趾（spur and toe）

地理分布　湖北（武汉）、浙江（湖州）、上海、江苏（无锡、南京）、安徽（芜湖）；澳大利亚，新西兰，非洲，北美洲，南美洲，欧洲，亚洲北部。

(17) 巨环旋轮虫 *Philodina megalotrocha* Ehrenberg, 1832（附图 17）

Philodina megalotrocha Ehrenberg, 1832: 148.

Philodina calcarata Schmarda, 1859: 47-65.

Philodina megalocephala Hauer, 1936: 133.

形态　身体短且比较粗壮，呈囊袋形，无色而透明。皮层很光滑，有时会分泌 1 厚重的胶质"外套"；具有相当明显的纵长条纹，分节不十分明显。躯干似由宽阔的卵圆体或长方体组成。足 4 节，趾 2 对。完全张开的头冠，左右 2 个向前展开的轮盘很宽阔而明显。吻短而宽，上唇平直，又相当厚；它的末端伸出在头的前端。眼点 1 对，斜置并列于背触手之后，呈深红色的卵圆形。背触手比较长，呈管状，隔成 3 节，末端具有 1 束感觉毛，位于颈的第 1 节，在 1 对眼点之前、吻之后；咀嚼器系典型的枝型，齿式 2/2。

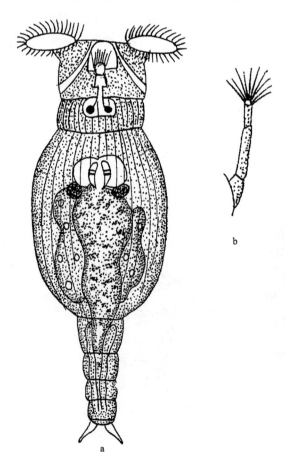

附图 17　巨环旋轮虫 *Philodina megalotrocha* Ehrenberg

a. 背面观（dorsal view）；b. 背触手（dorsal antenna）

标本测量　体长：240-320μm。

生态　巨环旋轮虫自最浅的沼泽到深水湖泊的沿岸带，凡是在沉水植物比较繁茂的区域，都有采集到的可能。它每年出现的时间可自春末到初冬。一方面往往会暂时附着在水绵等沉水植物或胶鞘轮虫等水生无脊椎动物上面，另一方面特别善于自由游泳。因此在浅水湖泊湖中心的表层，有时也会采集到。

地理分布　湖北（武汉）、浙江（湖州）、上海、江苏（无锡、南京）、安徽（芜湖）；澳大利亚，新西兰，非洲，北美洲，南美洲，东南亚，欧洲，亚洲北部。

(18) 裂唇旋轮虫 *Philodina nemoralis* Bryce, 1903（附图 18）

Philodina nemoralis Bryce, 1903: 526.

形态　身体短而粗壮，躯干部显著比头、颈都宽，有明显的纵褶。头部的 2 个轮盘之间的距离大，它要比头宽，颈最狭；盘托之间为 1 宽阔的裂痕。上唇前缘宽阔有浅的凹陷，呈波浪形，似有 4 个小的裂片。吻 2 叶。背触手 2 节，其长度相当于颈宽，末端具纤毛。脑后有 1 对眼点，不易看清。足粗而短。刺戟短，末端尖。枝型咀嚼器，齿式 2/2。

标本测量　体长：280-320μm；收缩时长：237μm。

生态　裂唇旋轮虫主要栖息于潮湿的苔藓及泥炭藓上，也可在流水附近的苔藓中找到。1973 年在西藏察隅一水稻田中采到，当时水温 28℃，pH 5.0，海拔 2000m；1974 年在墨脱一潮湿石块上的苔藓中又采到。在《西藏水生无脊椎动物》中，该种被称为森林旋轮虫。

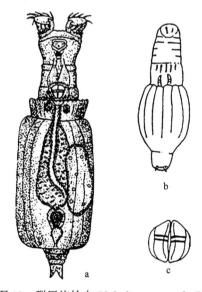

附图 18　裂唇旋轮虫 *Philodina nemoralis* Bryce
a. 背面观（dorsal view）；b. 收缩的虫体（contracted body）；c. 咀嚼器（trophi）

地理分布 西藏（察隅、墨脱）；澳大利亚，新西兰，非洲，北美洲，欧洲，亚洲北部。

(19) 橘色旋轮虫 *Philodina citrina* Ehrenberg, 1832（附图 19）

Philodina citrina Ehrenberg, 1832: 148.

形态 身体相当粗壮，皮层上有斑点；躯干部总是呈橘色或橘黄色，并具若干纵褶；头、颈及足不具任何颜色。2 个轮盘分得很开，盘顶有乳状突起和 1 根长的触毛。上唇向前伸展可达到轮盘的高度，其前缘宽阔，微凹。前端轮盘最宽，头其次，颈最狭。背触手短而粗，2 节，末端具纤毛。躯干部比足部宽阔得多，界线分明。足短而粗，有 4 节。刺戟基部不连续，末端尖而分节；趾 1 对。1 对红色的眼点位于脑的后方。枝型咀嚼器，齿式 2/2。

在体形上与玫瑰旋轮虫有相似之处，但橘色旋轮虫的躯干部一般后端宽，前端狭，而玫瑰旋轮虫则前端宽，后端狭。

标本测量 体长：360-450μm；收缩时长：176μm。

生态 橘色旋轮虫主要生活在水草及藻类植物上。本种在西藏分布较普遍，根据采自墨脱一水稻田中的标本描述的，当时水温 27℃，pH 6.0，海拔 830m。

地理分布 西藏（墨脱、亚东、芒康）；澳大利亚，新西兰，非洲，北美洲，南美洲，东南亚，欧洲，亚洲北部。

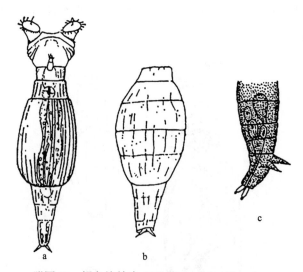

附图 19　橘色旋轮虫 *Philodina citrina* Ehrenberg
a. 背面观（dorsal view）；b. 收缩的虫体（contracted body）；c. 刺戟和趾（spur and toe）

(20) 凶猛旋轮虫 *Philodina vorax* (Janson, 1893)（附图 20）

Callidina vorax Janson, 1893: 60.

Philodina vorax: Bryce, 1910: 77.

形态　身体呈纺锤形，躯干部最宽，呈浅红色；头、颈和足显得细小。2 个轮盘分得很开，比头宽，盘托间形成 1 深的凹痕。上唇高，可达轮盘，并明显地分成 2 叶。吻宽大，2 片。背触手粗而短，2 节，末端具感觉毛。颈比头窄，节间横褶清楚。足短而宽。躯干部与足部的界线十分清楚，足部 5、6 节。刺戟短，能动，2 个刺戟基部的距离很宽。每 1 刺戟的基部均有 1 角质瘤。4 个很小的趾尤其是背面的 2 趾十分小，一般不易看清。无眼点。齿式 2/2，砧枝内侧无突出。

标本测量　体长：400-500μm。

生态　凶猛旋轮虫生活的环境多种多样，水、陆地和树干上的苔藓植物中均可以发现它的踪迹。本种于 1976 年 6 月采自西藏芒康澜沧江畔一小水沟中，当时水温 17℃，pH 6.0，海拔 2400m。

地理分布　西藏（定日、芒康）；澳大利亚，新西兰，非洲，北美洲，南美洲，东南亚，欧洲，亚洲北部。

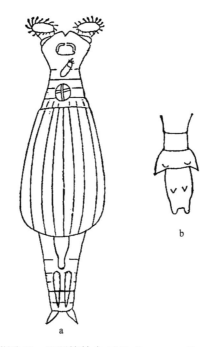

附图 20　凶猛旋轮虫 *Philodina vorax* (Janson)
a. 背面观（dorsal view）；b. 刺戟和趾（spur and toe）

4. 粗颈轮属 *Macrotrachela* Milne, 1886

Macrotrachela Milne, 1886: 134.

Type species: *Macrotrachela punctata* (Murray, 1911).

形态　足短小（3、4 节），总是有 3 个小的趾。颈粗，轮盘通常比头宽，也有少数种类的轮盘比头窄。躯干和足的皮层表面常有增厚的角质层和附属物，如粗糙的肋状条纹、乳突及或长或短的棘刺等。上唇大，通常分裂成 2 片，也有不分裂的。眼点缺乏。咀嚼器枝型，齿式 2/2 或 3/3，少数种类是 4/4 或 5/5。均为卵生的种类。主要栖息在土壤及苔藓植物中，而在泥炭藓及动物体表极少。

本属种类很多，全球已报道 100 余种，我国仅记录 6 种。

种 检 索 表

1. 体表无棘刺或瘤突等附属物 ·· 2
   体表具棘刺或瘤突等附属物 ·· 5
2. 齿式 3/3；躯干部后缘呈圆形膨大；上唇前缘微凹 ····················· **丰满粗颈轮虫** *M. musculosa*
   齿式 2/2；躯干部后缘不特别膨大 ·· 3
3. 上唇为 1 钝三角形，不分裂成 2 个叶片 ··························· **欧氏粗颈轮虫** *M. ehrenbergii*
   上唇分裂为 2 个叶片 ··· 4
4. 体表具粗糙的颗粒，第 1 足节的前缘两侧不膨大，无角突 ············· **点滴粗颈轮虫** *M. punctata*
   体表光滑而透明，第 1 足节的前缘两侧膨大，有角突，有褶皱 ············· **褶皱粗颈轮虫** *M. plicata*
5. 体表有棘刺，前面的 2 对长，其中 1 对较粗壮，末端犬齿状 ········· **多刺粗颈轮虫** *M. multispinosa*
   躯干部无长的棘刺附属物。第 1 足节上有 3 对瘤突 ··················· **泡状粗颈轮虫** *M. bullata*

(21) 点滴粗颈轮虫 *Macrotrachela punctata* (Murray, 1911)（附图 21）

Callidina punctata Murray, 1911.

Macrotrachela punctata: Harring, 1913b: 69.

形态　身体呈纺锤形，灰色或浅黄色，躯干部最宽；除头和颈之外，整个身体的皮膜表面有细小的圆形颗粒，外形显得很粗糙。2 个轮盘分得很开，显著地比颈宽。上唇向前伸得很高，接近轮盘，其顶端中央裂痕深，将上唇隔成 2 片。背触手 2 节，短而粗，其长度与颈节的宽度相等，末端有 1 束感觉毛。颈比躯干窄。在爬行时，躯干部伸长变窄。在游泳或摄食时，中央躯干节比腰躯干节宽得多，界线十分清楚。足细而短，第 1 足节的前缘两侧不膨大，无角突，有 3 个很小的趾。刺戟圆锥形，其基部相连续。无眼点。齿式 2/2。

标本测量　体长：200-280μm；收缩时长：195μm。

生态　点滴粗颈轮虫主要栖息于地面苔藓植物中。本种采自西藏芒康一小水沟边潮湿的草地上，长有苔藓；当时气温 19℃，海拔 4150m。

地理分布　西藏（乃东、芒康）；澳大利亚，新西兰，非洲，北美洲，南美洲，东南亚，太平洋地区，欧洲，亚洲北部。

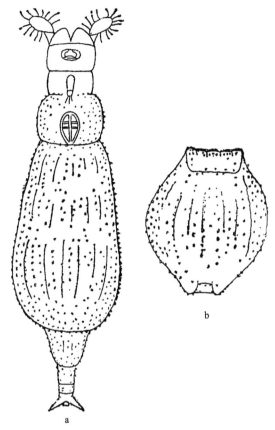

附图 21　点滴粗颈轮虫 *Macrotrachela punctata* (Murray)

a. 背面观（dorsal view）；b. 收缩的虫体（contracted body）

(22) 褶皱粗颈轮虫 *Macrotrachela plicata* (Bryce, 1892)（附图 22）

Callidina plicata Bryce, 1892: 21.

Macrotrachela plicata: Harring, 1913b: 69.

形态　身体略呈纺锤形；体无色，十分透明，只是消化道呈黄色至褐色，这显然是吞食的食物的颜色。皮层光滑。左右 2 个轮盘分得很开，盘托之间的凹痕宽。上唇向前高高隆起，明显地分裂成 2 片。吻短而宽，分为 2 大片。背触手粗而短，末端有 1 束感觉毛。躯干节的后缘膨大，在第 1 足节的前缘两侧形成或大或小的角突，在背面还有明显的褶皱。足短而细，明显地同躯干分开，仅在爬行时可看到；刺戟圆锥形，末端尖，其基部连续。收缩时，虫体呈腰鼓形。

标本测量　体长：280-300μm；收缩时长：158-200μm。

生态　褶皱粗颈轮虫广泛分布在陆地、沼泽和森林的苔藓植物中。据 Dobers 报道，Murray（1906）曾在锡金（今印度锡金邦）喜马拉雅山地区海拔 600-2400m 的苔藓植物中采到此种。本种于 1976 年采自西藏类乌齐一瀑布边潮湿的岩石附着物上，当时水温

12℃，pH 7.0，海拔 3800m。

　　地理分布　西藏（类乌齐）；澳大利亚，新西兰，非洲，北美洲，欧洲，亚洲北部。

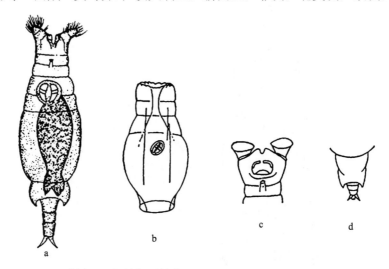

附图 22　褶皱粗颈轮虫 *Macrotrachela plicata* (Bryce)

a. 背面观（dorsal view）；b. 收缩的虫体（contracted body）；c. 头冠背面观（dorsal view of corona）；d. 第 1 足节前的角突
（horned protrusion in front of the first foot joint）

(23) 欧氏粗颈轮虫 *Macrotrachela ehrenbergii* (Janson, 1893)（附图 23）

Callidina ehrenbergii Janson, 1893: 61.

Macrotrachela ehrenbergii: Harring, 1913b: 68.

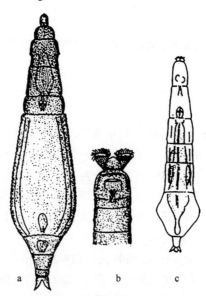

附图 23　欧氏粗颈轮虫 *Macrotrachela ehrenbergii* (Janson)

a. 爬行的个体（crawling individual）；b. 头部（head）；c. 收缩的虫体（contracted body）

形态　身体细长，黄褐色，体表光滑，无任何附属物。在爬行时，躯干前端和后部总是显得较宽阔。轮盘窄，盘托较高，盘托之间为 1 深的凹痕。上唇十分高，顶端可与轮盘平行，未分裂，呈 1 钝三角形。吻裂成 2 片。背触手 2 节，短，末端具感觉毛。足短，有 3 节；刺戟为钝圆锥形，其基部不连续。趾 3 个，很小。齿式 2/2。

标本测量　体长：210-260μm；收缩时长：100μm；体宽：60μm。

生态　欧氏粗颈轮虫一般生活在地面、树干的苔藓植物中，体形与小粗颈轮虫 *M. nana* 相似，但在爬行时，小粗颈轮虫的腰躯干节和足之间并不特别宽大，个体较小，卵的形状及卵的表面突起都有差别。Heinis 于 1914 年曾在中美洲海拔 1200m 的苔藓植物中发现过此种，在西藏东部和南部海拔 2980-3250m 的沼泽草滩中也曾采到过（龚循矩，1983）。

地理分布　西藏（林芝）；澳大利亚，新西兰，非洲，北美洲，南美洲，东南亚，太平洋地区，欧洲，亚洲北部。

(24) 丰满粗颈轮虫 *Macrotrachela musculosa* (Milne, 1886)（附图 24）

Callidina musculosa Milne, 1886: 138.

Macrotrachela musculosa Janson, 1893: 64.

形态　身体呈纺锤形。无色，只是消化道呈黄褐色，也有记载身体呈黄色以至绿色的。皮层光滑无棘刺、瘤突等附属物。颈和躯干有颗粒状的纵纹。轮盘比头和颈都宽，盘托之间的距离窄。上唇宽，前缘略凹，也有描述呈 "U" 形凹痕，但不会分裂成 2 个叶片。吻有 2 个叶片。背触手短，2 节，末端有 1 束感觉毛。尾躯干节膨大，同足的界线清楚。足短，背面的瘤突未见到。刺戟 1 对，其基部连续。齿式 3/3。

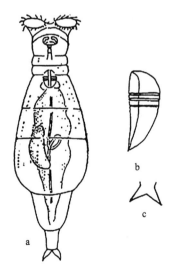

附图 24　丰满粗颈轮虫 *Macrotrachela musculosa* (Milne)
a. 游动的个体（swimming individual）；b. 咀嚼器一侧（half a trophi）；c. 刺戟（spur）

标本测量 体长：310-385μm。

生态 丰满粗颈轮虫在《西藏水生无脊椎动物》中被称为陆藓粗颈轮虫。1976 年 7 月采自西藏噶尔县一河流边的沼泽化水坑，该坑水草多，有牛羊粪。当时水温 12℃，pH 7.0，海拔 4500m。

地理分布 西藏（噶尔、革吉）；澳大利亚，新西兰，非洲，南极地区，北美洲，东南亚，欧洲，亚洲北部。

(25) 多刺粗颈轮虫 *Macrotrachela multispinosa* Thompson, 1892（附图 25）

Macrotrachela multispinosa Thompson, 1892: 57.

Callidina multispinosa: Janson, 1893: 67.

形态 身体比较扁平。幼体无色透明，成体为灰色或深棕色。头、颈和最末 1 足节光滑，不具细小的颗粒，其余部分除有细小的颗粒外，还有或长或短的刺棘和乳突。躯干部有刺，第 1 节前缘每侧有 2 对刺，其中第 1 对刺特别粗壮，末端为犬齿状；第 1 节的前缘每侧也有 2 个长的刺，第 2-4 躯干节的后缘有皮膜褶皱而形成或长或短的刺突，一般在每一侧有 8 根长的刺。肛节（anal segment）和前肛节（preanal segment）的后缘有许多较大的乳刺突。肛节背面后缘上方有 2 个小的皮膜瘤突。足的后缘也有小的皮膜瘤突，第 2 足节背面中央也可看到 1 个小的皮膜瘤突。上唇分裂成 2 片。齿式 2/2。

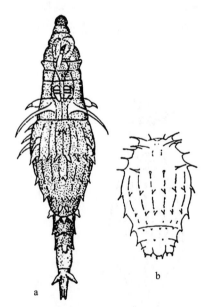

附图 25 多刺粗颈轮虫 *Macrotrachela multispinosa* Thompson

a. 爬行的个体（crawling individual）；b. 收缩的虫体（contracted body）

标本测量 体长：115-140μm。

生态 多刺粗颈轮虫主要分布在泥炭藓、陆地苔藓和土壤中；很少在池塘、湖泊等水体中存在。本种于 1975 年 8 月采自西藏吉隆县吉隆河水漫滩一沼泽化的水草的体表，当时水温 16℃，pH 6.0，海拔 3300m。

地理分布　西藏（吉隆）；澳大利亚，新西兰，非洲，北美洲，南美洲，东南亚，欧洲，亚洲北部。

(26) 泡状粗颈轮虫 *Macrotrachela bullata* (Murray, 1906)（附图 26）

Callidina habita var. *bullata* Murray, 1906: 158.
Callidina bullata: Murray, 1911: 79.
Macrotrachela bullata: Harring, 1913b: 69.

形态　身体略呈纺锤形，浅黄色。2 个轮盘分得很开，显著地比头、颈都宽。颈相当粗。躯干部膨大，呈圆柱形，有轻微的褶皱。上唇明显分为 2 叶，可达轮盘。吻 2 片。背触手短，2 节，末端有 1 束感觉毛。足较粗，第 1 足节上有 3 排明显的瘤突，下面的 1 排只有 2 个。刺戟 1 对，其基部并不分开。

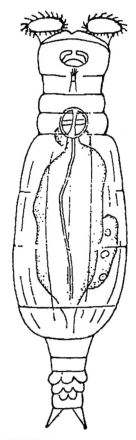

附图 26　泡状粗颈轮虫 *Macrotrachela bullata* (Murray)
背面观（dorsal view）

标本测量 体长：182-223μm。

生态 泡状粗颈轮虫主要栖息于苔藓植物中。1976年6月采自西藏芒康一小水沟中，水沟中长有苔藓。当时水温10℃，pH 6.0，海拔4150m。王家楫在珠峰附近地区喜马拉雅山南翼的樟木（海拔1668m）和北翼中绒布冰川（海拔5550m）也发现过此种。

地理分布 西藏（芒康、聂拉木）；非洲，东南亚，欧洲，亚洲北部。

5. 间盘轮属 *Dissotrocha* Bryce, 1910

Dissotrocha Bryce, 1910: 76.

Type species: *Dissotracha macrostyla* (Ehrenberg, 1838).

形态 身体或多或少为纺锤形，2个轮盘之间的距离宽。足4节，刺戟十分长，有些种类刺戟的基部明显地膨大成球形。躯干部的角质层增厚，相当硬，但能弯曲。大多数种类有数目不等的肋脊、褶皱或刺。腹肋的数目不超过假节的数目。眼点1对，位于脑上，有的种类无眼点。齿式3/3。卵胎生。陆地旱苔藓及沼泽等地泥炭藓植物中都有分布。

本属全世界已发现40种，我国仅记录2种。

种 检 索 表

躯干部无棘刺，有许多纵褶 ·· 粗戟间盘轮虫 *D. macrostyla*

躯干部有数目不等的棘刺 ······································· 尖刺间盘轮虫 *D. aculeata*

(27) 粗戟间盘轮虫 *Dissotrocha macrostyla* (Ehrenberg, 1838)（附图27）

Philodina macrostyla Ehrenbera, 1838: 500.

Philodina pannosa Bailey, 1851: 1-48.

Philodina tuberculata Gosse, 1886, In: Hudson *et* Gosse, 1886: 83.

Dissotracha macrostyla: Bryce, 1910: 76.

形态 身体粗壮，呈纺锤形，体表无棘刺，但有许多纵褶；体呈灰白色或黄褐色。轮盘比颈宽，向腹面倾斜，上面的纤毛相当长。上唇向上突起，不分叶。背触手的长度等于颈的宽度，末端膨大，有感觉毛。眼点1对，位于脑的后半部，红棕色。足4节，很粗壮。刺戟相当长，为刺戟所在足节宽度的2倍或再长一些，其基部呈球形，末端尖削，趾4个。除头、颈和足外，躯干部粘附着少许碎屑。齿式3/3。

标本测量 体长：380-410μm；收缩时长：280μm。

生态 粗戟间盘轮虫于1974年9月采自西藏墨脱一沼泽池中，池中长有狸藻及大量苔藓。当时水温17℃，pH 6.0，海拔3030m。

地理分布 西藏（墨脱）；澳大利亚，新西兰，非洲，北美洲，南美洲，东南亚，欧洲，亚洲北部。

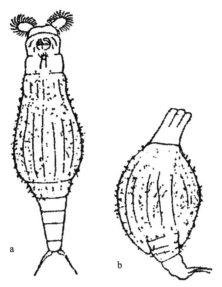

附图 27　粗戟间盘轮虫 *Dissotrocha macrostyla* (Ehrenberg)

a. 背面观（dorsal view）；b. 收缩的虫体（contracted body）

(28) 尖刺间盘轮虫 *Dissotrocha aculeata* (Ehrenberg, 1832)（附图 28）

Philodina aculeata Ehrenberg, 1832: 148.

Dissotrocha aculeata: Bryce, 1910: 76.

形态　躯干部的背面及两侧有 1-13 根长的棘刺，也有多至 21 根的，总是奇数。躯干部的前部无棘刺。背触手发达，2 节，末端分三叉，顶端有感觉毛。

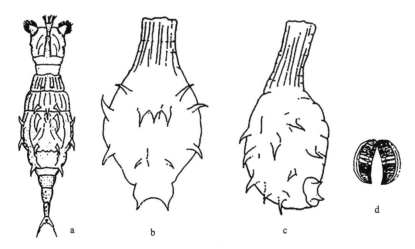

附图 28　尖刺间盘轮虫 *Dissotrocha aculeata* (Ehrenberg)

a. 背面观（dorsal view）；b. 收缩虫体背面观（dorsal view of contracted body）；c. 收缩虫体侧面观（lateral view of contracted body）；d. 咀嚼器（trophi）

据 Segers（2007）报道，该种已记录 24 亚种，其中绝大部分仅在古北区分布。

标本测量 体长：350-450μm；收缩时长：195μm；刺戟长：40μm。

生态 尖刺间盘轮虫一般生活在有苔藓、水生植物等的小水体中。本种于 1974 年 7 月采自西藏拉萨市郊一沼泽池中，水清且浅，有狸藻、水绵生长；当时水温 20℃，pH 6.0，海拔 3650m。

地理分布 湖北（武汉）、浙江（宁波）、西藏（拉萨）；澳大利亚，新西兰，非洲，北美洲，南美洲，东南亚，欧洲，亚洲北部。

6. 水蛭轮属 *Mniobia* Bryce, 1910

Mniobia Bryce, 1910: 77.

Type species: *Mniobia magna* (Plate, 1889).

形态 体纵长，分头、颈、躯干和足 4 部分；体表有纵长的条纹。足总是很短，有 3、4 节，无趾，最后 1 足节具有不同形状和大小的吸盘。咀嚼器的边缘总有 1 宽的黑褐色区带。无眼点。刺戟短。卵生。通常在陆地苔藓植物中生活。

本属全世界已记录 50 余种，我国仅发现 1 种。

(29) 水蛭轮虫 *Mniobia tentans* Donner, 1949（附图 29）

Mniobia tentans Donner, 1949: 126.

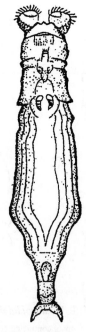

附图 29 水蛭轮虫 *Mniobia tentans* Donner
背面观（dorsal view）

形态　体呈圆柱形，表面光滑，一般为灰色、黄色，也有无色的。背触手短，其基部两侧有瘤突。2 个轮盘像头那样宽。上唇有 2 个叶片，2 叶片之间有 1 个三角形的突起。躯干部有硬的纵肋。足短而宽，分 3 节，第 1 足节很长，其后缘有 1 个明显的突起。刺戟长，其基部分开。齿式 3/3。

标本测量　体长：215μm。

生态　水蛭轮虫一般分布在山地带的有小水流或潮湿地带的苔藓、着生藻类中；本种于 1966 年 7 月采自西藏聂拉木一常绿阔叶林流出的小溪中，藻类着生于岩石、枯树及潮湿土壤，当时水温 18℃，pH 5.0，海拔 1250m。

地理分布　西藏（聂拉木）；南美洲，欧洲，亚洲北部。

三、盘网轮科 Adinetidae Hudson *et* Gosse, 1886

Adinetidae Hudson *et* Gosse, 1886: 112.

形态　头冠扁平，无轮盘，在头冠腹面有 1 具纤毛的盘网。吻总是伸向前方。咀嚼器系枝型。齿式 2/2。卵生或卵胎生。

本科有 3 属，我国仅发现 1 属 1 种。

7. 盘网轮属 *Adineta* Hudson, 1886

Adineta Hudson, 1886, In: Hudson *et* Gosse, 1886: 112.

Type species: *Adineta oculata* Milne, 1886.

形态　头冠扁平，无轮盘，仅在前端腹面形成 1 具短纤毛的盘网。吻在前端背面伸出，不活动。咀嚼器系枝型。齿式 2/2。卵生或卵胎生。

本属全世界已记录 30 种左右，我国仅发现 1 种。

(30) 游荡盘网轮虫 *Adineta vaga* (Davis, 1873)（附图 30）

Callidina vaga Davis, 1873: 201.

Adineta vaga: Hudson *et* Gosse, 1886: 112.

形态　身体呈梭形或纺锤形，微红色或灰白色。头冠不形成左右 2 个轮盘，仅在前端腹面形成 1 具短纤毛的盘网，这是与其他蛭态类轮虫截然不同的。盘网中央有 1 条纵沟，将盘网明显地分为左右两半，纵沟无纤毛，一直延伸到口漏斗。盘网基部有锯齿状的缺刻。吻为 1 很小的指突，在前端背面伸出，不活动。吻的两侧各有 1 个钩状突起，即吻钩，吻钩的腹面有 1 束纤毛。足 4 节或 5 节。3 个趾。游泳系滑翔运动，也像其他蛭态类轮虫一样能在基质上爬行。

标本测量　体长：450-500μm；收缩时长：135μm。

生态　游荡盘网轮虫既可在沼泽的苔藓及陆地苔藓上生活，亦可在池沼甚至在石油化工废水的活性污泥池中出现，可见该种的适应能力极强。本种采自西藏聂拉木一小溪流中，该水流中着生有藻类，当时水温 18℃，pH 5.0，海拔 1250m。

地理分布　西藏（聂拉木）；澳大利亚，新西兰，非洲，南极地区，北美洲，南美洲，东南亚，欧洲，亚洲北部。

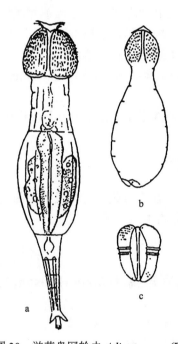

附图 30　游荡盘网轮虫 *Adineta vaga* (Davis)

a. 腹面观（ventral view）；b. 收缩的虫体（contracted body）；c. 咀嚼器（trophi）

参 考 文 献

Abildgaard P C. 1793. Nogle forsog betraeffend infusions-dyrenes oprindelse og aarsagen til bandets forraadnelse. *Skrivt. Nat. Hist. Selks. Kopen-hagen*, 3(1): 70-87.

Acloque A. 1899. *Faune de France, contenant la description des espèces indigènes disposées en tableaux analytique et illustrée de figures représen-tant les types charactéristiques des genres vol. 4 Thysanoures, Myriopodes, Arachnides, Crustacés, Némathelminthes, Lophostomés, Vers, Mollusques, Polypes, Spongiaires, Protozoaires.* Classe des Systolides, Paris.

Ahlstrom E H. 1934. Rotatoria of Florida. *Trans. Amer. Microscop. Soc.*, 53: 251-266.

Ahlstrom E H. 1938. Plankton Rotatoria from North Carolina. *J. Elisha. Mitchell. Sci. Soc.*, 54(1): 88-110.

Ahlstrom E H. 1940. A revision of the rotatorian genera *Brachionus* and *Platyias* with descriptions of one new species and two new varieties. *Bull. Amer. Mus. Nat. Hist.*, 77(3): 148-184.

Ahlstrom E H. 1943. A revision of the rotatorian genus *Keratella* with descriptions of three new species and five new varieties. *Bull. Amer. Mus. Nat. Hist.*, 80(12): 411-457.

Anderson H H. 1889. Notes on Indian rotifers. *J. Asiatic Soc. Bengal. Calcutta*, 58(2): 345-358.

Apstein C. 1907. Das Plankton im Colombo-See auf Ceylon. Sammelausbeute von A. Borgert, 1904-1905. *Zool. Jb. Abt. Syst.*, 25: 201-244.

Arevalo C. 1918. Algunos Rotiferos planktonicos de la Albufera de Valencia. *Ann. Inst. Gen. Tecn. Valencia*, 8: 1-47.

Attwood H F. 1881. *Brachionus conium*: a new rotifer. *Amer. Monthly Microscop. J.*, 2: 102.

Balian E V, H Segers and C Levgue. 2008. An introduction to the freshwater animal diversity assessment (FADA) project. *Hydrobiologia*, 595: 3-8.

Barrois T and J Daday. 1894. Adatok az Aegyptomi, Palestinai es Syriai Rotatoriak ismeretebez. *Math. termész. Értesitö, Budapest*, 12(7): 222-242.

Bartoš E. 1946. *Brachionus jirovci* n. sp., novy druh (Rotat.) z ceskych vod. *Entomol. Listy*, 9: 146-149.

Bartoš E. 1948. On the Bohemian species of the genus *Pedalia* Barrois. *Hydrobiologia*, 1: 63-77.

Bartoš E. 1959. Virnici: Rotatoria. *Fauna CSR, Praha*, 15: 1-969.

Bartoš E. 1963. Die Bdelloiden der Moosproben aus China and Java. *Vestnik Ceskoslov. Spol. Zool.*, 27: 31-42.

Bartsch S. 1870. Die Rädertiere und ihre bei Tübingen beobachteten Arten. *Jahresb. Ver. Vaterl. Naturk. Württemberg, Stuttgart*, 26: 307-364.

Bartsch S. 1877. Rotatoria Hungariae. A sodroàllatkák és magyarországban medfigyelt fajaik. *Kir. Mag. Termész. Társulat Megbizásából Budapest*, 1-52.

Bergendal D. 1892. Beiträge zur Fauna Grönlands. I. Zur Rotatorienfauna Grönlands. *Acta Univ. Lundensis*, 28, sect, 2(4): 1-180.

Bērzinš B. 1949. Taxonomic notes on some Swedish Rotatoria. *J. Quekett Microscop. Club, ser. 4*, 3(1): 25-35.

Bērzinš B. 1950. Observations on rotifers on sponges. *Trans. Amer. Microscop. Soc.*, 69(2): 189-193.

Bērzinš B. 1951. On the collothecacean Rotatoria with special reference to the species found in the Aneboda district, Sweden. *Ark. zool.*, 1(37): 565-592.

Bērzinš B. 1962. Revision der Gattung *Anuraeopsis* Lauterborn (Rotatoria). *Kungl. Fysiogr. Sallskapets i Lund Förhandl.*, 32(5): 33-47.

Bērzinš B. 1971. Some rotifers from Cambodia. *Hydrobiologia*, 41(4): 453-459.

Bērzinš B. 1982. *Zur Kenntnis der Rotatorienfauna yon Madagascar*. AV central en i. Lund.

Bērzinš B and B Pejler. 1987. Rotifer occurrence in relation to pH. *Hydrobiologia*, 147: 107-116.

Bērzinš B and B Pejler. 1989a. Rotifer occurrence in relation to temperature. *Hydrobiologia*, 175: 223-231.

Bērzinš B and B Pejler. 1989b. Rotifer occurrence and trophic degree. *Hydrobiologia*, 182: 171-180.

Bērzinš B and B Pejler. 1989c. Rotifer occurrence in relation to oxygen content. *Hydrobiologia*, 183: 165-172.

Bilfinger L. 1894. Zur Rotatorienfauna Württembergs. *Zweiter Beitrag. Jahresh. Ver. Vaterl. Naturk Württemberg, Stuttgart*, 50: 35-65.

Blainville H M de. 1828. Tubicolaria. *Dict. Sci. Nat., Paris/Strasbourg*, 56: 16-18.

Blainville H M de. 1830. Zoophytes. *Dict. Sci. Nat., Paris/Strasbourg*, 60: 1-546.

Bogpslovsky A S. 1958. Zwei neue Rädertierarten - *Paradicranophorus verae* sp. n. und *Lecane chankensis* sp. n. *Zool. J.*, 37(4): 622-624 (Russ.).

Bory de St. Vincent. 1822. *Dictionnaire classique d'histoire naturelle*. 2(As-Cac): 1-621. Rey et Gravier, Paris.

Bory de St. Vincent. 1824a. *Dictionnaire classique d'histoire naturelle*. 5(As-Cac): 1-653. Rey et Gravier, Paris.

Bory de St. Vincent. 1824b. *Dictionnaire classique d'histoire naturelle*. 6(E-Fouq): 1-593. Rey et Gravier, Paris.

Bory de St. Vincent. 1824c. *Encyclopédie méthodique. Histoire naturelle des zoophytes, ou animaux royonnés, faisant suite à l'histoire naturelle des vers, de Bruguiére.* 2: 1-819. Rey et Gravier, Paris.

Bory de St. Vincent . 1825. *Dictionnaire classique d'histoire naturelle*. 7: 1-626. Rey et Gravier, Paris.

Bory de St. Vincent. 1826. *Essai d'une classification des animaux microscopiques*. Rey et Gravier, Paris.

Bory de St. Vincent. 1827. *Encyclopédie méthodique. Histoire naturelle des zoophytes etc.*, 2: 377-819.

Bory de St. Vincent. 1831. *Dictionnaire classique d'histoire naturelle*. 17: 1-141. Rey et Gravier, Paris.

Brehm V. 1909. Über die Mikrofauna chinesischer und südasiatischer süβ wasserbecken. *Arch. Hydrobiol.*, 4: 207-224.

Brehm V. 1910. Die Rotatorien des Sarekgebietes. *Verh. Ges. Dt. Naturf. u. Ärzte*, 81: 190-191.

Bryce D. 1890. Two new species of Rotifera. *Sci. Gossip. London*, 26: 76-79.

Bryce D. 1891. Remarks on *Distyla*, with descriptions of three new Rotifera. *Sci. Gossip. London*, 27: 204-207.

Bryce D. 1892. On some moss-dwelling Cathypnidae with descriptions of five new species. *Sci. Gossip.*

London, 28: 271-275.

Bryce D. 1924. The Rotifera and Gastrotricha of Devil's and Stump Lakes, North Dakota, U. S. A. *J. Quekett Microscop. Club, ser.* 2(15): 81-108.

Burckhardt G. 1943. Hydrobiologische Studien an Schweizer Alpenseen. *Z. Hydrol. Aarau*, 9(3-4): 354-384.

Burn W B. 1889. Some new and little known rotifers. *Sci. Gossip. London*, 25: 179-182.

Calman W T. 1892. On certain new or rare rotifers from Forfarshire. *Ann. Scott. Nat. Hist., Edinburgh*, 23(3): 240-245.

Carlin B. 1939. Über die Rotatorien einiger Seen bei Aneboda. Medd. *Lunds Univ. Limnol. Inst.*, 2: 3-68.

Carlin B. 1943. Die Planktonrotatorien des Motalaström. *Medd. Lunds Univ. Limnol. Inst.*, 5: 1-255.

Carlin B. 1945. Våra Planktonrotatorier. *Medlemsb. f. Biol. Forening*, 1: 17-23.

Carlin-Nilsson B. 1934. Über einige für Schweden neue Rotatorien. *Ark. zool.*, 22: 1-14.

Carlin-Nilsson B. 1935. Rotatorien aus den Teichen bei Aneboda. Mit Kritik eines Aufsatzes von Carl. Allgren. *Arch. Hydrobiol.*, 28: 310-317.

Carus C G. 1831. Erläuterungstafeln zur vergleichenden Anatomie. *Leipzig*, 3: 1-25.

Champ P and R Pourriot. 1977a. Particularités biologiques et ecologiques du Rotifère *Sinantherina socialis* (Linné). *Hydrobiologia*, 55(1): 55-64.

Champ P and R Pourriot. 1977b. Reproductive cycle in *Sinantherina socialis*. Arch. Hydrohiol. Beih. Ergebn. *Limnol.*, 8: 184-186.

Cheng S-H, Xi Y-L, Xiang X-L and Hu H-Y. 2007a. Phylogentic relationships within *Brachionus* and taxonomical status of several rotifer species based on analyses of the mitochondrial COI gene. *Acta Zootaxon. Sin.*, 32(2): 328-334. [程双怀, 席贻龙, 项贤领, 胡好远. 2007a. 基于线粒体COI基因序列探讨臂尾轮属的系统发生和几种轮虫的分类地位. 动物分类学报, 32(2): 328-334.]

Cheng S-H, Xi Y-L, Xiang X-L and Hu H-Y. 2007b. Phylogentic relationship and taxonomical status of the *Brachionus* species (Rotifera) inferred from 28S rDNA gene. *Acta Zootaxon. Sin.*, 32(3): 599-605. [程双怀, 席贻龙, 项贤领, 胡好远. 2007b. 基于28S rDNA 基因序列研究十种臂尾轮虫的系统关系和分类地位. 动物分类学报, 32(3): 599-605.]

Chengalath R, C H Fernando and W Koste. 1973. Rotifera from Sri Lanka (Ceylon). II. Further Studies on the Eurotatoria Including new records. *Bull. Fish. Res. Stn.*, Sri Lanka (Ceylon), 24 (1/2): 29-62.

Chengalath R and W Koste. 1989. Composition and distributional patterns in arctic rotifers. *Hydrobiologia*, 186/187: 191-200.

Clément P. 1977. Ultrastructural research on rotifers. *Arch. Hydrobiol. Beiheft*, 8: 270-297.

Clément P. 1980. Phylogenetic relationships of rotifers, as derived from photoreceptor morphology and other ultrastructural analysis. *Hydrobiologia*, 73: 93-117.

Clément P. 1985. Phylogenetic Relationships of Rotifers. 224-247. In: Conway Morris S, J D George and H M Platt. *The Origins and Relationships of Lower Invertbrates*. Systematics Association vol. 28. Clarendon Press, Oxford.

Cohn F. 1858. Bemerkungen über Rädertiere. II. *Z. wiss. Zool.*, 9: 284-294.

Cohn F. 1862. Bemerkuagen über Rädertiere. III. *Z. wiss. Zool.*, 12: 197-217.

Collin A. 1897. Rotatorien, Gastrotrichen und Entozoen Ost-Afrikas. Hrsg. Von K. Möbius. Wirbellose Tiere, 15: 1-13.

Collins F. 1872. New species of Rotatoria. *Sci. Gossip. London*, 8: 9-11.

Corda A P T. 1843. Über neue Infusoria der Umgebung Karlsbads. De Caros Almanach de Carlsbad, 13.

Cubitt C H. 1869. *Floscularia coronetta*, a new species; with observations on some points in the economy of the genus. *Monthly Micr. J.*, 2: 133-140.

Cubitt C H. 1871. A rare *Melicerta*, with remarks on the homological position of this form, and also on the previously recorded new species, *Floscularia coronetta. Monthl. Micr. J.*, 6: 165-169.

Daday E. 1898. Mikroskopische Süβwassertiere aus Ceylon. *Termész. Füzetek*, 21 (Anhangsh.): 1-123.

Daday E. 1903. Mikroskopische Süβwassertiere aus Kleinasien. *Sitzungsber. Akad. Wiss. Wien.*, 112(l): 139-167.

Daday E. 1905. Untersuchungen über die Süβwasser-Mikrofauna Paraguays. *Zoologica*, 18(44): 87-130.

Daday E. 1906. Edesvizi Mikroscopi allatok Mongoliabol. *Math. Termt. Ert. Budapest*, 24: 634-773.

Daday E. 1908. Beitrage zur Kenntnis der Mikrofauna des Kossogol-Beckens in der nordwestlichen Mogolei, Math. *Naturwiss. Berichte Ungarn.*, 26: 274-360.

Daems G and H J Dumont. 1974. Rotifers from Nepal, with the description of a new species of *Scaridium* and a discussion of the Nepalese representatives of the genus. *Hexasthra. Biol. Jb. Doclonaea*, 42: 61-81.

Dartnall H J. 1977. Antarctic freshwater rotifers. *Arch. Hydrobiolo. Beih. Ergebn. Limnol.*, 8: 240-242.

Dartnall H J. 1983. Rotifers of the Antarctic and Subantarctic. *Hydrobiologia*, 104: 57-60.

Dartnall H J and E D Hollowday. 1985. Antarctic rotifers. *Sci. Rep. Brit. Antarctic Surv., British Antarctic Surve*, Cambridge, 100: 1-46.

Davis H. 1887. On two new species of the genus *Oecistes*, class Rotifera. *Trans. Roy. Micr. Soc.*, 15: 13-16.

de Beauchamp P. 1907. Description de trois Rotifères nouveaux de la faune francaise. *Bull. Soc. zool. France*, 32: 148-157.

de Beauchamp P. 1908. Quelle est la véritable *Notommata cerberus* de Gosse? *Zool. Anz.*, 33: 399-403.

de Beauchamp P. 1909. Recherches sur les Rotifères: les formations tégumentaires et l'appareil digestif. *Arch. zool. exptl. et gen., ser.*, 4(10): 1-410.

de Beauchamp P. 1910. *Dipleuchlanis* nov. subgen. pour *Euchlanis propatula* Gosse. *Bull. Soc. zool. France*, 35: 122.

de Beauchamp P. 1912a. Sur deux formes inferieures d'Asplanchnides (avec description d'une espèce nouvelle). *Bull. Soc. zool. France*, 36: 223-233.

de Beauchamp P. 1912b. Rotifères communiqués par M. M. H. K. Harringi *et* C. F. Rousselet: contribution à l'études des Atrochidés. *Bull. Soc. zool. France*, 37: 242-254.

de Beauchamp P. 1932a. Contribution à l'étude du genre *Ascomorpha* et des processus digestifs chez les Rotifères. *Bull. Soc. zool. France*, 57: 428-449.

de Beauchamp P. 1932b. Scientific results of the Cambridge expedition to the east African lakes, 1930-1931. 6. Rotifères et Gastrotriches. *Linn. Soc. J. Zool.*, 38(258): 231-248.

De Ridder M. 1961. Étude faunistique et écologique des Rotifères de la Camargue. *Biol. Jb. Dodonaea*,

29(Jg.): 169-231.

De Ridder M. 1981a. Some considerations on the geographical distribution of rotifers. *Hydrobiologia*, 85: 209-225.

De Ridder M. 1981b. Rotifera. In: Symoens J J. Hydrobiological survey of the lake Bangweulu, Luapula river Basin vol. XI fasc., 4: 1-191.

De Ridder M. 1987. Distribution of rotifers in African fresh and inland saline waters. *Hydrobiologia*, 147: 9-14.

De Smet. 1988. Rotifers from Bjornoya (Svalbard), with the description of *Cephalodella evabroedi* n. sp. and *Synchaeta lakowitziana arctica* n. subsp. *Fauna norv. Ser.* A, 9: 1-18.

De Smet W H. 1992. Additons to the Rotifer fauna of Lake Kivu (Zaire), with description of *Wulfertia kindensis kivuensis* subsp. n. and *Ascomorpha dumonti* sp. n. *Biol. jb. Dodonaea*, 60: 110-117.

De Smet W H. 1995. Description of *Encentrum dieteri* sp. nov. (Rotifera, Dicranophoridae) from the high Arctic, with redescription of *E. bidentatus* and *E. murrayi* Bryce, 1992. *Belg. J. Zool.*, 125(2): 349-361.

De Smet W H. 1996. Rotifera 4. The Proalidae (Monogononta). In: Dumont H J F. *Guides to the Identification of the Microinvertebrates of the Continental Waters of the World.* SPB Academic Publishing, The Hague.

De Smet W H and R Pourriot. 1997. Rotifera 5. The Dicranophoridae (Monogononta) and The Ituridae (Monogononta). In: Dumont H J F. *Guides to the Identification of the Microinvertebrates of the Continental Waters of the World 12.* SPB Academic, The Hague, The Netherlands.

Dieffenbach H and R Sachsh. 1912. Biol. Untersuchungen an Rädertieren in Teichgewässern. *Int. Rev. ges. Hydrobiol. u. Hydrogr.*, 4(Biol. Suppl., III): 1-93.

Dixon-Nuttall F R. 1901. On *Diaschiza ventripes* - a new rotifer. *J. Quekett Micr. Club*, 2(8): 25-28.

Dixon-Nuttall F R and R Freeman. 1903. The rotatorian genus *Diaschiza*: A monographic study with description of a new species. *J. Roy. Micr. Soc.*, 12(1): 1-14, 129-141.

Dobie W M. 1849. Description of two new species of *Floscularia*, with remarks *Floscularia campanulata et F. cornuta*. *Ann. Mag. Nat. Hist., ser. 2*, 4: 233-238.

Donner J. 1943. Zur Rotatorienfauna Südmährens. Mit Beschreibung der neuen Gattung *Wulfertia*. *Zool. Anz.*, 143: 21-33.

Donner J. 1949. Rotatorien einiger Teiche um Admont. *Mitt. Naturwiss. V. Steier- mark*, 77/78: 11-20.

Donner J. 1950a. Zur Rotatorienfauna Südmährens (IV). Beitrag zur Kenntnis der Gattung *Trichocerca*. *Zool. Anz.*, 145: 139-155.

Donner J. 1950b. Rädertiere der Gattung *Cephalodella* aus Südmähren. *Arch. Hydrobiol.*, 42(3): 304-328.

Donner J. 1951. Rotatorien der Humusböden. III. *Zool. Jahrb. Abt. Syst. Ök. Geogr.*, 79(5/6): 614-638.

Donner J. 1978. Material zur saprobiologischen Beurteilung menrerer Gawässer des Donau-Systems bei Wallsee und der Lobau, Österreich, mit besonder Berücksichtigung der litoralen Rotatorien. *Arch. Hydrobiol., Suppl.* 52: 117-128.

Donner J J. 1975. Seltene und auffallende sessile und Notommatide Rotatorien aus dem Schilfgürtel des Neusiedler Sees. *Sitz.-Ber. Österr. Akad. Wiss. Math.-naturw. K1.*, Abt. I, 183 (4-7): 131-148.

Dujardin F. 1841. *Histoire naturelle des zoophytes infusoires comprenant la physiologie et la manière de les étudier à l'aide du microscope.* Hachette Livre, Paris.

Dumont H J. 1983. Biogeography of rotifers. *Hydrobiologia*, 104: 19-30.

Edmondson W T. 1938. Three new species of Rotatoria. *Trans. Amer. Micr. Soc.*, 57(2): 153-157.

Edmondson W T. 1939. New species of Rotatoria, with notes on heterogonic growth. *Trans. Amer. Micr. Soc.*, 58: 459-472.

Edmondson W T. 1959. *Freshwater Biology.* Second edition. John Wiley & Sons Inc., New York.

Edmondson W T and G E Hutchinson. 1934. Report on Rotatoria Yale North India Expedition. *Mem. Conn. Acad. Arts Sci.*, 10: 153-186.

Ehrenberg C G. 1830. Organization, Systematik und geogr. Verhältnis der Infusionstierchen. Zwei Vorträge in der Akad. d. Wiss. zu Berlin gehalten in den Jahren 1828 u. 1830: 1-108.

Ehrenberg C G. 1832a. *Über die Entwicklung und Lebensdauer der Infusionsthiere, nebst ferneren Belträgen zu einer Vergleichung ihrer organischen Systeme.* Abh. Akad. Wiss., Berlin.

Ehrenberg C G. 1832b. *Beiträge zur Kenntnis der Organisation der Infusorien und ihrer geographischen Verbreitung, besonders in Sibirien.* Abh. Akad. Wiss., Berlin.

Ehrenberg C G. 1833. *Synonyme zu Müllers und Ehenbergs Infusorien.* Isis (Oken), Leipzig.

Ehrenberg C G. 1834. *Organisation in der Richtung des Kleinsten Raumes. III.* Beitrag Folio, Berlin.

Ehrenberg C G. 1838. *Die Infusionstierchen als vollkommene Organismen.* Ein Blick in das tiefere organische Leben der Natur, Leipzig.

Ehrenberg C G. 1853. *Über die neuerlich bei Berlin vorgekommenen neuen Formen des mikroskopischen Lebens.* Monatsber. Akad. Wiss., Berlin.

Eichwal E. 1847. Erster Nachtrag zur Infusorienkunde Russlands. *Bull. Soc. Imp. Nat. Moscou.*, 20(2): 285-366.

Eriksen B G. 1968. Marine rotifers found in Norway, with descriptions of two new and one little known species. *Sarsia*, 33: 23-31.

Evens E. 1947. Quelques rotateurs nouveaux observés en Congo beige. *Rev. Zool. Bot. Afr.*, 40(2-3): 175-184.

Everitt D A. 1981. An ecological study of an Antarctic freshwater pool with particular reference to Tardigrada and Rotifera. *Hydrobiologia*, 83: 225-237.

Eyferth B. 1885. *Die einfachsten Lebensformen. System. Naturgeschichte der mikroskop.* Süßwasserbewohner, Braunschweig.

Fadeew N. 1925a. Über eine neue Rotatoriengattung (*Metadiaschiza mihi*). *Zool. Anz.*, 62(5/6): 133-138.

Fadeew N. 1925b. Das Rädertier *Brachionus forficula* Wierz und seine Varietäten. *Zool. Anz.*, 64(11/12): 285-293.

Fadeew N. 1925c. Materialien zur Rotatorienfauna der SSSR. Kurze Diagnosen neuer Rotatorien der russischen Fauna. *Russ. Hydrobiol. J.*, 4: 72-74.

Forbes S A. 1882. A remarkable new rotifer. *Amer. Monthly Micr. J.*, 3: 102-103.

Forbes S A. 1893. A preliminary report upon the aquatic invertebrate fauna of the Yellowstone National Park, Wyoming and of the Flathead region of Montana. *Bull. U. S. Fish. Comm.*, 11 (1891): 207-258.

Foulke S G. 1884. On a new species of rotifer of the genus *Apsilus*. *Proc. Acad. Nat. Sci. Philadelphia*, 36-41.

France R H. 1894. Beiträge zur Kenntnis der Rotatorienfauna Budapest. *Termész. Füzetek*, 17: 166-184.

Fresenius J B G W. 1858. Beiträge zur Kenntnis mikroskopischer Organismen. *Abhdl. Senckenberg naturforsch, Ges.*, 2: 211-242.

Frey D G. 1987. The taxonomy and biogeography of the Cladocera. *Hydrobiologia*, 145: 5-17.

Gallagher J J. 1957. Generic classification of the Rotifera. *Proc. Penn. Acad. Sci.*, 31: 182-197.

García-Morales A E, O Domínguez-Domínguez and M Elías-Gutiérrez. 2021. Uncovering hidden diversity: three new species of the *Keratella* genus (Rotifera, Monogononta, Brachionidae) of high altitude water systems from central Mexico. *Diversity*, 13: 676.

Garey J R, T J Near, M R Nonnemacher and S A Nadler. 1996. Molecular evidence for Acanthocephala as a subtaxon of Rotifera. *J. Mol. Evol.*, 43(3): 287-292.

Gee N G. 1927. Some Chinese Rotifers. *Lingnan Agr. Rev.*, 4: 43-53.

Gilbert J J. 1980. Female polymorphism and sexual reproduction in the rotifer *Asplanchna*: evolution of their relationship and control by dietary alpha-tocopherol. *Am. Nat.*, 116: 409-431.

Gilbert J J. 2017. Non-genetic polymorphisms in rotifers: environmental and endogenous controls, development, and features for predictable or unpredictable environments. *Biol. Rev.*, 92: 964-992.

Gilbert J J and E J Walsh. 2005. *Brachionus calyciflorus* is a species complex: mating behavior and genetic differentiation among four geographically isolated strains. *Hydrobiologia*, 546: 257-265.

Gillard A. 1948. De Brachionidae van Belgie. *Naturw. Tijdschr.*, 30: 159-218.

Gillard A. 1967. Rotifères de l'Amazonie. *Bull. Inst. roy. Sci. nat. Belg.*, 43(30): 1-20.

Glascott L S. 1893. A list of some of the Rotifera of Ireland. *Sci. Proc. Roy. Dublin Soc.*, 8: 29-86.

Goldfusz G A. 1820. Handbuch der Zoologia. *Nürnberg*, 1-696.

Gómez A, M Serra, G R Carvalho and D H Lunt. 2002. Speciation in ancient cryptic species complexes: evidence from the molecular phylogeny of *Brachionus plicatilis* (Rotifera). *Evolution*, 56: 1431-1444.

Gómez A. 2005. Molecular ecology of rotifers: from population differentiation to speciation. *Hydrobiologia*, 546: 83-99.

Gong X J. 1983. Rotatoria of the Tibetan Plateau. 335-442. In: Tibetan Plateau Comprehensive Scientific Expedition Team of the Chinese Academy of Sciences. *Aquatic Invertebrates of the Tibetan Plateau*. Science press, Beijing. [龚循矩. 1983. 西藏高原轮虫. 335-442. 见: 中国科学院青藏高原综合科学考察队. 西藏水生无脊椎动物. 北京: 科学出版社.]

Gosse P H. 1850. Description of *Asplanchna priodonta*, an animal of the class Rotifera. *Ann. a. Mag. Nat. Hist., ser. 2*, (6): 18-24.

Gosse P H. 1851. A catalogue of Rotifera found in Britain, with descriptions of five new genera and thirty-two new species. *Ann. a. Mag. Nat. Hist., ser., 2*, (8): 197-203.

Gosse P H. 1862. A rotifer new to Britain (*Cephalosiphon limnias*). *Intellect. Obs. London*, 1: 49-53.

Gosse P H. 1867. *Dinocharis collinsii*, a Rotifera new to science. *Intellect. Obs. London*, 10: 269-272.

Gosse P H. 1887a. Twenty-four new species of Rotifera. *J. Roy. Micr. Soc.*, 11(1): 1-7.

Gosse P H. 1887b. Twelve new species of Rotifera. *J. Roy. Micr. Soc.*, 11(4): 361-367.

Gosse P H. 1887c. Twenty-four more new species of Rotifera. *J. Roy. Micr. Soc.*, 11(9): 861-871.

Green J. 1960. Zooplankton of the River Socoto: The Rotifera. *Proc. Zool. Soc. London*, 135: 491-523.

Green J. 1972. Latitudinal variation in associations of planktonic Rotifera. *J. Zool. Lond.*, 167: 31-39.

Green J. 1990. Zooplankton associations in Zimbabwe. *J. Zool. Lond.*, 222: 259-283.

Green J. 1994. The temperate-topical gradient of planktonic Protozoa and Rotifera. *Hydrobiologia*, 272: 13-26.

Grese B S. 1926. Zur Biologie und Verbreitung von *Brachionus forficula* im Bassin der mittleren Wolga. *Russ. Hydrobiol. J.*, 5(3/4): 52-58 (Russ.).

Guerne J de. 1888. *Excursions zoologiques dans les îles de Fayal et de san Miguel (Acores). VII. Note monographique sur les Rotifères de la famille des Asplanchnidae.* 50-65. Camp. Scient. du yacht monagesque l'Hirondelle, 3-e ann., Paris.

Guiset A. 1977. Some data on variation in three planktonic genera. *Ergeb. Limnol.*, 8: 237-239.

Halbach U. 1976. Die Rädertiere *Asplanchna brightwellii* und *Brachionus calyciflorus*. Zur Evolution einer komplizierten Räuber-Beute-Beziehung. *Mikrokosmos*, 65(7): 206-210.

Harada J. 1937. Studien über die Süßwasserfauna Formosas. V. Eine neue Spezies von Rotatoria, Tetramastix taiwanensis, aus Formosa. *Zool. Mag.*, 49: 407-409.

Harring H K. 1913a. A list of the Rotatoria of Washington and vicinity with descriptions of a new genus and ten new species. *Proc. U. S. Nat. Mus.*, 46: 387-405.

Harring H K. 1913b. Synopsis of the Rotatoria. *Bull. U. S. Nat. Mus. Washington*, 81: 7-226.

Harring H K. 1914. Report on Rotatoria from Panama with description on new species. *Proc. U. S. Nat. Mus.*, 47: 525-564.

Harring H K. 1916. A revision of the rotatorian genera *Lepadella* and *Lophocharis* with descriptions of five new species. *Proc. U. S. Nat. Mus.*, 51: 527-568.

Harring H K. 1921. The Rotatoria of the Canadian Arctic Expedition, 1913-1918. Rept. Canad. Arctic Exped. 1913-1918. Vol. VIII, Part E: Rotatoria. *Ottawa*, 8: 1-23.

Harring H K and F J Myers. 1922. The Rotifer Fauna of Wisconsin. *Trans. Wisconsin Acad. Sci., Arts and Letters*, 20: 553-662.

Harring H K and F J Myers. 1924. The Rotifer Fauna of Wisconsin. II. A revision of the Notommatid rotifers. *Trans. Wisconsin Acad. Sci., Arts and Letters*, 21: 415-549.

Harring H K and F J Myers. 1926. The Rotifer Fauna of Wisconsin. III. A revision of the genera *Lecane* and *Monostyla*. *Trans. Wisconsin Acad. Sci., Arts and Letters*, 22: 315-423.

Harring H K and F J Myers. 1928. The Rotifer Fauna of Wisconsin. IV. The Dicranophorinae. *Trans. Wisconsin Acad. Sci., Arts and Letters*, 23: 667-808.

Hauer J. 1922. Neue Rotatorien des Süßwassers. *Arch. Hydrobiol.*, 13: 693-695.

Hauer J. 1924. *Lecane lauterborni* n. sp. und einige für die deutsche Fauna neue *Lecane*- und *Monostyla*-Arten. *Zool. Anz.*, 61: 146-149.

Hauer J. 1926. Drei neue *Lepadella*-Arten aus den Kiemenhöhlen des Flußkrebses. *Arch. Hydrobiol.*, 16: 459-464.

Hauer J. 1929. Zur Kenntnis der Rotatoriengenera *Lecane* und *Monostyla*. *Zool. Anz.*, 83: 143-164.

Hauer J. 1931. Zur Rotatorienfauna Deutschlands (III). *Zool. Anz.*, 94: 173-184.

Hauer J. 1935. Rotatorien aus dem Schluchseemoor und seiner Umgebung. Ein Beitrag zur Kenntnis der Rotatorienfauna der Schwarzwaldhochmoore. *Verh. Natur. wiss. Ver. Karlsruhe*, 29(1929/35): 47-130.

Hauer J. 1936. Rädertiere aus dem Naturschutzgebiet Weingartener Moor. *Beitr. naturkdl. Forsch. Südwestdeutschl., Karlsruhe*, 1(1): 129-152.

Hauer J. 1937. Die Rotatorien von Sumatra, Java und Bali nach den Ergebnissen der Deutschen Limnologischen Sunda-Expedition. Teil I. *Arch. Hydrobiol.* Suppl., 15(2): 296-384.

Hauer J. 1938. Die Rotatorien von Sumatra, Java und Bali nach den Ergebnissen der Dt. Limnol. Sundaexp. *Arch. Hydrobiol.* Suppl., 15(3/4): 507-602.

Hauer J. 1953. Zur Rotatorienfauna von Nordostbrasilien. *Arch. Hydrobiol.*, 48(2): 154-172.

Hauer J. 1956. *Rotatorien aus Venezuela und Kolumbien. Ergebn. Dt. Limnol. Venezuela-Exp.*, 1952, 1: 277-312, Berlin.

Hauer J. 1963. Zur Kenntnis der Rädertiere (Rotatoria) von Ägypten. *Arch. Hydrobiol.*, 59(2): 162-195.

Hempel A. 1896. Description of new species of Rotifera and Protozoa from the Illinois River and adjacent waters. *Bull. Illinois State Lab. Nat. Hist.*, 4: 310-317.

Hermann J. 1783. Helminthologische Bemerkungen. *Zweytes Stück. Naturforscher Halle*, 19: 31-59.

Herrick C L. 1885. Notes on American Rotifers. Bull. Sci. Lab. Denison Univ. *Granville*, 1: 43-62.

Hilgendorf F W. 1899. A contribution to the study of the Rotifera of New Zealand. *Proc. New Zealand Inst. Wellington*, 31: 107-134.

Hino A and R Hirano. 1977. Ecological studies in the mechanism of biosexual reproduction in the rotifer *Brachionus plicatilis*. II. Effects of cumulative parthenogenetic generation. *Bull. Jap. Soc. Sci. Fish.*, 43: 1147-1155.

Hlava S. 1904. Einige Bemerkungen über die Exkretionsorgane der Rädertierfamilie Melicertidae und die Aufstellung eines neuen Genus Conochiloides. *Zool. Anz.*, 27: 247-253.

Hofmann W. 1977. The influence of abiotic environmental factors on population dynamics in planktonic rotifers. *Arch. Hydrobiol. Beih., Ergebn. Limnol.*, 8: 77-83.

Hood J. 1893a. Three new rotifers. *J. Quekett Micr. Club*, ser. 2, (5): 281-283.

Hood J. 1893b. *Synchaeta tavina* n. sp. *Int. J. Micr. A. Nat. Sci. London*, 12: 382-383.

Hood J. 1894a. Description of a new rotifer, *Sacculus cuirassis* sp. nov. *Int. J. Micr. a. Nat. Sci. London*, 13: 355-356.

Hood J. 1894b. On *Floscularia cucullata* sp. nov. *J. Quekett Micr. Club*, ser. 2, (5): 335-337.

Hood J. 1895. On the Rotifera of the County Mayo. *Proc. Roy. Irish Acad.*, ser. 3, (3): 664-706.

Hu C-B, Xi Y-L and Tao L-X. 2008. Comparative on the life history characteristics of *Brachionus rubens* and *B. urceolaris*. *Acta Ecol. Sin.*, 28(12): 5957-5963. [胡存兵, 席贻龙, 陶李祥. 2008. 红臂尾轮虫和壶状臂尾轮虫生活史特征比较. 生态学报, 28(12): 5957-5963.]

Hudson C T. 1869. On *Rhinops vitrea*, a new rotifer. *Ann. a. Mag. Nat. Hist.*, ser. 4, (3): 27-29.

Hudson C T. 1871. On a new rotifer. *Monthly Micr. J. London*, 6: 121-124.

Hudson C T. 1883a. Five new Floscules, with a note on Prof. LEIDYs genera of *Acyclus* and *Dictyophora*. J.

Roy. Micr. Soc., 161-171.

Hudson C T. 1883b. On *Asplanchna ebbesborni* sp. nov. *J. Roy. Micr. Soc.*, 621-628.

Hudson C T. 1885. On four new species of the genus *Floscularia* and five other new species of Rotifera. *J. Roy. Micr. Soc.*, 608-614.

Hudson C T and P H Gosse. 1886. *The Rotifera or Wheel-Animalcules.* Vol. I and II. Longmans, Green & Co, London.

Hudson C T and P H Gosse. 1889. *The Rotifera or Wheel-Animalcules.* Supplement. Longmans, Green & Co, London.

Hyman L. 1951. *The Invertebrates: Acanthocephala, Ascheiminthes and Entroprocta. III.* McGraw-Hill, New York.

Iakubski A W. 1918. Materialy do fauny wrotkow Galicji. Wrotki moholubne. Matériaux pour l' étude de la faune de Rotateurs de Galicie (Pologne). *Sprawozd. Kom. Fiziograf. Akad. Uniej, Krakow*, 52: 128-133.

Imhof O E. 1883. Studien zur Kenntnis der pelagischen Fauna Schweizer Seen. *Zool. Anz.*, 6: 466-471.

Imhof O E. 1887. Notizen über die pelagische Fauna der Süßwasserbecken. *Zool. Anz.*, 10: 577-582, 604-606.

Imhof O E. 1888. Fauna der Süßwasserbecken. *Zool. Anz.*, 11: 166-172, 185-189.

Imhof O E. 1891a. Über die pelagische Fauna einiger Seen des Schwarzwaldes. *Zool. Anz.*, 14: 33-38.

Imhof O E. 1891b. Notiz bezüglich: Liste des Rotifères observés en Galicie par le Dr. A. Wikrzejski. *Zool. Anz.*, 14: 125.

Jagersiold L A. 1892. Zwei der Euchlanis lynceus Ehrb. verwandte neue Rotatorien. *Zool. Anz.*, 15: 447-449.

Jakubski A. 1912. Beiträge zur Kenntnis der Süßwassermikrofauna Ostafrikas. I. Die Rädertiere der Usangusteppe. *Zool. Anz.*, 39: 536-550.

Jaschnow W A. 1923. Das Plankton des Baikalsees nach dem Material der Expedition Zool. Mus. Moskau. Russ. *Hydrobiol. Z.*, 1(8): 225-241.

Jennings H S. 1894a. A list of the Rotatoria of the Great Lakes and some of the inland lakes of Michigan. *Bull. Michigan Fish. Comm., Lansing*, 3: 1-34.

Jennings H S. 1894b. Rotifers related to Euchlanis lynceus EHRB. *Zool. Anz.*, 17: 55-56.

Jennings H S. 1896. Report on the Rotatoria, with description of a new species. *Bull. Michigan Fish. Comm. Lansing*, 6: 85-93.

Jennings H S. 1900. Rotatoria of the United States with especial reference to those of the Great Lakes. *Bull. U. S. Fish. Comm., Washington*, 19 (for 1899): 67-104.

Jennings H S. 1903. Rotatoria of the United States. II. Monograph of the Rattulidae. U. S. *Fish. Comm. Bull. For.*, 1902: 273-352.

Joffe B I. 1979. The comparative embryological analysis of the development of Nemathelminthes. *Proc. Zool. Inst. Acad. Sci. URSS*, 84: 39-62 (Russ.).

Johansson S. 1983. Annual dynamics and production of rotifers in an eutrophication gradient in the Baltic Sea. *Hydrobiologia*, 104: 335-340.

Kellicott D. 1879. A new rotifer. *Amer. J. Micr. and Pop. Sci.*, 4: 19-20.

Kellicott D. 1888. Partial list of the Rotifera of Shiawásse River at Corunna, Michigan. *Proc. Amer. Soc. Micr.*,

10: 84-96.

Kellicott D. 1889. A new Rotifera. *Proc. Amer. Soc. Micr.*, 11: 32-33.

Kellicott D. 1897. The Rotifera of Sandusky Bay (Second paper). *Proc. Amer. Soc. Micr.*, 19: 43-54.

King C E. 1980. The genetic structure of zooplankton populations. 315-328. In: Kerfoot W C. *Evolution and Ecology of Zooplankton Communities*. University Press of New England, Hanover, New Hampshire.

Koch-Althaus B. 1961. *Cephalodella theodora* n. sp., ein neues Rotator aus dem Stechlinsee. *Zool. Anz.*, 166: 219-221.

Koch-Althaus B. 1963. Systematische und ökologische Studien an Rotatorien des Stechlinsees. *Limnologica* (Berlin), 1(5): 375-456.

Kofold C A. 1908. The Plankton of the Illinois River (1894-1899) with introductory notes upon the hydrography of the Illinois River and its basin. Part 2. Constituent organisms and their seasonal distribution. *Bull. Illinois State Lab. Nat. Hist., Urbana*, 8 (1): 1-361.

Kolisko A. 1938a. Beiträge zur Erforschung der Lebensgeschichte der Rädertiere auf Grund von Individualzuchten. *Arch. Hydrobiol.*, 33: 165-207.

Kolisko A. 1938b. Über die Nahrungsaufnahme bei *Anapus testudo* (*Chromogaster testudo* LAUT.). *Int. Rev. ges. Hydrobiol. u. Hydrogr.*, 37: 296-305.

Kolisko A. 1939. Über *Conochilus unicornis* und seine Koloniebildung. *Int. Rev. ges. Hydrobiol. u. Hydrogr.*, 39: 78-98.

Koste W. 1961. *Paradicranophorus wockei* nov. spec., ein Rädertier aus dem Psammon eines norddeutschen Niederungsbaches. *Zool. Anz.*, 167: 138-141.

Koste W. 1962. Über die Rädertierfauna des Darnsees in Epe bei Bramsche, Kreis Bersenbrück. *Veröff. Naturw. Ver. Osnabrück*, 30: 73-137.

Koste W. 1972. Rotatorien aus Gewässern Amazoniens. *Amazoniana*, 3(3/4): 258-505.

Koste W. 1973. Über ein sessiles Rädertier aus Amazonien, *Ptygura elsteri* n. sp., mit Bemerkungen zur Taxonomie des Artkomplexes *Ptygura melicerta* (EHREN-BERG) 1832. *Int. Rev. ges. Hydrobiol. u. Hydrogr.*, 57(6): 875-882.

Koste W. 1975. Über den Rotatorienbestand einer Mikrobiozönose in einem tropischen aquatischen Saumbiotop, der Eichhornica-crassipes-Zone im Litoral des Bung-Borapet, einem Stausee in Zentralthailand. *Gewässer u. Abwässer*, 1975(57/58): 43-58.

Koste W. 1978. *Rotatoria*. Die Radertiere Mitteleuropas vol 2. Borntraeger, Berlin.

Koste W. 1988. Rotatorien aus Gewassern mittleren Sungai Mahakam, einem Uberschwemmungsgebiet in E-Kalimantan (Borneo), Indonesia. *Osnabrucker naturwiss. Mitt.*, 14: 91-136.

Koste W and S J De Paggi. 1982. Rotifera of the superorder Monogononta recorded from Neotropics. *Gewass. Abwass.*, 68/69: 71-107.

Koste W and A Robertson. 1983. Taxonomic studies on the Rotifera (Phylum Aschelminthes) from a Central Amazonian varzea lake, Lago Camaleao. *Amazoniana*, 8: 555-576.

Koste W and R J Shiel. 1986. Rotifera from Australian inland waters. I. Bdelloidea (Rotifera: Digononta). Aust. *J. Mar. Freshwat. Res.*, 37: 765-792.

Koste W and R J Shiel. 1987. Rotifera from Australian inland waters. II. Epiphanidae and Brachionidae (Rotifera: Monogononta). *J. Invert. Taxon.*, 1: 949-1021.

Koste W and R J Shiel. 1989a. Classical taxonomy and modern methodology. *Hydrobiologia*, 186/187: 279-284.

Koste W and R J Shiel. 1989b. Rotifera from Australian inland waters. III. Euchlanidae, Mytilinidae and Trichotriidae (Rotifera: Monogononta). *Trans. R. Soc. S. Aust.*, 113: 85-114.

Koste W and R J Shiel. 1989c. Rotifera from Australian inland waters. IV. Colurellidae (Rotifera: Monogononta). *Trans. R. Soc. S. Aust.*, 113: 119-143.

Koste W and R J Shiel. 1990a. Rotifera from Australian inland waters. V. Lecanidae (Rotifera: Monogononta). *Trans. R. Soc. S. Aust.*, 114: 1-36.

Koste W and R J Shiel. 1990b. Rotifera from Australian inland waters. VI. Proalidae and Lindiidae (Rotifera: Monogononta). *Trans. R. Soc. S. Aust.*, 114: 129-143.

Koste W and R J Shiel. 1991. Rotifera from Australian inland waters. VII. Notommatidae (Rotifera: Monogononta). *Trans. R. Soc. S. Aust.*, 115: 111-159.

Koste W and E D Hollowday. 1993. A short history of western European rotifer research. *Hydrobiologia*, 255/256: 557-572.

Koste W and Y Zhuge. 1995. On *Paradicranophorus aculeatus* with remarks on the presently known species of the Genus *Paradicranophorus* (Rotatoria: Dicranophoridae). *Int. Rev. ges. Hydrobiol.*, 80(1): 121-124.

Koste W and Y Zhuge. 1996. A preliminary report on the occurrence of Rotifera in Hainan (P. R. China). *The Quekett Journal of Microscopy*, 37(8): 666-683.

Koste W and Y Zhuge. 1998. Zur Kenntnis der Rotatorienfauna (Rotifera) der insel Hainan (China). Teil II. *Osnabrücker Naturwissenschaftliche Mitteilungen*, 24:183-222.

Kozar L. 1911. *Beitrag zur Rotatorienfauna der flachen Tümpel Galiziens*. Kosmos, Lemberg.

Kozar L. 1914. Zur Rotatorienfauna der Torfmoorgewässer. I. Zugleich Ergänzung zur Kenntnis dieser Fauna Galiziens. *Zool. Anz.*, 44: 413-425.

Kunne C. 1926. Zur Rädertierfauna des Seeburger Sees. *Z. Morph. u. Ökol. Tiere*, 6: 207-286.

Kutikova L A. 1958. Ein neues Rädertier aus der Antarktis. *Inform. Sowj. antarkt. Exped.*, 2: 45-46.

Kutikova L A. 1959. Beitrag zur Kenntnis der Rädertierfauna Lettlands. *AN. Lett. SSR, Riga*, 2: 211-231.

Kutikova L A. 1970. *Rädertierfauna der USSR. Fauna USSR, 104, Akad.* Nauk SSSR, Leningrad. 1-744.

Kutikova L A. 1980. On the evolutionary pathways of speciation in the genus *Notholca*. *Hydrobiologia*, 73: 215-220.

Kutikova L A. 1983. Parallelism in the evolution of rotifers. *Hydrobiologia*, 104: 3-7.

Lair N and W Koste. 1984. The rotifer fauna and population dynamic of Lake Studer 2 (Kerguelen Archipelago) with description of *Filinia terminalis kergueleniensis* n. spp. and a new record of *Keratella sancta* Russel 1944. *Hydrobiologia*, 108: 57-64.

Lange A. 1911. Zur Kenntnis von *Asplanchna sieboldii* Leydig. *Zool. Anz.*, 38: 433-441.

Langhans V. 1906. *Asplanchna priodonta* Gosse und ihre Variation. *Arch. Hydrobiol.*, 1: 439-468.

Lauterborn R. 1893. Beiträge zur Rotatorienfauna des Rheins und seiner Altwässer. *Zool. Jb., Abt. Syst.*, 7:

254-273.

Lauterborn R. 1894. Die pelagischen Protozoen und Rotatorien Helgolands. *Wiss. Meeresunters, n. s.*, 1: 207-213.

Lauterborn R. 1900. Der Formenkreis von Anurea cochlearis I. *Verh. natur- wiss. med. Ver. Heidelberg*, 6: 412-448.

Lee L-Y. 1935. Contributions to the Knowledge of the Rotifera of Peiping. *Sci. Quart. Nat. Peking Univ.*, (4): 405-424.

Lee L-Y. 1937. A list of Rotifera of China. *Peking Nat. Hist. Butt.*, 11(4): 395-407.

Leidy J. 1874. Notice of some freshwater Infusoria. *Proc. Acad. Nat. Sci. Philadelphia*, 26: 140.

Lemmermann E. 1907. Das Plankton des Yang-Tse-Kiang (China). *Arch. Hydrobiol.*, 2: 534-544.

Levander K M. 1892. Eine neue Pednlion-Art. *Zool. Anz.*, 15: 402-404.

Levander K M. 1894. Materialien zur Kenntnis der Wasserfauna in der Umgebung von Helsingfors mit besonderer Berücksichtigung der Meeresfauna. II. Rotatorien. *Acta Soc. fauna Flora fennica*, 12(3): 1-70.

Leydig F. 1854. Über den Bau und die systematische Stellung der Räderthiere. *Z. wiss. Zool.*, 6: 1-120.

Li H-B, Xi Y-L, Cheng X-F, Xiang X-L, Hu C-B and Tao L-X. 2008. Sympatric speciation in rotifers: evidence from molecular phylogenetic relationships and reproductive isolation among *Brachionus calyciflorus* clones. *Acta Zool. Sin.*, 54(2): 256-264. [李化炳, 席贻龙, 程新峰, 项贤领, 胡存兵, 陶李祥. 2008. 轮虫同域性物种形成: 来自萼花臂尾轮虫克隆间的分子系统发育关系和生殖隔离的证据. 动物学报, 54(2): 256-264.]

Linder C H. 1904. Étude de la faune pélagique du lac Bret. *Rev. Suisse Zool.*, 12: 149-255.

Loffler H. 1968. Die Hochgebirgseen Ostafrikas. *Hoch-gebirgsforsch*, 1: 1-68.

Lorenzen S. 1985. Phylogenetic Spects of Pseudocoelomate Evolution. 210-223. In: Conway M S, J D George and H M Platt. *The Origins and Relationships of Lower Invertebrates Systematics Association* Vol. 28. Clarendon Press, Oxford.

Lucks R. 1912. *Zur Rotatorienfauna Westpreußens.* Danzig, 1-207.

Lucks R. 1930. *Synchaeta lakowitzianan* n. sp., ein neues Rädertier. *Zool. Anz.*, 92: 59-63.

Magis N. 1967a. Données nouvelles sur la variabilité morphologique de *Brachionus falcatus* Zacharias (Rotifère monogononte, Brachionidae). *Ann. Soc. Roy. Zool.*, 97(2): 103-129.

Magis N. 1967b. Mise en évidence, localisation et dosage de la chitine dans la coque des oeufs de *Brachionus leydigii* Cohn et d'autres rotifères. *Ann. Soc. Roy. Zool. Belg.*, 97: 187-195.

Manfredi P. 1927. Prima nota intorna alla fauna della Gora di Bertonico. *Memoria*, ser. B, l: 1-58.

Markevich G I. 1989. Morphology and principal organization of the sclerotized system of the rotifer mastax. In: Biologiya, Sistematika i Funkcionalnaya Morfologiya Presnovodick Zhivotnick. *Inst. Biol. Vnutrenny Vod. Acad. Nauk SSSR. Trudy*, 56: 27-82.

Markevich G I. 1993. Phylogenetic relationships of Rotifera to other veriform taxa. *Hydrobiologia*, 255/256: 521-526.

Markevich G I and L A Kutikova. 1989. Mastax morphology under SEM and its usefulness in reconstructing rotifer phylogeny and systematics. *Hydrobiologia*, 186/187: 285-289.

Martini E. 1912. Studien über die Konstanz histologischer Elemente. III. *Hydatina senta. Z. wiss. Zool.*, 102: 425- 645.

Marukava H. 1928. On the Plankton of the Japan Sea. *Annot. Oceanogr, Res. Tokyo*, 2(1): 9-14.

Mashiko K. 1951. Studies of the Fresh-water Plankton of Central China, I. *Science Rep. Kanazawa Univ.*, 1: 17-31.

Mashiko K and A Inque. 1952. Limnological Studies of the Brackish-Water Lakes in the Hokuriku District, Japan. *Japan Sea Reg. Fish. Res. Lab., Festschr. z. 3. Jahrestag seiner Gründung*, 175-191.

May L. 1983. Rotifer occurrence in relation to water temperature in Leven, Scotland. *Ibid.*, 104: 311-315.

Meissner V. 1902. Zooplankton der Wolga bei Saratow. *Arb. Wolga-Biol. St.*, 1: 1-66 (Russ.).

Metschnikoff E. 1866. *Apsilus lentiformis*, ein Räderthier. *Z. wiss. Zool.*, 16: 346-356.

Michaloudi E, S Papakostas, G Stamou, V Nedela, E Tihlarikova, W Zhang and S Declerck. 2018. Reverse taxonomy applied to the *Brachionus calyciflorus* cryptic species complex: morphometric analysis confirms species delimitations revealed by molecular phylogenetic analysis and allows the (re)description of four species. *PLoS ONE*, 13(9): e0203168.

Mills S, J A Alcántara-Rodríguez, J Ciros-Pérez, A Gómez, A Hagiwara, K H Galindo and E J Walsh. 2017. Fifteen species in one: deciphering the *Brachionus plicatilis* species complex (Rotifera, Monogononta) through DNA taxonomy. *Hydrobiologia*, 796: 39-58.

Montet G. 1915. Contributionà l'étude des Rotateurs du hassin du Lèman. *Rev. Suisse zool.*, 23(7): 251-360.

Mrazek A. 1897. Zur Embryonalentwicklung der Gattung *Asplanchna*. *Sitzungs-ber. Königl. Böhm. Ges. Wiss., Math.-Naturw. Cl.*, 58: 1-11.

Muenchow G. 1978. A note on the timing of sex in asexual/sexual organisms. *Am. Nat.*, 112: 774-779.

Murray J. 1906. The rotifera of the Scottish lochs, including descriptions of new species by Rousselet C F and D Bryce. *Trans. Roy. Soc. Edinburgh*, 45, part I, (7): 151-191.

Murray J. 1913a. Australasian Rotifera. *J. Roy. Micr. Soc.*, 455-461.

Murray J. 1913b. Notes on the family Cathypnidae. *J. Roy. micr. Soc.*, 545-564.

Myers F J. 1930. The Rotifer fauna of Wisconsin V. The genera *Euchlanis* and *Monommata. Trans. Wisconsin Acad. Sci., Arts and Letters*, 25: 353-413.

Myers F J. 1931. The distribution of Rotifera on Mount Desert Island. *Amer. Mus. Nov.*, 494: 1-12.

Myers F J. 1933. The distribution of Rotifera on Mount Desert Island II. New Notommatidae of the genus *Notommata* and *Proales. Amer. Mus. Nov.*, 659: 1-25.

Myers F J. 1934. The distribution of Rotifera on Mount Desert Island IV. New Notommatidae of the genus *Cephalodella. Amer. Mus. Nov.*, 699: 1-14.

Myers F J. 1938. New species of Rotifera from the collection of the American Museum of Natural History. *Amer. Mus. Nov.*, 903: 1-17.

Myers F J. 1942. The rotatorian fauna of the Pocono plateau and environs. *Proc. Acad. Nat. Sci. Philadelphia*, 94: 251-285.

Nachtwey R. 1925. Untersuchungen über die Keimbahn, Organogenese und Anatomie von *Asplanchna priodonta* Gosse. *Z. wiss Zool.*, 126: 239-492.

Nielsen C. 2001. *Animal Evolution: Interrelationships of Living Phyla*. Oxford University Press, Oxford.

Nipkow R. 1961. Die Rädertiere im Plankton des Zürichsees und ihre Entwicklungs-phasen. *Schweiz. Z. Hydrol.*, 22(2): 398-461.

Nogrady T. 1983a. Succession of plankton rotifer population in some lakes of the Eastern Rift Valley, Kenya. *Hydrobiologia*, 98: 45-54.

Nogrady T. 1983b. Some new and rare warmwater rotifers. *Hydrobiologia*, 106: 107-114.

Nogrady T, R L Wallace and T W Snell. 1993. Rotifera l. Biology, Ecology and Systematics. In: Nogrady T and H J Dumont. *Guides to the Identification of the Microinvertebrates of the Continental Waters of the World*. SPB Academic Publishing, The Hague.

Nogrady T, R Pourriot and H Segers. 1995. Rotifera 3. Notommatidae. In: Nogrady T and H J Dumont. *Guides to the Identification of the Microinvertebrates of the Continental Waters of the World*. SPB Academic Publishing, The Hague.

Nogrady T and R Wallace. 1995. Numerical taxonomic studies of the genus *Notholca*. *Hydrobiologia*, 313/314: 99-104.

Olofsson O. 1917. Süßwasserentomostraken und Rotatorien von der Murmanküste und aus dem nördlichsten Norwegen. *Zool. Bidr. Uppsala*, 5: 259-294.

Olofsson O. 1918. Studien über die Süßwasserfauna Spitzbergens. Beitr. z. Systematik, Biol. u. Tiergeogr. der Crustaceen u. Rotatorien. *Zool. Bidr. Upps.*, 6: 183-248.

Paggi S J. 1982. *Notholca walterkostei* sp. nov. rotifers dulceacuicolas de la peninsula Potter. Isla 25 de mayo (Shet land) del Sur, Antartida. *Revta Asoc. Cienc. nat. Litoral.*, 13: 81-95.

Pejler B. 1962. Morphological studies on the Genera *Notholca*, *Kellicottia* and *Keratella*. *Zool. Bidr. Upps.*, 33: 327-422.

Pejler B. 1977a. General problems on rotifer taxonomy and global distribution. *Arch. Hydrobiol. Beih. Ergebn. Limnol.*, 8: 212-220.

Pejler B. 1977b. On the global distribution of the family Brachionidae (Rotatoria). *Arch. Hydrobiol.*, Suppl. 53(2): 255-307.

Pejler B. 1983. Zooplankton indicators of trophy and their food. *Hydrobiologia*, 101: 111-114.

Pejler B and B Bērzinš. 1993a. On the ecology of Cephalodella. *Hydrobiologia*, 259: 125-128.

Pejler B and B Bērzinš. 1993b. On the ecology of Trichocercidae. *Hydrobiologia*, 263: 55-59.

Pejler B and B Bērzinš. 1993c. On the ecology of Colurellidae. *Hydrobiologia*, 263: 61-64.

Pejler B and B Bērzinš. 1994. On the ecology of *Lecane*. *Hydrobiologia*, 273: 77-80.

Pell A. 1890. Three new rotifers. *The Microscope Detroit*, 10: 143-145.

Pennak R. 1991. Rotifera. 169-225. In: Pennak R. *Freshwater Invertebrates of the United States*. Third edition. Wiley-Interscience Publications, New York.

Perty M. 1850. Neue Rädertiere der Schweiz. *Mitt. naturforsch. Ges. Bern.*, 169/170: 17-22.

Pittock G M. 1895. On *Floscularia trifidlobata*. *J. Quekett Micr. Club*, ser. 2(6): 77-78.

Plate L H. 1886. Beiträge zur Naturgeschichte der Rotatorien. *Jenaische Z. Naturwiss.*, 12: 1-120.

Poggenpol M J. 1872. Eine neue Form von in Kolonien lebenden Rotatorien *Strophosphaera issmailoviensis*. *ISV. Obsc. ljub. jestest. Antrop. I Etnogr. Moskau*, 10: 9-14.

Pontin R M. 1964. A comparative account of the protonephridia of *Asplanchna* (Rotifera) with special reference to the flame bulbs. *Proc. Zool. Soc. Lond.*, 142: 511-525.

Pontin R M. 1978. *A key to British Freshwater planktonic Rotifera*. Freshwater Biological Association Scientific Publication, No. 38.

Pontin R M and J M LangLey. 1993. The use of rotifer communities to provide a preliminary national classification of small water bodies in England. *Hydrobiologia*, 255: 411-419.

Pourriot R. 1979. Rotiféres du sol. *Rev. d'Ecologie Biol. Sol.*, 16: 279-312.

Pourriot R and T W Snell. 1983. Resing eggs in rotifers. *Hydrobiologia*, 104: 213-214.

Remane A. 1929. Rotatoria. In: Grimpe-Wagler. *Tierwelt der Nord-und Ostsee*. VIIe: 1-156.

Remane A. 1933. Rotatoria. In: Bronns. *Klassen und Ordnungen des Tierreichs*. Vol. 4. Abt., 2(1): 1-576.

Remane A. 1963. The systematic position and phylogeny of the psedoocoe-lomates. 247-255. In: Dougherty E C. *The Lower Metazoa*. University of California Press, Berkeley, California, USA.

Ricci C. 1983. Rotifera or Rotatoria? *Hydrobiologia*, 104: 1-2.

Ricci C. 1987. Ecology of Bdelloids: how to be successful. *Hydrobiologia*, 147: 117-127.

Rodewald L. 1935. Die Rädertierfauna der Bukowina. Ihre Systematik, Biologie und geographische Verbreitung. *Bull. Fac. Stiinte Cernauti*, 8(1934): 187-266.

Rodewald L. 1937. Rädertierfauna Rumäniens. II. Neue und bemerkenswerte Rädertiere aus Rumänien. *Zool. Anz.*, 118: 235-248.

Rodewald L. 1940. Rädertierfauna Rumäniens IV. *Zool. Anz.*, 130: 272-289.

Rousselet C F. 1892. On *Conochilus unicornis* and *Euchlanis parva*, two new rotifers. *J. Quekett Micr. Club*, ser. 2, (4): 367-370.

Rousselet C F. 1893. On *Floscularia pelagica* sp. n. and notes on several rotifers. *J. Roy. Micr. Soc.*, 444-449.

Rousselet C F. 1894. On *Cyrtonia tuba* = *Notommata tuba* Ehrenberg. *J. Quekett Micr. Club*, ser. 2, (5): 433-435.

Rousselet C F. 1895. On *Diplois trigona* sp. n. and other rotifers. *J. Quekett Micr. Club*, ser. 2, (6): 119-126.

Rousselet C F. 1896. *Rattulus collaris* n. sp. and some other rotifers. *J. Quekett Micr. Club*, ser. 2, (6): 265-270.

Rousselet C F. 1901a. On the specific characters of *Asplanchna intermedia* Hudson. *J. Quekett Micr. Club*, ser. 2, (8): 7-12.

Rousselet C F. 1901b. *Triarthra brachiata*, a new species of rotifers, and remarks on the spines of the Triarthridae. *J. Quekett Micr. Club*, ser. 2, (8): 143-145.

Rousselet C F. 1907. On *Brachionus sericus* n. sp., a new variety of *Brachionus quadratus* and remarks on *Brachionus rubens* of Ehrb. *J. Quekett Micr. Club*, ser. 2, (11): 147-154.

Rousselet C F. 1909. On the geographical distribution of the Rotifera. *J. Quekett microse. Club*, ser. 2, 10: 465-470.

Rudescu L. 1960. *Fauna Republicii Populare Romiine. Trochelminthes. Vol. II. Fasc. II Rotatoria*. Editura

Republicii Populare Romine, Bucuresti, 1-1192.

Ruttner-Kolisko A. 1974. Plankton rotifers, biology and taxonomy (translated from the German). *Die Binnengewässer*, 26(1)(Sppl.): 1-146.

Ruttner-Kolisko A. 1977. Amphoteric reproduction in a population of *Asplanchna priodonta. Arch. Hydrobiol. Beih. Ergebn. Limnol.*, 8: 178-181.

Sanoamuang L, H Segers and H J Dumont. 1995. Additions to the rotifer fauna of south-east Asia: new and rare species from north-east Thailand. *Hydrobiologia*, 313/314: 35-45.

Schmarda L K. 1859. Neue wirbellose Tiere, beobachtet und gesarmmelt auf einer Reise um die Erde. 1853-1857. *Leipzig*, 1(1): 1-66.

Schrank Fvon P. 1803. Fauna Boica. Durchdachte Geschichte der in Bayern einheimischen und Zahmen Thiere. *Landshut*, 3(2): 1-372.

Schröder T and E J Walsh. 2007. Cryptic speciation in the cosmopolitan *Epiphanes senta* complex (Monogononta, Rotifera) with the description of new species. *Hydrobiologia*, 593:129-140.

Schweigger A F. 1820. Handbuch der Naturgeschichte der skelettlosen ungegliederten Thiere. *Leipzig*, 1-776.

Sharma B K. 1983. The Indian species of the genus *Brachionus. Hydrobiologia*, 104: 31-40.

Segers H. 1992. Taxonomy and zoogeography of the rotifer fauna of Madagascar and the Comoros. *J. Afr. Zool.*, 106(4): 351-362.

Segers H. 1994a. Two more new species of *Lecane* (Rotifera, Monogononta) from Thailand. *Belg. J. Zool.*, 124(1): 39-46.

Segers H. 1994b. Redescription of *Lecane fadeevi* (Neiswestnowa-Schadina, 1935) (Rotifera, Lecanidae). *Bull. kon. belg. Inst. nat. wet., Biol.*, 64: 235-238.

Segers H. 1995a. A reappraisal of the Scaridiidae (Rotifera, Monogononta). *Zool. Scr.*, 24(2): 91-100.

Segers H. 1995b. Rotifera 2. The Lecanidae (monogononta). In: Dumont H J and T Nogrady. *Guides to the Identification of Microinvertebrates of the Continental water of the World 6*. SPB Academic Publishing, The Hague.

Segers H. 1996a. The biogeography of *Lecane* Rotifera. *Hydrobiologia*, 323: 169-197.

Segers H. 1996b. *Scaridium elongatum* n.sp., a new Monogononta rotifer from Brazil. *Belb. J. Zool.*, 126: 57-63.

Segers H. 2007. Annotated checklist of the rotifers (Phylum Rotifera), with notes on nomenclature, taxonomy and distribution. *Zootaxa*, 1564: 1-104.

Segers H and De Meester. 1994. The Rotifera of Papua New Guinea, with the description of a new *Scaridium* Ehrenberg, 1830. *Hydrobiologia*, 131: 111-125.

Segers H, G Murugan and H J Dumont. 1993. On the taxonomy of the Brachionidae: description of *Plationus* n. gen. (Rotifera, Monogo-nonta). *Hydrobiologia*, 268: 1-8.

Segers H and Q-X Wang. 1977. On a new species of *Keratella*: Monogononta: Brachionidae. *Hydrobiologica*, 344: 163-165.

Segers H and R Su. 1998. Two new species of *Keratella* (Rotifera: Monogononta: Brachionidae) from Inner Mongolia, P. R. China. *Hydrobiologica*, 382: 175-181.

Shiel R J. 1981. Planktonic Rotifera of the Murray-Darling river system Australia: endemism and polymorphism. *Verh. Internat. Verein. Limnol.*, 21: 1523-1530.

Shiel R J. 1995. *A Guide to Identification of rotifers, cladocerans and copepods from Australian Inland Waters.* Co-oporative Research Centre for Freshwater Ecology (No. 3). The Cooporative Research Centre fro Freshwater Ecology, Murray-Darling Freshwater Research Centre, POB 921, Albury, N.S.W., 2640, AT.

Shiel R J and W Koste. 1986. Australian Rotifera: Ecology and Biogeography. In: De Decker P and W D Williams. *Limnology in Australia.* CSIRO, Melbourne. Dr. W Junk Publishers, Dordrecht.

Shiel R J and W Koste. 1992. Rotifera from Australian inland waters. VIII. Trichocercidae (Rotifera: Monogononta). *Trans. R. Soc. S. Aust.*, 116: 1-27.

Shiel R J and W Koste. 1993. Rotifera from Australian inland waters. IX. Gastropodidae, Synchaetidae, Asplanchnidae. *Trans. R. Soc. S. Aust.*, 117: 111-139.

Shiel R J and J D Green. 1996. Rotifera recorded from New Zealand, 1859-1995, with comments on zoogeography. *New Zealand J. Zool.*, 23: 193-209.

Skorikov A. 1896. Rotatorien aus der Umgebung Charkows. *Tr. Chark. Obsch. Issled. prirody Univ. Charkow*, 30: 209-374 (Russ.).

Skorikov A. 1898. Ein neues Rädertier. *Zool. Anz.*, 21: 556.

Skorikov A. 1903. Note sur trois espèces nouvelles de Rotateurs. *Ann. Mus. Zool. Acad. Sci., St. Petersburg*, 8: 19-21 (Russ.).

Skorikov A. 1914. Über das Plankton im Unterlauf der Wolga mit Beitr zur Frage "Potamoplankton". *Trichtyol. Lab. Astrachan*, 3(5): 3-33 (Russ.).

Sládecek V. 1973. System of water quality from the biological point of view. *Arch. Hydrobiol. Beih. Ergebn. Limnol.*, 7: 1-218.

Smirnov N S. 1928. *Fadeewella* nov. gen., eine neue Rotatoriengattung aus dem Ussuri-Gebiet. *Zool. Anz.*, 79(5/6): 129-133.

Smirnov N S. 1933. Rotatorien, gesammelt während der Expeditionen auf dem Dampfer "SEDOW" 1930 und "LOMONONOSSOW" 1931. *Trans. Arctic Inst.*, VIII: 79-91, Leningrad (Russ.).

Snell T W and M J Childress. 1987. Aging and loss of fertility in male and female of *Brachionus plicatilis* (Rotifera). *Internat. J. Invertebr. Reprod. Dev.*, 12: 103-110.

Snell T W, M J Childress and B C Winkler. 1988. Characteristics of the mate recognition factor in the rotifer *Brachionus plicatilis. Comp. Biochem. Physiol.*, 89A: 481-485.

Song M O. 1989a. List of Korean species of Freshwater Rotifera. *Korean J. Syst. Zool.*, 5(2): 257-268.

Song M O. 1989b. Monogonont Rotifers (Monogonota: Rotifera) inhabiting several lowland swamps in Kyongsangnam-do, Korea. *Korean J. Syst. Zool.*, 5(2): 139-157.

Spandl H. 1926. Die Tierwelt der unterirdischen Gewässer. *Speläologische Monographien* (Wien), 11: 1-235.

Steinecke F. 1917. Die Rotatorien und Gastrotricha des Zehlaubruches. *Schrift. Phys.-Ökonom. Ges. Königsberg*, 57: 84-100.

Stenroos K E. 1912. Das Tierleben im Nurmijärvi See. Eine faunistisch-biologische Studie. *Acta Fauna et*

Flora Fennica, 17(1): 1-259.

Stewart F H. 1908. Rotifers and Gastrotricha from Tibet. *Rec. Indian Mus. Calcutta*, 2: 316-323.

Stewart F H. 1911. List of the aquatic animals hitherto recorded from the provinces of Tsang and Ü in central Tibet, with a table showing their geographical distribution. *Rec. Ind. Mus.*, 6: 67-72.

Stokes A C. 1896a. Some new forms of American Rotifera. *Ann. Mag. Nat. Hist.*, 6. ser. 18: 17-27.

Stokes A C. 1896b. Notes on the genus *Apsilus* and other American Rotifera. *J. Roy. Microsc. Soc.*, 269-278.

Stokes A C. 1897. Some new forms of American Rotifera II. *Ann. Mag. Nat. Hist.*, 6. ser. 19: 628-633.

Su R. 2000. Lecanidae (Monogononta) in Inner Mongolian waters. *Chin. J. Zool.*, 35(3): 2-6. [苏荣. 2000. 内蒙古的腔轮虫 Lecanidae (Monogononta). 动物学杂志, 35(3): 2-6.]

Su R, H Segers and H J Dumont, 1998. Distribution of Brachionidae (Rotifera, Monogononta) in Inner Mongolian waters. *Int. Rev. Hydrobiol.*, 83: 305-310.

Sudzuki M. 1964a. New systematical approach to the Japanese planktonic Rotatoria. *Hydrobiologia*, 23(1/2): 1-124.

Sudzuki M. 1964b. Über zwei neue *Encentrum*-Arten (Rotatoria) aus Moospolstern des Südpolarlandes. *Limnologica* (Berlin), 2(3): 349-353.

Sudzuki M. 1975. List of Rotifera and Gastrotricha from Garden ponds of Tokyo 1974/75 and some notes on *Rhinoglena, Fadeewella, Neogossea*, etc. *Proc. Jap. Soc. Syst. Zool.*, Nr. 11: 1-13.

Sudzuki M. 1976. Microscopical marine animals scarcely known from Japan. I. Micro- and Meiofaunae around Kasado Islands in the Seto Inland Sea of Japan. *Proc. Jap. Soc. Syst. Zool.*, Nr. 12: 5-12.

Sudzuki M. 1977. Classification based on the male. *Arch. Hydrobiol. Beih. Ergebn. Limnol.*, 8: 221.

Sudzuki M. 1992a. Sampling localities, sites and dates of the survey on the Southwestern Islands of Japan by Nihon Daigaku diring 1990-1991. *Proc. Japan. Soc. Syst. Zool.*, 46: 1-16.

Sudzuki M. 1992b. New Rotifera from Southwestern Islands of Japan. *Proc. Japan. Soc. Syst. Zool.*, 46: 17-28.

Sudzuki M and Huang X-F. 1997. New Ratifera from Wuhan. *Chinese J. Oceanol. Limnol.*, 15(2): 181-185.

Tatem J G. 1868. On a new Melicertian and some varieties of *Melicerta ringens*. *J. Quekett Micr. Club*, 1: 124-125.

Ternetz C. 1892. Rotatorien der Umgebung von Basel. *Basel*: 1-54.

Tessin G. 1890. Rotatorien der Umgegend von Rostock. *Arch. Freunde Natur in Mecklenburg, Güstrow*, 43: 133-174.

Thompson J C. 1892a. New species of rotifer. *Trans. Liverpool Biol. Soc.*, 6: 70-93.

Thompson J C. 1892b. Notes on a parasitic tendency of rotifers of the genus *Proales*, with an account of a new species. *Sci. Gossip. London*, 28: 219-221.

Thorpe V G. 1889. Description of a new species of Megalotrocha. *J. Roy. Micr. Soc.*, 1889: 613-616.

Thorpe V G. 1891. New and foreign Rotifera. *J. Roy. Micr. Soc.*, 1891: 301-306.

Thorpe V G. 1893. The Rotifera of China. *J. Roy. Micr. Soc.*, 1893: 145-152.

Turner C H. 1892. Notes upon the Cladocera, Copepoda, Ostracoda and Rotifera of Cincinatti, with descriptions of new species. *Bull. Sci. Lab. Denison Univ. Granville, Ohio*, 6(2): 58-74.

Turner P. 1990. The rotifer genus *Platyias* Harring (1913) in the neotro-pica. *Acta limnol, brasil.*, 3: 741-756.

Ueno M. 1933. Contributions to the knowledge of the Cladocera fauna of China. *Int. Rev. Hydrobiol.*, 234-251.

Ueno M. 1938. Rotatoria of Formosan Lakes. *Annotat. Zool. Jap.*, 17(2): 134-143.

Varga L. 1951. *Brachionus sessilis* n. sp. *Arb. Ungar. Forsch. Inst. Tihany*, 20: 217-224.

Voigt M. 1956/1957. *Rotatoria*. I. Textbd.: 1-508; II. Tafelbd. T. 1-115. Die Rädertiere Mitteleuropas, Berlin-Nikolassee.

von Hofsten N. 1909. Rotatorien aus dem Mästermyr (Gotland) und einigen anderen schwedischen Binnengewässern. *Ark. zool. Stockholm*, 6(1): 1-125.

von Hofsten N. 1912. Marine, litorale Rotatorien der skandinavischen Westküste. *Zool. Bidr. Uppsala*, 1: 163-228.

Voronkov N V. 1907. Rotatoria collected by the expedition of the Ichtyological Section to the western border Gouvernements Wilna, Grodno and Kovno. *Arb. Hydrobiol. Stat. Glubokom-See*, 2: 147-215 (Russ.).

Voronkov N V. 1913. Zur Rotatorienfauna Rußlands. *Arb. Hydrobiol. Sat. Glubokom-See*, 5: 90-108 (Russ.).

Walczyńska A, D Fontaneto, A Kordbacheh, S Hamil, M A Jimenez-Santos, S Paraskevopoulou, A Pociecha and W Zhang. 2024. Niche differentiation in rotifer cryptic species complexes: a review of environmental effects. *Hydrobiologia*, 851: 2909-2926.

Wallace L R. 2002. Rotifera: exquisite metazoans. *Int. & Comp. Biology*, 42: 660-667.

Wallace L R and R A Colburn. 1989. Phylogenetic relationships within phylum Rotifera: orders and genus *Notholca*. *Hydrobioiogia*, 186/187: 311-318.

Wallace L R and T W Snell. 1991. Rotifera. In: Thorp J H and A P Covich. *Ecology and Classification of North American Freshwater Invertebrates*. Academic Press, New York.

Wallace L R, T W Snell, C Ricci and T Nogrady. 2006. Rotifera: Biology, Ecology and Systematic. Second edition. In: Dumont H J F. *Guide to the Identification of the Microinvertebrates of the Continental Waters of the World*. Kenobi Production, Ghent; Backhuys Publishers, Leiden.

Walsh E J and P I Starkweather. 1993. Analysis of rotifer ribosomal gene structure using Polymerase Chain Reaction (PCR). *Hydribiologia*, 255/256: 219-224.

Wang J-J. 1961. *Freshwater Rotifera of China*. Science Press, Beijing. 1-288. [王家楫. 1961. 中国淡水轮虫志. 北京: 科学出版社. 1-288.]

Weber F. 1898. Faune rotatorienne du bassin de Léman. *Rev. Suisse zool.*, 5: 263-785.

Wen X-L, Xi Y-L, Zhang L, Lu X-J and Chen F-Y. 2004. Community structure and species diversity of rotifers in the Wuhu section of the Qingyi River. *Biodiv. Sci.*, 12(4): 387-395. [温新利, 席贻龙, 张雷, 陆星家, 陈发扬. 2004. 青弋江芜湖段轮虫群落结构及物种多样性的初步研究. 生物多样性, 12(4): 387-395.]

Wesenberg-Lund C. 1929. Rotatoria. *Kükenthal, Handbuch d. Zool.*, 2/1: 1-120.

Wesenberg-Lund C. 1930. Contributions to the biology of the Rotifera. II. Periodicity and Sexual Periods. *Mem. Acad. Roy. Sci. Let. Danmark, Copenhag.* 9. ser. II (l): 1-230.

Western G. 1893. Notes on rotifers, with description of four new species and of the male of *Stephanoceros eichhornii. J. Quekett Micr. Club*, ser. 2, (5): 155-160.

Western G. 1894. On *Distyla spinifera. J. Quekett Micr. Club*, ser. 2, (5): 427-428.

Whitelegge T. 1889. List of the marine and freshwater invertebrate fauna of Port Jackson and the neighbourhood. *Proc. Roy. Soc. N. S. Wales, Sydney*, 23: 163-323.

Whitfield P J. 1971. Phylogenetic affinties of Acantocephala: an assessment of ultrastructural evidence. *Parasitology*, 63: 49-58.

Wierzejski A. 1891. Liste des Rotifères observés en Galicie (Autriehe-Hongrie). *Bull. soc. zool. France*, 16: 49-52.

Wierzejski A. 1893. Rotatoria (wrotki) Galicyi. *Bull. Internat. Acad. Sci., Cracovie* (for 1892): 402-407.

Wierzejski A and O Zacharias. 1893. Neue Rotatorien des Süßwassers. *Z. wiss. Zool.*, 56: 236-244.

Wiszniewski J. 1929. Zwei neue Rädertierarten: *Pedalia intermedia* n. sp. und *Paradicranophorus limosus* n. g. n. sp. *Bull. Acad. Polon, Sci. Lett.* Ser. B, (II): 137-153.

Wiszniewski J. 1939. O faunie jamy skrzelowej rakow rzecznych. *Arch. hydrobiol. Rybactwa Suwalki*, 12(1/2): 122-152.

Wiszniewski J. 1953. Fauna wrotkow Polski i rejonow przyleglych. *Polskie Arch. Hydrobiol.*, 14: 317-490.

Wiszniewski J. 1954. Materiaux relatifs à la nomenclature et à la bibliographie des Rotifères. *Polskle Arch. Hydrobiol.*, 15(2): 7-260.

Wu Z-T. 1981. Notes on some freshwater rotifers from China. *Acta Zootaxon. Sin.*, 6(3): 235-242. [伍焯田. 1981. 中国淡水轮虫新资料. 动物分类学报, 6(3): 235-242.]

Wulfert K. 1935. Beiträge zur Kenntnis der Rädertierfauna Deutschlands. I. *Arch. Hydrobiol.*, 28: 583-602.

Wulfert K. 1936. Beiträge zur Kenntnis der Rädertierfauna Deutschlands. II. *Arch. Hydroblol.*, 30: 401-437.

Wulfert K. 1937. Beiträge zur Kenntnis der Rädertierfauna Deutschlands. III. *Arch. Hydrobiol.*, 31: 592-635.

Wulfert K. 1939a. Beiträge zur Kenntnis der Rädertierfauna Deutschlands. IV. *Arch. Hydrobiol.*, 35: 563-624.

Wulfert K. 1939b. Einige neue Rotatorien aus Brandenburg und Pommern. *Zool. Anz.*, 127(3/4): 65-75.

Wulfert K. 1940. Rotatorien einiger ostdeutscher Torfmoore. *Arch. Hydrobiol.*, 36: 552-587.

Wulfert K. 1942. Neue Rotatorienarten aus deutschen Mineralquellen. *Zool. Anz.*, 137: 187-200.

Wulfert K. 1951. Das Naturschutzgebiet auf dem Glatzer Schneeberg. Die Rädertiere des Naturschutzgebietes. *Arch. Hydrobiol.*, 44(3): 441-471.

Wulfert K. 1959. Rotatorien des Siebengebirges. *Decheniana-Beihefte*, 7: 59-68.

Wulfert K. 1960a. Die Rädertiere saurer Gewässer der Dübener Heide. I. Die Rotatorien des Zadlitzmoors und des Wildenhainer Bruchs. *Arch. Hydrobiol.*, 56(3): 261-298.

Wulfert K. 1960b. Die Rädertiere saurer Gewässer der Dübener Heide. II. Die Rotatorien des Krebsscherentümpels bei Winkelmühle. *Arch. Hydrobiol.*, 56(4): 311-333.

Wulfert K. 1961. Die Rädertiere saurer Gewässer der Dübener Heide. III. Die Rotatorien des Presseler und des Winkelmühler Teiches. *Arch. Hydrobiol.*, 58(1): 72-102.

Wulfert K. 1965a. Rädertiere aus einigen afrikanischen Gewässern. *Limnologica (Berlin)*, 3(3): 347-366.

Wulfert K. 1965b. Revision der Rotatoriengattung *Platyias* Harring, 1913. *Limnologica (Berlin)*, 3(1): 41-64.

Wulfert K. 1966. Rotatorien aus dem Stausee Ajwa und der Trinkwasser-Aufbereitung der Stadt Baroda

(Indien). *Limnologica (Berlin)*, 4(1): 53-93.

Wulfert K. 1968. Rädertiere aus China. *Limnologica (Berlin)*, 6(2): 405-416.

Xi Y-L and Huang X-F. 2000. Mating behavior and fertilization of the freshwater rotifer, *Brachionus calyciflorus*. *Acta Ecol. Sin.*, 20(4): 541-544. [席贻龙, 黄祥飞. 2000. 萼花臂尾轮虫的交配行为和受精作用研究. 生态学报, 20(4): 541-544.]

Xi Y-L, Huang X-F, Jin H-J and Liu J-K. 2001. The effect of food concentration on the life history of three types of *Brachionus calyciflorus* females. *Int. Rev. Hydrobiol.*, 86(2): 209-215.

Xiang X-L, Xi Y-L, Wen X-L, Zhang G, Wang J-X and Hu K. 2011. Genetic differentiation and phylogeographical structure of the *Brachionus calyciflorus* complex in eastern China. *Mol. Ecol.*, 20: 3027-3044.

Xu Y-Q. 1998. A new species and two records of rotifers from Fujian, China. *Acta Hydrobiol. Sin.*, 22(2): 164-167. [许友勤. 1998. 福建轮虫一新种及两个新记录. 水生生物学报, 22(2): 164-167.]

Xu Y-Q and You Y-B. 1991. Freshwater rotifers from Fujian, China. *J. Fujian Normal Univ. (Nat. Sci.)*, 7(1): 77-85. [许友勤, 尤玉博. 1991. 福建淡水轮虫. 福建师范大学学报（自然科学版）, 7(1): 77- 85.]

Xu Y-Q, Chen Y-S and Rao X-Z. 1997. New material of freshwater rotifer of Fujian. *J. Fujian Normal Univ. (Nat. Sci.)*, 13(3): 77-80. [许友勤, 陈寅山, 饶小珍. 1997. 福建淡水轮虫新资料. 福建师范大学学报（自然科学版）, 13(3): 77-80.]

Yang W, Deng Z, D Blair, Hu W and Yin M. 2022. Phylogeography of the freshwater rotifer *Brachionus calyciflorus* species complex in China. *Hydrobiologia*, 849: 2813-2829.

Yin X-W and Zhao W. 2005. Species composition and population dynamics of rotifer *Brachionus plicatilis* complex in a coastal lagoon. *J. Dalian Fisheries Univ.*, 20(1): 1-10. [殷旭旺, 赵文. 2005. 沿海混盐水体褶皱臂尾轮虫的复合类群及其种群动态. 大连水产学院学报, 20(1): 1-10.]

Zacharias O. 1886. Ergebnisse einer zoologischen Excursion in das Glatzer-, Iser- und Riesengebirge. *Z. wiss. Zool.*, 43: 252-289.

Zacharias O. 1892. Vorläufiger Bericht über die Tätigkeit der Biologischen Station zu Plön. *Zool. Anz.*, 15: 457-460.

Zacharias O. 1893. Faunistlsche und biologische Beobachtungen am Gr. Plöner See. *Forschungsber. Biol. Station zu Plön*, 1: 1-52.

Zacharias O. 1894. Faunistische Mitteilungen. *Forschungsber. Biol. Station zu Plön*, 2: 57-90.

Zacharias O. 1897. Neue Beiträge zur Kenntnis des Süßwasserplanktons. *Forschungsber. Biol. Station zu Plön*, 5: 1-9.

Zacharias O. 1898. Untersuchungen über das Plankton der Teichgewässer. *Forschungsber. Biol. Station zu Plön*, 6: 89-139.

Zacharias O. 1901. Über die im Süßwasserplankton vorkommenden Synchaeten. *Biol. Zbl.*, 21: 381-383.

Zawadowsky M M. 1926. *Rädertiere aus der Familie Notommatidae aus der Umgebung der Hydrobiol.* Stat. Zwenigorodskoj. Arb. Lab. exper. Biol. d. Zool. Parks, Moskau, 2: 261-295 (Russ.).

Zelinka C. 1886. Studien über Räderthiere. I. Über die Symbiose und Anatomie von Rotatorien aus dem Genus *Callidina*. *Arb. Zool. Inst. Graz*, 1: 41-151.

Zelinka C. 1891. Studien über Räderthiere. III. Zur Entwicklungsgeschichte der Räderthiere nebst Bemerkungen über ihre Anatomie und Biologie. *Z. wiss. Zool.*, 53: 1-159.

Zelinka C. 1907. *Die Rotatorien der Plankton-Expedition.* Ergebn. d. Plankton-Exp. d. Humboldt- Stiftung, Kiel und Leipzig. 2: 1-81.

Zhao W. 1998. A new record of Monostyla from China (Rotifera: Monogononta: Lecanidae). *Acta Zootaxon. Sin.*, 23(4): 445-446. [赵文. 1998. 中国单趾轮虫属一新记录（轮虫纲：单巢目：腔轮科）. 动物分类学报, 23(4): 445-446.]

Zhao W and Yin X-W. 2005. A new record of *Lepadella* in China (Rotifera: Monogononta: Brachionidae). *J. Dalian Fisheries Univ.*, 20(2): 163-164. [赵文, 殷旭旺. 2005. 中国鞍甲轮属的一新记录（轮虫纲：单巢总目：臂尾轮科）. 大连水产学院学报, 20(2): 163-164.]

Zhuge Y. 1996. A taxonomical and ecological survey of rotifer communities in Krottensee. *Chin. J. Oceanol. Limnol.*, 14(4): 308-315.

Zhuge Y. 1997. *The study of taxonomy and distribution of Rotifera in six typical zones of China.* 1-190. Doctoral thesis, Institute of Hudrobiology, Chinese Academy of Sciences. [诸葛燕. 1997. 中国典型地带轮虫分类研究. 武汉：中国科学院水生生物研究所博士学位论文. 1-190.]

Zhuge Y and W Koste. 1996. Two new species of Rotifera from China. *Int. Rev. ges. Hydrobiol.*, 81(4): 605-609.

Zhuge Y and Huang X-F. 1997. Rotifera from the outlet of Dongting Lake, with the description of a new species, *Keratella wangi. Acta Hydrobiol. Sinica*, Suppl. 21: 29-40.

Zhuge Y and Huang X-F. 1998. On a new species of *Keratella* (Rotifera: Monogononta: Brachionidae). *Hydrobiologia*, 387/388: 35-37.

Zhuge Y, Huang X-F and W Koste. 1998. Rotifera recorded from China, 1893-1997, with remarks on their composition and distribution. *Inter. Rev. ges. Hydrobiol.*, 83(3): 217-232.

Zhuge Y, L A Kutikova and M Sudzuki. 1998. *Notholca dongtingensis* (Rotifera: Monogononta: Brachionidae), a new species from Dongting Lake, China. *Hydrobiologia*, 368: 37-40.

英 文 摘 要

Abstract

The phylum Rotifera is a relatively small group of microscopic, aquatic or semi-aquatic invertebrates, encompassing just over 1 800 named species of unsegmented, bilaterally symmetrical and pseudocoelomates. Although rotifers comprise a small group, they are important in freshwater ecosystems because their reproductive rates are the fastest among the metazoans, they often reach high population densities, and form a critical link in some freshwater food webs. Thus, rotifers colonize habitats rapidly and in doing so convert primary (algal and cyanobacterial) production into a form usable by secondary consumers (e.g., cladocerans, copepods, insect larvac, and planktivorous fishes).

The present volume deals with a faunal work of Monogononta rotifers collected from China. A total of 509 species (subspecies) (4 new species and 1 new subspecies included) are described, belonging to 76 genera, 25 families and 3 orders, respectively. In addition, 30 species of Digononta rotifers collected from China and belonging to 7 genera and 3 families of Bdelloidea are also described.

This volume includes two parts: a comprehensive survey and a systematic description. In part I, the authors outline historical review on rotifer taxonomy, morphology and biology, ecology and distribution, collection and preservation. In part II, the authors present a detailed account of morphological features, habitat, geographical distribution and systematics discussion for each species. The keys to all taxa are given.

Monogononta Plate, 1889

Key to classes and orders

1. Paired ovaries (Digononta) ·· 2
    Single ovary (Monogononta) ··· 3
2. Trophi ramate; corona advanced ·· **Bdelloidea**
    Trophi fulcrate; corona rudimentary; epizoic in gill of marine crustaceans ······················· **Seisonidea**
3. Trophi malleoramate or uncinate ·· 4
    Trophi not malleoramate nor uncinate ·· **Ploima**
4. Trophi malleoramate; corona with cilia ·· **Flosculariacea**
    Trophi uncinate; corona funnel-shaped, radiant and wide opened ····························· **Collothecacea**

Ploima Hudson *et* Gosse, 1886

Key to families

1. Trophi forcipate or transitional forcipate from virgate to forcipate ················2

   Trophi not forcipate ················3

2. Trophi forcipate **Dicranophoridae**

   Trophi transitional forcipate **Ituridae**

3. Trophi cardati **Lindiidae**

   Trophi not cardati ················4

4. Trophi incudate **Asplanchnidae**

   Trophi not incudate ················5

5. Trophi malleate ················6

   Trophi virgate ················13

6. Body illoricate ················7

   Body loricate ················8

7. Mouth and buccal field funnel-shaped; corona with advanced cilia ················ **Epiphanidae**

   Mouth ventrally bent, corona without advanced cilia ················ **Proalidae**

8. Lorica complete and without sulcat ················9

   Lorica incomplete and with deep sulcat ················10

9. Lorica covering head, trunk and food ················ **Trichotridae**

   Lorica covering partial trunk ················ **Brachionidae**

10. Lorica with a deep and ventral-median sulcat ················ **Colurellidae**

    Lorica without a deep and ventral-median sulcat ················11

11. A dorsal sulcus present ················ **Mytilinidae**

    Dorsal sulcus absent ················12

12. A deep sulci present between dorsal and ventral lorica ················ **Euchlanidae**

    No sulci present between dorsal and ventral lorica ················ **Lecanidae**

13. Corona taper shaped; body spindle shaped; ciliary auricles present ················14

    Not as above ················15

14. Foot and trunk not clearly demarcated; the anterior end of unci projecting internally ······ **Notommatidae**

    Foot and trunk clearly demarcated; the anterior end of unci projecting externally ············· **Scaridiidae**

15. Stomach with 1-4 circular food vacuoles; manubrium of trophi partially merged or rudimentary ··········

    ················ **Gastropodidae**

    Stomach without circular food vacuole; manubrium of trophi not merged nor rudimentary ·············16

16. Virgate trophi asymmetric; no hypopharyngeal muscle ················ **Trichocercidae**

    Virgate trophi symmetric; hypopharyngeal muscle advanced ················ **Synchaetidae**

Dicranophoridae Remane, 1933

Key to genera

1. Trophi usually asymmetric···***Aspelta***
   Trophi symmetric ···2
2. Lorica mostly adhesive with offal, foot short, toes slender and distinctly ventral curved·····················
   ···***Paradicranophorus***
   Lorica smooth, more or less deep longitudinal or transversal furrows, toes short or long ··················3
3. Ramus divided into two sharp and sturdy parts, both sharply curvated to a right-angle ··········***Erignatha***
   Not as above ··4
4. Corona ventral, inner margins of rami with slender teeth ·····························***Dicranophorus***
   Corona sloped to ventral, inner margins of rami without slender tooth ·····················***Encentrum***

Dicranophorus Nitzsch, 1827

Key to species

1. Trophi typical forcipate, rami wider, inner margins linearly arranged with robust teeth······················2
   Trophi modified forcipate, rami slender, inner margins not linearly arranged with tooth ······ ***D. caudatus***
2. Trophi at inner margins of rami with linearly arranged and symmetric teeth·································3
   Trophi at inner margins of rami with asymmetric slender or small teeth······························ ***D. edestes***
3. Tips of toes lamellar, inner margins of rami with small and slender cardati teeth ···············***D. luetkeni***
   Tips of toes not lamellar, inner margins of rami with robust teeth ·····································4
4. Toes cylinder-shaped, rostrum wide···***D. hauerianus***
   Toes knife or sword shaped, rostrum narrow···5
5. Base of toe with sheath-like structure ··***D. forcipatus***
   Base of toe without sheath-like structure ···6
6. Ramus alula with two sides parallel extending, and vertical with fulcrum ·····················***D. robustus***
   Ramus alula without two sides parallel extending, and not vertical with fulcrum ························7
7. Uncus with 3 teeth ···***D. epicharis***
   Uncus with single tooth ···8
8. Toes without base bulbous ···***D. prionacis***
   Toes with base bulbous ···9
9. Tips of toes not S-shaped laterally···***D. grandis***
   Tips of toes S-shaped laterally ···***D. uncinatus***

Aspelta Harring *et* Myers, 1928

Key to species

1. Rami with lamellar, symmetrical or asymmetrical rounded alulae···2

    Left ramus with prominent, not lamellar alula, inner margins of right ramus with a robust tooth·············

···***A. intradentata***

2. Fulcrum longer than rami, right rami with rounded alula ·····························***A. angusta***

    Fulcrum shorter than rami ···3

3. Outer margin of both rami convex, with rounded lamellar alula ·························***A. aper***

    Outer margin of both rami slight concave, usually without rounded lamellar alula ··························4

4. Left ramus longer than right ramus, its tips overlapping with right ramus·····················***A. bidentata***

    Left ramus nearly as long as right ramus, its tips not overlapping with right ramus ·············***A. circinator***

Paradicranophorus Wiszniewski, 1929

Key to species

1.   Anterior end of body ventral with double mobile spines ···2

      Anterior end of body ventral without anterior spine ·······································***P. hudsoni***

2.   Toes taper shaped, trophi without preuncus tooth ···***P. aculeatus***

      Toes long dagger shaped, trophi with preuncus teeth ·······································***P. kostei***

Encentrum Ehrenberg, 1838

Key to species

1.   Body surface smooth, or with very shallow longitudinal or horizontal fold ·····························2

      Body surface with very deep longitudinal or horizontal fold ·······················***E. (P.) saundersiae***

2.   Manubrium long, $\geq$ 2 ramus length···3

      Manubrium short, < 2 ramus length ···4

3.   Fulcrum short, $\leqslant$1/5 manubrium length; manubria expanded posteriorly ···················***E. felis***

      Fulcrum slender, c. 1/3-1/4 manubrium length; manubria not expanded posteriorly ········ ***E. diglandula***

4.   Inner margins of ramus with double very robust teeth near teeth terminal ·············***E. wiszniewskii***

      Inner margins of ramus without robust tooth···5

5.   Foot short, less than 3 pseudosegments ···6

      Foot long, 3-4 pseudosegments ···***E. gibbosum***

6.   Inner margin of intramalleus without upper-manubrium ···7

      Inner margin of intramalleus with upper-manubrium ···9

7.   Intramalleus small, rounded ···8

      Intramalleus large, strip shaped ···***E. marinum***

8.   Ovary with 8 vitelline nuclei ···***E. flexilis***

Ovary with 4 vitelline nuclei ·· *E. mustela*

9. Outer margin of ramus with a terminal blunt tooth·· *E. voigti*

Outer margin of ramus without terminal tooth··· 10

10. Teeth end of ramus ventral with a double preuncus teeth ··· *E. lutra*

Teeth end of ramus ventral with a single preuncus tooth ·· *E. putorius*

Erignatha Harring *et* Myers, 1922

Only one species was reported from China, *Erignatha clastopis* (Gosse, 1886).

Ituridae De Smet *et* Pourriot, 1997

Itura Harring *et* Myers, 1928

Key to species

1. Alula of ramus needle-thorn shaped·· *I. aurita*

Alula of ramus not needle-thorn shaped ··· 2

2. Frontal eyes with lenses, fulcrum laterally narrowing from front to end························· *I. viridis*

No lenses, fulcrum laterally near square ·· *I. myersi*

Lindiidae Harring *et* Myers, 1924

Lindia Dujardin, 1841

Key to species

1. Body large, length > 200μm; cortex in trunk with transversal fold ···························· 2

Body slight, length ≤ 200μm; cortex in trunk smooth and without transversal fold ············· *L. delicata*

2. Ciliary auricles short and broad; toes turbination shaped ·· *L. truncata*

Ciliary auricles long, handle shaped; toes relatively slender and pointed······················ 3

3. Uncus with 3 teeth ··· *L. torulosa*

Uncus with 2 teeth ··· *L. pallida*

Brachionidae Wesenberg-Lund, 1899

Key to genera

1. Foot present ··· 2

Foot absent ···4

2. Foot with pseudosegments, eyespots present or absent ·······················3

   Foot without pseudosegments but with annular muscle wrinkles, flexible; eyespots present ··· ***Brachionus***

3. Foot aperture at the end of body; eyespots present; ramus anterior projecting, near base of manubrium without aperture ·· ***Plationus***

   Foot aperture at the ventrally posterior body; eyespot absent; ramus not anterior projecting, near base of manubrium with aperture ······································ ***Platyias***

4. Lorica without plaques ···5

   Lorica with symmetric plaques ··· ***Keratella***

5. Lorica with anterior spines ··6

   Lorica without anterior spines·· ***Anuraeopsis***

6. Lorica with 6 anterior spines, neither equal length, nor asymmetric··········· ***Kellicottia***

   Lorica with 6 anterior spines, similar length and symmetric······················· ***Notholca***

Anuraeopsis Lauterborn, 1900

Key to species

1. Body ovum shaped, anterior margins of lorica smooth ····················· ***A. fissa***

   Body navicular, anterior margins of lorica serration shaped or slightly serration shaped·················2

2. Lorica with rib or ridge; posterior and lateral margins of body with areolae ···················· ***A. coelata***

   Lorica surface granule shaped, without rib or ridge·· ***A. navicula***

Brachionus Pallas, 1766

Key to species

1. Lorica with 6 anterior spines ··2

   Lorica with 2-4 anterior spines·· 14

2. Lorica with posterior basal laminae ··3

   Lorica without basal lamina ··4

3. Medial spines of lorica longer than lateral spines ···················· ***B. leydigii***

   Medial spines of lorica shorter than lateral spines···················· ***B. bidentatus***

4. Lorica with posterior tubular foot aperture ···························· ***B. quadridentatus***

   Lorica without posterior tubular foot aperture ··································5

5. Tip of spine obtuse, finger-shaped·································· ***B. donneri***

   Tip of spine tapering, not finger-shaped ································6

6. Sub-median spines very long and advanced·························· ***B. falcatus***

   Not as above ···7

7. Lorica thick and rough, with neat arranged granules···················· ***B. bennini***

   Lorica smooth, without crude granule ·····································8

8. Foot aperture with sharp spines ·· ***B. nilsoni***
   Foot aperture without sharp spine ··· 9
9. Foot aperture near ventrally median of body··· ***B. sessilis***
   Foot aperture at body end ·· 10
10. Base of anterior spines more broader ·· ***B. plicatilis***
    Base of anterior spines more narrower·· 11
11. Double medial spines longest among three double anterior spines ······················· ***B. variabilis***
    Three double anterior spines equal length ·· 12
12. Orifice of foot aperture anchor-shaped·· ***B. durgae***
    Orifice of foot aperture not anchor-shaped ·· 13
13. Anterior spines laterally asymmetrical, outer margins of spines usually with shoulder-shaped apophysis ·
    ··· ***B. rubens***
    Anterior spines laterally smooth and symmetrical ···································· ***B. urceolaris***
14. Lorica with 4 anterior spines ··· 15
    Lorica with 2 anterior spines and a terminal lycotropal foot aperture ···················· ***B. angularis***
15. Lorica thin, not tessellated··· ***B. calyciflorus***
    Lorica thick, tessellated ·· 16
16. Lorica without postero-lateral spine··· 17
    Lorica with postero-lateral spines ·· 18
17. Anterior spines approximately equal length··· 19
    Anterior spines not equal length, lateral spines extending laterally····················· ***B. niwati***
18. Among the four anterior spines, lateral spines much longer than medial spines ···················
    ·· ***B. (Schizocerca) diversicornis***
    Among the four anterior spines, lateral spines slightly longer than medial spines······················ 21
19. Foot aperture without lateral spine or very short ······································· ***B. budapestinensis***
    Foot aperture with lateral spines relatively longer ··· 20
20. Lateral spines of foot aperture very long, projecting externally as compasses ················ ***B. caudatus***
    Lateral spines of foot aperture incurvated ·· ***B. chelonis***
21. A double posterior spines incurvated·· ***B. forficula***
    A double posterior spines not incurvated ·· ***B. huangi***

Notholca Gosse, 1886

Key to species

1. Posterior end of lorica with handle- or spine-shaped apophysis···································4
   Posterior end of lorica rounded, without any apophysis ······································2
2. Antero-lateral spines replicating ventrally···***N. tibetica***
   Antero-lateral spines not replicating ventrally ···3

3. Double short and mobile lateral spines at 1/4 lorica posterior ·· *N. striata*

No mobile lateral spines present ··· *N. squamula*

4. Caudal apophysis at posterior end of lorica short handle shaped·· 5

Caudal apophysis at the posterior end of lorica pointed or spine shaped··· 8

5. Antero-lateral spines projecting laterally, nearly horizontal ································ *N. dongtingensis*

Antero-lateral spines not projecting laterally·· 6

6. Among 3 double anterior spines, medial spines longest ·· 7

Among 3 double anterior spines, lateral spines longest······································· *N. fujianensis*

7. Caudal apophysis narrow basal, and more or less wide terminal································· *N. labis*

Caudal apophysis wide basal, and narrow terminal ··· *N. acuminata*

8. Posterior half part of ventral lorica protruding into a pointed triangle plate ··········· *N. foliacea*

Posterior margin of ventral lorica with a wide circle apophysis································· *N. intermedia*

Platyias Harring, 1913

Key to species

Antero-medial spines pointed, projecting lateral ··· *P. leloupi*

Antero-medial spines thumb shaped, tip bent ventral··· *P. quadricornis*

Plationus Segers, Murugan *et* Dumont, 1993

Only one species was reported from China, *Plationus patulus* (Müller, 1786).

Keratella Bory de St. Vincent, 1822

Key to species

1. Antero- lateral spines very rudimentary; lorica smooth without facets································· 2

Antero- lateral spines of lorica normal, lorica with facets··· 3

2. Anterior end of lorica with granule speckles ··· *K. sinensis*

Anterior end of lorica without granule speckle ····································· *K. delicata* sp. nov.

3. Dorsal lorica with a medial ridge ·· 4

Dorsal lorica with a row of medial facets·· 5

4. Ridge extending from end to end of dorsal lorica ··· *K. cochlearis*

Ridge forming a triangular facet at 1/3 posterior dorsal lorica ················· *K. mongoliana*

5. Medial facet at posterior end of dorsal lorica, hexagonal or nearly hexagonal························· 6

Medial facet at posterior end of dorsal lorica, not hexagonal ······························· 11

6. Lorica ladder or arc shaped, posteriorly rounded··· 8

Lorica oblong or rectangular, posteriorly not rounded·· 7

7. Lorica lateral closed, with only a double lateral facets ························· *K. testudo*

Lorica lateral closed, with 3 double lateral facets ·· ***K. zhugeae***

8. Lorica at median or near anterior end of body widest ·· 9

    Lorica at posterior end of body widest ·· 10

9. Lorica medial with 2 closed hexagonal facets, end without square median carapace ·············· ***K. valga***

    Lorica medial with 3 closed hexagonal facets, end with a tiny and square median carapace ····· ***K. tropica***

10. Anterior-closed median facets more or less triangular, postero-lateral straight and no lateral ridge ·········

    ··· ***K. hiemalis***

    Anterior-closed median facets more or less hexagonal, end with 2 lateral ridges ·············· ***K. quadrata***

11. Lorica without posterior spines, end with marginal facets ·· 12

    Lorica with posterior spines, short and strong, without marginal facets ······················ ***K. trapezoida***

12. Lorica length shorter than 2× width, 4 closed median facets present ······························· ***K. wangi***

    Lorica length as long as 2× width, 3 closed median facets present ································· ***K. lenzi***

Kellicottia Ahlstrom, 1938

Only one species was reported from China, *Kellicottia longispina* (Kellicott, 1879).

Colurellidae Bartoš, 1959

Key to genera

1. Lorica ancipital, merged dorsal by 2 carapaces, with ventral sulci, clamshell shaped ············· ***Colurella***

    Lorica flat, merged lateral by 2 carapaces ·· 2

2. Carapaces at anterior end of head hemi-rounded, not contractible ································· ***Squatinella***

    Carapaces at anterior end of head hook shaped, contractible ······································· ***Lepadella***

Colurella Bory de St. Vincent, 1824

Key to species

1. Toes merged into one ··· ***C. unicauda***

    Two toes not merged ·· 2

2. Lorica lateral obtuse, toes relatively short ·· ***C. obtusa***

    Lorica lateral longitudinal, posterior end obtuse or with modified tip ···································· 3

3. Posterior end of lorica rounded, toes slender and separated ···································· ***C. hindenburgi***

    Posterior end of lorica pointed, toes merged ·· 4

4. Lorica relatively wide, two sides of posterior end with prominent apophysis, toes short········ ***C. uncinata***

    Lorica relatively narrow, two sides of posterior end with horn-shaped apophysis, blunt or pointed, toes

    long ··· 5

5. Horn-shaped apophysis on posterior end of lorica very pointed ··································· ***C. adriatica***

Horn-shaped apophysis on posterior end of lorica very obtuse ·· 6

6. Ventral sulci flat and straight, lorica low, body length: body depth >2 ····························· *C. geophila*

   Ventral sulci anterior concaved, lorica relatively high, body length: body depth <2 ·············· *C. colurus*

Lepadella Bory de St. Vincent, 1826

Key to subgenera

1. Toes entirely or partially merged ·· *Xenolepadella*

   Toes separated ·· 2

2. Toes double, equal length ·· *Lepadella*

   Toes double, not equal length ·· *Heterolepadella*

Subgen. *Lepadella* Bory de St. Vincent, 1826

Key to species

1. Body larger, lorica length commonly >100μm ·· 2

   Body smaller, lorica length commonly <100μm ·· 12

2. Dorsal lorica with ridge or keel apophysis ·· 3

   Dorsal lorica without ridge or keel apophysis ··· 6

3. Medial part of ridge with a spine ·· *L. (L.) cristata*

   Medial part of ridge without a spine ·· 4

4. Cross section of lorica protruding dorsally roof-shaped, with 5 thorn apophysis ·········· *L. (L.) quinquecostata*

   Not as above ·· 5

5. Cross section of lorica cap shaped ·· *L. (L.) rhomboides*

   Cross section of lorica three radiation shaped ·· *L. (L.) triptera*

6. The end of foot aperture laterally extending to thorn apophysis ···························· *L. (L.) bidentata*

   The end of foot aperture laterally not extending to thorn apophysis ································ 7

7. Posterior end of dorsal plate with a pointed tail projecting backwards ···················· *L. (L.) acuminata*

   Posterior end of dorsal plate without a pointed tail ·· 8

8. Cross section of lorica flat, rhombus ··· 9

   Cross section of lorica convex, 1/2 or 2/3 rounded ·· 10

9. Lorica covering the third foot pseudosegment ··· *L. (L.) venefica*

   Lorica partial covering the third foot pseudosegment ··· *L. (L.) ovalis*

10. Cross section of lorica 2/3 rounded ·· *L. (L.) williamsi*

    Cross section of lorica 1/2 rounded ·· 11

11. Foot aperture inverted "U" shaped, width larger than length, laterally rounded ··········· *L. (L.) benjamini*

    Foot aperture oblong, length larger than width, laterally pointed ······················· *L. (L.) patella*

12. Dorsal lorica with ridge ·· 13

    Dorsal lorica without ridge ··· 14

13. Both dorsal and ventral lorica with ridges, Cross section rhombus ······················ *L. (L.) amphitropis*

　　　Only dorsal lorica with ridge, Cross section cap shaped ····························· *L. (L.) imbricata*

14. Dorsal or ventral lorica with 1-2 furrows ·· 15

　　　Dorsal or ventral lorica without furrow ··· 16

15. Ventral lorica with a ladder-shaped furrow ······························ *L. (L.) qinghaiensis* **sp. nov.**

　　　Dorsal lorica with two tilted furrows ··· *L. (L.) obtusa*

16. Foot aperture broad, two lateral end projecting into pointed spines ···················· *L. (L.) latusinus*

　　　Foot aperture common, two lateral end not projecting into pointed spine ······························· 17

17. Head aperture rounded ·· *L. (L.) apsida*

　　　Head aperture not rounded·· *L. (L.) pumilo*

Subgen. *Heterolepadella* Bartoš, 1955

Key to species

Lateral angles at two sides of lorica protuberant and pointed, slightly incurvated······· *L. (H.) ehrenbergii*

Lateral angles at two sides of lorica not protuberant but rounded, not incurvated········ *L. (H.) heterostyla*

Squatinella Bory de St. Vincent, 1826

Key to species

1. Trunk of lorica with a long dorsal spine ····························· *S. longispinata*

　　Trunk of lorica without long dorsal spine ··· 2

2. End of foot with a slender spin····························· *S. lamellaris*

　　End of foot without spin ··· *S. mutica*

Trichotriidae Bartoš, 1959

Key to genera

1. Lorica broad, dorsal lorica with many long double spines ······························· *Macrochaetus*

　　Lorica longitudinal, dorsal lorica without spine or with a double small lateral spines covering lateral antenna ··· 2

2. Two sides of lorica with a double short lateral spines covering lateral antenna, toes short ··········· *Wolga*

　　Two sides of lorica without spines, toes long ··· *Trichotria*

Wolga Skorikov, 1903

Only one species was reported from China, *Wolga spinifera* (Western, 1894).

Macrochaetus Perty, 1850

Key to species

1. End of the first foot pseudosegment without lateral spine ·· *M. sericus*

    End of the first foot pseudosegment with a double lateral spines ································· 2

2. Lorica with 5 double or 10 spines ··· *M. collinsii*

    Lorica with 7 double or 14 spines ··· *M. subquadratus*

Trichotria Bory de St. Vincent, 1827

Key to species

1. Lorica thin and soft, toes short ··· *T. curta*

    Lorica thick and rigid, toes long ··· 2

2. End of the third foot pseudosegment with a short spine ····························· *T. pocillum*

    End of the third foot pseudosegment without short spine ································· 3

3. The first foot pseudosegment short and broad, dorsal without triangular spine ················· *T. tetractis*

    The first foot pseudosegment long and narrow, dorsal with a triangular spine ················· *T. truncata*

Mytilinidae Bartoš, 1959

Key to genera

Median of dorsal lorica prominently splitting into a longitudinal dorsal sulcus, toes long ··········· *Mytilina*

Median of dorsal lorica without dorsal sulcus, only a keel shaped thorn transversal, toes short·············

·· *Lophocharis*

Mytilina Bory de St. Vincent, 1826

Key to species

1. Anterior end of lorica with spines ··· 2

    Anterior end of lorica without spines ··· 3

2. Anterior end of lorica only with a double short ventral spines ·························· *M. ventralis*

    Anterior end of lorica with a double short dorsal and ventral spines ··················· *M. mucronata*

3. Cross section of lorica triangle shaped, a double toes slender ·························· *M. trigona*

    Cross section of lorica ellipsoid, toes relatively short and thick·· 4

4. Anterior margins of lorica with furrows, dorsal sulcus wide ··························· *M. bisulcata*

    Anterior margins of lorica smooth, dorsal sulcus narrow ···························· *M. compressa*

Lophocharis Ehrenberg, 1838

Key to species

1. Anterior margins of lorica serration shaped, ridge deeper···*L. salpina*
   Anterior margins of lorica not or slightly serration shaped, ridge thin ······································2
2. Lorica rough, without longitudinal furrow at sides of dorsal ridge ····························*L. oxysternon*
   Lorica smooth, with longitudinal furrows at sides of dorsal ridge ·······························*L. naias*

Euchlanidae Bartoš, 1959

Key to genera

1. Lorica being two pieces of dorsal lorica and one ventral lorica merged ·····························*Diplois*
   Lorica being one piece of dorsal lorica and one ventral lorica merged······································2
2. Lorica thin and soft, without lateral sulci; toes long ·····································*Beauchampiella*
   Lorica deep and rigid, with lateral sulci; toes moderately long···3
3. Dorsal lorica significantly narrower than ventral lorica ·····································*Dipleuchlanis*
   Dorsal lorica wider than or as wide as ventral lorica···4
4. Dorsal and ventral lorica with equal width, lateral sulci broad, median with longitudinal apophysis········
   ···*Tripleuchlanis*

   Dorsal lorica commonly narrower than ventral lorica, lateral sulci narrow, median without longitudinal
   apophysis··*Euchlanis*

Beauchampiella Remane, 1929

Only one species was reported from China, *Beauchampiella eudactylota* (Gosse, 1886).

Diplois Gosse, 1886

Only one species was reported from China, *Diplois daviesiae* Gosse, 1886.

Dipleuchlanis de Beauchamp, 1910

Only one species was reported from China, *Dipleuchlanis propatula* (Gosse, 1886).

Tripleuchlanis Myers, 1930

Only one species was reported from China, *Tripleuchlanis plicata* (Levander, 1894).

Euchlanis Ehrenberg, 1832

Key to species

1. Toe gradually slender from base to tip ·· 2
    End of toe suddenly shrink, node shaped ······································· *E. contorta*
2. Cross section of lorica projecting, semi-rounded ······································· 3
    Cross section of lorica triangle shaped, median of dorsal lorica with keel shaped apophysis ·············· 9
3. Posterior end of dorsal lorica deeply incurvate, "V" or "U" incised ················· 6
    Posterior end of dorsal lorica without incision or incurvate ··························· 4
4. Ventral lorica rudimentary or membrane shaped ····································· 5
    Ventral lorica relatively advanced, about 2/3 dorsal lorica width ·············· *E. lyra*
5. Median of dorsal lorica slightly narrowed laterally ···················· *E. pyriformis*
    Median of dorsal lorica not narrowed laterally ····························· *E. deflexa*
6. Upside of foot aperture with shield-shaped plate ·························· *E. meneta*
    Upside of foot aperture without shield-shaped plate ····························· 7
7. Cross section cap shaped, lateral drooping ear shaped, without lateral sulci ············· *E. calpidia*
    Cross section not cap shaped, lateral not drooping ear shaped, with lateral sulci ········· 8
8. Foot and toes slender and elongate ····································· *E. dilatata*
    Foot and toes short and blunt ·· *E. oropha*
9. Ventral lorica not advanced or absent, two lateral alula of dorsal lorica advanced ·············· *E. triquetra*
    Ventral lorica present ··· 10
10. Lorica length <150μm ··· *E. parva*
    Lorica length >150μm ·· *E. incisa*

Epiphanidae Harring, 1913

Key to genera

1. Anterior-dorsal end of head with a rostrum, with two eyespots ························ *Rhinoglena*
    Anterior-dorsal end of head without rostrum, with one eyespot································· 2
2. Foot rudimentary, without toe ··· *Proalides*
    Foot normal, with toes··· 3
3. Foot end with abnormal toes, one large and one small linearly arranged, laterally asymmetrical ···········
    ··· *Mikrocodides*
    Foot end with 2 toes, laterally symmetrical ································· 4
4. Body S-shaped curvaturing laterally ···································· *Cyrtonia*
    Body vermiform, bladder or taper shaped laterally ··························· 5
5. Body vermiform, toes soft ·· *Liliferotrocha*

Body bladder or taper shaped, toes rigid ·· *Epiphanes*

Proalides de Beauchamp, 1907

Key to species

Dorsal antenna very small ·· *P. digitus*

Dorsal antenna very advanced ··· *P. tentaculatus*

Liliferotrocha Sudzuki, 1959

Only one species was reported from China, *Liliferotrocha subtilis* (Rodewald, 1940).

Epiphanes Ehrenberg, 1832

Key to species

1. Foot advanced ···2

   Foot not advanced···3

2. Foot with many dense and circle sulcus ·································· *E. macrourus*

   Foot divided into three pseudosegments ······························· *E. brachionus*

3. Body spindle shaped, foot and body not clearly separated ··············· *E. senta*

   Body saccate, foot and body clearly separated·····································4

4. Foot longer, tubular ··· *E. pelagica*

   Foot shorter, not tubular··· *E. clavatala*

Rhinoglena Ehrenberg, 1853

Key to species

Toes a double, uncus with 9 teeth·· *R. frontalis*

Toes merged, uncus with 6-7 teeth ··· *R. tokioensis*

Mikrocodides Bergendal, 1892

Only one species was reported from China, *Mikrocodides chlaena* (Gosse, 1886).

Cyrtonia Rousselet, 1894

Only one species was reported from China, *Cyrtonia tuba* (Ehrenberg, 1834).

Lecanidae Bartoš, 1959

Lecane Nitzsch, 1827

Key to subgenera

1. Two toes completely separated ··· ***Lecane***
   Two toes partly merged or one toe completely merged ·································· 2
2. Two toes partly merged ·· ***Hemimonostyla***
   One toe completely merged ·· ***Monostyla***

Subgen. *Lecane* Nitzsch, 1827

Key to groups

1. Lorica without antero-lateral spine ··· 2
   Lorica with antero-lateral spine ·· 3
2. Toes without claws nor pseudoclaws ··· A group of ***Lecane***
   Toes with claws nor pseudoclaws ··· C group of ***Lecane***
3. Toes without claws nor pseudoclaws ··· B group of ***Lecane***
   Toes with claws nor pseudoclaws ·· D group of ***Lecane***

Key to species of A group

1. Dorsal and ventral lorica with prominent and irregular figure ···················· ***L. (L.) niothis***
   Dorsal and ventral lorica without prominent figure ································· 2
2. Lorica length larger than width; base of toes thick, tip long and pointed, and excurvature ···················
   ··· ***L. (L.) althausi***
   Lorica length slightly larger than width ··· 3
3. Width of foot pseudosegment larger than length, toes excurvature ···················· ***L. (L.) hornemanni***
   Foot pseudosegment common, toes not excurvature ·································· ***L. (L.) nana***

Key to species of B group

1. Anterior spines of lorica slender and incurvature ·································· ***L. (L.) chinesensis***
   Anterior spines of lorica sturdy and not incurvature ································ 2
2. Lorica oblong, dorsal lorica slight wider than ventral lorica ······················· ***L. (L.) signifera***
   Lorica oval, dorsal lorica prominently wider than ventral lorica ····················· 3
3. Toes longer, tapering abruptly from midway onwards ······························ ***L. (L.) levistyla***
   Toes common, tapering gradually ··· 4
4. Ventral lorica narrow and long, caudal apophysis lingulate ························· ***L. (L.) lauterborni***
   Ventral plate not narrow and long, caudal apophysis not lingulate ···················· 5

5.　Caudal apophysis with wide base and tapering tip ·· ***L. (L.) ludwigii***

　　　Caudal apophysis with not very wide base, and straight and stipitiform tip ·············· ***L. (L.) ohioensis***

Key to species of C group

1.　Width of dorsal lorica larger than length ·· 2

　　　Length of dorsal lorica larger than width ·· 3

2.　Toes short and excurvature ··· ***L. (L.) pumila***

　　　Toes long and not excurvature ··· ***L. (L.) thailandensis***

3.　The second foot pseudosegment visible at lorica end ······································ 4

　　　The second foot pseudosegment not visible at lorica end ·································· 5

4.　Caudal apophysis broad triangle ·· ***L. (L.) subtilis***

　　　Caudal apophysis obtuse coniform ·· ***L. (L.) doryssa***

5.　Lorica narrow and long, toes slender ··· ***L. (L.) inermis***

　　　Lorica rounded, toes sturdy ·· 6

6.　Posterior half of ventral lorica with a transverse furrows ································· ***L. (L.) grandis***

　　　Posterior half of ventral plate without transverse furrows ································· 7

7.　Dorsal lorica narrower than ventral plate ··· ***L. (L.) aeganea***

　　　Dorsal lorica as wide as ventral plate ·· ***L. (L.) tenuiseta***

Key to species of D group

1.　Tip of antero-lateral spine rounded or obtuse angled ······································ 2

　　　Tip of antero-lateral spine edged ··· 3

2.　Anterior end of dorsal lorica lateral with a ridgy wafer ···································· ***L. (L.) papuana***

　　　Anterior end of dorsal lorica lateral without ridgy wafer, only a obtuse angle ·············· ***L. (L.) elsa***

3.　The second foot pseudosegment projecting out from lorica end ····························· 4

　　　The second foot pseudosegment not projecting out from lorica end ························· 9

4.　Conjunction between toe and claw expanding into tubercle ································ ***L. (L.) hastata***

　　　Conjunction between toe and claw not expanding into tubercle ····························· 5

5.　Conjunction between toe and claw incomplete slitter and undefinite delimitation ········· ***L. (L.) haliclysta***

　　　Conjunction between toe and claw complete slitter and definite delimitation ················ 6

6.　Antero-lateral spines long and pointed, not as extensions of ventral plate ················· ***L. (L.) aculeata***

　　　Antero-lateral spines not long nor pointed, but as extensions of ventral plate ·············· 7

7.　Posterior 1/2 dorsal and ventral lorica abruptly narrow and pointed cylindraceous ·········· ***L. (L.) crepida***

　　　Posterior 1/2 dorsal and ventral lorica gradually narrow and pointed cylindraceous elliptic ·············· 8

8.　Both side of the second foot pseudosegment with papilla ································· ***L. (L.) robertsonae***

　　　Both side of the second foot pseudosegment without papilla ······························· ***L. (L.) stichaea***

9.　Anterior margins of dorsal and ventral lorica parallel or basic so ························· 10

　　　Anterior margins of dorsal and ventral lorica more or less curved ························· 13

Subgen. *Monostyla* Ehrenberg, 1830

Key to species

12. Antero-lateral corners of lorica angulus ·· *L. (M.) scutata*

    Antero-lateral corners of dorsal lorica rounded and not angulus ······················· *L. (M.) galeata*

13. Dorsal lorica parallel, ventral lorica convex, claw long and pointed ················· *L. (M.) unguitata*

    Dorsal and ventral lorica convex, claw short and sturdy ··· 14

14. Antero-lateral corners of dorsal lorica with short, sturdy and incurvate spines ············ *L. (M.) stenroosi*

    Antero-lateral corners of dorsal lorica without incurvate spine ······································· 15

15. Dorsal lorica ornamented ··· *L. (M.) ornata*

    Dorsal lorica without distinct ornament·· 16

16. Posterior part of ventral lorica with a transverse fold, end of the second foot pseudosegment with

    2 small lateral projections·· *L. (M.) cornuta*

    Not as above ··· 17

17. Caudal projection fishtail shaped ··· *L. (M.) lamellata*

    Caudal projection not fishtail shaped·· 18

18. Distance between two antero-lateral spines larger than ventral 1/2 lorica width············ *L. (M.) lunaris*

    Distance between two antero-lateral spines smaller than ventral 1/2 lorica width ············· *L. (M.) bulla*

19. Dorsal lorica anteriorly as wide as ventral lorica, margins parallel ······················ *L. (M.) pyriformis*

    Dorsal lorica anteriorly narrower than ventral lorica·· 20

20. Two sides of dorsal lorica anteriorly obtuse angle ·· 21

    Two sides of dorsal lorica anteriorly with spines ·· 22

21. Front part of foot with a transverse fold, toes abruptly tapered at third length posteriorly ···················

    ··· *L. (M.) closterocerca*

    Front part of foot with two longitudinal folds and a transverse fold, toes smooth tapered ···· *L. (M.) arcuata*

22. End of ventral lorica projecting and fishtail shaped······································· *L. (M.) batillifer*

    End of ventral lorica projecting but not fishtail shaped·· 23

23. Toes spindle, end abruptly tapered··· *L. (M.) thienemanni*

    Notas above ··· 24

24. Dorsal antero-lateral spines pointed angulate, and with a pair of ventral antero-lateral spines ··············

    ··· *L. (M.) hamata*

    Notas above ··· *L. (M.) decipiens*

Subgen. *Hemimonostyla* Bartoš, 1959

    Only one species was reported from China, *Lecane* (*Hemimonostyla*) *inopinata* Harring *et* Myers, 1926.

Asplanchnidae Eckstein, 1883

Key to genera

1. Without foot and toe ·· *Asplanchna*
   With foot and toe ··· 2
2. Trophi typical incudate, without intestine and anus ······························· *Asplanchnopus*
   Trophi between incudate and malleate, with intestine and anus ····················· *Harringia*

Harringia de Beauchamp, 1912

Only one species was reported from China, *Harringia eupoda* (Gosse, 1887).

Asplanchnopus de Guerne, 1888

Key to species

Foot short and thick; vitellarium "V" or horseshoe shaped ······················· *A. multiceps*
Foot long and slender; vitellarium ribbon shaped ····································· *A. hyalinus*

Asplanchna Gosse, 1850

Key to species

1. Vitellarium round or sphere, ramus inner margin with small teeth ··············· *A. priodonta*
   Vitellarium ribbon or horseshoe-shaped, ramus inner margin smooth and without teeth, or with one big
   tooth in the center ··· 2
2. Rami base without alula ·· *A. girodi*
   Rami base with alula ··· 3
3. Ramus inner margin smooth and without teeth ····································· *A. intermedia*
   Ramus inner margin medially with a big tooth ·· 4
4. Two sides, dorsum and abdomen of body without apophysis ····················· *A. brightwellii*
   Two sides, dorsum and abdomen of body with nubble or aliform sharped apophysis ··········· *A. sieboldii*

Notommatidae Remane, 1933

Key to genera

1. Vitellarium banding or randomly arranged ··· 2
   Vitellarium oval or kidney-shaped ·· 3
2. Yolk nucleus banding ··· *Pseudoharringia*

Yolk nucleus randomly arranged··***Enteroplea***

3. Foot and toes longer than body, toes of unequal length···***Monommata***

Foot and toes shorter than body, toes of unequal length ···4

4. Trunk with 3-5 loricas ···5

Trunk illoricate ···6

5. Dorsal and ventral lorica highly keratinized and granulated ···***Metadiaschiza***

Dorsal and ventral lorica without distinct high keratinized and granulated·····················***Cephalodella***

6. Dorsal trunk with many deeply transverse folds···***Taphrocampa***

Dorsal trunk smooth, without transverse fold ···7

7. Head with two frontal eyes and one cervical eye ··8

Head without frontal eyes, cervical eye absent or present···9

8. Mastax with one salivary gland ···***Eothinia***

Mastax with a pair of salivary glands ···***Eosphora***

9. Corona ventral, ciliate auricles present ···***Notommata***

Corona apical, ciliate auricles absent···10

10. A pair of salivary glands, symmetrical; trophi simple ···***Pleurotrocha***

Salivary glands rudimentary, asymmetrical; trophi complex ··***Resticula***

Enteroplea Ehrenberg, 1830

Only one species was reported from China, *Enteroplea lacustris* Ehrenberg, 1830.

Pseudoharringia Fadeew, 1925

Only one species was reported from China, *Pseudoharringia similis* Fadeew, 1925.

Monommata Bartsch, 1870

Key to species

1. Dorsal antenna paired ···***M. actices***

Dorsal antenna single···2

2. Rami without inner teeth, manubrium with terminal hook and median bump·····················***M. aeschyna***

Rami with inner teeth···3

3. Inner margin of ramus with a long tooth···***M. longiseta***

Inner margin of ramus with numerous pectination teeth ···***M. grandis***

Taphrocampa Gosse, 1851

Key to species

Toes long and curved; inner margin of ramus with teeth ·· *T. selenura*

Toes short and conical; inner margin of ramus with one blunt tooth ························ *T. annulosa*

Eothinia Harring *et* Myers, 1922

Only one species was reported from China, *Eothinia elongata* (Ehrenberg, 1832).

Eosphora Ehrenberg, 1830

Key to species

1. Eyespot absent ·· *E. anthadis*

   Eyespot(s) present ·· 2

2. Pedal gland without mucus reservoir ··· *E. ehrenbergi*

   Pedal gland with mucus reservoir ·· 3

3. Salivary glands asymmetrical; 2 asistant eyespots on 2 stigma-like projections of coronas ········ *E. najas*

   Salivary glands symmetrical; no asistant eyespots on 2 stigma-like projections of coronas ········ *E. thoa*

Resticula Harring *et* Myers, 1924

Key to species

1. Eyespots and rostrum absent, toe base distinctly bulbous ································· *R. melandocus*

   Eyespots and rostrum present, toe base not bulbous ······································· 2

2. Body spindle shaped, foot well separated from trunk ·· *R. gelida*

   Body vermiform shaped, foot not clear separated from trunk ······························· *R. nyssa*

Notommata Ehrenberg, 1830

Key to species

1. Bladder double ··· *N. allantois*

   Bladder single ·· 2

2. Lateral antennae advanced and tubular, projecting laterally from the second half of trunk ······· *N. peridia*

   None of above ··· 3

3. Trophi symmetrical ·· *N. pseudocerberus*

   Trophi asymmetrical ·· 4

4. Caudal lobe rob-shaped ·· 5

   Caudal lobe not rob-shaped ··· 6

5. Rob-shaped lobe long and reaching toe end ·· *N. tripus*

    Rob-shaped lobe short and not reaching toe end ···································· *N. copeus*

6. Body slender, auricles short, tip of toe curved ·· 7

    None of the above ·· 9

7. Inner margin of ramus without pectination teeth; tip of toe incurved ·················· *N. silpha*

    Inner margin of ramus with pectination teeth; tip of toe excurved ···················· 8

8. Toes long, >40 μm ·· *N. doneta*

    Toes short, <40 μm·· *N. cyrtopus*

9. Caudal lobe with upward sunken strip ·· 10

    Caudal lobe without upward sunken strip ·· 11

10. Left alula of rami bigger than the right, and spine shaped ······························ *N. glyphura*

    Left alula of rami similar to the right, and not spine shaped ···························· *N. cerberus*

11. Caudal lobe terminal separating into three patches·· *N. falcinella*

    Not as above ·· 12

12. Neck specially bulged ·· *N. collaris*

    Neck not specially bulged ·· 13

13. Body large, >500 μm; auricles sturdy, and longer than width of head·················· *N. pachyura*

    Body small, <400 μm; auricles common ·· 14

14. Fulcrum tiny, alula short and near triangulate·· *N. saccigera*

    Fulcrum sturdy, alula long and palus shaped ·· 15

15. Retrocerebral sac pear shaped, light gray; subcerebral gland slight shorter than retrocerebral sac···········

    ·· *N. thopica*

    Retrocerebral sac rounded, black; subcerebral gland slight longer than retrocerebral sac ·········· *N. aurita*

Cephalodella Bory de St. Vincent, 1826

Key to types

1. Body length : toe length < 3 ·· type I of *Cephalodella*

    Body length : toe length > 3 ·· 2

2. Body length : toe length ≈ 3-5··· type II of *Cephalodella*

    Body length : toe length ≈ 5-11 ·································· type III of *Cephalodella*

Cephalodella Bory de St. Vincent, 1826

Key to species of type I (body length/toe length < 3)

1. Cervical eyes present ·· 2

    Cervical eyes absent ·· 3

2. Toes laterally S-shaped, base with tubercle ·· *C. nana*

    Toes dorsally bent, base without tubercle·· *C. tantilloides*

Cephalodella Bory de St. Vincent, 1826

Key to species of type II (body length/toe length: 3-5)

14. Body robust, with eyespots on neck ·· *C. physalis*

　　Body elongate and slender, with eyespots behind brain ····························· *C. hoodii*

15. Trophi type B ··· 16

　　Trophi not type B ·· 19

16. Carapace distinct; small spine on basally outer margin of left ramus ········· *C. sterea*

　　Carapace not distinct; no small spine on outer margin of left ramus ··········· 17

17. Toes ventrally curved, double frontal eyes ···································· *C. reimanni*

　　Toes dorsally curved, single frontal eyes ··· 18

18. Body large, longer than 250 μm ··· *C. gibba*

　　Body small, shorter than 150 μm ······································· *C. carina*

19. Trophi type C ·· 20

　　Trophi type D ·· 21

20. Body slender and elongate, transparent ·································· *C. obvia*

　　Body stout, and loricated ··· *C. misgurnus*

21. Caudal apophysis big, toes dorsal without tooth or spicule ············· *C. tinca*

　　Caudal apophysis small, toes dorsal with teeth or spicule ·············· 22

22. Toes dorsal with two spicules ··· *C. forficula*

　　Toes dorsal with a single spicule ···································· *C. panarista*

Cephalodella Bory de St. Vincent, 1826

Key to species of type III (body length/toe length: 5-11)

1. Eyes present ·· 2

　　Eyes present ·· 10

2. Cervical eyes present ··· 3

　　Cervical eyes absent ··· 5

3. Cervical eyes not split, caudal bristle long ······················· *C. auriculata*

　　Cervical eyes split, caudal bristle absent ·························· 4

4. Cause apophysis large and covering foot; toe tip ventral with a shallow infection ·············· *C. theodora*

　　Cause apophysis sharp and not covering foot, toe tip ventral without shallow infection ······ *C. doryphora*

5. Trophi type C, foot small and at abdomen ························· *C. catellina*

　　Trophi not type C, foot common and at body terminal ··········· 6

6. Trophi type A ·· 7

　　Trophi type B ·· 8

7. Two side of rami not extending into pointed angulate ··········· *C. gracilis*

　　Two side of rami extending into two pointed angulate ·········· *C. delicata*

8. Top of head with two spicules ······································ *C. globata*

　　Top of head without spicule ··· 9

9. Two sides of rami base with small alula ⋯⋯⋯⋯⋯⋯⋯⋯⋯⋯⋯⋯⋯⋯⋯⋯⋯ *C. forceps*

   Two sides of rami base with slender and elongate alula ⋯⋯⋯⋯⋯⋯⋯⋯⋯⋯ *C. cyclops*

10. Crystal at side of ganglion ⋯⋯⋯⋯⋯⋯⋯⋯⋯⋯⋯⋯⋯⋯⋯⋯⋯⋯⋯⋯⋯⋯⋯ 11

   No crystal at side of ganglion ⋯⋯⋯⋯⋯⋯⋯⋯⋯⋯⋯⋯⋯⋯⋯⋯⋯⋯⋯⋯⋯ 12

11. Cause apophysis covering foot ⋯⋯⋯⋯⋯⋯⋯⋯⋯⋯⋯⋯⋯⋯⋯⋯⋯⋯⋯⋯ *C. rotunda*

   Cause apophysis partial covering foot ⋯⋯⋯⋯⋯⋯⋯⋯⋯⋯⋯⋯⋯⋯⋯⋯ *C. tenuior*

12. Two sides of corona with cilia cluster ⋯⋯⋯⋯⋯⋯⋯⋯⋯⋯⋯⋯⋯ *C. curta* **sp. nov.**

   Two sides of corona without cilia cluster ⋯⋯⋯⋯⋯⋯⋯⋯⋯⋯⋯⋯⋯⋯⋯⋯⋯ 13

13. Trophi type E ⋯⋯⋯⋯⋯⋯⋯⋯⋯⋯⋯⋯⋯⋯⋯⋯⋯⋯⋯⋯⋯⋯⋯⋯⋯⋯⋯ 15

   Trophi not type E ⋯⋯⋯⋯⋯⋯⋯⋯⋯⋯⋯⋯⋯⋯⋯⋯⋯⋯⋯⋯⋯⋯⋯⋯⋯⋯ 14

14. Rami without inner teeth and bilateral alula ⋯⋯⋯⋯⋯⋯⋯⋯⋯⋯⋯⋯⋯⋯ *C. wrighti*

   Rami with inner teeth and bilateral alula ⋯⋯⋯⋯⋯⋯⋯⋯⋯⋯⋯⋯⋯ *C. evabroedae*

15. Toes special shaped, and basal with a annular tube ⋯⋯⋯⋯⋯⋯⋯⋯⋯⋯ *C. minora*

   Toes common shaped, basal without a annular tube ⋯⋯⋯⋯⋯⋯⋯ *C. megalocephala*

Pleurotrocha Ehrenberg, 1830

Key to species

Single toe, anterior end of manubrium without protuberant cone ⋯⋯⋯⋯⋯⋯⋯ *P. robusta*

Double toes, anterior end of manubrium with protuberant cone ⋯⋯⋯⋯⋯ *P. petromyzon*

Metadiaschiza Fadeew, 1925

Only one species was reported from China, *Metadiaschiza trigona* (Rousselet, 1895).

Scaridiidae Manfredi, 1927

Scaridium Ehrenberg, 1830

Key to species

1. Two sides of rami without alula; body square ⋯⋯⋯⋯⋯⋯⋯⋯⋯⋯⋯⋯⋯ *S. montanum*

   Two sides of rami with alula; body not square ⋯⋯⋯⋯⋯⋯⋯⋯⋯⋯⋯⋯⋯⋯⋯ 2

2. Alula of rami lateral projecting and claw-like ⋯⋯⋯⋯⋯⋯⋯⋯⋯⋯⋯⋯⋯ *S. grande*

   Not as above ⋯⋯⋯⋯⋯⋯⋯⋯⋯⋯⋯⋯⋯⋯⋯⋯⋯⋯⋯⋯⋯⋯⋯⋯⋯⋯⋯ 3

3. Alula short and blunt ⋯⋯⋯⋯⋯⋯⋯⋯⋯⋯⋯⋯⋯⋯⋯⋯⋯⋯⋯⋯⋯⋯ *S. bostjani*

   Alula long and pointed ⋯⋯⋯⋯⋯⋯⋯⋯⋯⋯⋯⋯⋯⋯⋯⋯⋯⋯⋯⋯⋯⋯⋯⋯ 4

4. Body large, length about 400 μm; two sides of corona with a cluster of long, ear-like cilia ⋯⋯⋯⋯⋯⋯

   ⋯⋯⋯⋯⋯⋯⋯⋯⋯⋯⋯⋯⋯⋯⋯⋯⋯⋯⋯⋯⋯⋯⋯⋯⋯⋯⋯⋯⋯⋯ *S. longicaudum*

Body small, length about 300 μm; two sides of corona without ear-like cilia ·······················*S. elegans*

Proalidae Harring *et* Myers, 1924

Key to genera

1. Corona rudimentary, without lateral ciliary tuft ···***Wulfertia***
   Corona normal, with lateral ciliary tuft ···2
2. Dorsal base of foot with papilla bearing a bristle or cilium ·····························***Proalinopsis***
   Dorsal base of foot without papilla, bristle or cilium ···································***Proales***

Wulfertia Donner, 1943

Only one species was reported from China, *Wulfertia ornata* Donner, 1943.

Proalinopsis Weber, 1918

Key to species

Dorsal base of foot with papilla bearing a thin cilium ·································***P. caudatus***
Dorsal base of foot with papilla bearing a long bristle·······························***P. staurus***

Proales Gosse, 1886

Key to species

1. Eyespot(s) at frontal end of head ···2
   Eyespot(s) on or behind cerebral, or absent ···3
2. Foot with 2 pseudosegments, basal pseudosegment short; toes not merged at their bases······***P. reinhardti***
   Foot with 3 pseudosegments, basal pseudosegment shortest; toes partially merged at their bases ···········
   ···***P. theodora***
3. Single toe··***P. doliaris***
   Two toes ···4
4. Foot with one pseudosegment···5
   Foot with 2-3 pseudosegments ···6
5. Two eyespots, without retrocerebral sac ···***P. phaeopis***
   One eyespot, with advanced retrocerebral sac ···***P. simplex***
6. Toes long, curved and forcipate-shaped, without eyespot·································***P. minima***
   Toes short, not curved or forcipate-shaped, with eyespots ·······························7
7. Foot with 3 pseudosegments, about 1/4 total length of body ·····························***P. sordida***
   Foot with 2 pseudosegments, <1/4 total length of body ·································8

8. With dorsal papilla between toes ⋯⋯⋯⋯⋯⋯⋯⋯⋯⋯⋯⋯⋯⋯⋯⋯⋯⋯⋯⋯⋯⋯ *P. fallaciosa*
    Without dorsal papilla between toes ⋯⋯⋯⋯⋯⋯⋯⋯⋯⋯⋯⋯⋯⋯⋯⋯⋯⋯⋯⋯⋯⋯⋯⋯⋯ 9

9. Basal pseudosegment of foot completely covered by caudal process ⋯⋯⋯⋯⋯⋯⋯ *P. wesenbergi*
    Basal pseudosegment of foot partially covered by caudal process ⋯⋯⋯⋯⋯⋯⋯⋯⋯⋯⋯ 10

10. Body stout, dorsal protuberated, usually ectoparasitic ⋯⋯⋯⋯⋯⋯⋯⋯⋯⋯⋯⋯⋯⋯⋯ *P. daphnicola*
    Body slender, dorsal not protuberated ⋯⋯⋯⋯⋯⋯⋯⋯⋯⋯⋯⋯⋯⋯⋯⋯⋯⋯⋯⋯⋯⋯⋯⋯ 11

11. Uncus composed of tooth with 4-5 cusps, free-living ⋯⋯⋯⋯⋯⋯⋯⋯⋯⋯⋯⋯⋯⋯⋯⋯ *P. decipiens*
    Uncus composed of tooth with 3 cusps, parasitic ⋯⋯⋯⋯⋯⋯⋯⋯⋯⋯⋯⋯⋯⋯⋯⋯⋯⋯ *P. parasita*

Gastropodidae Harring, 1913

Key to genera

Foot absent, 1-4 dark or brown defecation reservoirs ⋯⋯⋯⋯⋯⋯⋯⋯⋯⋯⋯⋯⋯⋯⋯⋯ *Ascomorpha*
Foot present, without defecation reservoirs ⋯⋯⋯⋯⋯⋯⋯⋯⋯⋯⋯⋯⋯⋯⋯⋯⋯⋯⋯⋯ *Gastropus*

Ascomorpha Perty, 1850

Key to species

1. Corona with apical antenna ⋯⋯⋯⋯⋯⋯⋯⋯⋯⋯⋯⋯⋯⋯⋯⋯⋯⋯⋯⋯⋯⋯⋯⋯⋯⋯⋯⋯⋯ 2
    Corona without apical antenna ⋯⋯⋯⋯⋯⋯⋯⋯⋯⋯⋯⋯⋯⋯⋯⋯⋯⋯⋯⋯⋯⋯⋯ *A. ecaudis*

2. Lorica divided into dorsal and ventral loricas, usually 4 defecation reservoirs ⋯⋯⋯⋯⋯ *A. ovalis*
    Lorica divided into dorsal and ventral loricas, usually 1 defecation reservoirs ⋯⋯⋯⋯⋯ *A. saltans*

Gastropus Imhof, 1888

Key to species

1. Foot ventral medianly projecting, without segment, with transversal furrows ⋯⋯⋯⋯⋯ *G. stylifer*
    Foot projecting from the second half of ventral, without transversal furrows ⋯⋯⋯⋯⋯⋯⋯ 2

2. Vitellarium with 15-26 nuclei, body relatively large, usually longer than 150 μm ⋯⋯⋯⋯ *G. hyptopus*
    Vitellarium with 4-8 nuclei, body relatively small, usually shorter than 150 μm ⋯⋯⋯⋯⋯ *G. minor*

Trichocercidae Harring, 1913

Key to genera

Foot present; toes bristle-shaped, equal or unequal length ⋯⋯⋯⋯⋯⋯⋯⋯⋯⋯⋯⋯⋯ *Trichocerca*
Foot absent; toes not bristle-shaped ⋯⋯⋯⋯⋯⋯⋯⋯⋯⋯⋯⋯⋯⋯⋯⋯⋯⋯⋯⋯⋯ *Ascomorphella*

Trichocerca Lamarck, 1801

Key to species

1. Double toes, equal or unequal length, short toe as long as or shorter than one third of the long one, but both of them as long as or shorter than half the body length ···2
   Double toes, unequal length, short toe shorter than one third of the long one, the long toe longer than half the body length ··21

2. Anterior margin of lorica smooth, dorsal without ridge ···································*T. collaris*
   Anterior margin of lorica with spine, teeth and furrows, dorsal with ridge ···················3

3. Apophysis at anterior end of lorica furrow or serration-shaped ·································4
   Not as above ···7

4. Anterior end of lorica serration-shaped ···*T. rousseleti*
   anterior end of lorica furrow-shaped ··5

5. Toe length >80μm··*T. heterodactyla*
   Toe length <50μm···6

6. Right almost as long as one third of the left one···*T. inermis*
   Right toe longer than half of the left one ···*T. dixon-nuttalli*

7. Posterior end of lorica ventrally curved, acute-angle shaped , covering foot···················*T. sulcata*
   Not as above ···8

8. Anterior margin of lorica with one arrow-shaped lobe or a blunt tooth ·························9
   Anterior margin of lorica with sharped teeth or spines ···10

9. Lorica dorsally slightly curved, ventrally relatively flat·····································*T. relicta*
   Lorica dorsally prominently curved, semisphere, ventrally concaved ···················*T. brachyura*

10. Anterior margin of lorica with one sharped tooth or spine ·····································11
    Anterior margin of lorica with two sharped teeth or spines ···································15

11. Sharped teeth long and curved ···*T. uncinata*
    Sharped teeth short and not curved ···12

12. Body slender and elongate, anterior end of lorica without ligule-shaped lobe ···················13
    Body stout, anterior end of lorica with ligule-shaped lobe ·································*T. weberi*

13. Left and right toes equal or nearly equal length ···14
    Left and right toes unequal length, 1/2 difference ···*T. tenuior*

14. Toes short, nearly one third of body length; double tarsal toes, relatively advanced ···········*T. intermedia*
    Toes long, nearly half the body length; multi- tarsal toes, slender and elongate ···················*T. tigris*

15. Lorica anterior with two length-equal sharp teeth or spines ···································19
    Lorica anteriorly with two length-unequal sharp teeth or spines ·······························16

16. Both body and foot slender and elongate, ridge slender and arriving body terminally···········*T. insignis*
    Body short and stout, ridge wider and arriving body medially ·································17

17. Two spines at anterior end distantly separated, the left one longer and incurved ···············18

Two spines adjoint, the right one longer than the left ·································· *T. porcellus*

18. Body posterior with one dorsally curved spicule ·································· *T. pygocera*

　　Body posterior rounded and without spicule ·································· *T. taurocephala*

19. Head anterior with two relatively large and strong sharped teeth ··················· 20

　　Head anterior with two slender and elongate spines ··························· *T. similis*

20. Both sides of head with one basal board and terminal sharped tooth ·············· *T. marina*

　　Head dorsal with two sharped teeth ·· *T. bidens*

21. Anterior margin of lorica with teeth, spine, wave or lid-shaped lobe················· 26

　　Not as above ··· 22

22. Lorica dorsal with one ridge··· 25

　　Lorica dorsal with two ridges ·· 23

23. Ridge short, only arriving anterior end of body······························· *T. elongata*

　　Ridge long, arriving terminal end of body······························ 24

24. Between the two ridges with longitudinal furrow ······················· *T. bicristata*

　　Not as above ··· *T. vargai*

25. Ridge long, nearly as long as body length ·································· *T. lophoessa*

　　Ridge short, only as long as half the body length ························ *T. rattus*

26. Lorica anterior wave shaped or with sharp teeth ·························· 27

　　Lorica anterior with long spine or cover ··································· 29

27. Lorica anterior with one slender tooth, base of left tooth not S curved··············· *T. gracilis*

　　Lorica anterior wave shaped, base of left tooth S curved······················ 28

28. Body large, left toe shorter than one third of the body length ················· *T. stylata*

　　Body small, left toe longer than one third of the body length ··············· *T. pusilla*

29. Head dorsal with one triangular cover ·································· *T. capucina*

　　Not as above ·· 30

30. Lorica anterior with 1-2 long spines·· 31

　　Lorica anterior with one slender tooth, ridge arriving body terminally ············ *T. iernis*

31. Lorica anterior with one long and curved spine ·························· 32

　　Lorica anterior with two straight spines ································· 33

32. Left toe as long as or longer than body ·································· *T. cylindrica*

　　Left toe almost two third of body length······························ *T. chattoni*

33. Body terminal with a dorsally curved and sharp angle ····················· *T. rosea*

　　Body terminal rounded, without sharp angle·························· *T. longiseta*

Ascomorphella **Wiszniewski, 1953**

Only one species was reported from China, *Ascomorphella volvocicola* (Plate, 1886).

Synchaetidae Hudson *et* Gosse, 1886

Key to genera

1. Foot absent, body square or sack shaped, with advanced and mobile appendages ··············· ***Polyarthra***

   Foot present, body bell-shaped, inverse conical or pear-shaped, without appendages ························ 2

2. Lorica absent, corona with lateral ciliary auricles ·· ***Synchaeta***

   Lorica present, with ornaments or grooves and ridges, without ciliary auricles ·················· ***Ploesoma***

Synchaeta Ehrenberg, 1832

Key to species

1. Anterior end of body dorsal with double horny tubers ·· ***S. arcifera***

   Anterior end of body dorsal without double horny tubers ··· 2

2. Toe single ·· ***S. monostyla* sp. nov.**

   Toes double ·· 3

3. Uncus with only one main tooth, without additional tooth ··· 4

   Uncus with different number of additional teeth except main tooth ·· 6

4. With two prominent apical palp-like antennae ·· ***S. pectinata***

   With no apical palp-like antennae ··· 5

5. Body large, trunk not clearly separated from foot ··· ***S. stylata***

   Body small, trunk clearly separated from foot ·· ***S. longipes***

6. Lateral antennae at the both sides of lower third of trunk ··· 7

   Lateral antennaes at the both sides of foot bases ··· ***S. tremula***

7. Body narrow below ciliary auricles ··· ***S. lakowitziana***

   Body not narrow below ciliary auricles ·· 8

8. Body cylinder, ciliary auricles relative smaller and horizontal ·· ***S. tavina***

   Body bell-shaped, ciliary auricles relative larger and reverse hung ································· ***S. oblonga***

Polyarthra Ehrenberg, 1834

Key to species

1. Body ventral with a double short finlets ·· 2

   Body ventral without a double short finlets ··· 3

2. Bristle length : body length < 1.2, bristle width > 15 μm inner ramus of trophi with 1-2 teeth···············
   ·· ***P. vulgaris***

   Bristle length : body length > 1.2, bristle width < 15 μm inner ramus of trophi respectively with 1 tooth ·
   ·· ***P. dolichoptera***

3. Vitellarium with 4-8 nuclei, body length < 120 μm ·· ***P. remata***

Vitellarium with 8-13 nuclei, body length > 120 μm ·················4

4.　Bristle width 20-37 μm, vitellarium with 8 nuclei···············*P. major*

　　Bristle width 40-62 μm, vitellarium with 10-13 nuclei ···············*P. euryptera*

Ploesoma Herrick, 1885

Key to species

1.　Lorica ventral without longitudinal split, anterior half body dorsal with semispheric and shield-shaped apophysis ···············*P. hudsoni*

　　Lorica ventral with longitudinal split, anterior end of body dorsal without shield-shap apophysis ·········2

2.　Antero-median body dorsal with a triangle pointed projection ···············*P. lenticulare*

　　Anterior end of body dorsal flat, or wave-like ···············*P. truncatum*

Flosculariacea Harring, 1913

Key to families

1.　Body loricate···············**Testudinellidae**

　　Body illoricate ···············2

2.　Two sides or posterior end of body possessing bristle or appendages ···············3

　　Two sides or posterior end of body not possessing bristle or appendages ···············4

3.　Two sides of body possessing six arm-shaped appendages with bristle ···············**Hexarthridae**

　　Body possessing two anterior bristle and one (or two) posterior bristle···············**Filiniidae**

4.　Body spherical and very smooth; foot absent ···············**Trochosphaeridae**

　　Body not spherical; foot present ···············5

5.　Adult sessile ···············**Flosculariidae**

　　Adult free living; some circumstances colonial···············**Conochilidae**

Flosculariidae Ehrenberg, 1838

Key to genera

1.　Corona indistinctively split ···············2

　　Corona distinctively split ···············5

2.　Corona kidney shaped or broad oval or square or cordiform ···············3

　　Corona rounded or oval, or indistinctively split ···············4

3.　Anus posterior and near foot base with egg receptacle, corona kidney shaped ···············*Sinantherina*

　　Anus posterior without egg receptacle, corona heart shaped ···············*Lacinularia*

4.　Dorsal antenna very long and prominent, finger-shaped ···············*Beauchampia*

Dorsal antenna very small and invisible, nipple-shaped ·································· ***Ptygura***

5. Corona marginal with only two splinters ································· ***Limnias***

　　Corona marginal with more than two splinters ································· 6

6. Corona with 4 splinters; all species with tube room ··························· ***Floscularia***

　　Corona with 8 splinters; all species with tube collocystis ··························· ***Octotrocha***

Octotrocha Thorpe, 1893

Only one species was reported from China, *Octotrocha speciosa* Thorpe, 1893.

Limnias Schrank, 1803

Key to species

Corona dorsal without hook-shaped papilla; tube room dark and opaque ···················· ***L. ceratophylli***

Corona dorsal with 7 hook-shaped papillae; tube room transparent ···························· ***L. melicerta***

Floscularia Cuvier, 1798

Only one species was reported from China, *Floscularia ringens* (Linnaeus, 1758).

Ptygura Ehrenberg, 1832

Key to species

1. Foot terminal with stem ··· 2

　　Foot terminal without stem ·· 4

2. Foot stem longer than the body ··· ***P. pedunculata***

　　Foot stem short ··· 3

3. Tube room absent, corona with two small angle-shaped projections ···················· ***P. melicerta***

　　Tube room present, corona without angle-shaped projections ······················· ***P. intermedia***

4. Neck dorsal without projection, lateral antenna long ·························· ***P. longicornis***

　　Neck dorsal with projections, lateral antenna short ····························· 5

5. Projection terminal with a pair of claws ··································· ***P. furcillata***

　　Projection terminal with two pair of claws ································· ***P. elsteri***

Sinantherina Bory de St. Vincent, 1826

Key to species

1. Trunk ventral with acute hook-shaped thorns, neck ventral without wart ···················· ***S. spinosa***

　　Trunk ventral without any thorns, neck ventral with distinct warts ····························· 2

2. Neck ventral with only two warts, corona nearly square shaped ·································· *S. semibullata*

    Neck ventral with four warts, corona kidney shaped ··· 3

3. Foot stout, ≤ 2 times of head and trunk; egg receptacle not prominent ·························· *S. socialis*

    Foot thin and long, > 3-4 times of head and trunk length; egg receptacle very prominent ········ *S. procera*

Lacinularia Schweigger, 1820

Only one species was reported from China, *Lacinularia flosculosa* (Müller, 1773).

Beauchampia Harring, 1913

Only one species was reported from China, *Beauchampia crucigera* (Dutrochet, 1812).

Conochilidae Harring, 1913

Key to genera

Ventral antennae at apical corona ·· *Conochilus*

Ventral antennae at antero-ventral trunk ·· *Conochiloides*

Conochilus Ehrenberg, 1834

Key to species

The two ventral antennae near but separated; colony relatively big ······················ *C. hippocrepis*

The two ventral antennae fused to a single antennae; colony relatively small ················ *C. unicornis*

Conochiloides Hlava, 1904

Key to species

Two ventral antennae merged until terminal with some separated ························· *C. dossuarius*

Two ventral antennae merged completely ·· *C. natans*

Testudinellidae Harring, 1913

Key to genera

Lorica relatively thick and hard; with foot ··· *Testudinella*

Lorica relatively thin and soft; without foot ·· *Pompholyx*

Pompholyx Gosse, 1851

Key to species

1. Dorsal,ventral and lateral lorica protruded and forming four longitude furrows ················· *P. sulcata*
   Dorsal and ventral lorica very flat, smooth and without furrow ·· 2
2. Two side of lorica anterior distinctive acute-angle shaped ··································· *P. acutangula*
   Not as above ··· *P. complanata*

Testudinella Bory de St. Vincent, 1826

Key to species

1. Lorica longitudial, posterior extending into thin stem or tube shaped ························· *T. tridentata*
   Lorica rounded, posterior not extending into thin stem or tube shaped ····························· 2
2. Foot aperture at ventral lorica medially or 1/3 posteriorly ·· 3
   Foot aperture at or near ventral lorica terminally ··· 4
3. Anterior margin of lorica medially with one triangular projection ························· *T. mucronata*
   Not as above ·· *T. patina*
4. Anterior margin of lorica ventral with neckline-like sunken ································· *T. parva*
   Not as above ·· 5
5. Foot aperture square or oblong shaped ·· *T. incisa*
   Foot aperture split-shaped ··· *T. brycei*

Filiniidae Bartoš, 1959

Filinia Bory de St. Vincent, 1824

Key to species

1. Body posterior with two appendages ··· 2
   Body posterior with single appendage ··· 3
2. The two appendages almost equal length ··· *F. minuta*
   The two appendages unequal length, the short one sometimes not visible ······················ *F. opoliensis*
3. The two antero-lateral appendages shorter than body ·· 4
   The two antero-lateral appendages longer than body ··· 5
4. The two antero-lateral appendages shorter than one third body ······························· *F. cornuta*
   The two antero-lateral appendages longer than one third body ······························· *F. brachiata*
5. Appendages posterior absent or very short ··· *F. saltator*
   Appendages posterior relitively long ··· 6
6. Anterior appendages projecting from median lorica laterally ································· *F. camasecla*

Anterior appendages projecting from ventral corona laterally ································· 7

7. Anterior appendages usually longer than four times of body ···················· *F. limnetica*

Anterior appendages shorter than four times of body ···························· 8

8. Anterior appendages shorter than two times of body ························ *F. passa*

Anterior appendages longer than two times of body ························ 9

9. Posterior appendages projecting from terminal or location not far from 10μm terminal ······ *F. terminalis*

Posterior appendages projecting from location far from over 15μm terminal ················ *F. longiseta*

Hexarthridae Bartoš, 1959

Hexarthra Schmarda, 1854

Key to species

1. Body terminal without caudal appendage, circumapical band of corona ventral without labium ············
··· *H. fennica*

Body terminal with caudal appendages, circumapical band of corona ventral with labium ················ 2

2. Formula dentalis of uncus: 6/6 ······································· *H. mira*

Formula dentalis of uncus: 5/5 or 5/6 ································· *H. intermedia*

Trochosphaeridae Harring, 1913

Trochosphaera Semper, 1872

Only one species was reported from China, *Trochosphaera solstitialis* Thorpe, 1893.

Collothecacea Remane, 1933

Key to families

Around corona with lobes ································· **Collothecidae**

Around corona without lobes ································· **Atrochidae**

Atrochidae Harring, 1913

Cupelopagis Forbes, 1882

Only one species was reported from China, *Cupelopagis vorax* (Leidy, 1857).

Collothecidae Harring, 1913

Key to genera

Margin of corona separated into five slender and long, antennae-liked arm·················· ***Stephanoceros***

Margin of corona margin separated into 1-7 lobes ··· ***Collotheca***

Stephanoceros Ehrenberg, 1832

Only one species was reported from China, *Stephanoceros fimbriatus* (Goldfusz, 1820).

Collotheca Harring, 1913

Key to species

1. Corona with 1-2 lobes, or smooth and without lobes ······································· 2

   Corona with 5 petal or antennae shaped lobes ··· 5

2. Corona with 1-2 lobes ·· 3

   Corona smooth and without lobe ·· 4

3. Corona with 2 lobes, foot terminal shuttle-like thickened······················ ***C. mutabilis***

   Corona with 1 lobe, foot terminal corm-like thickened························· ***C. libera***

4. Margin of corona ring-like thickened, inner without lip-like or tongue-like processes ·········· ***C. edentata***

   Margin of corona not ring-like thickened, inner with 5 lip-like or tongue-like, radial processes············

   ··· ***C. pelagica***

5. Lobe of corona petal shaped··· 6

   Lobe of corona antennae or fastener shaped projections ······························· 7

6. Corona with five distinctly petal shaped lobes······························· ***C. campanulata***

   Corona with three petal shaped lobes and two small superficial processes ····················· 8

7. Surface of corona with well-arranged, longitudinal pellets; foot anterior without annulation ··············

   ··· ***C. algicola***

   Surface of corona without pellet; foot anterior with annulation ····················· ***C. ambigua***

8. Corona with five antennate shaped lobes ································· ***C. tenuilobata***

   Corona with five long or short fastener shaped processes························ 9

9. The five fastener shaped processes long ····························· ***C. coronetta***

   The five fastener shaped processes short ······································· 10

10. Corona around with one ribbon shaped structure························· ***C. trifidlobata***

    Corona around without one ribbon shaped structure······················ ***C. ornata***

Appendix

Digononta Wesenberg-Lund, 1899

Bdelloidea Hudson, 1884

Key to families

1. Digestive channel absent, food present as pellets in syncytiums ························ **Habrotrochidae**

   Digestive channel present, food present not as pellets in syncytiums ························· 2

2. Corona with two advanced trochal disks ························· **Philodinidae**

   Corona without trochal disk; ventral side of the body with ciliate trochus net ··················· **Adinetidae**

Habrotrochidae Harring, 1913

Habrotrocha Bryce, 1910

Key to species

1. Eyespot present; dorsal antenna long; a big conical tongue-shaped projection between trochal disks·······

   ·· *H. collaris*

   Eyespot absent; dorsal antenna short; no tongue-shaped projection between trochal disks ················· 2

2. Body with tubular room ·································· 3

   Body without tubular room ································· 4

3. Head and neck around with 4 semispherical, horny rib-like projections; formula dentalis: 2/2 ···········

   ·· *H. angusticollis*

   Head and neck around without thickened horny projections; formula dentalis: 4/3 or 3/3 ········ *H. pusilla*

4. Left and right trochal disks wider than neck ···································· 5

   Left and right trochal disks narrower than neck ··································· 6

5. Formula dentalis: 7/7-9/9, tooth thin stripe shaped; upper lip triangle, without incision ········· *H. munda*

   Formula dentalis: 2/2; upper lip wide triangle, with V incision apical-median ············· *H. thienemanni*

6. Formula dentalis: 6/6-10/10; trunk spindle shaped, integument without spherical pustule ······· *H. elegans*

   Formula dentalis: 3/3-5/5; trunk expanded or with longitudinal folds or pustules ························· 7

7. Formula dentalis: 3/3; trunk wide, integument with a layer of spherical pustules ············· *H. pulchra*

   Formula dentalis: 5/5; trunk with longitudinal folds or pustules ··································· *H. solida*

Philodinidae Ehrenberg, 1838

Key to genera

1. Foot without toe ·· ***Mniobia***
   Foot with toe ··· 2
2. Integument of trunk thin and smooth, without spine and horny thickened projection ···················· 3
   Integument of trunk thick, with horny thickened projections ···································· 4
3. Double eyespots on the rostrum; tip end of foot with 3 toes ······························· ***Rotaria***
   Single eyespot on the brain; tip end of foot with 4 toes ······························· ***Philodina***
4. Eyespot always absent, double spikes on foot normal size, 3 toes ··················· ***Macrotrachela***
   Eyespot usually present, double spikes on foot very long, 4 toes ······················· ***Dissotrocha***

Rotaria Scopoli, 1777

Key to species

1. Foot longer than head and trunk length ·· ***R. neptunia***
   Foot no longer than head and trunk length ·· 2
2. Formula dentalis: 3/3 ·· ***R. tridens***
   Formula dentalis: 2/2 ·· 3
3. Dorsal antenna long, as long as 1/2-1/3 of trunk ······························· ***R. macroceros***
   Dorsal antenna length common ·· 4
4. Integument very wrinkle, rubbish adhensing on trunk, spike relatively long ··················· ***R. tardigrada***
   Integument very smooth, no rubbish adhensing on trunk, spike not long ························· 5
5. Body spindle shaped, trunk orange-green or orange-yellow ································· ***R. citrina***
   Body narrow, trunk galochrous and opaque ·· ***R. rotatoria***

Philodina Ehrenberg, 1830

Key to species

1. Trunk short and wide, oval or oblong ·· 2
   Trunk long, cylinder or spindle shaped ·· 3
2. Foot short; upper lip wave-like and seemingly separated into 4 lobes ···················· ***P. nemoralis***
   Foot long; upper lip straight ·· ***P. megalotrocha***
3. Trunk colorless ·· ***P. erythrophthalma***
   Trunk color ·· 4
4. Trunk tangerine-color, 2 toes ·· ***P. citrina***
   Trunk more or less red, 4 toes ·· 5

5. Trunk pink to peony, inner ramus with a conical projection ··· *P. roseola*

   Trunk light red, inner ramus without projection ·· *P. vorax*

Macrotrachela Milne, 1886

Key to species

1. Integument without spine or pustules ·· 2

   Integument with spine or pustules ··· 5

2. Formula dentalis: 3/3; posterior margin of trunk spherical expanding; anterior margin of upper lip slight convex ··· *M. musculosa*

   Formula dentalis: 2/2; posterior margin of trunk not very expanding ································ 3

3. Upper lip blunt triangle, not dividing into 2 lobes··· *M. ehrenbergii*

   Upper lip dividing into 2 lobes··· 4

4. Integument with coarse granule, anterior margin of the first podomere not expanding laterally, without auricles ··· *M. punctata*

   Integument smooth and transparent, anterior margin of the first podomere expanding bilaterally, with auricles and folds·· *M. plicata*

5. Integument with spines, front two double spines long, and of them one double sturdy, terminal with canine teeth shaped ··· *M. multispinosa*

   Integument without spine, the first foot pseusegmentation with 3 double pustules ·············· *M. bullata*

Dissotrocha Bryce, 1910

Key to species

Trunk without spine, but with numerous folds·· *D. macrostyla*

Trunk with more or less folds ··· *D. aculeata*

Mniobia Bryce, 1910

Only one species was reported from China, *Mniobia tentans* Donner, 1949.

Adinetidae Hudson *et* Gosse, 1886

Adineta Hudson, 1886

Only one species was reported from China, *Adineta vaga* (Davis, 1873).

Description of new species and sub species

(104) *Keratella delicata* Zhuge *et* Huang, sp. nov. (Fig. 114)

Body elongate ovoid. Dorsal plate slight apophysis, smooth and without facets. Ventral plate flat. Anterior end of dorsal plate with 3 pairs of spines, median and intermediate pairs well-developed, lateral pair strongly reduced. Posterior end of dorsal late rounded and without spines. Anterior end of ventral plate smooth and without granule speckles, laterally protruding with median concavity. Eight yolk nucleus. Lorica terminally with eggs. Amictic eggs elliptic, hyaline and smooth. Resting eggs black or brown, densely covered with spines terminally blunt.

Lorica length 100-110 μm, width 50-62 μm, Anterior median spine length 15-17 μm, Anterior intermediate spine length 5-6 μm. Amictic egg 55 μm×38 μm, Resting egg 70 μm×45 μm.

The animal is known from a fish pond in Fangshan Town, Beijing, China.

Etymology: The name *delicata* refers to the delicate dorsal plate. It comes form the Latin delicata.

(141) *Lepadella* (*Lepadella*) *qinghaiensis* Zhuge *et* Huang, sp. nov. (Fig. 151)

Body broad ovum shaped. Surface smooth and without ridges. Head aperture shallow, dorsally inverted wide "U" shaped, ventrally blunt "V" shaped. Food aperture dorsally truncates, ventrally brick-shaped. Three foot pseudosegments, basally widest, terminally longest with 1/3 uncovered by ventral lorica. Ventral plate above foot aperture with a ladder-shaped furrow. Toes moderately long, terminally separated.

Lorica length 77.5 μm, width 52.5 μm, height 37.5 μm, terminal foot pseudosegment length 10 μm, Food aperture 20 μm×15 μm.

The animal is known from a small pond located near Haibei Research Station of Alpine Meadow Ecosystem, Chinese Academy of Sciences, Qinghai Province, China.

Etymology: The species is named after the Qinghai, its habitat. It comes form the Latin Qinghaiensis.

(256) *Lecane* (*Monostyla*) *stenroosi wuzhuaensis* Zhuge *et* Huang, subsp. nov. (Fig. 266)

Lorica stiff and smooth. Dorsal plate narrower than ventral plate, anterior end slight concavity, antero-lateral projections obvious. Ventral plate widest medially, lateral margins smooth, end slight curved. Toe single, mostly broadest basally, tapering towards end. Claws and accessory claws absent.

Lecane (*Monostyla*) *stenroosi wuzhuaensis* is close to *L.* (*M.*) *stenroosi stenroosi*. It is characterized by the shape of toe and the absence of claws and accessory claws.

Dorsal plate length: 108 μm, dorsal plate width: 85 μm, ventral plate length: 120 μm, ventral plate width: 93 μm, toe length: 50 μm.

The animal is known from Wanquan River in Qionghai City, Hainan Province, China.

Etymology: The species is named after Chinese wuzhua that refers to the absent claw. It comes from the Latin wuzhuaensis.

(357) *Cephalodella curta* Zhuge *et* Huang, sp. nov. (Fig. 367)

Body robust. Corona slight ventrad, laterally with ciliary branch. Buccal cone on anterior end of head. Eyespots absent. Foot shorter than 15 μm; toe claw-shaped. Trophus type A: fulcrum slender in dorsal or ventral view, terminally slight expanded, laterally expanded from median region posteriorly, very wide; manubrium slender and curved, centrally with ose; ramus rounded, without inner teeth, basallaterally lamina absent; uncus with single tooth.

Body length 100 μm, width 53 μm, height 57.5 μm, foot length 7.5 μm, toe length 12-15μm, trophus length 30-32.5 μm.

The animal is known from Beihai Pond and Yuyuantan Pond, Beijing, China.

Etymology: The name *curta* refers to the short toe. It comes form the Latin curta.

(428) *Synchaeta monostyla* Zhuge *et* Huang, sp. nov. (Fig. 438)

Body inverted bell-shaped. Head slight protruded anteriorly, without dorsal antenna. Eyespots separated, with the right one larger than the left one. 6-8 yolk nucleus. Stomach large, at the posterior end of body, with granular food. Foot short, one toe, two small foot glands. Basal foot dorsally with vent. Virgate trophus: fulcrum slender, broad plate shaped laterally; ramus triangular, basally with very wide alula; manubrium laterally semiorbicular lamina, 1/3 basal region laterally with tips; uncus with a cardinal tooth, left uncus with 3 tappering and 3 blunt appendages of teeth, right uncus with 3 tappering appendages of teeth and 2 blunt appendages of teeth.

Body length 105-135 μm, width 65-75 μm, foot length 7-10 μm, toe length 4-6 μm, trophus length 48-52 μm (fulcrum length 30 μm, ramus length 18 μm, uncus length 7-8 μm, manubrium length 40 μm).

The animal is known from a fish pond near Fujiatai, Beijing, China.

Etymology: The name *monostyla* refers to the monodactyle. It comes form the Latin monostyla.

中 名 索 引

（按汉语拼音排序）

学 名 索 引

E

ebbesbornii, Asplanchna 288

ecaudis, Ascomorpha 391, 392

edentata, Collotheca 506, 509

edentata, Floscularia 509

edentata, Testudinella tridentata 480

edestes, Dicranophorus 33, 34

ehrenbergi, Eosphora 280, 301, 302

ehrenbergii, Callidina 544

ehrenbergii, Heterolepadella 160

ehrenbergii, Lepadella (*Heterolepadella*) 160

ehrenbergii, Macrotrachela 542, 544

ehrenbergii, Metopidia 160

ehrenbergii, Notogonia 160

eichhorni, Stephanoceros 505

eichsfeldica, Monostyla 272

ekmaui, Ploesoma 449

elachis, Lecane (*Monostyla*) 252, 255

elachis, Monostyla 255

elegans, Callidina 524

elegans, Habrotrocha 519, 524

elegans, Macrotrachela 524

elegans, Scaridium 371, 373

Elenchus 74

elmata, Notommata 311

elongata, Eosphora 299

elongata, Eothinia 299

elongata, Mastigocerca 418

elongata, Notommata 299

elongata, Trichocerca 400, 418

elongatus, Rattulus 418

elsa, Lecane 238

elsa, Lecane (*Lecane*) 236, 238

emarginula, Pterodina 485

emarginula, Testudinella 485

emarginula, Testudinella incisa 485

Encentrum 27, 32, 50

Enteroplea 27, 289, 290

entzii, Brachionus 83

Eosphora 27, 290, 300

eosphora, Notommata 302

Eothinia 27, 290, 299

epicharis, Dicranophorus 33, 38

Epiphanes 8, 27, 204, 208

Epiphanidae 27, 31, 203

Erignatha 27, 32, 60

erythrophthalma, Philodina 535

Euchlanidae 11, 27, 31, 187

Euchlanis 5, 27, 187, 192

euchromatica, Lindia 66

Eudactylota 187, 188

eudactylota, Beauchampiella 187, 188

eudactylota, Eudactylota 187, 188, 189

eudactylota, Scaridium 188

Eulepadella 143

eupoda, Asplanchna 279, 280

eupoda, Asplanchnopus 280

eupoda, Dinops 280

eupoda, Harringia 279, 280

eupsammophila, Lecane 259

europaea, Lindia eucromatica 66

Eurotatoria 5

euryptera, Polyarthra 443, 446

euryptera, Polyarthra platyptera 446

eva, Cephalodella 331, 335

eva, Diaschiza 335

eva, Furcularia 335

evabroedae, Cephalodella 353, 364

evaginata, Lepadella 151, 153

exigua, Cephalodella 331, 342

exigua, Diaschiza 342

F

facinus, Dicranpnorus 40

Fadeewella 488

《中国动物志》已出版书目

《中国动物志》

两栖纲 下卷 无尾目 蛙科 费梁、胡淑琴、叶昌媛、黄永昭等 2009，888 页，337 图，16 图版。

硬骨鱼纲 鲽形目 李思忠、王惠民 1995，433 页，170 图。

硬骨鱼纲 鲇形目 褚新洛、郑葆珊、戴定远等 1999，230 页，124 图。

硬骨鱼纲 鲤形目(上) 曹文宣等 2024，382 页，229 图。

硬骨鱼纲 鲤形目(中) 陈宜瑜等 1998，531 页，257 图。

硬骨鱼纲 鲤形目(下) 乐佩绮等 2000，661 页，340 图。

硬骨鱼纲 鲟形目 海鲢目 鲱形目 鼠鱚目 张世义 2001，209 页，88 图。

硬骨鱼纲 灯笼鱼目 鲸口鱼目 骨舌鱼目 陈素芝 2002，349 页，135 图。

硬骨鱼纲 鲀形目 海蛾鱼目 喉盘鱼目 鮟鱇目 苏锦祥、李春生 2002，495 页，194 图。

硬骨鱼纲 鲉形目 金鑫波 2006，739 页，287 图。

硬骨鱼纲 鲈形目(四) 刘静等 2016，312 页，142 图，15 图版。

硬骨鱼纲 鲈形目(五) 虾虎鱼亚目 伍汉霖、钟俊生等 2008，951 页，575 图，32 图版。

硬骨鱼纲 鳗鲡目 背棘鱼目 张春光等 2010，453 页，225 图，3 图版。

硬骨鱼纲 银汉鱼目 鳉形目 颌针鱼目 蛇鳚目 鳕形目 李思忠、张春光等 2011，946 页，345 图。

圆口纲 软骨鱼纲 朱元鼎、孟庆闻等 2001，552 页，247 图。

昆虫纲 第一卷 蚤目 柳支英等 1986，1334 页，1948 图。

昆虫纲 第二卷 鞘翅目 铁甲科 陈世骧等 1986，653 页，327 图，15 图版。

昆虫纲 第三卷 鳞翅目 圆钩蛾科 钩蛾科 朱弘复、王林瑶 1991，269 页，204 图，10 图版。

昆虫纲 第四卷 直翅目 蝗总科 癞蝗科 瘤锥蝗科 锥头蝗科 夏凯龄等 1994，340 页，168 图。

昆虫纲 第五卷 鳞翅目 蚕蛾科 大蚕蛾科 网蛾科 朱弘复、王林瑶 1996，302 页，234 图，18 图版。

昆虫纲 第六卷 双翅目 丽蝇科 范滋德等 1997，707 页，229 图。

昆虫纲 第七卷 鳞翅目 祝蛾科 武春生 1997，306 页，74 图，38 图版。

昆虫纲 第八卷 双翅目 蚊科(上) 陆宝麟等 1997，593 页，285 图。

昆虫纲 第九卷 双翅目 蚊科(下) 陆宝麟等 1997，126 页，57 图。

昆虫纲 第十卷 直翅目 蝗总科 斑翅蝗科 网翅蝗科 郑哲民、夏凯龄 1998，610 页，323 图。

昆虫纲 第十一卷 鳞翅目 天蛾科 朱弘复、王林瑶 1997，410 页，325 图，8 图版。

昆虫纲 第十二卷 直翅目 蚱总科 梁络球、郑哲民 1998，278 页，166 图。

昆虫纲 第十三卷 半翅目 姬蝽科 任树芝 1998，251 页，508 图，12 图版。

昆虫纲 第十四卷 同翅目 纩蚜科 瘿绵蚜科 张广学、乔格侠、钟铁森、张万玉 1999，380 页，121 图，17+8 图版。

昆虫纲 第十五卷 鳞翅目 尺蛾科 花尺蛾亚科 薛大勇、朱弘复 1999，1090 页，1197 图，25 图版。

昆虫纲 第十六卷 鳞翅目 夜蛾科 陈一心 1999，1596 页，701 图，68 图版。

昆虫纲 第十七卷 等翅目 黄复生等 2000，961 页，564 图。

昆虫纲 第十八卷 膜翅目 茧蜂科(一) 何俊华、陈学新、马云 2000，757 页，1783 图。

昆虫纲 第十九卷 鳞翅目 灯蛾科 方承莱 2000，589 页，338 图，20 图版。

昆虫纲 第二十卷 膜翅目 准蜂科 蜜蜂科 吴燕如 2000，442 页，218 图，9 图版。

昆虫纲 第二十一卷 鞘翅目 天牛科 花天牛亚科 蒋书楠、陈力 2001，296 页，17 图，18 图版。

昆虫纲 第二十二卷 同翅目 蚧总科 粉蚧科 绒蚧科 蜡蚧科 链蚧科 盘蚧科 壶蚧科 仁蚧 科 王子清 2001，611 页，188 图。

昆虫纲 第二十三卷 双翅目 寄蝇科(一) 赵建铭、梁恩义、史永善、周士秀 2001，305 页，183 图，11 图版。

昆虫纲 第二十四卷 半翅目 毛唇花蝽科 细角花蝽科 花蝽科 卜文俊、郑乐怡 2001，267 页， 362 图。

昆虫纲 第二十五卷 鳞翅目 凤蝶科 凤蝶亚科 锯凤蝶亚科 绢蝶亚科 武春生 2001，367 页， 163 图，8 图版。

昆虫纲 第二十六卷 双翅目 蝇科(二) 棘蝇亚科(一) 马忠余、薛万琦、冯炎 2002，421 页，614 图。

昆虫纲 第二十七卷 鳞翅目 卷蛾科 刘友樵、李广武 2002，601 页，16 图，136+2 图版。

昆虫纲 第二十八卷 同翅目 角蝉总科 犁胸蝉科 角蝉科 袁锋、周尧 2002，590 页，295 图， 4 图版。

昆虫纲 第二十九卷 膜翅目 螯蜂科 何俊华、许再福 2002，464 页，397 图。

昆虫纲 第三十卷 鳞翅目 毒蛾科 赵仲苓 2003，484 页，270 图，10 图版。

昆虫纲 第三十一卷 鳞翅目 舟蛾科 武春生、方承莱 2003，952 页，530 图，8 图版。

昆虫纲 第三十二卷 直翅目 蝗总科 槌角蝗科 剑角蝗科 印象初、夏凯龄 2003，280 页，144 图。

昆虫纲 第三十三卷 半翅目 盲蝽科 盲蝽亚科 郑乐怡、吕楠、刘国卿、许兵红 2004，797 页， 228 图，8 图版。

昆虫纲 第三十四卷 双翅目 舞虻总科 舞虻科 螳舞虻亚科 驼舞虻亚科 杨定、杨集昆 2004， 334 页，474 图，1 图版。

昆虫纲 第三十五卷 革翅目 陈一心、马文珍 2004，420 页，199 图，8 图版。

昆虫纲 第三十六卷 鳞翅目 波纹蛾科 赵仲苓 2004，291 页，153 图，5 图版。

昆虫纲 第三十七卷 膜翅目 茧蜂科(二) 陈学新、何俊华、马云 2004，581 页，1183 图，103 图 版。

昆虫纲 第三十八卷 鳞翅目 蝙蝠蛾科 蛱蛾科 朱弘复、王林瑶、韩红香 2004，291 页，179 图， 8 图版。

昆虫纲 第三十九卷 脉翅目 草蛉科 杨星科、杨集昆、李文柱 2005，398 页，240 图，4 图版。

昆虫纲 第四十卷 鞘翅目 肖叶甲科 肖叶甲亚科 谭娟杰、王书永、周红章 2005，415 页，95 图，8 图版。

昆虫纲 第四十一卷 同翅目 斑蚜科 乔格侠、张广学、钟铁森 2005，476 页，226 图，8 图版。

昆虫纲 第四十二卷 膜翅目 金小蜂科 黄大卫、肖晖 2005，388 页，432 图，5 图版。

昆虫纲 第四十三卷 直翅目 蝗总科 斑腿蝗科 李鸿昌、夏凯龄 2006，736 页，325 图。

无脊椎动物　第二十四卷　双壳纲　帘蛤科　庄启谦　2001，278页，145图。

无脊椎动物　第二十五卷　线虫纲　杆形目　圆线亚目(一)　吴淑卿等　2001，489页，201图。

无脊椎动物　第二十六卷　有孔虫纲　胶结有孔虫　郑守仪、傅钊先　2001，788页，130图，122图版。

无脊椎动物　第二十七卷　水螅虫纲　钵水母纲　高尚武、洪惠馨、张士美　2002，275页，136图。

无脊椎动物　第二十八卷　甲壳动物亚门　端足目　蜮亚目　陈清潮、石长泰　2002，249页，178图。

无脊椎动物　第二十九卷　腹足纲　原始腹足目　马蹄螺总科　董正之　2002，210页，176图，2图版。

无脊椎动物　第三十卷　甲壳动物亚门　短尾次目　海洋低等蟹类　陈惠莲、孙海宝　2002，597页，237图，4彩色图版，12黑白图版。

无脊椎动物　第三十一卷　双壳纲　珍珠贝亚目　王祯瑞　2002，374页，152图，7图版。

无脊椎动物　第三十二卷　多孔虫纲　罩笼虫目　稀孔虫纲　稀孔虫目　谭智源、宿星慧　2003，295页，193图，25图版。

无脊椎动物　第三十三卷　多毛纲(二)　沙蚕目　孙瑞平、杨德渐　2004，520页，267图，1图版。

无脊椎动物　第三十四卷　腹足纲　鹑螺总科　张素萍、马绣同　2004，243页，123图，5图版。

无脊椎动物　第三十五卷　蛛形纲　蜘蛛目　肖蛸科　朱明生、宋大祥、张俊霞　2003，402页，174图，5彩色图版，11黑白图版。

无脊椎动物　第三十六卷　甲壳动物亚门　十足目　匙指虾科　梁象秋　2004，375页，156图。

无脊椎动物　第三十七卷　软体动物门　腹足纲　巴锅牛科　陈德牛、张国庆　2004，482页，409图，8图版。

无脊椎动物　第三十八卷　毛颚动物门　箭虫纲　萧贻昌　2004，201页，89图。

无脊椎动物　第三十九卷　蛛形纲　蜘蛛目　平腹蛛科　宋大祥、朱明生、张锋　2004，362页，175图。

无脊椎动物　第四十卷　棘皮动物门　蛇尾纲　廖玉麟　2004，505页，244图，6图版。

无脊椎动物　第四十一卷　甲壳动物亚门　端足目　钩虾亚目(一)　任先秋　2006，588页，194图。

无脊椎动物　第四十二卷　甲壳动物亚门　蔓足下纲　围胸总目　刘瑞玉、任先秋　2007，632页，239图。

无脊椎动物　第四十三卷　甲壳动物亚门　端足目　钩虾亚目(二)　任先秋　2012，651页，197图。

无脊椎动物　第四十四卷　甲壳动物亚门　十足目　长臂虾总科　李新正、刘瑞玉、梁象秋等　2007，381页，157图。

无脊椎动物　第四十五卷　纤毛门　寡毛纲　缘毛目　沈韫芬、顾曼如　2016，502页，164图，2图版。

无脊椎动物　第四十六卷　星虫动物门　螠虫动物门　周红、李凤鲁、王玮　2007，206页，95图。

无脊椎动物　第四十七卷　蛛形纲　蜱螨亚纲　植绥螨科　吴伟南、欧剑峰、黄静玲　2009，511页，287图，9图版。

无脊椎动物　第四十八卷　软体动物门　双壳纲　满月蛤总科　心蛤总科　厚壳蛤总科　鸟蛤总科　徐凤山　2012，239页，133图。

无脊椎动物　第四十九卷　甲壳动物亚门　十足目　梭子蟹科　杨思谅、陈惠莲、戴爱云　2012，417

页，138 图，14 图版。

无脊椎动物　第五十卷　缓步动物门　杨潼　2015，279 页，131 图，5 图版。

无脊椎动物　第五十一卷　线虫纲　杆形目　圆线亚目(二)　张路平、孔繁瑶　2014，316 页，97 图，19 图版。

无脊椎动物　第五十二卷　扁形动物门　吸虫纲　复殖目(三)　邱兆祉等　2018，746 页，401 图。

无脊椎动物　第五十三卷　蛛形纲　蜘蛛目　跳蛛科　彭贤锦　2020，612 页，392 图。

无脊椎动物　第五十四卷　环节动物门　多毛纲(三)　缨鳃虫目　孙瑞平、杨德渐　2014，493 页，239 图，2 图版。

无脊椎动物　第五十五卷　软体动物门　腹足纲　芋螺科　李凤兰、林民玉　2016，288 页，168 图，4 图版。

无脊椎动物　第五十六卷　软体动物门　腹足纲　凤螺总科、玉螺总科　张素萍　2016，318 页，138 图，10 图版。

无脊椎动物　第五十七卷　软体动物门　双壳纲　樱蛤科　双带蛤科　徐凤山、张均龙　2017，236 页，50 图，15 图版。

无脊椎动物　第五十八卷　软体动物门　腹足纲　艾纳螺总科　吴岷　2018，300 页，63 图，6 图版。

无脊椎动物　第五十九卷　蛛形纲　蜘蛛目　漏斗蛛科　暗蛛科　朱明生、王新平、张志升　2017，727 页，384 图，5 图版。

无脊椎动物　第六十卷　轮虫动物门　单巢纲　席贻龙、〔美〕诸葛燕、黄祥飞　2025，650 页，549 图。

无脊椎动物　第六十二卷　软体动物门　腹足纲　骨螺科　张素萍　2022，428 页，250 图。

无脊椎动物　第六十三卷　甲壳动物亚门　端足目　钩虾亚目(三)　侯仲娥、李枢强、郑亚咪　2024，663 页，493 图。

《中国经济动物志》

兽类　寿振黄等　1962，554 页，153 图，72 图版。

鸟类　郑作新等　1963，694 页，10 图，64 图版。

鸟类(第二版)　郑作新等　1993，619 页，64 图版。

海产鱼类　成庆泰等　1962，174 页，25 图，32 图版。

淡水鱼类　伍献文等　1963，159 页，122 图，30 图版。

淡水鱼类寄生甲壳动物　匡溥人、钱金会　1991，203 页，110 图。

环节(多毛纲)　棘皮　原索动物　吴宝铃等　1963，141 页，65 图，16 图版。

海产软体动物　张玺、齐钟彦　1962，246 页，148 图。

淡水软体动物　刘月英等　1979，134 页，110 图。

陆生软体动物　陈德牛、高家祥　1987，186 页，224 图。

寄生蠕虫　吴淑卿、尹文真、沈守训　1960，368 页，158 图。

《中国经济昆虫志》

第一册　鞘翅目　天牛科　陈世骧等　1959，120 页，21 图，40 图版。

第二册　半翅目　蝽科　杨惟义　1962，138 页，11 图，10 图版。

第三册　鳞翅目　夜蛾科(一)　朱弘复、陈一心　1963，172 页，22 图，10 图版。

第四册　鞘翅目　拟步行虫科　赵养昌　1963，63 页，27 图，7 图版。

第五册　鞘翅目　瓢虫科　刘崇乐　1963，101 页，27 图，11 图版。

第六册　鳞翅目　夜蛾科(二)　朱弘复等　1964，183 页，11 图版。

第七册　鳞翅目　夜蛾科(三)　朱弘复、方承莱、王林瑶　1963，120 页，28 图，31 图版。

第八册　等翅目　白蚁　蔡邦华、陈宁生，1964，141 页，79 图，8 图版。

第九册　膜翅目　蜜蜂总科　吴燕如　1965，83 页，40 图，7 图版。

第十册　同翅目　叶蝉科　葛钟麟　1966，170 页，150 图。

第十一册　鳞翅目　卷蛾科(一)　刘友樵、白九维　1977，93 页，23 图，24 图版。

第十二册　鳞翅目　毒蛾科　赵仲苓　1978，121 页，45 图，18 图版。

第十三册　双翅目　蠓科　李铁生　1978，124 页，104 图。

第十四册　鞘翅目　瓢虫科(二)　庞雄飞、毛金龙　1979，170 页，164 图，16 图版。

第十五册　蜱螨目　蜱总科　邓国藩　1978，174 页，707 图。

第十六册　鳞翅目　舟蛾科　蔡荣权　1979，166 页，126 图，19 图版。

第十七册　蜱螨目　革螨股　潘综文、邓国藩　1980，155 页，168 图。

第十八册　鞘翅目　叶甲总科(一)　谭娟杰、虞佩玉　1980，213 页，194 图，18 图版。

第十九册　鞘翅目　天牛科　蒲富基　1980，146 页，42 图，12 图版。

第二十册　鞘翅目　象虫科　赵养昌、陈元清　1980，184 页，73 图，14 图版。

第二十一册　鳞翅目　螟蛾科　王平远　1980，229 页，40 图，32 图版。

第二十二册　鳞翅目　天蛾科　朱弘复、王林瑶　1980，84 页，17 图，34 图版。

第二十三册　螨　目　叶螨总科　王慧芙　1981，150 页，121 图，4 图版。

第二十四册　同翅目　粉蚧科　王子清　1982，119 页，75 图。

第二十五册　同翅目　蚜虫类(一)　张广学、钟铁森　1983，387 页，207 图，32 图版。

第二十六册　双翅目　虻科　王遵明　1983，128 页，243 图，8 图版。

第二十七册　同翅目　飞虱科　葛钟麟等　1984，166 页，132 图，13 图版。

第二十八册　鞘翅目　金龟总科幼虫　张芝利　1984，107 页，17 图，21 图版。

第二十九册　鞘翅目　小蠹科　殷惠芬、黄复生、李兆麟　1984，205 页，132 图，19 图版。

第三十册　膜翅目　胡蜂总科　李铁生　1985，159 页，21 图，12 图版。

第三十一册　半翅目(一)　章士美等　1985，242 页，196 图，59 图版。

第三十二册　鳞翅目　夜蛾科(四)　陈一心　1985，167 页，61 图，15 图版。

第三十三册　鳞翅目　灯蛾科　方承莱　1985，100 页，69 图，10 图版。

第三十四册　膜翅目　小蜂总科(一)　廖定熹等　1987，241 页，113 图，24 图版。

第三十五册　鞘翅目　天牛科(三)　蒋书楠、蒲富基、华立中　1985，189 页，2 图，13 图版。

第三十六册　同翅目　蜡蝉总科　周尧等　1985，152 页，125 图，2 图版。

第三十七册　双翅目　花蝇科　范滋德等　1988，396 页，1215 图，10 图版。

第三十八册　双翅目　蠓科(二)　李铁生　1988，127 页，107 图。

Serial Faunal Monographs Already Published

FAUNA SINICA

Mammalia vol. 6 Rodentia III: Cricetidae. Luo Zexun *et al.*, 2000. 514 pp., 140 figs., 4 pls.

Mammalia vol. 8 Carnivora. Gao Yaoting *et al.*, 1987. 377 pp., 44 figs., 10 pls.

Mammalia vol. 9 Cetacea, Carnivora: Phocoidea, Sirenia. Zhou Kaiya, 2004. 326 pp., 117 figs., 8 pls.

Aves vol. 1 part 1. Introductory Account of the Class Aves in China; part 2. Account of Orders listed in this Volume. Zheng Zuoxin (Cheng Tsohsin) *et al.*, 1997. 199 pp., 39 figs., 4 pls.

Aves vol. 2 Anseriformes. Zheng Zuoxin (Cheng Tsohsin) *et al.*, 1979. 143 pp., 65 figs., 10 pls.

Aves vol. 4 Galliformes. Zheng Zuoxin (Cheng Tsohsin) *et al.*, 1978. 203 pp., 53 figs., 10 pls.

Aves vol. 5 Gruiformes, Charadriiformes, Lariformes. Wang Qishan, Ma Ming and Gao Yuren, 2006. 644 pp., 263 figs., 4 pls.

Aves vol. 6 Columbiformes, Psittaciformes, Cuculiformes, Strigiformes. Zheng Zuoxin (Cheng Tsohsin), Xian Yaohua and Guan Guanxun, 1991. 240 pp., 64 figs., 5 pls.

Aves vol. 7 Caprimulgiformes, Apodiformes, Trogoniformes, Coraciiformes, Piciformes. Tan Yaokuang and Guan Guanxun, 2003. 241 pp., 36 figs., 4 pls.

Aves vol. 8 Passeriformes: Eurylaimidae-Irenidae. Zheng Baolai *et al.*, 1985. 333 pp., 103 figs., 8 pls.

Aves vol. 9 Passeriformes: Bombycillidae, Prunellidae. Chen Fuguan *et al.*, 1998. 284 pp., 143 figs., 4 pls.

Aves vol. 10 Passeriformes: Muscicapidae I: Turdinae. Zheng Zuoxin (Cheng Tsohsin), Long Zeyu and Lu Taichun, 1995. 239 pp., 67 figs., 4 pls.

Aves vol. 11 Passeriformes: Muscicapidae II: Timaliinae. Zheng Zuoxin (Cheng Tsohsin), Long Zeyu and Zheng Baolai, 1987. 307 pp., 110 figs., 8 pls.

Aves vol. 12 Passeriformes: Muscicapidae III: Sylviinae, Muscicapinae. Zheng Zuoxin, Lu Taichun, Yang Lan and Lei Fumin *et al.*, 2010. 439 pp., 121 figs., 4 pls.

Aves vol. 13 Passeriformes: Paridae, Zosteropidae. Li Guiyuan, Zheng Baolai and Liu Guangzuo, 1982. 170 pp., 68 figs., 4 pls.

Aves vol. 14 Passeriformes: Ploceidae, Fringillidae. Fu Tongsheng, Song Yujun and Gao Wei *et al.*, 1998. 322 pp., 115 figs., 8 pls.

Reptilia vol. 1 General Accounts of Reptilia. Testudoformes and Crocodiliformes. Zhang Mengwen *et al.*, 1998. 208 pp., 44 figs., 4 pls.

Reptilia vol. 2 Squamata: Lacertilia. Zhao Ermi, Zhao Kentang and Zhou Kaiya *et al.*, 1999. 394 pp., 54 figs., 8 pls.

Reptilia vol. 3 Squamata: Serpentes. Zhao Ermi *et al.*, 1998. 522 pp., 100 figs., 12 pls.

Amphibia vol. 1 General accounts of Amphibia, Gymnophiona, Urodela. Fei Liang, Hu Shuqin, Ye Changyuan and Huang Yongzhao *et al.*, 2006. 471 pp., 120 figs., 16 pls.

Amphibia vol. 2 Anura. Fei Liang, Hu Shuqin, Ye Changyuan and Huang Yongzhao *et al.*, 2009. 957 pp., 549 figs., 16 pls.

Amphibia vol. 3 Anura: Ranidae. Fei Liang, Hu Shuqin, Ye Changyuan and Huang Yongzhao *et al.*, 2009. 888 pp., 337 figs., 16 pls.

Osteichthyes: Pleuronectiformes. Li Sizhong and Wang Huimin, 1995. 433 pp., 170 figs.

Osteichthyes: Siluriformes. Chu Xinluo, Zheng Baoshan and Dai Dingyuan *et al.*, 1999. 230 pp., 124 figs.

Osteichthyes: Cypriniformes II. Chen Yiyu *et al.*, 1998. 531 pp., 257 figs.

Osteichthyes: Cypriniformes III. Yue Peiqi *et al.*, 2000. 661 pp., 340 figs.

Osteichthyes: Acipenseriformes, Elopiformes, Clupeiformes, Gonorhynchiformes. Zhang Shiyi, 2001. 209 pp., 88 figs.

Osteichthyes: Myctophiformes, Cetomimiformes, Osteoglossiformes. Chen Suzhi, 2002. 349 pp., 135 figs.

Osteichthyes: Tetraodontiformes, Pegasiformes, Gobiesociformes, Lophiiformes. Su Jinxiang and Li Chunsheng, 2002. 495 pp., 194 figs.

Ostichthyes: Scorpaeniformes. Jin Xinbo, 2006. 739 pp., 287 figs.

Ostichthyes: Perciformes IV. Liu Jing *et al.*, 2016. 312 pp., 143 figs., 15 pls.

Ostichthyes: Perciformes V: Gobioidei. Wu Hanlin and Zhong Junsheng *et al.*, 2008. 951 pp., 575 figs., 32 pls.

Ostichthyes: Anguilliformes Notacanthiformes. Zhang Chunguang *et al.*, 2010. 453 pp., 225 figs., 3 pls.

Ostichthyes: Atheriniformes, Cyprinodontiformes, Beloniformes, Ophidiiformes, Gadiformes. Li Sizhong and Zhang Chunguang *et al.*, 2011. 946 pp., 345 figs.

Cyclostomata and Chondrichthyes. Zhu Yuanding and Meng Qingwen *et al.*, 2001. 552 pp., 247 figs.

Insecta vol. 1 Siphonaptera. Liu Zhiying *et al.*, 1986. 1334 pp., 1948 figs.

Insecta vol. 2 Coleoptera: Hispidae. Chen Sicien *et al.*, 1986. 653 pp., 327 figs., 15 pls.

Insecta vol. 3 Lepidoptera: Cyclidiidae, Drepanidae. Chu Hungfu and Wang Linyao, 1991. 269 pp., 204 figs., 10 pls.

Insecta vol. 4 Orthoptera: Acrioidea: Pamphagidae, Chrotogonidae, Pyrgomorphidae. Xia Kailing *et al.*, 1994. 340 pp., 168 figs.

Insecta vol. 5 Lepidoptera: Bombycidae, Saturniidae, Thyrididae. Zhu Hongfu and Wang Linyao, 1996. 302 pp., 234 figs., 18 pls.

Insecta vol. 6 Diptera: Calliphoridae. Fan Zide *et al.*, 1997. 707 pp., 229 figs.

Insecta vol. 7 Lepidoptera: Lecithoceridae. Wu Chunsheng, 1997. 306 pp., 74 figs., 38 pls.

Insecta vol. 8 Diptera: Culicidae I. Lu Baolin *et al.*, 1997. 593 pp., 285 pls.

Insecta vol. 9 Diptera: Culicidae II. Lu Baolin *et al.*, 1997. 126 pp., 57 pls.

Insecta vol. 10 Orthoptera: Oedipodidae, Arcypteridae III. Zheng Zhemin and Xia Kailing, 1998. 610 pp.,

323 figs.

Insecta vol. 11 Lepidoptera: Sphingidae. Zhu Hongfu and Wang Linyao, 1997. 410 pp., 325 figs., 8 pls.

Insecta vol. 12 Orthoptera: Tetrigoidea. Liang Geqiu and Zheng Zhemin, 1998. 278 pp., 166 figs.

Insecta vol. 13 Hemiptera: Nabidae. Ren Shuzhi, 1998. 251 pp., 508 figs., 12 pls.

Insecta vol. 14 Homoptera: Mindaridae, Pemphigidae. Zhang Guangxue, Qiao Gexia, Zhong Tiesen and Zhang Wanfang, 1999. 380 pp., 121 figs., 17+8 pls.

Insecta vol. 15 Lepidoptera: Geometridae: Larentiinae. Xue Dayong and Zhu Hongfu (Chu Hungfu), 1999. 1090 pp., 1197 figs., 25 pls.

Insecta vol. 16 Lepidoptera: Noctuidae. Chen Yixin, 1999. 1596 pp., 701 figs., 68 pls.

Insecta vol. 17 Isoptera. Huang Fusheng *et al.*, 2000. 961 pp., 564 figs.

Insecta vol. 18 Hymenoptera: Braconidae I. He Junhua, Chen Xuexin and Ma Yun, 2000. 757 pp., 1783 figs.

Insecta vol. 19 Lepidoptera: Arctiidae. Fang Chenglai, 2000. 589 pp., 338 figs., 20 pls.

Insecta vol. 20 Hymenoptera: Melittidae, Apidae. Wu Yanru, 2000. 442 pp., 218 figs., 9 pls.

Insecta vol. 21 Coleoptera: Cerambycidae: Lepturinae. Jiang Shunan and Chen Li, 2001. 296 pp., 17 figs., 18 pls.

Insecta vol. 22 Homoptera: Coccoidea: Pseudococcidae, Eriococcidae, Asterolecaniidae, Coccidae, Lecanodiaspididae, Cerococcidae, Aclerdidae. Wang Tzeching, 2001. 611 pp., 188 figs.

Insecta vol. 23 Diptera: Tachinidae I. Chao Cheiming, Liang Enyi, Shi Yongshan and Zhou Shixiu, 2001. 305 pp., 183 figs., 11 pls.

Insecta vol. 24 Hemiptera: Lasiochilidae, Lyctocoridae, Anthocoridae. Bu Wenjun and Zheng Leyi (Cheng Loyi), 2001. 267 pp., 362 figs.

Insecta vol. 25 Lepidoptera: Papilionidae: Papilioninae, Zerynthiinae, Parnassiinae. Wu Chunsheng, 2001. 367 pp., 163 figs., 8 pls.

Insecta vol. 26 Diptera: Muscidae II: Phaoniinae I. Ma Zhongyu, Xue Wanqi and Feng Yan, 2002. 421 pp., 614 figs.

Insecta vol. 27 Lepidoptera: Tortricidae. Liu Youqiao and Li Guangwu, 2002. 601 pp., 16 figs., 2+136 pls.

Insecta vol. 28 Homoptera: Membracoidea: Aetalionidae, Membracidae. Yuan Feng and Chou Io, 2002. 590 pp., 295 figs., 4 pls.

Insecta vol. 29 Hymenoptera: Dyrinidae. He Junhua and Xu Zaifu, 2002. 464 pp., 397 figs.

Insecta vol. 30 Lepidoptera: Lymantriidae. Zhao Zhongling (Chao Chungling), 2003. 484 pp., 270 figs., 10 pls.

Insecta vol. 31 Lepidoptera: Notodontidae. Wu Chunsheng and Fang Chenglai, 2003. 952 pp., 530 figs., 8 pls.

Insecta vol. 32 Orthoptera: Acridoidea: Gomphoceridae, Acrididae. Yin Xiangchu, Xia Kailing *et al.*, 2003. 280 pp., 144 figs.

Insecta vol. 33 Hemiptera: Miridae, Mirinae. Zheng Leyi, Lü Nan, Liu Guoqing and Xu Binghong, 2004. 797 pp., 228 figs., 8 pls.

Insecta vol. 34 Diptera: Empididae: Hemerodromiinae and Hybotinae. Yang Ding and Yang Chikun, 2004.

334 pp., 474 figs., 1 pls.

Insecta vol. 35 Dermaptera. Chen Yixin and Ma Wenzhen, 2004. 420 pp., 199 figs., 8 pls.

Insecta vol. 36 Lepidoptera: Thyatiridae. Zhao Zhongling, 2004. 291 pp., 153 figs., 5 pls.

Insecta vol. 37 Hymenoptera: Braconidae II. Chen Xuexin, He Junhua and Ma Yun, 2004. 518 pp., 1183 figs., 103 pls.

Insecta vol. 38 Lepidoptera: Hepialidae, Epiplemidae. Zhu Hongfu, Wang Linyao and Han Hongxiang, 2004. 291 pp., 179 figs., 8 pls.

Insecta vol. 39 Neuroptera: Chrysopidae. Yang Xingke, Yang Jikun and Li Wenzhu, 2005. 398 pp., 240 figs., 4 pls.

Insecta vol. 40 Coleoptera: Eumolpidae: Eumolpinae. Tan Juanjie, Wang Shuyong and Zhou Hongzhang, 2005. 415 pp., 95 figs., 8 pls.

Insecta vol. 41 Diptera: Muscidae I. Fan Zide *et al.*, 2005. 476 pp., 226 figs., 8 pls.

Insecta vol. 42 Hymenoptera: Pteromalidae. Huang Dawei and Xiao Hui, 2005. 388 pp., 432 figs., 5 pls.

Insecta vol. 43 Orthoptera: Acridoidea: Catantopidae. Li Hongchang and Xia Kailing, 2006. 736pp., 325 figs.

Insecta vol. 44 Hymenoptera: Megachilidae. Wu Yanru, 2006. 474 pp., 180 figs., 4 pls.

Insecta vol. 45 Diptera: Homoptera: Delphacidae. Ding Jinhua, 2006. 776 pp., 351 figs., 20 pls.

Insecta vol. 46 Hymenoptera: Braconidae: Agathidinae. Chen Jiahua and Yang Jianquan, 2006. 301 pp., 81 figs., 32 pls.

Insecta vol. 47 Lepidoptera: Lasiocampidae. Liu Youqiao and Wu Chunsheng, 2006. 385 pp., 248 figs., 8 pls.

Insecta Saiphonaptera(2 volumes). Wu Houyong *et al.*, 2007. 2174 pp., 2475 figs.

Insecta vol. 49 Diptera: Muscidae. Fan Zide *et al.*, 2008. 1186 pp., 276 figs., 4 pls.

Insecta vol. 50 Diptera: Syrphidae. Huang Chunmei and Cheng Xinyue, 2012. 852 pp., 418 figs., 8 pls.

Insecta vol. 51 Megaloptera. Yang Ding and Liu Xingyue, 2010. 457 pp., 176 figs., 14 pls.

Insecta vol. 52 Lepidoptera: Pieridae. Wu Chunsheng, 2010. 416 pp., 174 figs., 16 pls.

Insecta vol. 53 Diptera Dolichopodidae(2 volumes). Yang Ding *et al.*, 2011. 1912 pp., 1017 figs., 7 pls.

Insecta vol. 54 Lepidoptera: Geometridae: Geometrinae. Han Hongxiang and Xue Dayong, 2011. 787 pp., 929 figs., 20 pls.

Insecta vol. 55 Lepidoptera: Hesperiidae. Yuan Feng, Yuan Xiangqun and Xue Guoxi, 2015. 754 pp., 280 figs., 15 pls.

Insecta vol. 56 Hymenoptera: Proctotrupoidea(I). He Junhua and Xu Zaifu, 2015. 1078 pp., 485 figs.

Insecta vol. 57 Orthoptera: Tettigoniidae: Phaneropterinae. Kang Le *et al.*, 2013. 574 pp., 291 figs., 31 pls.

Insecta vol. 58 Plecoptera: Nemouroides. Yang Ding, Li Weihai and Zhu Fang, 2014. 518 pp., 294 figs., 12 pls.

Insecta vol. 59 Diptera: Tabanidae. Xu Rongman and Sun Yi, 2013. 870 pp., 495 figs., 17 pls.

Insecta vol. 60 Hemiptera: Hormaphididae, Phloeomyzidae. Qiao Gexia, Jiang Liyun, Chen Jing, Zhang Guangxue and Zhong Tiesen, 2017. 414 pp., 137 figs., 8 pls.

Insecta vol. 61 Coleoptera: Chrysomelidae: Chrysomelinae. Yang Xingke, Ge Siqin, Wang Shuyong, Li Wenzhu and Cui Junzhi, 2014. 641 pp., 378 figs., 8 pls.

Insecta vol. 62 Hemiptera: Miridae(II): Orthotylinae. Liu Guoqing and Zheng Leyi, 2014. 297 pp., 134 figs., 13 pls.

Insecta vol. 63 Coleoptera: Tenebrionidae(I). Ren Guodong *et al.*, 2016. 534 pp., 248 figs., 49 pls.

Insecta vol. 64 Chalcidoidea : Pteromalidae(II): Pteromalinae. Xiao Hui *et al.*, 2019. 495 pp., 186 figs., 12 pls.

Insecta vol. 65 Diptera: Rhagionidae, Athericidae. Yang Ding, Dong Hui and Zhang Kuiyan. 2016. 476 pp., 222 figs., 7 pls.

Insecta vol. 67 Hemiptera: Cicadellidae (II): Cicadellinae. Yang Maofa, Meng Zehong and Li Zizhong. 2017. 637pp., 312 figs., 27 pls.

Insecta vol. 68 Neuroptera: Myrmeleontoidea. Wang Xinli, Zhan Qingbin and Wang Aiqin. 2018. 285 pp., 2 figs., 38 pls.

Insecta vol. 69 Thysanoptera (2 volumes). Feng Jinian *et al.,* 2021. 984 pp., 420 figs.

Insecta vol. 70 Hemiptera: Caliscelidae, Issidae. Zhang Yalin, Che Yanli, Meng Rui and Wang Yinglun. 2020. 655 pp., 224 figs., 43 pls.

Insecta vol. 71 Hemiptera: Cicadellidae (III): Hylicinae, Stegelytrinae and Selenocephalinae.Zhang Yalin, Wei Cong, Shen Lin and Shang Suqin. 2022. 309pp., 147 figs., 7 pls.

Insecta vol. 72 Hemiptera: Cicadellidae (IV): Evacanthinae. Li Zizhong, Li Yujian and Xing Jichun. 2020. 547 pp., 303 figs., 14 pls.

Insecta vol. 73 Hemiptera: Miridae (III): Bryocorinae, Cylapinae, Deraeocorinae, Isometopinae and Psallopinae. Liu Guoqing, Mu Yiran, Xu Jingyang and Liu Lin. 2022. 606pp., 217 figs., 17 pls.

Insecta vol. 74 Hymenoptera: Trichogrammatidae. Lin Naiquan, Hu Hongying, Tian Hongxia and Lin Shuo. 2022. 602 pp., 195 figs.

Insecta vol. 75 Coleoptera: Histeroidea: Sphaeritidae, Synteliidae and Histeridae. Zhou Hongzhang, Luo Tianhong and Zhang Yejun. 2022. 702pp., 252 figs., 3 pls.

Insecta vol. 76 Lepidoptera: Limacodidae. Wu Chunsheng and Fang Chenglai. 2023. 508pp., 317 figs., 12 pls.

Invertebrata vol. 1 Crustacea: Freshwater Cladocera. Chiang Siehchih and Du Nanshang, 1979. 297 pp.,192 figs.

Invertebrata vol. 2 Crustacea: Freshwater Copepoda. Shen Jiarui *et al.*, 1979. 450 pp., 255 figs.

Invertebrata vol. 3 Trematoda: Digenea I. Chen Xintao *et al.*, 1985. 697 pp., 469 figs., 12 pls.

Invertebrata vol. 4 Cephalopode. Dong Zhengzhi, 1988. 201 pp., 124 figs., 4 pls.

Invertebrata vol. 5 Hirudinea: Euhirudinea and Branchiobdellidea. Yang Tong, 1996. 259 pp., 141 figs.

Invertebrata vol. 6 Holothuroidea. Liao Yulin, 1997. 334 pp., 170 figs., 2 pls.

Invertebrata vol. 7 Gastropoda: Mesogastropoda: Cypraeacea. Ma Xiutong, 1997. 283 pp., 96 figs., 12 pls.

Invertebrata vol. 8 Arachnida: Araneae: Thomisidae and Philodromidae. Song Daxiang and Zhu Mingsheng,

1997. 259 pp., 154 figs.

Invertebrata vol. 9 Polychaeta: Phyllodocimorpha. Wu Baoling, Wu Qiquan, Qiu Jianwen and Lu Hua, 1997. 323pp., 180 figs.

Invertebrata vol. 10 Arachnida: Araneae: Araneidae. Yin Changmin *et al.*, 1997. 460 pp., 292 figs.

Invertebrata vol. 11 Gastropoda: Opisthobranchia: Cephalaspidea. Lin Guangyu, 1997. 246 pp., 35 figs., 28 pls.

Invertebrata vol. 12 Bivalvia: Mytiloida. Wang Zhenrui, 1997. 268 pp., 126 figs., 4 pls.

Invertebrata vol. 13 Arachnida: Araneae: Theridiidae. Zhu Mingsheng, 1998. 436 pp., 233 figs., 1 pl.

Invertebrata vol. 14 Sacodina: Acantharia and Spumellaria. Tan Zhiyuan, 1998. 315 pp., 273 figs., 25 pls.

Invertebrata vol. 15 Myxosporea. Chen Chihleu and Ma Chenglun, 1998. 805 pp., 30 figs., 180 pls.

Invertebrata vol. 16 Anthozoa: Actiniaria, Ceriantharis and Zoanthidea. Pei Zunan, 1998. 286 pp., 149 figs., 22 pls.

Invertebrata vol. 17 Crustacea: Decapoda: Parathelphusidae and Potamidae. Dai Aiyun, 1999. 501 pp., 238 figs., 31 pls.

Invertebrata vol. 18 Protura. Yin Wenying, 1999. 510 pp., 275 figs., 8 pls.

Invertebrata vol. 19 Gastropoda: Pulmonata: Stylommatophora: Clausiliidae. Chen Deniu and Zhang Guoqing, 1999. 210 pp., 128 figs., 5 pls.

Invertebrata vol. 20 Bivalvia: Protobranchia and Anomalodesmata. Xu Fengshan, 1999. 244 pp., 156 figs.

Invertebrata vol. 21 Crustacea: Mysidacea. Liu Ruiyu (J. Y. Liu) and Wang Shaowu, 2000. 326 pp., 110 figs.

Invertebrata vol. 22 Monogenea. Wu Baohua, Lang Suo and Wang Weijun, 2000. 756 pp., 598 figs., 2 pls.

Invertebrata vol. 23 Anthozoa: Scleractinia: Hermatypic coral. Zou Renlin, 2001. 289 pp., 9 figs., 47+8 pls.

Invertebrata vol. 24 Bivalvia: Veneridae. Zhuang Qiqian, 2001. 278 pp., 145 figs.

Invertebrata vol. 25 Nematoda: Rhabditida: Strongylata I. Wu Shuqing *et al.*, 2001. 489 pp., 201 figs.

Invertebrata vol. 26 Foraminiferea: Agglutinated Foraminifera. Zheng Shouyi and Fu Zhaoxian, 2001. 788 pp., 130 figs., 122 pls.

Invertebrata vol. 27 Hydrozoa and Scyphomedusae. Gao Shangwu, Hong Hueshin and Zhang Shimei, 2002. 275 pp., 136 figs.

Invertebrata vol. 28 Crustacea: Amphipoda: Hyperiidae. Chen Qingchao and Shi Changtai, 2002. 249 pp., 178 figs.

Invertebrata vol. 29 Gastropoda: Archaeogastropoda: Trochacea. Dong Zhengzhi, 2002. 210 pp., 176 figs., 2 pls.

Invertebrata vol. 30 Crustacea: Brachyura: Marine primitive crabs. Chen Huilian and Sun Haibao, 2002. 597 pp., 237 figs., 16 pls.

Invertebrata vol. 31 Bivalvia: Pteriina. Wang Zhenrui, 2002. 374 pp., 152 figs., 7 pls.

Invertebrata vol. 32 Polycystinea: Nasellaria; Phaeodarea: Phaeodaria. Tan Zhiyuan and Su Xinghui, 2003. 295 pp., 193 figs., 25 pls.

Invertebrata vol. 33 Annelida: Polychaeta II Nereidida. Sun Ruiping and Yang Derjian, 2004. 520 pp.,

267 figs., 193 pls.

Invertebrata vol. 34 Mollusca: Gastropoda Tonnacea. Zhang Suping and Ma Xiutong, 2004. 243 pp., 123 figs., 1 pl.

Invertebrata vol. 35 Arachnida: Araneae: Tetragnathidae. Zhu Mingsheng, Song Daxiang and Zhang Junxia, 2003. 402 pp., 174 figs., 5+11 pls.

Invertebrata vol. 36 Crustacea: Decapoda: Atyidae. Liang Xiangqiu, 2004. 375 pp., 156 figs.

Invertebrata vol. 37 Mollusca: Gastropoda: Stylommatophora: Bradybaenidae. Chen Deniu and Zhang Guoqing, 2004. 482 pp., 409 figs., 8 pls.

Invertebrata vol. 38 Chaetognatha: Sagittoidea. Xiao Yichang, 2004. 201 pp., 89 figs.

Invertebrata vol. 39 Arachnida: Araneae: Gnaphosidae. Song Daxiang, Zhu Mingsheng and Zhang Feng, 2004. 362 pp., 175 figs.

Invertebrata vol. 40 Echinodermata: Ophiuroidea. Liao Yulin, 2004. 505 pp., 244 figs., 6 pls.

Invertebrata vol. 41 Crustacea: Amphipoda: Gammaridea I. Ren Xianqiu, 2006. 588 pp., 194 figs.

Invertebrata vol. 42 Crustacea: Cirripedia: Thoracica. Liu Ruiyu and Ren Xianqiu, 2007. 632 pp., 239 figs.

Invertebrata vol. 43 Crustacea: Amphipoda: Gammaridea II. Ren Xianqiu, 2012. 651 pp., 197 figs.

Invertebrata vol. 44 Crustacea: Decapoda: Palaemonoidea. Li Xinzheng, Liu Ruiyu, Liang Xingqiu and Chen Guoxiao, 2007. 381 pp., 157 figs.

Invertebrata vol. 45 Ciliophora: Oligohymenophorea: Peritrichida. Shen Yunfen and Gu Manru, 2016. 502 pp., 164 figs., 2 pls.

Invertebrata vol. 46 Sipuncula, Echiura. Zhou Hong, Li Fenglu and Wang Wei, 2007. 206 pp., 95 figs.

Invertebrata vol. 47 Arachnida: Acari: Phytoseiidae. Wu weinan, Ou Jianfeng and Huang Jingling. 2009. 511 pp., 287 figs., 9 pls.

Invertebrata vol. 48 Mollusca: Bivalvia: Lucinacea, Carditacea, Crassatellacea and Cardiacea. Xu Fengshan. 2012. 239 pp., 133 figs.

Invertebrata vol. 49 Crustacea: Decapoda: Portunidae. Yang Siliang, Chen Huilian and Dai Aiyun. 2012. 417 pp., 138 figs., 14 pls.

Invertebrata vol. 50 Tardigrada. Yang Tong. 2015. 279 pp., 131 figs., 5 pls.

Invertebrata vol. 51 Nematoda: Rhabditida: Strongylata (II). Zhang Luping and Kong Fanyao. 2014. 316 pp., 97 figs., 19 pls.

Invertebrata vol. 52 Platyhelminthes: Trematoda: Dgenea (III). Qiu Zhaozhi et al.. 2018. 746 pp., 401 figs.

Invertebrata vol. 53 Arachnida: Araneae: Salticidae. Peng Xianjin.2020. 612pp., 392 figs.

Invertebrata vol. 54 Annelida: Polychaeta (III): Sabellida. Sun Ruiping and Yang Dejian. 2014. 493 pp., 239 figs., 2 pls.

Invertebrata vol. 55 Mollusca: Gastropoda: Conidae. Li Fenglan and Lin Minyu. 2016. 288 pp., 168 figs., 4 pls.

Invertebrata vol. 56 Mollusca: Gastropoda: Strombacea and Naticacea. Zhang Suping. 2016. 318 pp., 138 figs., 10 pls.

Invertebrata vol. 57 Mollusca: Bivalvia: Tellinidae and Semelidae. Xu Fengshan and Zhang Junlong. 2017.

236 pp., 50 figs., 15 pls.

Invertebrata vol. 58 Mollusca: Gastropoda: Enoidea. Wu Min. 2018. 300 pp., 63 figs., 6 pls.

Invertebrata vol. 59 Arachnida: Araneae: Agelenidae and Amaurobiidae. Zhu Mingsheng, Wang Xinping and Zhang Zhisheng. 2017. 727 pp., 384 figs., 5 pls.

Invertebrata vol. 60 Rotifera: Monogononta. Xi Yilong, Zhuge Yan and Huang Xiangfei. 2025. 650 pp., 549 figs.

Invertebrata vol. 62 Mollusca: Gastropoda: Muricidae. Zhang Suping. 2022. 428 pp., 250 figs.

Invertebrata vol. 63 Crustacea: Amphipoda: Gammaridea (III). Hou Zhonge, Li Shuqiang and Zheng Yami. 2024. 663 pp., 493 figs.

ECONOMIC FAUNA OF CHINA

Mammals. Shou Zhenhuang *et al.*, 1962. 554 pp., 153 figs., 72 pls.

Aves. Cheng Tsohsin *et al.*, 1963. 694 pp., 10 figs., 64 pls.

Marine fishes. Chen Qingtai *et al.*, 1962. 174 pp., 25 figs., 32 pls.

Freshwater fishes. Wu Xianwen *et al.*, 1963. 159 pp., 122 figs., 30 pls.

Parasitic Crustacea of Freshwater Fishes. Kuang Puren and Qian Jinhui, 1991. 203 pp., 110 figs.

Annelida. Echinodermata. Prorochordata. Wu Baoling *et al.*, 1963. 141 pp., 65 figs., 16 pls.

Marine mollusca. Zhang Xi and Qi Zhougyan, 1962. 246 pp., 148 figs.

Freshwater molluscs. Liu Yueyin *et al.*, 1979.134 pp., 110 figs.

Terrestrial molluscs. Chen Deniu and Gao Jiaxiang, 1987. 186 pp., 224 figs.

Parasitic worms. Wu Shuqing, Yin Wenzhen and Shen Shouxun, 1960. 368 pp., 158 figs.

Economic birds of China (Second edition). Cheng Tsohsin, 1993. 619 pp., 64 pls.

ECONOMIC INSECT FAUNA OF CHINA

Fasc. 1 Coleoptera: Cerambycidae. Chen Sicien *et al.*, 1959. 120 pp., 21 figs., 40 pls.

Fasc. 2 Hemiptera: Pentatomidae. Yang Weiyi, 1962. 138 pp., 11 figs., 10 pls.

Fasc. 3 Lepidoptera: Noctuidae I. Chu Hongfu and Chen Yixin, 1963. 172 pp., 22 figs., 10 pls.

Fasc. 4 Coleoptera: Tenebrionidae. Zhao Yangchang, 1963. 63 pp., 27 figs., 7 pls.

Fasc. 5 Coleoptera: Coccinellidae. Liu Chongle, 1963. 101 pp., 27 figs., 11pls.

Fasc. 6 Lepidoptera: Noctuidae II. Chu Hongfu *et al.*, 1964. 183 pp., 11 pls.

Fasc. 7 Lepidoptera: Noctuidae III. Chu Hongfu, Fang Chenglai and Wang Lingyao, 1963. 120 pp., 28 figs., 31 pls.

Fasc. 8 Isoptera: Termitidae. Cai Bonghua and Chen Ningsheng, 1964. 141 pp., 79 figs., 8 pls.

Fasc. 9 Hymenoptera: Apoidea. Wu Yanru, 1965. 83 pp., 40 figs., 7 pls.

Fasc. 10 Homoptera: Cicadellidae. Ge Zhongling, 1966. 170 pp., 150 figs.

Fasc. 11 Lepidoptera: Tortricidae I. Liu Youqiao and Bai Jiuwei, 1977. 93 pp., 23 figs., 24 pls.

Fasc. 12 Lepidoptera: Lymantriidae I. Chao Chungling, 1978. 121 pp., 45 figs., 18 pls.

Fasc. 13 Diptera: Ceratopogonidae. Li Tiesheng, 1978. 124 pp., 104 figs.

Fasc. 14 Coleoptera: Coccinellidae II. Pang Xiongfei and Mao Jinlong, 1979. 170 pp., 164 figs., 16 pls.

Fasc. 15 Acarina: Lxodoidea. Teng Kuofan, 1978. 174 pp., 707 figs.

Fasc. 16 Lepidoptera: Notodontidae. Cai Rongquan, 1979. 166 pp., 126 figs., 19 pls.

Fasc. 17 Acarina: Camasina. Pan Zungwen and Teng Kuofan, 1980. 155 pp., 168 figs.

Fasc. 18 Coleoptera: Chrysomeloidea I. Tang Juanjie *et al*., 1980. 213 pp., 194 figs., 18 pls.

Fasc. 19 Coleoptera: Cerambycidae II. Pu Fuji, 1980. 146 pp., 42 figs., 12 pls.

Fasc. 20 Coleoptera: Curculionidae I. Chao Yungchang and Chen Yuanqing, 1980. 184 pp., 73 figs., 14 pls.

Fasc. 21 Lepidoptera: Pyralidae. Wang Pingyuan, 1980. 229 pp., 40 figs., 32 pls.

Fasc. 22 Lepidoptera: Sphingidae. Zhu Hongfu and Wang Lingyao, 1980. 84 pp., 17 figs., 34 pls.

Fasc. 23 Acariformes: Tetranychoidea. Wang Huifu, 1981. 150 pp., 121 figs., 4 pls.

Fasc. 24 Homoptera: Pseudococcidae. Wang Tzeching, 1982. 119 pp., 75 figs.

Fasc. 25 Homoptera: Aphidinea I. Zhang Guangxue and Zhong Tiesen, 1983. 387 pp., 207 figs., 32 pls.

Fasc. 26 Diptera: Tabanidae. Wang Zunming, 1983. 128 pp., 243 figs., 8 pls.

Fasc. 27 Homoptera: Delphacidae. Kuoh Changlin *et al*., 1983. 166 pp., 132 figs., 13 pls.

Fasc. 28 Coleoptera: Larvae of Scarabaeoidae. Zhang Zhili, 1984. 107 pp., 17. figs., 21 pls.

Fasc. 29 Coleoptera: Scolytidae. Yin Huifen, Huang Fusheng and Li Zhaoling, 1984. 205 pp., 132 figs., 19 pls.

Fasc. 30 Hymenoptera: Vespoidea. Li Tiesheng, 1985. 159pp., 21 figs., 12pls.

Fasc. 31 Hemiptera I. Zhang Shimei, 1985. 242 pp., 196 figs., 59 pls.

Fasc. 32 Lepidoptera: Noctuidae IV. Chen Yixin, 1985. 167 pp., 61 figs., 15 pls.

Fasc. 33 Lepidoptera: Arctiidae. Fang Chenglai, 1985. 100 pp., 69 figs., 10 pls.

Fasc. 34 Hymenoptera: Chalcidoidea I. Liao Dingxi *et al*., 1987. 241 pp., 113 figs., 24 pls.

Fasc. 35 Coleoptera: Cerambycidae III. Chiang Shunan. Pu Fuji and Hua Lizhong, 1985. 189 pp., 2 figs., 13 pls.

Fasc. 36 Homoptera: Fulgoroidea. Chou Io *et al*., 1985. 152 pp., 125 figs., 2 pls.

Fasc. 37 Diptera: Anthomyiidae. Fan Zide *et al*., 1988. 396 pp., 1215 figs., 10 pls.

Fasc. 38 Diptera: Ceratopogonidae II. Lee Tiesheng, 1988. 127 pp., 107 figs.

Fasc. 39 Acari: Ixodidae. Teng Kuofan and Jiang Zaijie, 1991. 359 pp., 354 figs.

Fasc. 40 Acari: Dermanyssoideae. Teng Kuofan *et al*., 1993. 391 pp., 318 figs.

Fasc. 41 Hymenoptera: Pteromalidae I. Huang Dawei, 1993. 196 pp., 252 figs.

Fasc. 42 Lepidoptera: Lymantriidae II. Chao Chungling, 1994. 165 pp., 103 figs., 10 pls.

Fasc. 43 Homoptera: Coccidea. Wang Tzeching, 1994. 302 pp., 107 figs.

Fasc. 44 Acari: Eriophyoidea I. Kuang Haiyuan, 1995. 198 pp., 163 figs., 7 pls.

Fasc. 45 Diptera: Tabanidae II. Wang Zunming, 1994. 196 pp., 182 figs., 8 pls.

Fasc. 46 Coleoptera: Cetoniidae, Trichiidae, Valgidae. Ma Wenzhen, 1995. 210 pp., 171 figs., 5 pls.

Fasc. 47 Hymenoptera: Formicidae I. Tang Jub, 1995. 134 pp., 135 figs.

Fasc. 48 Ephemeroptera. You Dashou *et al.*, 1995. 152 pp., 154 figs.

Fasc. 49 Trichoptera I: Hydroptilidae, Stenopsychidae, Hydropsychidae, Leptoceridae. Tian Lixin *et al.*, 1996. 195 pp., 271 figs., 2 pls.

Fasc. 50 Hemiptera II. Zhang Shimei *et al.*, 1995. 169 pp., 46 figs., 24 pls.

Fasc. 51 Hymenoptera: Ichneumonidae. He Junhua, Chen Xuexin and Ma Yun, 1996. 697 pp., 434 figs.

Fasc. 52 Hymenoptera: Sphecidae. Wu Yanru and Zhou Qin, 1996. 197 pp., 167 figs., 14 pls.

Fasc. 53 Acari: Phytoseiidae. Wu Weinan *et al.*, 1997. 223 pp., 169 figs., 3 pls.

Fasc. 54 Coleoptera: Chrysomeloidea II. Yu Peiyu *et al.*, 1996. 324 pp., 203 figs., 12 pls.

Fasc. 55 Thysanoptera. Han Yunfa, 1997. 513 pp., 220 figs., 4 pls.

(SCPC-BZBEZC17-0054)

ISBN 978-7-03-081541-5

定 价：428.00 元